數值方法：工程上的應用 第七版
Numerical Methods for Engineers, 7e

Steven C. Chapra
Berger Chair in Computing and Engineering Tufts University

Raymond P. Canale
Professor Emeritus of Civil Engineering University of Michigan

著

蔡文彬
編譯

國家圖書館出版品預行編目資料

數值方法：工程上的應用 / Steven C. Chapra, Raymond P. Canale 著；
蔡文彬編譯. – 七版. -- 臺北市：麥格羅希爾, 2015.08
面 ； 公分. -- (電子/電機叢書；EE034)
譯自：Numerical Methods for Engineers, 7 ed.
ISBN 978-986-341-190-1 (平裝)

1. 數值分析 2. 工程數學 3.資料處理

318　　　　　　　　　　　　　　　　　　　　104014962

電子/電機叢書　EE034

數值方法：工程上的應用 第七版

作　　　　者	Steven C. Chapra, Raymond P. Canale
編　譯　　者	蔡文彬
教科書編輯	李協芳
特　約　編　輯	吳育燐
企　劃　編　輯	陳佩狄
業　務　行　銷	李本鈞　陳佩狄　林倫全
業　務　副　理	黃永傑
出　　版　　者	美商麥格羅希爾國際股份有限公司台灣分公司
地　　　　址	台北市 10044 中正區博愛路 53 號 7 樓
讀　者　服　務	E-mail: tw_edu_service@mheducation.com TEL: (02) 2383-6000　　FAX: (02) 2388-8822
法　律　顧　問	惇安法律事務所盧偉銘律師、蔡嘉政律師
總經銷(台灣)	臺灣東華書局股份有限公司
地　　　　址	10045 台北市重慶南路一段 147 號 3 樓 TEL: (02) 2311-4027　　FAX: (02) 2311-6615 郵撥帳號：00064813
網　　　　站	http://www.tunghua.com.tw
門　　　　市	10045 台北市重慶南路一段 147 號 1 樓　TEL: (02) 2382-1762
出　版　日　期	2015 年 8 月（七版一刷）

Traditional Chinese Adaptation Copyright © 2015 by McGraw-Hill International Enterprises, LLC., Taiwan Branch
Original title: Numerical Methods for Engineers, 7 ed.　　ISBN: 978-0-07-339792-4
Original title copyright © 2015 by McGraw-Hill Education
All rights reserved.

ISBN：978-986-341-190-1

※著作權所有，侵害必究。如有缺頁破損、裝訂錯誤，請寄回退換

尊重智慧財產權！

本著作受銷售地著作權法令暨國際著作權公約之保護，如有非法重製行為，將依法追究一切相關法律責任。

譯者序

　　自大學時期學習數值方法與數值分析至今，已近三十年，而這些年來電腦計算量的快速成長更增廣了數值方法的應用層面，舉凡在物理、化學、生物科技、電機、資訊、航太、機械、土木與統計等學門中都處處可見其蹤跡，甚至在微奈米科技中也少不了數值方法的應用與分析。

　　數值方法乃是將數學問題轉化為可以利用算術運算而求解的方法，雖然數值方法有很多種，但都有一個共同的特性，就是大量冗長的算術計算。利用電腦求解工程問題時，若是對於工程系統的運作沒有基本的認識與瞭解，縱使電腦有再強大的功能，也無法完全發揮效用。因此，欲有效運用電腦，就必須瞭解解決工程問題的基本概念，以及電腦運算時所產生的誤差。如此方能有效控制所得到的結果，並權衡各方法之利弊得失，選出較佳的解決方案。

　　本書是以問題為導向，介紹讀者數值方法之必要性、分析方式與電腦運算所產生的誤差。所有的範例和討論皆以循序漸進的方式清楚呈現，讓讀者更能體會所算出的結果會隨著不同的考量方式而改變。作者們鉅細靡遺地解說各種方法的使用程序、潛在問題及補救措施，並討論其穩定性、精確度和應用廣度。並且於每一篇結語均提供完整的方法摘要，使讀者能掌握各方法要領並有所取捨，有助於所學內容之回顧。本書的另一特點是書中所討論到的數值方法都附有與其相對應的虛擬程式碼。讀者可根據個人習慣和需要，編寫屬於自己的程式，對於理論的驗證提供一條便捷的管道。

　　翻譯工作漫長且辛苦，衷心感謝麥格羅希爾的朋友們在本書發行期間營造的和諧氛圍，尤其是陳佩狄小姐各方面的熱心協助。本書自翻譯、編輯、校對至訂正各階段工作繁多，疏漏之處在所難免，期盼各界不吝指教。

蔡文彬
wbtsai@cc.feu.edu.tw

前言

本書自第一版發行至今已逾 20 年。當初對於工程學科是否要導入數值方法與電腦而有所爭議,但最後證實確有其必要。現在許多大學針對大一、大二開設與計算、數值方法相關的初級課程。此外,許多學界也對將計算機導向問題融入各領域相關課程產生濃厚的興趣。因此這一版書的內容,前提仍在加強有志成為工程師的學生對數值方法的認知,除了維持舊版風貌,並盡可能讓內容能同時適合大學部低年級與高年級學生使用。而這些包含有:

- **問題導向** 工程背景學生在問題引導的情況下學習效果是最好。尤其在數學和計算領域更是如此。因此會由求解問題的觀點來處理數值方法。

- **學生導向教學法** 從全書整體架構、各篇導論結語、工程領域經典範例和案例探討等各種安排,皆力求符合學生學習需求。此外,我們也努力以直接與實務導向的方式來講解說明。

- **計算機工具** 藉由使用諸如 Excel、MATLAB 與 Mathcab 的標準軟體,強化學生對問題的數值處理能力,同時利用諸如 Visual Basic、Fortran 90 與 C/C++ 等標準程式語言引導學生自行開發結構化且簡單的程式,以補足現有軟體的不足。我們相信電腦程式的使用會逐漸深入到基礎工程課程中。也就是當現有工具的功能無法滿足工程師需求時,就必須自行開發電腦程式,特別是所謂的巨集程式語言或 M-file,亦是本書期許學生要特別加強的能力。

除了上述方針之外,第七版中另外包含了新的延伸問題集。大部分的習題內容都做了調整,並加入了許多新的習題。

和以前一樣,本書旨在介紹正統的數值方法。我們相信學生受到啟發後會更喜歡數值方法、電腦及數學,進而成為優秀的工程師。如果能藉本書培養學生對這些學科的興趣,這一切的努力將會非常值得。

Steven C. Chapra
Medford, Massachusetts
Steven.chapra@tufts.edu

Raymond P. Canale
Lake Leelanau, Michigan

作者簡介

    Steve Chapra 教授任教於塔夫茨 (Tufts) 大學土木與環境工程學系，並擔任計算與工程Louis Berger主席一職。其他的著作則包含《地表水質模型》(*Surface Water-Quality Modeling*) 與《以 MATLAB 詮釋與應用數值方法》(*Applied Numerical Methods with MATLAB*)。**Chapra** 博士於曼哈頓學院與密西根大學獲得工程學位。在加入塔夫茨大學任教前，曾在美國聯邦政府環境保護署與國家海洋暨大氣總署服務，也曾在德州 A&M 大學與科羅拉多大學任教。其專長領域為地表水質模型與環境工程的電腦高階應用。**Chapra** 博士除了是美國土木工程學會院士 (ASCE Fellow) 外，也曾獲得美國土木工程學會 (ASCE) 的魯道夫赫林獎章 (Rudolph Hering Medal)，以及美國工程教育學會的梅里亞姆-威利傑出作者獎 (Meriam-Wiley Distinguished Author Award)。另外他分別也曾在德州 A&M 大學、科羅拉多大學與塔夫茨大學獲得傑出工程教師獎。

    Raymond P. Canale 則為密西根大學的榮譽教授。在 20 餘年的教學生涯中，教授過電腦科學、數值方法與環境工程等科目，同時主導過以數學與電腦模型進行水生生態系統的研究。Canale 教授也是多達百餘篇的科學研究論文與報告的作者或共同作者。為了讓工程教育更易推動，他替許多工程應用問題設計或發展個人電腦軟體。也因為他出版的書、設計的電腦軟體及許多工程論文的發表，獲得了美國工程教育學會的梅里亞姆-威利傑出作者獎 (Meriam-Wiley Distinguished Author Award)。**Canale** 教授目前將重心放在應用問題的領域，並且擔任工程公司與政府部門的顧問。

第一篇
模型化、計算機與誤差分析

PT1.1 動機 1
PT1.2 數學背景 3
PT1.3 學習方針 5

第 1 章　數學模型化與工程問題求解　8

1.1 一個簡單的數學模型 9
1.2 守恆定律與工程學 14

第 2 章　程式化與軟體　24

2.1 套裝軟體與程式撰寫 24
2.2 結構化程式設計 26
2.3 模組化程式設計 34
2.4 Excel 35
2.5 MATLAB 39
2.6 Mathcad 44
2.7 其他語言與函數庫 45

第 3 章　近似與捨入誤差　52

3.1 有效數字 53
3.2 準確度與精確度 54
3.3 誤差定義 55
3.4 捨入誤差 61

第 4 章　截尾誤差和泰勒級數　75

4.1　泰勒級數 75
4.2　誤差傳播 91
4.3　總數值誤差 96
4.4　疏失、公式化誤差以及數據不可靠 100

結語：第一篇　104

PT1.4　折衷方案 104
PT1.5　重要關聯及重要公式 107
PT1.6　進階方法及附加的參考文獻 107

第二篇
方程式的根

PT2.1　動機 109
PT2.2　數學背景 111
PT2.3　學習方針 112

第 5 章　界定法　115

5.1　圖解法 115
5.2　二分法 119
5.3　試位法 126
5.4　增量搜尋與決定起始猜測值 130

第 6 章　開放式方法　136

6.1　簡單固定點迭代法 137
6.2　牛頓-拉福森法 141
6.3　割線法 147
6.4　布列特法 151
6.5　多重根 156
6.6　非線性方程組 159

第 7 章　多項式的根　167

- 7.1　工程與科學領域中的多項式 167
- 7.2　多項式計算 169
- 7.3　傳統方法 173
- 7.4　穆勒法 173
- 7.5　貝爾斯托法 177
- 7.6　其他方法 181
- 7.7　以套裝軟體進行勘根 181

結語：第二篇　195

- PT2.4　折衷方案 195
- PT2.5　重要關聯及重要公式 196
- PT2.6　進階方法及附加的參考文獻 196

第三篇
線性代數方程式

- PT3.1　動機 198
- PT3.2　數學背景 200
- PT3.3　學習方針 208

第 8 章　高斯消去法　211

- 8.1　解小型的方程式 211
- 8.2　非正式的高斯消去法 217
- 8.3　消去法的陷阱 224
- 8.4　改良解的技巧 230
- 8.5　複數系統 236
- 8.6　非線性方程系統 238
- 8.7　高斯-喬丹法 240
- 8.8　總結 242

第 9 章　LU 分解法與矩陣求逆　245

- 9.1　LU 分解法 245

9.2 矩陣求逆 255
9.3 誤差分析與系統條件 258

第 10 章 特殊矩陣及高斯-賽德法 267

10.1 特殊矩陣 267
10.2 高斯-賽德法 271
10.3 線性代數方程式與程式庫及套裝軟體 277

結語：第三篇 285

PT3.4 折衷方案 285
PT3.5 重要關聯及重要公式 286
PT3.6 進階方法及附加的參考文獻 287

第四篇
最佳化

PT4.1 動機 288
PT4.2 數學背景 292
PT4.3 學習方針 294

第 11 章 一維無限制條件的最佳化問題 297

11.1 黃金分割搜尋法 298
11.2 拋物線型內插法 304
11.3 牛頓法 306
11.4 布列特法 307

第 12 章 多維無限制條件的最佳化問題 312

12.1 直接法 312
12.2 梯度法 316

第 13 章 有限制條件的最佳化問題 328

13.1 線性規劃 328
13.2 非線性有限制條件的最佳化問題 339

13.3 使用套裝軟體處理最佳化問題 339

結語：第四篇　354

PT4.4 折衷方案 354
PT4.5 附加的參考文獻 355

第五篇
曲線擬合

PT5.1 動機 356
PT5.2 數學背景 358
PT5.3 學習方針 366

第 14 章　最小平方迴歸　370

14.1 線性迴歸 371
14.2 多項式迴歸 383
14.3 多重線性迴歸 387
14.4 線性最小平方的一般型式 389
14.5 非線性迴歸 393

第 15 章　內插法　401

15.1 牛頓均差內插多項式 401
15.2 拉格藍吉內插多項式 412
15.3 內插多項式的係數 416
15.4 反內插 417
15.5 額外的評論 418
15.6 仿樣內插 420
15.7 多維內插 431

第 16 章　傅利葉近似　435

16.1 正弦函數的曲線擬合 436
16.2 連續型傅利葉級數 442
16.3 頻域與時域 447

- 16.4 傅利葉積分與傅利葉轉換 449
- 16.5 離散型傅利葉轉換 451
- 16.6 快速傅利葉轉換 453
- 16.7 功率譜 459
- 16.8 以套裝軟體完成曲線擬合 460

結語：第五篇　471

- PT5.4 折衷方案 471
- PT5.5 重要關聯及重要公式 472
- PT5.6 進階的方法與額外的參考資料 472

第六篇
數值微分與積分

- PT6.1 動機 475
- PT6.2 數學背景 483
- PT6.3 學習方針 486

第 17 章　牛頓-寇特斯積分公式　489

- 17.1 梯形法 490
- 17.2 辛普森法則 500
- 17.3 不等距離區間上的數值積分 510
- 17.4 開放式積分公式 512
- 17.5 多重積分 513

第 18 章　方程式的積分　519

- 18.1 牛頓-寇特斯方程式演算法 519
- 18.2 朗柏格積分 520
- 18.3 適性求積法 526
- 18.4 高斯求積法 528
- 18.5 瑕積分 535

第 19 章　數值微分　541

19.1　高準確度的差分公式 ... 541
19.2　理察森外插法 ... 545
19.3　不等間隔資料的微分 ... 546
19.4　資料本身具有誤差的微分與積分 ... 547
19.5　偏導數 ... 548
19.6　以套裝軟體計算數值積分／微分 ... 549

結語：第六篇　560

PT6.4　折衷方案 ... 560
PT6.5　重要關聯及重要公式 ... 561
PT6.6　進階方法及補充參考資料 ... 561

索引　563

第一篇　模型化、計算機與誤差分析
Modeling Computers, And Error Analysis

PT1.1　動機

數值方法是一些將數學問題轉化為可利用算術運算進行求解的技巧。雖然數值方法有很多種,但都有一個共同的特性:都涉及了大量冗長乏味的算術計算。近年來由於不斷地發展出快速而且高效率的數位計算機,數值方法在求解工程問題時的重要性已有大幅增加趨勢。

PT1.1.1　不使用計算機的求解法

計算機的普及(尤其是個人電腦)與數值方法的發展除了提升計算能力之外,在實際求解工程問題的過程中更有顯著的影響。在計算機出現之前,工程師解決問題的方式一般分成三種:

1. 利用解析法或精確法求解。這些解通常很有用,並且對某些系統的行為提供了很好的概念理解。然而,只有特定類別的問題才能求得解析解,諸如可以用線性模型估計,或是低維度並且只具備簡單幾何性質的問題等。由於大多數實際上的問題都是非線性、幾何形狀複雜且涉及複雜的程序,因此解析解的實用價值很有限。
2. 利用圖解法描述系統行為。圖解法通常是以繪圖或圖表的方式呈現,雖然也可以用來求解複雜的問題,但是結果卻不夠精確;此外,圖解法(未透過計算機輔助,即手繪)過程極為繁複且不易處理。最後,圖解法通常僅限於用在能以三維或更低維度圖形顯示的問題上。
3. 利用手動方式操作計算機或計算尺。雖然在理論上這種方式足以求解複雜的問題,但實際上會遭遇一些困難。首先,手動計算緩慢且工作乏味;除此之外,由於大量的手動計算可能累積各種微小謬誤,使得一致性的結果變得難以達成。

在計算機出現之前,大量的人力投注在找出解題的技巧,而不是在問題的定義與解釋(如圖 PT1.1a 所示)。會有這種不合宜的情形存在,是由於利用當時求數值解的方法時必須耗用大量時間,也相當沉悶。

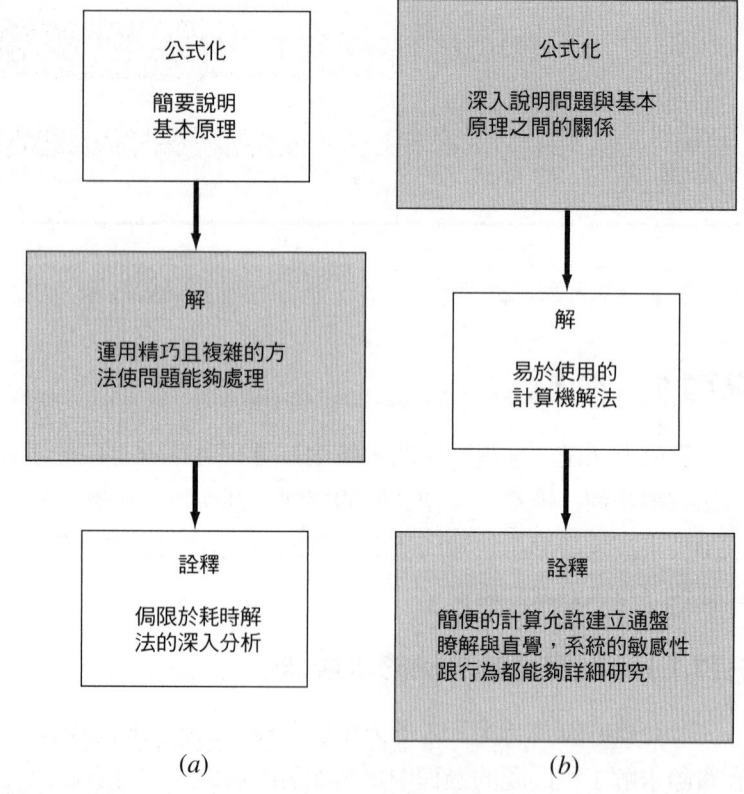

○ 圖 PT1.1　求解工程問題之三個階段：(a) 計算機出現之前；(b) 計算機出現之後。方框的大小象徵各階段的重要程度。計算機使得數值解法更加簡便，因此可更重視將問題公式化以及詮釋結果等較具創造性的觀點上。

　　　今日，計算機與數值方法提供了這類複雜計算以外的的替代方案。利用計算機的運算能力直接求解，可以進行計算而且不需要先簡化假設或使用「時間密集」的計算方法。雖然解析解對於求解問題與提供理解仍然極具價值，不過數值解卻能大幅增強了我們面對及解決問題的能力，結果就是，我們有更多的時間可利用在創造性的技巧上。因此，我們可以更重視問題公式化以及詮釋結果，並將系統整合或是進行通盤瞭解（參考圖 PT1.1b）。

PT1.1.2　數值方法與工程應用

　　　自從 1940 年代末期開始，數位計算機的普及使得數值方法的使用與發展獲得爆發性成長。一開始，由於大型主機電腦的使用成本昂貴，使得許多工程師在大部分的研究工作中仍舊繼續使用簡單的解析手法。但隨著廉價個人電腦的出現，方便我們更容易取得擁有強大的計算能力的工具。除了這些之外，使用數值方法還有很多好處：

1. 數值方法是極有用的解決問題工具。它們可以處理大型的方程組、非線性系統以及複雜的幾何系統。這些系統在工程應用上隨處可見，而且一般無法以解析方式求解。數值方法能大幅強化解決問題的技巧。

2. 在職場工作中，你或許常有機會使用到內建數值方法的商業套裝軟體或是電腦程式。瞭解數值方法的基本理論才能善用這些軟體。
3. 許多問題無法利用現成的程式求解。若能精通數值方法並且熟悉計算機程式設計，你就可以設計自己的程式以求解問題，而不必購買或租用昂貴的軟體。
4. 數值方法對於學習如何使用電腦是一個很有效的工具。眾所周知，要學習程式設計最有效率的方式就是實際動手撰寫程式。由於數值方法大部分都是設計用來在電腦上執行，因此它們是很理想的練習素材。此外，它們特別適合用來詮釋電腦的運算能力與極限。當你成功地在電腦上實作數值方法，接著用來求解其他方法無法處理的問題之後，你將會瞭解到電腦對自己專業發展的助益。同時，你也將學會接受並且控制那些在大規模數值計算中伴隨而來的誤差。
5. 數值方法提供你強化對數學瞭解的機制。將高等數學簡化成基本的算術運算是數值方法的功能之一，因此可算是許多難以理解主題的基本要素。從這個觀點進行研究，可強化對問題的理解與洞察能力。

PT1.2 數學背景

這本書的每一篇都需要一些數學背景。因此，在每一篇的簡介都包含了一節數學背景介紹，就如同你現在所讀的這一節。由於第一篇是用來介紹數學與計算機的背景資料，因此在本節中並沒有回顧特別的數學主題。相反地，我們藉此機會向你介紹本書所涵蓋的各式數學領域。如圖 PT1.2 的一覽表所示，這些領域包括：

1. **方程式的根 (roots of equations)**（圖 PT1.2a）：這些問題著眼於可符合單一非線性方程式的變數或參數的值。這類問題在工程設計時額外重要，因為工程設計時通常無法精確地解出方程組的參數值。
2. **線性代數方程組 (systems of linear algebraic equations)**（圖 PT1.2b）：這類問題和方程式求根很相似，一樣是關心那些變數值能夠符合方程組。只不過，不再是符合單一方程式，而是必須找出同時符合線性代數聯立方程組的一組數值。這類方程組來自於工程學的各式範疇，也可能藉由建築、電路及流體網路等具有交互連結元素的大型系統，經由數學模型簡化而來。此外，在曲線擬合和微分方程式等數值方法的其他領域中也會遇到這些問題。
3. **最佳化 (optimization)**（圖 PT1.2c）：這類問題涉及了找出某個自變數的值以使其相應的函數值為「最好」或最佳值。因此，如同圖 PT1.2c 所示，最佳化包括了找出最大與最小值。這類問題在工程設計上經常出現，也在許多其他的數值方法中出現。本書同時處理單變數與多變數無限制條件的最佳化問題，此外也將介紹在限制條件下的最佳化問題，尤其是線性規劃的問題。

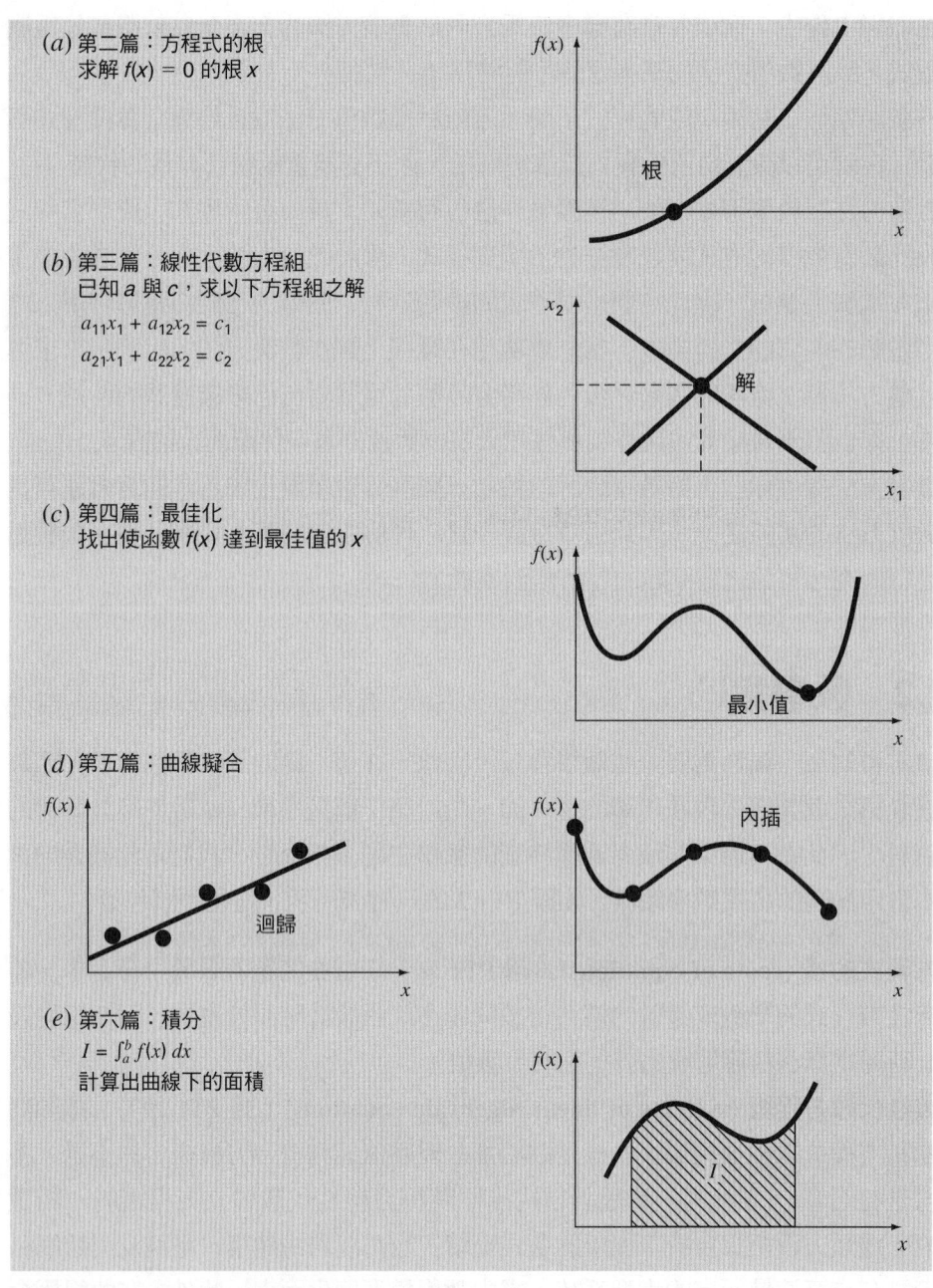

圖 PT1.2 本書中各種數值方法一覽表。

4. **曲線擬合 (curve fitting)**（圖 PT1.2d）：你常常會有機會針對數據資料點找出擬合曲線。目前發展的方法大致可分成兩大類：迴歸與內插。當數據資料具有顯著誤差時採用迴歸方法；大部分實驗的結果都屬於這一類。針對這類狀況所採取的策略是找出一條曲線以呈現這些數據的大致趨勢，不一定要通過其中任何一點。另一方面，當數據資料點幾乎準確無誤差時，則採用內插法來求出數據

資料點之間的中間值；表格化的資料通常屬於這一類。針對這類狀況所採取的策略為直接通過數據資料點擬合出一條曲線，並利用這條曲線來預測中間值。

5. **積分 (integration)**（圖 PT1.2e）：如圖所示，數值積分的一種物理涵義為計算曲線下的面積。積分在工程實務上有許多應用範疇，從決定各式怪異形狀物體的質心，一直延伸到計算一組離散測度的總量。除此之外，數值積分公式在求解微分方程時扮演著重要的角色。

PT1.3　學習方針

在進入討論數值方法之前，我們先提供一些學習內容的導引。以下將預覽第一篇所要討論的課程內容，並且建立好學習過程中所需要的物件。

PT1.3.1　眼界與預覽

圖 PT1.3 以圖表呈現第一篇的內容，提供讀者第一篇的整體概觀，因為我們堅信全面性思考對於理解數值方法具有關鍵性的影響。若你在研讀課文時，發現自己迷失在技術細節中，或感到抓不到重點的時候，請記得參閱圖 PT1.3 以導回正軌。本書的每一篇都有類似的圖表設計。

圖 PT1.3 也提供了第一篇所涵蓋內容的簡要預覽。第 1 章是為了導覽數值方法而設計，並藉由實例說明工程問題模型化的過程，利用這些方法引起讀者的學習動機。第 2 章簡介數值方法中與電腦有關的觀點，並且對讀者的電腦技能提供建議，以便使往後的資訊應用更有效率。第 3 章和第 4 章則是討論誤差分析這個重要主題；為了有效運用數值方法，必須瞭解誤差分析。最後，在結語部分則介紹使數值方法運作更有效率的權衡關係重要性。

PT 1.3.2　目標

學習目標：完成第一篇的學習之後，你應該有足夠的準備著手數值方法的研習，同時對計算機的重要性，以及近似和誤差在導入與建立數值方法中所扮演的角色，有了基本的瞭解。除了這些基本的目標之外，你應該已經精通表 PT1.1 中所列的各個學習目標。

計算機目標：完成第一篇的學習之後，你應該具備足夠的計算機能力以自行開發書中所介紹數值方法的軟體。你應該能夠根據演算法的虛擬程式碼、流程圖或是其他形式，建立結構良好且可靠的電腦程式。你應該已發展能撰寫程式說明文件的能力，以便讓程式使用者能更有效地利用程式。最後，除了自己撰寫的程式之外，你可能會使用到本書中介紹的套裝軟體，像是 Excel、Mathcad、MathWorks、

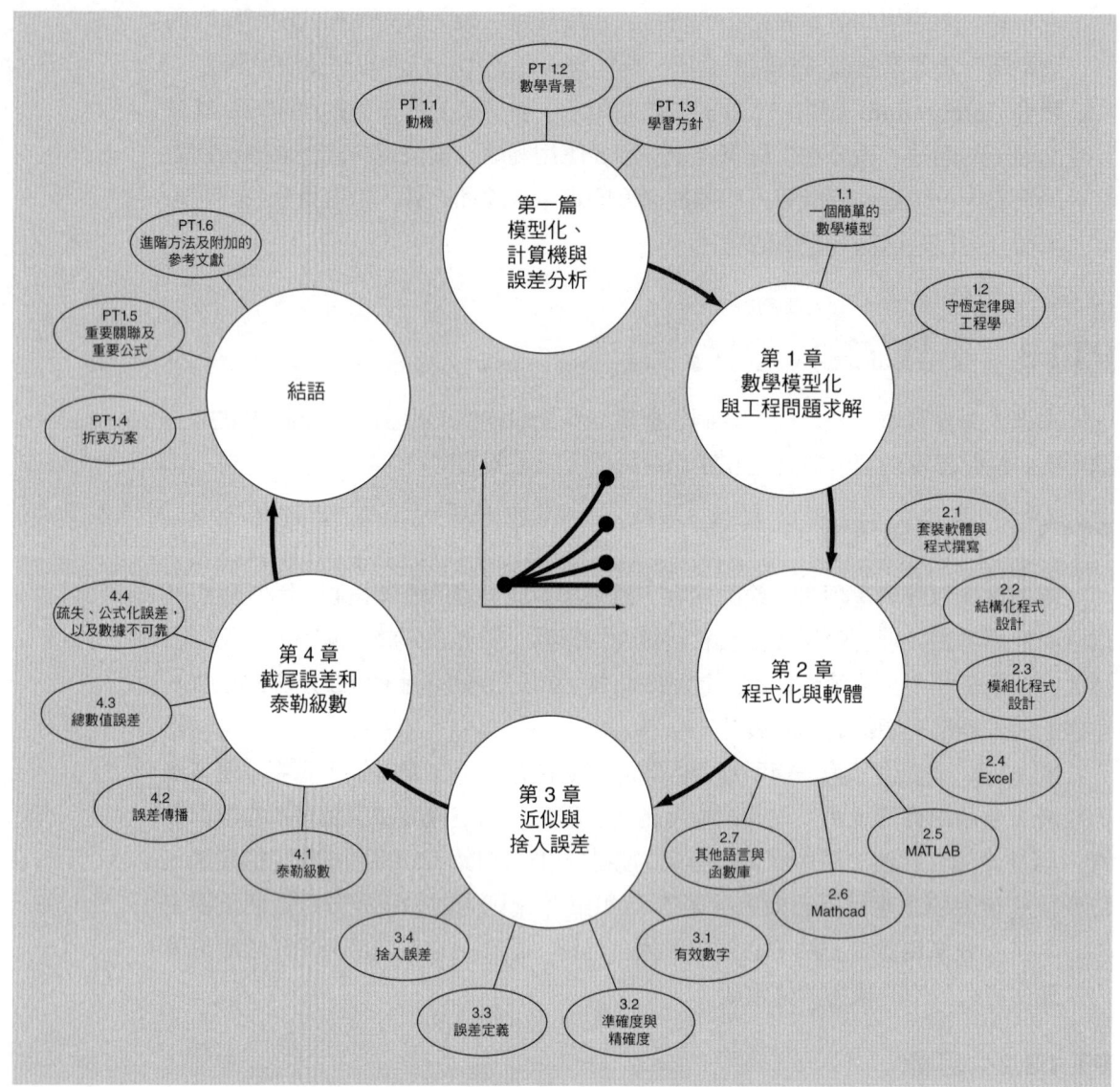

⊃ 圖 PT1.3　第一篇課程內容的組織架構圖：建立模型、計算機與誤差分析。

MATLAB 等。你應該熟悉這些軟體的操作，才能得心應手地利用這些工具求解本書稍後所介紹的數值問題。

表 PT1.1 第一篇的具體學習目標。

1. 確認解析解與數值解之間的差異。
2. 瞭解如何利用守恆定律發展實體系統的數學模型。
3. 定義先後次序與模組設計。
4. 描述結構化程式設計的規則。
5. 能以高階電腦語言撰寫結構化與模組化程式。
6. 知道如何將結構化流程圖與虛擬程式碼改寫成高階語言程式碼。
7. 開始熟悉任一種套裝軟體以與本書內容結合運用。
8. 確認截尾誤差與捨入誤差的差異。
9. 瞭解有效數字、準確度，以及精確度的概念。
10. 確認真正相對誤差 ε_t、近似相對誤差 ε_a，以及可接受誤差 ε_s 之間的差異，並且瞭解如何利用 ε_a 及 ε_s 來終止迭代計算。
11. 瞭解在數位計算機中數字如何表示，以及此種表示法如何引進捨入誤差，尤其要知道單精確度與延伸精確度之間的差異。
12. 認識計算機如何在計算當中引進並放大捨入誤差，尤其要注意到相減式相消的問題。
13. 瞭解如何利用泰勒級數和餘項來表示連續函數。
14. 知道有限均差和導數之間的關係。
15. 能分析誤差如何藉由函數關係傳播。
16. 熟悉穩定性與條件的觀念。
17. 熟悉第一篇結語中所列的折衷方案。

CHAPTER 1 數學模型化與工程問題求解
Mathematical Modeling and Engineering Problem Solving

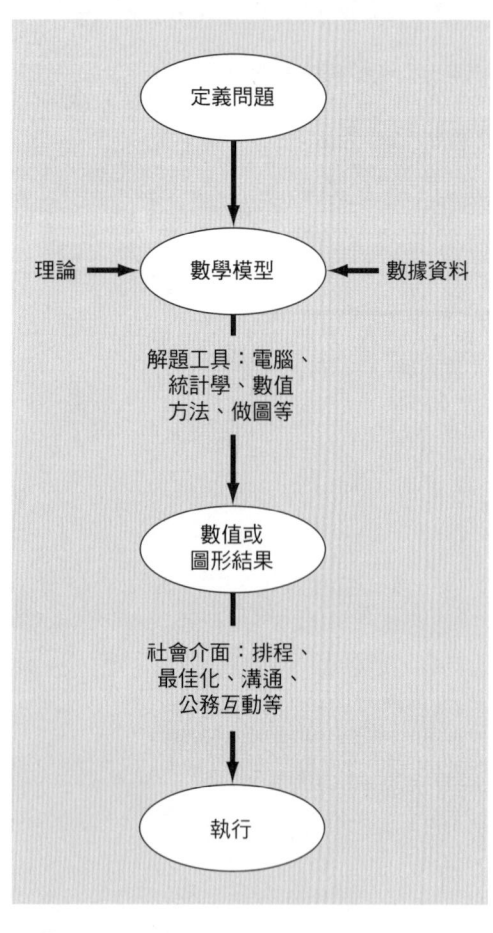

◯ 圖 1.1 工程問題求解的步驟。

有效運用任何一種工具的先決條件為知識與理解。不管工具箱多麼齊備，如果不知道車子是如何運作的，在修車時仍會倍感挫折。

利用電腦求解工程問題時，這種現象更為明顯。雖然電腦有強大的能力，若對於工程系統的運作沒有基本的認識與瞭解，那也是英雄無用武之地。

人的理解原本是由經驗得來，也就是藉由觀察與實驗取得。雖然這種由經驗取得的資訊不可或缺，但這只占一部分。工程師與科學家們由長期的觀察和實驗中得知，有些特定觀點會一再重複出現。這類一般化的行為可被彙整為基本定律，具體呈現過去經驗所累積下來的智慧。因此，在大部分的工程問題求解時，都會交叉使用經驗法則與理論分析兩種處理模式（圖 1.1）。

在此必須強調，經驗法則與理論分析這兩種模式是緊密關連的。當採用了新的量度方式時，可能會修正一般化的定律或發展出新的定律。同樣地，一般化的定律對實驗與觀察也會有深遠的影響。尤其是一般化的定律可以提供結構原理，用來將觀察與實驗的成果，結合成一個一致且易理解的架構，以利得出結論。從工程問題求解的角度來看，這個架構以數學模型的形式來表達時更為有用。

本章的主要目的是介紹數學模型化，以及數學模型在工程問題求解時所扮演的角色，同時我們也將說明數值方法在這個過程中如何運作。

1.1 一個簡單的數學模型

數學模型 (mathematical model) 可廣泛地定義為：呈現實體系統或過程基本特性的數學公式或方程式。以一般的形式來看，可以寫成如下的函數關係式

$$\text{因變數} = f(\text{自變數}, \text{參數}, \text{外力函數}) \tag{1.1}$$

其中**因變數 (dependent variable)** 通常用來反映系統的習性或狀態，而**自變數 (independent variable)** 則是用來決定系統習性時相關的時間或空間上的範圍，**參數 (parameter)** 反映出系統的特性或成分，而**強制功能 (forcing function)** 則是影響系統的外來作用。

方程式 (1.1) 的實際數學式的範圍從簡單的代數關係式到大型複雜的微分方程組都有可能。例如，牛頓根據觀察結果建立了第二運動定律：物體動量的時間變動率等於作用於該物體上的合力；第二運動定律對應的數學式，或稱為模型，是一個眾所周知的方程式：

$$F = ma \tag{1.2}$$

其中 F = 作用於此物體上的淨力（N，或 kg m/s^2），m = 物體的質量 (kg)，而 a = 該物體的加速度 (m/s^2)。

第二定律可改寫成方程式 (1.1) 的形式，只要將方程式 (1.2) 的兩邊同除以 m，即可得到

$$a = \frac{F}{m} \tag{1.3}$$

其中 a = 反映系統習性的因變數，F = 強制功能，而 m = 描述系統特性的參數。請注意在這個簡單的例子裡並沒有自變數，因為我們還無法預知加速度如何受到時間與空間的影響。

方程式 (1.3) 有許多物理界中數學模型的典型特性：

1. 它以數學方式描述自然的過程或系統。
2. 它將實際問題理想化與簡化。亦即，讓模型忽略自然過程中較不重要的小細節，而專注於主要的現象。因此，第二定律並未考慮相對論的影響，這是由於物體上所受到的交互作用或是地球表面移動的速度，在人類的眼中幾乎是看不出來的。
3. 最後一點，它提供再次出現的結果，因此可以用來進行預測。例如，若已知作用於某物體的外力以及此物體的質量，就可以利用方程式 (1.3) 計算出加速度。

由於方程式 (1.2) 為簡單的代數型式，因此可以很輕易求解。然而，其他物理現

● 圖 1.2 作用於降落中傘兵的各力圖解。F_D 為重力產生的向下拉力。F_U 為空氣阻力產生的向上拉力。

象所對應的數學模型可能更為複雜，不是無法精確地算出，就是需要更高深的數學技巧才能求解。為了說明這一類較複雜的模型，我們可利用牛頓第二定律來計算地表上自由落體的末速。考慮自由落體為一名傘兵（圖 1.2），將加速度表成速度對時間的變動率 (dv/dt) 並代入方程式 (1.3) 中，可得到

$$\frac{dv}{dt} = \frac{F}{m} \tag{1.4}$$

其中 v 為速度 (m/s)，而 t 為時間 (s)。因此，質量乘以速度的變動率等於作用於該物體的淨力。若淨力為正值，此物體將會加速；若淨力為負值，此物體將會減速；若淨力為零，此物體的速度維持在固定的數值。

接下來，我們將淨力以可量測到的變數和參數來表示。對於地表附近的落體而言（圖 1.2），淨力是由兩種方向相反的力量組合而成：向下的重力拉力 F_D 以及向上的空氣阻力 F_U：

$$F = F_D + F_U \tag{1.5}$$

若指定向下力量為正號，則重力的第二定律公式為

$$F_D = mg \tag{1.6}$$

其中 g = 重力常數，或重力加速度，值約為 9.81 m/s^2。

表示空氣阻力的簡單方法是假設它與速度成線性比例[1]，且作用方向向上，如

$$F_U = -cv \tag{1.7}$$

其中 c = 稱為**拖曳係數 (drag coefficient)** (kg/s) 的比例常數。因此，落下速度愈大，向上的空氣阻力就愈大。參數 c 跟降落物體的特性有關，像是影響到空氣阻力的物體形狀及表面粗糙程度等。就目前的例子而言，c 可能是跳傘裝類型或傘兵自由降落方位的函數。

淨力是向下與向上力量之間的差距。因此，將方程式 (1.4) 至 (1.7) 組合可得

$$\frac{dv}{dt} = \frac{mg - cv}{m} \tag{1.8}$$

或將等式右邊化簡成

$$\frac{dv}{dt} = g - \frac{c}{m}v \tag{1.9}$$

---

[1] 事實上，這個關係式應該是非線性的，且應以 $F_U = -cv^2$ 這樣的次方關係表示更為適當，我們將在本章最後探討這類非線性關係對問題模型的影響。

方程式 (1.9) 是顯示落體加速度與作用於該物體各力關係的模型。它是一個**微分方程式 (differential equation)**，因為它是以我們想預測變數所對應的微分變動率 (dv/dt) 來表示。然而，與方程式 (1.3) 牛頓第二定律的解不同的是，降落中傘兵速度的精確解，無法由方程式 (1.9) 利用簡單的代數計算得到，而必須利用微積分之類的進階方法才能得到正確解或解析解。例如，如果傘兵一開始是靜止不動的（在 $t = 0$ 時，$v = 0$），可利用微積分解方程式 (1.9) 得出

$$v(t) = \frac{gm}{c}\left(1 - e^{-(c/m)t}\right) \tag{1.10}$$

請注意方程式 (1.10) 也是寫成方程式 (1.1) 的形式，其中 $v(t)$ = 因變數，t = 自變數，c 與 m = 參數，而 g = 強制功能。

範例 1.1　降落中傘兵問題的解析解

問題描述：一位質量 68.1 kg 的傘兵由一個靜止不動的熱氣球跳出，利用方程式 (1.10) 計算在降落傘開啟前的速度，給定拖曳係數為 12.5 kg/s。

解法：將參數加入方程式 (1.10)，得到

$$v(t) = \frac{9.81(68.1)}{12.5}(1 - e^{-(12.5/68.1)t}) = 53.44(1 - e^{-0.18355t})$$

再利用它計算出右表。

根據此模型，傘兵快速地加速（圖 1.3），在 10 秒之後，速度達到 44.92 m/s。同時可看到，在夠長的時間之後，會達到 53.44 m/s 的固定速度，稱為**末速 (terminal velocity)**。這個速度是固定不變的，因為最終重力與空氣阻力會取得平衡，使得淨力為零並停止加速。

t, s	v, m/s
0	0.00
2	16.42
4	27.80
6	35.68
8	41.14
10	44.92
12	47.54
∞	53.44

方程式 (1.10) 稱為**解析解 (analytical solution)** 或**精確解 (exact solution)**，因為能完全驗證原始的微分方程式。不幸的是，許多數學模型都無法精確求解，在許多這類情況之下，唯一的替代方式就是使用數值解來估計精確解。

如同先前敘述，**數值方法 (numerical methods)** 是將數學問題改寫為能採用算術運算求解的方法。這個概念可以用牛頓第二定律驗證：速度的時間變動率可以由（圖 1.4）的方式估計：

$$\frac{dv}{dt} \cong \frac{\Delta v}{\Delta t} = \frac{v(t_{i+1}) - v(t_i)}{t_{i+1} - t_i} \tag{1.11}$$

其中 Δv 與 Δt 分別代表在有限區間內計算而得速度差與時間差，$v(t_i)$ = 初始時間 t_i

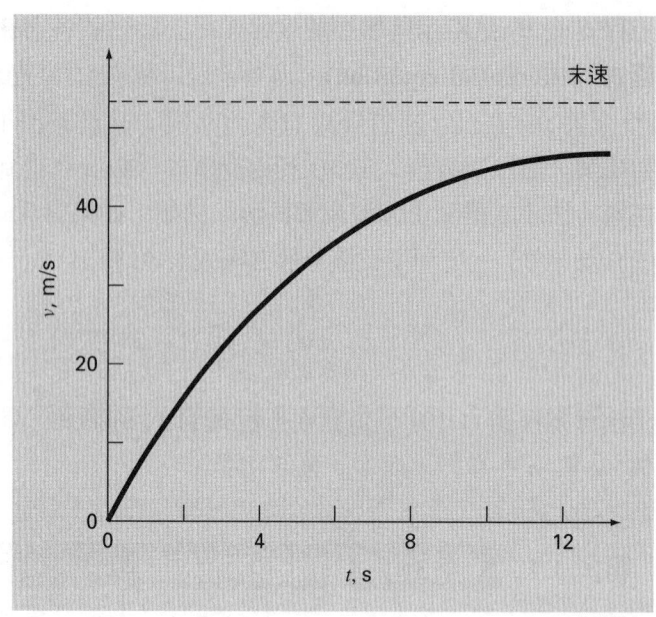

● **圖 1.3** 範例 1.1 計算降落中傘兵問題的解析解，速度隨著時間而增加，漸漸地接近末速。

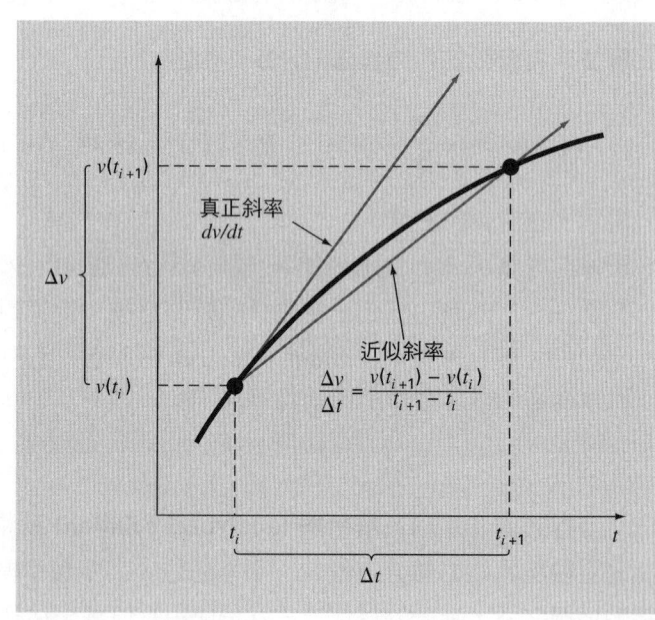

● **圖 1.4** 利用有限差分估計 v 對 t 的一階導數。

時的速度，$v(t_{i+1})$ = 稍後的某個時間 t_{i+1} 時的速度。請注意 $dv/dt \cong \Delta v/\Delta t$ 只是一個近似值，因為 Δt 為有限值。由微積分得知

$$\frac{dv}{dt} = \lim_{\Delta t \to 0} \frac{\Delta v}{\Delta t}$$

方程式 (1.11) 代表逆向的操作。

方程式 (1.11) 稱為導數在時間 t_i 的**有限均差 (finite divided difference)** 近似值。將它代入方程式 (1.9) 可得到

$$\frac{v(t_{i+1}) - v(t_i)}{t_{i+1} - t_i} = g - \frac{c}{m}v(t_i)$$

這個方程式經過重新整理之後，得到

$$v(t_{i+1}) = v(t_i) + \left[g - \frac{c}{m}v(t_i)\right](t_{i+1} - t_i) \tag{1.12}$$

請注意，中括號裡面就是微分方程式 (1.9) 右邊的項。也就是說，它提供了計算 v 的斜率或變動率的方法。因此，微分方程式已經被轉換成一個新的方程式：利用斜率及先前的 v 及 t，就可以由代數計算出在 t_{i+1} 時的速度。只要給定某個時刻 t_i 時的初速，就可輕易計算出在稍晚 t_{i+1} 時的速度，在 t_{i+1} 時的新速度值又可用來計算 t_{i+2} 時的速度，以此類推。因此，依照這種方式，在任何一個時刻，

$$新值 = 舊值 + 斜率 \times 步長。$$

這種方式形式上稱作**尤拉法 (Euler's method)**。

範例 1.2　降落中傘兵問題的數值解

問題描述：執行和範例 1.1 相同的計算，但利用方程式 (1.12) 及 2 秒為時間步長來計算速度。

解法：計算開始時 ($t_i = 0$)，傘兵速度為零，利用這個資訊以及範例 1.1 的參數值，方程式 (1.12) 可用來求出 $t_{i+1} = 2$ 秒的速度

$$v = 0 + \left[9.81 - \frac{12.5}{68.1}(0)\right]2 = 19.62 \text{ m/s}$$

針對下一個區間（從 $t = 2$ 到 4 秒），重複此計算過程，結果為

$$v = 19.62 + \left[9.81 - \frac{12.5}{68.1}(19.62)\right]2 = 32.04 \text{ m/s}$$

以這個的方式繼續計算可得到其他值如右表：

結果與精確解如圖 1.5 所示。我們可以發現，數值方法可取得精確解的基本特性。然而，由於我們採用直線線段來近似連續彎曲的函數，因此這兩種結果之間有些落差。減少這些落差的一種方法是採用較小的步長：例如，以 1 秒寬的區間套用到方程式 (1.12) 的計算即可

t, s	v, m/s
0	0.00
2	19.62
4	32.04
6	39.90
8	44.87
10	48.02
12	50.01
∞	53.44

產生較小的誤差，使直線線段更貼近真正的解。徒手計算時，將步長逐漸調小的想法並不切實際，但是藉由電腦的輔助，卻可以輕鬆地進行大量的計算。藉由這個方式，即使沒有精確地解出微分方程式，也可以很精確地模擬降落中傘兵的速度。

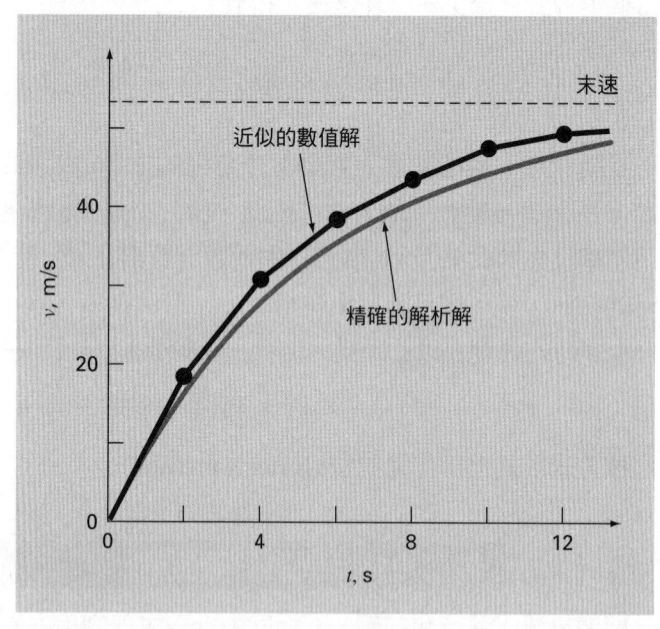

○圖 1.5　降落中傘兵問題數值解與解析解的比較。

如前例所述，為了得到更準確的數值結果，必須付出更高的計算成本。每當步長減半以使結果更為精確時，計算量就增加了一倍。因此，在準確度與計算成本之間須採取折衷方案。折衷方案的概念在數值方法相當重要，並在本書中構成一個重要主題。因此，本書第一篇的結語將聚焦於介紹折衷方案的觀念。

1.2　守恆定律與工程學

除了牛頓第二定律之外，工程學中還有其他重要的組織原理，其中最重要莫過於守恆定律。雖然守恆定律是一些複雜且功能強大的數學模型之基礎，但是它的概念卻相當容易理解。守恆定律可以總結成如下的式子：

$$\text{變動} = \text{增加量} - \text{減少量} \tag{1.13}$$

這正是我們在降落中傘兵（方程式 (1.8)）問題中，使用牛頓定律尋找力平衡時的形式。

雖然簡單，但方程式 (1.13) 卻具體呈現在工程中運用守恆定律的最基本方式

──即預測相對於時間的變化。方程式 (1.13) 又稱為**時間變量 (time-variable)** 計算或**瞬變 (transient)** 計算。

除了用來預測變動，守恆定律的另一個應用為變動不存在。若變動為零，則方程式 (1.13) 就變成

$$變動 = 0 = 增加量 - 減少量$$

或是

$$增加量 = 減少量 \quad (1.14)$$

因此，若無任何變動，增加量必定與減少量平衡。此情形也對應一專有名詞──**穩態 (steady-state)** 計算。穩態計算在工程中有許多應用，例如，在不可壓縮流之穩態管流問題中，流入交會處的流量必定與流出的流量平衡，寫成：

$$流入量 = 流出量$$

在圖 1.6 中的交叉管線，利用平衡機制可計算出第四根管子的流出量為 60。

在傘兵降落問題中，穩定狀態對應到淨力為零的狀況，也就是（由方程式 (1.8) 中淨力 = 左式的 $dv/dt = 0$ 得到右式分子為 0）

$$mg = cv \quad (1.15)$$

因此，在穩定狀態時，向上拉力與向下拉力平衡，由方程式 (1.15) 可解出末速

$$v = \frac{mg}{c}$$

雖然方程式 (1.13) 與 (1.14) 看起來很簡單，但卻具體呈現了工程界運用守恆定律的兩種基本方法。因此，在後續章節說明數值方法與工程間關聯時，這兩個方程式仍有舉足輕重的地位。本書各篇最後工程應用的部分會將其實際用處串聯起來。

表 1.1 摘要說明一些構成工程應用基礎的簡單工程模型與對應的守恆定律。大部分的化學工程應用將重點放在反應器的質量平衡。質量平衡的概念是由質量守恆導出，它指出反應器中化學成分的質量變動取決於 = 流入的質量 − 流出的質量。

土木工程與機械工程的應用都是由動量守恆發展而來的模型。土木工程利用淨力平衡來分析如表 1.1 中的簡單桁架。機械工程則

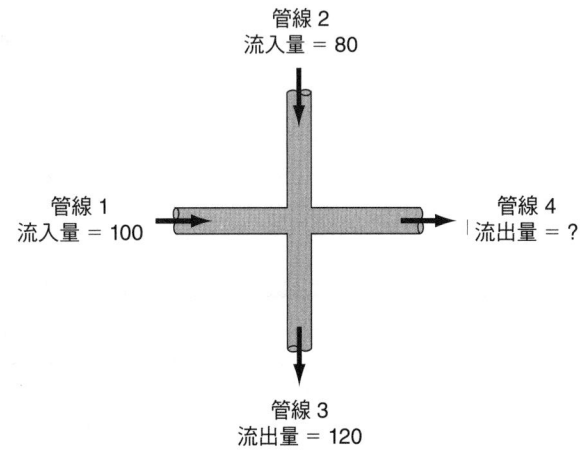

⊃ **圖 1.6** 不可壓縮流之穩態管流在交叉位置的流量平衡。

表 1.1 在四個主要工程領域中之慣用裝置與平衡機制，針對各情形標示出平衡所應用的守恆定律。

領域	裝置	平衡機制	數學運算式
化學工程	反應器	質量守恆	質量平衡： 輸入質量 → → 輸出質量 在單位時間內 Δ 質量 = 輸入質量 − 輸出質量
土木工程	結構	動量守恆	淨力平衡： $+F_V$ / $-F_H$ ← • → $+F_H$ / $-F_V$ 在每個節點上 Σ 水平力 $(F_H) = 0$ Σ 垂直力 $(F_V) = 0$
機械工程	機器	動量守恆	淨力平衡： ↑ 向上拉力 $x = 0$ ↓ 向下拉力 $m\dfrac{d^2x}{dt^2}$ = 向下拉力 − 向上拉力
電機工程	電路	電荷守恆	電流平衡： 在每個節點上 Σ 電流 $(i) = 0$ $+i_1$ → • → $-i_3$ $+i_2$
		能量守恆	電位差平衡： i_1R_1，i_2R_2，ξ，i_3R_3 環繞各個迴圈 Σ 電動勢 − Σ 電阻上的電位降 = 0 $\Sigma \xi - \Sigma iR = 0$

利用相同的原理來分析汽車瞬間的上下運動或震動。

最後，電機工程同時利用電流平衡與能量平衡以建立電路模型。電流平衡由電荷守恆造成，與圖 1.6 所示的流量平衡觀念相似，就像流量在管線交叉處必須平衡，電流在線路交叉處也必須取得平衡；能量平衡則指出環繞任何一個電路迴路的電位差加總後必須為 0。這些工程應用是用來說明，數值方法如何實際利用在工程問題求解過程。藉由這些模型，我們得以探討真實世界的應用中（如表 1.2）實際發生的問題。瞭解數學技巧，像是數值方法，與工程實務應用之間的關聯，對於瞭解潛藏的深層涵義是極為關鍵的步驟。謹慎地檢驗這些工程應用將會幫助你踏出成功的第一步。

表 1.2 在本書各篇最後部分的工程應用中，將要探討的許多實務問題。

1. **非線性 v.s. 線性**：大多數古典工程學問題仰賴線性化以取得解析解，雖然通常這樣也可以，但是如果能夠考慮非線性問題的話，往往可以得到更廣泛的瞭解。
2. **大型系統 v.s. 小型系統**：若無電腦輔助計算，通常很難檢視超過三種交互影響因素的系統，藉由電腦與數值方法的協助，更真實地檢視多元因素。
3. **非理想化 v.s. 理想化**：在工程學中有大量的理想化定律，一般來說，非理想化的定律更能貼近真實但需要大量的運算，這些非理想化的關係式可透過數值估計而簡化運算。
4. **敏感度分析**：在處理錯綜複雜的問題時，許多手動計算需要耗費大量的時間和精力，這個特性使得分析者深感挫敗，無法執行檢驗系統在不同條件下的反應所需要的繁複計算；這類敏感度分析的工作，在引進數值方法使用電腦分擔計算重擔後，繁複程度大幅減輕。
5. **設計問題**：通常我們會直接將一個系統的效能寫成相關參數的函數，因此若想解反問題時就變得較困難——也就是說，給定一個效能值而要解出對應的參數值。數值方法和電腦在這方面往往能有效率地執行計算。

習 題

1.1 利用微積分解方程式 (1.9)，其中初速 $v(0)$ 的值不為零。

1.2 分別使用步長 (a) 1 秒；(b) 0.5 秒，重做範例 1.2，一路算到 $t = 8$ 秒時的速度。你能夠針對這些計算結果的誤差提出解釋嗎？

1.3 在降落中傘兵問題中，利用向上拉力為二次關係的模型取代方程式 (1.7)

$$F_U = -c'v^2$$

其中 c' = 二階拖曳係數 (kg/m)。
(a) 若傘兵一開始處於靜止（即時間 $t = 0$ 時，速度 $v = 0$），利用微積分求出對應的封閉解。
(b) 重複範例 1.2 的數值計算，使用相同的初始條件和參數值，但採用二階拖曳模型且 c' 值換成 0.22 kg/m。

1.4 在自由降落傘兵問題中，假設第一名傘兵重 70 kg，拖曳係數為 12 kg/s；如果第二名重 80 kg，拖曳係數為 15 kg/s，則第二名需要多久時間才能夠達到第一名在 9 秒時的速度？

1.5 利用尤拉法計算自由降落傘兵的速度，其中 $m = 80$ kg、$c = 10$ kg/s，計算範圍為時間 $t = 0$ 到 20 秒，使用步長為 1 秒。初始條件為：在時間 $t = 0$ 時，傘兵的速度為 20 m/s 向上；在時間 $t = 10$ 時突然使用降落傘，因此拖曳係數遽增為 60 kg/s。

1.6 以下為由某個銀行帳戶得到的資訊：

日期	存款	提款	利息	帳戶餘額
5/1				1522.33
6/1	220.13	327.26		
7/1	216.80	378.51		
8/1	450.35	106.80		
9/1	127.31	350.61		

銀行存款利息是由下列的式子計算：

$$利息 = iB_i$$

其中，i 月利率，為該月份月初的初始帳戶餘額。

(a) 若月利率為 1%（即 $i = 0.01／月$），利用現金守恆計算 6/1，7/1，8/1，及 9/1 的帳戶餘額，並將計算過程的每一個步驟都寫出來。

(b) 將帳戶餘額的微分方程式寫成如下形式：

$$\frac{dB}{dt} = f(D(t), W(t), i)$$

其中 $t = $ 時間（以月為單位），$D(t) = $ 將存款視為時間的函數（單位為 \$／月），$W(t)$ 將提款視為時間的函數（單位為\$／月）。在此例中，假設利息為連續計息，即利息 $= iB$。

(c) 假設存款與提款金額均勻分配在整個月分中，利用尤拉法，配合步長 0.5 月，模擬帳戶餘額的值。

(d) 畫出 (a) 及 (c) 兩題中帳戶餘額對時間的圖形。

1.7 在封閉的原子爐中，均勻分布的放射性汙染物的量是以其濃度 c 來測量（單位為貝克勒爾 (becquerel)／升，或 Bq/L）。汙染物的衰變率與其濃度成比例，即

$$衰變率 = -kc$$

其中 $k = $ 單位為日$^{-1}$ 的常數。因此，依據方程式 (1.13)，原子爐的質量平衡可寫成

$$\frac{dc}{dt} = -kc$$

（質量的變動量）＝（衰減的減少量）

(a) 利用尤拉法計算方程式在 $t = 0$ 到 1（日）之間的解，其中 $k = 0.175$ 日$^{-1}$，步長為 $\Delta t = 0.1$，在 $t = 0$ 時的濃度為 100 Bq/L。

(b) 畫出解的半對數圖（即 $\ln c$ 對 t 的圖形），並算出斜率。詮釋你的計算結果所代表的涵義。

1.8 教室裡共有 35 位學生，教室的大小是 11 m × 8 m × 3m。每位學生占用 0.075 m^{3}的空間，並且散發大約 80 W 的熱量（1 W = 1 J/s）。如果教室是完全密閉且絕緣的，計算上課 20 分鐘後，室內溫度會上升多少？假設空氣的熱容量為 $C_v = 0.718$ kJ/(kg K)，在溫度 20°C 且氣壓為 101.325 kPa 時為理想氣體。要注意空氣所吸收的熱量 Q 與空氣質量 m、空氣比熱容 C_v、以及溫度變動量的關係為：

$$Q = m\int_{T_1}^{T_2} C_v dT = mC_v(T_2 - T_1)$$

空氣質量可以由理想氣體定律得到：

$$PV = \frac{m}{\text{Mwt}}RT$$

其中 P 為氣壓、V 為氣體體積、Mwt 為氣體分子量（空氣的分子量為 28.97 kg/kmol）、R 為理想氣體常數〔8.314 kPa m^3/(kmol K)〕。

1.9 一個裝有液體的儲存槽，深度 $y = 0$ 時代表儲存槽為半滿。液體以固定流動速率 Q 取出使用，再以正弦速率 $3Q\sin^2(t)$ 補充（參考圖 P1.9）。

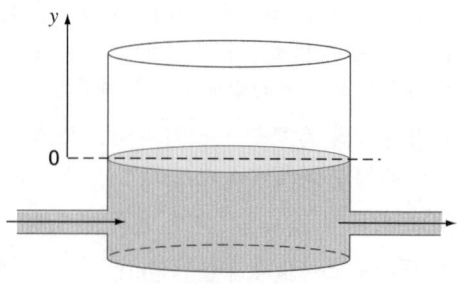

⇨ 圖 P1.9

針對此系統，方程式 (1.13) 可寫成

$$\frac{d(Ay)}{dx} = 3Q\sin^2(t) - Q$$

（體積變動量）＝（流入量）－（流出量）

或是，利用表面積 A 為常數的特性，改寫成

$$\frac{dy}{dx} = 3\frac{Q}{A}\sin^2(t) - \frac{Q}{A}$$

利用尤拉法計算 $t = 0$ 到 $t = 10$（日）間高度 y 的值，步長為 0.5 日，參數值為 $A = 1250$ m^2、$Q = 450$ m^3/d，並假設初始條件為 $y = 0$。

1.10 在習題 1.9 的儲存槽問題中，假設流出量不是固定常數，而是受深度影響；此時，深度的微分方程式可寫成

$$\frac{dy}{dx} = 3\frac{Q}{A}\sin^2(t) - \frac{\alpha(1+y)^{1.5}}{A}$$

利用尤拉法計算 $t = 0$ 到 $t = 10$（日）間高度 y 的值，步長為 0.5 日，參數值為 $A = 1{,}250$ m^2、$Q = 450$ m^3/d 與 $\alpha = 150$，並假設初始條件為 $y = 0$。

1.11 應用體積守恆（習題 1.9）來模擬圖 P1.11 之錐形儲存槽之液面。假設液體流入量的速率為正弦函數 $Q_{in} = 3\sin^2(t)$，且液體流出量依據以下函數計算

$$Q_{out} = 3(y - y_{out})^{1.5} \qquad y > y_{out}$$
$$Q_{out} = 0 \qquad y \le y_{out}$$

其中流體計算單位為 m^3/d，y 為自儲存槽底部至液面之高度（單位為 m）。試利用尤拉法計算 $t = 0$ 到 $t = 10$（日）間高度 y 的值，步長為 0.5 日，參數值為：$r_{top} = 2.5$ m、$y_{top} = 4$ m 與 $y_{top} = 1$ m，並假設液面高度一開始比 $y(0) = 0.8$ m 低。

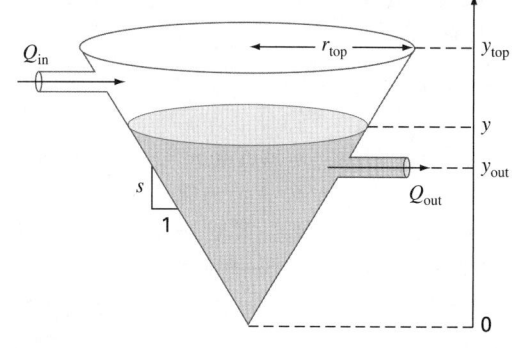

○ 圖 **P1.11**

1.12 在自由降落傘兵問題中，我們假設重力加速度為常數值；雖然在我們考慮接近地表的落體問題時，這是一個不錯的估計，但實際上，當我們離海平面愈遠，重力的強度就愈弱。基於更一般化的**牛頓平方反比定律 (Newton's inverse square law)**，地心引力可寫成

$$g(x) = g(0)\frac{R^2}{(R+x)^2}$$

其中 $g(x) =$ 在距離地表高度 x（單位為 m）處所量測的重力加速度（單位為 m/s^2）、$g(0) =$ 在地表的重力加速度（值約為 9.81 m/s^2）、$R =$ 地球的半徑（值約為 6.37×10^6 公尺）。回答下列各題：

(a) 採取類似方程式 (1.9) 的做法，利用淨力平衡以及上述較完整的重力表現式，導出速度對時間的微分方程式。不過，在計算過程中要假設向上的速度為正值。

(b) 若空氣的拖曳力量可忽略不計，利用連鎖律將原為時間函數的微分方程式改寫成高度的函數。回想所謂的連鎖律是指

$$\frac{dv}{dt} = \frac{dv}{dx}\frac{dx}{dt}$$

(c) 給定高度 $x = 0$ 時，速度 $v = v_0$，利用微積分計算此時的封閉形式解。

(d) 利用尤拉法計算高度從 $x = 0$ 到 $x = 100{,}000$ 公尺的數值解，使用步長 10,000 公尺，初速為 1,500 m/s 向上。比較數值解與解析解的結果有何不同。

1.13 假設一圓球形小滴液的揮發速率跟表面積成比例：

$$\frac{dV}{dt} = -kA$$

其中 V = 體積（單位為 mm^3）、t = 時間（單位為分鐘），k = 揮發的速率（單位 mm/分鐘），A = 表面積（單位 mm^2）。假設 k = 0.8 mm/分鐘，小滴液體的半徑為 2.5 mm，利用尤拉及使用 0.25 分鐘的時間步長計算 t = 0 到 10 分鐘時的小滴液體的體積值。利用最後計算出來的體積所對應的半徑值，確認結果是否與揮發率一致以評估計算結果的正確性。

1.14 **牛頓冷卻定律 (Newton's law of cooling)** 指出，物體溫度的變動率，跟該物體與週遭環境兩者間的溫度差成比例：

$$\frac{dT}{dt} = -k(T - T_a)$$

其中 T = 物體的溫度（單位為 °C），t = 時間（單位為分鐘），k = 比例常數（每分鐘），T_a = 周遭環境的溫度（單位為 °C）。假設一杯咖啡原來的溫度是 70°C，利用尤拉法計算時間從 t = 0 到 10 分鐘時的溫度值，使用 2 分鐘的步長，T_a = 20°C，k = 0.19/min。

1.15 如圖 P1.15 所示之 RLC **電路 (circuit)** 包含三種基本元件：電阻 (R)、電感 (L) 與電容 (C)。當電流通過每一種元件時都會產生電壓降，但依據克希荷夫第二定律，在封閉電路中所有電壓降的代數總和應為零

$$iR + L\frac{di}{dt} + \frac{q}{C} = 0$$

其中 i 為電流、R 為電阻、L 為電感、t 為時間、q 為電荷、C 為電容。此外，電流與電荷的關係為

$$\frac{dq}{dt} = i$$

(a) 若初始值 i(0) = 0 與 q(0) = 1 C，利用尤拉法及使用 秒的時間步長計算到 0.1 秒時的這兩個微分方程式之解。計算中使用 R = 200 Ω、L = 5 H 與 C = 10^{-4} F。

(b) 繪製出 i 與 q 對時間 t 的關係圖。

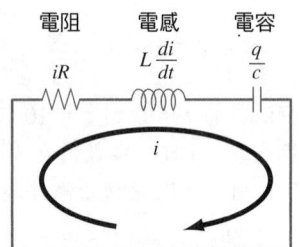

⊃ 圖 P1.15

1.16 當癌細胞得到無限制的營養補充時，會以每 20 小時成長一倍的速度快速增長。然而，當細胞開始形成實心的球體腫瘤而缺乏血液供應時，腫瘤中心的成長逐漸受限，最後導致細胞死亡。

(a) 細胞數目 N 的指數增長可以寫成以下的關係式，其中 μ 為細胞成長速率。針對癌細胞找出 μ 的值。

$$\frac{dN}{dt} = \mu N$$

(b) 給定單一細胞的直徑為 20 微米，寫出描述指數增長過程中腫瘤體積變化速率的方程式。

(c) 某種特別的腫瘤當直徑超過 500 微米時，腫瘤中心的細胞就會死亡（死亡後的細胞仍留在腫瘤內）。請計算腫瘤需過多久時間才會超過這個臨界值。

1.17 一種流體被注入如圖 P1.17 的線路中，若 Q_2 = 0.6，Q_3 = 0.4，Q_7 = 0.2，Q_8 = 0.3 m^3/s，計算出其他分流的流動速率。

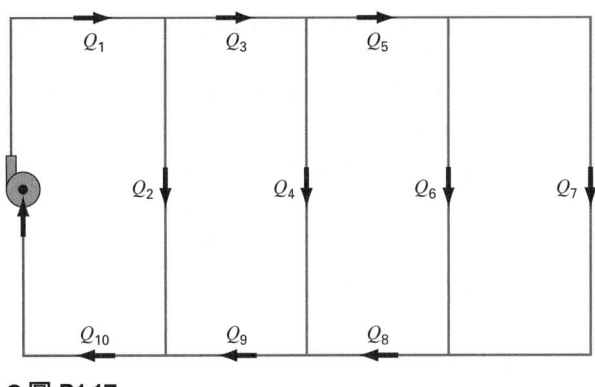

◯ 圖 P1.17

1.18 速度等於距離 x（單位為公尺）的變動率，

$$\frac{dx}{dt} = v(t) \qquad \text{(P1.18)}$$

(a) 假設 $x(0) = 0$，將上式代入方程式 (1.10)，計算出將距離視為時間函數的解析解。

(b) 使用與範例 1.2 相同的參數，利用尤拉法計算方程式 (P1.18) 與方程式 (1.9) 的數值積分，計算在自由降落前十秒的速度與下降距離，其中速度與下降距離為時間的函數。

(c) 將計算所得的數值解與解析解繪製在同一張圖以進行比較。

1.19 假設你在犯罪現場進行調查，而且必須在 5 小時內預測凶殺案受害者的體溫，而且屍體發現時房間的溫度為 10°C。

(a) 利用習題 1.14 中的牛頓冷卻定律與尤拉法，以及 $k = 0.12/hr$ 與 $\Delta t = 5$ hr 的時間步長條件來計算 5 小時後受害者屍體的體溫。若另外假設受害者死亡時體溫為 37°C，且該房間在接下來的 5 小時內的溫度都不會改變。

(b) 若更進一步的調查顯現該房間在這 5 小時中的溫度由 20°C 線性下降至 10°C。利用此新的訊息重做 (a)。

(c) 將 (a) 與 (b) 的計算結果繪製在同一張圖以進行比較。

1.20 假設一個受到線性拖曳力的傘兵 ($m = 70$ kg，$c = 12.5$ kg/s)，由一架高度為 1 公里、水平飛行速度為 180 m/s 的飛機上跳出。

(a) 寫下 $x, y, v_x = dx/dt$ 和 $v_y = dy/dt$ 這四個變量之微分方程式系統。

(b) 假設傘兵的水平初始位置定義為 0，試利用尤拉法及步長為 $\Delta t = 1$，計算該傘兵自飛機跳出後的 10 秒內之位置。

(c) 請分別繪製出 y 對 t 與 y 對 x 的圖形。利用圖形來估算，若降落傘無法順利打開時，該傘兵於何時會落地撞擊地面。

1.21 如習題 1.3 所描述，拖曳力能由與速度平方的關係更正確的描述。因此假設與紊流條件（即高雷諾數 (Reynold's number)）結合後的拖曳力描述公式可寫成

$$F_d = -\frac{1}{2}\rho A C_d v|v|$$

其中 F_d 代表拖曳力（單位為 N），ρ 為流體的密度（單位為 kg/m^3），A 為與移動方向垂直面的正前方面積（單位為 m^2），v 為速度（單位為 m/s），C_d 則為一個無因次的拖曳力係數。

(a) 寫下速度與位置之微分方程式系統（參考習題 1.18）來描述半徑為 d（單位為 m），密度為 ρ_s（單位為 kg/m^3）之圓球之垂直運動。請以圓球的半徑為自變數來描述速度之微分方程式。

(b) 試利用尤拉法及步長為 $\Delta t = 2$ 秒，計算該該圓球在前 14 秒之位置與速度，在計算中使用的參數分別為：$d = 120$ cm，$\rho = 1.3$ kg/m^3，$\rho_s = 2,700$ kg/m^3，$C_d = 0.47$。另假設圓球的初始位置與速度分別為 $x(0) = 100$ m 與 $v(0) = -40$ m/s。

(c) 請將結果繪製成圖形（即分別繪製出 y 對 t 與 v 對 t 的圖形）。利用圖形來估算該圓球於何時會落地撞擊地面。

(d) 計算二階拖曳係數 C'_d 之值 (kg/m)。如習題 1.3 所描述，拖曳力係數即為在最後的速度微分方程式中，與 $v|v|$ 相乘的那一項。

1.22 如圖 P1.22 所示，一圓球通過靜止流體時會受到三種力的影響：向下的重力 (F_G)、向上的浮力 (F_B) 與拖曳力 (F_D)。重力與浮力能藉由牛頓第二定律來計算，且所受浮力等於所排開的流體體積重量。對於層流 (laminar flow) 而言，拖曳力可由**史托克斯定**

律 (Stoke's law) 來計算

$$F_D = 3\pi\mu d\upsilon$$

其中 μ 為流體的動態黏性係數（單位為 N s/m^2），d 為圓球體的直徑（單位為 m），υ 為圓球體的速度（單位為 m/s）。圓球體的質量等於體積乘以其密度 ρ_s（單位為 kg/m^3），而且圓球體所排開的流體質量等於圓球體的體積（等於 $\pi d^3/6$）乘以流體密度 ρ（單位為 kg/m^3）。此外，在無因次化雷諾數 Re（Re $= \rho d\upsilon/\mu$）小於 1 的層流問題中：

(a) 利用圓球體的力平衡，以 d、ρ、ρ_s 與 μ 寫出 $d\upsilon/dt$ 的微分方程式。

(b) 在穩態的前提下，利用此方程式計算圓球體的末速。

(c) 利用 (b) 的結果來計算水中泥球的末速（單位為 m/s），所使用的參數分別為：$d = 10~\mu\text{m}$、$\rho = 1~\text{g/cm}^3$、$\rho_s = 2.65~\text{g/cm}^3$ 與 $\mu = 0.014~\text{g/(cm·s)}$。

(d) 檢驗此流場是否為層流。

(e) 試利用尤拉法及步長為 $\Delta t = 2^{-18}$ 秒，計算該圓球在 $0\sim 2^{-15}$ 秒間的速度。另假設圓球的初始速度為 $\upsilon(0) = 0$。

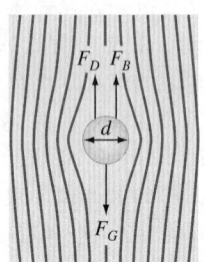

◉ 圖 P1.22

1.23 如習題 1.22 所描述，除了向下的重力（重量）與拖曳力，流體中掉落的物體也受到浮力的影響，此浮力與所排開的流體體積成比例。例如一個直徑為 d 的圓球，體積 $V = \pi d^3/6$、投影面積為 $A = \pi d^2/4$。浮力可以利用公式 $F_b = -\rho Vg$ 計算。因為降落傘在空氣中移動時，浮力的影響並不顯著，所以在推導方程式 (1.9) 時可以將其忽略掉。但是在密度較高的水中，浮力的影響就變得很重要。

(a) 加入浮力的效應與習題 1.21 所描述的拖曳力，並以類似方程式 (1.9) 的推導過程求此微分方程式。

(b) 以圓球為例，重新改寫 (a) 所推導出之微分方程式。

(c) 利用 (b) 所得的方程式，並參考以下參數值來計算穩態下，水中掉落的圓球之末速。圓球直徑 = 1 cm、圓球密度 = 2,700 kg/m^3、水密度 = 1,000 kg/m^3 與 $C_d = 0.47$。

(d) 試利用尤拉法及步長為 $\Delta t = 0.03125$ 秒，計算該圓球在 $0\sim 0.25$ 秒間的速度。另假設圓球的初始速度為 0。

1.24 如圖 1.24 所描述，一懸臂樑在均勻負載 w (kg/m) 的向下變形 y (m) 可以用以下公式來計算：

$$y = \frac{w}{24EI}(x^4 - 4Lx^3 + 6L^2x^2)$$

其中 x 為距離 (m)，E 為彈性係數 $= 2 \times 10^{11}$ Pa，I 為轉動慣量 $= 3.25 \times 10^{-4}$ m^4，$w = 10,000$ N/m，L 則為長度 $= 4$ m。將此方程式微分後可得向下變形對 x 的斜率：

$$\frac{dy}{dx} = \frac{w}{24EI}(4x^3 - 12Lx^2 + 12L^2x)$$

假設在 $x = 0$ 時 $y = 0$，利用此方程式及尤拉法（步長為 $\Delta x = 0.125$ m）計算從 $x = 0$ 到 L 的向下變形。請將你的結果繪製出圖形，並與第一個方程式的解析解進行比較。

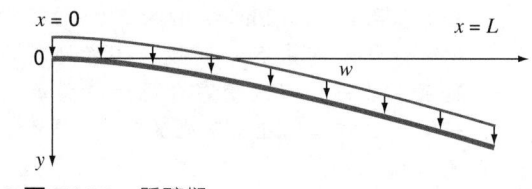

◉ 圖 P1.24　懸臂樑

1.25 假設有一飄浮在海面上之冰球（如圖 P1.25），試利用**阿基米德原理 (Archimede's principle)** 寫出其穩態下之力平衡方程式。此力平衡方程式請以三階多項式及冰球露出海面的高度(h)、海水密度(ρ_f)、冰球密度 (ρ_s) 與冰球半徑 (r) 來表示。

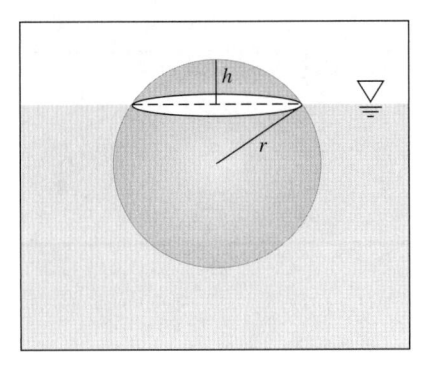

◯ 圖 P1.25

1.26 阿基米德原理除了在流體上的應用，也可以用在地質學中地殼上的物體。如圖 P1.26 所示，在密集的玄武岩層中有一個突出地表的圓錐體花崗岩小山丘。圓錐體在地表下的部分稱為**平截頭體 (frustum)**。試利用以下參數寫出其穩態下之力平衡方程式：玄武岩密度 (ρ_b)、花崗岩密度 (ρ_g)、圓錐體底部半徑 (r)、圓錐體分別在地殼表面上之高度 (h_1) 及地殼表面下之高度 (h_2)。

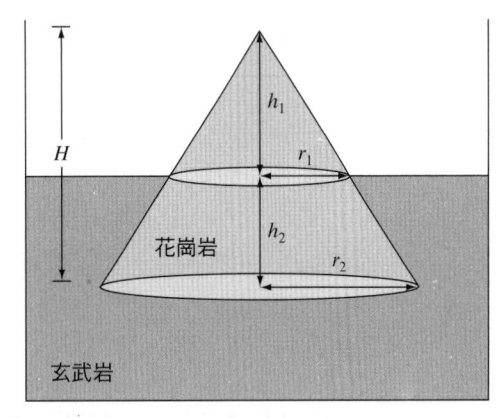

◯ 圖 P1.26

CHAPTER 2 程式化與軟體
Programming and Software

在前一章，我們藉由淨力的概念，發展出預測傘兵降落速度之數學模型，此數學模型可用以下微分方程式來表現：

$$\frac{dv}{dt} = g - \frac{c}{m}v$$

我們也學到了如何利用一種稱為尤拉法的簡單數值方法，求得此方程式的解：

$$v_{i+1} = v_i + \frac{dv_i}{dt}\Delta t$$

只要給定初始條件，即可反覆利用這個方程式算出不同時間的速度。然而，如果想要得到較佳的準確度，就必須採用許多較小的步長。以徒手動計算的方式來執行這項工作，將會非常吃力且耗費時間。不過，在有了電腦輔助之後，這些計算工作可以很輕鬆地執行。

因此我們接下來的工作就是要指出如何完成此目標，本章便是要介紹如何將電腦當成輔助工具以求解出此答案。

2.1 套裝軟體與程式撰寫

目前有兩大類的軟體使用者：第一類使用者拿到什麼就用什麼，也就是說，他們自我設限於軟體的標準操作模式所提供的功能。舉例來說，當要求解線性方程組或製作 x-y 值圖形時，就直接利用 Excel 或 MATLAB 軟體。由於這種處理方式通常省時省力，因此大部分的使用者傾向於採取這種「普遍」操作模式。此外，由於這類軟體的設計者已預先考慮到大部分典型使用者的需求，所以多數重要的問題都可以用這種方式求解。

然而，一旦問題超出標準功能時又該如何處理？很不幸地，工程界中，往往很難雙手一攤說：「老闆，很抱歉，這問題無解！」這種時候，你還有兩種選擇。

第一，你可以嘗試運用其他軟體解決問題。這也是我們在本書中同時涵蓋 Excel 與 MATLAB 的原因之一。如你所見，沒有任何一種軟體是全能的，都各有不

同的強項。若能夠同時精通這兩種軟體，可大幅增加你可處理的問題範圍。

第二，你可以透過學習撰寫 Excel VBA[1] 巨集指令或是 MATLAB M-files，讓自己的能力成長，變成一個功力深厚的使用者。而這些只不過是用來擴大這些軟體工具效能的電腦程式而已。工程師不應該被工具限制住就停手，而應該要竭盡所能解決問題。其中一個很有效的方式就是學會在 Excel 與 MATLAB 環境中撰寫程式。而且，巨集指令與 M-files 所需的程式技巧與 Fortran 90 或 C 語言程式所需的技巧相同。

本章的主要目的是說明如何達成此目標。然而，我們假設你已具備撰寫電腦程式的基礎，並且將重心放在工程問題求解時會直接影響其成效的程式樣貌。

2.1.1 電腦程式

電腦程式 (computer program) 只是一組指示電腦執行特定工作的指令。由於許多人對廣泛的應用問題撰寫程式，因此大多數高階的電腦語言（如 Fortran 90 和 C）都具備了豐富的功能。雖然有些工程師可能必須開發出完整的功能，但是大多數人僅需要能夠執行工程數值計算即可。

從這個觀點來看，我們可以將撰寫程式的複雜工作縮減為以下幾個主題：

- 簡單的資料呈現方式（常數、變數及類型宣告）
- 高階的資料呈現方式（資料結構、陣列及記錄）
- 數學公式（指定、優先法則及固有函數）
- 輸入／輸出
- 邏輯的呈現方式（循序、選擇及重複）
- 模組化程式設計（函數與副程式）

由於我們假設你已具有程式的基礎，因此不打算花時間介紹前四個領域。充其量，我們只是列出這份清單，用來涵蓋後續執行程式時所必須瞭解的事項。

然而，我們將花一些時間來處理最後兩個主題。我們強調邏輯表現方式，因為這是影響演算法一致性與理解性最深遠的單一領域。另外，由於模組化程式設計對程式的架構相當有幫助，因此也納入討論。此外，模組能讓我們將有用的演算法，以實用的方式提供後續相關應用。

---

[1] VBA 為 Visual Basic for Application 的首字母縮寫。

2.2 結構化程式設計

在電腦剛問世時,程式設計師通常不太在意所撰寫的程式是否清楚易懂。如今,大家都體認到撰寫有組織、結構良好的程式碼有許多好處。除了使軟體易於分享這一個明顯的好處之外,它也有助於發展更有效率的程式。也就是說,結構良好的演算法總是易於除錯與測試,使程式花較短的時間即可完成開發、測試及更新。

電腦科學家已系統性地研究開發這種高品質軟體所需的因素及程序。本質上,**結構化程式設計 (structured programming)** 是一組針對程式設計者所訂定的良好習慣規則。雖然結構化程式設計有足夠的彈性容許可觀的創意與個人風格,但是這些規則提供的限制足以使得產生的程式碼遠優於非結構化的程式,更特別的是,最後讓成品更為精緻且易於理解。

結構化程式設計背後的關鍵概念是:任何一種數值演算法都可以由循序、選擇及重複這三個基本的控制結構組合而成。面對問題時將想法限制在這些結構之內,所產生的程式碼就會比較清楚而且容易理解。

在以下幾個段落中,我們將分別描述這些結構。為了使敘述保持一般化,我們將採用流程圖與虛擬程式碼。**流程圖 (flowchart)** 是演算法的視覺或圖形呈現方式,利用區塊與箭頭分別代表演算法中的某特定運算或步驟(圖 2.1),箭頭代表運算的順序。

並非每一位電腦程式設計者皆認為畫流程圖有助程式撰寫,事實上,許多資深

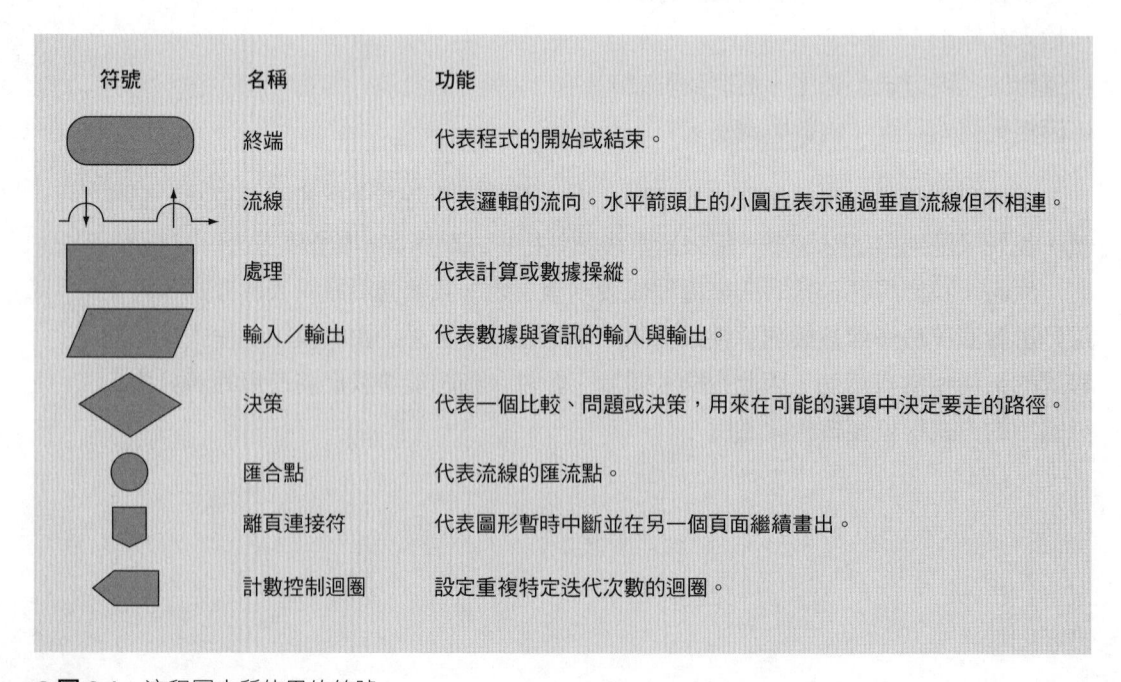

符號	名稱	功能
	終端	代表程式的開始或結束。
	流線	代表邏輯的流向。水平箭頭上的小圓丘表示通過垂直流線但不相連。
	處理	代表計算或數據操縱。
	輸入/輸出	代表數據與資訊的輸入與輸出。
	決策	代表一個比較、問題或決策,用來在可能的選項中決定要走的路徑。
	匯合點	代表流線的匯流點。
	離頁連接符	代表圖形暫時中斷並在另一個頁面繼續畫出。
	計數控制迴圈	設定重複特定迭代次數的迴圈。

○ 圖 2.1 流程圖中所使用的符號。

的程式設計者並不主張使用流程圖。然而，我們認為其有三個值得研究的理由。第一，它們仍然被用來表達及傳達演算法；第二，雖然不常使用，但在規劃、說明或傳達你自己或是其他人的程式時，可用來驗證說明邏輯的概念；最後，也是最重要的目的，它們是出色的教具。從教學的觀點來看，它們是將電腦程式中所採用的某些基本控制結構視覺化的理想工具。

另一種呈現演算法的方式為**虛擬程式碼 (pseudocode)**，它填補了流程圖與電腦程式碼之間的空白。這個方法利用類似程式碼的敘述取代流程圖中的圖形記號。本書對虛擬程式碼的樣式做了一些規範。關鍵字為大寫，如 IF、DO、INPUT……等；而條件、處理步驟及工作為小寫。此外，處理步驟都以縮排顯示。如此一來，關鍵字就像三明治一樣包住處理步驟，視覺化定出各控制結構的範圍。

虛擬程式碼的好處之一是它比流程圖還易於改寫成程式。虛擬程式碼也較易於修改與分享。然而，由於流程圖是以圖形來表示，因此適合以視覺化的方式來表達較複雜的演算法。本書將利用流程圖作為教學工具，而以虛擬程式碼傳達數值方法的相關演算法。

2.2.1 邏輯的呈現方式

循序 循序結構的基本概念是：除非另有指示，否則一次只執行程式碼中的一個指令。如圖 2.2 所示，這個結構一般可用流程圖或虛擬程式碼表示。

選擇 與逐步進行的循序結構不同的是，選擇結構提供了一種判斷方式，利用一個邏輯條件的結果，將程式分割成不同分支。圖 2.3 顯示了兩種最基本的做法。

單一選項選擇決策，或 *IF/THEN* 結構（圖 2.3*a*），在程式中若遇到特定邏輯條件為真，就允許程式繞道而行；若條件為假，則什麼事都不做，直接跳到 ENDIF 執行下一個述。雙重選項決策，或 *IF/THEN/ELSE* 結構（圖 2.3*b*），對條件為真時的處理與單一選項相同，但條件為假時，程式會執行介於 ELSE 與 ENDIF 之間的程式碼。

雖然 IF/THEN 和 IF/THEN/ELSE 結構已經足以建構任何一種數值演算法，還是有兩種常用的變形版本。像是 IF/THEN/ELSE 中的 ELSE 區塊包含另一個 IF/THEN，對於這種情況，ELSE 和 IF 可以組合成圖 2.4*a* 所示的 *IF/THEN/ELSEIF* 結構。

注意圖 2.4*a* 有一連串的決策。第一個決策為 IF 述，而接下來的各決策為 ELSEIF 敘述。沿著決策鏈由上而下，若第一個條件檢驗結果為真，就會分支到它相對應的程式區塊，執行後再跳出這個結構。在這一連串條件的最後，若所有的條件檢驗結果均為假，則可以選擇性加入一個 ELSE 區塊。

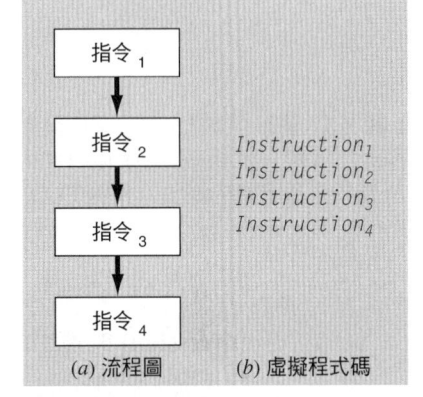

圖 2.2 循序結構的 (*a*) 流程圖及 (*b*) 虛擬程式碼。

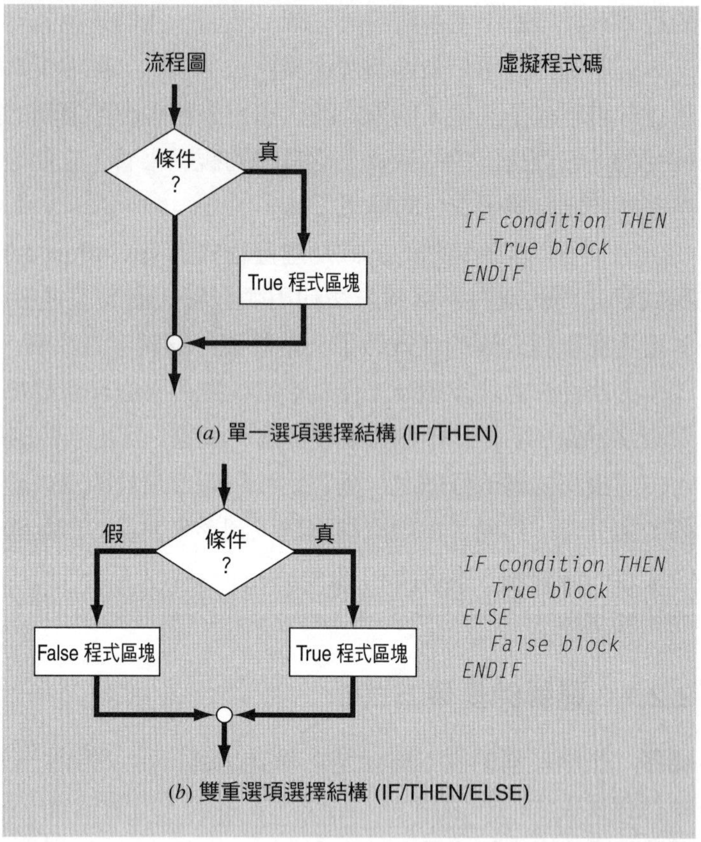

```
流程圖                                                虛擬程式碼


                    條件  ──真──┐
                     ?          │
                                ▼
                          ┌──────────┐              IF condition THEN
                          │ True 程式區塊│                  True block
                          └──────────┘              ENDIF


              (a) 單一選項選擇結構 (IF/THEN)


         ┌──假── 條件 ──真──┐
         │        ?         │                       IF condition THEN
         ▼                  ▼                            True block
  ┌──────────┐        ┌──────────┐                  ELSE
  │False 程式區塊│      │ True 程式區塊│                    False block
  └──────────┘        └──────────┘                  ENDIF


              (b) 雙重選項選擇結構 (IF/THEN/ELSE)
```

○ **圖 2.3** 簡單選擇結構的流程圖與虛擬程式碼：(a) 單一選項選擇結構 (IF/THEN)；(b) 雙重選項選擇結構 (IF/THEN/ELSE)。

CASE 結構為決策的另一種變形（圖 2.4b）。分支是以單一的**檢驗式 (test expression)** 的值來決定，而不是測驗個別條件；由檢驗式的值決定執行不同區塊的程式碼。此外，如果檢驗式的值不在指定值中，執行 CASE ELSE 區塊的程式碼。

重複：重複提供反覆執行指令的方式。它所產生的結構稱作**迴圈 (loop)**，依照迴圈終止的方式可區分成兩種。

第一種稱為**決策迴圈 (decision loop)**，依據邏輯條件的結果判斷是否終止執行。圖 2.5 顯示決策迴圈最常見的類型──**DOEXIT 結構 (DOEXIT construct)**，也稱為**中斷迴圈 (break loop)**。這個結構會一直重覆執行直到特定邏輯條件為真時才結束。

在這個結構中不一定要有兩個區塊。如果沒有第一個區塊，這種結構有時稱為**前測迴圈 (pretest loop)**，因為在其它指令之前先執行了邏輯測試。相反地，如果省略第二個區塊，則稱為**後測迴圈 (posttest loop)**。像圖 2.5 中的的一般情形同時包含兩個區塊，有時也稱為**中測迴圈(midtest loop)**。

DOEXIT 迴圈是 Fortran 90 為了簡化決策迴圈而引入的概念，這個控制結構是 Excel VBA 巨集語言中的標準規格，但是並非 C 或 MATLAB 中的規格。C 和

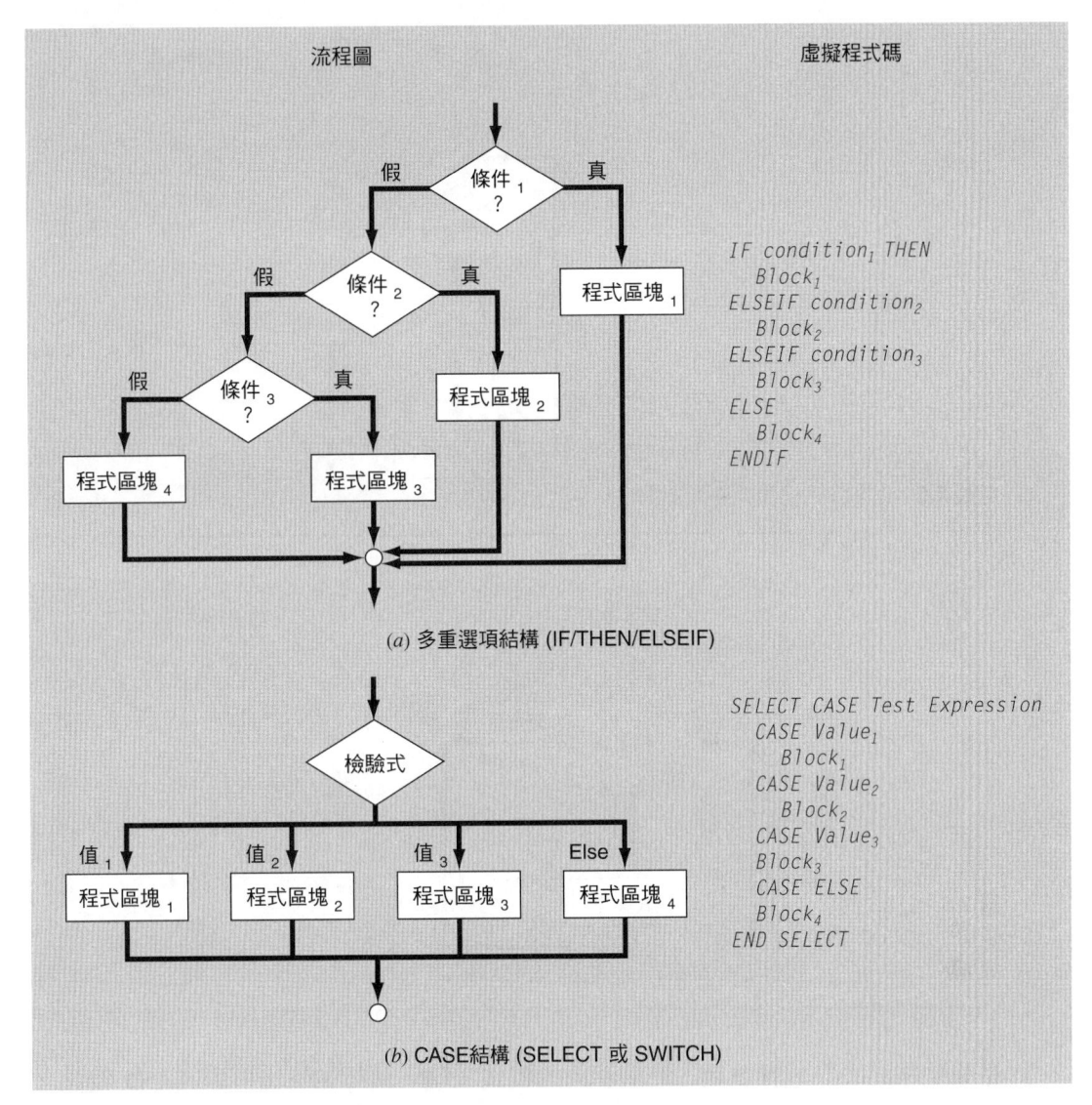

```
                流程圖                                虛擬程式碼


                    ┌─────┐
              假   ┌ 條件₁ ┐  真
              ┌───┤   ?   ├───┐
              │    └─────┘    │
              │                │
        ┌─────┐              ┌──────┐         IF condition₁ THEN
    假 ┌ 條件₂ ┐ 真           │程式區塊₁│              Block₁
   ┌──┤   ?   ├──┐           └──────┘         ELSEIF condition₂
   │   └─────┘   │              │                   Block₂
   │              │              │              ELSEIF condition₃
 ┌─────┐         ┌──────┐       │                   Block₃
假┌條件₃┐真      │程式區塊₂│    │               ELSE
┌┤  ?  ├┐        └──────┘       │                   Block₄
│└─────┘│            │          │               ENDIF
│        │            │          │
┌──────┐ ┌──────┐    │          │
│程式區塊₄│ │程式區塊₃│          │
└──────┘ └──────┘                │
    │        │                    │
    └────────┴────────○───────────┘


                (a) 多重選項結構 (IF/THEN/ELSEIF)


              ┌─────┐
              │檢驗式 │
              └─────┘
    值₁    值₂    值₃      Else       SELECT CASE Test Expression
  ┌────┬────┬────┬────┐                  CASE Value₁
┌──────┐┌──────┐┌──────┐┌──────┐              Block₁
│程式區塊₁││程式區塊₂││程式區塊₃││程式區塊₄│    CASE Value₂
└──────┘└──────┘└──────┘└──────┘              Block₂
   │       │       │       │               CASE Value₃
   └───────┴───○───┴───────┘                    Block₃
                                            CASE ELSE
                                                Block₄
                                            END SELECT

                (b) CASE 結構 (SELECT 或 SWITCH)
```

◐ **圖 2.4** 補充的選擇或分支結構的流程圖和虛擬程式碼：(a) 多重選項選擇 (IF/THEN/ELSEIF)；(b) CASE 結構。

MATLAB 採用所謂的 WHILE 結構。由於我們認為 DOEXIT 比較好用，因此在本書中採用它作為決策迴圈結構。為了確保我們的演算法可同時在 MATLAB 與 EXCEL 上直接操作，本章稍後會介紹如何以WHILE結構模擬中斷迴圈（參考章節 2.5）。

圖 2.5 的中斷迴圈會在特定邏輯條件下終止，因此被稱為邏輯迴圈。相對地，**計數控制迴圈 (count-controlled loop)** 或 **DOFOR 迴圈 (DOFOR loop)**（圖 2.6）重覆執行指定的次數，或稱迭代。

計數控制迴圈運作方式如下：索引值（在圖 2.6 以 i 表示）的初始值指定為**開始值 (start)**，接著此程式檢查此**索引值 (index)** 是否小於或等於**結束值 (finish)**。要

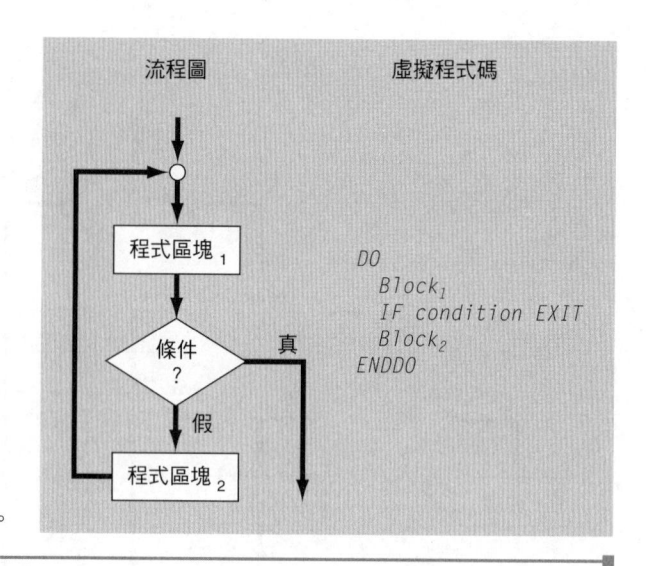

```
流程圖                          虛擬程式碼

    ↓
    ○←─────┐
    ↓      │
  程式區塊₁  │         DO
    ↓      │           Block₁
   條件  真  │           IF condition EXIT
    ?  ────┤           Block₂
   假      │         ENDDO
    ↓      │
  程式區塊₂  │
    └──────┘
    ↓
```

圖 2.5 DOEXIT 迴圈或中斷迴圈。

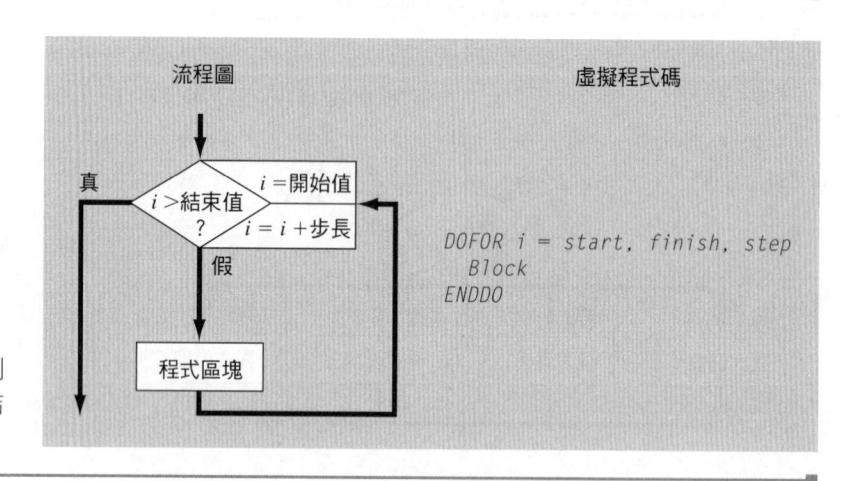

```
流程圖                          虛擬程式碼

         ↓
    ┌──→ ○ ──────┐
    │    ↓        │
    │  i＝開始值   │
  真│    ↓        │
  ┌─i>結束值      │
  │    ?         │
  │   假  i=i+步長│         DOFOR i = start, finish, step
  │    ↓        │           Block
  │  程式區塊     │         ENDDO
  │    └────────┘
  ↓
```

圖 2.6 計數控制結構（DOFOR 結構）

是檢驗結果成立，就會執行此迴圈內的程式主體，執行完畢後再返回 DO 敘述。每當遇到 ENDDO 敘述時，索引值就會自動增加**步長 (step)** 的量。因此索引值實際扮演著計數器的角色，當索引值大於結束值時，電腦自動離開迴圈並將控制權轉交給 ENDDO 之後的敘述。請注意，幾乎所有的電腦程式語言，包括 Excel 和 MATLAB，當步長被省略時，值都被假定是 1 [2]。

以下幾頁所列的數值演算法都是由圖 2.2 至圖 2.6 所衍生出來。在以下的範例中，藉由建立求解二次式根的演算法，示範基本的處理手法。

---

[2] 也可使用負值的步長，在這種情形之下，迴圈是在索引值小於結束值時終止。

範例 2.1　二次式求根演算法

問題描述：二次方程式

$$ax^2 + bx + c = 0$$

的根可以利用二次公式求出：

$$\begin{matrix} x_1 \\ x_2 \end{matrix} = \frac{-b \pm \sqrt{|b^2 - 4ac|}}{2a} \qquad \text{(E2.1.1)}$$

建立演算法執行以下工作：

步驟 1：提示使用者輸入係數 a、b、c。
步驟 2：代入後計算二次公式，但要預防萬一（例如，避免除以零，以及容許複數根）。
步驟 3：顯示解，也就是 x 的值。
步驟 4：允許使用者選擇回到步驟 1，並重複操作。

解法：我們利用由上到下的方式建立起演算法。也就是說，我們將逐漸使演算法趨於精細，而不是在一開始就計算所有的細節。

首先，我們假設這個二次公式有防呆機制，與係數值無關（顯然並不是如此，不過目前已足夠使用）。實作這個公式的結構化演算法如下

```
DO
  INPUT a, b, c
  r1 = (-b + SQRT(b² - 4ac))/(2a)
  r2 = (-b - SQRT(b² - 4ac))/(2a)
  DISPLAY r1, r2
  DISPLAY 'Try again? Answer yes or no'
  INPUT response
  IF response = 'no' EXIT
ENDDO
```

只要條件不符合，利用 DOEXIT 結構就可以重複計算二次公式。這個條件與字元變數 *response* 的值有關：如果 *response* 值等於 *yes*，就執行計算工作；如果 *response* 的值等於 *no*，則迴圈終止。因此，使用者可以藉由輸入 *response* 值來控制結束機制。

雖然目前上述的演算法可以在特定情形下運作良好，但是它並沒有防呆機制。受到係數值的影響，這個演算法有時可能會無法使用。以下為一些可能會發生的狀況：

- 若 $a = 0$，馬上會發生除以零的問題。事實上，仔細檢查方程式 (E2.1.1)，可看到兩種不同的情形：

  若 $b \neq 0$，方程式可簡化為一個線性方程式，有一個實數根 $-c/b$。

  若 $b = 0$，則解不存在，這是一個沒有意義的題目。

- 若 $a \neq 0$，依據判別式 $d = b^2 - 4ac$ 的值，會出現兩種情形：

  若 $d \geq 0$，會有兩個實根。

  若 $d < 0$，會有兩個複數根。

請注意我們利用縮排以凸顯決策結構中數學的重要，這個結構可以迅速轉換為一連串的「IF/THEN/ELSE」結構，並取代前段程式碼陰影區中的敘述，產生最終的演算法：

```
DO
  INPUT a, b, c
  r1 = 0: r2 = 0: i1 = 0: i2 = 0
  IF a = 0 THEN
    IF b ≠ 0 THEN
      r1 = −c/b
    ELSE
      DISPLAY "Trivial solution"
    ENDIF
  ELSE
    discr = b² − 4 * a * c
    IF discr ≥ 0 THEN
      r1 = (−b + Sqrt(discr))/(2 * a)
      r2 = (−b − Sqrt(discr))/(2 * a)
    ELSE
      r1 = −b/(2 * a)
      r2 = r1
      i1 = Sqrt(Abs(discr))/(2 * a)
      i2 = −i1
    ENDIF
  ENDIF
  DISPLAY r1, r2, i1, i2
  DISPLAY 'Try again? Answer yes or no'
  INPUT response
  IF response = 'no' EXIT
ENDDO
```

上一個範例中所使用的方法可以用來建立傘兵問題的演算法。請回想：給定時間與速度的初始條件後，傘兵問題可用下列公式迭代求解：

$$v_{i+1} = v_i + \frac{dv_i}{dt}\Delta t \tag{2.1}$$

請記住，如果我們想要達到更好的準確度，就必須使用更小的步長。因此，我們可能由初始時間到最終時間都反覆利用此式。結果就是，用來解決這個問題的演算法將會利用迴圈處理。

舉例來說，如果我們由 $t = 0$ 開始計算，利用時間步長 $\Delta t = 0.5$ 秒來預測 $t = 4$ 秒時的速度，就會套用方程式 (2.1) 八次，這是由於

$$n = \frac{4}{0.5} = 8$$

其中 $n =$ 迴圈的迭代次數。由於比值是個整數，因此結果很精確，可以利用一個計數控制迴圈作為演算法的基礎。以下範例為一虛擬程式碼：

```
g = 9.81
INPUT cd, m
INPUT ti, vi, tf, dt
t = ti
v = vi
n = (tf − ti) / dt
DOFOR i = 1 TO n
  dvdt = g − (cd / m) * v
  v = v + dvdt * dt
  t = t + dt
ENDDO
DISPLAY v
```

雖然這個語法很容易改寫成程式，但它並沒有防呆機制。尤其是，只在計算區間可被時間步長整除時才能運用[3]。為瞭解決這類問題，可在先前的虛擬程式碼中的灰底色塊以一個決策迴圈取代，最後的結果為：

```
g = 9.81
INPUT cd, m
INPUT ti, vi, tf, dt
t = ti
v = vi
```

---

[3] 由於電腦內部的數學運算是二進位制，因此這個問題變得很複雜。有些很顯然可以整除的數，在電腦內相除之後並不會得到整數。我們將在第 3 章將會處理這類問題。

```
h = dt
DO
  IF t + dt > tf THEN
    h = tf - t
  ENDIF
  dvdt = g - (cd / m) * v
  v = v + dvdt * h
  t = t + h
  IF t ≥ tf EXIT
ENDDO
DISPLAY v
```

一進入迴圈就利用 IF/THEN 結構檢查——加上 $t + dt$ 後是否會超過區間的端點？如果不會的話（通常一開始不會），就什麼都不做。如果會超過，就將步長 h 重設為 $tf - t$ 以縮短區間。這樣做將會保證下一步剛好落在 tf。在執行完這最後一步後，由於 $t \geq tf$ 這個條件成立，因此迴圈將終止。

請注意，在進入迴圈之前，我們將時間步長 dt 的值指定給另一個變數 h。創造這個虛擬變數的目的，是為了在調整時間步長縮小時，dt 的初始值不會被改變。這樣處理的原因是因為，有時我們可能會需要將這段程式碼整合到一個大型程式中，但 dt 的原始值還要繼續用到。

要留意的是，這個演算法仍然沒有防呆機制。例如，使用者可能輸入錯誤，輸入了一個比計算區間大的步長 (如 $tf - ti = 5$，$dt = 20$)。因此，在你的程式碼中可能要加入能抓出錯誤的設計，並且允許使用者修正這些錯誤。

2.3 模組化程式設計

想像一下，讀一本沒有章節、沒有段落的教科書有多困難？將複雜的工作或問題分成幾個比較能夠掌控的部分，會變得更容易處理。同樣地，電腦程式也可以分割成數個小型子程式或模組，然後個別進行開發與測試，此方式稱為**模組化程式設計 (modular programming)**。

模組最重要的特質是盡可能獨立與自給自足。此外，它們通常都是設計來執行特定的、定義完善的函數，並且有一個進入點與一個退出點。因此，它們通常很簡短（一般長度大約是 50 到 100 個指令）而且高度聚焦。

在 Fortran 90 或 C 的標準高階語言中，程序是表現模組的主要程式元件。程序是一連串組合在一起執行特定工作的電腦指令。常用程序有**函數 (function)** 與**副程式 (subroutine)** 兩種，前者回傳單一結果，而後者可回傳數個結果。

順帶一提，大多數與套裝軟體相關的程式設計，像是 Excel 和 MATLAB，都需要開發子程式。因此，不論是 Excel 巨集指令還是 MATLAB 函數，都是設計成可以接收資訊、執行計算、回傳結果。因此，模組化思考與軟體環境中程式如何執行

也是一致的。

模組化程式設計有許多優點：小型而自給自足的元件能使程式開發者與使用者都較容易設計和瞭解潛在的邏輯。由於各模組可完全獨立，因此開發工作變得更為方便。實際上，在大型專案中，不同的程式設計師可以各自負責不同部分。由於錯誤可以被輕易隔離出來，模組設計也讓程式的除錯與測試變得更輕鬆。最後，因應額外的工作或功能所新開發的程式模組，由於能輕易地合併到原來的系統之中，因此程式維護與修改也變得更便利。

儘管這些特性能成為使用模組的足夠理由，但對數值求解工程問題而言，最重要的是能維護自己的模組函數庫，並在其他程式中使用。因此本書將所有的演算法都寫成模組型式。

在圖 2.7 中闡明了這個想法，顯示一個用來執行尤拉法的函數。請注意，這個函數與先前尤拉法在輸入／輸出的處理方式不同。先前的版本中，輸入（藉由 INPUT 敘述）直接來自使用者，而輸出（藉由 DISPLAY 敘述）直接傳給使用者。但是在本函數中，輸入則是藉由引數列傳遞給 FUNCTION：

Function Euler(dt, ti, tf, yi)

而輸出是藉由指定的敘述回傳：

y = Euler(dt, ti, tf, yi)

```
FUNCTION Euler(dt, ti, tf, yi)
t = ti
y = yi
h = dt
DO
  IF t + dt > tf THEN
    h = tf − t
  ENDIF
  dydt = dy(t, y)
  y = y + dydt * h
  t = t + h
  IF t ≥ tf EXIT
ENDDO
Euler = y
END
```

◯ **圖 2.7** 利用尤拉法解微分方程的函數之虛擬程式碼。

此外，請看看這是多麼一般的程式，沒有參照到傘兵問題的任何特性。例如，在函數中使用一般的符號 *y*，而不是使用因變數 *v* 來代表速度；而且，函數中也不是直接以方程式來計算導數，而是必須引入另一個函數 *dy* 來計算。這告訴我們除了拿來計算傘兵速度之外，我們也可能在許多不同的問題中用到這個函數。

2.4　Excel

Excel 為微軟公司所開發的試算表軟體。試算表是一種很特別的數學軟體，可允許使用者在資料儲存格進行輸入和執行計算。因此，它們是可以操作並顯示大量互相連接計算的電腦版大型會計工作表。由於表中任一個值改變時，所有的計算都會跟著更新，因此試算表對於「若－則」分析是個理想工具。

Excel 有許多內建的數學功能，包括解方程式、曲線擬合及最佳化，另外也包含了執行數值計算的 VBA 巨集指令語言，以及許多圖表和三度空間表面圖等之視覺化工具，這些都是數值分析重要的輔助工具。本節將示範如何使用這些功能來解

答傘兵問題。

為瞭解這個問題，我們先建立一個簡單的試算表。如下所示，第一步是將標記和數字輸入試算表的儲存格內。

	A	B	C	D
1	Parachutist Problem			
2				
3	m	68.1 kg		
4	cd	12.5 kg/s		
5	dt	0.1 s		
6				
7	t	vnum (m/s)	vanal (m/s)	
8	0	0.000		
9	2			

在撰寫計算數值結果的巨集程式前，我們先賦予參數值不同的名稱，讓後續工作更加容易。做法如下：首先，選取 A3：B5 儲存格（最簡單的方法為將滑鼠移至 A3，按住左滑鼠鍵，拖曳到 B5 再放開）。接著點選取**工具 (Formula)** 標籤與**定義名稱 (Defined Names)** 群組，再按下從**選取範圍建立 (Create from Selection)**，此時將開啟一個以**選取範圍建立名稱 (Create Names from Selection)** 之對話視窗，此時**最左欄 (Left column)** 選項會已自動選取，然後點選確定完成名稱建立。要驗證這項工作正確無誤，可選取儲存格 B3 並檢查名稱方框（就在表單左方主選單帶正下方）內是否出現標記「m」。

將滑鼠移到儲存格 C8 並輸入解析解（參考方程式 1.9）

```
=9.81*m/cd*(1-exp(-cd/m*A8))
```

輸入此公式之後，儲存格 C8 中應該會出現 0 這個值。接著將公式複製到儲存格 C9，產生值 16.405 m/s。

以上都只是 Excel 典型的標準用法，你也可以試著改變參數值並觀察解析解如何變化。

現在，我們說明如何利用 VBA 巨集指令來擴大這些標準功能。圖 2.8 列出前一節所描述的控制結構（圖 2.2 至 2.6）對應的虛擬程式碼以及 Excel VBA 程式碼。雖然細節有些差異，但請注意到虛擬程式碼與 VBA 程式碼的結構是完全相同的。

我們現在可以利用圖 2.8 的一些結構來撰寫計算速度數值的巨集函數。以下列選項開啟 VBA [4]：

工具 (T) ➔ 巨集 (M) ➔ Visual Basic 編輯器 (V)

---

[4] 以快速鍵組合 Alt-F11 開啟會更快速。

一旦進入「*Visual Basic Editor*」（VBE）之後，繼續選取

插入(M)➔模組(M)

將開啟一個新的程式碼視窗。以下的 VBA 函數可由圖 2.7 的虛擬程式碼直接改寫出來，在程式碼視窗中打入下列文字：

```
Option Explicit

Function Euler(dt, ti, tf, yi, m, cd)
Dim h As Double, t As Double, y As Double, dydt As Double
t = ti
y = yi
h = dt
Do
  If t + dt > tf Then
    h = tf - t
  End If
  dydt = dy(t, y, m, cd)
  y = y + dydt * h
  t = t + h
  If t >= tf Then Exit Do
Loop
Euler = y
End Function
```

將這個巨集和圖 2.7 的虛擬程式碼互相比較，可發現兩者極為相似。另外，請觀察如何擴充函數的引數列以涵蓋傘兵速度模型中必要的參數，計算得到的 v 則藉由函數名稱傳回試算表。

此外，請注意如何加入另一個函數以計算導數，可以在同一個模組內 Euler 函數正下方直接鍵入函數：

```
Function dy(t, v, m, cd)
Const g As Double = 9.81
dy = g - (cd / m) * v
End Function
```

最後一個步驟是回到試算表，並在儲存格 B9 中輸入下列公式以呼叫函數：

```
=Euler(dt,A8,A9,B8,m,cd)
```

數值積分結果 16.531，將會出現在儲存格 B9 中。

你應該看得出來發生了什麼事：當你在試算表儲存格中輸入這個函數時，參數傳到 VBA 程式中進行計算，然後傳回結果並顯示在儲存格內。事實上，VBA 巨集語言允許你利用 Excel 作為輸入／輸出機制，各種益處都是源自於此。

舉例來說，既然你已建立好計算公式，就可以用來測試。假設傘兵的體重稍微重一點，像是 $m = 100$ kg（約 220 磅）。在儲存格 B3 中輸入 100，試算表馬上更

(a) 虛擬程式碼	(b) Excel VBA

IF/THEN:
IF condition THEN
  True block
ENDIF
	If b <> 0 Then
	  r1 = -c / b
	End If

IF/THEN/ELSE:
IF condition THEN
  True block
ELSE
  False block
ENDIF
	If a < 0 Then
	  b = Sqr(Abs(a))
	Else
	  b = Sqr(a)
	End If

IF/THEN/ELSEIF:
IF condition$_1$ THEN
  Block$_1$
ELSEIF condition$_2$
  Block$_2$
ELSEIF condition$_3$
  Block$_3$
ELSE
  Block$_4$
ENDIF
	If class = 1 Then
	  x = x + 8
	ElseIf class < 1 Then
	  x = x - 8
	ElseIf class < 10 Then
	  x = x - 32
	Else
	  x = x - 64
	End If

CASE:
SELECT CASE Test Expression
  CASE Value$_1$
    Block$_1$
  CASE Value$_2$
    Block$_2$
  CASE Value$_3$
    Block$_3$
  CASE ELSE
    Block$_4$
END SELECT
	Select Case a + b
	  Case Is < -50
	    x = -5
	  Case Is < 0
	    x = -5 - (a + b) / 10
	  Case Is < 50
	    x = (a + b) / 10
	  Case Else
	    x = 5
	End Select

DOEXIT:
DO
  Block$_1$
  IF condition EXIT
  Block$_2$
ENDDO
	Do
	  i = i + 1
	  If i >= 10 Then Exit Do
	  j = i*x
	Loop

COUNT-CONTROLLED LOOP:
DOFOR i = start, finish, step
  Block
ENDDO
	For i = 1 To 10 Step 2
	  x = x + i
	Next i

◯ 圖 2.8　分別在 (a) 虛擬程式碼；(b) Excel VBA 內之基本控制結構

新並在儲存格 B9 中顯示 17.438。將質量改回 68.1kg，先前的結果 16.531 又自動再出現在儲存格 B9 中。

現在，讓我們進一步對時間填入一些額外的數字。在 A10 到 A16 儲存格中輸入數字 4、6…16，然後將 B9：C9 儲存格中的公式複製到第 10 到 16 列就可看到 VBA 程式能正確計算出新增列中的數值（想要驗證這件事，可以將 dt 改成 2 並和範例 1.2 先前手動計算的結果比較）。接著再利用 Excel 圖表精靈畫出結果的 x-y 圖，會有額外的收穫。

最後的試算表如下所示，我們已創造出一個相當好的解題工具，你可以改變各個參數的值以執行敏感度分析。每次新的值輸入之後，計算及圖形都會自動更新，而這樣相互影響的特質就是 Excel 功能強大的主因。然而，要知道的是，解題能力取決於是否會撰寫 VBA 巨集。

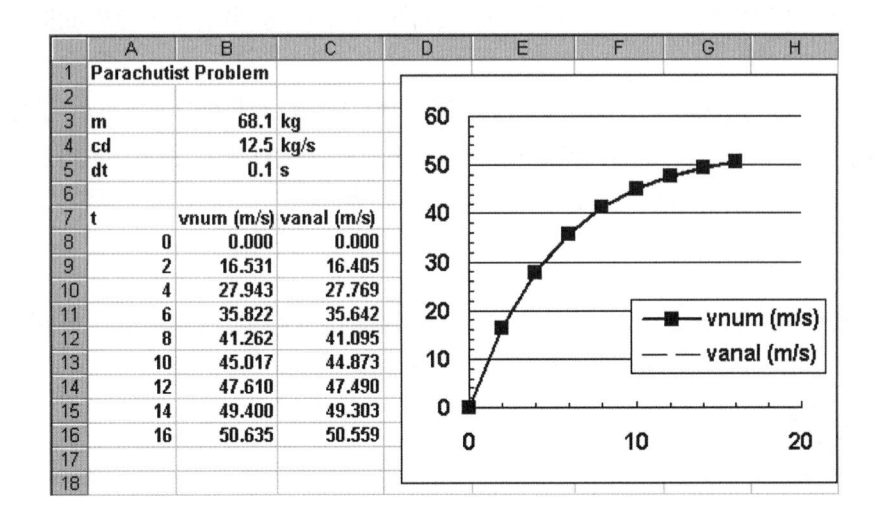

	A	B	C
1	Parachutist Problem		
2			
3	m	68.1	kg
4	cd	12.5	kg/s
5	dt	0.1	s
6			
7	t	vnum (m/s)	vanal (m/s)
8	0	0.000	0.000
9	2	16.531	16.405
10	4	27.943	27.769
11	6	35.822	35.642
12	8	41.262	41.095
13	10	45.017	44.873
14	12	47.610	47.490
15	14	49.400	49.303
16	16	50.635	50.559

Excel 環境結合 VBA 程式語言，確實為工程問題求解開啟了無限的可能性。在未來幾章，我們將說明如何實現它。

2.5 MATLAB

MATLAB 為數值分析專家 Cleve Moler 與 John N. Little 共同創辦的 The MathWorks 公司的旗艦軟體產品。正如其名，MATLAB 原本是以做為**矩陣實驗室 (matrix laboratory)** 而發展。發展至今，MATLAB 的主要元素仍然是矩陣，在易用的互動式環境中，矩陣的數學運算可非常輕鬆達成。針對矩陣的操作，MATLAB 增加了許多數值函數、符號運算及視覺化工具。因此，目前的版本是個範圍相當廣泛的專業計算環境。

MATLAB 有很多函數與運算子，方便演算本書中的許多數值方法，這些會在

以下幾章詳細描述。此外，可以寫出所謂的 M-file 程式以執行數值計算，接下來讓我們探討實際的做法。

首先，你要知道，標準的 MATLAB 使用方式與程式設計緊密相關。例如，假設我們想要找出傘兵問題的解析解，可以使用下列 MATLAB 指令：

```
>> g=9.81;
>> m=68.1;
>> cd=12.5;
>> tf=2;
>> v=g*m/cd*(1-exp(-cd/m*tf))
```

計算結果為

```
v =
    16.4217
```

因此，這一連串指令的作用，跟典型的程式語言中的一連串指令，有異曲同工的效果。

雖然有一些很簡潔的方法可以在標準命令模式中加入非循序式功能。但要脫離循序式結構最佳的方案，是透過建立稱為 M-file 的 MATLAB 文件，並將其加入至決策及迴圈中。做法如下：從主功能表勾選以下選項

<u>F</u>ile <u>N</u>ew <u>M</u>file

接著將會開啟一個標題為「MATLAB Editor / Debugger」的新視窗，在這個視窗當中，你可以輸入與編輯 MATLAB 程式，請鍵入以下程式碼：

```
g=9.81;
m=68.1;
cd=12.5;
tf=2;
v=g*m/cd*(1-exp(-cd/m*tf))
```

請注意這些指令寫法，與 MATLAB 前端的寫法完全一樣。將程式以檔名 analpara 儲存，MATLAB 會自動附加上延伸檔名 .m，表示這是一個 M-file：analpara.m。

要執行此程式，必須回到命令模式之下，最直接的方式是在工作列（通常在螢幕底部）中點選「MATLAB Command Window」按鈕。

接著只要鍵入檔案名稱 analpara，方式如同：

```
>> analpara
```

如果所有指令都正確鍵入，MATLAB 會回應正確答案如下：

```
v =
    16.4217
```

先前的處理有個問題，就是只能用來計算單一個案。你可以讓使用者輸入某些變數值，使程式變得更有彈性。例如，假設你想要評估在 2 秒時質量對速度的影響，則 M-file 可以改寫成如下情形：

```
g=9.81;
m=input('mass (kg): ');
cd=12.5;
tf=2;
v=g*m/cd*(1-exp(-cd/m*tf))
```

將這段程式碼另存成 analpara2.m 檔案，在命令模式鍵入 analpara2 會出現示字如下：

```
mass (kg):
```

接著使用者可輸入一個值，如 100，結果將顯示如下

```
v =
   17.3597
```

現在我們應該很清楚如何使用 M-file 編寫數值解的程式。要想編寫程式，我們首先必須瞭解 MATLAB 如何處理邏輯與迴圈結構。圖 2.9 列出章節 2.2 的控制結構的虛擬程式碼與 MATLAB 程式碼。雖然有些細節上的差異，但是虛擬程式碼與 MATLAB 程式碼的結構卻是完全相同的。

當中值得注意的是我們如何呈現 DOEXIT 結構：在 DO 的位置，我們使用 WHILE(1) 敘述，由於 MATLAB 將數字 1 解釋為 true（真），因此這段敘述會與 DO 敘述一樣無限次反覆；須以 $break$ 指令終止迴圈，再將控制權交給結束迴圈的 end 敘述後面的指令。

同時也要注意的是，在計數控制迴圈中的參數有順序上的不同。在虛擬程式碼中，迴圈參數為 $start, finish, step$；而 MATLAB 中的參數順序則是 start:step:finish。

下列的 MATLAB M-file 由圖 2.7 的虛擬程式碼直接改寫而成，請將程式碼鍵入 MATLAB Editor/Debugger 中

(a) 虛擬程式碼	(b) **MATLAB**

IF/THEN:
IF condition THEN
  True block
ENDIF
	`if b ~= 0`
	  `r1 = -c / b;`
	`end`

IF/THEN/ELSE:
IF condition THEN
  True block
ELSE
  False block
ENDIF
	`if a < 0`
	  `b = sqrt(abs(a));`
	`else`
	  `b = sqrt(a);`
	`end`

IF/THEN/ELSEIF:
IF condition$_1$ THEN
  Block$_1$
ELSEIF condition$_2$
  Block$_2$
ELSEIF condition$_3$
  Block$_3$
ELSE
  Block$_4$
ENDIF
	`if class == 1`
	  `x = x + 8;`
	`elseif class < 1`
	  `x = x - 8;`
	`elseif class < 10`
	  `x = x - 32;`
	`else`
	  `x = x - 64;`
	`end`

CASE:
SELECT CASE Test Expression
  CASE Value$_1$
    Block$_1$
  CASE Value$_2$
    Block$_2$
  CASE Value$_3$
    Block$_3$
  CASE ELSE
    Block$_4$
END SELECT
	`switch a + b`
	  `case 1`
	    `x = -5;`
	  `case 2`
	    `x = -5 - (a + b) / 10;`
	  `case 3`
	    `x = (a + b) / 10;`
	  `otherwise`
	    `x = 5;`
	`end`

DOEXIT:
DO
  Block$_1$
  IF condition EXIT
  Block$_2$
ENDDO
	`while (1)`
	  `i = i + 1;`
	  `if i >= 10, break, end`
	  `j = i*x;`
	`end`

COUNT-CONTROLLED LOOP:
DOFOR i = start, finish, step
  Block
ENDDO
	`for i = 1:2:10`
	  `x = x + i;`
	`end`

◐ 圖 2.9 分別在 (a) 虛擬程式碼；(b) MATLAB 程式語言中的基本控制結構。

```
g=9.81;
m=input('mass (kg):');
cd=12.5;
ti=0;
tf=2;
vi=0;
dt=0.1;
t = ti;
v = vi;
h = dt;
while (1)
  if t + dt > tf
    h = tf - t;
  end
  dvdt = g - (cd / m) * v;
  v = v + dvdt * h;
  t = t + h;
  if t >= tf, break, end
end
disp('velocity (m/s):')
disp(v)
```

接著存成 numpara.m 檔案,回到命令模式下,輸入 numpara 進行執行,將會產生:

```
mass (kg): 100

velocity (m/s):
17.4559
```

作為這個過程的結束,將上述的 M-file 轉換成適當的函數,可由圖 2.7 的虛擬程式碼寫出以下的 M-file:

```
function yy = euler(dt,ti,tf,yi,m,cd)
t = ti;
y = yi;
h = dt;
while (1)
  if t + dt > tf
    h = tf - t;
  end
  dydt = dy(t, y, m, cd);
  y = y + dydt * h;
  t = t + h;
  if t >= tf, break, end
end
yy = y;
```

將這段程式碼存成 euler.m 檔,產生一個用來計算導數的 M-file:

```
function dydt = dy(t, v, m, cd)
g = 9.8;
dydt = g - (cd / m) * v;
```

將這段程式碼存成 dy.m 檔，回到命令模式下。輸入以下指令呼叫函數以便觀察結果：

```
>> m=68.1;
>> cd=12.5;
>> ti=0;
>> tf=2.;
>> vi=0;
>> dt=0.1;
>> euler(dt,ti,tf,vi,m,cd)
```

當最後一個指令輸入完成之後，結果將顯示如下：

```
ans =
16.5478
```

MATLAB 環境與 M-file，確實為工程問題求解開啟了無限的可能性。在未來幾章，我們將說明如何實現它。

2.6　Mathcad

　　Mathcad 試圖填補在像是 Excel 之類的試算表和記事本之間的空白。由 MIT 的 Allen Razdow（後來創辦了 Mathsoft 公司）原創的這個軟體，在 1986 年發行第一個商業版本。如今 Mathsoft 已被併入 Parametric Technology Corporation (PTC)，且 Mathcad 也已推出第 15 版。

　　Mathcad 基本上是一個互動的記事本，讓工程師和科學家進行一連串的普通數學運算、數據處理以及圖形繪製。把資料和方程式輸入到一個像「白板」的設計環境中，就像是寫在一張白紙上；不像別的程式開發工具或是試算表軟體，Mathcad 的介面接受並可顯示原始數學符號，利用鍵盤按鍵或是由功能表點選即可，而完全不需要任何程式技巧。由於工作表中包含即時的計算，只要按單一鍵來變更輸入的內容或方程式，就會即刻回傳更新結果。

　　Mathcad 可在數值模式或符號模式下執行運算。在數值模式中，Mathcad 的函數及運算子回傳數值結果，而在符號模式下則回傳一般的運算式或方程式。Maple V 這個功能廣泛的符號運算數學軟體，是 Mathcad 符號模式的重要基礎，在 1993 併入 Mathcad。

　　透過 Mathcad 多樣的函數與運算子，許多在本書中介紹的數值方法，都可以輕鬆實作，具體做法在後續章節中將有詳細介紹。

2.7 其他語言與函數庫

在 2.4 及 2.5 節中,我們說明了如何由虛擬程式碼的演算法建立尤拉法的 Excel 及 MATLAB 函數程序。你應該會發現在高階的語言中,如 Fortran 90 與 C++,可以寫出類似的函數。例如尤拉法的 Fortran 90 函數可寫成:

```
Function Euler(dt, ti, tf, yi, m, cd)

REAL dt, ti, tf, yi, m, cd
Real h, t, y, dydt

t = ti
y = yi
h = dt
Do
  If (t + dt > tf) Then
    h = tf - t
  End If
  dydt = dy(t, y, m, cd)
  y = y + dydt * h
  t = t + h
  If (t >= tf) Exit
End Do
Euler = y
End Function
```

至於 C 語言,程式碼看起來非常類似 MATLAB 函數。最重要的是,只要將結構良好的演算法發展成虛擬程式碼,就可以很輕鬆地在各種程式環境中運作。

本書中將提供由虛擬程式碼寫成的良好結構程序,這些演算法構成了數值函數庫,可用在許多軟體工具及程式語言中執行特定的數值工作。

除了自行開發的程式之外,在商業程式的函數庫中包含許多有用的數值程序。例如,在 Numerical Recipe 這個函數庫中,就包含了大量以 Fortran 及 C 撰寫成的程式[5]。這些程序在 Press 2007 年的著作和電子檔中皆有介紹。

---

[5] Numerical Recipe 程序也可在 Pascal, MS Basic 和 MATLAB 的書與電子檔中取得,關於 Numerical Recipe 的各式產品資訊可在 http://www.nr.com/ 中找到。

習 題

2.1 寫出圖 P 2.1 所繪製的流程圖對應的虛擬程式碼，記得使用適當的縮排以便讓程式結構更清楚。

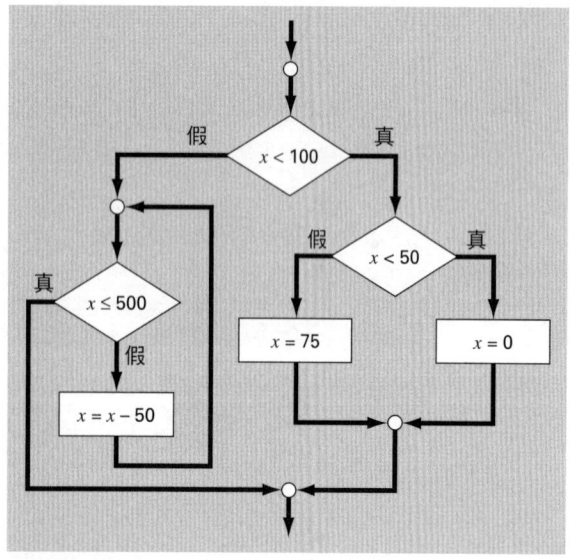

➲ 圖 P2.1

2.2 利用標準縮排改寫下列虛擬程式碼：

```
DO
j = j + 1
x = x + 5
IF x > 5 THEN
y = x
ELSE
y = 0
ENDIF
z = x + y
IF z > 50 EXIT
ENDDO
```

2.3 使用一種高階語言或是巨集語言，建立一個用來找出二次方程式 $ax^2 + bx + c$ 的根的程式，需建立、除錯並且測試功能；利用一個副程式來計算根（不管是實數根或是複數根），並對下列各小題進行測試：**(a)** $a = 1$, $b = 6$, $c = 2$；**(b)** $a = 0$, $b = -4$, $c = 1.6$；**(c)** $a = 3$, $b = 2.5$, $c = 7$。

2.4 正弦函數可以利用以下的無窮級數來求值：

$$\sin x = x - \frac{x^3}{3!} + \frac{x^5}{5!} - \frac{x^7}{7!} + \ldots$$

撰寫一個演算法實作此公式，並在級數每多增加一項時，就計算並且輸出 $\sin x$ 的值，換句話說，計算和輸出的值會以下序列呈現：

$$\sin x = x$$

$$\sin x = x - \frac{x^3}{3!}$$

$$\sin x = x - \frac{x^3}{3!} + \frac{x^5}{5!}$$

直到指定的項數 n 為止。針對每一次計算出來的值，分別計算並印出相對誤差百分比：

$$相對誤差百分比 = \frac{真正值 - 級數近似值}{真正值} \times 100\%$$

將此演算法寫成 **(a)** 結構化流程圖；**(b)** 虛擬程式碼。

2.5 使用一種高階語言或是巨集語言，為習題 2.4 寫個程式，加入除錯並且測試功能；利用電腦中的正弦函數庫算出真正值，接著執行程式輸出每一步的級數近似值與誤差，作為測驗，使用程式計算 $\sin(1.5)$ 直到包含 $x^{15}/15!$ 項為止。解釋你的計算結果。

2.6 以下演算法是為了計算一個含有小考、作業、及期末考科目的成績而設計：

步驟 1：輸入課程代碼與名稱。

步驟 2：輸入加權係數：小考 (WQ)、作業 (WH) 及期末考 (WF) 的加權係數。

步驟 3：輸入小考成績並計算小考平均成績 (AQ)。

步驟 4：輸入作業成績並計算作業平均成績 (AH)。

步驟 5：如果課程有期末考成績，就繼續執行第 6 步，否則就跳到第 9 步。

步驟 6：輸入期末考成績 (FE)。

步驟 7：依據下列公式計算平均成績(AG)：

$$AG = \frac{WQ \times AQ + WH \times AH + WF \times FE}{WQ + WH + WF} \times 100\%$$

步驟 8：跳到步驟 10。

步驟 9：依據下列公式計算平均成績(AG)：

$$AG = \frac{WQ \times AQ + WH \times AH}{WQ + WH} \times 100\%$$

步驟 10：輸出課程代碼、名稱以及平均成績。

步驟 11：終止計算。

(a) 撰寫一個結構良好的虛擬程式碼以實作此演算法。

(b) 依據這個演算法，寫出結構化的電腦程式，並且除錯與說明。利用以下的數據測驗，計算出不含期末考的成績和含有期末考的成績：WQ = 30；WH = 40；WF = 30；小考成績 = 98, 95, 90, 60, 99；作業成績 = 98, 95, 86, 100, 100, 77；期末考成績 = 91。

2.7 相除平均法 (divide and average method) 是一個用來估計任何正數 a 的平方根之古老方法，計算公式可寫成

$$x = \frac{x + a/x}{2}$$

(a) 寫出圖 P 2.7 繪製的流程圖所對應的結構良好的虛擬程式碼，記得使用適當的縮排以便讓程式結構更清楚。

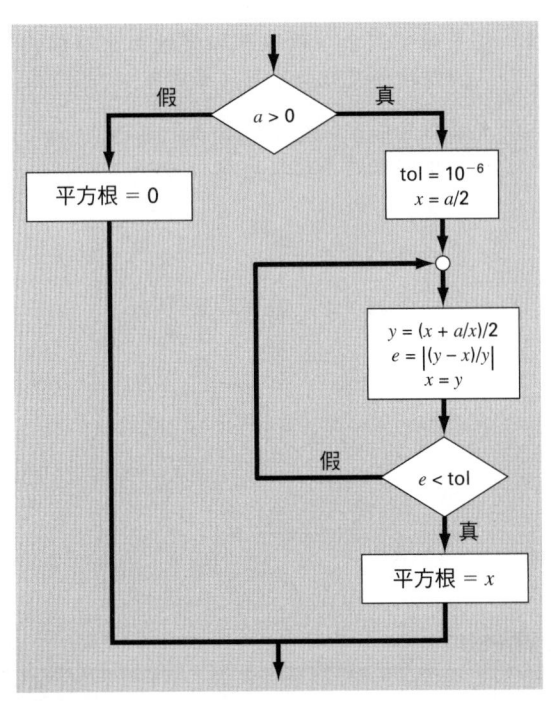

(b) 使用一種高階語言或是巨集語言，建立一個對應圖 2.7 結構的程式，需建立、除錯並且測試功能。

2.8 一筆金額 P 的錢存進一個帳戶，利息是在每期期滿時計算，假設利率為 i，經過 n 期後產生的未來價值 F 的值以下列公式計算：

$$F = P(1+i)^n$$

撰寫一個程式用來計算一筆金額投資 1 到 n 年後的未來價值，函數的輸入值須包括：初始投資金額 P、利率 i（寫成小數）、以及要計算未來價值的投資年數 n；函數的輸出值要以表格呈現，需有標題及欄位來輸出 n 和 F 的值。執行程式計算下列給定值的結果：P = \$100,000、i = 0.04 及 n = 11 年。

2.9 經濟上的公式可用來計算貸款的每年償還金額，假設借了一筆金額 P 的錢，並同意分 n 年償還，利率為 i，則每年償還金額 A 可用下列公式計算：

$$A = P\frac{i(1+i)^n}{(1+i)^n - 1}$$

撰寫一個程式來計算 A，並以 P = \$55,000，利率 6.6% (i = 0.066) 測試，計算在 n = 1, 2, 3, 4 和 5 時的結果，並且將結果以表格呈現，需有標題及欄位來輸出 n 和 A 的值。

2.10 假設某一個地區的每日平均氣溫，可以利用以下函數來估算：

$$T = T_{mean} + (T_{peak} - T_{mean})\cos(\omega(t - t_{peak}))$$

其中 T_{mean} = 年度平均氣溫，T_{peak} = 最高氣溫，ω = 年度變動的頻率 (= $2\pi/365$)，t_{peak} = 最高氣溫日 ($\cong$ 205 天)。撰寫一個程式計算特定城市在一年中兩天之間的平均氣溫，測試以下兩個小題：

(a) 一月到二月（t = 0 到 59）邁阿密（T_{mean} = 22.1 °C；T_{peak} = 28.3 °C）。

(b) 七月到八月（t = 180 到 242）波士頓（T_{mean} = 10.7 °C；T_{peak} = 22.9 °C）。

2.11 使用一種高階語言或是巨集語言，針對範例 1.2 中介紹的降落中傘兵問題，撰寫一個程式來計算速度，需建立、除錯並且測驗功能；程式設計時需考慮到能讓使用者輸入拖曳係

⊃ 圖 P2.7

數和質量的值,複製範例 1.2 的結果來測驗程式功能,重複計算並使用步長 1 秒及 0.5 秒,比較你計算的結果和先前範例 1.1 中算出的解析解,較小的步長是使結果更好或更糟?解釋你的答案。

2.12 泡沫排序法 (bubble sort) 是一個缺乏效率但容易撰寫程式的排序方法,這個排序法背後的概念是在一個陣列中向下移動,然後比較相鄰元素的值,並交換順序錯誤的元素。要想利用這個排序法將陣列完整地排序,就必須通過陣列許多次。建立遞增排序時,較小的元素便如同泡沫般的上升到頂端。最後各相鄰元素都不需要做交換時,陣列就完成排序。在第一次通過時,陣列中最大的元素直接掉到了最底層;接著,在第二次通過時將陣列中第二大的元素移動到了倒數第二個位置,以此類推。撰寫一個程式可建立一個含20個亂數的陣列,並利用泡沫排序法將陣列元素進行遞增排序(請參考圖 P2.12)

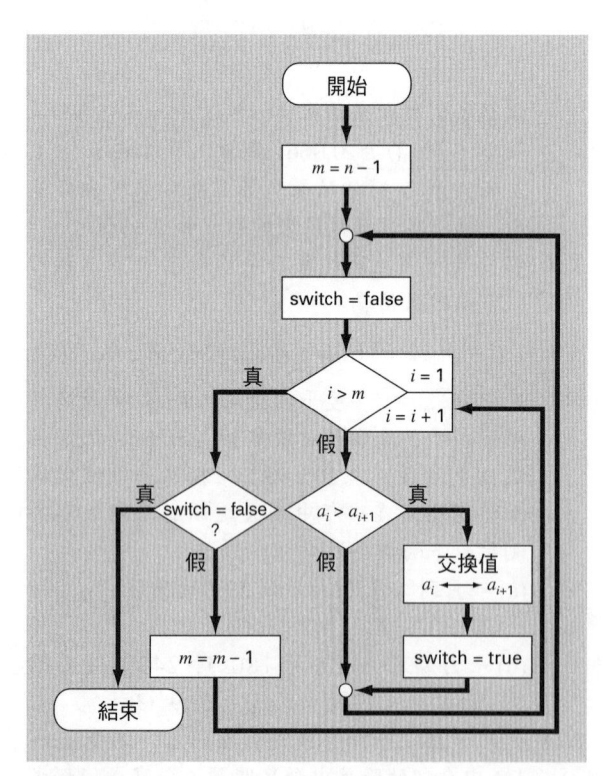

⊃ 圖 P2.12

2.13 圖 P2.13 是一圓錐底圓柱液體儲存槽,如果液體高度低於圓錐區,體積就是單純圓錐部分的液體體積;如果液體高度到達圓柱區,則液體總體積是由填滿的圓錐體積再加上圓柱部分的體積。撰寫一個結構良好的函數程序,將儲存槽的體積寫成給定值 R 和 d 的函數計算,利用決策控制結構(像是 If/Then, ElseIf, Else, End If),設計這個函數只要給定的深度小於 $3R$ 就能回傳對應的液體體積,當給定深度超過儲存槽頂端時,即 $d > 3R$ 時,會回傳錯誤訊息(如「超出高度」)。利用下列數值測試您所撰寫的程式:

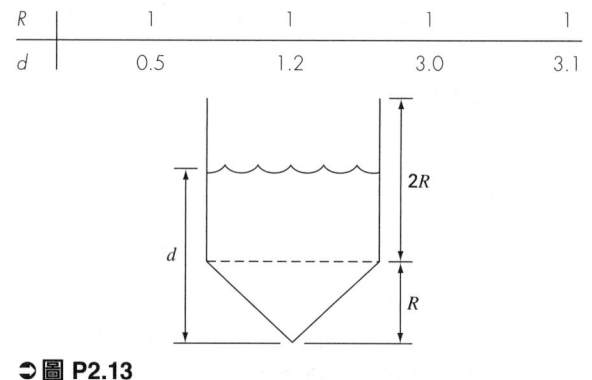

R	1	1	1	1
d	0.5	1.2	3.0	3.1

⊃ 圖 P2.13

2.14 在平面空間中,兩種距離常被用來詳細指明一個點相對原點的位置(參考圖 P 2.14):
- 直角座標中的水平與垂直距離 (x, y)。
- 極座標中的半徑及角度 (r, θ)。

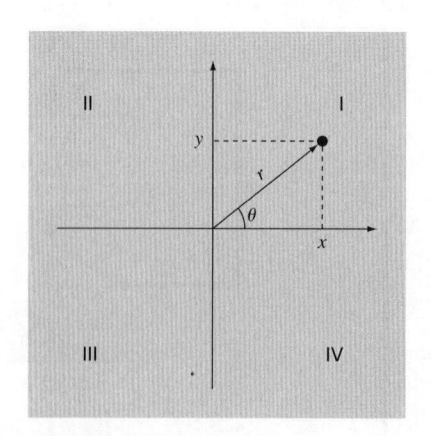

⊃ 圖 P2.14

由極座標 (r, θ) 轉換成直角座標 (x, y) 相當直接，但是反向過程就沒有這麼容易了，半徑可由下列公式計算：

$$r = \sqrt{x^2 + y^2}$$

如果座標落在第一或是第四個象限(即 $x > 0$)，可用一個簡單的公式計算角度 θ

$$\theta = \tan^{-1}\left(\frac{y}{x}\right)$$

其他情形的難度大幅增加，下表中摘錄了一些可能狀況：

x	y	θ
<0	>0	$\tan^{-1}(y/x) + \pi$
<0	<0	$\tan^{-1}(y/x) - \pi$
<0	=0	π
=0	>0	$\pi/2$
=0	<0	$-\pi/2$
=0	=0	0

(a) 為了建立用來計算將 r 和 θ 寫成 x 和 y 函數的副程式程序，撰寫一個結構良好的流程圖，並將最後的角度 θ 以度數表示。

(b) 利用 (a) 小題的流程圖，撰寫一個結構良好的函數程序，並執行程式並測試其功能，填滿下列表格。

x	y	r	θ
1	0		
1	1		
0	1		
-1	1		
-1	0		
-1	-1		
0	-1		
1	-1		
0	0		

2.15 建立一個結構良好的函數程序，可傳入從 0 到 100 的數值成績，並回傳依據下列規則對應的文字母成績：

字母成績	判斷條件
A	90 ≤ 數值成績 ≤100
B	80 ≤ 數值成績 < 90
C	70 ≤ 數值成績 < 80
D	60 ≤ 數值成績 < 70
F	數值成績 < 60

2.16 依各小題分別建立結構良好的函數程序：
(a) 階乘。
(b) 一個向量中的最小值。
(c) 一向量中各值的平均。

2.17 撰寫下列各題所需的結構良好的程式：
(a) 一個二維陣列（即矩陣）各元素平方後加總的平方根。
(b) 將矩陣正規化，也就是矩陣每一列都除以該列元素中絕對值最大的數值，使得每一列中最大的元素變成 1。

2.18 當因變數與自變數之間的函數關係，不能用單一函數表示時，常利用**片段函數 (piecewise function)** 來處理。舉例來說，火箭的速度可寫成下列的片段函數：

$$v(t) = \begin{cases} 11t^2 - 5t & 0 \le t \le 10 \\ 1100 - 5t & 10 \le t \le 20 \\ 50t + 2(t-20)^2 & 20 \le t \le 30 \\ 1520e^{-0.2(t-30)} & t > 30 \\ 0 & 其他情形 \end{cases}$$

建立一個結構良好的函數，用來將 v 視為 t 的函數計算；然後利用這個函數來產生一個 v 對 t 表格，t 的範圍由 −5 到 50，每次增量為 0.5。

2.19 建立一個結構良好的函數，用來計算一年中已經過去的日數，這個函數需要傳入三個數值：mo = 月分 (1-12)，da = 日期 (1-31)，leap = 閏年情形（0 表示非閏年，1 表示為閏年）。測試以下幾個值：1999 年 1 月 1 日，2000 年 2 月 29 日，2001 年 3 月 1 日，2002 年 6 月 21 日，以及 2004 年 12 月 31 日。（提示：可組合 for 和 switch 這兩種結構來建立函數。）

2.20 建立一個結構良好的函數，用來計算一年中已經過去的天數，函數的第一行須為

```
function nd = days(mo, da, year)
```

其中 mo = 月分 (1-12)，da = 日期 (1-31)，years = 西曆年。測試以下幾個值：1999 年 1 月 1 日，2000 年 2 月 29 日，2001 年 3 月 1 日，2002 年 6 月 21 日，以及 2004 年 12 月 31 日。

2.21 曼寧公式 (Manning's equation) 可用來計算在矩形開放水道中水的流動速度：

$$U = \frac{\sqrt{S}}{n}\left(\frac{BH}{B+2H}\right)^{2/3}$$

其中 U = 流動速度（單位為 m/s），S = 水道斜率，n = 粗糙係數，B = 寬度（單位為 m），H = 深度（單位為 m）；以下資料取自五條水道：

n	S	B	H
0.035	0.0001	10	2
0.020	0.0002	8	1
0.015	0.0010	20	1.5
0.030	0.0007	24	3
0.022	0.0003	15	2.5

撰寫一個結構良好的程式，用來計算各水道中水的流動速度，並以表格呈現輸入的資料和計算所得的速度，速度放在第五個欄位中，表格需有標題用來標示各欄位內容。

2.22 一簡支梁的承載情形如圖 P2.22所示，沿該梁的位移可寫成一奇異函數 (singularity function)：

$$u_y(x) = \frac{-5}{6}[\langle x-0\rangle^4 - \langle x-5\rangle^4] + \frac{15}{6}\langle x-8\rangle^3$$
$$+ 75\langle x-7\rangle^2 + \frac{57}{6}x^3 - 238.25x$$

由定義，奇異函數可寫成下式：

$$\langle x-a\rangle^n = \begin{cases}(x-a)^n & \text{當 } x > a \\ 0 & \text{當 } x \leq a\end{cases}$$

建立一個程式用來繪製位移對 x 的圖形，x 代表沿著梁移動的距離，$x = 0$ 代表在梁的左邊端點。

2.23 放在一個半徑為 r 且長度為 L 的中空圓柱桶中，深度為 h 的液體，體積 V 可由下列公式計算：

$$V = \left[r^2\cos^{-1}\left(\frac{r-h}{r}\right) - (r-h)\sqrt{2rh-h^2}\right]L$$

建立一個結構良好的函數，用來畫出體積對深度的圖形，接著以 $r = 2$ m 及 $L = 5$ m 測試程式。

2.24 建立一個結構良好的程式，用來計算傘兵的速度——先以尤利法將速度寫成時間的函數；以 $m = 80$ kg 及 $c = 10$ kg/s 測試程式；計算時間範圍 $t = 0$ 到 20 秒，步長為 2 秒；考慮初始條件：在 $t = 0$ 時傘兵有向上速度 20 m/s；在 $t = 10$ s 時，傘兵瞬間使用降落傘使拖曳係數遽增為 50 kg/s。

2.25 圖 P2.25 是一個計算階乘的虛擬程式碼，請任選一種程式語言，將這個演算法改寫成一個結構良好的函數。計算 0! 及 5! 用來驗證函數的功能，此外，試著計算 −2! 以測試找出錯誤的機制。

```
FUNCTION fac(n)
IF n ≥ 0 THEN
  x = 1
  DOFOR i = 1, n
    x = x · i
  END DO
  fac = x
ELSE
  display error message
  terminate
ENDIF
END fac
```

◉ 圖 P2.25

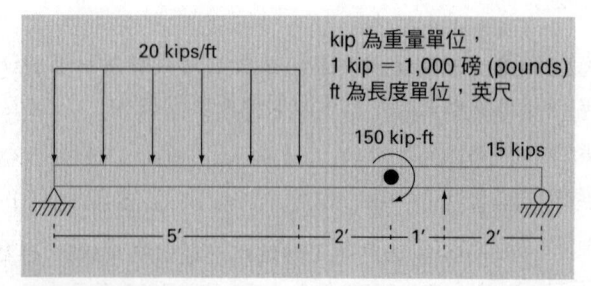

◉ 圖 P2.22

2.26 一個小型火箭升空後的高度 y 可以利用以下以時間為自變數的片段函數來估算：

$$y = 38.1454t + 0.13743t^3 \qquad 0 \leq t < 15$$

$$y = 1036 + 130.909(t-15) + 6.18425(t-15)^2$$
$$- 0.428(t-15)^3 \qquad 15 \leq t < 33$$

$$y = 2900 - 62.468(t-33) - 16.9274(t-33)^2$$
$$+ 0.41796(t-33)^3 \qquad t > 33$$

以虛擬程式碼建立一個結構良好的函數，以時間 t 為自變數來計算 y。當使用者輸入的 t 值為負數或火箭觸地時 ($y \leq 0$)，回傳的 y 值為 0。此外，函數的呼叫方式須採用 height(t) 的形式。請以 **(a)** 虛擬程式碼；或 **(b)** 高階語言，來撰寫此演算法。

2.27 如圖 P2.27 所示，考慮一個頂部為截頭圓錐體的圓柱水槽。以高階語言或巨集程式建立一個結構良好的函數，由給定的水位高度 h（單位為公尺）來計算水槽內相對的水體積。當使用者輸入的 h 值為負數或超過水槽最大的容許高度時，回傳值為 0。圖中所使用到的參數值分別為 $H_1 = 10$ m、$r_1 = 4$ m、$H_2 = 5$ m 與 $r_2 = 6.5$ m。並以 h 為自變數、範圍為 -1 m 至 16 m，產生所對應的體積值圖形。

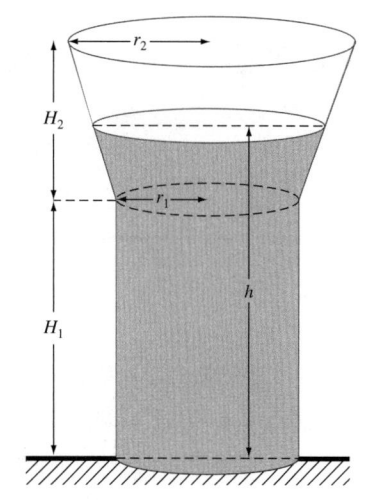

◐ 圖 P2.27

CHAPTER 3

近似與捨入誤差
Approximations and Round-Off Errors

　　由於本書中多數方法的描述與應用都很直接，我們似乎可以在此時切入主題並運用這些方法。然而，瞭解誤差的概念，對於有效利用數值方法而言非常重要，因此，接下來這兩章我們將致力於探討這項主題。

　　在第1章的降落中傘兵問題中，已經討論到誤差的重要性。我們也分別利用解析方法與數值方法計算降落中傘兵的速度。雖然數值方法所產生的估計值與正確的解析解非常接近，但由於數值方法涉及到近似，因此所得的估計值與正確解間仍存在些許差異，或稱**誤差 (error)**。事實上，在該例中我們剛好可以使用解析解計算出正確誤差。但對於大多數的工程應用問題，我們得不到解析解，因此無法計算數值方法結果的誤差。在這些情況下，我們必須處理誤差的近似值或估計值。

　　本書所描述的大多數方法都有這種誤差特徵。乍看好像與一般對可靠的工程相反。學生及執業的工程師們不斷地為減少誤差而努力。在考試或做作業出錯時，只會被罰而沒有獎勵。但在專業實務中，因為誤差所造成的代價可能相當大，甚至會引起災難。如果有一組結構或設備失靈，還可能讓人喪命。

　　雖然「完美」是值得讚揚的目標，但是極為罕見。舉例來說，儘管由牛頓第二定律發展出的模型是非常好的近似解，但是在實際上並不能完全預測傘兵之降落。例如風及空氣阻力的微小變化等因素會導致預測偏差。若這些偏差為特別高或低，則我們可能必須發展新的模型。然而，若這些偏差為隨機分布，並且緊緊地聚在預測值附近，則可以忽略掉這些偏差，並且判定此模型妥當。數值近似在分析時亦引進了類似的誤差。不過，該問的問題是：我們在計算時有多少誤差？此誤差是否可容忍？

　　本章與下一章內容涵蓋這些誤差的識別、量化及最小化等基本主題。本章第一節將回顧有關誤差量化的一般資訊。接著介紹兩種主要數值誤差之一的「捨入誤差」。**捨入誤差 (round-off error)** 的產生肇因於電腦僅能以有限的位數來表現數量。第4章所探討的**截尾誤差 (truncation error)**，則源自於以近似值代表正確的數學運算及數量之數值方法所產生的差異。最後，我們簡單討論與數值方法無直接關聯的誤差，包括疏失、公式化誤差（或模型誤差）及數據的不可靠度。

3.1 有效數字

本書廣泛處理與數值計算有關的近似，因此，在討論數值方法誤差之前，必須先回顧有關於數之近似表示法的基本觀念。

當我們使用某個數計算時，我們必須確信它可靠。例如，圖3.1描繪汽車上的速度錶及里程錶。查看速率計可知此汽車正在以 48 至 49 km/h 之速率移動。由於指針超過儀錶上刻度之中點，因此我們有信心說汽車以大約 49 km/h 之速度移動。我們對這個結果有信心，因為任何有理性的人來讀這個儀錶，都會下同樣的結論。不過，若我們硬是要把速度算到小數一位。此時，某人可能會說 48.8 km/h，而另一個人可能會說 48.9 km/h。因此，由於儀錶的限制，我們只對前兩位數字有信心。第三位（或以上）只能看成近似值。若依據此速度錶宣稱「汽車以 48.8642138 km/h 之速率移動」就很離譜。對照之下，里程錶提供最多六位確信的數字。從圖3.1我們得知此汽車目前的里程約為 87,324.5 公里。此時，第七位數字（及以上）並不可靠。

有效數字的概念已經用來代表數值之可靠度。一個數之**有效數字 (significant digit)** 為其中可以放心使用之數字，相當於確信的數字再加上一個估計的數字。例如，圖 3.1 之速度錶和里程錶分別產生三位和七位有效數字之讀數。對於速度錶，兩個確信的數字為 48。通常會把估計數字設成測量設備最小刻度的二分之一。因此，速率表的讀數應由三位有效數字「48.5」所組成。同樣的，里程錶應產生七位有效數字「87, 324.45」。

弄清一個數之有效數字雖然很直接，但是仍有些情形會混淆。舉例而言，零並不永遠都是有效數字，因為它們可能只是用來定出小數點位置。數值 0.00001845、0.0001845 與 0.001845 都有四個有效數字。同樣地，在一個大數後面帶著許多的

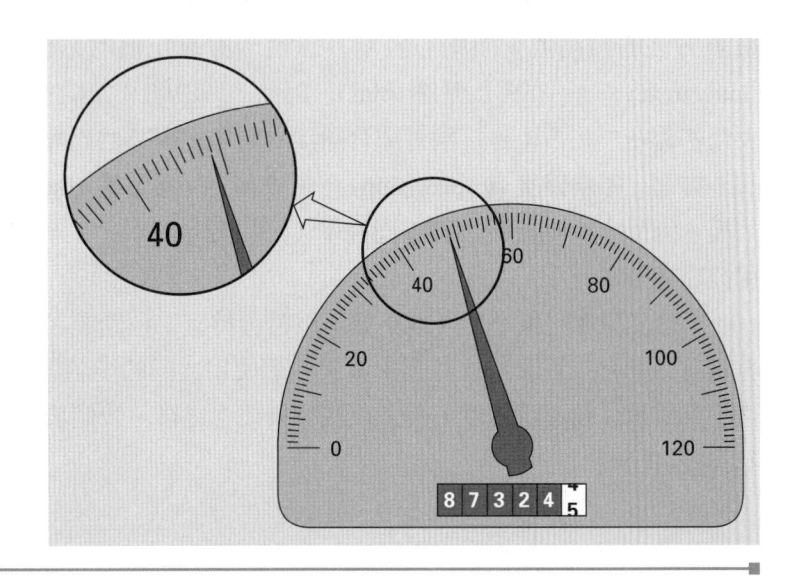

◐ 圖 3.1 以汽車速度錶及里程錶說明有效數字之概念。

零，我們也無法分清楚到底有幾個零是有效的。例如「45,300」這個數可以依據究竟有哪些零是可靠的，而得知有三、四或五個有效數字。然而這種不確定性可以利用科學記號表示法來解決，也就是以 4.53×10^4、4.530×10^4 或 4.5300×10^4 分別代表有三、四或五個有效數字。

有效數字的概念在我們討論數值方法時，有兩個重要的含意：

1. 正如降落中傘兵問題所介紹，由於數值方法產生的是近似結果，因此必須發展一個讓我們對此近似解有信心的標準，而其中之一就是利用有效數字。例如，可以假設當近似解具有四個有效數字時，我們就採用此近似解。
2. 諸如 π、e 或 $\sqrt{7}$ 等數量雖然表示特定的量，但它們無法以有限位數字完全表現出來，例如

$$\pi = 3.14159265358979323846 2643\ldots$$

小數部分為**無限 (ad infinitum)**。但由於電腦只保留有限的有效數字，因此這些數永遠無法被正確的表現出來。其餘省略掉的有效數字則稱作捨入誤差。

後續幾節將詳細探討如何以捨入誤差及有效數字表達我們對數值結果之信賴程度。此外，有效數字的概念與下節中準確度與精確度之定義息息相關。

3.2 準確度與精確度

計算及測量結果之誤差都可以由其準確度與精確度來描述。**準確度 (accuracy)** 指出計算或測量值與真正值有多接近。**精確度 (precision)** 指出計算或測量值彼此有多接近。

這些觀念可以利用類似打靶練習的圖形加以說明。圖 3.2 之彈孔可想像成數值方法的預測值，而靶心表示真正值。與真正值的系統性偏移稱為**不準確度 (inaccuracy)**——亦稱為**偏差 (bias)**。因此，即使圖 3.2c 之彈孔比圖 3.2a 之結果還要緊密靠在一起，但是這兩者卻有同樣的偏差，因為他們都集中在靶標的左上角。另一方面，**不精確度 (imprecision)**——亦稱為**不可靠度 (uncertainty)**，是指散布之規模。因此，即使圖 3.2b 與 d 同樣準（即以靶心為中心），但後者卻更精確，因為彈孔靠得較密。

數值結果應足夠準確（或不偏）以符合特定工程問題之要求。它們也應該要足夠精確以適合工程設計之需要。本書我們使用共同的術語**誤差 (error)** 來表示預測之不準確度以及不精確度。有了這些背景概念之後，我們現在可以討論構成數值計算誤差之因素。

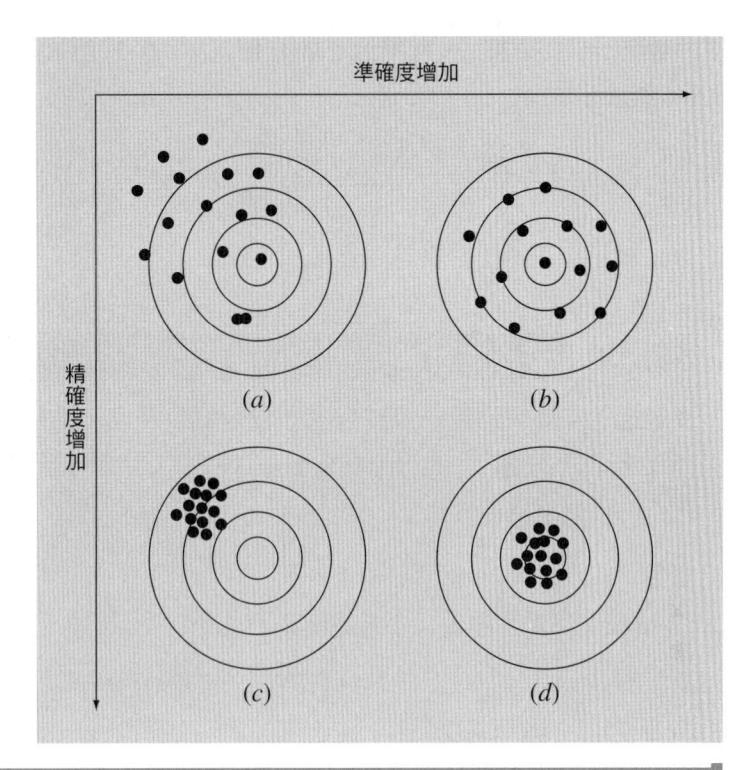

➲ 圖 3.2 射擊技術的例子，說明準確度與精確度之概念：(a) 不準確且不精確；(b) 準確但不精確；(c) 不準確但精確；(d) 既準確且精確。

3.3 誤差定義

數值誤差源自於使用近似值表示真正的數學運算結果及數量。數值誤差包含利用近似值表示完整的數學程序時所產生的**截尾誤差 (truncation error)**，以及利用有限個有效數字表示真正數值時所產生的**捨入誤差 (round-off error)**。對於這兩種類型，精確值（或真正值）與近似值之間的關係皆為：

$$真正值 = 近似值 + 誤差 \tag{3.1}$$

重排方程式 (3.1) 後，我們發現數值誤差等於真正值與近似值之間的差距：

$$E_t = 真正值 - 近似值 \tag{3.2}$$

其中 E_t 代表誤差之真正值。下標 t 用來表示這是「真正的」誤差。這與其他情形有差別（簡而言之，就是必須使用「近似的」誤差估計）。

此定義之缺點是沒有考慮到檢驗值之階數大小。例如，當我們測量的對象為鉚釘，而非橋樑時，以公分為單位的誤差值就比較顯著。將誤差正規化的方法之一為：

$$真正的分數相對誤差 = \frac{真正誤差}{真正值}$$

其中誤差 = 真正值 − 近似值（如方程式 (3.2) 式所述）。相對誤差也可以乘上 100% 後表示成：

$$\varepsilon_t = \frac{\text{真正誤差}}{\text{真正值}} 100\% \tag{3.3}$$

其中 ε_t 表示真正的相對誤差百分比。

範例 3.1　誤差之計算

問題描述：假設測量一座橋樑及一根鉚釘之長度，結果分別為 9,999 cm 及 9 cm。若真正的值分別是 10,000 cm 與 10 cm，計算各自的 (a) 真正誤差；及 (b) 真正的相對誤差百分比。

解法：
(a) 橋樑之測量誤差為（參考方程式 (3.2)）：

$$E_t = 10{,}000 - 9{,}999 = 1 \text{ cm}$$

而鉚釘之測量誤差為：

$$E_t = 10 - 9 = 1 \text{ cm}$$

(b) 橋樑之相對誤差百分比為（參考方程式 (3.3)）：

$$\varepsilon_t = \frac{1}{10{,}000} 100\% = 0.01\%$$

而鉚釘之相對誤差百分比為：

$$\varepsilon_t = \frac{1}{10} 100\% = 10\%$$

因此，雖然兩者測量結果之誤差皆為 1 cm，但鉚釘之相對誤差較大。因此量測橋樑的工作已經妥當，然而對於鉚釘之估計仍有一些問題。

請注意方程式 (3.2) 及 (3.3) 中，E 與 ε 之下標「t」，表示誤差已對真正值正規化。在範例 3.1 當中，我們已知真正值。但是在實際的情況下，這種資訊很難獲得。對於數值方法，只有當我們處理的函數可以用解析方法解出時，才能知道真正值。當我們在對簡單的系統研究某特定方法理論上的行為時，一般都能知道真正的答案。然而在實際的應用時，顯然我們無法**事先 (a priori)** 知道真正的答案。針對這些情形，可利用真正值得最佳估計值（即近似值本身）來對誤差進行正規化，也就是

$$\varepsilon_a = \frac{\text{近似誤差}}{\text{近似值}} 100\% \tag{3.4}$$

其中下標「a」表示誤差是對近似值進行正規化。請注意在實際應用時，亦無法利用方程式 (3.2) 計算方程式 (3.4) 式之誤差項。在無法得知真正值的狀況下需決定誤差估計，成為數值方法的挑戰之一。舉例來說，有些數值方法利用**迭代逼近 (iterative approach)** 計算答案。這類方法是以先前的近似值造出目前的近似值，反覆執行這種過程，相繼計算出越來越佳的近似值。此時便以前一個近似值與目前近似值間的差距作為誤差。其相對誤差百分比寫成

$$\varepsilon_a = \frac{目前的近似值 - 前一個近似值}{目前的近似值} 100\% \tag{3.5}$$

後續幾章將會詳細說明這種誤差的表示方法以及其他的表示法。

方程式 (3.2) 至 (3.5) 之符號可能為正或負。若近似值大於真正值（或前一個近似值大於目前的近似值），則誤差為負；若近似值小於真正值，則誤差為正。此外，對於方程式 (3.3) 至方程式 (3.5)，分母也可能小於零，這也可能導出負的誤差。當我們在執行計算時，通常並不會關心誤差的符號，而是對於百分絕對值是否小於一個事先指定的百分容許誤差 ε_s 感興趣。因此，通常採用方程式 (3.2) 至方程式 (3.5) 的絕對值。此時，計算一直反覆，直到符合以下方程式為止。

$$|\varepsilon_a| < \varepsilon_s \tag{3.6}$$

若此關係成立，我們就假設結果落在指定的可接受水準 ε_s 之內。本書剩下的部分，當使用到相對誤差時，我們幾乎全部都採用絕對值。

欲顯示出這些誤差與近似值中有效數字之位數也很方便。我們可以證明 (Scarborough, 1966)：若符合以下準則，則可以保證結果至少正確至 n 位有效數字。

$$\varepsilon_s = (0.5 \times 10^{2-n})\% \tag{3.7}$$

範例 3.2　迭代法之誤差估計

問題描述：數學中的函數通常可以表示成無窮級數。例如，指數函數可以利用以下方程式計算。

$$e^x = 1 + x + \frac{x^2}{2} + \frac{x^3}{3!} + \cdots + \frac{x^n}{n!} \tag{E3.2.1}$$

因此，當依序加入更多項時，近似值與 e^x 的真正值將越來越接近。方程式 (E3.2.1) 稱為**馬可羅林級數展開式 (Maclaurin series expansion)**。

從最簡單的展開式 $e^x = 1$ 開始，一次加一項以估計 $e^{0.5}$。每加入一個新項，即分別利用方程式 (3.3) 及方程式 (3.5) 計算真正相對誤差百分比與近似相對誤

差百分比，$e^{0.5} = 1.648721\cdots$。一直加項，直到近似的誤差估計 ε_a 低於符合三位有效數字之誤差準則 ε_s 時為止。

解法：首先，利用方程式 (3.7) 決定可以保證結果至少正確至三位有效數字之誤差準則：

$$\varepsilon_s = (0.5 \times 10^{2-3})\% = 0.05\%$$

因此，持續增加級數項次，直到 ε_a 低於此標準時為止。

第一個估計等於方程式 (E3.2.1) 之第一項。因此第一個估計等於 1。第二個估計則是加上第二項後產生，也就是

$$e^x = 1 + x$$

或 $x = 0.5$ 時

$$e^{0.5} = 1 + 0.5 = 1.5$$

這表示方程式 (3.3) 的相對誤差百分比為

$$\varepsilon_t = \frac{1.648721 - 1.5}{1.648721}100\% = 9.02\%$$

利用方程式(3.5)可以決定近似誤差估計為

$$\varepsilon_a = \frac{1.5 - 1}{1.5}100\% = 33.3\%$$

因為 ε_a 並未小於我們所要求的 ε_s 值，因此要再加一項 $x^2/2!$ 後繼續計算，並重新求誤差。此過程需一直持續，直到 $\varepsilon_a < \varepsilon_s$ 時為止。完整的計算摘錄如下：

項 數	結 果	ε_t (%)	ε_a (%)
1	1	39.3	
2	1.5	9.02	33.3
3	1.625	1.44	7.69
4	1.645833333	0.175	1.27
5	1.648437500	0.0172	0.158
6	1.648697917	0.00142	0.0158

因此，加了六項之後，近似誤差低於 $\varepsilon_s = 0.05\%$，故計算終止。不過，請注意結果準確至五位而非三位有效數字。這是由於對於此例，方程式 (3.5) 及方程式 (3.7) 都過於保守。也就是說，它們保證結果至少與它們所說的一樣好。雖然對方程式 (3.5) 而言，這並不永遠成立（將於第 6 章討論），但是多數的情況都是對的。

3.3.1 迭代計算的電腦演算法

接下來所描述的數值方法，多數類似範例 3.2 所介紹的迭代法；在給定初始猜值後，能藉由連續求解數學問題來逼近真正的解。

電腦上迭代法的運作，可透過迴圈的想法來實現。正如章節 2.1.1 所述，迴圈有計數與決策兩種類型。由於必須重複執行誤差估算，直到誤差小於給定的終止條件為止（可參考範例 3.2 的做法），因此大部分的迭代法實作皆採用決策迴圈。

圖 3.3 是執行迭代運算的虛擬程式碼。函數所傳遞的參數 val 代表初始猜測值，es 代表誤差終止條件，而 maxit 則代表迭代執行的最大次數。次數值通常是 (1) 初始值，或是 (2) 迭代計算預計要執行的次數。

```
FUNCTION IterMeth(val, es, maxit)
  iter = 1
  sol = val
  ea = 100
  DO
    solold = sol
    sol = ...
    iter = iter + 1
    IF sol ≠ 0 ea=abs((sol − solold)/sol)*100
    IF ea ≤ es OR iter ≥ maxit EXIT
  END DO
  IterMeth = sol
END IterMeth
```

◯ **圖 3.3** 執行迭代運算的虛擬程式碼。

函數先設定這三個變數的初始值。(1) 變數 iter 代表目前的迭代次數，(2) 變數 sol 代表目前的估算解，(3) 變數 ea 則代表目前的相對誤差百分比，而其初始值設定為 100 的理由是要確保此迭代至少能執行一次。

接下來的決策迴圈中就包含了迭代法的實作。在求得新的解之前，變數 sol 要先存放至另一個變數 solold 中。然後計算新的 sol，並將迭代次數加1。若新的 sol 值不為零，則計算相對誤差百分比，並測試終止條件，在兩個測試條件均不成立的情況下，重複此迴圈計算。若兩個測試條件中有一個成立，則終止迴圈並回傳計算結果。以下範例將說明此迭代運作的過程。

範例 3.3　迭代計算之電腦實作

問題描述：利用圖 3.3 的虛擬程式碼，發展一個電腦程式並應用至範例 3.2 的計算。

解法：函數 e^x 的馬可羅林級數展開式為：

$$e^x \cong \sum_{i=0}^{n} \frac{x^n}{n!}$$

圖 3.4 的 VBA 與 MATLAB 程式，是利用圖 3.3 的虛擬程式碼所開發。當然也能同樣的撰寫 C++ 或 Fortran 95 的程式碼。MATLAB 中的內建函數 factorial 可用來計算階乘，但 VBA 中則需要利用一個簡單的乘積函數 fac 來自行計算。

兩個程式在執行中都會對指數函數進行估算。但在 MATLAB 程式中，估

算結果和近似誤差及迭代次數一起回傳,例如,e^1 可計算如下:

```
>> format long
>> [val, ea, iter] = IterMeth(1,1e-6,100)

val =
    2.718281826198493
ea =
    9.216155641522974e-007
iter =
    12
```

可看到在經過 12 次迭代後,得到 2.7182818 的結果與約 9.2162×10^{-7}% 的誤差。可以搭配使用內建函數 exp 來驗證真正的解與百分相對誤差。

```
>> trueval=exp(1)

trueval =
    2.718281828459046
>> et=abs((trueval-val)/trueval)*100
et =
    8.316108397236229e-008
```

正如範例 3.2 的情況,可獲得希望的結果,且真正的誤差也小於近似誤差。

(a) **VBA/Excel**
```
Function IterMeth(x, es, maxit)
' initialization
iter = 1
sol = 1
ea = 100
fac = 1
' iterative calculation
Do
  solold = sol
  fac = fac * iter
  sol = sol + x ^ iter / fac
  iter = iter + 1
  If sol <> 0 Then
    ea = Abs((sol - solold) / sol) * 100
  End If
  If ea <= es Or iter >= maxit Then Exit Do
Loop
IterMeth = sol
End Function
```

(b) **MATLAB**
```
function [v,ea,iter] = IterMeth(x,es,maxit)
% initialization
iter = 1;
sol = 1;
ea = 100;

% iterative calculation
while (1)
  solold = sol;
  sol = sol + x ^ iter / factorial(iter);
  iter = iter + 1;
  if sol~=0
    ea=abs((sol - solold)/sol)*100;
  end
  if ea<=es | iter>=maxit,break,end
end
v = sol;
end
```

圖 3.4 利用圖 3.3 的虛擬程式碼所開發的 (a) VBA/Excel 函數;(b) MATLAB 函數。

有了先前的定義當作背景,我們現在可以繼續進行與數值方法直接相關的兩種誤差:捨入誤差與截尾誤差。

3.4 捨入誤差

如前所述,捨入誤差源自於電腦在計算時僅能保留一定位數的有效數字。然而像 π、e 或 $\sqrt{7}$ 這一類的數並不能以一定位數的有效數字表示,因此電腦並不能完整表示它們。此外,由於電腦利用二進制表示法,因此電腦無法精確地表示某些真正的十進制數。省略掉有效數字所造成的誤差稱為**捨入誤差 (round-off error)**。

3.4.1 數之電腦表示法

數值捨入誤差與數在電腦中的存放方式有直接的關聯。表現資訊的基本單位稱為**字組 (word)**,是由一串**二進制數字 (binary digits)** 或**位元 (bits)** 所組成。通常數都是存放在一個或多個字組當中。欲瞭解其中原委,我們必須先回顧一些與數字系統相關的題材。

數字系統 數字系統 **(number system)** 只不過是表現數量一種協定。由於我們有十根手指及十根腳趾,因此我們最熟悉的數系為**十進制 (decimal 或 base-10)** 數系。基數是用來造出數系之基準。以 10 為基數之系統利用 10 個數字——0、1、2、3、4、5、6、7、8、9 來表示數。而這些數字本身又符合從 0 數到 9 之要求。

對於較大的數,則利用這些基本數字組合而成,位置或**位值 (place value)** 則指出其量值。整個數最右邊的數字表示 0 到 9 的數、從右邊數來第二個數字表示 10 的倍數、從右邊數第三個數字表示 100 的倍數……,依此類推。例如,倘若我們有「86,409」這個數,則我們有八個 10,000、六個 1,000、四個 100、零個 10 及 9 個附加單位:

$$(8 \times 10^4) + (6 \times 10^3) + (4 \times 10^2) + (0 \times 10^1) + (9 \times 10^0) = 86,409$$

圖 3.5*a* 提供了十進制系統中數字系統的直觀表現方式。這種表現方式稱為**位置記號 (positional notation)**。

由於十進制系統再熟悉不過了,因此一般都不會想到還有其他的系統。舉例來說,如果人類只有八根手指與八根腳趾,則我們毫無疑問地將發展出**八進制 (octal 或 base-8)** 表示法。同樣地,我們的電腦朋友,就像是兩隻手指的動物,它被局限於兩種狀態——0 或 1。這顯示出它與數位計算機主要的邏輯單位都是「開/關」電子元件之關係。因此,電腦中的數皆是以**二進制 (binary 或 base-2)** 系統表示。就如同十進制系統一般,利用位置記號可以表現出數量。例如,二進制數 11 與十進制系統中的 $(1 \times 2^1) + (1 \times 2^0) = 2 + 1 = 3$ 同值。圖 3.5*b* 說明了一個更複雜的例子。

整數表示法 既然我們已經回顧了十進制數可以表示成二進制,因此很容易可以理解電腦如何表示整數。最直接的方式稱作**帶符號數量表示法 (signed magnitude**

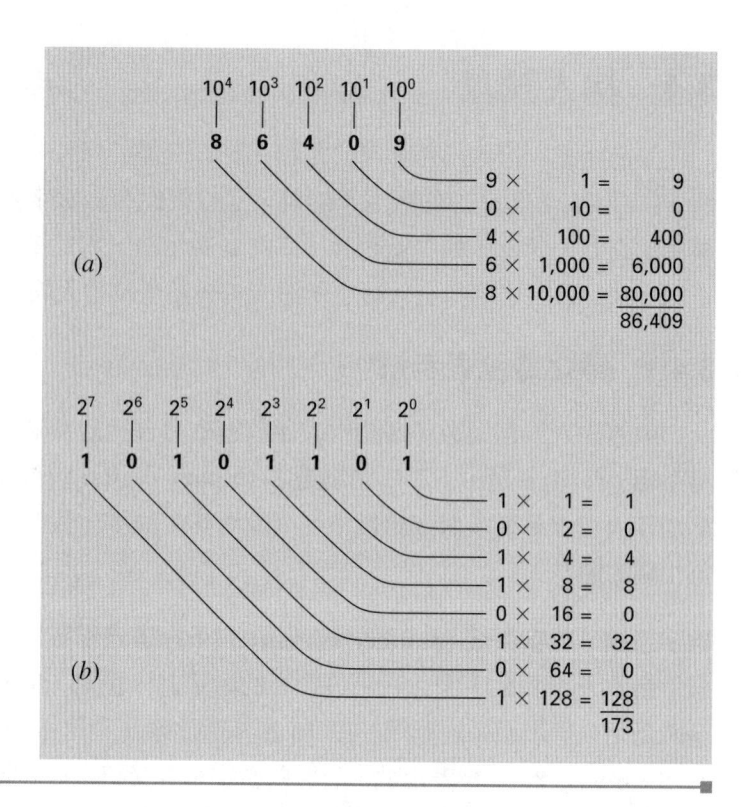

○ 圖 3.5　(a) 十進制與；(b) 二進制系統的運作方式。在 (b) 中，二進制數 10101101 與十進制數 173 同值。

○ 圖 3.6　十進制整數 −173 在 16 位元電腦中的帶正負符號大小法。

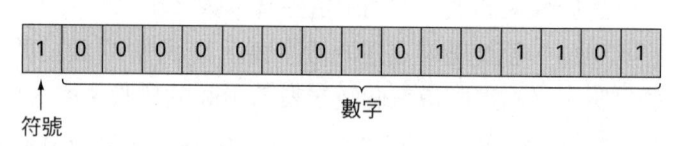

method)。它利用字組的第一個位元代表正負號，0 為正、1 為負，其餘的位元用來存放此數。例如，整數值 −173 存放在 16 位元電腦中的情形如圖 3.6 所示。

範例 3.4　整數之範圍

問題描述：決定 16 位元電腦中能表示的十進制整數之範圍。

解法：16 位元當中，第一個位元代表正負號。其餘的 15 個位元能表達從 0 至 111111111111111 的二進制數。經換算後的最大值為

$$(1 \times 2^{14}) + (1 \times 2^{13}) + \cdots + (1 \times 2^1) + (1 \times 2^0)$$

其值為 32,767（簡單的說，此數列的值等於 $2^{15}-1$）。因此，16 位元電腦的一個字組可存放之十進制整數範圍為 −32,768 至 32,767。此外，由於 0 已被定義成 0000000000000000，因此用 1000000000000000 定義一個「負的零」是多餘的。所以通常它是用來表示一個額外的負數：−32,768。因而整數的範圍是從 −32,768 到 32,767。

請留意傳統電腦並非利用上述的帶符號數量表示法來表示整數。與其提供獨立的位元表示正號或負號，傳統電腦寧可採用將正負號直接併入數目大小的 **2 補數 (2's complement)** 法（參考 Chapra 與 Canale 1994）。無論如何，範例 3.4 仍適合用來說明所有的數位計算機表現整數的能力多麼有限。亦即，高於或低於此範圍的數均無法表示出來。以下所述之小數存放與操作將遭遇到更嚴重的限制。

浮點表示法 通常在電腦中是以浮點形式來表示小數。以**尾數（mantissa 或有效位數 (significand)**）來表示小數部分，以**指數（exponent 或首數 (characteristic)**）表示整數部分，如：

$$m \cdot b^e$$

其中 m 為尾數，b 為數字系統之基數，e 為指數。例如十進制系統中的 156.78，其浮點數表示結果為 0.15678×10^3。

圖 3.7 說明了浮點數在字中的一種存放方式。第一個位元預留給正負號、接下來一連串的位元留給帶符號指數、而最後剩下的位元留給尾數。

⬤ **圖 3.7** 浮點數在字組中的存放方式。

請注意到尾數如果有前導零，通常會將它**正規化 (normalized)**。例如，假定欲將 $1/34 = 0.029411765 \cdots\cdots$ 存放在只容許存放 4 位小數的十進制浮點數系統中，則 1/34 將被存成

$$0.0294 \times 10^0$$

然而這樣做卻在小數點右邊加了無用的零，使我們少了第五位小數數字「1」。將此數之尾數乘以 10，並將指數降 1 次，可得到

$$0.2941 \times 10^{-1}$$

因而除去了前導零，並將此數正規化。因此，當我們存放此數時，可多保留一位有效數字。

正規化的結果限定了 m 之絕對值的範圍。即

$$\frac{1}{b} \leq m < 1 \tag{3.8}$$

其中 b 為基數。例如，對於十進制系統，m 介於 0.1 與 1 之間；而對於二進制系統，m 介於 0.5 與 1 之間。

浮點表示法容許電腦表現小數及很大的數。然而，它有一些缺點。例如，浮點數占空間，而且處理起來比整數費時。而更明顯的缺點是由於尾數只能留住有限的有效數字，因此產生了捨入誤差。

範例 3.5　浮點數之假定集

問題描述：對於一臺使用 7 位元字組存放資訊的機器，造出浮點數之假定集。利用第一個位元存放數的正負號、接下來的三個位元存放指數之符號與大小、最後三個位元存放尾數大小（參考圖 3.8）。

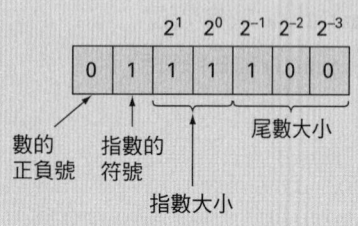

```
         2¹ 2⁰ 2⁻¹ 2⁻² 2⁻³
    0  1  1  1  1  0  0
    ↑  ↑  └──┘  └──────┘
   數的 指數的  尾數大小
   正負號 符號
        指數大小
```

◯ 圖 3.8　範例 3.5 中的最小正浮點數。

解法：圖 3.8 所呈現的是最小的正數。為首的 0 指出此數為正。第二個位置的 1 意味著指數有一個負號。第三與第四位的 1 提供指數之最大值：

$$1 \times 2^1 + 1 \times 2^0 = 3$$

因此指數為 -3。最後三個位置的 100 指出尾數為：

$$1 \times 2^{-1} + 0 \times 2^{-2} + 0 \times 2^{-3} = 0.5$$

雖然有可能有更小的尾數 (如 000、001、010、011)，但是由於加入了方程式 (3.8) 之標準化，因此使用 100 之值作為最小值。故此系統之最小的正數為 $+0.5 \times 2^{-3}$，在十進制系統中的值為 0.0625。將尾數增加，創造出緊接著最大的數，如：

$$0111101 = (1 \times 2^{-1} + 0 \times 2^{-2} + 1 \times 2^{-3}) \times 2^{-3} = (0.078125)_{10}$$
$$0111110 = (1 \times 2^{-1} + 1 \times 2^{-2} + 0 \times 2^{-3}) \times 2^{-3} = (0.093750)_{10}$$
$$0111111 = (1 \times 2^{-1} + 1 \times 2^{-2} + 1 \times 2^{-3}) \times 2^{-3} = (0.109375)_{10}$$

請注意到這些數在十進制系統中的值是以 0.015625 之區間等間隔。

此時，欲繼續增加，我們必須將指數減少成 10：

$$1 \times 2^1 + 0 \times 2^0 = 2$$

尾數減回到它的最小值 100。因此下一個數為

$$0110100 = (1 \times 2^{-1} + 0 \times 2^{-2} + 0 \times 2^{-3}) \times 2^{-2} = (0.125000)_{10}$$

它仍舊有 $0.125000 - 0.109375 = 0.015625$ 之間隔。然而，此時增加尾數以產生較大的數時，間隔伸長為 0.03125：

$$0110101 = (1 \times 2^{-1} + 0 \times 2^{-2} + 1 \times 2^{-3}) \times 2^{-2} = (0.156250)_{10}$$
$$0110110 = (1 \times 2^{-1} + 1 \times 2^{-2} + 0 \times 2^{-3}) \times 2^{-2} = (0.187500)_{10}$$
$$0110111 = (1 \times 2^{-1} + 1 \times 2^{-2} + 1 \times 2^{-3}) \times 2^{-2} = (0.218750)_{10}$$

反覆以此方式造出更大的數，最後會得到最大的數：

$$0011111 = (1 \times 2^{-1} + 1 \times 2^{-2} + 1 \times 2^{-3}) \times 2^3 = (7)_{10}$$

最後的數集圖示於圖 3.9。

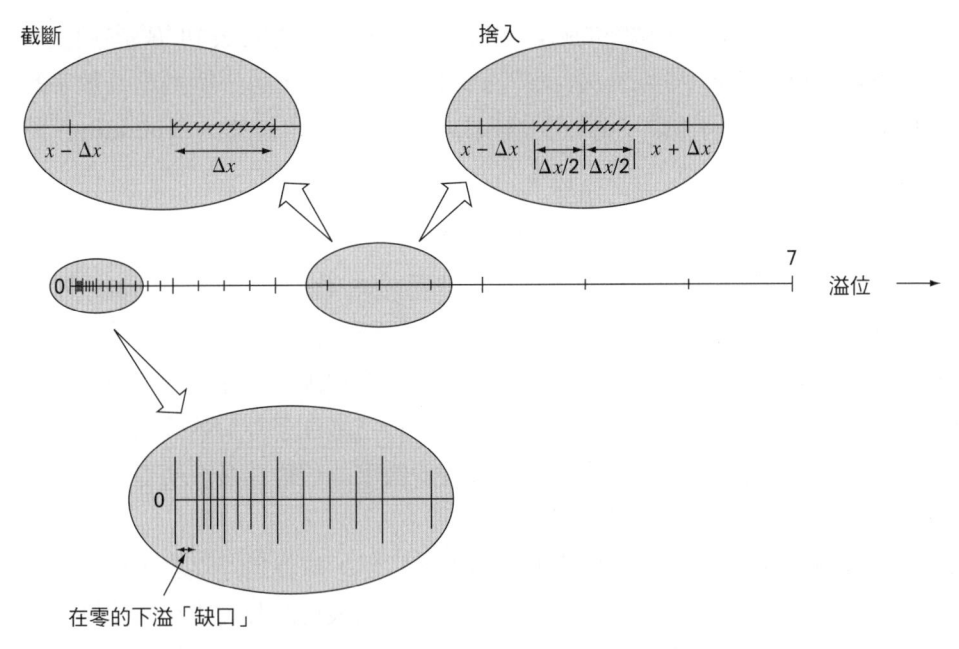

⊃ **圖 3.9** 範例 3.5 造出的假定數系。刻點標示出其值所在。圖中只顯示正數，往負的方向延伸也有同樣的數集。

　　圖 3.9 顯現出浮點表示法的幾個外觀，這些外觀在電腦捨入誤差方面有重大意義：

1. **只能表現有限範圍的數量**。與整數的情形相同，有些大的正數和負數無法表現出來。試圖使用可接受範圍外的數，將導致**溢位誤差 (overflow error)**。而除了大的數之外，浮點表示法還多了一項無法表現非常小的數之限制。圖 3.9 以零與第一個正數間的**下溢 (underflow)** 缺口說明此現象。要注意的是，由於方程式 (3.8) 之正規化限制，此缺口會被擴大。

2. **在範圍內只能表現有限個數量**。因此精確度有極限。顯然無理數並不能被完整表現出來。此外，也無法完全無誤地表現該數集之外的有理數。這兩種情形之近似所產生的誤差稱作**量化誤差 (quantizing error)**。實際上的近似值產生方式有兩種：截斷或捨入。舉例而言，假定欲將 $\pi = 3.14159265358\cdots$ 之值存入帶有七位有效數字之十進制數系中。近似的方式之一為純粹省略或截斷第八項及更高項，如 $\pi = 3.141592$，連帶引進方程式 (3.2) 之誤差

$$E_t = 0.00000065\cdots$$

這種僅保留有效項的方法，在電腦術語中原來稱作「截尾」(truncation)。我們稱為**截斷 (chopping)** 以與第 4 章所討論的截尾誤差有所區別。請注意圖 3.9 中的二進制數系，其截斷指的是任何一個落在其中長 Δx 之區間內的量將會存放成此區間下端的量。因此，截斷之誤差上限為 Δx。此外，由於所有的誤差都

是正的，所以產生偏差。截斷的缺點可歸因於完整的小數表法中的高階項沒有影響到縮短後的結果。例如，在我們的 π 的例子當中，第一個拋棄的數字為 6。因此最後一個保留的數字應該要捨入為 3.141593。上述**捨入 (rounding)** 將誤差縮減為

$$E_t = -0.00000035\cdots$$

同理，捨入比截斷產生的絕對誤差更小。請注意圖 3.9 之二進制數字系統，其捨入指的是任何一個落在其中長 Δx 之區間內的量將會被表成最接近的可容許量。因此，捨入之誤差上限為 $\Delta x/2$。此外，由於有些誤差為正、有些為負，所以沒有產生偏差。有些電腦採用四捨五入法，但這增加了計算的間接成本，因此許多機器都是利用簡單的截斷法。假設有效數字的位數夠多，使得捨入誤差一般皆可忽略時，這種方式很合理。

3. **數與數的間隔 Δx 隨著數的大小增加而增加**。當然，這就是浮點表示法留存有效數字的特性。不過這也意味著量化誤差將會與欲表現之數的大小成比例。對於標準化的浮點數，採用截斷法時，此比例可表成

$$\frac{|\Delta x|}{|x|} \leq \mathcal{E} \tag{3.9}$$

而採用捨入法時，此比例可表成

$$\frac{|\Delta x|}{|x|} \leq \frac{\mathcal{E}}{2} \tag{3.10}$$

其中 $\mathcal{E}$ 稱為**機器** ε **(machine epsilon)**，可由

$$\mathcal{E} = b^{1-t} \tag{3.11}$$

計算而得，其中 b 為基數而 t 為尾數中有效數字的個數。請注意方程式 (3.9) 與方程式 (3.10) 中的不等式意味著它們是誤差界限。亦即它們指出了最差的情況。

範例 3.6　機器 ε

問題描述：決定機器 ε，並驗證它對描述範例 3.5 中數系誤差之效果。假設使用截斷法。

解法：範例 3.4 假定之浮點系統採用基數 $b = 2$，且尾數的位元數 $t = 3$。因此其機器 ε（方程式 (3.11)）應為：

$$\mathcal{E} = 2^{1-3} = 0.25$$

所以截斷之相對量化誤差應該在 0.25 以內。最大的相對誤差就發生在接連等間隔數的第一段區間上界下方的值上（參考圖 3.10）。落在後面區間內的數也會有同樣的 Δx 值，但是有較大的 x 值，因此會有較小的相對誤差。最大誤差的其中一個例子是發生在 $(0.125000)_{10}$ 至 $(0.156250)_{10}$ 區間上界下方的值上。此時誤差將小於

$$\frac{0.03125}{0.125000} = 0.25$$

因此，誤差與 (3.9) 式所預測的相同。

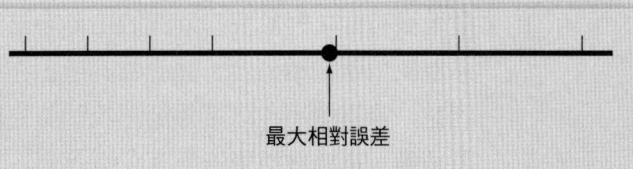

○ 圖 3.10　最大量化誤差將發生在一連串等間隔區間之第一段上界下方的值上面。

量化誤差之大小依附關係在數值方法中有許多實際的應用，多數是與檢查兩數是否相等這種常用的運算有關，用於檢查數量的收斂性與迭代過程之終止機制（回顧範例 3.2）。很明顯地，與其檢查兩個量是否相等，不如檢查其差距是否小於一個可接受的小的容許誤差。更進一步（也很明顯地），應該比較標準化誤差而非絕對誤差，特別是處理大的數時。此外，在將終止準則或收斂準則寫成公式時，可以利用機器 ε。這樣保證程式可以轉移，而不會受限所用的電腦。圖 3.11 列出了自動求出二進制電腦之機器 ε 的虛擬程式碼。

```
epsilon = 1
DO
   IF (epsilon+1 ≤ 1)EXIT
   epsilon = epsilon/2
END DO
epsilon = 2 × epsilon
```

圖 3.11　決定二進制系統電腦機器 ε 之虛擬程式碼。

延伸精確度　雖然捨入誤差在檢查收斂性等課題上有其重要性，但對於多數工程計算問題的有效數字位數已超過可接受的精確度。例如，圖 3.9 所假定的數字系統是為了說明而採用的極誇張的數系，但商業電腦使用更多位的數字，故能更精確。譬如使用 IEEE 格式之電腦，就利用 24 個位元表達尾數，在轉換為十進制之後，精確度大約有七位有效數字[1]，範圍大約為 10^{-38} 至 10^{39}。

話雖如此，但在某些情況下，捨入誤差仍然變得很重要。有鑑於此，多數電腦都有延伸精確度之規格。最常見的為倍準度，其中用來存放浮點數的字組大小為原來的 2 倍。它大約提供 15 至 16 位小數之精確度，範圍大約為 10^{-308} 至 10^{308}。

多數情況下，使用倍準度可以減輕捨入誤差的影響。不過，這種補救措施會付出同時需要更多的記憶空間與執行時間的代價。對於少量的計算而言，執行時間的差異看起來可能並不顯著。但是當程式變大而且更複雜時，所增加的計算時間可能

---

[1] 實際上存放尾數時只用了 23 個位元。無論如何，因為標準化的緣故，尾數之第一個位元永遠為 1，所以不必存放。故此第一個位元再加上 23 個存放到的位元，共提供尾數 24 個位元之精確度。

變得很可觀，對於解答問題的工具而言，其效果會有負面的影響。因此不應毫無顧忌地使用延伸精確度，而應依其是否在執行時間方面，能以最少的成本產生最大的利益，審慎選用。以下幾節，我們將更徹底觀察捨入誤差如何影響計算，並且以此為基礎，指導你使用倍準度之能力。

在這之前，先注意到有些常用的套裝軟體（如 Excel，Mathcad）一般都是使用倍準度表示數值大小。這些軟體的開發者認為，減少數值誤差之重要性高於使用延伸精確度所帶來的計算速度損失。其他的軟體（像 MATLAB）則由你決定是否使用延伸精確度。

3.4.2 電腦數之算術操作

除了電腦中數字系統的限制外，實際上這些數的算術操作也會導致捨入誤差。接下來這一節，我們將說明一般的算術運算如何影響捨入誤差，然後再研究一些動輒產生捨入誤差的特殊運算。

常見的算術運算　由於我們較熟悉標準化的十進制數，因此採用它們來說明捨入誤差對簡單的加法、減法、乘法及除法的影響。使用其他基數的數字系統則與十進制相似。為了簡化討論，使用具有 4 位尾數及 1 位指數之十進制電腦。此外，我們採用截斷法。捨入法雖比較少有戲劇化的誤差，但也有類似的結果。

將兩個浮點數相加時，必須修改指數較小的尾數，使得兩個指數相同。它的效果是將小數點排在一起。例如，假定我們想要把 $0.1557 \times 10^1 + 0.4381 \times 10^{-1}$ 相加。第二個數之尾數的小數點將要左移，其移動位數等於指數之差距 $[1 - (-1) = 2]$，如

$$0.4381 \cdot 10^{-1} \to 0.004381 \cdot 10^1$$

現在，兩數可以相加

$$\begin{array}{r} 0.1557 \cdot 10^1 \\ 0.004381 \cdot 10^1 \\ \hline 0.160081 \cdot 10^1 \end{array}$$

結果截斷為 0.1600×10^1。請注意第二個數中移到右邊的最後兩個數字，基本上在計算後消失掉了。

減法除了減數的符號相反之外，其餘的執行過程與加法完全相同。例如，假定我們將 36.41 減掉 26.86。即

$$\begin{array}{r} 0.3641 \cdot 10^2 \\ -\ 0.2686 \cdot 10^2 \\ \hline 0.0955 \cdot 10^2 \end{array}$$

此時結果並未標準化，所以我們必須將小數點右移一位，得到 $0.9550 \times 10^1 =$

9.550。請注意尾數末端所附加的零並不有效，而只是為了填滿移動所產生的空位才附加上去。當兩數非常接近時，會有更為巨大變化的結果，如

$$\begin{array}{r} 0.7642 \cdot 10^3 \\ - 0.7641 \cdot 10^3 \\ \hline 0.0001 \cdot 10^3 \end{array}$$

它可轉換成 $0.1000 \times 10^0 = 0.1000$。於是這個時候多了三個非有效的零。後續的運算將會視這些零為有效，而產生大量的計算誤差。稍後我們會發現將幾乎相等的兩數相減時所損失的有效數字，是造成數值方法中捨入誤差的主因之一。

乘法與除法比加法或減法簡單一些：指數相加而尾數相乘。由於兩個 n 位數的尾數相乘會產生一個 $2n$ 位的結果，因此多數的電腦將中間結果存在雙倍長度的暫存器中。例如

$$0.1363 \cdot 10^3 \times 0.6423 \cdot 10^{-1} = 0.08754549 \cdot 10^2$$

倘若產生前導零（如此例），則結果要正規化：

$$0.08754549 \cdot 10^2 \to 0.8754549 \cdot 10^1$$

並且截斷，得到

$$0.8754 \cdot 10^1$$

以同樣的方式相除，不過尾數要相除而指數要相減。接著將結果正規化並且截斷。

大量運算　某些方法需要大量的算術操作才能得到最後的結果。除此之外，這些計算通常都互相依存。也就是說，後來的計算取決於先前計算的結果。因此即使個別運算的捨入誤差極小，但經歷過多次計算之後所累加的效果就可能非常顯著。

範例 3.7　互相依存的大量運算

問題描述：研究捨入誤差對互相依存大量運算之影響。開發一個程式以加總某數 100,000 次。以單準度加總 1，並分別以單準度及倍準度加總 0.00001。

解法：圖 3.12 為執行此加法之 Fortran 90 程式。其中 1 之單準度總和產生了預期的結果，而 0.00001 之單準度總和產生了極大的誤差，而以倍準度加總 0.00001 時，此誤差明顯地縮小。

量化誤差是誤差的根源。由於電腦內可以正確表示出整數 1，因此可以正確地加總。相對地，由於電腦無法正確表示 0.00001，因此是以一個與其真正值非常接近的數值來代替。雖然對於少量的計算，這小小的誤差不算什麼，但是在不斷相加之後會增大。此問題在倍準度中仍會出現，不過卻顯著地減少，因為量化誤差小了許多。

```
PROGRAM fig0312
IMPLICIT none
INTEGER::i
REAL::sum1, sum2, x1, x2
DOUBLE PRECISION::sum3, x3
sum1=0.
sum2=0.
sum3=0.
x1=1.
x2=1.e-5
x3=1.d-5
DO i=1,100000
   sum1=sum1+x1
   sum2=sum2+x2
   sum3=sum3+x3
END DO
PRINT *, sum1
PRINT *, sum2
PRINT *, sum3
END
output:
 100000.000000
         1.000990
    9.999999999980838E-001
```

圖 3.12 加總某數 10^5 次之 Fortran 90 程式。以單準度加總1，以單準度及倍準度加總 10^{-5}。

請注意上述範例所呈現的誤差類型有點反常，因為其所有的誤差在不斷運算中都是同號。但在大多數情況下，一長串計算中的誤差會隨機改變符號而互相抵消。不過也有一些實例，誤差不但未能抵消，還產生一些幾可亂真的結果。下列數節將洞悉此事件的可能產生方式。

大數與小數相加　假設我們利用具有4位尾數及1位指數之假想的電腦，將一個小的數 0.0010 加進一個大的數 4000。我們修改較小的數 0.0010，使它的指數與較大者配合，

$$\begin{array}{r} 0.4000 \cdot 10^4 \\ 0.0000001 \cdot 10^4 \\ \hline 0.4000001 \cdot 10^4 \end{array}$$

結果截斷成 0.4000×10^4。因此，看來並未讓兩數相加！

在計算無窮級數時也可能出現這種誤差。這類級數的最初幾項與後面幾項比起來通常比較大。因此，加了少數幾項之後，大數與小數相加的狀況。

緩和這類誤差的方式之一是以相反的次序求級數和——也就是以遞增而非遞減之次序求和。依照這種方式，會呈現各別新加入的項與累加和的規模（參考習題 3.5）。

相減式相消　此術語指的是將兩個幾乎相等的浮點數相減時所產生的捨入誤差。

這種情況最常見的一個例子是以

$$\begin{array}{c} x_1 \\ x_2 \end{array} = \frac{-b \pm \sqrt{b^2 - 4ac}}{2a} \qquad (3.12)$$

求二次方程式（或拋物線）的根。當 $b^2 \gg 4ac$ 時，分子中的差可能非常小，因此倍準度可以減少誤差的問題。此外，還有另一個公式可以減少相減式相消：

$$\begin{array}{c} x_1 \\ x_2 \end{array} = \frac{-2c}{b \pm \sqrt{b^2 - 4ac}} \qquad (3.13)$$

以下範例說明此問題以及這個公式之用法。

範例 3.8　相減式相消

問題描述：以 $a = 1$、$b = 3000.001$、$c = 3$，計算二次方程式根的值。並針對計算值與真正的根值（$x_1 = -0.001$、$x_2 = -3000$）進行比較。

解法：圖 3.13 顯示出依據方程式 (3.12) 計算根（x_1 與 x_2）的 Excel/VBA 程

```
Option Explicit

Sub fig0313()
Dim a As Single, b As Single
Dim c As Single, d As Single
Dim x1 As Single, x2 As Single
Dim x1r As Single
Dim aa As Double, bb As Double
Dim cc As Double, dd As Double
Dim x11 As Double, x22 As Double

'Single precision:
a = 1: b = 3000.001: c = 3
d = Sqr(b * b - 4 * a * c)
x1 = (-b + d) / (2 * a)
x2 = (-b - d) / (2 * a)

'Double precision:
aa = 1: bb = 3000.001: cc = 3
dd = Sqr(bb * bb - 4 * aa * cc)
x11 = (-bb + dd) / (2 * aa)
x22 = (-bb - dd) / (2 * aa)

'Modified formula for first root
'single precision:
x1r = -2 * c / (b + d)

'Display results
Sheets("sheet1").Select
Range("b2").Select
ActiveCell.Value = x1
ActiveCell.Offset(1, 0).Select
ActiveCell.Value = x2
ActiveCell.Offset(2, 0).Select
ActiveCell.Value = x11
ActiveCell.Offset(1, 0).Select
ActiveCell.Value = x22
ActiveCell.Offset(2, 0).Select
ActiveCell.Value = x1r
End Sub
```

OUTPUT:

	A	B	C
1	Single-precision results:		
2	x1	-0.000976563	
3	x2	-3000.00000000	
4	Double-precision results:		
5	x1	-0.00100000	
6	x2	-3000.00000000	
7	Modified formula for first root (single precision):		
8	x1	-0.00100000	

圖 3.13 求二次方程式根的之 Excel/VBA 程式。

式。請注意我們同時提供單準度與倍準度兩種版本程式碼。當中 x_2 之結果很妥當，但 x_1 之單準度結果很差，百分相對誤差 ε_t = 2.4%。此水準對於許多應用工程問題而言是不夠的。這個結果特別令人感到驚訝，因為我們是用解析公式所得到的解！

計算二者的程式中有兩個相對較大的數相減，因此流失有效數字。當同樣的數相加時則不會出現類似的問題。

根據以上的基礎，我們可以獲得一般性的結論：當 $b^2 \gg 4ac$ 時，二次公式很容易受相減式相消所影響。避免這個問題的方式之一為使用倍準度。另一個方式為依方程式 (3.13) 之格式重解二次公式。如同此程式之輸出部分，這兩種方式由於避免使相減式相消極小化，而有較小的誤差。

請注意，前一個範例有機會利用轉換，避免掉相減式相消。一般而言，唯一的補救方法是採用延伸精確度。

模糊 當加總時各個項比總和本身還大時，產生模糊。如同以下範例，在正負號混合的級數中發生了模糊。

範例 3.9　利用無窮級數求 e^x 之值

問題描述：指數函數 $y = e^x$ 是由以下無窮級數所產生：

$$y = 1 + x + \frac{x^2}{2} + \frac{x^3}{3!} + \cdots$$

求此函數在 $x = 10$ 及 $x = -10$ 之值，並注意捨入誤差的問題。

解法：圖 3.14a 提供了利用此無窮級數求 e^x 之值的 Excel/VBA 程式。變數 i 為級數之項數、term 為目前要加入級數那一項之值、而 sum 為級數之累加值。變數 test 為加入 term 之前級數的前一個累加值。當電腦無法偵測出 test 與 sum 之間的差異時，終止此級數和程式。

$x = 10$ 的結果在圖 3.14b 中呈現。請注意此結果完全令人滿意。最後的結

(a) Program

```
Option Explicit

Sub fig0314()
Dim term As Single, test As Single
Dim sum As Single, x As Single
Dim i As Integer
i = 0: term = 1#: sum = 1#: test = 0#
Sheets("sheet1").Select
Range("b1").Select
x = ActiveCell.Value
Range("a3:c1003").ClearContents
Range("a3").Select
Do
  If sum = test Then Exit Do
  ActiveCell.Value = i
  ActiveCell.Offset(0, 1).Select
  ActiveCell.Value = term
  ActiveCell.Offset(0, 1).Select
  ActiveCell.Value = sum
  ActiveCell.Offset(1, -2).Select
  i = i + 1
  test = sum
  term = x ^ i / _
    Application.WorksheetFunction.Fact(i)
  sum = sum + term
Loop
ActiveCell.Offset(0, 1).Select
ActiveCell.Value = "Exact value = "
ActiveCell.Offset(0, 1).Select
ActiveCell.Value = Exp(x)
End Sub
```

(b) Evaluation of e^{10}

	A	B	C
1	x	10	
2		i	term	sum
3	0	1.000000	1.000000
4	1	10.000000	11.000000
5	2	50.000000	61.000000
6	3	166.666672	227.666672
7	4	416.666656	644.333313
8	5	833.333313	1477.666626
30	27	9.183690E-02	22026.416016
31	28	3.279889E-02	22026.449219
32	29	1.130996E-02	22026.460938
33	30	3.769988E-03	22026.464844
34	31	1.216125E-03	22026.466797
35		Exact value =	22026.465795

(c) Evaluation of e^{-10}

	A	B	C
1	x	-10	
2		i	term	sum
3	0	1.000000	1.000000
4	1	-10.000000	-9.000000
5	2	50.000000	41.000000
6	3	-166.666672	-125.666672
7	4	416.666656	291.000000
8	5	-833.333313	-542.333313
44	41	-2.989311E-09	1.103359E-04
45	42	7.117407E-10	1.103366E-04
46	43	-1.655211E-10	1.103365E-04
47	44	3.761843E-11	1.103365E-04
48	45	-8.359651E-12	1.103365E-04
49		Exact value =	4.539993E-05

圖 3.14　(a) 利用無窮級數求 e^x 值之 Excel/VBA 程式；(b) 求 e^x 之值；(c) 求 e^{-x} 之值。

果完成於 31 項，此級數在七位有效數字內與庫藏函數值完全相同。

$x = -10$ 的結果則於圖 3.14c 中呈現。不過此時，級數計算的結果甚至連符號都與真正的結果不一樣。事實上，負的結果顯露出嚴重的問題，因為 e^x 永遠不可能小於 0。此處的問題源自於捨入誤差。請注意級數和中的很多項都比最後和的結果還大。此外，不像前一種情形，此時各個項的符號有改變。因此實際上我們是在加、減大的數（各有一點小的誤差），而有顯著差異──也就是相減式相消。針對這些情況，最好尋找其他的計算策略。例如，可以試著由 $y = (e^{-1})^{10}$ 計算 $y = e^{-10}$。除了這種重新公式化的方法之外，一般的權宜之計只有延伸精確度。

內積 從前幾節應該很清楚，有些無窮級數格外容易受捨入誤差影響。很幸運地，級數的計算在數值方法中並非較常用的運算。有一個更無所不在的運算，就是內積之計算：

$$\sum_{i=1}^{n} x_i y_i = x_1 y_1 + x_2 y_2 + \cdots + x_n y_n$$

此運算非常常見，尤其是用來解聯立線性代數方程組。這類計算很容易受捨入誤差影響，因此通常希望是以延伸精確度計算。

雖然前幾節指出了一些減緩捨入誤差的通則，但是除了藉由試誤以實際決定這類誤差在計算上的影響之外，並未提供直接的方法。第 4 章我們將介紹估計這些影響的泰勒 (Taylor) 級數。

習題

3.1 將以下二進制系統的數字轉換為十進制：
(a) 101101；(b) 101.011；(c) 0.01101。

3.2 將八進制系統的數字 71,263 與 3.147，轉換為十進制。

3.3 依據圖 3.11 寫出屬於你自己的程式，並利用它來決定你電腦的機器 ε。

3.4 參考圖 3.11 的方式，寫一個簡短的程式，以決定電腦中所用的最小數 $x_{\min}$。請注意您的電腦將無法確實區別零與小於此數的量。

3.5 當 n 接近無窮大時，無窮級數

$$f(n) = \sum_{i=1}^{n} \frac{1}{i^4}$$

收斂至數值 $f(n) = \pi^4/90$。利用單準度寫一個程式，藉由計算 $i = 1$ 到 10,000 的加總，以求得 $n = 10,000$ 時之級數值 $f(n)$。然後依相反的次序重複此計算，也就是從 $i = 10,000$ 至 1，使用 -1 作為增量。解釋這些結果。

3.6 分別利用以下兩種方式求 e^{-5} 之值：

$$e^{-x} = 1 - x + \frac{x^2}{2} - \frac{x^3}{3!} + \cdots$$

及

$$e^{-x} = \frac{1}{e^x} = \frac{1}{1 + x + \frac{x^2}{2} + \frac{x^3}{3!} + \cdots}$$

並與真正值 6.737947×10^{-3} 比較。各級數皆用 20 項求值，當使用的項數增加時，計算真正相對誤差與近似相對誤差。

3.7 $f(x) = 1/(1 - 3x^2)$ 之導數為

$$\frac{6x}{(1-3x^2)^2}$$

在利用三位及四位截斷算術運算中，是否能預期在 $x = 0.577$ 時，此函數的求值有困難？

3.8 **(a)** 利用三位截斷算術，求以下多項式在 $x = 1.37$ 之值。其相對誤差百分比為若干？

$$y = x^3 - 5x^2 + 6x - 0.55$$

(b) 重做 (a)，但將 y 表成

$$y = [(x - 5)x + 6]x - 0.55$$

計算其相對誤差值，並與 (a) 的結果比較。

3.9 假設註標由1開始的 $20 \times 40 \times 120$ 多維陣列，若陣列元素為倍準度（即占用一個 64 位元的字組 = 8 位元組），則為了要儲存該陣列，所需之隨機存取記憶體為若干百萬位元組(megabytes)。

3.10 利用以下馬可羅林級數，近似 $\cos x$ 至 8 位有效數字所需之項數為若干？

$$\cos x = 1 - \frac{x^2}{2} + \frac{x^4}{4!} - \frac{x^6}{6!} + \frac{x^8}{8!} - \cdots$$

求 $x = 0.3\pi$ 時的近似值，並寫一則程式求出你的結果。

3.11 利用五位截斷算術、方程式 (3.12) 與方程式 (3.13)，求以下方程式之根。

$$x^2 - 5000.002x + 10$$

針對你的結果計算百分相對誤差。

3.12 如何在你的程式中利用機器 ε 當成終止準則 ε_s？試舉一例子說明。

3.13 以下的相除平均法是一個用來近似正數 a 之平方根的古老方法：

$$x = \frac{x + a/x}{2}$$

以圖 3.3 的演算法搭配此公式撰寫一個結構完整的函數，用以求正數的平方根。

CHAPTER 4

截尾誤差和泰勒級數
Truncation Errors and the Taylor Series

使用近似估計取代精確數學計算程序而產生的誤差稱為**截尾誤差 (truncation error)**。例如第 1 章中，我們以有限均差方程式估算降落中傘兵速度的導數，形如（方程式(1.1)）：

$$\frac{dv}{dt} \cong \frac{\Delta v}{\Delta t} = \frac{v(t_{i+1}) - v(t_i)}{t_{i+1} - t_i} \tag{4.1}$$

由於這個差分方程式僅為真正導數值的近似值（回想圖 1.4），因此其數值解必須引進截尾誤差的概念。為了更進一步瞭解這類誤差的特性，我們將討論一種廣泛用於數值方法中，並將函數以近似形式呈現的數學公式——泰勒級數。

4.1 泰勒級數

泰勒定理（方塊 4.1）和其連帶的公式——泰勒級數，在研究數值方法上非常重要。基本上，**泰勒級數 (Taylor series)** 提供一種利用此函數在一點的值和其導數，來預測另一點函數值的方法。特別的是，此定理說明任何一個平滑函數皆可以用多項式進行估計。

方塊 4.1 泰勒定理

泰勒定理

若函數 f 與其前 $n + 1$ 個導數在包含 a 和 x 的區間上連續，則此函數在 x 的值可寫成：

$$f(x) = f(a) + f'(a)(x - a) + \frac{f''(a)}{2!}(x - a)^2$$
$$+ \frac{f^{(3)}(a)}{3!}(x - a)^3 + \cdots$$
$$+ \frac{f^{(n)}(a)}{n!}(x - a)^n + R_n \tag{B4.1.1}$$

其中餘項 R_n 定義為：

$$R_n = \int_a^x \frac{(x-t)^n}{n!} f^{(n+1)}(t)\,dt \tag{B4.1.2}$$

其中 $t =$ 一個虛擬變數。方程式 (B4.1.1) 稱為泰勒級數或**泰勒公式** (Taylor's formula)。如果刪去餘項，則方程式 (B4.1.1) 等式右邊是 $f(x)$ 的泰勒多項式近似。本質上，這個定理宣稱：任何一個平滑函數都可以使用多項式進行近似。

方程式 (B4.1.2) 不過是表達餘項的一種稱為**積分形式** (integral form) 的方式而已，利用積分均值定理能推導出另一個公式。

積分均值第一定理

若函數 g 在包含 a 和 x 的區間上連續且可積，則 a 和 x 之間存在一點 ξ，使得

$$\int_a^x g(t)\,dt = g(\xi)(x-a) \tag{B4.1.3}$$

換句話說，此定理說明積分可表示成函數的平均值 $g(\xi)$ 乘以區間長度 $x - a$。由於平均值發生在區間的最小值和最大值間，因此必定有一點 $x = \xi$，使得函數在該點取得此平均值。

事實上，積分第一均值定理是第二均值定理的一個特例。

積分均值第二定理

若函數 g 和 h 在包含 a 和 x 的區間上連續且可積，且 h 在區間內正頁符號不會改變，則 a 和 x 之間存在一點 ξ，使得

$$\int_a^x g(t)h(t)\,dt = g(\xi)\int_a^x h(t)\,dt \tag{B4.1.4}$$

因此，若在方程式 (B4.1.4) 中代入 $h(t) = 1$，就會和方程式 (B4.1.3) 相等。指定函數為

$$g(t) = f^{(n+1)}(t) \qquad h(t) = \frac{(x-t)^n}{n!}$$

即可將第二定理套用到方程式 (B4.1.2)。當 t 由 a 變動到 x 時，$h(t)$ 是個連續且不會變號的函數；因此，若 $f^{(n+1)}(t)$ 連續，則積分均值定理成立，且

$$R_n = \frac{f^{(n+1)}(\xi)}{(n+1)!}(x-a)^{n+1}$$

這個方程式稱作餘項的**導數形式** (derivative form) 或**拉格藍吉形式** (Lagrange form)。

要想瞭解泰勒級數，常用的方式是逐項建立；例如，級數的第一項是

$$f(x_{i+1}) \cong f(x_i) \tag{4.2}$$

這個關係係稱為**零階近似** (zero-order approximation)，它指出 f 在新點的值和舊點的值相同。這個結果相當符合直覺，因為如果 x_i 和 x_{i+1} 兩點很接近，那麼兩點對應的函數值應該也差不多。

如果想要近似的函數實際上是個常數函數，方程式 (4.2) 就提供了一個完美的

估計。不過,要是函數在整段區間內有所變動時,就需要加入泰勒級數的其他項以提供更好的估計。例如,加入另外一項,成為

$$f(x_{i+1}) \cong f(x_i) + f'(x_i)(x_{i+1} - x_i) \tag{4.3}$$

即得到**一階近似 (first-order approximation)**。增加的一階項是由斜率 $f'(x_i)$ 乘上 x_i 和 x_{i+1} 兩點間距離所組成。因此,這個運算式是直線形式,能用來預測函數從 x_i 到 x_{i+1} 是增加或減少。

雖然方程式 (4.3) 可以預測變化,但它僅能針對直線或**線性 (linear)** 趨勢。因此,若想取得函數可能產生的曲率,就必須加入**二階 (second-order)** 項:

$$f(x_{i+1}) \cong f(x_i) + f'(x_i)(x_{i+1} - x_i) + \frac{f''(x_i)}{2!}(x_{i+1} - x_i)^2 \tag{4.4}$$

同樣地,可以加入其他項以建立完整的泰勒級數展開式:

$$f(x_{i+1}) = f(x_i) + f'(x_i)(x_{i+1} - x_i) + \frac{f''(x_i)}{2!}(x_{i+1} - x_i)^2 \\ + \frac{f^{(3)}(x_i)}{3!}(x_{i+1} - x_i)^3 + \cdots + \frac{f^{(n)}(x_i)}{n!}(x_{i+1} - x_i)^n + R_n \tag{4.5}$$

請注意:由於方程式 (4.5) 是一個無窮級數,因此等號取代了在方程式 (4.2) 至 (4.4) 中所用的近似符號,並以餘項來代表從 $(n + 1)$ 階至無窮大的所有項:

$$R_n = \frac{f^{(n+1)}(\xi)}{(n+1)!}(x_{i+1} - x_i)^{n+1} \tag{4.6}$$

其中下標 n 代表這是 n 階近似的餘項,而 ξ 為介於 x_i 和 x_{i+1} 之間的某個 x 值。ξ 的引入非常重要,因此我們將用 4.1.1 整個小節進行推導工作,目前只要知道有一個這樣的值能提供誤差項精確的處理即可。

簡化泰勒級數的方式很簡單,只要定義步長 ,就可將方程式 (4.5) 寫成:

$$f(x_{i+1}) = f(x_i) + f'(x_i)h + \frac{f''(x_i)}{2!}h^2 + \frac{f^{(3)}(x_i)}{3!}h^3 + \cdots + \frac{f^{(n)}(x_i)}{n!}h^n + R_n \tag{4.7}$$

其中的餘項變成

$$R_n = \frac{f^{(n+1)}(\xi)}{(n+1)!}h^{n+1} \tag{4.8}$$

範例 4.1　多項式的泰勒級數近似

問題描述：利用零至四階的泰勒級數展開式，從 $x_i = 0$，以 $h = 1$ 近似函數

$$f(x) = -0.1x^4 - 0.15x^3 - 0.5x^2 - 0.25x + 1.2$$

亦即，預測函數在 $x_{i+1} = 1$ 的值。

解法：由於我們處理的是已知的函數，因此可以計算 $f(x)$ 在 0 和 1 之間的值。由結果（圖 4.1）指出，這個函數從 $f(0) = 1.2$ 開始，然後向下彎曲至 $f(1) = 0.2$，因此，我們試著要預測的真正值是 0.2。

當 $n = 0$ 時，泰勒級數近似為（參考方程式 (4.2)）：

$$f(x_{i+1}) \simeq 1.2$$

因此，如圖 4.1 所示，零階近似為一個常數。利用這個公式，在 $x = 1$ 得到一個截尾誤差（回想方程式 (3.2)）：

$$E_t = 0.2 - 1.2 = -1.0$$

當 $n = 1$ 時，必須算出一階導數，並代入 $x = 0$ 求值：

$$f'(0) = -0.4(0.0)^3 - 0.45(0.0)^2 - 1.0(0.0) - 0.25 = -0.25$$

因此，一階近似為（參考方程式 (4.3)）：

$$f(x_{i+1}) \simeq 1.2 - 0.25h$$

利用此式可算出 $f(1) = 0.95$，因此，近似值開始以傾斜的直線取得函數向下的軌跡；此時截尾誤差縮小為

$$E_t = 0.2 - 0.95 = -0.75$$

當 $n = 2$ 時，在 $x = 0$ 求出二階導數值：

$$f''(0) = -1.2(0.0)^2 - 0.9(0.0) - 1.0 = -1.0$$

因此，根據方程式 (4.4)

$$f(x_{i+1}) \simeq 1.2 - 0.25h - 0.5h^2$$

將 $h = 1$ 代入得到 $f(1) = 0.45$。加入二階導數之後，增加了向下的曲率，得到一個更好的估計，如圖 4.1 所示；截尾誤差更進一步縮減為 $0.2 - 0.45 = -0.25$。

加進更多的項就能得到更好的估計；事實上，加入三階和四階導數會得到跟題目完全一樣的方程式：

$$f(x) = 1.2 - 0.25h - 0.5h^2 - 0.15h^3 - 0.1h^4$$

其中餘項為

$$R_4 = \frac{f^{(5)}(\xi)}{5!}h^5 = 0$$

由於四階多項式的五階導數為零，因此，泰勒級數展開式到四階導數，在 $x_{i+1}=1$ 就能產生精確的估計：

$$f(1) = 1.2 - 0.25(1) - 0.5(1)^2 - 0.15(1)^3 - 0.1(1)^4 = 0.2$$

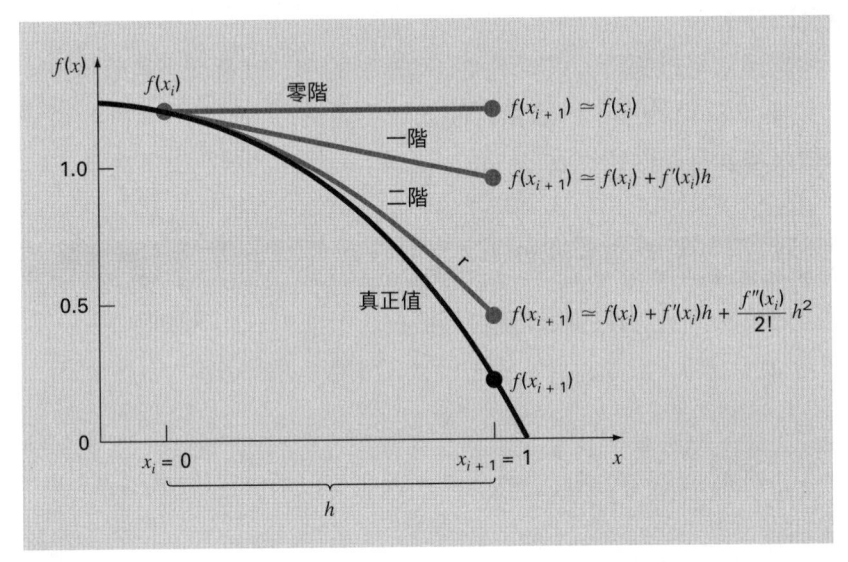

○ 圖 4.1　$f(x) = -0.1x^4 - 0.15x^3 - 0.5x^2 - 0.25x + 1.2$ 藉由零階、一階及二階泰勒級數展開式，於 $x = 1$ 的近似值。

一般而言，n 階多項式的 n 階泰勒級數展開式會是精確無誤的。但是對於其他可微分且連續的函數，如指數函數和正弦曲線，有限項將無法產生精確無誤的估計，每個增加的項不管有多微小，都對估計有所改善。這個特性將在範例 4.2 以實例說明：只有加了無限多項時，級數才會產生精確的結果。

雖然上述都是千真萬確，但實際上，多數情形下的泰勒級數展開式，只需加入幾項，級數的估計值對真正值的近似程度，就足似應付各種用途。想要評估需要多少項才算「夠接近」，就必須由展開式的餘項進行分析。請回想形如方程式 (4.8) 的餘項一般形式，這個關係式有兩個主要的缺點。第一是無法明確得知 ξ 的位置，只知道位於 x_1 和 x_{i+1} 間。第二，為了要計算方程式 (4.8) 的值，就必須求出 $f(x)$ 的 $(n + 1)$ 階導數，那樣一來，就必須先知道 $f(x)$ 才能進行計算；然而，要是已經知道了 $f(x)$，就沒必要用泰勒級數展開式！

儘管有這些兩難情形，方程式 (4.8) 對於瞭解截尾誤差仍然是有用的。這是由於我們確實在方程式中控制了 h 這一項。也就是說，我們可以選擇從距離 x 多遠的地方計算 $f(x)$ 的值，並且可以控制展開式中的項數，因此方程式 (4.8) 通常會寫成

$$R_n = O(h^{n+1})$$

其中 $O(h^{n+1})$ 這個術語意味著截尾誤差為 h^{n+1} 階，亦即，誤差和步長 h 的 $(n+1)$ 次方成比例。雖然在這個近似中並未指出用來乘以 h^{n+1} 的導數大小，但在評估以泰勒級數展開式為基礎之數值方法的比較誤差時極為有用。譬如，若誤差是 $O(h)$，就表示步長減半會使誤差減半；再看另一個例子，如果誤差是 $O(h^2)$，就表示步長減半將會使誤差減為四分之一。

一般而言，我們通常可以假設：只要增加泰勒級數的項，就會減少截尾誤差。在許多情形下，只要 h 的值夠小，一階和其他低階項通常占了誤差非常高的百分比，因此只需少數幾項就可以得到合適的估計。在以下範例中將說明這個性質。

範例 4.2　利用泰勒級數展開式近似具有無限階導數的函數

問題描述：利用階數 $n = 0$ 到 6 的泰勒級數展開式，根據 $f(x)$ 和其導數在 $x_i = \pi/4$ 的值，近似 $f(x) = \cos x$ 於 $x_{i+1} = \pi/3$ 的值。請注意這意味著 $h = \pi/3 - \pi/4 = \pi/12$。

解法：與範例 4.1 相同，我們得知真正的函數，因此可以求出正確值 $f(\pi/3) = 0.5$。
零階近似（由方程式 (4.3)）為：

$$f\left(\frac{\pi}{3}\right) \cong \cos\left(\frac{\pi}{4}\right) = 0.707106781$$

代表著相對誤差百分比為

$$\varepsilon_t = \frac{0.5 - 0.707106781}{0.5} 100\% = -41.4\%$$

至於一階近似，我們加入一階導數項 $f'(x) = -\sin x$：

$$f\left(\frac{\pi}{3}\right) \cong \cos\left(\frac{\pi}{4}\right) - \sin\left(\frac{\pi}{4}\right)\left(\frac{\pi}{12}\right) = 0.521986659$$

對應的百分相對誤差 $\varepsilon_t = -4.40\%$。
對於二階近似，我們加入二階導數項 $f''(x) = -\cos x$

$$f\left(\frac{\pi}{3}\right) \cong \cos\left(\frac{\pi}{4}\right) - \sin\left(\frac{\pi}{4}\right)\left(\frac{\pi}{12}\right) - \frac{\cos(\pi/4)}{2}\left(\frac{\pi}{12}\right)^2 = 0.497754491$$

對應的百分相對誤差 $\varepsilon_t = 0.449\%$。藉由加入更多項，估計值也將持續改進。

此過程可持續進行，在表 4.1 列出計算結果。請注意導數永遠不會變成零，與範例 4.1 的多項式不同。因此，每一個增加的項都對近似估計產生部分改善；但是，也請注意絕大部分的改良都來自前幾項。在本例中，當我們加了三階項之後，誤差銳減為 $2.62 \times 10^{-2}\%$，這意味著我們已經達到真正值的 99.9738%。因此，即使加進更多項能進一步縮減誤差，但改良幅度卻無足輕重。

表 4.1 使用基準點 $\pi/4$，計算 $f(x) = \cos x$ 在 $x_{i+1} = \pi/3$ 的泰勒級數近似值。表中顯示不同階數的近似值。

階數 n	$f^{(n)}(x)$	$f(\pi/3)$	ε_t
0	$\cos x$	0.707106781	-41.4
1	$-\sin x$	0.521986659	-4.4
2	$-\cos x$	0.497754491	0.449
3	$\sin x$	0.499869147	2.62×10^{-2}
4	$\cos x$	0.500007551	-1.51×10^{-3}
5	$-\sin x$	0.500000304	-6.08×10^{-5}
6	$-\cos x$	0.499999988	2.44×10^{-6}

4.1.1 泰勒級數展開式的餘項

在示範實際上如何使用泰勒級數估計數值誤差之前，我們必須解釋在方程式 (4.8) 中加入引數 ξ 的理由。在方塊 4.1 中呈現了數學的推導過程，現在我們則要以另一種比較視覺化的方式說明，接著再將這個特例延伸至更一般化的公式。

假設我們將泰勒級數展開式（參考方程式 (4.7)）零階項之後截掉，得到

$$f(x_{i+1}) \cong f(x_i)$$

這個零階預測的圖形如圖 4.2 所示，預測的餘項，或稱為誤差，也畫在圖中，它是由被截掉的無限個級數項所組成：

$$R_0 = f'(x_i)h + \frac{f''(x_i)}{2!}h^2 + \frac{f^{(3)}(x_i)}{3!}h^3 + \cdots$$

顯然要以這種無窮級數的格式處理餘項並不方便，簡化的方式之一就是將餘項本身截取掉，如：

$$R_0 \cong f'(x_i)h \tag{4.9}$$

如前一節所述，雖然餘項大部分都是低階導項，但是這個結果仍然是不精確的，因為忽略了二階和更高階的項，因此在方程式 (4.9) 中使用近似相等符號 ($\cong$) 表示這個「不精確」。

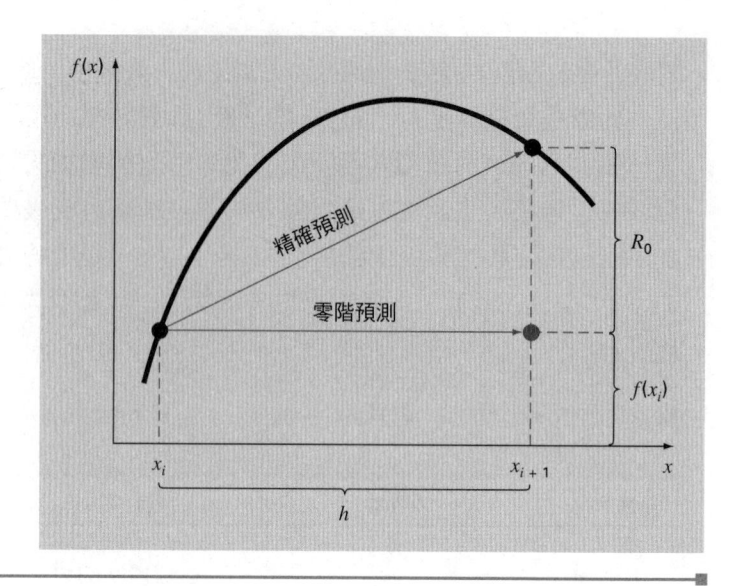

◐ **圖 4.2** 零階泰勒級數預測和餘項的圖形說明。

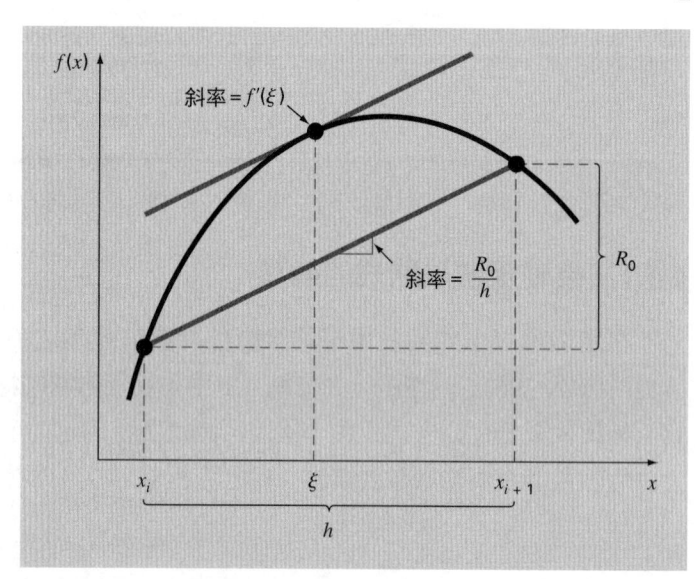

◐ **圖 4.3** 導數均值定理的圖形說明。

　　另一種將近似轉變為等式的簡化方式是以圖形分析為基礎。如圖 4.3 所示,由**導數均值定理 (derivative mean-value theorem)** 得知,若函數 $f(x)$ 與其一階導數在 x_i 到 x_{i+1} 的區間上連續,則在函數上至少存在一個點,在該點上有平行於 $f(x_i)$ 和 $f(x_{i+1})$ 的連線的斜率值,記作 $f'(\xi)$。參數 ξ 標示出發生此斜率的 x 值 (圖 4.3)。這個定理的物理解釋是:若在兩點之間移動,則在移動過程當中至少有一個瞬間是以平均速度在移動。

　　引用這個定理,可以輕易瞭解,斜率 $f'(\xi)$ 等於上升量 R_0 除以路程 h (如圖 4.3 所示),即

$$f'(\xi) = \frac{R_0}{h}$$

重新整理之後，得到

$$R_0 = f'(\xi)h \tag{4.10}$$

因此，我們推導出了方程式 (4.8) 的零階版。更高階版只是推導方程式 (4.10) 的延申，一階版為

$$R_1 = \frac{f''(\xi)}{2!}h^2 \tag{4.11}$$

此時，ξ 的值是使得方程式 (4.11) 精確的二階導數所對應的 x 值。從方程式 (4.8) 可建立出類似的更高階版。

4.1.2 利用泰勒級數估計截尾誤差

雖然本書中，泰勒級數在估計截尾誤差方面極為有用，但你應該還不清楚如何將展開式用在數值方法上。事實上，我們在降落中傘兵的例子裡已經運用過這個方法。請回想範例 1.1 與 1.2 的目的都是預測速度為時間的函數，也就是決定 $v(t)$。如同方程式 (4.5) 所描述，$v(t)$ 可展開成泰勒級數：

$$v(t_{i+1}) = v(t_i) + v'(t_i)(t_{i+1} - t_i) + \frac{v''(t_i)}{2!}(t_{i+1} - t_i)^2 + \cdots + R_n \tag{4.12}$$

現在，讓我們將一階導數項之後的級數截掉：

$$v(t_{i+1}) = v(t_i) + v'(t_i)(t_{i+1} - t_i) + R_1 \tag{4.13}$$

方程式 (4.13) 可解成

$$v'(t_i) = \underbrace{\frac{v(t_{i+1}) - v(t_i)}{t_{i+1} - t_i}}_{\text{一階近似}} - \underbrace{\frac{R_1}{t_{i+1} - t_i}}_{\text{截尾誤差}} \tag{4.14}$$

方程式 (4.14) 的第一部分和範例 1.2 用來近似導數的式子（方程式 (1.11)）完全相同。然而，由於使用泰勒級數法，因此我們現在得到了此導數近似值附帶的截尾誤差的估計。利用方程式 (4.6) 和 (4.14)，產生

$$\frac{R_1}{t_{i+1} - t_i} = \frac{v''(\xi)}{2!}(t_{i+1} - t_i) \tag{4.15}$$

或寫成

$$\frac{R_1}{t_{i+1} - t_i} = O(t_{i+1} - t_i) \tag{4.16}$$

因此，導數的近似估計（方程式 (1.11) 或 (4.14) 的第一部分）有 $(t_{i+1} - t_i)$ 階的截尾

誤差。換句話說，我們的導數近似值的誤差應該和步長成比例。因而，若我們將步長減半，我們預期導數的誤差將會減半。

> **範例 4.3　非線性和步長對泰勒級數近似的影響**
>
> **問題描述**：圖 4.4 為下列函數的圖形：
>
> $$f(x) = x^m \tag{E4.3.1}$$
>
> 範圍從 $x = 1$ 到 2，其中 $m = 1$、2、3、4。注意到：當 $m = 1$ 時，這個函數是線性，而當 m 增加時，更多的曲率或非線性加入了函數之中。對不同的指數值 m 以及步長 h，利用一階泰勒級數近似此函數。
>
> **解法**：方程式 (E4.3.1) 可以由一階泰勒級數展開式來近似：
>
> $$f(x_{i+1}) = f(x_i) + mx_i^{m-1}h \tag{E4.3.2}$$
>
> 餘項為

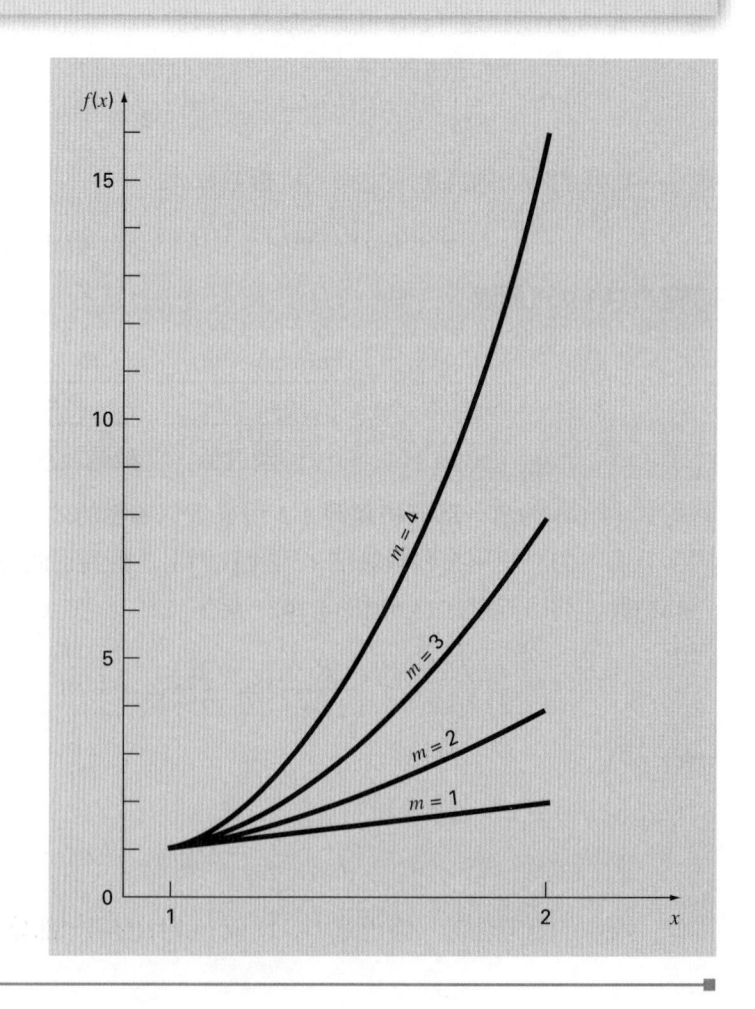

⊃ 圖 4.4　函數 $f(x) = x^m$ 的圖形，其中 $m = 1$、2、3、4。注意到：當 m 增加時，此函數的非線性程度跟著增加。

$$R_1 = \frac{f''(x_i)}{2!}h^2 + \frac{f^{(3)}(x_i)}{3!}h^3 + \frac{f^{(4)}(x_i)}{4!}h^4 + \cdots$$

首先，我們可以檢驗當 m 增加，也就是函數的非線性程度增加時，這個近似將如何運件。當 $m = 1$ 時，這個函數在 $x = 2$ 的實際值為 2。泰勒級數計算得到

$$f(2) = 1 + 1(1) = 2$$

且

$$R_1 = 0$$

餘項為零，是因為線性函數的二階和更高階導數皆為零。因此，如同預期，當原本的函數為線性時，一階泰勒級數展開式是完美無缺的。

當 $m = 2$ 時，實際值為 $f(2) = 2^2 = 4$，一階泰勒級數近似為

$$f(2) = 1 + 2(1) = 3$$

且

$$R_1 = \tfrac{2}{2}(1)^2 + 0 + 0 + \cdots = 1$$

因此，由於這個函數圖形是一條拋物線，直線近似產生不一致的結果。注意到此處餘項已被精確決定。

當 $m = 3$ 時，實際值為 $f(2) = 2^3 = 8$，泰勒級數近似為

$$f(2) = 1 + 3(1)^2(1) = 4$$

且

$$R_1 = \tfrac{6}{2}(1)^2 + \tfrac{6}{6}(1)^3 + 0 + 0 + \cdots = 4$$

再一次，出現了不一致的結果，而誤差值完全由泰勒級數決定。

當 $m = 4$ 時，實際值為 $f(2) = 2^4 = 16$。泰勒級數近似為

$$f(2) = 1 + 4(1)^3(1) = 5$$

且

$$R_1 = \tfrac{12}{2}(1)^2 + \tfrac{24}{6}(1)^3 + \tfrac{24}{24}(1)^4 + 0 + 0 + \cdots = 11$$

根據這四種情形，我們觀察到，當函數的非線性程度增加時，R_1 也逐漸增加。此外，R_1 精確地表示出誤差。這是由於方程式 (E4.3.1) 是一個只有有限階導數的單項式，可以完整算出泰勒級數的餘項。

接著，我們針對 檢驗方程式 (E4.3.2)，並觀察步長 h 改變時，R_1 如何變化。當 $m = 4$ 時，方程式 (E4.3.2) 為

$$f(x+h) = f(x) + 4x_i^3 h$$

若 $x = 1$，則 $f(1) = 1$，且此方程可表成

$$f(1+h) = 1 + 4h$$

餘項為

$$R_1 = 6h^2 + 4h^3 + h^4$$

由此可導出結論：當 h 縮減時，誤差減少。此外，對於夠小的 h 值，誤差應與 h^2 成比例。也就是說，當 h 減半時，誤差將減為四分之一。表 4.2 和圖 4.5 證實了這個特性。

表 4.2 比較 $f(x) = x^4$ 的精確值和一階泰勒級數近似值，函數和近似值都在 $x + h$ 求值，其中 $x = 1$。

步長 h	真正值	一階近似	餘項 R_1
1	16	5	11
0.5	5.0625	3	2.0625
0.25	2.441406	2	0.441406
0.125	1.601807	1.5	0.101807
0.0625	1.274429	1.25	0.024429
0.03125	1.130982	1.125	0.005982
0.015625	1.063980	1.0625	0.001480

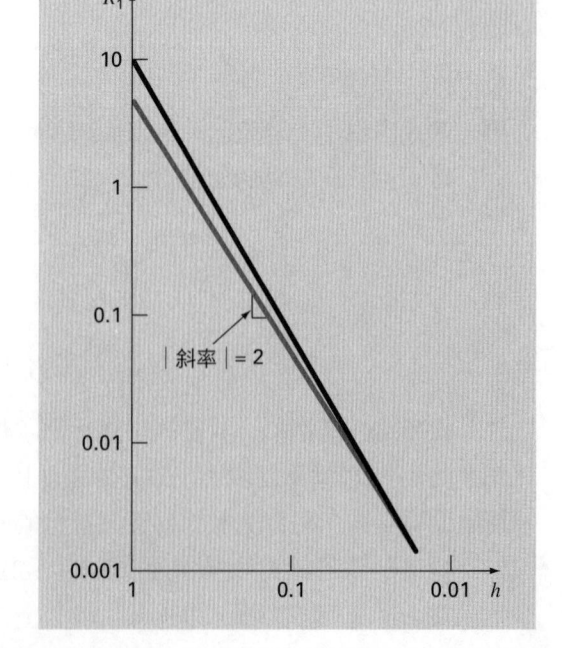

⊃ **圖 4.5** 函數 $f(x) = x^4$ 的一階泰勒級數近似的餘項 R_1，對步長 h 的雙對數圖。一條斜率為 2 的直線被用來顯示：當 h 遞減時，誤差和 h^2 成比例。

> 因此，我們得到一個結論：當 m 接近 1 或當 h 減少時，一階泰勒級數近似的誤差就會減少。直覺上，這意味著當想要近似的函數在關注的區間內變得更像直線時，泰勒級數就會變得更準確。不論縮減區間的長度或是降低 m 以拉直函數，都可以達到這個目的。顯然地，後者通常在實際情況行不通，因為我們分析的函數一般是由實際問題所定出來的。所以，我們無法控制其缺乏線性特質，只能縮減步長或在泰勒級數展開式中追加幾項來處理。

4.1.3 數值微分

方程式 (4.14) 在數值方法中有個正式的名稱，稱為**有限均差 (finite divided difference)**。通常表為

$$f'(x_i) = \frac{f(x_{i+1}) - f(x_i)}{x_{i+1} - x_i} + O(x_{i+1} - x_i) \tag{4.17}$$

或

$$f'(x_i) = \frac{\Delta f_i}{h} + O(h) \tag{4.18}$$

其中 Δf_i 稱為**一階前向差分 (first forward difference)**，而 h 稱為步長，即計算近似解的區間長度。由於它利用 i 和 $i+1$ 的數據來估計導數（圖 4.6a），因此稱它作「前向」差分。整個「$\Delta f_i/h$」項稱為**一階有限均差 (first finite divided difference)**。

前向均差只是從泰勒級數發展出來在數值上近似導數的方法之一，譬如，類似方程式 (4.14) 的推導方法，可以建立出一階導數之後向差分和中央差分近似。前者利用在 x_{i-1} 和 x_i 處的值（圖 4.6b），而後者利用和欲估計導數那一點距離等距的兩點的值（圖 4.6c）。加入泰勒級數的更高階項可發展出更準確的一階導數近似。最後，二階、三階、甚至高階導數也都能發展出以上三種版本的差分近似。接下來的幾節提供簡短的摘要，說明如何推導出這些公式。

一階導數的後向差分近似 泰勒級數可以目前的值為基礎，朝反向展開以計算先前的值，例如：

$$f(x_{i-1}) = f(x_i) - f'(x_i)h + \frac{f''(x_i)}{2!}h^2 - \cdots \tag{4.19}$$

將這個方程式中一階導數之後的項截掉，並重新整理後得到

$$f'(x_i) \cong \frac{f(x_i) - f(x_{i-1})}{h} = \frac{\nabla f_i}{h} \tag{4.20}$$

其中誤差項為 $O(h)$，而 ∇f_i 稱為一階後向差分。請看圖 4.6b 的圖示說明。

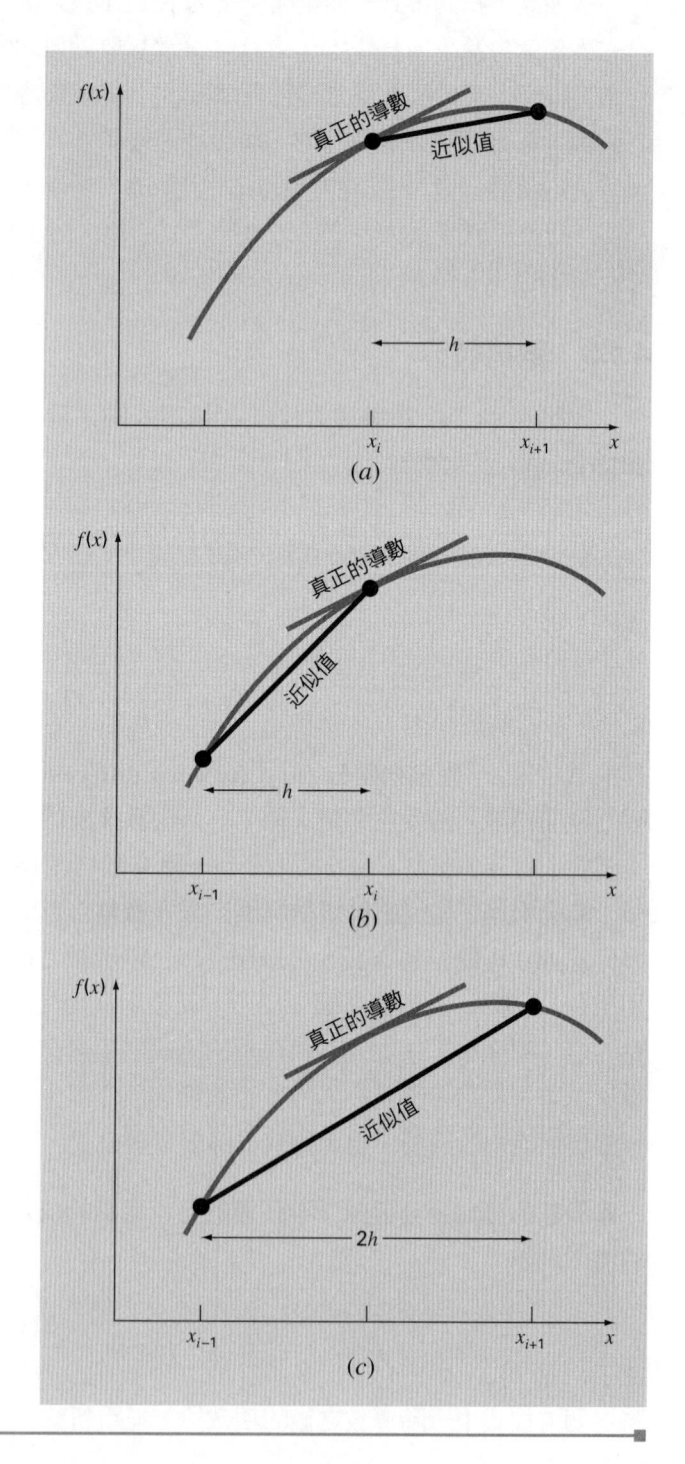

圖 4.6 一階導數的 (a) 前向；(b) 後向；(c) 中央型的有限均差近似的圖形說明。

一階導數的中央差分近似　近似一階導數的第三種方式，是將前向泰勒級數展開式

$$f(x_{i+1}) = f(x_i) + f'(x_i)h + \frac{f''(x_i)}{2!}h^2 + \cdots \tag{4.21}$$

減掉方程式 (4.19)，得到

$$f(x_{i+1}) = f(x_{i-1}) + 2f'(x_i)h + \frac{2f^{(3)}(x_i)}{3!}h^3 + \cdots$$

可解出

$$f'(x_i) = \frac{f(x_{i+1}) - f(x_{i-1})}{2h} - \frac{f^{(3)}(x_i)}{6}h^2 - \cdots$$

或寫成

$$f'(x_i) = \frac{f(x_{i+1}) - f(x_{i-1})}{2h} - O(h^2) \tag{4.22}$$

方程式 (4.22) 為一階導數的**中央差分 (centered difference)** 表示法，值得注意的是，截尾誤差減少為 h^2 階，而前向和後向近似都是 h 階。因此，泰勒級數分析得到一個實用的資訊：中央差分的導數表示法較準確（圖 4.6c）。舉例來說，如果我們將步長減半，利用前向或後向差分，大約能將截尾誤差減半；但是對於中央差分，誤差大小則會變成四分之一。

範例 4.4　導數的有限均差近似

問題描述：利用 $O(h)$ 的前向和後向差分近似，以及 $O(h^2)$ 的中央差分近似，估計下列函數在 $x = 0.5$ 的一階導數，使用步長 $h = 0.5$：

$$f(x) = -0.1x^4 - 0.15x^3 - 0.5x^2 - 0.25x + 1.25$$

再使用 $h = 0.25$ 重複整個計算過程。注意到導數可以直接計算得到：

$$f'(x) = -0.4x^3 - 0.45x^2 - 1.0x - 0.25$$

並且可用來算出一階導數真正值是 $f'(0.5) = -0.9125$。

解法：當 $h = 0.5$ 時，可以利用函數求出

$$\begin{aligned} x_{i-1} &= 0 & f(x_{i-1}) &= 1.2 \\ x_i &= 0.5 & f(x_i) &= 0.925 \\ x_{i+1} &= 1.0 & f(x_{i+1}) &= 0.2 \end{aligned}$$

這些值可以用來計算出前向均差（方程式 (4.17)）：

$$f'(0.5) \cong \frac{0.2 - 0.925}{0.5} = -1.45 \qquad |\varepsilon_t| = 58.9\%$$

後向均差（方程式 (4.20)）：

$$f'(0.5) \cong \frac{0.925 - 1.2}{0.5} = -0.55 \qquad |\varepsilon_t| = 39.7\%$$

以及中央均差（方程式 (4.22)）：

$$f'(0.5) \cong \frac{0.2 - 1.2}{1.0} = -1.0 \qquad |\varepsilon_t| = 9.6\%$$

當 $h = 0.25$ 時，

$$\begin{aligned} x_{i-1} &= 0.25 & f(x_{i-1}) &= 1.10351563 \\ x_i &= 0.5 & f(x_i) &= 0.925 \\ x_{i+1} &= 0.75 & f(x_{i+1}) &= 0.63632813 \end{aligned}$$

計算出前向均差：

$$f'(0.5) \cong \frac{0.63632813 - 0.925}{0.25} = -1.155 \qquad |\varepsilon_t| = 26.5\%$$

後向均差：

$$f'(0.5) \cong \frac{0.925 - 1.10351563}{0.25} = -0.714 \qquad |\varepsilon_t| = 21.7\%$$

以及中央均差：

$$f'(0.5) \cong \frac{0.63632813 - 1.10351563}{0.5} = -0.934 \qquad |\varepsilon_t| = 2.4\%$$

針對這兩種步長，中央差分近似都比前向或後向差分還要準確。同樣地，就如同泰勒級數分析所預測的，當步長減半時，前向和後向差分的誤差大約減半，而中央差分的誤差則縮減為四分之一。

高階導數的有限差分近似：除了一階導數之外，泰勒級數展開式也可以用來推導出高階導數的數值估計。要想這麼做，我們先利用 $f(x_i)$ 寫出 $f(x_{i+2})$ 的前向泰勒級數展開式：

$$f(x_{i+2}) = f(x_i) + f'(x_i)(2h) + \frac{f''(x_i)}{2!}(2h)^2 + \cdots \qquad (4.23)$$

將方程式 (4.21) 乘以 2，並減去方程式 (4.23) 後得到

$$f(x_{i+2}) - 2f(x_{i+1}) = -f(x_i) + f''(x_i)h^2 + \cdots$$

由上式可以解出

$$f''(x_i) = \frac{f(x_{i+2}) - 2f(x_{i+1}) + f(x_i)}{h^2} + O(h) \tag{4.24}$$

這個關係式稱為**二階前向有限均差 (second forward finite divided difference)**。類似的計算手法可以推導出後向均差：

$$f''(x_i) = \frac{f(x_i) - 2f(x_{i-1}) + f(x_{i-2})}{h^2} + O(h)$$

以及中央均差：

$$f''(x_i) = \frac{f(x_{i+1}) - 2f(x_i) + f(x_{i-1})}{h^2} + O(h^2)$$

就如同一階導數近似的情形，中央均差較為準確。另外再注意到，中央均差也可以寫成其他的形式：

$$f''(x_i) \cong \frac{\dfrac{f(x_{i+1}) - f(x_i)}{h} - \dfrac{f(x_i) - f(x_{i-1})}{h}}{h}$$

因此，就如同二階導數是一階導數的導數一樣，二階均差近似也是兩個一階均差的差。

我們將在第 23 章再回到數值微分的主題。在這裡介紹這個主題，因為這正是說明泰勒級數在數值方法中何以非常重要的好例子。此外，本節所介紹的許多公式將會在第 23 章之前用到。

4.2 誤差傳播

本節的目的是要研究數值的誤差如何經由數學函數傳播。例如，當我們將兩個有誤差的數值拿來相乘時，想要估計出乘積的誤差。

4.2.1 單變數函數

假定有一個由單一自變數 x 決定的函數 $f(x)$，若 $\tilde{x}$ 為 x 的近似值，我們想評估 x 和 $\tilde{x}$ 的誤差對函數值的影響。亦即，我們想估計

$$\Delta f(\tilde{x}) = |f(x) - f(\tilde{x})|$$

求 $\Delta f(\tilde{x})$ 值時有一個問題，那就是，由於 x 未知，因此 $f(x)$ 也是未知的。要是 $\tilde{x}$ 接近 x，且 $f(\tilde{x})$ 是連續並且可微分的話，則我們可以克服這項困難。如果這些條件都

成立，就可以利用泰勒級數來計算靠近 $f(\tilde{x})$ 的 $f(x)$，如同下式

$$f(x) = f(\tilde{x}) + f'(\tilde{x})(x - \tilde{x}) + \frac{f''(\tilde{x})}{2}(x - \tilde{x})^2 + \cdots$$

將二階和更高階項移除，重新整理後得到

$$f(x) - f(\tilde{x}) \cong f'(\tilde{x})(x - \tilde{x})$$

或是寫成

$$\Delta f(\tilde{x}) \cong |f'(\tilde{x})|\Delta \tilde{x} \tag{4.25}$$

其中 $\Delta f(\tilde{x}) = |f(x) - f(\tilde{x})|$ 代表函數的誤差估計，而 $\Delta \tilde{x} = |x - \tilde{x}|$ 代表 x 的誤差估計。給定函數的導數和自變數的誤差估計，就可以用方程式 (4.25) 來估計 $f(x)$ 的誤差。圖 4.7 以圖形來說明整個運算過程。

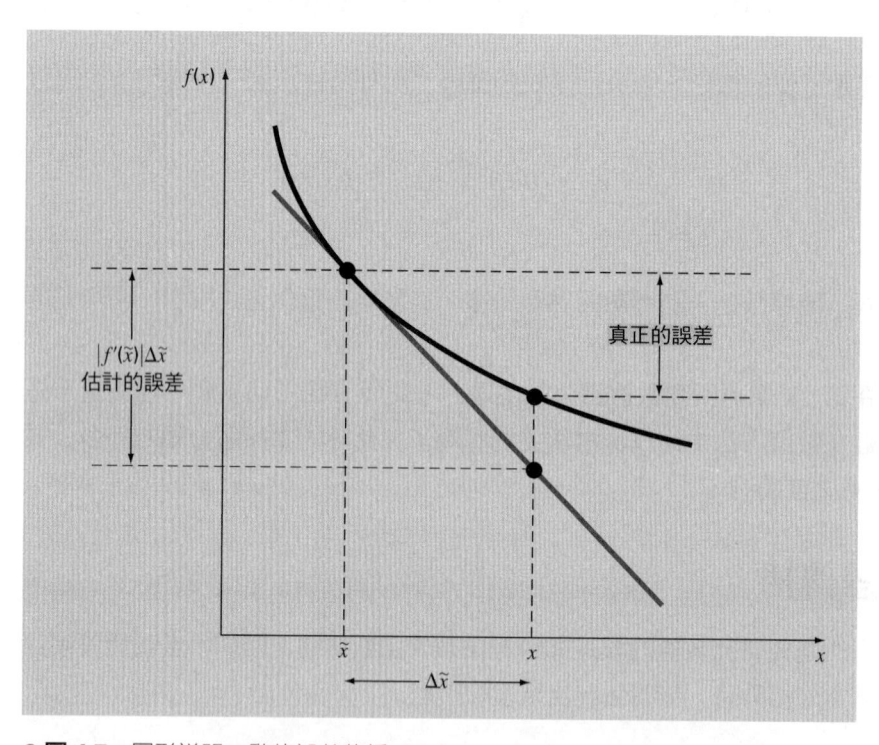

◐ **圖 4.7**　圖形說明一階的誤差傳播。

範例 4.5　單變數函數的誤差傳播

問題描述：給定數值 $\tilde{x} = 2.5$ 和誤差 $\Delta \tilde{x} = 0.01$，估計函數 $f(x) = x^3$ 所產生的誤差。

解法：利用方程式 (4.25)

$$\Delta f(\tilde{x}) \cong 3(2.5)^2(0.01) = 0.1875$$

由於 $f(2.5) = 15.625$，因此我們預測

$$f(2.5) = 15.625 \pm 0.1875$$

也就是說真正值落在 15.4375 和 15.8125 之間。事實上，若 x 的值是 2.49，則函數值為 15.4382；而若 x 為 2.51，則函數值為 15.8132。針對這個例子，一階誤差分析提供了真正誤差值相當接近的估計。

4.2.2 多變數函數

前面的處理方法可以類推至多變數函數，利用多變數的泰勒級數可以達到這個目的。譬如，如果我們有個含兩個自變數 u 和 v 的函數，那麼泰勒級數就可寫成：

$$\begin{aligned} f(u_{i+1}, v_{i+1}) = f(u_i, v_i) &+ \frac{\partial f}{\partial u}(u_{i+1} - u_i) + \frac{\partial f}{\partial v}(v_{i+1} - v_i) \\ &+ \frac{1}{2!}\left[\frac{\partial^2 f}{\partial u^2}(u_{i+1} - u_i)^2 + 2\frac{\partial^2 f}{\partial u \partial v}(u_{i+1} - u_i)(v_{i+1} - v_i)\right. \\ &\left. + \frac{\partial^2 f}{\partial v^2}(v_{i+1} - v_i)^2\right] + \cdots \end{aligned} \quad \textbf{(4.26)}$$

其中偏導數是在基準點 i 求值。如果移除所有的二階和更高階導數，則由方程式 (4.26) 可以解得

$$\Delta f(\tilde{u}, \tilde{v}) \cong \left|\frac{\partial f}{\partial u}\right|\Delta\tilde{u} + \left|\frac{\partial f}{\partial v}\right|\Delta\tilde{v}$$

其中 $\Delta\tilde{u}$ 和 $\Delta\tilde{v}$ 分別為 u 和 v 的誤差估計。

對於誤差為 $\Delta\tilde{x}_1$、$\Delta\tilde{x}_2$、$\cdots$、$\Delta\tilde{x}_n$ 的 n 個自變數 x_1、x_2、$\cdots$、x_n，以下的一般關係式成立：

$$\Delta f(\tilde{x}_1, \tilde{x}_2, \ldots, \tilde{x}_n) \cong \left|\frac{\partial f}{\partial x_1}\right|\Delta\tilde{x}_1 + \left|\frac{\partial f}{\partial x_2}\right|\Delta\tilde{x}_2 + \cdots + \left|\frac{\partial f}{\partial x_n}\right|\Delta\tilde{x}_n \quad \textbf{(4.27)}$$

範例 4.6　多變數函數的誤差傳播

問題描述：帆船桅桿頂端的偏轉度為

$$y = \frac{FL^4}{8EI}$$

其中 $F =$ 均勻側面負載 (N/m)，$L =$ 高度 (m)，$E =$ 彈力係數 (N/m^2)，而 $I =$

慣性力矩 (m⁴)。利用下列數據估計 y 的誤差：

$$\tilde{F} = 750 \text{ N/m} \qquad \Delta\tilde{F} = 30 \text{ N/m}$$
$$\tilde{L} = 9 \text{ m} \qquad \Delta\tilde{L} = 0.03 \text{ m}$$
$$\tilde{E} = 7.5 \times 10^9 \text{ N/m}^2 \qquad \Delta\tilde{E} = 5 \times 10^7 \text{ N/m}^2$$
$$\tilde{I} = 0.0005 \text{ m}^4 \qquad \Delta\tilde{I} = 0.000005 \text{ m}^4$$

解法：利用方程式 (4.27) 得到：

$$\Delta y(\tilde{F}, \tilde{L}, \tilde{E}, \tilde{I}_0 = \left|\frac{\partial y}{\partial F}\right|\Delta\tilde{F} + \left|\frac{\partial y}{\partial L}\right|\Delta\tilde{L} + \left|\frac{\partial y}{\partial E}\right|\Delta\tilde{E} + \left|\frac{\partial y}{\partial I}\right|\Delta\tilde{I}$$

或是寫成

$$\Delta y(\tilde{F}, \tilde{L}, \tilde{E}, \tilde{I}) \cong \frac{\tilde{L}^4}{8\tilde{E}\tilde{I}}\Delta\tilde{F} + \frac{\tilde{F}\tilde{L}^3}{2\tilde{E}\tilde{I}}\Delta\tilde{L} + \frac{\tilde{F}\tilde{L}^4}{8\tilde{E}^2\tilde{I}}\Delta\tilde{E} + \frac{\tilde{F}\tilde{L}^4}{8\tilde{E}\tilde{I}^2}\Delta\tilde{I}$$

代入題目給定的數據計算

$$\Delta y = 0.006561 + 0.002187 + 0.001094 + 0.00164 = 0.011482$$

因此 y = 0.164025 ± 0.011482。換句話說，y 介於 0.152543 和 0.175507 m 之間。要想驗證這些估計的有效性，可將變數的極值代入方程式，產生精確的最小值：

$$y_{\min} = \frac{720(8.97)^4}{8(7.55 \times 10^9)0.000505} = 0.152818$$

和最大值：

$$y_{\max} = \frac{780(9.03)^4}{8(7.45 \times 10^9)0.000495} = 0.175790$$

因此，一階估計相當地接近精確值。

方程式 (4.27) 可以用來定義常用數學運算的誤差傳播關係式，這些結果摘錄在表 4.3。至於這些公式的推導，就留給各位作為家庭作業。

表 4.3 利用不精確的 $\tilde{u}$ 和 $\tilde{v}$ 進行常用的數學運算時，相關的誤差範圍估計。

運算		估計誤差
加法	$\Delta(\tilde{u} + \tilde{v})$	$\Delta\tilde{u} + \Delta\tilde{v}$
減法	$\Delta(\tilde{u} - \tilde{v})$	$\Delta\tilde{u} + \Delta\tilde{v}$
乘法	$\Delta(\tilde{u} \times \tilde{v})$	$\|\tilde{u}\|\Delta\tilde{v} + \|\tilde{v}\|\Delta\tilde{u}$
除法	$\Delta\left(\dfrac{\tilde{u}}{\tilde{v}}\right)$	$\dfrac{\|\tilde{u}\|\Delta\tilde{v} + \|\tilde{v}\|\Delta\tilde{u}}{\|\tilde{v}\|^2}$

4.2.3 穩定性和條件

數學問題的**條件 (condition)** 和對輸入值變化的敏感度相關。倘若輸入值的不可靠性被數值方法明顯放大時，我們就說這樣的計算是**數值性不穩定 (numerically unstable)**。

這些想法可以利用下列的一階泰勒級數加以研究：

$$f(x) = f(\tilde{x}) + f'(\tilde{x})(x - \tilde{x})$$

這個關係式可以用來估計 $f(x)$ 的**相對誤差 (relative error)**，如下列方式：

$$\frac{f(x) - f(\tilde{x})}{f(x)} \cong \frac{f'(\tilde{x})(x - \tilde{x})}{f(\tilde{x})}$$

而 x 的相對誤差為

$$\frac{x - \tilde{x}}{\tilde{x}}$$

條件數 (condition number) 可定義成這些相對誤差的比值

$$條件數 = \frac{\tilde{x} f'(\tilde{x})}{f(\tilde{x})} \tag{4.28}$$

條件數提供了一種方法，可用來度量 x 的不可靠性被 $f(x)$ 放大的程度：一個等於 1 的值告訴我們：函數的相對誤差和 x 的相對誤差完全相同；大於 1 的值告訴我們：相對誤差被放大了；而小於 1 的值告訴我們：相對誤差被縮小了。那些擁有數值極大條件數的函數被稱為**病態 (ill-conditioned)**。在方程式 (4.28) 中任何因素的組合，只要會使條件數的值增加，都可能放大計算 $f(x)$ 時的不可靠性。

範例 4.7　條件數

問題描述：計算下列函數的條件數並解釋結果：

$$f(x) = \tan x \quad 在 \tilde{x} = \frac{\pi}{2} + 0.1\left(\frac{\pi}{2}\right)$$

$$f(x) = \tan x \quad 在 \tilde{x} = \frac{\pi}{2} + 0.01\left(\frac{\pi}{2}\right)$$

解法：條件數由下列式子計算

$$條件數 = \frac{\tilde{x}(1/\cos^2 \tilde{x})}{\tan \tilde{x}}$$

在 $\tilde{x} = \pi/2 + 0.1(\pi/2)$ 處，

$$條件數 = \frac{1.7279(40.86)}{-6.314} = -11.2$$

因此，這個函數為病態。在 $\tilde{x} = \pi/2 + 0.01(\pi/2)$ 處，情況更加惡化：

$$條件數 = \frac{1.5865(4053)}{-63.66} = -101$$

在這個例子中，病態的主因看來似乎是在導數。這是合理的，因為在 $\pi/2$ 附近，正切函數同時接近正無窮大和負無窮大。

4.3 總數值誤差

總數值誤差 (total numerical error) 為截尾誤差和捨入誤差的總和。一般說來，使捨入誤差最小化的唯一途徑，就是增加電腦的有效數字個數。再者，我們注意到在分析中，捨入誤差將會因相減相消或是由於計算次數的增加而**增加 (increase)**。另一方面，範例 4.4 卻說明了縮小步長可以減少截尾誤差。由於縮小步長會導致相減相消或增加計算次數，因此，隨著截尾誤差的**減少 (decrease)**，捨入誤差將增加。因此，我們被迫面對以下的困境：減少總誤差的其中一個成分將使另一個成分增加。在計算時，我們可以想像得到，在減少步長想使截尾誤差最小化時，卻同時使得捨入誤差增加到對解有決定性的影響，最終反而使得總誤差增大！因此，我們的補救措施反而變成了問題（圖 4.8）。要面對的一項挑戰是針對特定計算決定合適的步長。我們想要選取大的步長以減少計算量和捨入誤差，又不希望造成大的截尾誤差。如果總誤差就像圖 4.8 所示，挑戰就是要找到讓捨入誤差開始使步長縮小的好處消失的遞減回復點。

然而在實際的情況下，這種情形相對罕見，因為多數的電腦都有足夠的有效數字，所以捨入誤差不會占主導地位。然而，有時候這種情形確實會出現，進而啟發了「數值性不可靠原理」，定出了某些電腦化數值方法的準確度的絕對極限。我們將在下一節中深入探討這種情形。

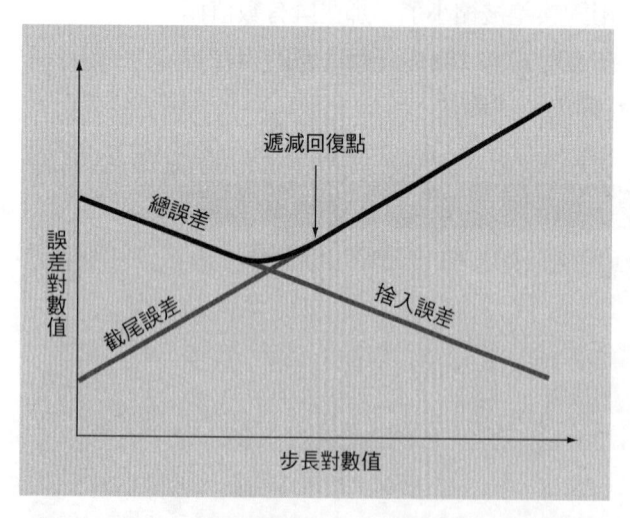

○ **圖 4.8** 以圖形說明在數值方法中，捨入誤差和截尾誤差兩者之間的權衡。圖中畫出遞減回復點，捨入誤差從該點開始使步長縮小的好處消失。

4.3.1 數值微分的誤差分析

如同在 4.1.3 節中所描述，一階導數的中央差分近似可以寫成（如方程式 (4.22)）：

$$f'(x_i) = \underbrace{\frac{f(x_{i+1}) - f(x_{i-1})}{2h}}_{\text{有限差分近似}} - \underbrace{\frac{f^{(3)}(\xi)}{6}h^2}_{\text{截尾誤差}} \qquad (4.29)$$

（真正值）

如此一來，如果兩個函數值在有限差分近似的分子沒有捨入誤差的話，唯一會出現的誤差就是由截尾而產生。

然而，由於我們使用數位計算機，因此函數值確實有捨入誤差存在，如同下式

$$f(x_{i-1}) = \tilde{f}(x_{i-1}) + e_{i-1}$$
$$f(x_{i+1}) = \tilde{f}(x_{i+1}) + e_{i+1}$$

其中 $\tilde{f}$'s 是捨入的函數值，而 e's 代表對應的捨入誤差，將這些值代入方程式 (4.29) 後得到

$$f'(x_i) = \underbrace{\frac{\tilde{f}(x_{i+1}) - \tilde{f}(x_{i-1})}{2h}}_{\text{有限差分近似}} + \underbrace{\frac{e_{i+1} - e_{i-1}}{2h}}_{\text{捨入誤差}} - \underbrace{\frac{f^{(3)}(\xi)}{6}h^2}_{\text{截尾誤差}}$$

（真正值）

我們可以看到有限差分近似的總誤差，包括一個隨步長變小而增加的捨入誤差，以及一個隨步長變小而減少的截尾誤差。

假設捨入誤差中每個部分的絕對值有一個上限 ε，則差分項 $e_{i+1} - e_{i-1}$ 的最大可能值為 2ε；另外，假設三階導數的最大絕對值為 M；則總誤差絕對值的有個上限可寫成

$$\text{總誤差} = \left| f'(x_i) - \frac{\tilde{f}(x_{i+1}) - \tilde{f}(x_{i-1})}{2h} \right| \leq \frac{\varepsilon}{h} + \frac{h^2 M}{6} \qquad (4.30)$$

對方程式 (4.30) 微分，再將微分結果設為零，解之得使值最佳的步長大小為

$$h_{\text{opt}} = \sqrt[3]{\frac{3\varepsilon}{M}} \qquad (4.31)$$

範例 4.8　數值微分的捨入誤差與截尾誤差

問題描述：在範例 4.4 中，我們使用一個誤差為 $O(h^2)$ 的中央差分近似來估計下列函數在 $x = 0.5$ 的一階導數：

$$f(x) = -0.1x^4 - 0.15x^3 - 0.5x^2 - 0.25x + 1.2$$

從步長 $h = 1$ 開始執行相同運算，然後每次將步長縮小為原來的十分之一，驗證當步長縮小時，捨入誤差如何逐漸取得主導地位；將計算結果和方程式 (4.31) 做比較。回想一下，導數的真正值為 -0.9125。

解法：我們可以建立一個程式用來執行運算與畫出結果，在本例中，我們使用 MATLAB 的 M-file 來處理；注意到我們將問題函數以及解析的導數都當成引數傳入程式的函數中，此外，這些函數產生以下結果。

```
function diffex(func,dfunc,x,n)
format long
dftrue=dfunc(x);
h=1;
H(1)=h;
D(1)=(func(x+h)-func(x-h))/(2*h);
E(1)=abs(dftrue-D(1));
for i=2:n
  h=h/10;
  H(i)=h;
  D(i)=(func(x+h)-func(x-h))/(2*h);
  E(i)=abs(dftrue-D(i));
end
L=[H' D' E']';
fprintf('    step size    finite difference    true error\n');
fprintf('%14.10f %16.14f %16.13f\n',L);
loglog(H,E),xlabel('Step Size'),ylabel('Error')
title('Plot of Error Versus Step Size')
format short
```

這個 M-file 便可利用下列指令開始執行：

```
>> ff=@(x) -0.1*x^4-0.15*x^3-0.5*x^2-0.25*x+1.2;
>> df=@(x) -0.4*x^3-0.45*x^2-x-0.25;
>> diffex(ff,df,0.5,11)
```

當程式函數執行時，會產生以下數值輸出及圖形（圖 4.9）：

```
    步長              有限差分              真正誤差
1.0000000000 -1.26250000000000  0.3500000000000
0.1000000000 -0.91600000000000  0.0035000000000
0.0100000000 -0.91253500000000  0.0000350000000
0.0010000000 -0.91250035000001  0.0000003500000
0.0001000000 -0.91250000349985  0.0000000034998
0.0000100000 -0.91250000003318  0.0000000000332
0.0000010000 -0.91250000000542  0.0000000000054
0.0000001000 -0.91249999945031  0.0000000005497
0.0000000100 -0.91250000333609  0.0000000033361
0.0000000010 -0.91250001998944  0.0000000199894
0.0000000001 -0.91250007550059  0.0000000755006
```

正如預期，一開始的捨入誤差最小，而估計是由截尾誤差主導，接著就如同方程式 (4.30) 的討論，每當我們把步長大小縮小為十分之一時，總誤差就降低為

原來的百分之一。但是，從 h = 0.0001 起，我們看到捨入誤差漸漸出現，並侵蝕掉誤差遞減的速率。最小誤差值發生在 h = 10^{-6}，此後誤差逐漸增加並由捨入誤差主導。

由於我們處理的是一個可輕易微分的函數，因此我們可以檢驗一下這些結果是否與方程式 (4.31) 式是一致的。首先，我們可以計算問題函數的三階導數來估計 M 值：

$$M = |f^3(0.5)| = |-2.4(0.5) - 0.9| = 2.1$$

接下來，由於 MATLAB 的精確度可包含 15~16 個實近位數字，因此捨入誤差的上限可估計為 $\varepsilon = 0.5 \times 10^{-16}$。將這些值代入方程式 (4.31) 得到

$$h_{opt} = \sqrt[3]{\frac{3(0.5 \times 10^{-16})}{2.1}} = 4.3 \times 10^{-6}$$

這個數字和我們由電腦程式計算得到的 1×10^{-6} 同級。

4.3.2 數值誤差的控制

對於多數實務上的例子，我們並不知道數值方法的精確誤差，除非我們已有精確解而不必使用數值近似。因此，對於多數工程應用問題，我們在計算時必須估計誤差。

沒有任何方法可以有系統而且一般化所有的問題計算出數值誤差。大多數情況下，誤差估計都是根據工程師的經驗和判斷。

雖然誤差分析在某種程度上可說是一門藝術，但是我們仍然可以提供一些實務上程式化的準則。首先，也是最重要的，避免將幾乎相等的兩個數相減，造成精確度喪失。有時可以利用重新整理或是將問題公式重列這兩種方法來避免。要是無法做到，還可以使用擴大精確度的方法處理。此外，對數字進行加、減運算時，最好將數字重新排序，並從最小的數字開始執行計算，這樣可以避免精確度喪失。

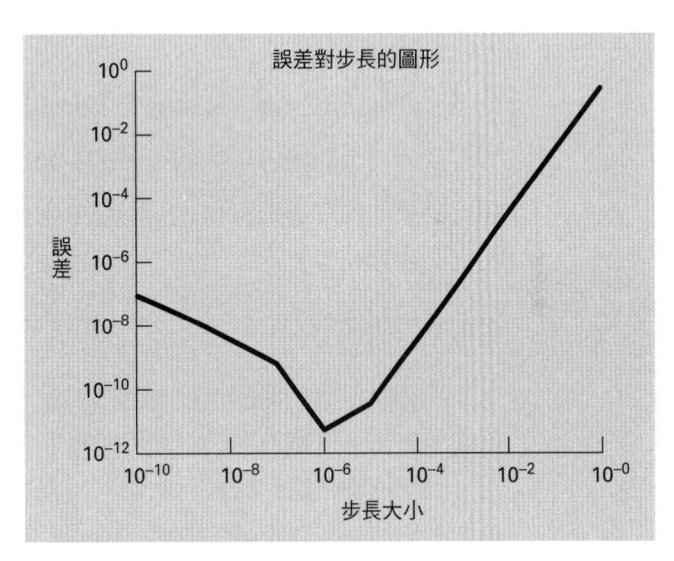

○ 圖 4.9　誤差對步長大小的圖形。

除了這些運算上的建議之外，也可以試著利用理論上的公式來預測總數值誤差。泰勒級數是我們分析截尾誤差和捨入誤差的主要工具，在本章中介紹了一些範

例。總數值誤差的預測，即使對於普通的問題仍顯得非常複雜，並且困難，因此通常只有對小型的工作才會嘗試進行預測。

目前的趨勢是以數值計算向前推進，然後試著估計結果的準確度。有時可以藉由觀察結果是否符合某些條件或方程式來進行檢查，或是將結果代回原來的方程式，檢驗其是否真正符合。

最後，應該做好心理準備，開始執行數值實驗，以增加對計算誤差和可能的病態 (ill-conditioned) 問題的瞭解。這類實驗或許會以不同的步長或方法重複計算，並且比較結果。我們可以利用敏感度分析來觀察，當模型參數或輸入值改變時，解會如何變化。我們也可以嘗試具有不同理論基礎、以不同計算策略為基礎、或是有著不同收斂特性和穩定特性的各類數值演算法。

當數值計算的結果至關重要，可能會造成經濟損失或性命死傷時，應該要採取特別的預防措施：可以運用兩個或多個獨立的工作小組解決同樣的問題，以便比較各自計算的結果。

誤差所扮演的角色，是本書所有章節中關心和分析的重要主題，我們會在特定章節繼續這些研究。

4.4　疏失、公式化誤差以及數據不可靠

雖然以下的誤差來源和本書中大部分數值方法並無直接關聯，不過有時會對模型化結果的成功與否有很大的影響。因此，當應用數值方法處理實務問題時，必須將它們謹記在心。

4.4.1　疏失

我們對嚴重的錯誤或疏失都很熟悉。在早期，錯誤的數值結果有時可歸咎於電腦功能失常。這類錯誤已不太可能發生，大多數疏失都是人為疏失所致。

數學模型化過程的任何一個階段都有可能會發生疏失，而這些疏失可能造成其他所有的錯誤。避免疏失的可行方式，只有依賴對基本原理的良好理解，並在研究及設計問題解答時能小心處理。

數值方法中通常不討論疏失。這是毫無疑問的，因為嘗試過程中的錯誤在某種程度上是無法避免的。不過，我們相信仍有一些方法能讓疏失出現的次數降到最低。尤其是第 2 章提到的良好程式設計習慣，可以大幅有效地減少程式疏失。此外，通常有一些簡單的方法可以檢驗某個特定數值方法是否運作正常。在本書中會討論檢驗數值計算結果的各種方法。

4.4.2 公式化誤差

公式化誤差 (formulation error) 或**模型誤差 (model error)** 可歸咎於數學模型的偏差。例如牛頓第二定律不考慮相對論的影響，是公式化誤差無關緊要的一個例子。儘管如此，範例 1.1 求出的解仍可適用，這是由於在降落中傘兵問題裡，這些誤差在時間和空間的尺度上都小到可以忽略不計。

然而，要是空氣阻力並非和降落速度成線性比例（如方程式 (1.7)），而是速度平方的函數，那麼在第 1 章所算出的解析解和數值解都是錯誤的，因為無法忽略公式化誤差。本書接下來將進一步考慮一些特定工程應用問題的公式化誤差。你應該認識這些問題並體認到：若處理的模型一開始就出現錯誤，是沒有數值方法可以提供適當的結果。

4.4.3 數據不可靠

有時由於建立模型的實體數據不可靠，會讓誤差出現在分析之中。例如，假設我們想要測試降落中傘兵模型，讓一個人重複跳傘，並測量讓員在特定的時間內的速度。毫無疑問的，這些量測並不可靠，因為跳傘員有時會跳得比較快而使得降落變快。這些誤差會產生不精確的情況：如果我們的儀器一直低估或高估速度，就表示設備不準確或是有偏差；如果量測值忽高忽低，就表示我們必須處理精確度的問題。

量測誤差可以透過精心挑選一個或多個並能傳達儘大量相關數據特性訊息的統計量，再將數據加以總結分析，來加以量化。這些挑選出來的敘述統計量通常是代表 (1) 數據分布中心的位置，和 (2) 數據分散的程度。因此，它們分別提供了偏差和不精確度的量測。我們將於第五篇再探討數據不可靠的主題。

雖然讀者必須瞭解疏失、公式化誤差及不可靠數據，但是大多數用來建立模型的數值方法，都能不受這些誤差的影響。因此，在本書中絕大部分都假設：沒有嚴重的錯誤、有一個可靠的模型、而且測量都沒有誤差；在這些條件下，我們可以研究不受複雜因素影響的數值誤差。

習 題

4.1 列無窮級數可用來近似 e^x：

$$e^x = 1 + x + \frac{x^2}{2} + \frac{x^3}{3!} + \cdots + \frac{x^n}{n!}$$

(a) 以 $x_i = 0$ 和 $h = x$，證明馬可羅林級數展開式為泰勒級數展開式的特例〔參考方程式 (4.7)〕。

(b) 利用泰勒級數，代入 $x_i = 0.2$，估計 $f(x) = e^{-x}$ 在 $x_{i+1} = 1$ 的值。計算零階、一階、二階和三階級數近似，並針對各種情形計算 $|\varepsilon_t|$。

4.2 $\cos x$ 的馬可羅林級數展開式為

$$\cos x = 1 - \frac{x^2}{2} + \frac{x^4}{4!} - \frac{x^6}{6!} + \frac{x^8}{8!} - \cdots$$

4.2 從最簡單的 cos x = 1 開始，一次加一項，估計 cos(π/3) 的值。每加入一個新項，便計算真正相對誤差百分比和近似相對誤差百分比。使用的口袋型計算機計算真正值，然後持續加入新項，直到近似誤差估計的絕對值小於兩位有效數字為止。

4.3 執行和習題 4.2 相同的計算，但使用 sin x 的馬可羅林級數展開式來估計 sin(π/3) 的值：

$$\sin x = x - \frac{x^3}{3!} + \frac{x^5}{5!} - \frac{x^7}{7!} + \cdots$$

4.4 當 |x| ≤ 1 時，反正切函數 (arctangent) 的馬可羅林級數展開式為：

$$\arctan x = \sum_{n=0}^{\infty} \frac{(-1)^n}{2n+1} x^{2n+1}$$

(a) 請寫出前四項 (n = 0, ……3)。

(b) 以最簡單的形式 arctan x = x 開始，一次增加一項來估計 arctan(π/6)。每加入一個新項，便計算真正相對誤差百分比和近似相對誤差百分比。使用你的計算機求其真正值，然後持續加入新項，直到近似誤差估計的絕對值小於兩位有效數字為止。

4.5 對下列函數，使用基準點 x = 1，利用零至三階泰勒級數展開式預測 f(3) 的值：

$$f(x) = 25x^3 - 6x^2 + 7x - 88$$

並對各近似值計算真正相對誤差百分比 ε_t。

4.6 對函數 f(x) = ln x，使用基準點 x = 1，利用零至四階泰勒級數展開式預測 f(2.5) 的值，對每個近似值計算真正相對誤差百分比 ε_t，接著討論這些結果的意義。

4.7 使用 $O(h)$ 的前向和後向差分近似，及 $O(h^2)$ 的中央差分近似，估計習題 4.5 中函數的一階導數值，使用步長 h = 0.2 求在 x = 2 的導數值。接著比較估計值和真正的導數值。利用泰勒級數展開式的餘項解釋比較結果。

4.8 使用 $O(h^2)$ 的中央差分近似，估計問題 4.5 中函數的二階導數值。分別利用步長 h = 0.25 和 0.125 求在 x = 2 的導數值。接著比較估計值和真正的二階導數值。利用泰勒級數展開式的餘項解釋比較結果。

4.9 Stefan-Boltzmann 定律可以下列公式估計能量 H 從某個表面輻射的比率：

$$H = Ae\sigma T^4$$

其中 H 的單位為瓦特 (watt)，A = 表面積 (m^2)，e = 描述表面發散性質的發散率（無單位），σ = Stefan-Boltzmann 常數的通用常數 (= 5.67 × 10^{-8} W m^{-2} K^{-4})，而 T = 絕對溫度 (K)。針對 A = 0.15 m^2、e = 0.90、T = 650 ± 20 的鋼版，求出 H 的誤差。比較計算結果和精確誤差兩者的數值。重複此計算，但使用 T = 650 ± 40。解釋計算結果。

4.10 重算習題 4.9，但是計算半徑 = 0.15 ± 0.01 m、e = 0.90 ± 0.05，且 T = 550 ± 20 的銅球表面。

4.11 回想在方程式 (1.10) 中，降落中傘兵的速度可由下式計算：

$$v(t) = \frac{gm}{c}\left(1 - e^{-(c/m)t}\right)$$

代入 g = 9.81、m = 50、c = 12.5 ± 1.5，利用一階誤差分析估計速度 在 v 在 t = 6 的誤差。

4.12 以 g = 9.81，t = 6，c = 12.5 ± 1.5，m = 50 ± 2，重算習題 4.11。

4.13 計算下列各題的條件數，並提出解釋：

(a) $f(x) = \sqrt{|x-1|} + 1$ 在 x = 1.00001

(b) $f(x) = e^{-x}$ 在 x = 10

(c) $f(x) = \sqrt{x^2+1} - x$ 在 x = 300

(d) $f(x) = \dfrac{e^{-x}-1}{x}$ 在 x = 0.001

(e) $f(x) = \dfrac{\sin x}{1+\cos x}$ 在 x = 1.0001 π

4.14 利用 4.2 節的觀念，推導出表 4.3 中的關係式。

4.15 證明：當 $f(x) = ax^2 + bx + c$ 時，方程式 (4.4) 對所有的 x 值皆為精確值。

4.16 矩形水道的曼寧 (Manning) 公式可寫成

$$Q = \frac{1}{n}\frac{(BH)^{5/3}}{(B+2H)^{2/3}}\sqrt{S}$$

其中 Q = 流量 (m^3/s)、n = 粗糙係數、B = 寬度(m)、H = 深度 (m)、而 S = 水道斜率。將這個公式運用在寬度 = 20 m，深度 = 0.3 m 的河流中。不巧的是粗糙係數和水道斜率的精確度只到 $\pm 10\%$。亦即，粗糙係數大約是 0.03，範圍是 0.027 到 0.033；而水道斜率為 0.0003，範圍是 0.00027 到 0.00033。利用一階誤差分析計算流量預測對這兩個因素的敏感度，應使用何者才能提供較高的精確度？

4.17 當 $|x| < 1$ 時，下式成立：

$$\frac{1}{1-x} = 1 + x + x^2 + x^3 + \cdots$$

針對此級數，對 $x = 0.1$ 重複習題 4.1 的計算過程。

4.18 一枚飛彈以和鉛垂線夾角 ϕ_0 的初速 v_0 離地發射，如圖 P4.18 所示。

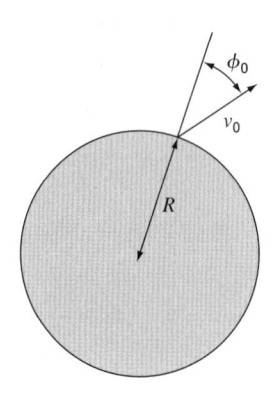

◐ **圖 P4.18**

飛彈能到達的最大高度為 αR，其中 R 為地球半徑。利用力學法則可以證明

$$\sin\phi_0 = (1+\alpha)\sqrt{1 - \frac{\alpha}{1+\alpha}\left(\frac{v_e}{v_0}\right)^2}$$

其中 v_e = 飛彈逃逸速度。若想要發射飛彈達到設計的最大速度，準確度為 $\pm 2\%$。當 $v_e/v_0 = 2$ 且 $\alpha = 0.25$ 時，計算 ϕ_0 值的範圍。

4.19 要計算行星的太空座標，必須解出函數

$$f(x) = x - 1 - 0.5\sin x$$

令 $a = x_i = \pi/2$ 為區間 $[0, \pi]$ 的基準點。計算此區間內最高階的泰勒級數展開式，使得誤差最大值為 0.015。其中誤差等於所給定函數和此泰勒級數展開式兩者之間相差的絕對值。（提示：利用圖解）

4.20 考慮函數 $f(x) = x^3 - 2x + 4$ 在區間 $[-2, 2]$，且 $h = 0.25$。利用前向、後向、和中央有限差分近似，估計一階和二階導數，並以圖形說明何種近似最準確。畫出這三種一階導數有限差分近似和理論值，對二階導數也做同樣的工作。

4.21 推導方程式 (4.31)。

4.22 重算範例 4.8，但改用 $f(x) = \cos(x)$ 及 $x = \pi/6$。

4.23 重算範例 4.8，但改用前向差分近似計算（參考方程式 (4.17)）。

4.24 建立一個結構良好的程式，用來計算習題 4.2 中餘弦函數的馬可羅林級數展開式，這個函數必須具備以下特性：
- 迭代至相對誤差低於停止條件 (`es`) 或是超過最大迭代次數 (`maxit`)，允許使用者設定這兩個數值。
- 當使用者未指定這兩個數值時，指定預設值為 `es`(= 0.000001) 及 `maxit`(= 100)。
- 回傳 $\cos(x)$ 的估計值、近似對誤差、迭代次數及真正相對誤差（使用內建的餘弦函數計算而得）。

結語：第一篇
Epilogue: Part One

PT1.4 折衷方案

　　從科學的角度來看，數值方法是解決數學問題的系統化技巧。不過要有效地在工程實務問題上實際使用時，仍需靠某些特定技巧、主觀判斷以及折衷方案。對於各種問題，你可能會有許多不同的數值方法與電腦可供選擇，因此不同的處理手法是否精確有效率，涉及高度的個人主觀意識，並且和是否能做出明智的選擇有關。很不幸地，與任何一種直覺的思考過程一樣，這些技巧唯有透過個人的經驗才能完全領會與揣摩。無論如何，由於這些技巧是能否有效運用數值方法的關鍵，因此我們加入這一節介紹如何挑選數值方法，以及執行這些方法的工具時，必須考慮的折衷方案。希望接下來的討論能幫助你瞭解如何處理後續題材。此外，我們也希望你在本書其餘部分面對選擇與折衷時，能夠記得回來參閱這部分的內容。

1. **數學問題的類型**。正如先前於圖 PT1.2 所示，本書將討論以下幾種類型的數學問題：
   (a) 方程式的根。
   (b) 聯立線性代數方程組。
   (c) 最佳化。
   (d) 曲線擬合。
   (e) 數值積分。
   (f) 常微分方程。
   (g) 偏微分方程。

　　我們會透過上述領域中的問題介紹相關數值方法的應用觀點；當遇到無法有效利用解析手法加以處理的問題時，就會需要使用數值方法。你應該要理解到，在專業工作中遲早都要處理上述所有領域中的問題，因此在研究數值方法及挑選自動運算工具時，至少都應該要考慮到這些基本的問題類型。更進階的問題可能必須要有處理像是函數近似、積分方程等領域的能力；這些領域通常都需要較強的計算能力或是本書中未提到的進階方法。對於超出本書範圍的問題，請查閱 Carnahan、

Luther 與 Wilkes (1969)；Hamming (1973)；Ralston 與 Rabinowitz (1978)；Burden 與 Faires (2005)；及 Moler (2004) 等參考文獻。此外，我們在本書各篇的末尾都加入了進階方法的簡單摘要與參考文獻，提供你進一步研究數值方法的途徑。

2. **計算機類型、可用性、精確度、成本以及速度**。你可以選擇許多不同的運算工具，範圍從小型口袋計算機至大型主機電腦。當然，隨便一種工具（包括簡單的紙和筆）都能用來執行數值方法。考慮的重點通常不是最終的運算能力，而是成本、便利性、速度、可靠性、可重複性以及精確度。雖然每種工具仍然持續有用，但是近年來個人電腦性能的快速提升，已對工程專業產生了重大影響。由於個人電腦在便利性、成本、精確度、速度與儲存容量方面提供了優秀的折衷方案，我們認為當技術持續不斷地改良時，這種革命將會擴大。除此之外，它們可以輕易地應用到多數的實務工程問題。

3. **程式開發成本 v.s. 軟體成本 v.s. 執行時間成本**。一旦確定欲求解數學問題的類型，且已選定計算機系統，即可考慮軟體成本與執行時間成本。在許多工程專案中，軟體開發可能代表著大量人力與資金的投入；就這一點而言，瞭解相關數值方法的理論與實務觀點就顯得格外重要。此外，你應該要熟悉專業的套裝軟體。許多廉價軟體可以用來執行稍加改寫就適用於大部分問題的數值方法。

4. **數值方法的特色**。當電腦硬體和軟體的成本很高，或是電腦的可用性受限時（例如在某些分時系統下），必須配合當時的情境慎選數值方法才划算。而在另一方面，如果問題仍在探索階段，而且電腦使用和成本不是問題的話，就可以挑選能永遠使用但運算並不一定最有效的數值方法。求解任一特定型態問題所能利用的方法，與剛才所討論及其他的折衷方案相關：

   (a) **初始猜測值或起始點的數值**。某些方程式勘根或求解微分方程的數值方法，要求使用者指定初始猜測值或起始點。簡單的方法通常要求一個值，而較複雜的方法可能要求一個以上的值。複雜方法在計算效率上的優點，可能會被多重起始點的要求所抵消。你必須使用自己的經驗和判斷來評估各類特定問題的權衡關係。

   (b) **收斂速率**。某些數值方法比其他方法收斂得快，然而收斂快的方法可能比收斂慢的方法還需要更精細的初始猜測值及更複雜的程式設計。再者，你必須自己判斷挑選出一種方法。較快的方法並不代表永遠是較佳的方法。

   (c) **穩定性**。一些求解方程式或線性方程組的數值方法，對於某些特別的問題可能會發散而非收斂到正確答案。在設計或規劃問題時願意容忍這種可能的原因，就在於當這些方法能夠生效時，的確是高度有效率。因此，再一次出現了權衡的問題：你必須判斷待解決的問題要求，是否有足夠的理由必須用到一個可能不收斂的方法。

(d) **準確度與精確度**。有些數值方法就是比其他方法更準確或更精確，數值積分的各種不同方程式就是很好的例子。通常在給定區間，減少步長或增加套用的次數都能改善低精確度方法的效率。使用小步長的低準確度方法或是較大步長的高精確度方法比較好？這個問題必須考慮到待解決問題的其他因素，像是成本和程式撰寫的難易度。此外，當多次套用低準確度方法，或是運算的次數變多時，也必須留意捨入誤差的影響。此時，電腦所處理的有效數字位數可能會是決定性因素。

(e) **應用的廣度**。某些數值方法僅適用於有限範圍、或是符合特定數學限制條件的問題，但其他方法則不受這些限制影響。你必須評估是否值得開發僅適用於特定問題的程式。如果這些方法能夠廣為使用，就表示優點勝過缺點，又有了權衡的問題。

(f) **特殊要求**。有些數值方法嘗試利用額外或特殊的資訊來增加準確度以及收斂速率，利用誤差的估計值或理論值來改良精確度就是一個例子。不過，如果沒有增加計算成本或是程式的複雜度，這些改良通常都是無法達成的。

(g) **程式設計要下苦功**。改良收斂速率、穩定性與精確度可能是獨創或是巧妙的功夫。當進行改良而不增加程式複雜度時，就是一個絕佳的改良，也可能在工程專業上有直接的應用。不過，倘若它們需要更複雜的程式，你又會再一次面臨權衡問題，新方法未必是個好選擇。

很明顯地，上述有關數值方法選取的討論，都簡化為成本和精確度的考量；成本涉及到電腦時間和程式開發，而適當的精確度則是專業判斷和倫理的問題。

5. **函數、方程式、或數據資料的數學行為**。在挑選特定的數值方法、計算機類型、與軟體種類時，你必須考慮函數、方程式或數據資料的複雜度。單純的方程式與連續的數據資料適合以簡單的數值演算法及便宜的電腦進行處理，而對於複雜的方程組與不連續的數據則恰好相反。

6. **易於應用（使用者介面是否友善？）**。有些數值方法容易應用，而有些則很困難，在選擇時或許會是一個考量因素。同樣的想法適用於決定程式開發成本與專業開發軟體之上；要將困難的程式轉換成使用者介面友善的程式，可能要花費相當大的代價。在第 2 章已介紹過處理方式，並且在本書中會持續詳細闡述。

7. **後續維護**。由於應用時常無可避免地會遇到困難，因此用來解決工程問題的電腦程式必須要加以維護，維護時可能需要修改程式碼或是擴充說明文件。簡單的程式與數值演算法較易於維護。

後續數章將針對不同類型的數學問題發展出不同類型的數值方法，各章將提供許多不同的方法。由於並沒有單一的「最佳」方法，因此我們介紹各種不同的方法，而不是只有一種方法。因為針對實務問題使用這些方法時，必須考慮到許多權衡問題，因此沒有所謂最佳的方法。在本書各篇末尾皆可以找到各方法的權衡問題，這個表格能協助你針對個別的問題選出合適的數值運算程序。

PT1.5 重要關聯及重要公式

表 PT1.2 針對第一篇所出現的重要資訊進行總結，重要的關聯及公式可快速地透過此表查詢到。本書各篇的結語都會包含類似這樣表格的總結。

PT1.6 進階方法及附加的參考文獻

本書各篇的結語均包含一小節補充資料，除了提供其他同一主題的參考書籍，另外也列舉相關更進階方法的參考題材，以利更進一步研究數值方法時使用。

要想擴展第一篇所提供的基礎知識，有許多電腦程式的手冊可利用。想要參閱所有優秀的書籍與特定語言和電腦的使用手冊並不容易。除此之外，或許你已經有處理程式的經驗。但如果這是你第一次接觸電腦，你的老師與同學也能對貴校所提供的機器與語言提供相關的參考書籍。

至於誤差分析，任何一本好的微積分入門書都會包含有關泰勒級數展開式這類補充材料。Swokowski (1979)、Thomas 與 Finney (1979)，以及 Simmons (1995) 的書中都提供了淺顯易讀的相關討論。此外，Taylor (1982) 則對誤差分析提供了很好的介紹。

最後，雖然我們希望這本書能符合你的需要，不過在學習精通一個新的主題時，最好還是要參閱其他資料。Burden 與 Faires (2005)、Ralston 與 Rabinowitz (1978)、Hoffman (1992)、及Carnahan、Luther 與 Wilkes (1969) 針對大多數數值方法提供了全面性討論。其他如 Gerald 與 Wheatley (2004)、Cheney 與 Kincaid (2008)的書也值得一覽。此外，Press 等教授 (2007) 加入了各種不同演算法，Moler (2004) 及 Chapra (2007) 則致力於介紹應用 MATLAB 軟體的數值方法。

表 PT1.2 第一篇重要資訊總結。

誤差定義

真正誤差 $\quad E_t = $ 真正值 − 近似值

真正百分相對誤差 $\quad \varepsilon_t = \dfrac{\text{真正值} - \text{近似值}}{\text{真正值}} 100\%$

近似百分相對誤差 $\quad \varepsilon_a = \dfrac{\text{目前的近似值} - \text{前一個近似值}}{\text{目前的近似值}} 100\%$

停止準則 $\quad$ 當 $\varepsilon_a < \varepsilon_s$ 時，終止計算，其中 ε_s 為希望得到的百分相對誤差。

泰勒級數

泰勒級數展開式
$$f(x_{i+1}) = f(x_i) + f'(x_i)h + \frac{f''(x_i)}{2!}h^2 + \frac{f'''(x_i)}{3!}h^3 + \cdots + \frac{f^{(n)}(x_i)}{n!}h^n + R_n$$

其中

餘項
$$R_n = \frac{f^{(n+1)}(\xi)}{(n+1)!}h^{n+1}$$

或

$$R_n = O(h^{n+1})$$

數值微分

一階前向有限均差
$$f'(x_i) = \frac{f(x_{i+1}) - f(x_i)}{h} + O(h)$$

（其餘均差整理在第 4 章與第 23 章。）

誤差傳播

對於誤差為 $\Delta \tilde{x}_1$、$\Delta \tilde{x}_2$、$\cdots$、$\Delta \tilde{x}_n$ 的 n 個自變數 x_1、x_2、$\cdots$、x_n，函數 f 的誤差可藉由

$$\Delta f = \left|\frac{\partial f}{\partial x_1}\right| \Delta \tilde{x}_1 + \left|\frac{\partial f}{\partial x_2}\right| \Delta \tilde{x}_2 + \cdots + \left|\frac{\partial f}{\partial x_n}\right| \Delta \tilde{x}_n$$

進行估計。

第二篇 方程式的根
Roots of Equations

PT2.1 動機

你以前曾經學過利用二次公式

$$x = \frac{-b \pm \sqrt{b^2 - 4ac}}{2a} \quad \text{(PT2.1)}$$

求解

$$f(x) = ax^2 + bx + c = 0 \quad \text{(PT2.2)}$$

由方程式 (PT2.1) 式所算出的值稱為方程式 (PT2.2) 式的「根」，代表著使方程式 (PT2.2) 式值為零的 x 值。因此，我們可以把方程式的根定義成：使 $f(x) = 0$ 的 x 值。基於這個原因，根有時也被稱為方程式的**零點 (zero)**。

雖然二次公式可求解方程式 (PT2.2)，但是大部分的函數並無法輕易地求出根，因此在 5、6、7 章中將提供一些有效率的數值方法來求解。

PT2.1.1 以非計算機方法求根

在數位電腦出現之前，有許多方法可以求出代數方程式的根。在某些情形下，或如同方程式 (PT2.1)，根可以直接計算得到。但是大部分的方程式都無法直接求解。例如 $f(x) = e^{-x} - x$ 這樣簡單的函數，就無法以解析方式求解。此時，唯一的選擇就是透過近似解估計。

求近似解的方法之一是畫出函數的圖形，接著找出函數跨過 x 軸的位置。這樣的點代表著使 $f(x)=0$ 的 x 值，也就是根。在第 5 及第 6 章一開始就會討論圖解法。

雖然圖解法有助於估計根的大概位置，不過由於它們缺乏準確度，因此功能有限。另一種方法是使用試誤法。這個做法是先猜一個 x 值再計算 $f(x)$ 是否為零，若不是零的話（通常幾乎都不會為零），就繼續猜另外一個值，並且重新計算 $f(x)$，檢查新的值是否提供了更好的估計，然後重複過程，直到得到一個使 $f(x)$ 值接近零的猜測值為止。

這樣雜亂無章的方法對於工程實務的要求而言，顯然效率低落也不太適當。第

二篇討論的方法雖然也是採取近似的做法，不過是以系統化的策略來接近真正的根。以下會詳細說明，將這些系統化的方法與電腦結合，能使大多數求解「方程式的根」之應用問題變得容易且更有效率。

PT2.1.2　方程式的根與工程實務

雖然方程式的根源自於很多其他的問題，不過卻常常出現在工程設計的領域。表 PT2.1 列出工程設計中一些常用的基本原理。正如第 1 章所介紹，這些原理所導出的數學方程式或模型，可用來預測自變數、外力函數以及參數之函數的因變數。請注意到，在各種情況之下，因變數都能反應出系統的狀態或效能，而參數則代表著性質或組成。

這類模型的實例之一，是第 1 章中由牛頓第二定律導出的傘兵速度方程式：

$$v = \frac{gm}{c}\left(1 - e^{-(c/m)t}\right) \qquad \text{(PT2.3)}$$

其中速度 v 為因變數、時間 t 為自變數、重力常數 g 為外力函數、而拖曳係數 c 與質量 m 為參數。若參數值皆為已知，則方程式 (PT2.3) 式為以時間為自變數之函數，並可用來預測傘兵速度。這些計算能夠直接執行，是因為 v 已經寫成以時間為自變數的**顯式 (explicitly)** 函數；也就是說，v 直接放在等號的一邊。

假設我們必須決定拖曳係數，使重量為已知的傘兵能在指定的時間內達到事先指定的速度。即使方程式 (PT2.3) 中已提供了模型變數和參數之間關係的數學模型，也無法明確解出拖曳係數。試著計算，若沒有任何方法能將這個方程式重新整理而使 c 直接放在等號的一邊；在這種情況之下，則稱 c 為**隱式 (implicit)**。

這的確麻煩，因為許多工程設計問題都要考慮到特定系統的性質或是組成（由

表 PT2.1　工程設計問題中所使用的基本原理。

基本原理	因變數	自變數	參數
熱平衡	溫度	時間、位置	材料的熱性質、系統幾何
質量平衡	質量的濃度或量	時間、位置	材料的化學性質、質量移轉係數與系統幾何
力平衡	力的大小與方向	時間、位置	材料的強度、結構性質、系統幾何
能量平衡	系統的動能和位能狀態的改變	時間、位置	熱性質、材料質量、系統幾何
牛頓運動定律	加速度、速度、或是位置	時間、位置	材料質量、系統幾何、摩擦或拖曳等耗散參數
克希荷夫定律	電路中的電流與電壓	時間	系統中如電阻、電容及電感等與電相關之性質

參數呈現），以確保其依照所希望的方式運行（由變數表現）；因此，這些問題通常需要找出隱含參數。

對於方程式的根，使用數值方法可解決以上困境。在利用數值方法解決這個問題時，習慣上是將方程式 (PT2.3) 重新改寫，將方程式的兩邊同時減去因變數 v，得到

$$f(c) = \frac{gm}{c}\left(1 - e^{-(c/m)t}\right) - v \qquad \textbf{(PT2.4)}$$

使得 $f(c) = 0$ 的 c 值就是此方程式的根，這個值也代表著解決此設計問題的拖曳係數。

本書的第二篇處理各種不同的數值方法與圖解法，以便找出像方程式 (PT2.4) 式這類關係式的根。這些方法能應用在以表 PT2.1 所列基本原理為基礎的工程設計問題，以及工程實務上常常遇到的許多其他的問題。

PT2.2 數學背景

針對本書中大多數主題領域，通常必須具備一些數學背景才能成功掌握重點。例如在第 3 章和第 4 章所討論的誤差估計與泰勒級數展開式的觀念，與方程式根的討論有直接的關聯。此外，在此之前我們提到過「代數」與「超越」方程式等術語。我們先正式定義這些術語並討論其與第二篇的關係。

根據定義，由 $y = f(x)$ 所給定的函數如果能夠寫成以下形式

$$f_n y^n + f_{n-1} y^{n-1} + \cdots + f_1 y + f_0 = 0 \qquad \textbf{(PT2.5)}$$

則稱為代數函數，其中 f_i 為 x 的 i 階多項式。**多項式 (polynomial)** 為簡單的代數函數，一般表示為

$$f_n(x) = a_0 + a_1 x + a_2 x^2 + \cdots + a_n x^n \qquad \textbf{(PT2.6)}$$

其中 n 為多項式的**階數 (order)**，而 a_i 都是常數；以下是幾個多項式的例子：

$$f_2(x) = 1 - 2.37x + 7.5x^2 \qquad \textbf{(PT2.7)}$$

以及

$$f_6(x) = 5x^2 - x^3 + 7x^6 \qquad \textbf{(PT2.8)}$$

超越 (transcendental) 函數為非代數函數的函數，包括三角、指數、對數，以及其他較不常見的函數，例如：

$$f(x) = \ln x^2 - 1 \qquad \textbf{(PT2.9)}$$

以及

$$f(x) = e^{-0.2x} \sin(3x - 0.5) \tag{PT2.10}$$

方程式的根可能為實數也可能是複數。雖然有時一些非多項式的複數根是關注的主題，但是這種情形在多項式較為少見。因此，找根的標準方法，通常分成兩類有些關聯但基本上不同的問題領域：

1. **決定代數方程式與超越方程式的實根**。這些方法通常是依據解的估計位置找出單一的實根。
2. **找出多項式所有的實根與複數根**。這些方法特別為多項式而設計，可以有系統地找出多項式所有的根，而不是給定一個估計位置再找出單一實根。

在本書中我們討論這兩種領域，第 5 章與第 6 章全力針對第一類，而第7章則是處理第二類。

PT2.3　學習方針

在介紹方程式求根的數值方法前，我們先提供一些學習內容的導引。以下為第二篇所要討論的課程內容的預覽，並加入學習目標，方便你研讀時抓住重點。

PT2.3.1　眼界與預覽

圖 PT2.1 為第二篇的組織略圖。請由最上方開始，依順時鐘方向仔細檢視這張圖表。

在本篇前言之後接著就是第 5 章，全力介紹求根的**界定法 (bracketing method)**。這些方法是由利用猜測值界定（或包含）根開始，然後系統化地縮減界定範圍的大小，涵蓋了兩種特別的方法：**二分法 (bisection)** 與**試位法 (false position)**。我們利用圖解法提供對這些方法的理解，還建立了誤差計算公式，幫助你計算要想估計根達到指定的精確水準時，需要耗用多少運算工作。

第 6 章處理**開放式方法 (open method)**。這些方法也涉及了系統化的試誤迭代，不過並不要求初始猜測值必須將根界定住。我們將發現這些方法通常比界定法更有效率，但是不保證永遠都有用。介紹內容包括：**單點迭代 (one-point iteration)** 法、**牛頓-拉福森 (Newton-Raphson)** 法及**割線 (secant)** 法。對於開放式方法無用的情形，我們利用圖解法提供其幾何上的見解，也建立公式提供開放式方法快速趨近根的概念。另外此章也將介紹**布列特法 (Brent's method)**，一個兼具界定法的可靠性與開放式方法收斂速度的進階方法。我們也會延伸牛頓-拉福森法來說明**非線性方程組 (system of nonlinear equations)** 的方式。

第 7 章致力於找出**多項式的根 (roots of polynomials)**。在有關多項式的背景章節後，我們討論傳統方法（尤其是第 6 章的開放式方法）的用法，接著描述找出

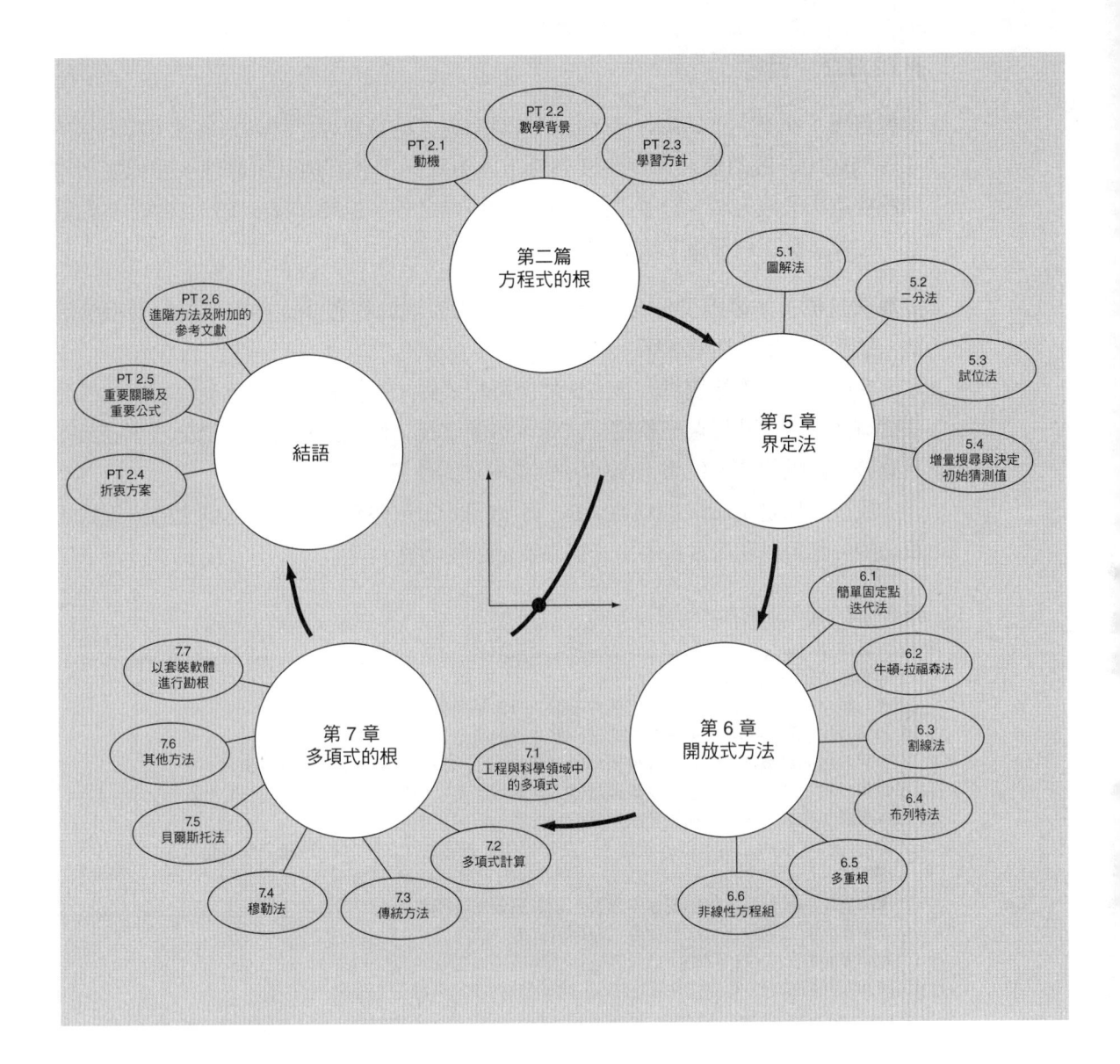

◐ 圖 **PT2.1**　第二篇課程內容的組織架構圖。

多項式根位置的兩種特別方法：穆勒 (Müller) 法與貝爾斯托 (Bairstow) 法，最後以 Excel、MATLAB 以及 Mathcad 這些套裝軟體找根的相關資訊作為結束。

　　第二篇最後的總結包含了第 5、6、7 章所討論方法的詳細比較，在比較表中也加入了有關於妥善使用各方法之權衡關係。此節也提供了重要公式的摘要，以及某些超出本書範圍數值方法的參考文獻。

PT2.3.2 目標

學習目標： 在學完第二篇之後，你應該具有充分的資訊以處理各式各樣方程式根的工程問題。一般而言，你應該要熟練這些方法、學會評估其可靠性，並能對個別問題挑選出最佳方法。除了這些一般性的目標之外，也要掌握表 PT2.2 中的具體觀念，才算是真正理解第二篇的內容。

計算機目標： 本書提供你實作第二篇所討論方法的軟體操作與簡單的計算機演算法。這些都是很實用的學習工具。

在內文中也直接提供許多方法的虛擬程式碼，這些資訊可以協助你撰寫比二分法更有效率的程式以擴充軟體程式庫。舉例來說，你也許想要有比二分法更有效率且屬於自己試位法、牛頓-拉福森法與割線法的軟體。

最後，像是 Excel、MATLAB、與 Mathcad 這些套裝軟體都有強大的方程式求根功能。你可以利用本書的這一篇來熟練這些功能。

表 PT2.2 第二篇的具體學習目標。

1. 瞭解根的圖形涵義。
2. 瞭解試位法的圖形涵義，以及它通常優於二分法的原因。
3. 瞭解找根位置的界定法與開放式方法兩者之間的差異。
4. 瞭解收斂與發散之觀念，以及使用兩條曲線的圖解法提供這兩個觀念的圖形演繹。
5. 瞭解界定法為何始終都收斂，而開放式方法卻可能有時會發散。
6. 確實體認開放式方法的初始猜測值接近真正根時較有可能收斂。
7. 瞭解線性收斂與二階收斂的觀念，以及它們與固定點迭代法和牛頓-拉福森法收斂效率的密切關聯。
8. 瞭解試位法與割線法之間的基本差異，以及這些差異和收斂性的關係。
9. 瞭解布列特法兼具二分法的可靠性及開放式方法的速度。
10. 瞭解多重根所引發的問題，以及減輕這些問題可以採取的調整方式。
11. 瞭解如何將單一方程式的牛頓-拉福森法擴展成可求解非線性方程組。

CHAPTER 5 界定法 Bracketing Methods

本章的主旨是在介紹處理方程式的根所用的方法,利用「函數通常會在根的附近變號」這個事實來求解。由於這些方法需要設定根的兩個初始猜測值,因此稱之為**界定法 (bracketing method)**。正如其名,這些猜測值一定要把根包括在區間內,或是兩個猜測值位在根的兩邊。此處介紹的特定方法將採用不同的策略,有系統地縮減區間的寬度,逐步推導至正確答案。

我們將簡要的以圖解法畫出函數圖形及根,揭開討論這些方法的序幕。除了能提供粗略的猜測值之外,圖解法亦有助於觀察函數的性質,及各種不同數值方法的運作方式。

5.1 圖解法

欲得到方程式 $f(x) = 0$ 根的估計,最簡單的方法之一就是畫出函數的圖形,然後觀察函數與 x 軸相交的位置,交點就是使 $f(x) = 0$ 之 x 值,此方式能提供根的一個粗略近似值。

範例 5.1　圖解法

問題描述:利用圖解法,求出重量 $m = 68.1$ kg 的傘兵,在自由落下 $t = 10$ 秒後,速度為 40 m/s 的拖曳係數 c。註:重力加速度為 9.81 m/s。

解法:本題可將參數 $t = 10$、$g = 9.81$、$v = 40$ 及 $m = 68.1$ 代入方程式 (PT2.4) 式後,求得根而解出答案:

$$f(c) = \frac{9.81(68.1)}{c}(1 - e^{-(c/68.1)10}) - 40$$

$$f(c) = \frac{668.06}{c}(1 - e^{-0.146843c}) - 40 \qquad \text{(E5.1.1)}$$

將各種不同的 c 值代入此式右邊,計算出下表

c	f(c)
4	34.190
8	17.712
12	6.114
16	−2.230
20	−8.368

這些點描繪在圖 5.1 中，產生的曲線在 12 與 16 之間與 c 軸相交。直接觀察圖形，得到根的一個粗略估計值 14.75。將估計值代入方程式 (E5.1.1) 可檢驗圖形估計的有效性，得到

$$f(14.75) = \frac{668.06}{14.75}(1 - e^{-0.146843(14.75)}) - 40 = 0.100$$

這個值很接近零。也可以將估計值連同此例的參數代入方程式 (PT2.3)，得到

$$v = \frac{9.81(68.1)}{14.75}(1 - e^{-(14.75/68.1)10}) = 40.100$$

這個值非常接近我們所要的降落速度 40 m/s。

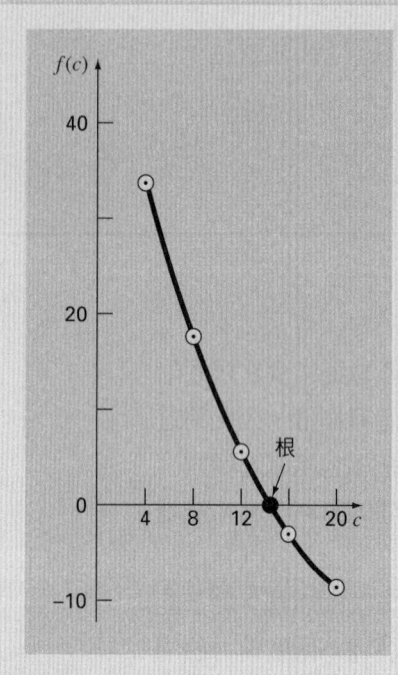

⊃ 圖 5.1　以圖解決定方程式的根。

　　由於圖解法並不精確，因此實用價值有限。不過，圖解法倒是可以用來取得根的粗略估計值，並可用來作為本章與下一章所討論數值方法的起始猜測值。

　　除了提供根的粗略估計之外，圖形詮釋為瞭解函數性質及預估數值方法隱藏危險的重要工具。舉例而言，圖 5.2 顯示出在由下界 x_l 與上界 x_u 所指定的區間內，一些可能的根出現（或不存在）的方式。圖 5.2b 描繪出 f(x) 的負值與正值界定出唯一的根；不過在圖 5.2d 當中，$f(x_l)$ 與 $f(x_u)$ 也在 x 軸的正負兩邊，卻顯示出在區間內有三個根。一般而言，如果 $f(x_l)$ 與 $f(x_u)$ 兩數值異號，則在兩點區間中有奇數個根存在；如圖 5.2a 及 c 所示，要是 $f(x_l)$ 與 $f(x_u)$ 兩數值同號，則此兩點間可能沒有根或是有偶數個根存在。

　　雖然這些規律通常是對的，不過在某些特例上並不成立。例如，與 x 軸相切的函數（如圖 5.3a），或是不連續函數（如圖 5.3b），可能都會違反這些原則。與 x 軸相切的一個例子是三次函數 $f(x) = (x - 2)(x - 2)(x - 4)$。在此式中，x = 2 會使此多項式中的兩項值為零，在數學上稱 x = 2 為**多重根 (multiple root)**。在第 6 章的最後部分，我們將介紹專門用來找出重根位置的方法。

　　由於有圖 5.3 所描繪的情況，因此要建立找出區間內所有根的通用電腦演算法

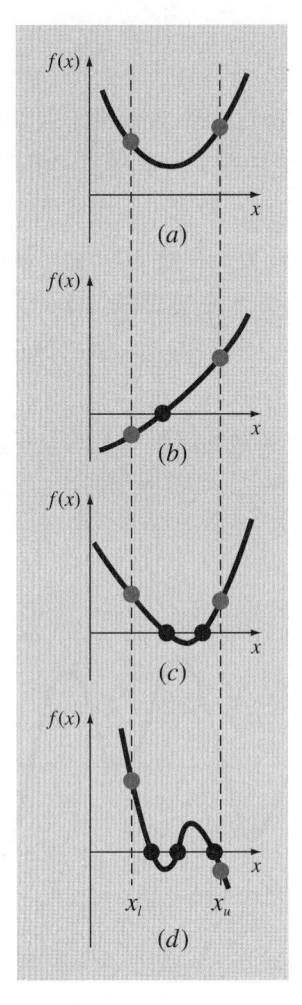

⊃ **圖 5.2** 在下界 x_l 與上界 x_u 所指定的區間內，一些可能的根出現方式。(a) 與 (c) 指出：若 $f(x_l)$ 與 $f(x_u)$ 同號，則此區間內可能沒有根，或是有偶數個根。(b) 與 (d) 則指出：若函數於兩端點異號，則此區間內有奇數個根。

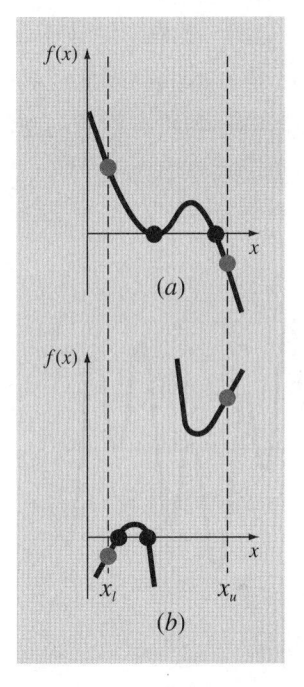

⊃ **圖 5.3** 說明圖 5.2 所繪一般情形的例外狀況：(a) 函數與 x 軸相切時，出現重根，此時雖然在端點函數值異號，但在區間內有偶數個與軸相交的點；(b) 不連續函數，端點函數值異號並且區間內有偶數個根。欲決定這些情況下的根，需要其他特殊的策略。

並不是一件容易的事。然而，與圖解法結合使用時，後續幾節所描述的方法對於工程師及應用數學家常面對的許多求解方程式根的問題極為有用。

範例 5.2　利用電腦圖形找出根的位置

問題描述：電腦圖形能協助儘快找出方程式根的位置。以下函數在 $x = 0$ 到 $x = 5$ 間有一些根

$$f(x) = \sin 10x + \cos 3x$$

> 利用電腦圖形深入了解這個函數的行為。
>
> **解法：** 利用 Excel 及 MATLAB 等套裝軟體能畫出圖形。圖 5.4a 為函數 $f(x)$ 從 $x = 0$ 到 $x = 5$ 的圖形，圖中顯示有多個根存在，包括在 $x = 4.2$ 附近可能有重根，在那一點上 $f(x)$ 似乎與 x 軸相切。接著，如圖 5.4b 所示，改變繪圖範圍為 $x = 3$ 到 $x = 5$，得到一個更為 $f(x)$ 精細的圖形。最後，在圖 5.4c 進一步將垂直刻度縮減為 $f(x) = -0.15$ 到 $f(x) = 0.15$ 範圍，而水平刻度縮減為 $x = 4.2$ 到 $x = 4.3$ 範圍。此圖形明確顯示出在區域內沒有重根，且實際上，大約是在 $x = 4.23$ 和 $x = 4.26$ 間有兩個相異根存在。
>
> 電腦圖形對研究數值方法的幫助很大，而且在其他的課程以及專業活動中也能有很好的應用。

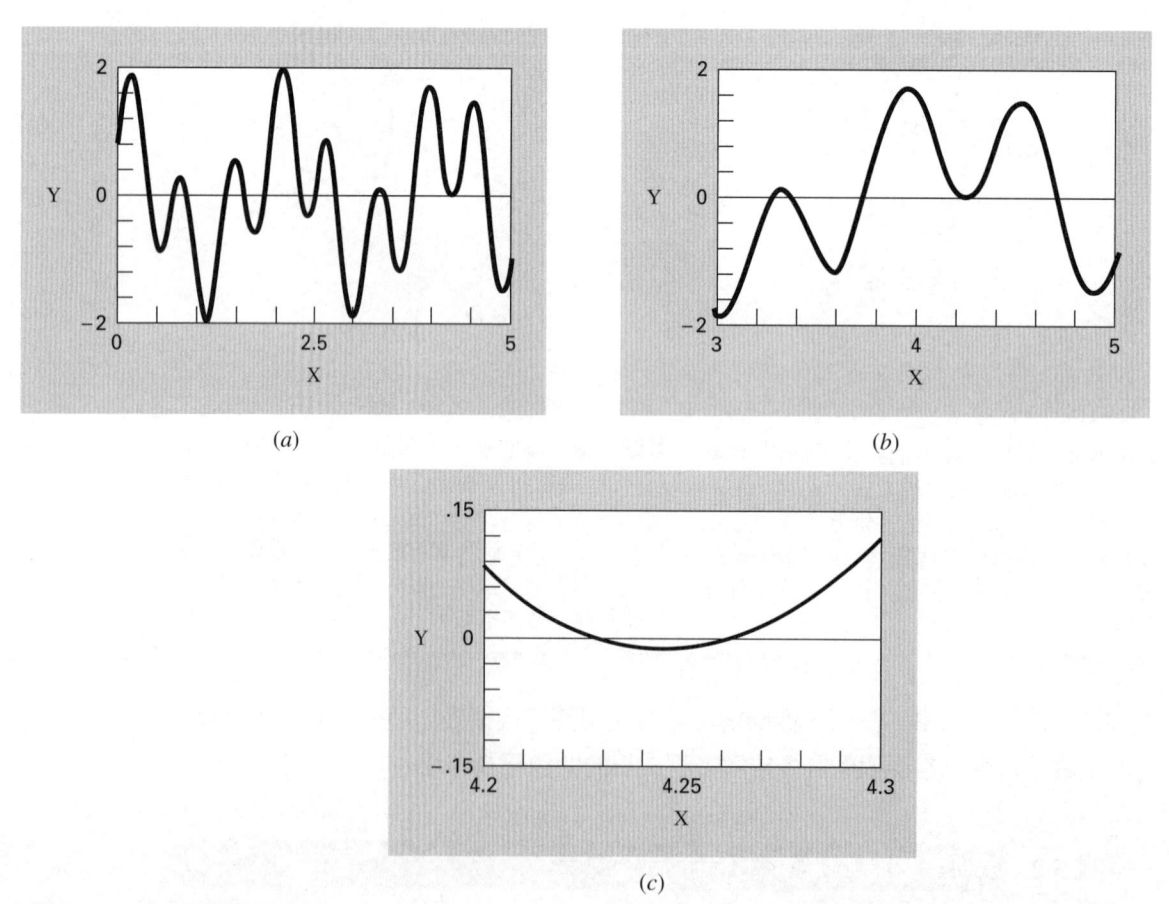

(a)

(b)

(c)

⊃ **圖 5.4** 利用電腦繪圖依序放大 $f(x) = \sin 10x + \cos 3x$ 的函數圖形，這個互動式圖形分析能用來確認在 $x = 4.2$ 和 $x = 4.3$ 之間有兩個相異根。

5.2 二分法

在範例 5.1 中應用圖解法時，你已經觀察到 $f(x)$ 函數值在根的兩邊變號（參考圖 5.1）。一般而言，若函數 $f(x)$ 在 x_l 到 x_u 的區間內為實數值且連續，同時 $f(x_l)$ 和 $f(x_u)$ 函數值有相反的符號，也就是

$$f(x_l)f(x_u) < 0 \qquad (5.1)$$

則 x_l 到 x_u 之間至少有一個實根。

增量搜尋法 (incremental search method) 利用這個觀察結果找出函數變號的區間位置。接著，將區間分割成許多子區間後，能更精準確認變號的位置（確認根的位置）。會搜尋每個子區間，以找出變號所在。反覆這個過程，繼續將子區間細分，使根的估計值更加精細。我們將在章節 5.4 再說明增量搜尋。

二分法又稱為對砍法、區間減半法、或是 Bolzano 法，是增量搜尋法的一種。在這個方法中，區間永遠是切割成兩半。如果函數在區間內改變正負號，就計算函數在區間中點的值，並將根的位置視為落在發生變號的子區間的中點。反覆此一過程就可以得到精細的估計值。圖 5.5 列出二分法計算的簡單演算法，而圖 5.6 提供此方法的圖示說明。以下範例將利用這個方法進行實際計算。

步驟 1：選取根的下猜測值 x_l 及上猜測值 x_u，使得函數值在此區間內變號。經由檢驗 $f(x_l)f(x_u) < 0$，可確定以上條件是否成立。

步驟 2：設定根 x_r 的估計值為

$$x_r = \frac{x_l + x_u}{2}$$

步驟 3：利用以下計算，決定根落在哪一個子區間：
  (a) 若 $f(x_l)f(x_r) < 0$，則根落在下半的子區間，據此設定 $x_u = x_r$，並回到步驟 2。
  (b) 若 $f(x_l)f(x_r) > 0$，則根落在上半的子區間，據此設定 $x_l = x_r$，並回到步驟 2。
  (c) 若 $f(x_l)f(x_r) = 0$，則根等於 x_r；終止計算。

⊃ 圖 5.5

範例 5.3　二分法

問題描述：利用二分法，求解在範例 5.1 中用圖解法處理的同一問題。

解法：二分法的第一步為猜想未知數（在此問題為 c）的兩個值，使得對應的 $f(c)$ 值異號。從圖 5.1 我們可以發現此函數在 12 與 16 之間的值變號。因此，根 x_r 的初步估計落在此區間的中點

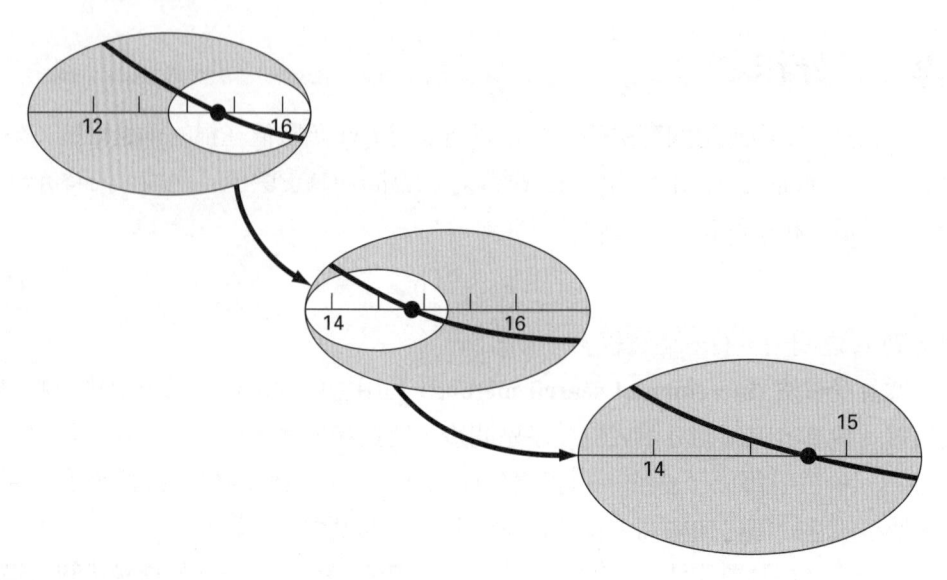

◐ **圖 5.6** 二分法的圖示說明，此圖與範例 5.3 中前三次迭代結果一致。

$$x_r = \frac{12 + 16}{2} = 14$$

此估計的真正相對誤差百分比為 $\varepsilon_t = 5.3\%$（註：根的真正值為 14.8011）。接著，我們計算在下界與中點的函數值乘積：

$$f(12)f(14) = 6.114(1.611) = 9.850$$

這個值大於零，所以在下界到中點之間不會變號。由此可知，根必定落在 14 與 16 之間。因此，我們重新設定下界為 14，建立一個新區間，並修正根的估計值為

$$x_r = \frac{14 + 16}{2} = 15$$

此估計值的真正值相對誤差百分比為 $\varepsilon_t = 1.3\%$，反覆此計算過程可得到更精細的估計。例如，

$$f(14)f(15) = 1.611(-0.384) = -0.619$$

因此，根在 14 與 15 之間。將上界重新設定為 15，第三次迭代計算出根的估計值為

$$x_r = \frac{14 + 15}{2} = 14.5$$

此值的相對誤差百分比為 $\varepsilon_t = 2.0\%$。此方法能不斷反覆計算，直到結果的準確度符合需求為止。

在前一個範例當中，你或許已經注意到真正誤差並未隨著各次的迭代而遞減。然而，根所在的區間卻隨著處理過程逐步減半。如同下一節所要討論的，區間的度提供了二分法誤差上界的精確估計。

5.2.1 終止準則與誤差估計

在範例 5.3 的結尾，我們提到二分法能夠持續進行，以取得更精細的根的估計值。現在我們必須建立一個用以判定何時該終止這個方法的標準。

當真正誤差小於某個事先指定的水準時，初始建議值就有可能終止計算。以範例 5.3 而言，相對誤差在計算過程中，由 5.3% 減少到 2.0%。我們或許可以決定當誤差小於 0.1% 時就終止計算。這個策略顯然有瑕疵，因為在此例中的誤差估計，是以已知函數的真正根為基礎來加以計算。在實際情形中完全不是這麼一回事，因為如果我們已經知道根的值，就沒有必要使用此方法。

因此，我們需要一個不必知道根也能計算的誤差估計。如同先前在章節3.3所建立的結果，可以下式計算近似相對誤差百分比（回想方程式 (3.5)）

$$\varepsilon_a = \left| \frac{x_r^{\text{new}} - x_r^{\text{old}}}{x_r^{\text{new}}} \right| 100\% \tag{5.2}$$

其中 x_r^{new} 為目前迭代的根，而 x_r^{old} 為前一次迭代的根。由於我們通常關心的是 ε_a 的大小而非它的正負號，因此在此處使用絕對值。當 ε_a 小於事先指定的標準 ε_s 時，計算隨即終止。

範例 5.4　二分法的誤差估計

問題描述：持續進行範例 5.3 的計算，直到近似誤差小於 $\varepsilon_s = 0.5\%$ 這個停止準則時為止。利用方程式 (5.2) 計算誤差。

解法：範例 5.3 前兩次迭代的結果為 14 和 15。將值代入方程式 (5.2)，得到

$$|\varepsilon_a| = \left| \frac{15 - 14}{15} \right| 100\% = 6.667\%$$

回想根的估計值 15，其真正相對誤差百分比為 1.3%。因此 ε_a 大於 ε_t。其餘迭代的狀況整理如下：

迭代	x_l	x_u	x_r	ε_a (%)	ε_t (%)
1	12	16	14		5.413
2	14	16	15	6.667	1.344
3	14	15	14.5	3.448	2.035
4	14.5	15	14.75	1.695	0.345
5	14.75	15	14.875	0.840	0.499
6	14.75	14.875	14.8125	0.422	0.077

於是在六次迭代之後，ε_a 終於小於 $\varepsilon_s = 0.5\%$，因此計算可以終止。

這些結果摘錄在圖 5.7 之中。導致真正誤差「參差不齊」的原因，是由於真正根可能落在二分法所界定區間內的任何一個地方。當區間是以真正根為中心時，真正誤差與近似誤差離得較遠；而當真正根落在區間的任一端點時，這兩個值就變得非常靠近。

雖然近似誤差並不能提供真正誤差一個精確的估計值，不過圖 5.7 卻暗示著 ε_a 呈現出 ε_t 大致向下的趨勢。此外，此圖顯示出一個極吸引人的特性：ε_a 總是大於 ε_t。因此，當 ε_a 小於 ε_s 時，計算可以終止，同時可確信根至少準確至事先指定的可接受水準。

雖然從單一的例子來下一般的結論很冒險，不過對於二分法，ε_a 永遠大於 ε_t 這個事實可以得到良好論證。這是由於每一次利用二分法所找到的近似根為 $x_r = (x_l + x_u)/2$，所以我們知道真正根落在寬為 $(x_u - x_l)/2 = \Delta x/2$ 的區間某處。因此，根必定落在我們的估計值 $\pm \Delta x/2$ 的範圍之內（圖 5.8）。例如，當範例 5.3 的計算終止時，我們可以確定下式

$$x_r = 14.5 \pm 0.5$$

由於 $\Delta x/2 = x_r^{\text{new}} - x_r^{\text{old}}$（圖 5.9），因此方程式 (5.2) 提供了真正誤差的精確上界。如果想要越過這個上界，那麼真正根就必須落在界定區間之外，但是由定義得知，此情況在二分法中不可能發生。如同隨後的例子（範例 5.6）所說明的一樣，其他找根位置的方法並不是總能像二分法一樣精細。雖然二分法通常都比其他的方法緩慢，不過其簡潔的特性，無疑地讓此方法非常適用在某些工程應用上。

在接著進行二分法的電腦程式之前，我們應要注意到，以下關係式（圖 5.9）：

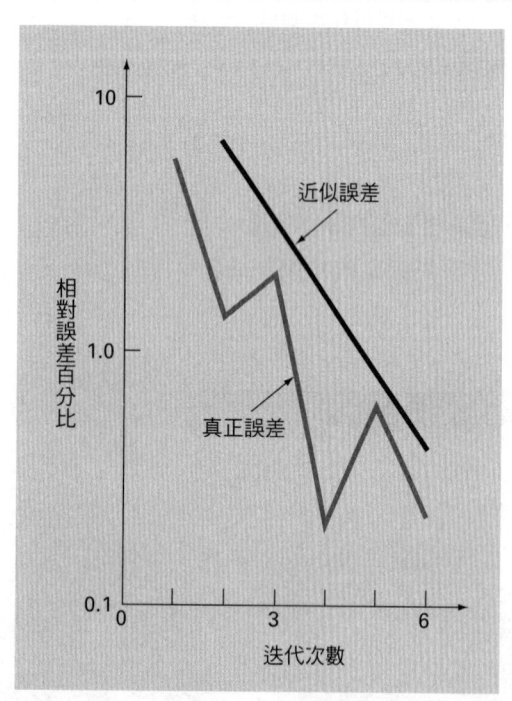

圖 5.7 二分法的誤差：真正誤差與近似誤差對迭代次數的圖形。

$$x_r^{\text{new}} - x_r^{\text{old}} = \frac{x_u - x_l}{2}$$

與

$$x_r^{\text{new}} = \frac{x_l + x_u}{2}$$

可以代入方程式 (5.2) 之中,並建立另一個近似相對誤差百分比的公式

$$\varepsilon_a = \left|\frac{x_u - x_l}{x_u + x_l}\right| 100\% \quad (5.3)$$

針對二分法,此方程式能產生與方程式 (5.2) 相同的結果。此外,它還容許我們依據初始猜測值——也就是第一次迭代,來計算誤差估計。舉例來說,由範例 5.3 的第一次迭代,可計算出近似誤差為

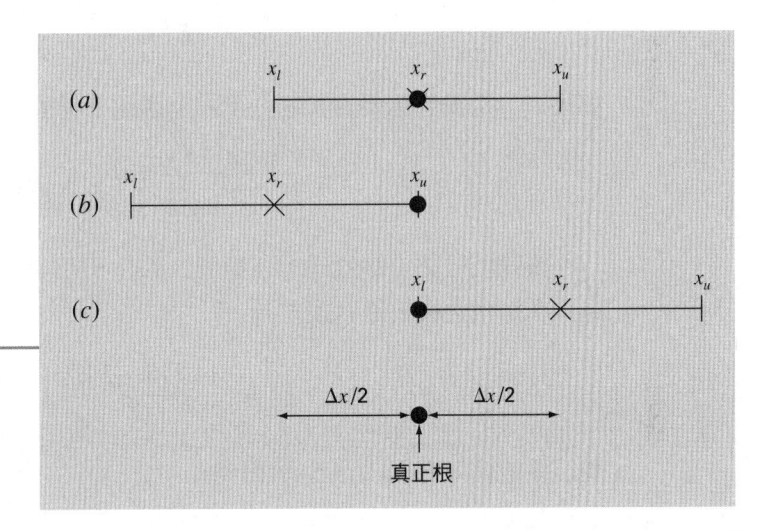

⊃圖 5.8 區間包括根的三種方法:(a) 真正根落在區間中央;而在 (b) 與 (c) 中,真正根靠近端點。請注意,真正根與區間中點的誤差,永遠不會超過區間長度的一半,即 $\Delta x/2$。

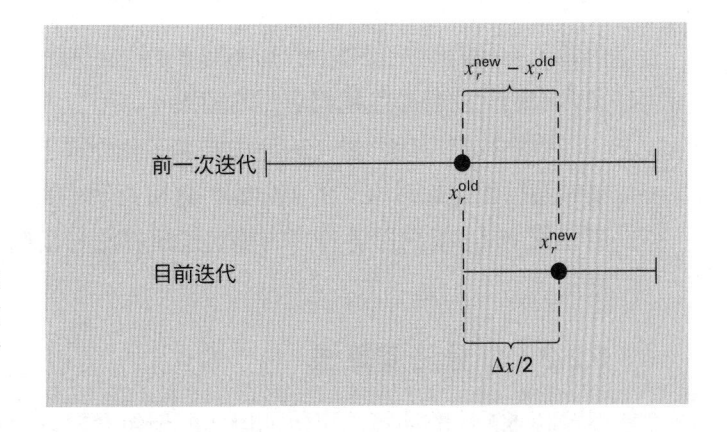

⊃圖 5.9 以圖示說明二分法的誤差估計 ($\Delta x/2$),能夠與目前迭代的根估計值 (x_r^{new}) 減去前一次迭代的根估計值 (x_r^{old}) 相等。

$$\varepsilon_a = \left|\frac{16-12}{16+12}\right|100\% = 14.29\%$$

二分法的另一項優勢是可以事先在開始迭代之前算出達到特定絕對誤差所需的迭代次數。做法如下：在開始二分法計算之前，絕對誤差為

$$E_a^0 = x_u^0 - x_l^0 = \Delta x^0$$

其中上標代表迭代次數。因此在開始二分法之前，我們是在「第零次迭代」。在一次迭代之後，誤差變成

$$E_a^1 = \frac{\Delta x^0}{2}$$

由於各個後繼的迭代使誤差減半，因此，誤差與迭代次數 之間有一個通用的公式：

$$E_a^n = \frac{\Delta x^0}{2^n} \tag{5.4}$$

如果 $E_{a,d}$ 是我們想要的誤差，可由上述此方程解得

$$n = \frac{\log(\Delta x^0/E_{a,d})}{\log 2} = \log_2\left(\frac{\Delta x^0}{E_{a,d}}\right) \tag{5.5}$$

讓我們檢測這個公式。在範例 5.4 中，初始區間長度為 $\Delta x_0 = 16 - 12 = 4$。經過六次迭代之後，絕對誤差為

$$E_a = \frac{|14.875 - 14.75|}{2} = 0.0625$$

將這些值代入方程式 (5.5) 可得到

$$n = \frac{\log(4/0.0625)}{\log 2} = 6$$

因此，若我們事先知道小於 0.0625 的誤差可被接受，這個公式就可以告訴我們，只要六次迭代就會產生我們想要的結果。

雖然我們用顯而易見的理由強調了相對誤差的用法，不過在有些例子中（通常是由題目敘述加以瞭解），你能夠直接指明絕對誤差。對於這些例子，二分法以及方程式 (5.5) 能夠提供有用的根定位演算法。我們將於本章最後的習題中探索相關應用。

5.2.2 二分法演算法

圖 5.5 中的演算法可以加以擴展至包含誤差檢查（圖 5.10）。這個演算法採用使用者定義的函數，使根的定位與函數值計算更有效率。此外，迭代次數被設定了

上限。最後,加入誤差檢查,避免在誤差計算時出現除以零的狀況。當界定的區間中心為零時,確實會發生這種情形,此時方程式 (5.2) 變成無限大。一旦發生這種狀況,程式會自動略過該次迭代的誤差計算。

圖 5.10 中的演算法對使用者不夠友善;所有設計都只是為了得到答案而已。在本章末尾的習題 5.14 就是使此方法變得易於使用與理解。

5.2.3 函數計算次數最小化

如果你只是針對一個容易計算的函數執行單一根的計算工作,圖 5.10 的二分法演算法恰到好處。然而,在許多工程實例中,事情並沒有這麼簡單。舉例來說,假定你要建立一個必須多次求根的電腦程式,可以用圖 5.10 的演算法單獨執行數千次,甚至數百萬次。

廣義而言,程式中單變量函數僅在 return 敘述後送回單一回覆值。理解了這層涵意便會明白,函數並非總是像本章先前範例所解的單行方程式,只是簡單的公式。舉例來說,函數或許是由許多行程式碼所組成,而這些程式碼可能要耗用大量的執行時間。有時,函數甚至可能代表著一個獨立的電腦程式。

由於上述兩個因素,數值演算法一定要將函數計算次數最小化。因此,圖 5.10 的演算法是有缺陷的,尤其要注意的是,在每次迭代中都有兩個函數計算,其中一個會用來重複計算在前一次迭代中已算出的一個函數值。

圖 5.11 提供一個沒有這種缺陷的修正演算法;我們以加網底的方式呈現與圖 5.10 不同的程式碼。此時只有在新的根估計值才會計算新的函數值,會保留

```
FUNCTION Bisect(xl, xu, es, imax, xr, iter, ea)
  iter = 0
  DO
    xrold = xr
    xr = (xl + xu) / 2
    iter = iter + 1
    IF xr ≠ 0 THEN
      ea = ABS((xr − xrold) / xr) * 100
    END IF
    test = f(xl) * f(xr)
    IF test < 0 THEN
      xu = xr
    ELSE IF test > 0 THEN
      xl = xr
    ELSE
      ea = 0
    END IF
    IF ea < es OR iter ≥ imax EXIT
  END DO
  Bisect = xr
END Bisect
```

圖 5.10 執行二分法函數的虛擬程式碼。

```
FUNCTION Bisect(xl, xu, es, imax, xr, iter, ea)
  iter = 0
  fl = f(xl)
  DO
    xrold = xr
    xr = (xl + xu) / 2
    fr = f(xr)
    iter = iter + 1
    IF xr ≠ 0 THEN
      ea = ABS((xr − xrold) / xr) * 100
    END IF
    test = fl * fr
    IF test < 0 THEN
      xu = xr
    ELSE IF test > 0 THEN
      xl = xr
      fl = fr
    ELSE
      ea = 0
    END IF
    IF ea < es OR iter ≥ imax EXIT
  END DO
  Bisect = xr
END Bisect
```

圖 5.11 使函數計算次數最少的二分法子程式的虛擬程式碼。

所有先前所算的值，只有當區間縮小時才會重新指定；因此共執行了 (n + 1) 次函數計算，而非原先的 2n 次。

5.3　試位法

雖然以二分法求根個相當有用，不過以其「蠻力」方式卻相對缺乏效率。試位法是另外一個以圖形概念為基礎的方法。

二分法的缺點為：將 x_l 到 x_u 的區間分割為均等的兩半時，並未考慮到 $f(x_l)$ 和 $f(x_u)$ 兩個數值的大小。舉例來說，要是 $f(x_l)$ 比 $f(x_u)$ 更靠近零的話，有可能根其實是比較靠近 x_l 而不是 x_u（圖 5.12）。利用圖形觀點的另外一種方法，是畫出一條連接 $f(x_l)$ 與 $f(x_u)$ 兩點的直線；此線與 x 軸的交點就是一個改良的根估計。將原先的曲線改為直線，將得到根的試位。這個方法因此被稱為**試位法（false position method**；或拉丁文 *regula falsi*），有時也被稱為**線性內插法 (linear interpolation method)**。

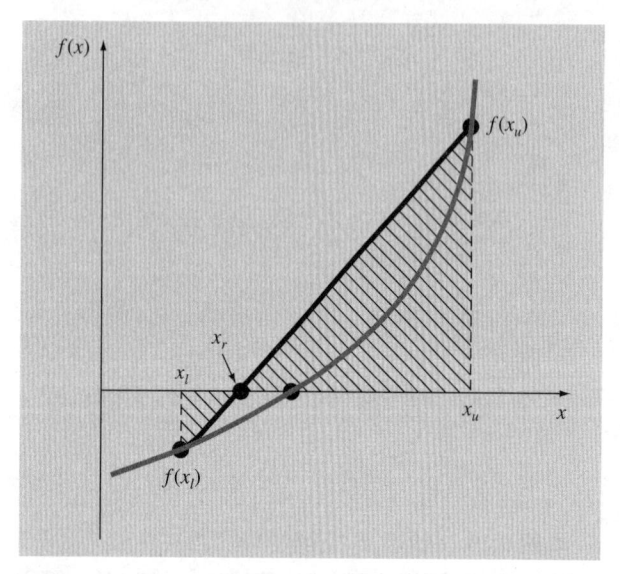

● **圖 5.12**　試位法的圖示說明：陰影區為用來推導公式使用的相似三角形。

利用相似三角形（圖 5.12）得到以下方程式，可用來估計此線與 x 軸的交點 x_r：

$$\frac{f(x_l)}{x_r - x_l} = \frac{f(x_u)}{x_r - x_u} \tag{5.6}$$

計算後解出（計算細節請參考方塊 5.1）

$$x_r = x_u - \frac{f(x_u)(x_l - x_u)}{f(x_l) - f(x_u)} \tag{5.7}$$

這就是**試位公式 (false-position formula)**。由方程式 (5.7) 所算出的 x_r，無論取代 x_l 或 x_u 這兩個初始猜測值中的哪一個，都會得到和 $f(x_r)$ 同號的函數值。依照這種方式，x_l 與 x_u 的值始終界定真正的根。反覆此過程，直到適當估計到根為止。其演算法除了第二步使用方程式 (5.7) 之外，其餘與二分法（圖 5.5）完全相同。此外還使用相同的停止標準（方程式 (5.2)）終止計算。

方塊 5.1　試位法的推導過程

將方程式 (5.6) 式等式兩邊交叉相乘之後得到

$$f(x_l)(x_r - x_u) = f(x_u)(x_r - x_l)$$

將含有 x_r 的項集合到右邊,重新整理後得到下式:

$$x_r [f(x_l) - f(x_u)] = x_u f(x_l) - x_l f(x_u)$$

兩邊同除以 $f(x_l) - f(x_u)$ 得到:

$$x_r = \frac{x_u f(x_l) - x_l f(x_u)}{f(x_l) - f(x_u)} \tag{B5.1.1}$$

此即為試位法的一種形式。特別要注意到:在此式中允許將根 x_r 視為下猜測值 x_l 與上猜測值 x_u 的函數,再加以計算。也可以將上式展開後,改寫成另一種形式:

$$x_r = \frac{x_u f(x_l)}{f(x_l) - f(x_u)} - \frac{x_l f(x_u)}{f(x_l) - f(x_u)}$$

接著在右邊加入一項 x_u 再減掉一項 x_u:

$$x_r = x_u + \frac{x_u f(x_l)}{f(x_l) - f(x_u)} - x_u - \frac{x_l f(x_u)}{f(x_l) - f(x_u)}$$

將等式右邊第二項及第三項整理後得到

$$x_r = x_u + \frac{x_u f(x_u)}{f(x_l) - f(x_u)} - \frac{x_l f(x_u)}{f(x_l) - f(x_u)}$$

或寫成

$$x_r = x_u - \frac{f(x_u)(x_l - x_u)}{f(x_l) - f(x_u)}$$

此式即為方程式 (5.7)。與方程式 (B5.1.1) 相比,在此式中的函數計算少一次,乘法計算也少了一次,因此我們採用這個形式來進行計算。此外,這個形式也能夠和會在第 6 章討論的割線法直接比較。

範例 5.5　試位法

問題描述:使用試位法求範例 5.1 所研究方程式(方程式 (E5.1.1))的根。

解法:如同範例 5.3 的討論,以初始猜測值 $x_l = 12$ 及 $x_u = 16$ 開始進行計算。
第一次迭代:

$$x_l = 12 \quad f(x_l) = 6.1139$$
$$x_u = 16 \quad f(x_u) = -2.2303$$
$$x_r = 16 - \frac{-2.2303(12 - 16)}{6.1139 - (-2.2303)} = 14.309$$

對應的真正相對誤差為 0.88%。

第二次迭代：

$$f(x_l)f(x_r) = -1.5376$$

因此根在第一段子區間，指定 x_r 變成下次迭代的上限，$x_u = 14.9113$：

$$x_l = 12 \quad f(x_l) = 6.1139$$
$$x_u = 14.9309 \quad f(x_u) = -0.2515$$
$$x_r = 14.9309 - \frac{-0.2515(12 - 14.9309)}{6.1139 - (-0.2515)} = 14.8151$$

對應的真正相對誤差為 0.09%，近似相對誤差為 0.78%。可以執行更多的迭代使根的估計值變得更為精細。

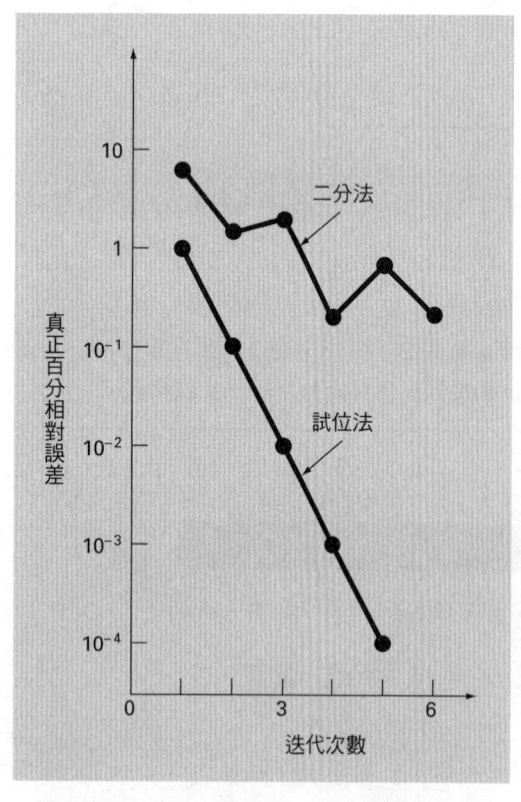

○ 圖 5.13 二分法與試位法的相對誤差比較。

參照圖 5.13 更能清楚看出二分法及試位法的相對效率，在圖中我們畫出範例 5.4 及 5.5 的真正相對誤差百分比。請注意，由於試位法找根的程序較有效率，因此試法位的誤差遞減得比二分法更快。

回想在二分法中，由 x_l 到 x_u 的區間在計算過程中逐漸變小。因此這個區間大小，在第一次迭代時定義為 $\Delta x/2 = |x_u - x_l|/2$，提供了這個方法的誤差量測。但在試位法中則不能和二分法一樣利用間隔測量誤差，這是由於在試位法中的初始猜測值，可能會有一個在計算過程中始終固定不動，而另一個則逐漸收斂至根。舉例來說，在範例 5.6 中，下猜測值停留在 12 而 x_u 收斂到根，此時區間大小並未縮減而是趨向一個定值。

範例 5.6 暗示著方程式 (5.2) 是一個非常保守的誤差準則。事實上，方程式 (5.2) 確實構成前一次迭代的誤差的近似值。這是由於針對像範例 5.6 這樣快速收斂的例子（每次迭代時誤差幾乎都縮減一個數量級），目前迭代的根 x_r^{new} 總是比前一次迭代的

結果 x_r^{old} 更能準確估計真正根。因此,在方程式 (5.2) 中分子的大小確實代表前一次迭代的誤差。所以,當我們可以放心認為,方程式 (5.2) 符合時,根一定比所指定的容許誤差更準確。下一節會描述在特定情形下,試位法收斂會變得很慢。這些情形下方程式 (5.2) 變得不可靠,因此必須發展另一種停止準則。

5.3.1 試位法的陷阱

雖然試位法似乎是界定法的第一選擇,不過還是會有些例子執行起來頗為拙劣。事實上,如以下範例所示,有些情況下二分法會產生比較好的結果。

範例 5.6　二分法比試位法好用的例子

問題描述:利用二分法與試位法找出以下函數在 $x = 0$ 到 1.3 之間根的位置

$$f(x) = x^{10} - 1$$

解法:使用二分法的計算結果摘錄如下:

迭代次數	x_l	x_u	x_r	ε_a (%)	ε_t (%)
1	0	1.3	0.65	100.0	35
2	0.65	1.3	0.975	33.3	2.5
3	0.975	1.3	1.1375	14.3	13.8
4	0.975	1.1375	1.05625	7.7	5.6
5	0.975	1.05625	1.015625	4.0	1.6

因此,在五次迭代之後,真正誤差縮減至小於 2%。但使用試位法,我們得到非常不同的結果:

迭代次數	x_l	x_u	x_r	ε_a (%)	ε_t (%)
1	0	1.3	0.09430		90.6
2	0.09430	1.3	0.18176	48.1	81.8
3	0.18176	1.3	0.26287	30.9	73.7
4	0.26287	1.3	0.33811	22.3	66.2
5	0.33811	1.3	0.40788	17.1	59.2

在五次迭代之後,真正誤差只縮小為約 59%。此外,我們還可看到 $\varepsilon_a < \varepsilon_t$,因此近似誤差是個誤導。檢查這個函數的圖形,就可以清楚瞭解這些情形。如圖 5.14 所示,這條曲線違反試位法的前提——若 $f(x_l)$ 比 $f(x_u)$ 更靠近零,則 x_l 比 x_u 更靠近根(回想圖 5.12)。由這個函數圖形的形狀可看出,情形正好相反。

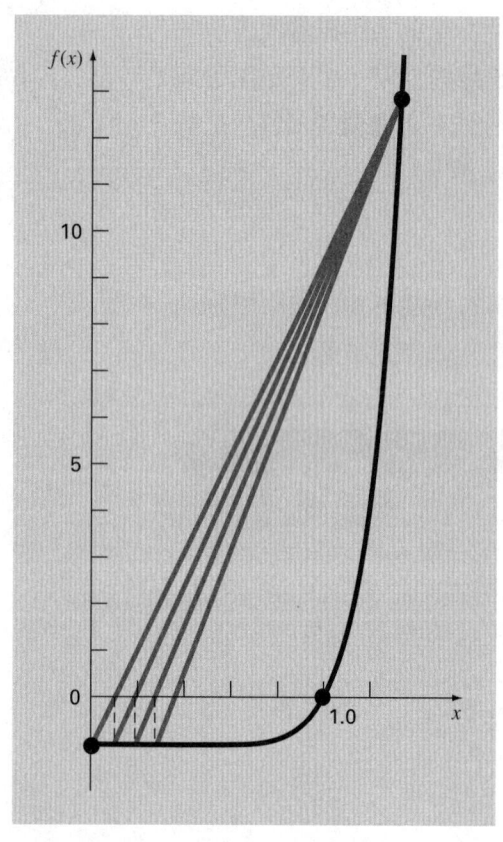

◯ 圖 5.14　$f(x) = x^{10} - 1$ 的圖形，說明試位法的緩慢收斂。

由以上的例子看出，想要發展一個適用於所有情況的勘根方法，通常是不可能的。雖然試位法一般來說會比二分法好，不過仍有些情形違反這個通論。因此，除了使用方程式 (5.2) 之外，無論何時，都應該把估計根代入原方程式，檢查結果是否靠近零。這類檢查應併入所有找根位置的電腦程式中。

此例也說明了試位法單邊性的主要弱點，也就是當迭代進行時，界定點之一將傾向於固定不動，這可能導致極差的收斂性，尤其是對於有明顯曲率的函數。在下一節將提供一個補救的措施。

5.3.2　修正型試位法

緩和試位法單邊性的方式之一，就是讓演算法偵測是否上下界兩者中有一個停止不動，並將靜止不動的這點函數值減半。這就是**修正型試位法 (modified false-position method)**。

圖 5.15 的演算法執行此策略。請注意如何使用計數器決定上下界之一何時迭代兩次停止不動。若發生這種狀況，則將靜止不動那一點的函數值減半。

將此演算法應用至範例 5.6 可以充分展現它的效果：如果使用 0.01% 的停止準則，二分法與標準的試位法分別在第 14 次與第 39 次迭代後收斂。對照之下，修正的試位法在第 12 次迭代後就收斂。因此，在本例中，它比二分法稍微有效率，而且遙遙領先未經修正的試位法。

5.4　增量搜尋與決定起始猜測值

除了檢查個別的答案之外，你還必須確認是否所有可能的根都已經找到。如前所述，函數的圖形通常有助於你執行這項工作。另外一種選擇是在電腦程式的開端加入增量搜尋。從考慮區域的端點之一開始，以微小的增量跑遍區域範圍並進行函數值計算，當函數值有發生變號的情況時，便可假定此增量內有一個根。此時增量的開始與結束兩點所在之 x 值，就成為本章所描述的各種界定法所使用之初始猜測值。

增量搜尋的潛在問題為增量長度的選取。如果長度太短，整個搜尋過程可能非常耗時，反之若長度太長，則可能會遺漏掉距離較近的根（圖 5.16）。另外有重根

```
FUNCTION ModFalsePos(xl, xu, es, imax, xr, iter, ea)
  iter = 0
  fl = f(xl)
  fu = f(xu)
  DO
    xrold = xr
    xr = xu - fu * (xl - xu) / (fl - fu)
    fr = f(xr)
    iter = iter + 1
    IF xr <> 0 THEN
      ea = Abs((xr - xrold) / xr) * 100
    END IF
    test = fl * fr
    IF test < 0 THEN
      xu = xr
      fu = f(xu)
      iu = 0
      il = il + 1
      If il ≥ 2 THEN fl = fl / 2
    ELSE IF test > 0 THEN
      xl = xr
      fl = f(xl)
      il = 0
      iu = iu + 1
      IF iu ≥ 2 THEN fu = fu / 2
    ELSE
      ea = 0
    END IF
    IF ea < es OR iter ≥ imax THEN EXIT
  END DO
  ModFalsePos = xr
END ModFalsePos
```

圖 5.15 修正的試位法所對應的虛擬程式碼。

的情形將會使問題變得更複雜，而其局部補救措施之一便是在各區間端點計算其一階導數 $f'(x)$。如果導數變號，則表示可能會出現極小或極大值，應該要更仔細檢查區間內可能的根。

雖然這些修正或者是使用非常精細的增量都能解決部分的問題，但是很明顯的，像增量搜尋這樣的蠻力法並沒有防呆作用。你最好能將其他可以提供根位置的資訊，補充到這些自動方法，以縮減不必要的計算。這類資訊能在產生方程式的實際問題的作圖和理解中取得。

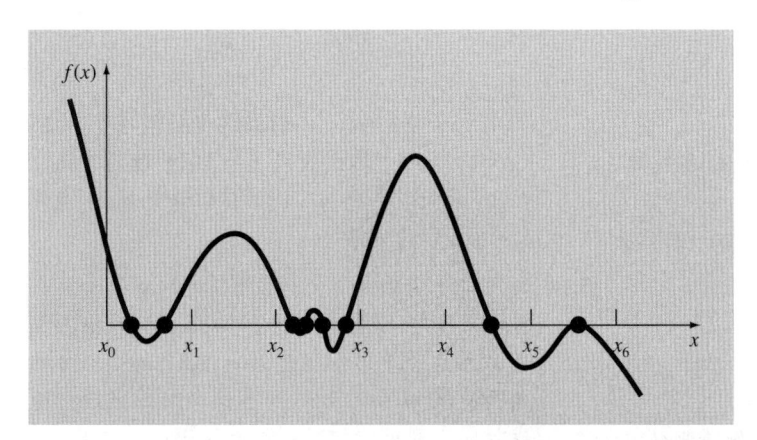

圖 5.16 當搜尋程序的增量長度太長時，可能會造成根值遺漏的情形。請注意無論選擇何種增量長度，都會遺漏最右邊的重根。

習　題

5.1 求出 $f(x) = -0.5x^2 + 2.5x + 4.5$ 的實根：
(a) 利用圖解法。
(b) 利用二次公式求解。
(c) 利用二分法迭代三次求最大的根：使用初始猜測值 $x_l = 5$ 及 $x_u = 10$。每次迭代後，計算估計誤差 ε_a 及真正誤差 ε_t。

5.2 求出 $f(x) = 5x^3 - 5x^2 + 6x - 2$ 的實根：
(a) 利用圖解法。
(b) 利用二分法找出根的位置：使用初始猜測值 $x_l = 0$ 及 $x_u = 1$，並迭代至估計誤差 ε_a 小於 $\varepsilon_s = 10\%$ 的水準為止。

5.3 求出 $f(x) = -25 + 82x - 90x^2 + 44x^3 - 8x^4 + 0.7x^5$ 的實根：
(a) 利用圖解法。
(b) 利用二分法求出根至 $\varepsilon_s = 10\%$，使用初始猜測值 $x_l = 0.5$ 及 $x_u = 10$。
(c) 執行與 (b) 相同的計算，但使用試位法及 $\varepsilon_s = 0.2\%$。

5.4 (a) 利用圖解法求出 $f(x) = -12 - 21x + 18x^2 - 2.75x^3$ 的實根，接著再利用 (b) 二分法及 (c) 試位法找出此函數的第一個根；在 (b) 及 (c) 中，使用初始猜測值 $x_l = -1$ 及 $x_u = 0$ 及停止準則 1%。

5.5 找出 $\sin x = x^2$ 的第一個非零根，其中 x 為弳度量。使用圖解法與二分法，初始區間由 0.5 到 1，執行計算至 ε_a 小於 $\varepsilon_s = 2\%$ 時為止。接著再將所得答案代入原方程，執行誤差檢驗計算。

5.6 求出 $\ln(x^2) = 0.7$ 的正實根：
(a) 利用圖解法。
(b) 利用二分法迭代三次，使用初始猜測值 $x_l = 0.5$ 及 $x_u = 2$。
(c) 利用試位法迭代三次，使用與 (b) 相同的初始猜測值。

5.7 求出 $f(x) = (0.8 - 0.3x)/x$ 的實根：
(a) 利用解析方法。
(b) 利用圖解法。
(c) 利用試位法迭代三次，使用初始猜測值 1 及 3。在各次迭代之後，計算出近似誤差 ε_a 與真正誤差 ε_t。這些結果是否有問題？

5.8 利用試位法找出 18 的正平方根至 $\varepsilon_s = 0.5\%$ 以內的範圍，使用初始猜測值 $x_l = 4$ 與 $x_u = 5$。

5.9 利用試位法找出函數 $x^2|\cos\sqrt{x}| = 5$ 的最小正根（x 為弳度量）。要想找出根所在區域的位置，必須先畫出在 x 介於 0 與 5 之間的函數圖形，接著執行計算至 ε_a 小於 $\varepsilon_s = 1\%$。最後將計算所得的答案代入原函數進行檢驗。

5.10 利用試位法找出 $f(x) = x^4 - 8x^3 - 35x^2 + 450x - 1001$ 的正實根。使用初始猜測值 $x_l = 4.5$ 及 $x_u = 6$，進行五次迭代計算，接著計算真正誤差及近似誤差（利用根值 5.60979）。利用圖形解釋計算的結果，並執行計算直到 $\varepsilon_s \leq 1.0\%$。

5.11 求出 $x^{3.5} = 80$ 的實根：
(a) 利用解析方法。
(b) 利用試位法計算直到 $\varepsilon_s = 2.5\%$，初始猜測值使用 2.0 及 5.0。

5.12 給定函數 $f(x) = -2x^6 - 1.5x^4 + 10x + 2$，利用二分法計算此函數的極大值 (maximum)。使用初始猜測值 $x_l = 0$ 及 $x_u = 1$，接著進行迭代計算直到近似相對誤差小於 5%。

5.13 降落中傘兵的速度 v 為
$$v = \frac{gm}{c}\left(1 - e^{-(c/m)t}\right)$$

其中 $g = 9.81$ m/s^2。對於拖曳係數為 $c = 15$ kg/s 的傘兵，算出使得 $t = 10$ 秒時速度為 $v = 36$ m/s 的質量 m。使用試位法計算 m 直到 $\varepsilon_s = 0.1\%$ 的水準。

5.14 利用二分法計算：使一位質量 82 kg 的傘兵在自由落下 4 秒後速度為 $v = 36$ m/s 的拖曳係數。注意：重力加速度值為 9.81 m/s^2，由初始猜測值 $x_l = 3$ 及 $x_u = 5$ 開始計算，進行迭代計算直到近似相對誤差低於 2%。

5.15 如圖 P5.15 所示，經由一長管由圓柱體水槽流出之速度為 v (m/s) 可由以下公式計算

$$v = \sqrt{2gH} \tanh\left(\frac{\sqrt{2gH}}{2L}t\right)$$

其中 $g = 9.81$ m/s^2、H 為初始水位高度 (m)、L 為管長 (m)、t 為經過時間 (s)。若管長為 4 m，請分別使用 **(a)** 圖解法；**(b)** 二分法；**(c)** 試位法；來計算初始水位高度應為若干，才能在 $t = 2.5$ 秒時速度達到 $v = 5$ m/s。初始猜測值為 $x_l = 0$ 及 $x_u = 2$，終止條件為 $\varepsilon_s = 1\%$，並檢視您的計算結果。

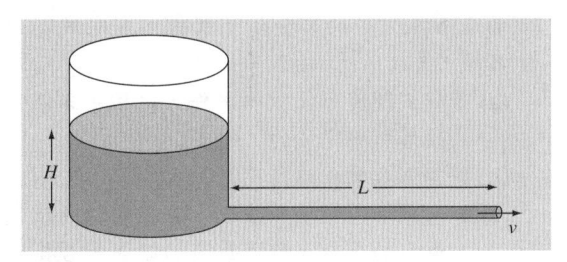

⊃ 圖 P5.15

5.16 水以速率 $Q = 20$ m^3/s 流進一個梯形的水道，這條水道的關鍵深度 y 需符合以下方程式：

$$0 = 1 - \frac{Q^2}{gA_c^3}B$$

其中 $g = 9.81$ m/s^2，A_C 為水道截面積 (m^2)，B 為水道表面的寬度 (m)。在本題中，寬和截面積與深度 y 的關係式為：

$$B = 3 + y \quad \text{及} \quad A_c = 3y + \frac{y^2}{2}$$

利用 **(a)** 圖解法；**(b)** 二分法；**(c)** 試位法，解出關鍵深度。在 **(b)** 及 **(c)** 中使用初始猜測值 $x_l = 0.5$ 及 $x_u = 2.5$，終止條件為迭代次數超過 10 次或近似誤差低於 1%。接著討論各種方法計算得來的結果。

5.17 你設計了一個圓球形貯液槽（圖 P5.17），用來在開發中國家的小村莊儲水，貯存液體的體積可以下列公式計算

$$V = \pi h^2 \frac{[3R - h]}{3}$$

其中 $V =$ 體積 (m^3)，$h =$ 貯液槽內水的深度 (m)，$R =$ 貯存槽半徑 (m)。

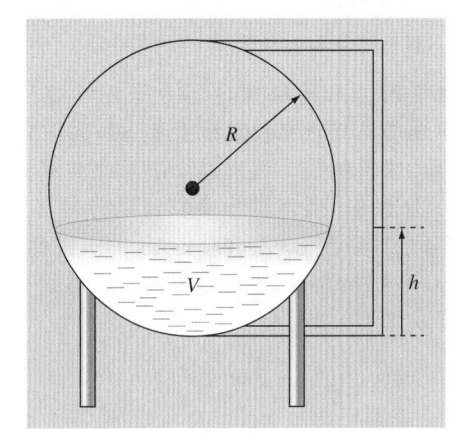

⊃ 圖 P5.17

如果 $R = 3$m，貯液槽的深度要多少才能夠貯存 30 m^3 的水？利用試位法的三次迭代來計算答案，並計算每次迭代的近似相對誤差，使用初始猜測值 0 及 R。

5.18 淡水中溶氧的飽和濃度可以利用下列方程式 (APHA，1992) 計算而得：

$$\ln o_{sf} = -139.34411 + \frac{1.575701 \times 10^5}{T_a} - \frac{6.642308 \times 10^7}{T_a^2}$$
$$+ \frac{1.243800 \times 10^{10}}{T_a^3} - \frac{8.621949 \times 10^{11}}{T_a^4}$$

其中 $o_{sf} =$ 為一大氣壓下淡水中溶氧的飽和濃度 (mg/L)、$T_a =$ 絕對溫度 (K)。請記住 $T_a = T + 273.15$，其中 $T =$ 溫度 (°C)。根據這個方程式，溫度增加時飽和濃度下降。對於溫帶氣候中普通的天然水，可以利用這個方程式算出氧氣濃度的範圍是從 0°C 時的 14.621 mg/L 到 40°C 時的 6.413 mg/L。只要給定氧氣飽和濃度值，便可以利用這個公式及二分法解出度量單位為 °C 的溫度。

(a) 如果初始猜測值為 0 與 40°C，二分法需要迭代多少次，才能求出絕對誤差低於 0.05°C 的溫度？

(b) 以 **(a)** 為基礎,建立一個二分法程式,將當成氧氣濃度的函數求解,並將絕對誤差控制到 **(a)** 的範圍。給定初始猜測值為 0 與 40°C,以絕對誤差 = 0.05°C 及以下條件測試所撰寫程式:o_{sf} = 8、10、12 mg/L。接著再檢驗所有的結果。

5.19 依據阿基米德原理,浮力等於物體液面下部分所排開的流體體積重量。如圖 P5.19 所示之球形物體,利用二分法求此其露出水面的高度 h。使用以下參數值進行計算:r = 1 m、球密度 ρ_s 為 200 kg/m³、水密度 ρ_w 為 1,000 kg/m³。此圓球露出水面的體積可由以下方程式來計算

$$V = \frac{\pi h^2}{3}(3r - h)$$

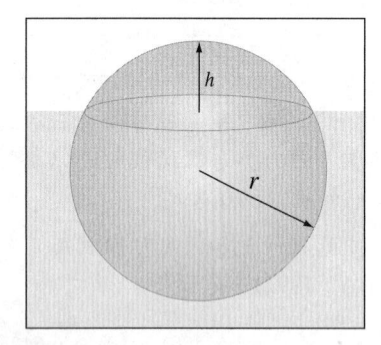

⊃ **圖 P5.19**

5.20 執行與習題 5.19 相同的計算,但物體換為如圖 P5.20 所示之錐形平截頭體 (frustum)。使用以下參數值進行計算:r_1 = 0.5 m、r_2 = 1 m、h = 1 m、平截頭體密度 ρ_s 為 200 kg/m³、水密度 ρ_w 為 1,000 kg/m³。此外,平截頭體露出水面的體積可由以下方程式來計算:

$$V = \frac{\pi h}{3}(r_1^2 + r_2^2 + r_1 r_2)$$

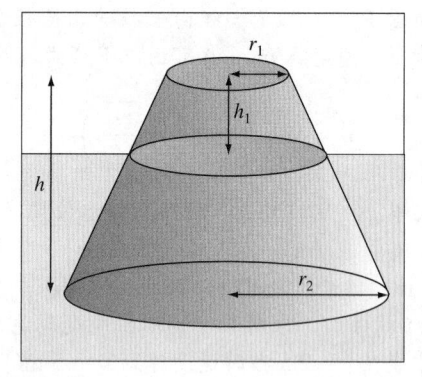

⊃ **圖 P5.20**

5.21 將圖 5.10 所列的演算法整合成一個使用者介面友善及完整的二分法子程式。並完成下列各項工作:
- **(a)** 子程式隨處附上說明文件,以指明各個程式段落所要完成的工作。
- **(b)** 將輸入與輸出進行標記。
- **(c)** 加入一個答案檢驗步驟,將根的估計值代入原來的函數,驗算最後的結果是否接近零。
- **(d)** 再次計算範例 5.3 及範例 5.4,測試這個子程式是否運作良好。

5.22 以類似圖 5.11 的虛擬程式碼方式,建立二分法的子程式,並使函數求值次數為最少。求出每個完整迭代的函數求值次數 n。接著重算範例 5.6 以測試所撰寫程式。

5.23 以類似圖 5.10 的所勾勒二分法演算法,建立一個使用者介面友善的試位法子程式。接著重算範例 5.5 以測試所撰寫程式。

5.24 以類似圖 5.11 的方式,建立試位法子程式,並使函數求值次數為最少。求出每個完整迭代的函數求值次數 n。接著重算範例 5.6 以測試所撰寫程式。

5.25 以圖 5.15 為基礎,對修正的試位法發展出使用者介面友善的子程式。重做範例 5.6 找出函數根的位置,以測試此程式,持續運算若干回合直到真正百分誤差低於 0.01%,接著畫出真正相對誤差百分比與近似相對誤差百分比對迭代次數的半對數圖,最後再解釋你的計算結果。

5.26 以類似圖 5.10 的做法建立一個二分法函數，不過，不採用最大的迭代次數與方程式 (5.2)，而是採用方程式 (5.5) 作為停止法則，並確保將方程式 (5.5) 的計算結果四捨五入到下一個最大整數。最後使用 $E_{a,d} = 0.0001$ 解出範例 5.3 以測試函數功能。

CHAPTER 6

開放式方法
Open Methods

在第 5 章所介紹的界定法中,根是落在下界與上界所界定的區間內。重複應用這類方法,總能夠產生真正根的較精確估計。由於這類方法隨著計算過程的進展,逐漸移動更靠近真正的根,因此稱為**收斂式 (convergent)** 方法(圖 6.1*a*)。

對照之下,本章所描述的**開放式方法 (open method)** 僅要求單一起始 x 值、或是兩個不須界定根的起始值的公式為基礎。所以它們有時候會**發散 (diverge)**,或者隨著計算過程的進展而離開真正的根(圖 6.1*b*)。不過,只要開放式方法收斂時(圖 6.1*c*),它們的收斂速度通常比界定法快很多。我們先以一個簡單的版本開始討論開放式方法,這個版本有助於說明一般形式及收斂性的觀念。

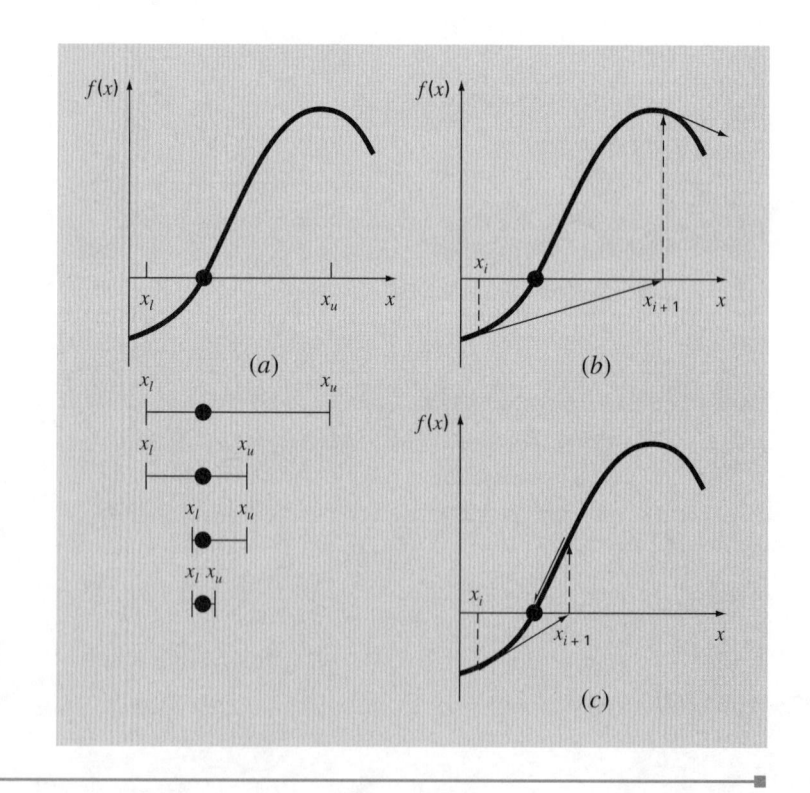

圖 6.1 以圖形說明找根位置的 (*a*) 界定法,以及 (*b*)、(*c*) 開放式方法之間的基本差異。(*a*) 為二分法,根被限制在 x_l 與 x_u 所界定的區間內。對照之下,(*b*)、(*c*) 所描繪的開放式方法,以迭代公式從 x_i 推導 x_{i+1},因此,這個方法的運算結果取決於初始猜測值,可能是 (*b*) 發散或 (*c*) 迅速收斂。

6.1 簡單固定點迭代法

如上所述，開放式方法利用公式來預測根的位置。也就是藉由重新安排函數成為 $f(x) = 0$ 的型態，建構出簡單的**固定點迭代法 (fixed-point iteration)**（或稱為單點迭代法、逐次代換法），使得 x 落在如下方程式的左邊

$$x = g(x) \tag{6.1}$$

這個轉換方式可以經由代數計算或是僅在原方程式的等號兩邊加上 x 而加以完成，例如

$$x^2 - 2x + 3 = 0$$

能經由簡單的移項計算得到

$$x = \frac{x^2 + 3}{2}$$

而 $\sin x = 0$ 能藉由在等號兩邊同時加上 x 而轉化為方程式 (6.1) 的形式：

$$x = \sin x + x$$

方程式 (6.1) 提供了一個預測公式，將新的 x 值視為舊 x 值的函數。因此，給定初始推測根 x_i，可利用方程式 (6.1) 算出新的估計根 x_{i+1}，如同以下迭代公式所示：

$$x_{i+1} = g(x_i) \tag{6.2}$$

如同本書中的其他迭代公式，此方程的近似誤差可利用下述誤差估計式（方程式 (3.5)）求出：

$$\varepsilon_a = \left| \frac{x_{i+1} - x_i}{x_{i+1}} \right| 100\%$$

範例 6.1　簡單固定點迭代

問題描述：利用簡單固定點迭代法找出 $f(x) = e^{-x} - x$ 的根。

解法：我們可直接將函數的兩項分開，並寫成方程式 (6.2) 的形式：

$$x_{i+1} = e^{-x_i}$$

由初始猜測值 $x_0 = 0$ 開始，利用迭代方程式算出下列結果：

i	x_i	ε_a (%)	ε_t (%)
0	0		100.0
1	1.000000	100.0	76.3
2	0.367879	171.8	35.1
3	0.692201	46.9	22.1
4	0.500473	38.3	11.8
5	0.606244	17.4	6.89
6	0.545396	11.2	3.83
7	0.579612	5.90	2.20
8	0.560115	3.48	1.24
9	0.571143	1.93	0.705
10	0.564879	1.11	0.399

因此，迭代結果逐步接近真正的根值 0.56714329。

6.1.1 收斂性

請注意在範例 6.1 中各次迭代的真正相對誤差百分比，大約與前一次迭代的誤差成比例（比率大約是 0.5 到 0.6）。這個固定點迭代法的特性稱為**線性收斂 (linear convergence)**。

除了收斂的「速率」之外，我們也必須討論收斂的「可能性」。收斂與發散的觀念可用圖形描繪說明，回想章節 5.1 中，我們藉由繪出函數圖形來觀看其結構與行為（範例 5.1），圖 6.2a 中對函數 $f(x) = e^{-x} - x$ 也是使用這個方法。另一種圖解法，是將方程式分成兩個部分，例如：

$$f_1(x) = f_2(x)$$

接著分別畫出兩個方程式

$$y_1 = f_1(x) \tag{6.3}$$

與

$$y_2 = f_2(x) \tag{6.4}$$

的圖形（圖 6.2b），這兩個函數的交點 x 值就是 $f(x) = 0$ 的根。

範例 6.2　兩條曲線的圖解法

問題描述：將方程式 $e^{-x} - x = 0$ 分成兩個部分，並以圖解法找出根。

解法：重新將方程式改寫成 $y_1 = x$ 和 $y_2 = e^{-x}$，接著算出以下的值：

x	y_1	y_2
0.0	0.0	1.000
0.2	0.2	0.819
0.4	0.4	0.670
0.6	0.6	0.549
0.8	0.8	0.449
1.0	1.0	0.368

在圖 6.2b 畫出了這些點，在這兩條曲線的交點，指出根的估計值大約是 $x = 0.57$，它對應到圖 6.2a 中曲線越過 x 軸的地方。

接下來以兩條曲線的方法說明固定點迭代法的收斂與發散。首先，將方程式 (6.1) 重新寫成 $y_1 = x$ 與 $y_2 = g(x)$ 的兩個方程式。接著分別畫出這兩個方程式的圖形。與方程式 (6.3) 及 (6.4) 相同，$f(x) = 0$ 的根對應到這兩條曲線相交處的橫座標的值。在圖 6.3 中畫出函數 $y_1 = x$ 及四個不同的 $y_2 = g(x)$ 的形狀。

對於第一種情形（圖 6.3a），我們利用初始猜測值 x_0 決定 y_2 曲線上所應的點 $[x_0, g(x_0)]$，向左水平移動到 y_1 曲線，找到點 (x_1, x_1) 的位置。這些移動結果跟固定點迭代法的第一次迭代結果相同：

$$x_1 = g(x_0)$$

因此，不管是方程式或是圖形，都是用起始值 x_0 得到估計值 x_1。下一次迭代是移至 $[x_1, g(x_1)]$ 然後到 (x_2, x_2)，這個迭代和方程式相同：

$$x_2 = g(x_1)$$

在圖 6.3a 中的解為**收斂 (convergent)**，這是由於 x 的估計隨著各次迭代都移動得更靠近根的位置。圖 6.3b 也是如此。不過在圖 6.3c 和 d，迭代結果反而逐漸遠離根。可以注意到，收斂性似乎只有當 $y_2 = g(x)$ 斜率的絕對值小於 $y_1 = x$ 的斜率（即 $|g'(x)| < 1$）時才會出現。方塊 6.1 提供這個結果的理論推導過程。

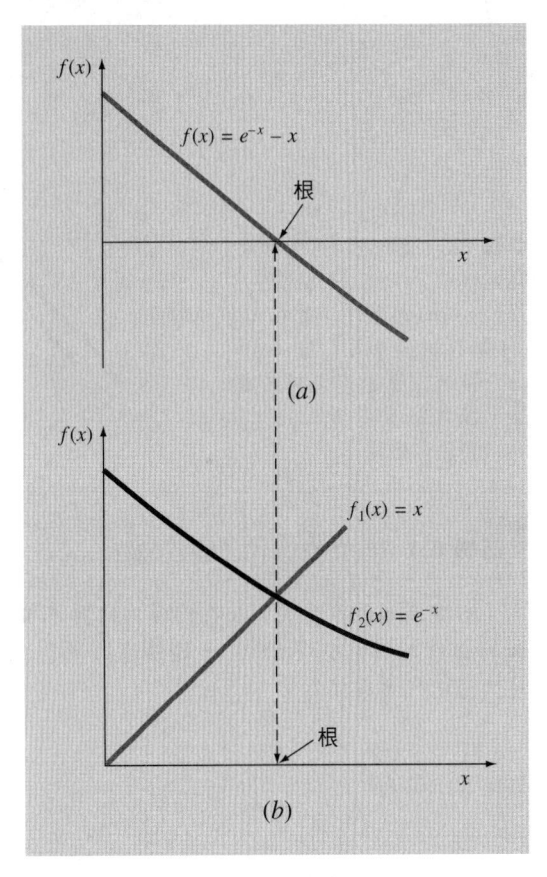

圖 6.2 求 $f(x) = e^{-x} - x$ 的根的兩種圖解法。(a) 根在函數圖形越過 x 軸處；(b) 根在兩個部分函數圖形的交點處。

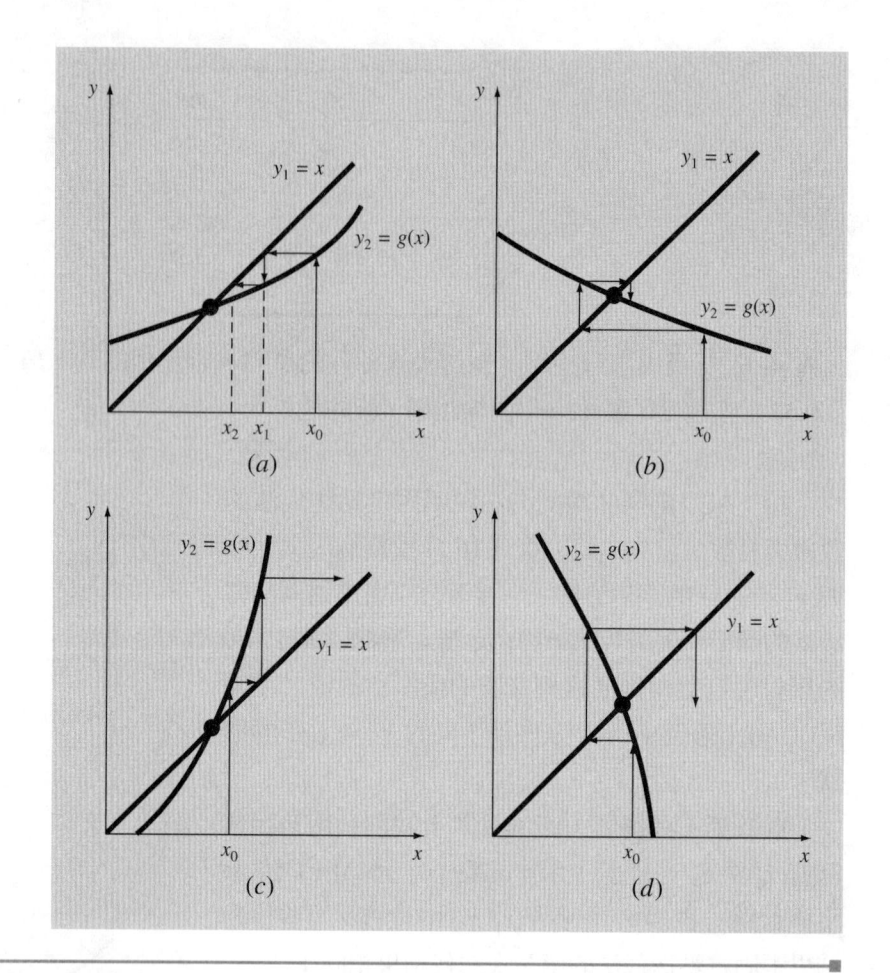

⊃ **圖 6.3** 圖形說明簡單固定點迭代法：(a)、(b) 收斂性，及 (c)、(d) 發散性。圖 (a) 與 (c) 稱為單調圖案，而 (b) 與 (d) 稱為振盪圖樣或螺旋圖案。請注意，在 $|g'(x)| < 1$ 時，發生收斂情形。

方塊 6.1　固定點迭代法的收斂性

　　研究圖 6.3 可發現：在我們討論的區域內，如果 $|g'(x)| < 1$，則固定點迭代法會收斂。換句話說，如果 $g(x)$ 的斜率小於 $f(x) = x$ 這條線的斜率 1，就會是收斂情形。這個觀察結果可以用理論加以推導，請回想迭代方程式為

$$x_{i+1} = g(x_i)$$

假設真正解為

$$x_r = g(x_r)$$

將上面這兩個方程式相減，得到

$$x_r - x_{i+1} = g(x_r) - g(x_i) \tag{B6.1.1}$$

由**導數均值定理 (derivative mean-value theorem)**（回顧章節 4.1.1），如果函數 $g(x)$ 和對應的一階導數在區間 $a \leq x \leq b$ 內連續，則在這個區間之內必定至少有一個 x 值 $= \xi$，使得

$$g'(\xi) = \frac{g(b) - g(a)}{b - a} \tag{B6.1.2}$$

方程式的右邊是 $g(a)$ 與 $g(b)$ 兩點連線的斜率。因此，均值定理告訴我們：a 與 b 之間至少有一個點的斜

率（記作 $g'(\xi)$），和 $g(a)$ 與 $g(b)$ 兩點的連線平行（回想圖 4.3）。

現在，如果我們令 $a = x_i$ 及 $b = x_r$，則方程式 (B6.1.1) 式的右邊可寫為

$$g(x_r) - g(x_i) = (x_r - x_i)g'(\xi)$$

其中 ξ 介於 x_i 與 x_r 之間。接著，將此結果代入方程式 (B6.1.1) 式，得到

$$x_r - x_{i+1} = (x_r - x_i)g'(\xi) \tag{B6.1.3}$$

若將迭代 i 的真正誤差定義成

$$E_{t,i} = x_r - x_i$$

則方程式 (B6.1.3) 式可寫成

$$E_{t,i+1} = g'(\xi)E_{t,i}$$

因此，如果 $|g'(x)| < 1$，則誤差會隨著各次迭代而遞減；而當 $|g'(x)| > 1$ 時，誤差則會漸漸增加。另外請注意，如果導數為正，則誤差也為正，因此迭代解為單調（圖 6.3a 和 c）；如果導數為負，則誤差將會在正負之間振盪（圖 6.3b 和 d）。

這些分析也附帶說明了，當固定點迭代法收斂時，誤差大約與前一次迭代的誤差成比例，同時也小於前一次迭代的誤差。基於這個原因，我們說簡單固定點迭代法是**線性收斂 (linearly convergent)**。

6.1.2　固定點迭代法的演算法

固定點迭代法的電腦演算法極簡單。利用一個迴圈反覆計算新的估計值，直到符合終止準則為止。圖 6.4 為此演算法的虛擬程式碼，以類似的手法可以寫出其他開放式方法的程式，主要調整的部分是改變用來計算新的根估計值的迭代公式。

6.2　牛頓-拉福森法

在所有求根公式中，最廣為使用的或許就是牛頓-拉福森方程式（圖 6.5）。如果根的初始猜測值是 x_i，則可從 $[x_i, f(x_i)]$ 這一點畫出一條切線，這條切線越過 x 軸的那一點通常代表著根的改良估計值。

以此幾何解釋為基礎，可以推導出牛頓-拉福森法（方塊 6.2 描述另一種以泰勒級數為基礎的方法）。如圖 6.5，在 x_i 的一階導數等於斜率：

$$f'(x_i) = \frac{f(x_i) - 0}{x_i - x_{i+1}} \tag{6.5}$$

重新整理後得到

$$x_{i+1} = x_i - \frac{f(x_i)}{f'(x_i)} \tag{6.6}$$

這就是所謂的**牛頓-拉福森公式 (Newton-Raphson formula)**。

```
FUNCTION Fixpt(x0, es, imax, iter, ea)
  xr = x0
  iter = 0
  DO
    xrold = xr
    xr = g(xrold)
    iter = iter + 1
    IF xr ≠ 0 THEN
      ea = | (xr - xrold) / xr | · 100
    END IF
    IF ea < es OR iter ≥ imax EXIT
  END DO
  Fixpt = xr
END Fixpt
```

圖 6.4 固定點迭代法的虛擬程式碼，請注意此一般的格式可用來處理其他的開放式方法。

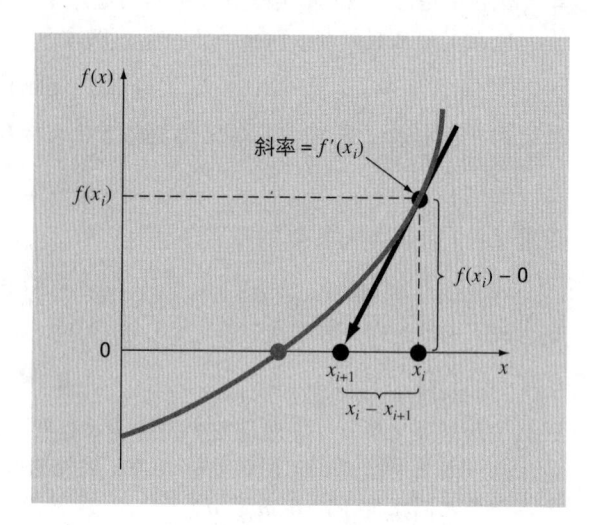

圖 6.5 圖形說明牛頓-拉福森法：函數在 x_i 的切線（即 $f'(x_i)$）往下以外插法連線至 x 軸，交點 x_{i+1} 為根的新估計值。

範例 6.3　牛頓-拉福森法

問題描述：利用牛頓-拉福森法，估計 $f(x) = e^{-x} - x$ 的根，使用初始猜測值 $x_0 = 0$。

解法：計算這個函數的一階導數：

$$f'(x) = -e^{-x} - 1$$

將一階導數和原有函數一起代入方程式 (6.6)，得到

$$x_{i+1} = x_i - \frac{e^{-x_i} - x_i}{-e^{-x_i} - 1}$$

從初始猜測值 $x_0 = 0$ 開始，應用這個迭代方程算出以下數值：

i	x_i	ε_t (%)
0	0	100
1	0.500000000	11.8
2	0.566311003	0.147
3	0.567143165	0.0000220
4	0.567143290	$< 10^{-8}$

因此，這個方法能迅速收斂到真正的根。請注意，各次迭代的真正相對誤差百分比的遞減速度比簡單固定點迭代法更快（與範例 6.1 比較）。

6.2.1 終止準則與誤差估計

與其他勘根方法一樣，方程式 (3.5) 可用來當作終止準則。此外，這個方法的泰勒級數推導過程（方塊 6.2）提供了收斂速率 $E_{i+1} = O(E_i^2)$ 的理論觀點。因此，誤差應該約與前一次誤差的平方成比例。換句話說，每次迭代準確的有效數字位數約多一倍。下一個範例將檢驗這個特性。

> **方塊 6.2** 牛頓-拉福森法的推導與誤差分析
>
> 除了方程式 (6.5) 與 (6.6) 的幾何推導外，也能由泰勒級數展開式建構出牛頓-拉福森法。由於這個推導過程同時提供對本方法收斂速率的瞭解，因此非常有用。
>
> 回想在第 4 章，泰勒級數展開式可表成為
>
> $$f(x_{i+1}) = f(x_i) + f'(x_i)(x_{i+1} - x_i) + \frac{f''(\xi)}{2!}(x_{i+1} - x_i)^2 \qquad \text{(B6.2.1)}$$
>
> 其中 ξ 落在 x_i 到 x_{i+1} 區間中的某處。將這個級數一階導數項之後的部分截掉，可得到近似公式
>
> $$f(x_{i+1}) \cong f(x_i) + f'(x_i)(x_{i+1} - x_i)$$
>
> 在與 x 軸相交處，$f(x_{i+1})$ 應等於零，或寫成
>
> $$0 = f(x_i) + f'(x_i)(x_{i+1} - x_i) \qquad \text{(B6.2.2)}$$
>
> 由此可解得
>
> $$x_{i+1} = x_i - \frac{f(x_i)}{f'(x_i)}$$
>
> 此式與方程式 (6.6) 完全相同。因此，我們利用泰勒級數導出了牛頓-拉福森法。
>
> 除了推導公式之外，我們也可以利用泰勒級數估計這個公式的誤差。只要意識到，如果使用完整的泰勒級數即可得到正確的結果。針對 $x_{i+1} = x_r$ 的情況，其中 x_r 為根的真正值，將這個值與 $f(x_r) = 0$ 代入方程式 (B6.2.1)，得到
>
> $$0 = f(x_i) + f'(x_i)(x_r - x_i) + \frac{f''(\xi)}{2!}(x_r - x_i)^2 \qquad \text{(B6.2.3)}$$
>
> 從方程式 (B6.2.3) 減去 (B6.2.2)，得到
>
> $$0 = f'(x_i)(x_r - x_{i+1}) + \frac{f''(\xi)}{2!}(x_r - x_i)^2 \qquad \text{(B6.2.4)}$$
>
> 現在，由於已知誤差等於 x_{i+1} 與真正值 x_r 的誤差，寫成
>
> $$E_{t,i+1} = x_r - x_{i+1}$$
>
> 因此可將方程式 (B6.2.4) 表為
>
> $$0 = f'(x_i)E_{t,i+1} + \frac{f''(\xi)}{2!}E_{t,i}^2 \qquad \text{(B6.2.5)}$$
>
> 如果我們假設會收斂，則 x_i 與 ξ 最終都應該會近似於根 x_r，因此可將方程式 (B6.2.5) 重新整理後得到

$$E_{t,i+1} = \frac{-f''(x_r)}{2f'(x_r)} E_{t,i}^2 \qquad \text{(B6.2.6)}$$

根據方程式 (B6.2.6)，誤差大致上與前一次誤差的平方成比例。這意味著正確的小數位數，大約隨著每一次的迭代增加一倍。這種情形稱作**二階收斂 (quadratic convergence)**。在範例 6.4 清楚顯示出這種特性。

範例 6.4　牛頓-拉福森法的誤差分析

問題描述：如同方塊 6.2 所推導出的結果，牛頓-拉福森法為二階收斂，也就是說，誤差大約與前一次誤差的平方成比例，即

$$E_{t,i+1} \cong \frac{-f''(x_r)}{2f'(x_r)} E_{t,i}^2 \qquad \text{(E6.4.1)}$$

檢驗這個公式，並觀察是否適用範例 6.3 的結果。

解法：$f(x) = e^{-x} - x$ 的一階導數為

$$f'(x) = -e^{-x} - 1$$

代入 $x_r = 0.56714329$ 的值為 $f'(0.56714329) = -1.56714329$。計算二階導數為

$$f''(x) = e^{-x}$$

代入後值為 $f''(0.56714329) = 0.56714329$。將這些值代入方程式 (E6.4.1)，得到

$$E_{t,i+1} \cong -\frac{0.56714329}{2(-1.56714329)} E_{t,i}^2 = 0.18095 E_{t,i}^2$$

由範例 6.3，初始誤差為 $E_{t,0} = 0.56714329$，代入誤差方程式後，而得預測值

$$E_{t,1} \cong 0.18095(0.56714329)^2 = 0.0582$$

這個值很接近真正誤差 0.06714329。對於第二次迭代，

$$E_{t,2} \cong 0.18095(0.06714329)^2 = 0.0008158$$

這個值與真正誤差 0.0008323 更為接近。對於第三次迭代，

$$E_{t,3} \cong 0.18095(0.0008323)^2 = 0.000000125$$

這就是範例 6.3 中所得到的誤差。由於當我們來到根的附近時，x 與 ξ 更接近 x_r（回想在方塊 6.2 中，由方程式 (B6.2.5) 至 (B6.2.6) 的假設），因此誤差估計也隨之改善。最後，

$$E_{t,4} \cong 0.18095(0.000000125)^2 = 2.83 \times 10^{-15}$$

因此,這個範例說明,牛頓-拉福森法對於這個例子的誤差,事實上大約與前一次迭代誤差的平方成比例(比率為 0.18095)。

6.2.2 牛頓-拉福森法的陷阱

雖然牛頓-拉福森法通常非常有效率,但有時仍會出狀況。本章稍後會提一個特殊的重根問題,此法執行成效拙劣。不過,即使處理的是如以下範例的單根問題,也可能會遇上問題。

範例 6.5 使牛頓-拉福森法緩慢收斂的函數範例

問題描述:使用牛頓-拉福森法與初始猜測值 $x = 0.5$,求 $f(x) = x^{10} - 1$ 的正根。

解法:此例的牛頓-拉福森公式為

$$x_{i+1} = x_i - \frac{x_i^{10} - 1}{10 x_i^9}$$

利用這個公式可算出下列數值:

迭代	x
0	0.5
1	51.65
2	46.485
3	41.8365
4	37.65285
5	33.887565
.	
.	
.	
∞	1.0000000

因此,在第一次拙劣的預測之後,這個方法雖然會收斂至真正的根「1」,但是速度非常緩慢。

除了導因於函數本質的緩慢收斂之外,也可能會遇上其他如圖 6.6 所說明的難題。例如圖 6.6a 描繪出在根的附近出現反曲點(即 $f''(x) = 0$)的情況。注意到迭代是由 x_0 開始,然後就逐漸遠離根;圖 6.6b 說明了牛頓-拉福森法在局部極大值或極小值附近振盪的趨勢。這種振盪可能會持續存在,或者是如圖 6.6b 一樣先是斜率接

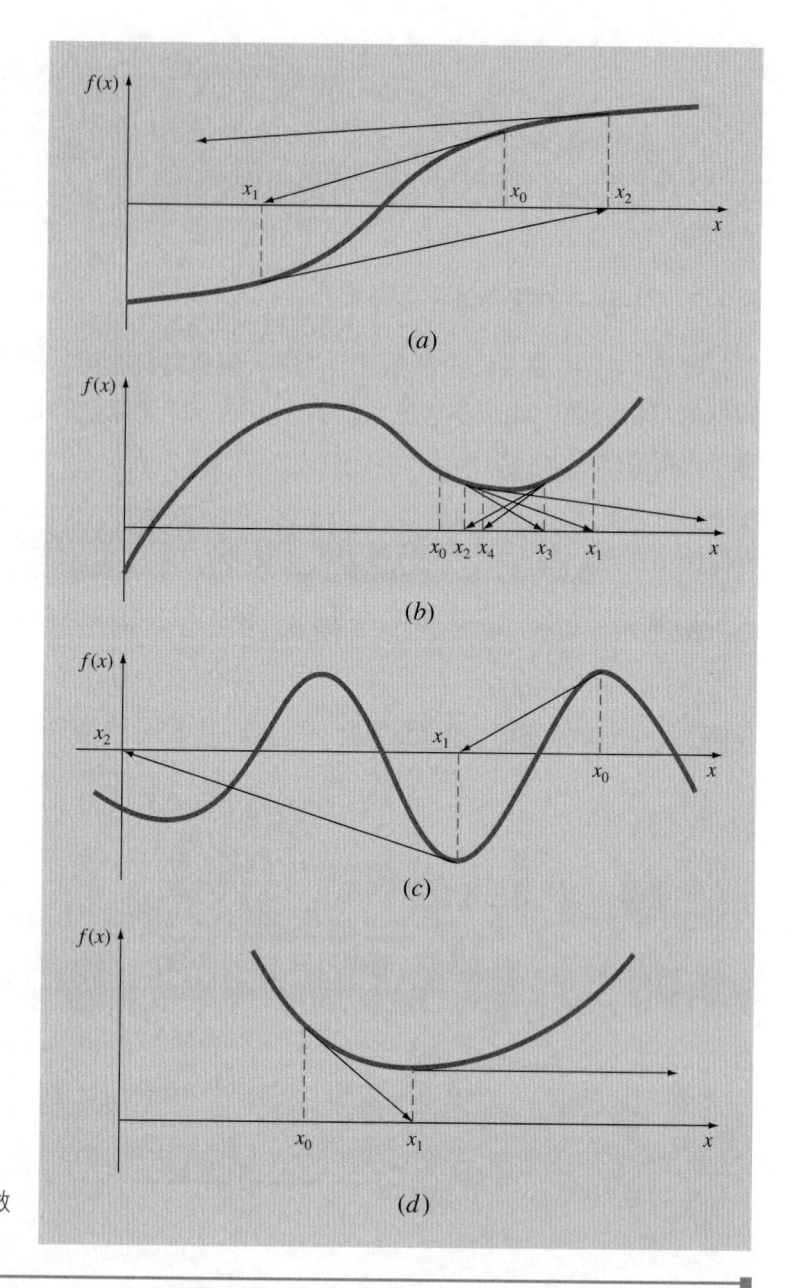

圖 6.6 牛頓-拉福森法產生拙劣收斂性的四種情形。

近零，隨後又將解遠遠送到考慮的區域之外；圖 6.6c 顯示的是接近某根的初始猜測值，如何忽然跳到數個根之外的位置。這些離開所考慮區域的趨勢是由於遇到了接近零的斜率，所以很顯然斜率零 $[f'(x) = 0]$ 確實是一個災難，因為它導致牛頓-拉福森公式（方程式 (6.6)）除以零。以圖形來說（參考圖 6.6d），它意味著解將沿著水平方向射離，且永遠不會擊中 x 軸。

因此，牛頓-拉福森法沒有通用的收斂準則。它的收斂性取決於函數的本質與初始猜測值的準確度。唯一的補救措施是使初始猜測值「充分」接近根，但是有一

些函數卻沒有任何猜測值有用!好的猜測值通常來自對該實際問題的背景知識,或是藉由解的圖形觀察所得。通用收斂準則的缺乏,也表示應該要設計好的電腦軟體,能夠辨認出是緩慢收斂還是發散。在下一節將討論一些這方面的議題。

6.2.3 牛頓-拉福森法的演算法

以方程式 (6.6) 取代圖 6.4 中的預測公式(方程式 (6.2)),可輕易得到牛頓-拉福森法的演算法。但是這個程式仍需要修改,加入由使用者定義的函數,才能夠算出一階導數。

除此之外,依先前對牛頓-拉福森法潛在問題的討論,如果能夠加入以下幾個特點,便能改良這個程式:

1. 程式中應加入一個繪圖程序。
2. 在計算終了時,都應將根的估計值代入原函數,以計算其結果是否接近零。這個檢查可部分防止出現尚未求出根的解,但緩慢收斂或是振盪收斂卻得到 ε_a 值很小的情形。
3. 程式裡應該要有迭代次數的上限,以防止振盪、緩慢收斂、或是無止盡的發散解。
4. 程式應警告使用者,並顧及在計算時 $f'(x)$ 隨時會等於零的可能性。

6.3 割線法

使用牛頓-拉福森法時的潛在問題是導數的計算。雖然這對於多項式和許多函數而言還算好處理,不過仍有些函數的導數可能很難進行計算或是不好處理。針對這些情形,可以使用後向有限均差來估計導數(圖 6.7)

$$f'(x_i) \cong \frac{f(x_{i-1}) - f(x_i)}{x_{i-1} - x_i}$$

將這個近似式代入方程式 (6.6),得到了以下的迭代方程式:

$$x_{i+1} = x_i - \frac{f(x_i)(x_{i-1} - x_i)}{f(x_{i-1}) - f(x_i)} \quad (6.7)$$

方程式 (6.7) 就是**割線法 (secant method)** 的公式。注意到這個方法需要兩個初始的 x 估

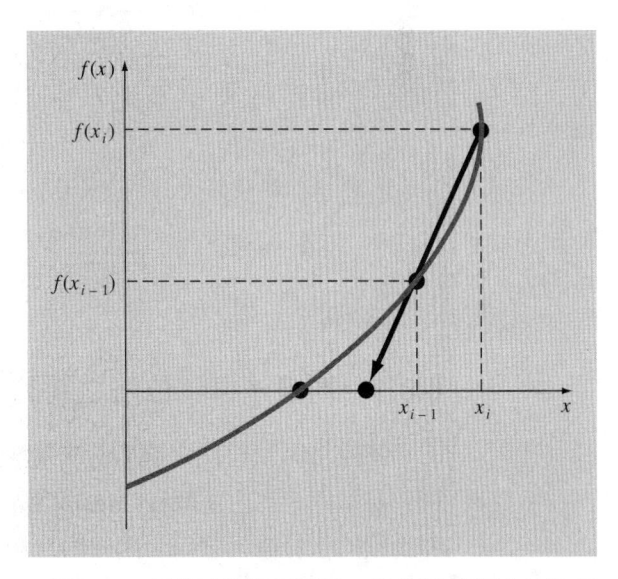

⊃ **圖 6.7** 割線法的圖示說明。與牛頓-拉福森法類似(圖 6.5),根的估計是藉由函數的割線外插至 x 軸所預測,只不過割線法是使用均差而非導數來估計斜率。

計值,不過由於 $f(x)$ 在這兩估計值間不一定要變號,因此這個方法並未被歸類為界定法。

範例 6.6　割線法

問題描述:利用割線法估計 $f(x) = e^{-x} - x$ 的根,從初始估計值 $x_{-1} = 0$ 和 $x_0 = 1.0$ 開始。

解法:回想真正的根為 $0.56714329\cdots$。

第一次迭代:

$$x_{-1} = 0 \qquad f(x_{-1}) = 1.00000$$

$$x_0 = 1 \qquad f(x_0) = -0.63212$$

$$x_1 = 1 - \frac{-0.63212(0-1)}{1-(-0.63212)} = 0.61270 \qquad \varepsilon_t = 8.0\%$$

第二次迭代:

$$x_0 = 1 \qquad f(x_0) = -0.63212$$
$$x_1 = 0.61270 \qquad f(x_1) = -0.07081$$

(注意到此時兩個估計值都落在根的同一邊。)

$$x_2 = 0.61270 - \frac{-0.07081(1-0.61270)}{-0.63212-(-0.07081)} = 0.56384 \qquad \varepsilon_t = 0.58\%$$

第三次迭代:

$$x_1 = 0.61270 \qquad f(x_1) = -0.07081$$
$$x_2 = 0.56384 \qquad f(x_2) = 0.00518$$
$$x_3 = 0.56384 - \frac{0.00518(0.61270-0.56384)}{-0.07081-(-0.00518)} = 0.56717 \qquad \varepsilon_t = 0.0048\%$$

6.3.1 割線法與試位法之間的差異

割線法與試位法之間有許多相似處。例如方程式 (6.7) 和 (5.7) 中每一項都相同,且這兩者都用兩個初始估計值計算函數斜率的近似值,並利用斜率投射至 x 軸作為根的估計值。然而,兩式的一個關鍵差異為如何以新的估計值取代其中一個初始值。試位法中,根的新估計值可取代任何一個與 $f(x_r)$ 同號函數值的舊有值,因此永遠都會將根界定在範圍內,而對所有實際用途都能保持收斂。相照之下,割線法以嚴格的順序進行取代,利用新值 x_{i+1} 取代 x_i 而用 x_i 取代 x_{i-1},因此,這兩個估計

值有時會落在根的同一邊，甚至在某些情況下可能會導致發散。

範例 6.7　割線法與試位法的收斂性比較

問題描述：以試位法與割線法估算 $f(x) = \ln x$ 的根。初始值為 $x_l = x_{i-1} = 0.5$ 與 $x_u = x_i = 5.0$。

解法：對於試位法，利用方程式 (5.7) 以及取代估計值的界定準則，產生以下的迭代結果：

迭代	x_l	x_u	x_r
1	0.5	5.0	1.8546
2	0.5	1.8546	1.2163
3	0.5	1.2163	1.0585

如同我們所看到的（圖 6.8*a* 與 *c*），這些估計值將收斂至真正的根「1」。

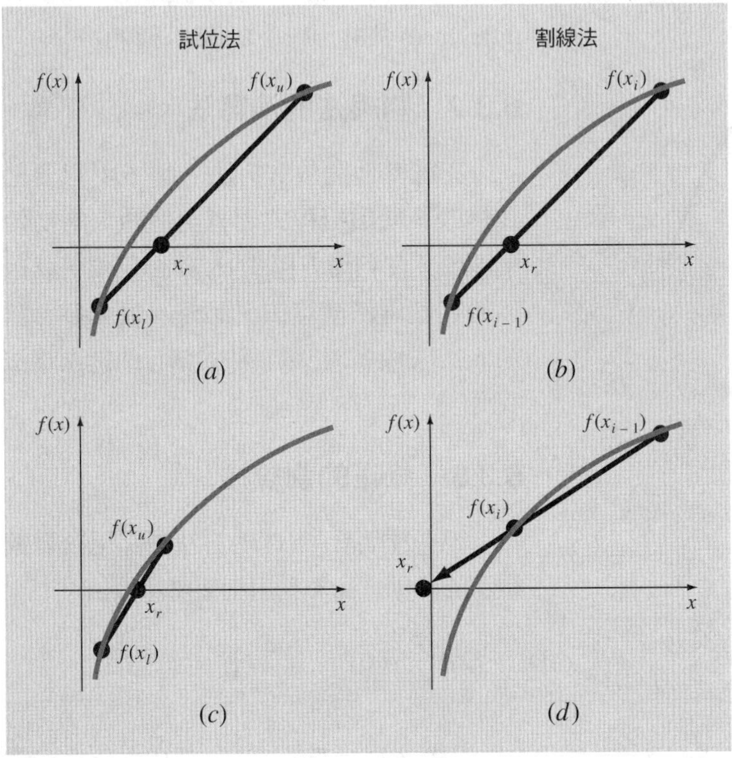

圖 6.8　試位法與割線法的比較。這兩種方法的第一次迭代 (*a*) 與 (*b*) 完全相同，然而，對於第二次迭代 (*c*) 與 (*d*) 而言，兩者所使用的點卻不同，其結果就是，割線法可能會發散，如 (*d*) 所示。

對於割線法，利用方程式 (6.7) 以及取代估計值的順序準則，產生以下的迭代結果：

迭代	x_{i-1}	x_i	x_{i+1}
1	0.5	5.0	1.8546
2	5.0	1.8546	−0.10438

如圖 6.8d 所示，這個方法是發散的。

雖然割線法可能會發散，不過要是能收斂時，通常收斂速度比試位法快很多；圖 6.9 便說明了割線法在這方面的優勢。試位法的劣勢則是為了維持界定根而其中一個端點必須維持不動。雖然此性質在防止發散方面是一項優點，不過在考量收斂速率時卻是缺點，並使有限差分 (finite-difference) 估計出較不準確的導數值。

6.3.2 割線法的演算法

正如其他開放式方法，圖 6.4 只要稍加修改，使虛擬程式碼有兩個輸入的初始猜測值，並利用方程式 (6.7) 計算根，就可以得到割線法演算法。此外，也可參考章節 6.2.3 對牛頓-拉福森法的修正改進割線法程式。

6.3.3 修正的割線法

另一種估計 $f'(x)$ 的方法是採用自變數微小的擾動，而非利用兩個隨意數值：

$$f'(x_i) \cong \frac{f(x_i + \delta x_i) - f(x_i)}{\delta x_i}$$

其中 δ = 微小的擾動部分。將估計值代入方程式 (6.6)，產生以下的迭代方程式：

$$x_{i+1} = x_i - \frac{\delta x_i f(x_i)}{f(x_i + \delta x_i) - f(x_i)} \tag{6.8}$$

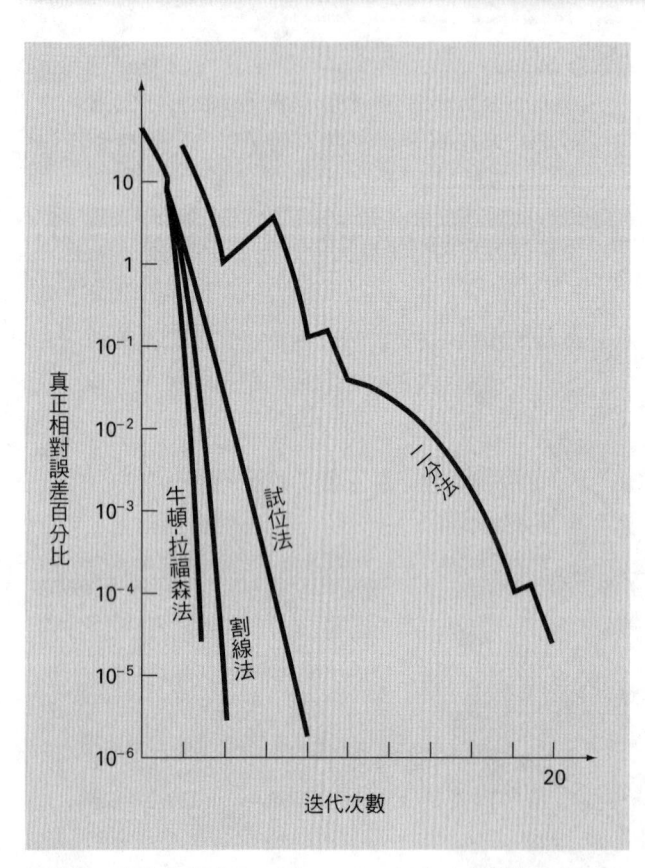

圖 6.9 比較各種求 $f(x) = e^{-x} - x$ 根方法的真正相對誤差百分比 ε_t。

> **範例 6.8**　**修正的割線法**
>
> **問題描述**：利用修正的割線法估計 $f(x) = e^{-x} - x$ 的根，使用 0.01 作為 δ 的值並由 $x_0 = 1.0$ 開始。回想真正的根為 0.56714329…。
>
> **解法**：
>
> 第一次迭代
>
> $$x_0 = 1 \qquad\qquad f(x_0) = -0.63212$$
> $$x_0 + \delta x_0 = 1.01 \qquad f(x_0 + \delta x_0) = -0.64578$$
> $$x_1 = 1 - \frac{0.01(-0.63212)}{-0.64578 - (-0.63212)} = 0.537263 \qquad |\varepsilon_t| = 5.3\%$$
>
> 第二次迭代
>
> $$x_0 = 0.537263 \qquad\qquad f(x_0) = 0.047083$$
> $$x_0 + \delta x_0 = 0.542635 \qquad f(x_0 + \delta x_0) = 0.038579$$
> $$x_1 = 0.537263 - \frac{0.005373(0.047083)}{0.038579 - 0.047083} = 0.56701 \qquad |\varepsilon_t| = 0.0236\%$$
>
> 第三次迭代
>
> $$x_0 = 0.56701 \qquad\qquad f(x_0) = 0.000209$$
> $$x_0 + \delta x_0 = 0.572680 \qquad f(x_0 + \delta x_0) = -0.00867$$
> $$x_1 = 0.56701 - \frac{0.00567(0.000209)}{-0.00867 - 0.000209} = 0.567143 \qquad |\varepsilon_t| = 2.365 \times 10^{-5}\%$$

選取合適的 δ 值並非自然。如果 δ 值太小，這個方法會因為方程式 (6.8) 的分母的相減式相消，而使得捨入誤差變成難以處理的災難；如果值太大，方法就會變得沒有效率，甚至會發散。不過，要是能夠正確地選取，這個方法對於那些難以求導數值且不易建立兩個初始猜測值的例子，倒是提供了一個很好的可行方法。

6.4　布列特法

如果能有一個同時擁有界定法的可信賴性與開放式方法的收斂速度的方法，那就非常美好。**布列特勘根法 (Brent's root-location method)** 就是這類型的演算法，會在大部分的情形下使用收斂速度快的開放式方法，但在必要時改採信賴度高的界定法。這個做法是由 Richard Brent (1973) 根據 Theodorus Dekker (1969) 所提出的演算法為基礎發展而來。

布列特法中採用的界定法是值得信賴的二分法（參考 5.2 節），此外還使用了

兩個開放式方法，第一個是章節 6.3 所介紹的割線法，第二個則是接下來要闡述的逆向二次內插法。

6.4.1 逆向二次內插法

逆向二次內插法 (inverse quadratic interpolation) 與割線法的概念很類似。如圖 6.10a 所示，割線法是以通過兩個猜測點的直線來進行計算。這條直線與 x 軸的交點就代表著根的新猜測值。因為這個特性，割線法有時也被稱為**線性內插法 (linear interpolation method)**。

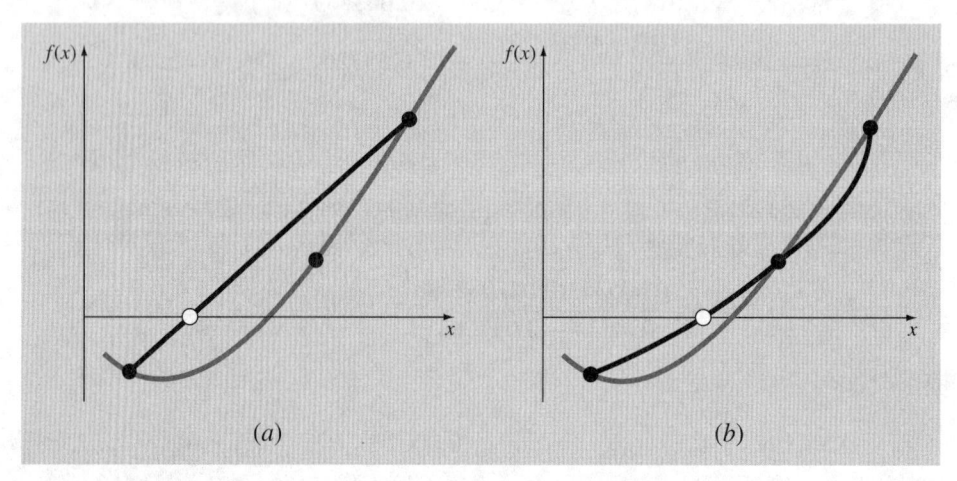

➲ **圖 6.10** 開放式方法的比較：(a) 割線法及 (b) 逆向二次內插法。注意在圖 (b) 中通過函數上三個點的暗黑色拋物線被稱為「逆向」，這是由於拋物線是寫成 y 的函數而不是 x 的函數。

給定三個點，我們可以計算出通過這三點且以 x 為自變數的二次方程式（如圖 6.10b）。與割線法很類似，這條拋物線與 x 軸的交點就是根的新估計值。如同圖 6.10b 所示，使用曲線來取代直線通常能得到較好的估計。

雖然這看來似乎是個重大的改善，不過這個做法仍有一個根本的缺陷。一旦拋物線僅有複數根時，便可能會發生拋物線不與 x 軸交叉的情形，如圖 6.11 之函數 $y = f(x)$ 所示。

這類情況可以透過逆向二次內插法來改善。也就是說，不採用以 x 為自變數的拋物線，而是採用以 y 為自變數的拋物線來連過這三點。這相當於將座標軸反轉，並建立一條「側面的」拋物線（如圖 6.11 中的曲線 $x = f(y)$）。

如果將這三點標記為 (x_{i-2}, y_{i-2})、(x_{i-1}, y_{i-1}) 及 (x_i, y_i)，則通過這三點的 y 二次函數可由下式計算得到：

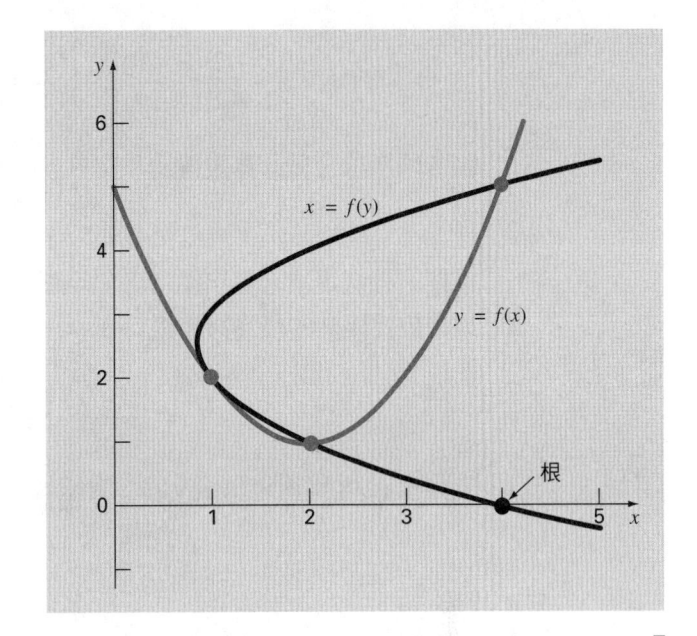

⊃圖 6.11 通過三個指定點的兩條拋物線：寫成 x 函數的拋物線 y = f(x)，擁有一對複數根，因此和 x 軸不相交；成明顯對比的第二條拋物線，是將變數立場對調，寫成 x = f(y) 函數的拋物線，和 x 軸確實相交。

$$g(y) = \frac{(y-y_{i-1})(y-y_i)}{(y_{i-2}-y_{i-1})(y_{i-2}-y_i)}x_{i-2} + \frac{(y-y_{i-2})(y-y_i)}{(y_{i-1}-y_{i-2})(y_{i-1}-y_i)}x_{i-1}$$

$$+ \frac{(y-y_{i-2})(y-y_{i-1})}{(y_i-y_{i-2})(y_i-y_{i-1})}x_i \quad (6.9)$$

如同我們將在 18.2 節中學到的，這個形式稱為**拉格藍吉多項式 (Lagrange polynomial)**。對應到 $y = 0$ 的根 x_{i+1}，將 $y = 0$ 入方程式 (6.9)，計算得到

$$x_{i+1} = \frac{y_{i-1}y_i}{(y_{i-2}-y_{i-1})(y_{i-2}-y_i)}x_{i-2} + \frac{y_{i-2}y_i}{(y_{i-1}-y_{i-2})(y_{i-1}-y_i)}x_{i-1}$$

$$+ \frac{y_{i-2}y_{i-1}}{(y_i-y_{i-2})(y_i-y_{i-1})}x_i \quad (6.10)$$

如圖 6.11 所示，這樣「側面的」拋物線總是會和 x 軸交會。

範例 6.9　逆向二次內插法

問題描述：給定圖 6.11 中的三個資料點：(1,2)、(2,1)、(4,5)；建立以 x 為自變數及以 y 為自變數的兩個二次函數。在第一個函數 $y = f(x)$，利用二次公式驗證根皆為複數根。在第二個函數 $x = g(y)$，利用逆向二次內插法（方程式 (6.9)）求出根的估計值。

解法：將方程式 (6.9) 中的 y 全部改寫成 x，可用來找出 x 的二次函數：

$$f(x) = \frac{(x-2)(x-4)}{(1-2)(1-4)}2 + \frac{(x-1)(x-4)}{(2-1)(2-4)}1 + \frac{(x-1)(x-2)}{(4-1)(4-2)}5$$

將各同次項合併計算後得到

$$f(x) = x^2 - 4x + 5$$

這個方程式可用來畫出拋物線，即圖 6.11 中的函數 $y = f(x)$；利用二次公式可以求出此函數的根為複數根：

$$x = \frac{4 \pm \sqrt{(-4)^2 - 4(1)(5)}}{2} = 2 \pm i$$

方程式 (6.9) 可用來求出 y 的二次函數：

$$g(y) = \frac{(y-1)(y-5)}{(2-1)(2-5)}1 + \frac{(y-2)(y-5)}{(1-2)(1-5)}2 + \frac{(y-2)(y-1)}{(5-2)(5-1)}4$$

將各同次項合併計算後得到

$$g(y) = 0.5x^2 - 2.5x + 4$$

最後，可使用方程式 (6.10) 式來求出根：

$$x_{i+1} = \frac{-1(-5)}{(2-1)(2-5)}1 + \frac{-2(-5)}{(1-2)(1-5)}2 + \frac{-2(-1)}{(5-2)(5-1)}4 = 4$$

在討論布列特演算法之前，我們必須提到另一個逆向二次內插法無法成功運作的例子。如果三個點的 y 值不全為相異（也就是說，$y_{i-2} = y_{i-1}$ 或是 $y_{i-1} = y_i$ 時），此時逆向二次函數是不存在的，必須轉而採用割線法。當我們遇到 y 值不全為相異情形時，我們可以轉而採用較有效率的割線法，利用其中的兩個點來找根。當 $y_{i-2} = y_{i-1}$ 時，我們使用割線法計算猜測值 x_{i-1} 及 x_i。當 $y_{i-1} = y_i$ 時，則使用割線法計算猜測值 x_{i-2} 及 x_{i-1}。

6.4.2 布列特法的演算法

布列特勘根法 (Brent's root finding method) 的概念是：無論何時都儘可能使用開放式方法來找根。萬一遇到這些方法找不到合適的根時（也就是說，一個根估計值落到界定範圍之外），這個演算法將會轉而採用較為保守的二分法。雖然二分法收斂速度可能較為緩慢，不過由這個方法處理的估計值可保證落在界定範圍之內。這個運算流程將持續反覆計算直到根落在可容忍範圍之內為止，如同可預期的，一開始通常是由二分法主導根的落點範圍，但在估計根的計算過程中，運算技巧轉移為收斂速度較快速的開放式方法。

圖 6.12 中列出以 Cleve Moler (2005) 建立的 MATLAB M-file 為基礎而撰寫的虛擬程式碼。虛擬程式碼列出的是 MATLAB 中所採用的專業找根函數 `fzero` 的一個簡化版本，因此我們將這個簡化的版本稱為 `fzerosimp`，請注意，程式碼中需要使用到另一個函數 `f`，這個函數用來代表用來找根的方程式。

```
Function fzerosimp(xl, xu)
eps = 2.22044604925031E-16
tol = 0.000001
a = xl: b = xu: fa = f(a): fb = f(b)
c = a: fc = fa: d = b − c: e = d
DO
  IF fb = 0 EXIT
  IF Sgn(fa) = Sgn(fb) THEN    (If necessary, rearrange points)
    a = c: fa = fc: d = b − c: e = d
  ENDIF
  IF |fa| < |fb| THEN
    c = b: b = a: a = c
    fc = fb: fb = fa: fa = fc
  ENDIF
  m = 0.5 * (a − b)      (Termination test and possible exit)
  tol = 2 * eps * max(|b|, 1)
  IF |m| ≤ tol Or fb = 0. THEN
    EXIT
  ENDIF
  (Choose open methods or bisection)
  IF |e| ≥ tol And |fc| > |fb| THEN
    s = fb / fc
    IF a = c THEN                       (Secant method)
      p = 2 * m * s
      q = 1 − s
    ELSE              (Inverse quadratic interpolation)
      q = fc / fa: r = fb / fa
      p = s * (2 * m * q * (q − r) − (b − c) * (r − 1))
      q = (q − 1) * (r − 1) * (s − 1)
    ENDIF
    IF p > 0 THEN q = −q ELSE p = −p
    IF 2 * p < 3 * m * q − |tol * q| AND p < |0.5 * e * q| THEN
      e = d: d = p / q
    ELSE
      d = m: e = m
    ENDIF
  ELSE                                  (Bisection)
    d = m: e = m
  ENDIF
  c = b: fc = fb
  IF |d| > tol THEN b = b + d Else b = b − Sgn(b − a) * tol
  fb = f(b)
ENDDO
fzerosimp = b
END fzerosimp
```

◐ **圖 6.12** 以 Cleve Moler (2005) 的 MATLAB M-file 為基礎的布列特勘根法虛擬程式碼。

fzerosimp 函數需兩個初始猜測值，用來界定根的範圍，在指定機器誤差值（程式碼中的 eps）及根的可容忍範圍（程式碼中的 tol）這兩個數值後，由三個變數所組成的搜尋區間 (a,b,c) 便已初始完成，函數 f 也在各端點加以計算。

接著便進入主要迴圈。必要時，可將三點重新排列以便讓演算法能更有效運作。此時若能符合停止準則即可終止迴圈，否則的話，便會循決策結構在三種方法中挑選一個方法使用，並檢驗哪一個能夠提供可用的結果。在最後程式段則是計算函數f在新點上的值，並重複迴圈計算，一旦符合停止準則時，迴圈便會終止且回傳最後的根估計值。

章節 7.7.2 中將會介紹布列特法的應用，屆時我們會闡釋 MATLAB 中的 fzero 函數如何運作。此外，在章節 8.4 中（案例探討）也用來計算通過管線中氣流的摩擦係數。

6.5 多重根

一個**多重根 (multiple root)** 對應到函數與 x 軸相切處的那一點。例如，從下列函數可看出有雙重根存在：

$$f(x) = (x-3)(x-1)(x-1) \tag{6.11}$$

或是將各式乘開後寫成 $f(x) = x^3 - 5x^2 + 7x - 3$。由於有一個 x 值可使方程式 (6.11) 中的兩式值等於零，因此這個方程式有**雙重根 (double root)**。以圖形來看，這個特性對應到函數曲線在雙重根處與 x 軸相切。查看圖 6.13a 在 $x = 1$ 的情形，注意到函數在雙重根的位置接觸 x 軸但是並未跨越它。

三重根 (triple root) 對應到一個 x 值使方程式中的三式等於零的情形，如同下式

$$f(x) = (x-3)(x-1)(x-1)(x-1)$$

或是將各式乘開後寫成 $f(x) = x^4 - 6x^3 + 12x^2 - 10x + 3$。注意到在圖形中（參考圖 6.13$b$）再次指出此函數在根的位置與 x 軸相切，不過此時會跨越 x 軸。一般而言，

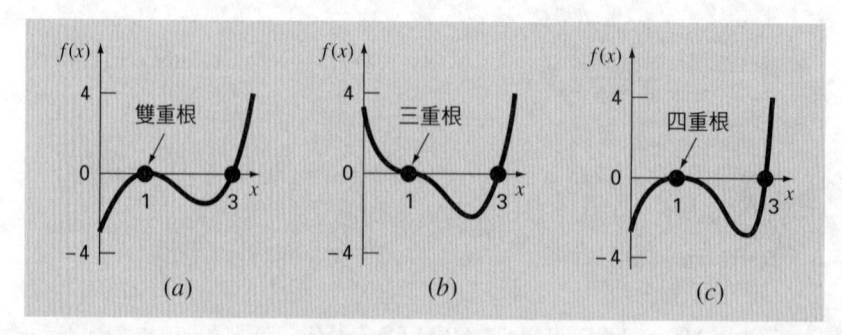

◖ **圖 6.13** 與 x 軸相切的重根的例子：請注意在 (a) 與 (c) 中，函數在偶數重根的任一邊皆未跨越 x 軸；然而對於奇數重根的情形 (b)，函數卻會跨越 x 軸。

奇數重根會跨越 x 軸，而偶數重根則不會。如圖 6.13c 的四重根並未跨越 x 軸。

對於在第二篇所描述的數值方法來說，重根有些麻煩：

1. 由於函數在偶數重根並未變號，因此排除了第 5 章所討論的可靠界定法的使用。所以，在本書所介紹的數值方法中，你被迫只能使用可能會發散的開放式方法。
2. 另外一個可能會發生的問題與在根的位置 $f(x)$ 趨近零而且 $f'(x)$ 也趨近零有關。這對於牛頓-拉福森法與割線法都會是問題，因為兩者公式中的分母都包含導數項（或其估計值），因為當解收斂到相當靠近根時，分式會產生除以零的災難。避開這些問題的一個簡單方式，就是利用「$f(x)$ 永遠在 $f'(x)$ 之前先達到零」這個已經由理論證明的事實（Ralston 與 Rabinowitz (1978)）。因此，只要在電腦程式中加入針對 $f(x)$ 值是否為零的檢查，就可以讓計算在 $f'(x)$ 達到零之前終止。
3. 牛頓-拉福森法與割線法對於重根的估計，可被證明為線性收斂而非二階收斂（請參考 Ralston 與 Rabinowitz (1978)）。只要加入修正調整便可改善這個問題，如同 Ralston 與 Rabinowitz (1978) 指出：只要稍微改變公式就可以回復二階收斂性，如同下列做法：

$$x_{i+1} = x_i - m\frac{f(x_i)}{f'(x_i)} \tag{6.12}$$

其中 m 為根的多重性（也就是說，對於雙重根 $m = 2$，對於三重根 $m = 3$，以此類推）。當然，這可能是一個不令人滿意的選擇方案，因為它取決於事先知道根的多重性。

另外一個選擇方案（也是由 Ralston 與 Rabinowitz (1978) 所提出），則是定義一個新的函數 $u(x)$，由函數與其導數的比值所組成，如同下式

$$u(x) = \frac{f(x)}{f'(x)} \tag{6.13}$$

此函數所有根的位置可證明與原函數相同。因此可將方程式 (6.13) 代入方程式 (6.6) 以建立牛頓-拉福森法的另一種形式：

$$x_{i+1} = x_i - \frac{u(x_i)}{u'(x_i)} \tag{6.14}$$

將方程式 (6.13) 微分之後得到

$$u'(x) = \frac{f'(x)f'(x) - f(x)f''(x)}{[f'(x)]^2} \tag{6.15}$$

將方程式 (6.13) 與 (6.15) 代入 (6.14)，並將代換結果化簡後得到

$$x_{i+1} = x_i - \frac{f(x_i)f'(x_i)}{[f'(x_i)]^2 - f(x_i)f''(x_i)} \qquad (6.16)$$

範例 6.10　求重根的修正型牛頓-拉福森法

問題描述：利用標準的牛頓-拉福森法與修正型牛頓-拉福森法，求方程式 (6.11) 的重根的值，使用初始猜測值 $x_0 = 0$。

解法：方程式 (6.11) 的一階導數為 $f'(x) = 3x^2 - 10x + 7$，因此，這個問題的標準牛頓-拉福森法為（方程式 (6.6)）

$$x_{i+1} = x_i - \frac{x_i^3 - 5x_i^2 + 7x_i - 3}{3x_i^2 - 10x_i + 7}$$

利用此式迭代計算，可得到下列數值：

i	x_i	ε_t (%)
0	0	100
1	0.4285714	57
2	0.6857143	31
3	0.8328654	17
4	0.9133290	8.7
5	0.9557833	4.4
6	0.9776551	2.2

如同我們所預期的，這個方法計算得到的數值朝著真正值「1.0」線性收斂。

採用修正的方法時，二階導數為 $f''(x) = 6x - 10$，因此迭代關係式為（方程式 (6.16)）

$$x_{i+1} = x_i - \frac{(x_i^3 - 5x_i^2 + 7x_i - 3)(3x_i^2 - 10x_i + 7)}{(3x_i^2 - 10x_i + 7)^2 - (x_i^3 - 5x_i^2 + 7x_i - 3)(6x_i - 10)}$$

利用此式可迭代計算出下列數值：

i	x_i	ε_t (%)
0	0	100
1	1.105263	11
2	1.003082	0.31
3	1.000002	0.00024

因此，修正的公式為二階收斂。我們也可以利用這兩種方法尋找落在 $x = 3$ 處的單根。使用初始猜測值 $x_0 = 4$，計算得到以下的結果：

i	標準方法	ε_t (%)	修正方法	ε_t (%)
0	4	33	4	33
1	3.4	13	2.636364	12
2	3.1	3.3	2.820225	6.0
3	3.008696	0.29	2.961728	1.3
4	3.000075	0.0025	2.998479	0.051
5	3.000000	2×10^{-7}	2.999998	7.7×10^{-5}

因此，使用這兩種方法都收斂得很快，但是標準方法效率稍好一些。

上述範例說明了挑選修正的牛頓-拉福森法時所涉及的取捨問題。雖然修正型方法對於重根較為好用，不過在處理單根問題上，修正法的效率稍嫌低落，而且比標準方法需要執行更多的計算工作。

要特別留意的是，將方程式 (6.13) 代入方程式 (6.7) 也可以建立一個適合重根使用的修正型割線法，代入計算後所產生的公式為（參考 Ralston 與 Rabinowitz (1978)）：

$$x_{i+1} = x_i - \frac{u(x_i)(x_{i-1} - x_i)}{u(x_{i-1}) - u(x_i)}$$

6.6 非線性方程組

截至目前為止，我們都將重點放在單一方程式的勘根問題。接下來將探討找出一組聯立方程式根的位置之問題：

$$\begin{aligned}
f_1(x_1, x_2, \ldots, x_n) &= 0 \\
f_2(x_1, x_2, \ldots, x_n) &= 0 \\
&\vdots \\
f_n(x_1, x_2, \ldots, x_n) &= 0
\end{aligned} \tag{6.17}$$

這個系統的解是同時使所有的方程式等於零的一組 x_i 值。

在第三篇中，我們將會介紹求解線性聯立方程式的方法，線性方程式可寫成下列通式：

$$f(x) = a_1 x_1 + a_2 x_2 + \cdots + a_n x_n - b = 0 \tag{6.18}$$

其中 b 和 a_i 都是常數。不符合此格式的代數方程式或是超越方程式都稱為**非線性方程式 (nonlinear equations)**。例如

及
$$x^2 + xy = 10$$

$$y + 3xy^2 = 57$$

是具有兩個未知數 x 與 y 的兩個聯立非線性方程式，這兩個方程式可改寫成方程式 (6.14) 的格式：

$$u(x, y) = x^2 + xy - 10 = 0 \tag{6.19a}$$

$$v(x, y) = y + 3xy^2 - 57 = 0 \tag{6.19b}$$

因此，聯立方程式的解是使函數 $u(x, y)$ 與 $v(x, y)$ 同時等於零的 x 值和 y 值。大多數求這類解的方法都是由解單一方程式的開放式方法加以延伸。在本節中，我們將探討其中的兩種方法：固定點迭代法與牛頓-拉福森法。

6.6.1 固定點迭代法

修改章節 6.1 的固定點迭代法，便可以用來求解兩個聯立的非線性方程式。以下範例說明如何應用這種方法。

範例 6.11　非線性系統的固定點迭代法

問題描述：利用固定點迭代法求方程式 (6.19) 的根，注意到 $x = 2$ 和 $y = 3$ 為一對正確的根，使用初始猜測值 $x = 1.5$ 和 $y = 3.5$ 開始計算。

解法：由方程式 (6.19a) 可解得

$$x_{i+1} = \frac{10 - x_i^2}{y_i} \tag{E6.11.1}$$

而由方程式 (6.19b) 可解得

$$y_{i+1} = 57 - 3x_i y_i^2 \tag{E6.11.2}$$

請注意，在本範例以下計算部分，我們將忽略下標記號以簡化說明。

以初始猜測值為基礎，可利用方程式 (E6.11.1) 求出新的 x 值：

$$x = \frac{10 - (1.5)^2}{3.5} = 2.21429$$

將此計算結果及 y 的初始值 3.5 代入方程式 (E6.11.2)，求出一個新的 y 值：

$$y = 57 - 3(2.21429)(3.5)^2 = -24.37516$$

因此，此方法看來似乎會發散。由第二次迭代計算更能肯定這個趨勢：

$$x = \frac{10 - (2.21429)^2}{-24.37516} = -0.20910$$

$$y = 57 - 3(-0.20910)(-24.37516)^2 = 429.709$$

顯然這個方法的計算結果正在逐步惡化。

重複此計算，但將方程式 (6.19a) 以另一種公式寫法表達

$$x = \sqrt{10 - xy}$$

而方程式 (6.19b) 的另一種公式寫法為

$$y = \sqrt{\frac{57 - y}{3x}}$$

此時，計算結果較令人滿意：

$$x = \sqrt{10 - 1.5(3.5)} = 2.17945$$

$$y = \sqrt{\frac{57 - 3.5}{3(2.17945)}} = 2.86051$$

$$x = \sqrt{10 - 2.17945(2.86051)} = 1.94053$$

$$y = \sqrt{\frac{57 - 2.86051}{3(1.94053)}} = 3.04955$$

因此，這個方法會收斂到真正值 $x = 2$ 和 $y = 3$。

在前一個範例中說明了簡單的固定點迭代法最嚴重的缺點，即收斂性通常取決於方程式的格式。此外，即使對於那些有可能收斂的實例，如果初始猜測值不夠靠近真正解，也可能會出現發散的現象。利用類似於方塊 6.1 的推論，對於聯立的兩個方程式，我們可以證明收斂的充分條件為：

$$\left|\frac{\partial u}{\partial x}\right| + \left|\frac{\partial u}{\partial y}\right| < 1$$

且

$$\left|\frac{\partial v}{\partial x}\right| + \left|\frac{\partial v}{\partial y}\right| < 1$$

由於這些準則限制太嚴格，因此局限了固定點迭代法求解非線性系統的效能。但稍後會討論這個方法對求解線性系統的實用之處。

6.6.2 牛頓-拉福森法

回想牛頓-拉福森法：採用函數的導數（也就是斜率）來估計與自變數軸的截距——就是根（參考圖 6.5），這個估計是以一階泰勒級數展開式（回想方塊 6.2）為基礎建立：

$$f(x_{i+1}) = f(x_i) + (x_{i+1} - x_i)f'(x_i) \tag{6.20}$$

其中 x_i 為根的初始猜測值，x_{i+1} 為切線與 x 軸的截距。在此截距處，$f(x_{i+1})$ 根據定義等於零，因而方程式 (6.17) 可重新整理為

$$x_{i+1} = x_i - \frac{f(x_i)}{f'(x_i)} \tag{6.21}$$

這就是牛頓-拉福森法的單一方程式形式。

類似的手法可用來推導出多重方程式的形式，不過必須使用多變數泰勒級數以涵蓋在根的決定中所牽涉的各個自變數。對於兩個變數的情形，各非線性方程式的一階泰勒級數可以寫成（回想方程式 (4.26)）

$$u_{i+1} = u_i + (x_{i+1} - x_i)\frac{\partial u_i}{\partial x} + (y_{i+1} - y_i)\frac{\partial u_i}{\partial y} \tag{6.22a}$$

與

$$v_{i+1} = v_i + (x_{i+1} - x_i)\frac{\partial v_i}{\partial x} + (y_{i+1} - y_i)\frac{\partial v_i}{\partial y} \tag{6.22b}$$

就如同單一方程式的版本，根的估計對應到 x 和 y 值，其中 u_{i+1} 和 v_{i+1} 等於零。此時可將方程式 (6.22) 重新整理後得到：

$$\frac{\partial u_i}{\partial x}x_{i+1} + \frac{\partial u_i}{\partial y}y_{i+1} = -u_i + x_i\frac{\partial u_i}{\partial x} + y_i\frac{\partial u_i}{\partial y} \tag{6.23a}$$

$$\frac{\partial v_i}{\partial x}x_{i+1} + \frac{\partial v_i}{\partial y}y_{i+1} = -v_i + x_i\frac{\partial v_i}{\partial x} + y_i\frac{\partial v_i}{\partial y} \tag{6.23b}$$

由於所有下標為 i 的值都是已知（這些值對應到最新的猜測值或是近似值），因此僅有的未知數為 x_{i+1} 和 y_{i+1}。因此，方程式 (6.23) 式是一組具有兩個未知數的兩個線性方程式（與方程式 (6.18) 進行比較）。因而可採用代數計算（例如克拉馬法則 (Cramer's rule)）算出答案

$$x_{i+1} = x_i - \frac{u_i\frac{\partial v_i}{\partial y} - v_i\frac{\partial u_i}{\partial y}}{\frac{\partial u_i}{\partial x}\frac{\partial v_i}{\partial y} - \frac{\partial u_i}{\partial y}\frac{\partial v_i}{\partial x}} \tag{6.24a}$$

$$y_{i+1} = y_i - \frac{v_i \frac{\partial u_i}{\partial x} - u_i \frac{\partial v_i}{\partial x}}{\frac{\partial u_i}{\partial x}\frac{\partial v_i}{\partial y} - \frac{\partial u_i}{\partial y}\frac{\partial v_i}{\partial x}} \quad (6.24b)$$

這兩個式子中的分母，通常稱為系統的**亞可比行列式 (determinant of Jacobian)**。

方程式 (6.24) 為牛頓-拉福森法的兩個方程式版本。如同以下範例的做法，我們可以反覆迭代使用這組式子計算，得到兩個聯立方程式的根。

範例 6.12　非線性系統的牛頓-拉福森法

問題描述：利用多重方程式的牛頓-拉福森法來計算方程式 (6.19) 的根。注意，$x = 2$ 和 $y = 3$ 是一對正確的根。使用初始猜測值 $x = 1.5$ 和 $y = 3.5$ 開始計算。

解法：首先計算偏導數，並且計算出在 x 和 y 的初始猜測值位置的值：

$$\frac{\partial u_0}{\partial x} = 2x + y = 2(1.5) + 3.5 = 6.5 \qquad \frac{\partial u_0}{\partial y} = x = 1.5$$

$$\frac{\partial v_0}{\partial x} = 3y^2 = 3(3.5)^2 = 36.75 \qquad \frac{\partial v_0}{\partial y} = 1 + 6xy = 1 + 6(1.5)(3.5) = 32.5$$

因此，第一次迭代的亞可比行列式為

$$6.5(32.5) - 1.5(36.75) = 156.125$$

在初始猜測值位置計算得到函數值為

$$u_0 = (1.5)^2 + 1.5(3.5) - 10 = -2.5$$
$$v_0 = 3.5 + 3(1.5)(3.5)^2 - 57 = 1.625$$

將這些值代入方程式 (6.24)，計算得到

$$x = 1.5 - \frac{-2.5(32.5) - 1.625(1.5)}{156.125} = 2.03603$$

$$y = 3.5 - \frac{1.625(6.5) - (-2.5)(36.75)}{156.125} = 2.84388$$

因此，這些計算結果將逐漸收斂到真正值 $x = 2$ 和 $y = 3$。整個計算過程可不斷反覆，直到得到可接受的準確度時為止。

就如同固定點迭代法，如果初始猜測值不夠靠近真正的根，那麼牛頓-拉福森法通常會發散。雖然對於單一方程式，可以利用圖解法推導出不錯的猜測值，但是對於多重方程式，卻沒有這一類簡單的程序可以使用。雖然有一些進階的方法能夠

取得可接受的初始估計，不過這些初始猜測值通常都必須以試誤的方式，以及對該實體系統的瞭解為基礎之下才能夠得到。

兩方程式版本的的牛頓-拉福森法可以推廣為求解 n 個聯立方程式的版本。由於完成這個任務的最有效率方法必須涉及矩陣代數計算以及聯立線性方程式的求解，因此我們將一般化方法的討論保留到第三篇再進行探討。

習　題

6.1 利用簡單的固定點迭代法找出下列函數根的位置
$$f(x) = \sin(\sqrt{x}) - x$$
使用初始猜測值 $x_0 = 0.5$，並迭代直到 $\varepsilon_a \le 0.001\%$ 時為止。檢驗方塊 6.1 提到的線性收斂過程。

6.2 找出下列函數的最大實根：
$$f(x) = 2x^3 - 11.7x^2 + 17.7x - 5$$
(a) 利用圖解法。
(b) 利用固定點迭代法（計算三次迭代，初始猜測值 $x_0 = 3$）。請注意確保你建立了一個收斂到根的解。
(c) 利用牛頓-拉福森法（計算三次迭代，並使用初始猜測值 $x_0 = 3$）。
(d) 利用割線法（計算三次迭代及初始猜測值 $x_{-1} = 3$、$x_0 = 4$）。
(e) 利用修正的割線法（計算三次迭代，並使用 $x_0 = 3$ 及 $\delta = 0.01$）。計算所得結果的近似相對誤差百分比。

6.3 利用 **(a)** 固定點迭代法；**(b)** 牛頓-拉福森法，求出函數 $f(x) = -0.9x^2 + 1.7x + 2.5$ 的根，使用 $x_0 = 0.5$。重複執行計算直到 ε_a 小於 $\varepsilon_s = 0.01\%$ 時為止，並計算最終答案的誤差檢驗。

6.4 求出函數 $f(x) = -1 + 5.5x - 4x^2 + 0.5x^3$ 的實數根，利用 **(a)** 圖解法；**(b)** 牛頓-拉福森法，並計算直到 $\varepsilon_s = 0.01\%$ 範圍內為止。

6.5 利用牛頓-拉福森法求出函數 $f(x) = -1 + 5.5x - 4x^2 + 0.5x^3$ 的實數根，使用初始猜測值 **(a)** 4.52；**(b)** 4.54。討論並利用圖解法與解析法來解釋計算結果的各種特性。

6.6 求出函數 $f(x) = -12 - 21x + 18x^2 - 2.4x^3$ 最小實數根，利用 **(a)** 圖解法及 **(b)** 割線法計算，計算 ε_s 值對應到三位有效數字為止。

6.7 找出下列函數第一個正根的位置：
$$f(x) = \sin x + \cos(1 + x^2) - 1$$
其中 x 為弳度量。利用割線法進行四次迭代，使用下列初始猜測值找出根的位置：
(a) $x_{i-1} = 1.0$ 及 $x_i = 3.0$；**(b)** $x_{i-1} = 1.5$ 及 $x_i = 2.5$；**(c)** $x_{i-1} = 1.5$ 及 $x_i = 2.25$；**(d)** 利用圖解法說明計算結果。

6.8 求出函數 $x^{3.5} = 80$ 的實根，利用割線法計算到 $\varepsilon_s = 0.1\%$ 範圍之內，使用初始猜測值 $x_0 = 3.5$ 及 $\delta = 0.01$。

6.9 利用下列各種方法求出函數 $f(x) = x^3 - 6x^2 + 11x - 6.1$ 的最大實根：
(a) 圖解法。
(b) 利用牛頓-拉福森法（進行三次迭代，$x_i = 3.5$）。
(c) 利用割線法（進行三次迭代，$x_{i-1} = 2.5$ 及 $x_i = 3.5$）。
(d) 利用修正型割線法（進行三次迭代，$x_i = 3.5$，$\delta = 0.01$）。

6.10 求出函數 $f(x) = 7\sin(x)e^{-x} - 1$ 的最小正根：
(a) 圖解法。
(b) 利用牛頓-拉福森法（進行三次迭代，$x_i = 0.3$）。
(c) 利用割線法（進行五次迭代，$x_{i-1} = 0.5$ 及 $x_i = 0.4$）。
(d) 利用修正型割線法（進行三次迭代，$x_i = 0.3$，$\delta = 0.01$）。

6.11 利用牛頓-拉福森法求出下列函數的根：

$$f(x) = e^{-0.5x}(4-x) - 2$$

使用初始猜測值 **(a)** 2；**(b)** 6；**(c)** 8。說明計算結果。

6.12 給定下列函數

$$f(x) = -2x^6 - 1.5x^4 + 10x + 2$$

利用一個勘根法找出函數的最大值，持續迭代計算直到近似相對誤差低於 5%。如果利用界定法，就使用初始猜測值 $x_l = 0$ 及 $x_u = 1$。如果使用牛頓-拉福森法或是修正型割線法，初始猜測值就用 $x_i = 1$。如果用割線法，初始猜測值就使用 $x_{i-1} = 0$ 及 $x_i = 1$。假設收斂性不成問題，選擇針對這個問題最合適的方法，接著證明你的選擇是正確的。

6.13 你必須求出下列可輕易計算微分的函數根：

$$e^{0.5x} = 5 - 5x$$

挑選出最佳的數值方法，證明你的選擇正確，並利用這個方法計算根。注意到，眾所周知，正值的初始猜測值，除了固定點迭代法之外，其他所有方法最終都能夠收斂。持續計算迭代直到近似相對誤差低於 2%。如果利用界定法，初始猜測值就用 $x_l = 0$ 及 $x_u = 2$。如果使用牛頓-拉福森法或是修正型割線法，初始猜測值就用 $x_i = 0.7$。如果使用割線法，初始猜測值就用 $x_{i-1} = 0$ 及 $x_i = 2$。

6.14 針對函數 $f(x) = x^5 - 16.05x^4 + 88.75x^3 - 192.0375x^2 + 116.35x + 31.6875$，假設初始猜測值 $x = 0.5825$、$\varepsilon_s = 0.01\%$。請分別使用以下方法計算其根值，並說明計算結果。**(a)** 標準的牛頓-拉福森法；**(b)** 修正型割線法（$\delta = 0.05$）。

6.15 「先除再加以平均」這個求任意正數 a 的近似平方根的古老方法，可以寫成如下公式：

$$x = \frac{x + a/x}{2}$$

請證明這個公式和牛頓-拉福森演算法其實是相同的。

6.16 (a) 對函數 $f(x) = \tanh(x^2 - 9)$，應用牛頓-拉福森法求出函數在位置 $x = 3$ 的實根。使用初始猜測值 $x_0 = 3.2$，並且至少進行四次迭代；**(b)** 這個方法是否能收斂到實根？將各次迭代的結果畫成圖形觀察。

6.17 多項式 $f(x) = 0.0074x^4 - 0.284x^3 + 3.355x^2 - 12.183x + 5$ 在 15 到 20 之間有一個實根。利用牛頓-拉福森法，使用初始猜測值 $x_0 = 16.15$ 進行計算。說明你的計算結果。

6.18 針對圓函數 $(x+1)^2 + (y-2)^2 = 16$，利用割線法找出一個正實根，將初始猜測值設定為 $x_i = 3$ 及 $x_{i-1} = 0.5$，從第一及第四象限進行求解。由第四象限求解 $f(x)$ 時，必須採用負的平方根值。為何此時所求的解會發散？

6.19 你正在設計一個球形的儲水槽（參考圖 P6.19）做為某開發中國家的小村莊儲水用，水槽所儲存的液體體積可由下式計算：

$$V = \pi h^2 \frac{[3R - h]}{3}$$

其中 V 為體積 (m^3)，h 為儲液槽中水的深度 (m)，R 為儲水槽的半徑 (m)。

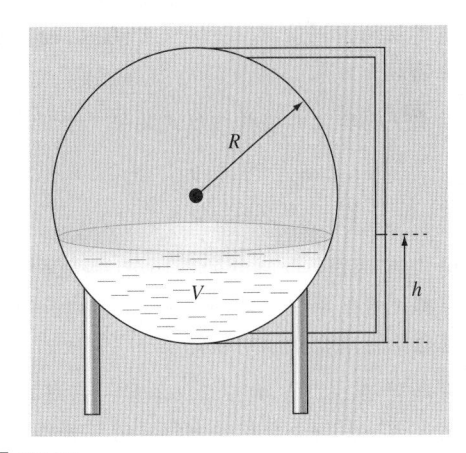

◯ 圖 P6.19

在 $R = 3$ m 的情況下，儲水槽中的水深至少應為多少才能夠讓儲水體積達到 30 m^3？利用牛頓-拉福森法進行三次迭代求出答案，並計算各次迭代後的近似相對誤差。注意到半徑 R 的初始猜測值總會收斂。

6.20 矩形水道的曼寧方程式 (Manning equation) 可寫成下式：

$$Q = \frac{\sqrt{S}(BH)^{5/3}}{n(B+2H)^{2/3}}$$

其中 Q =流量 (m³/s)、S 為斜率 (m/m)、H 為深度 (m)、n 為曼寧粗糙係數。建立一個固定點迭代法的計算流程，給定數值 $Q = 5$、$S = 0.0002$、$B = 20$ 及 $n = 0.03$，由方程式解出 H 的值。證明你所建立的計算流程，對所有大於或等於零的初始猜測值都能夠收斂。

6.21 已知函數 $x^3 - 2x^2 - 4x + 8$ 在 $x = 2$ 在有雙重根。利用 **(a)** 標準的牛頓-拉福森法（方程式 (6.6)）；**(b)** 修正型牛頓-拉福森法（方程式 (6.12)）；及 **(c)** 修正型牛頓-拉福森法（方程式 (6.16)），求解在位置 $x = 2$ 的根。使用初始猜測值 $x_0 = 1.2$，比較與討論三種做法的收斂速率。

6.22 利用 **(a)** 固定點迭代法，及 **(b)** 牛頓-拉福森法，求出下列聯立非線性方程式的根：

$$y = -x^2 + x + 0.75$$
$$y + 5xy = x^2$$

使用初始猜測值 $x = y = 1.2$，並討論各種方法的計算結果。

6.23 求出下列聯立非線性方程式的根：

$$(x-4)^2 + (y-4)^2 = 5$$
$$x^2 + y^2 = 16$$

使用圖解法來取得初始猜測值，接著利用在章節 6.6.2 所介紹之兩方程式版本的牛頓-拉福森法，求出精細的估計值。

6.24 重做習題 6.23，所有流程不變，只將題目改為求出下列聯立非線性方程式的正根：

$$y = x^2 + 1$$
$$y = 2\cos x$$

6.25 在充分混合的湖水中，汙染物的質量平衡關係式可寫成：

$$V\frac{dc}{dt} = W - Qc - kV\sqrt{c}$$

給定參數值 $V = 1 \times 10^6$ m³、$Q = 1 \times 10^5$ m³/yr、$W = 1 \times 10^6$ g/yr 及 $k = 0.25$ m$^{0.5}$/g$^{0.5}$/yr，利用修正的割線法求出穩定狀態的濃度。採用初始猜測值 $c = 4$ g/m³ 及 $\delta = 0.5$。執行三次迭代計算，並計算第三次迭代後的相對誤差百分比。

6.26 對於習題 6.25，可利用下列的固定點迭代法進行勘根

$$c = \left(\frac{W - Qc}{kV}\right)^2$$

或是

$$c = \frac{W - kV\sqrt{c}}{Q}$$

兩個寫法中只有一個對所有的 $2 < c < 6$ 初始猜測值都能夠收斂，選出正確的那一個，並且說明為何該寫法會一直有效。

6.27 以圖 6.4 及章節 6.2.3 為基礎，針對牛頓-拉福森法建立使用者介面友善的程式。接著利用程式重新計算範例 6.3 以測試程式功能。

6.28 以圖 6.4 及章節 6.3.2 為基礎，針對割線法建立使用者介面友善的程式。接著利用程式重新計算範例 6.6 以測試程式功能。

6.29 以圖 6.4 及章節 6.3.2 為基礎，針對修正的割線法建立使用者介面友善的程式。接著利用程式重新計算範例 6.8 以測試程式功能。

6.30 以圖 6.12 為基礎，針對布列特根值定位法建立使用者介面友善的程式。接著利用程式計算習題 6.6 以測試程式功能。

6.31 以章節 6.6.2 為基礎，針對兩方程式版本的牛頓-拉福森法，建立使用者介面友善的程式。接著利用程式求解範例 6.12 以測試程式功能。

6.32 使用習題 6.31 中的程式，求解習題 6.22 及 6.23，計算到 $\varepsilon_s = 0.01\%$ 的容許範圍內。

CHAPTER 7

多項式的根
Roots of Polynomials

本章將討論型態為以下形式的多項式方程式之根的找法

$$f_n(x) = a_0 + a_1 x + a_2 x^2 + \cdots + a_n x^n \tag{7.1}$$

其中 n 為多項式的次數，a_i 為常數係數。雖然這些係數可能是複數，但我們將限制在討論實數的情形。對於這類情形，根可能為實數及（或）複數。

這類多項式的根符合以下的規則：

1. 一個 n 次多項式，共有 n 個實數根或複數根，特別要留意的是這些根未必相異。
2. 若 n 為奇數，則至少有一個實數根。
3. 若存在複數根，則會共軛成對 (conjugate pairs) 存在（即 $\lambda + \mu i$ 和 $\lambda - \mu i$，其中 $i = \sqrt{-1}$）。

在介紹多項式勘根的方法前，我們先提供一些背景知識。第一節會提供研究這些方法的動機，第二節則處理與多項式相關的基本電腦操作。

7.1 工程與科學領域中的多項式

多項式在工程與科學中有許多的應用。例如，在曲線擬合中就廣泛地使用到多項式。然而，我們相信多項式最有趣及最具威力的應用，是在描繪動態系統的特性，特別是針對線性系統。常見的實例包括機械裝置、結構以及電路。接下來我們會探討一些特定案例，這些案例也是在本書中許多工程應用上的重點。

我們暫時先停留在簡單與一般性的討論，將討論重心放在由以下的線性**常微分方程式 (ordinary differential equation 或 ODE)** 所定義的簡單的二階系統：

$$a_2 \frac{d^2 y}{dt^2} + a_1 \frac{dy}{dt} + a_0 y = F(t) \tag{7.2}$$

其中 y 與 t 分別為因變數與自變數，a_i 為常數係數，而 $F(t)$ 為外力函數。

此外，藉由方程式 (7.2) 定義一個新的變數 z，

$$z = \frac{dy}{dt} \tag{7.3}$$

可將方程式 (7.2) 表為兩個一階的 ODE。將方程式 (7.3) 和其導數代入方程式 (7.2) 以移除二階導數項，便簡化為以下求解問題：

$$\frac{dz}{dt} = \frac{F(t) - a_1 z - a_0 y}{a_2} \qquad (7.4)$$

$$\frac{dy}{dt} = z \qquad (7.5)$$

以類似手法，n 階的線性 ODE 也都可表為 n 個一階的 ODE。

現在讓我們來看解。外力函數代表外部世界對系統的影響。當外力函數為零時，

$$a_2 \frac{d^2 y}{dt^2} + a_1 \frac{dy}{dt} + a_0 y = 0 \qquad (7.6)$$

此方程式的解即為齊次解或**通解 (general solution)**。因此，通解應會告訴我們有關所模擬系統的最基本特質。也就是在沒有外部刺激時，系統會如何回應。

此時，所有無外力線性系統的通解形式為 $y = e^{rt}$。若將此函數微分並代入方程式 (7.6)，計算結果為

$$a_2 r^2 e^{rt} + a_1 r e^{rt} + a_0 e^{rt} = 0$$

或將指數項消掉後得到

$$a_2 r^2 + a_1 r + a_0 = 0 \qquad (7.7)$$

請注意此結果為一個稱為**特徵方程式 (characteristic equation)** 的多項式。此多項式的根為符合方程式 (7.7) 的 r 的值。這些 r 稱作此系統的**特徵值 (characteristic value 或 eigenvalue)**。

此處就是工程與科學和多項式根之間的關聯。特徵值告訴我們有關所模擬系統的基本特質，而計算特徵值則與多項式勘根有關。此外，雖然二次公式很容易被利用來計算二階方程式的根，但是要計算高階系統（也就是高階多項式）勘根的計算卻相當艱鉅。因此，最好的方式就是利用本章所介紹的數值方法。

在開始討論這些方法前，讓我們稍微深入一點分析，探討特徵值會對實體系統的行為造成何種影響。首先，以二次公式計算方程式 (7.7) 的根：

$$\begin{matrix} r_1 \\ r_2 \end{matrix} = \frac{-a_1 \pm \sqrt{a_1^2 - 4 a_2 a_0}}{a_0}$$

於是，我們得到兩個根。如果**判別式 (discriminant)** $(a_1^2 - 4 a_2 a_0)$ 為正值，則根皆為實數而且通解可以表為

$$y = c_1 e^{r_1 t} + c_2 e^{r_2 t} \qquad (7.8)$$

其中 c_i 為可由初始條件決定的常數,這種情形稱為**過阻尼 (overdamped)**。

若判別式為零值,則會產生單一的實數根(即重根),則通解可用公式表為

$$y = (c_1 + c_2 t) e^{\lambda t} \qquad (7.9)$$

這種情形稱為**臨界減震 (critically damped)**。

若判別式為負值,則兩根為共軛複數

$$\begin{matrix} r_1 \\ r_2 \end{matrix} = \lambda \pm \mu i$$

此時通解可用公式表為

$$y = c_1 e^{(\lambda + \mu i)t} + c_2 e^{(\lambda - \mu i)t}$$

利用尤拉公式:

$$e^{\mu i t} = \cos \mu t + i \sin \mu t$$

可將通解公式重新列為(詳細推導過程可參考 Boyce 與 DiPrima 的著作 (1992)):

$$y = c_1 e^{\lambda t} \cos \mu t + c_2 e^{\lambda t} \sin \mu t \qquad (7.10)$$

這種情形稱為**次減震 (underdamped)**。

方程式 (7.8)、(7.9)、(7.10) 呈現了線性系統可能的動態反應。指數項意味著解可能隨著時間指數性地衰減(若實部為負值)或成長(若實部為正值)(如圖 7.1a)。正弦項(虛部)意味著解可能振盪(如圖 7.1b)。若特徵值同時有實部和虛部,則將指數及正弦的形狀相結合(如圖 7.1c)。由於這些知識是理解、設計及控制實體系統行為的一個關鍵因素,因此特徵多項式在工程及許多科學分科中都非常重要。我們將於第 8 章所處理的應用問題中,探索幾個工程系統的動力學。

7.2 多項式計算

在介紹勘根的方法前,我們先討論一些和多項式有關的基本電腦運算。這些運算本身就有實用功效,也有助於找根。

7.2.1 多項式求值與微分

雖然方程式 (7.1) 是最常見的形式,但要針對特定的 x 值求其多項式值時,卻不是個好方法。例如,要計算一個三階多項式

$$f_3(x) = a_3 x^3 + a_2 x^2 + a_1 x + a_0 \qquad (7.11)$$

便需要計算六次的乘法及三次的加法。一般來說,對一個 n 階的多項式,此方法需

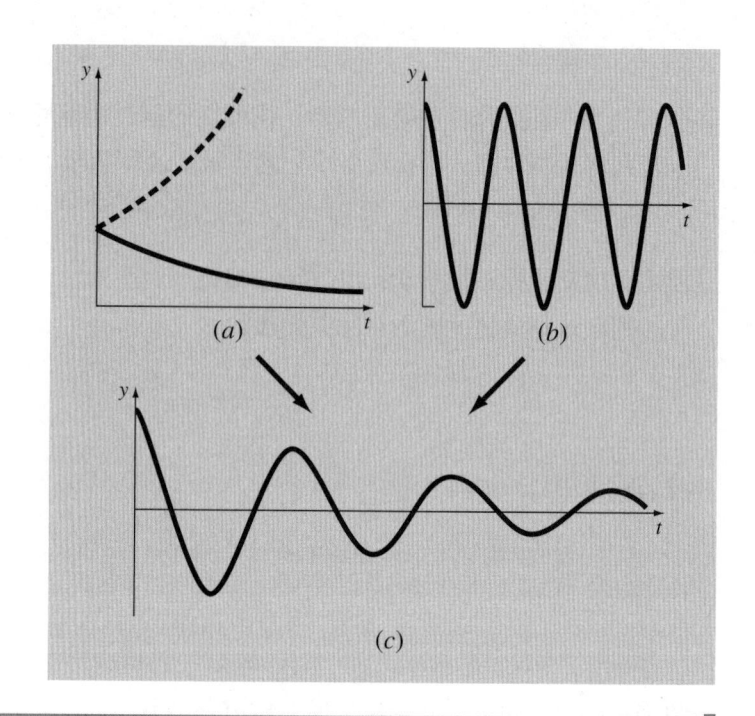

圖 7.1 線性常微分方程式 (ODE) 的通解可由 (a) 指數的，與 (b) 正弦分量所組成。這兩種形狀組合在一起，可產生 (c) 所示的減震正弦。

要 $n(n + 1)/2$ 次的乘法及 n 次的加法。

對照之下，套疊格式

$$f_3(x) = ((a_3x + a_2)x + a_1)x + a_0 \tag{7.12}$$

只需計算三次的乘法及三次的加法。對於一個 n 階的多項式，此方法只需要 n 次的乘法及 n 次的加法。由於套疊格式可使計算的次數最小化，因此同時也會使四捨五入誤差最小化。請注意，這個套疊格式的次序可視你的喜好而反轉為下列格式：

$$f_3(x) = a_0 + x(a_1 + x(a_2 + xa_3)) \tag{7.13}$$

執行套疊形式簡潔的虛擬程式碼可寫成：

```
DOFOR j = n, 0, -1
  p = p * x+a(j)
END DO
```

其中 p 用來儲存多項式（由係數 a_j 所定義）在點 x 處的函數值。

在某些情形下（例如在牛頓-拉福森法中），你可能希望同時求出函數和其導數的值。只要對先前的虛擬程式碼增加一行，也可巧妙地納入導數的計算：

```
DOFOR j = n, 0, -1
  df = df * x+p
  p = p * x+a(j)
END DO
```

其中 df 用來儲存多項式的一階導數值。

7.2.2 多項式壓縮

在計算一個 n 階多項式的單根時，如果重複勘根的計算過程，可能會找到相同的根。因此，在開始進行之前，如果能先將已經找到的根移除掉，將可以簡化計算。這個移除過程就被稱為**多項式壓縮 (polynomial deflation)**。

在我們示範實際運作方式前，一些初步的介紹或許有助於瞭解。多項式通常都可以表成方程式 (7.1) 的格式。例如，一個五階多項式可以寫成：

$$f_5(x) = -120 - 46x + 79x^2 - 3x^3 - 7x^4 + x^5 \tag{7.14}$$

雖然這是一個熟悉的格式，但是卻它未必是瞭解多項式數學行為的最佳運算式。例如，可將這個五階多項式寫成另一種形式：

$$f_5(x) = (x+1)(x-4)(x-5)(x+3)(x-2) \tag{7.15}$$

此式稱為多項式的**因式化形式 (factored form)**，若將因式全部展開後集合同次項，可得到方程式 (7.14)。然而，方程式 (7.15) 形式的優點是能夠明確地指出函數的根，顯然可看出 $x = -1$、4、5、-3、2 即為所有的根，因為這些根各能使方程式 (7.15) 中的一個因式值變成零。

現在，假定我們將這個五階多項式除以其中一個因式，例如 $x + 3$。此時其結果將會是一個四階多項式：

$$f_4(x) = (x+1)(x-4)(x-5)(x-2) = -40 - 2x + 27x^2 - 10x^3 + x^4 \tag{7.16}$$

餘式則為零。

過去你或許學過用**綜合除法 (synthetic division)** 來處理多項式除法。有幾個電腦演算法（以綜合除法及其他方法為基礎）能用來執行此運算。以下的虛擬程式碼為以單項因式 $x - t$ 除 n 階多項式的簡單方法。

```
r = a(n)
a(n) = 0
DOFOR i = n-1, 0, -1
  s = a(i)
  a(i) = r
  r = s + r * t
END DO
```

若此單項式為多項式的根，則在迴圈的最後，餘式 r 將會為零且商式的係數則儲存在 a。

範例 7.1 多項式壓縮

問題描述：將下列二階多項式除以因式 $x - 4$：

$$f(x) = (x - 4)(x + 6) = x^2 + 2x - 24$$

解法：利用上述虛擬程式碼所描述的方法，代入參數 $n = 2$、$a_0 = -24$、$a_1 = 2$、$a_2 = 1$、及 $t = 4$。可計算出

$$r = a_2 = 1$$
$$a_2 = 0$$

接著將迴圈從 $i = 2 - 1 = 1$ 迭代至 0。當 $i = 1$ 時，

$$s = a_1 = 2$$
$$a_1 = r = 1$$
$$r = s + rt = 2 + 1(4) = 6$$

當 $i = 0$ 時，

$$s = a_0 = -24$$
$$a_0 = r = 6$$
$$r = -24 + 6(4) = 0$$

因此，計算結果正如我們所預期——商式為 $a_0 + a_1 x = 6 + x$，餘式為零。

```
SUB poldiv(a, n, d, m, q, r)
DOFOR j = 0, n
  r(j) = a(j)
  q(j) = 0
END DO
DOFOR k = n-m, 0, -1
  q(k+1) = r(m+k) / d(m)
  DOFOR j = m+k-1, k, -1
    r(j) = r(j)-q(k+1) * b(j-k)
  END DO
END DO
DOFOR j = m, n
  r(j) = 0
END DO
n = n-m
DOFOR i = 0, n
  a(i) = q(i+1)
END DO
END SUB
```

⊃ **圖 7.2**　將多項式 a（由其係數所定義）除以低階多項式 d 的演算法。

欲除以高階多項式也是可行的，如同本章稍後將見到的，最常見的工作涉及除以一個二階多項式（或是拋物線）。圖 7.2 中的副程式處理的是更一般的問題，將 n 階多項式 a 除以 m 階多項式 d，其結果為一個 $(n - m)$ 階多項式 q，以及一個 $(m - 1)$ 階多項式餘式。

由於每一個算出來的根都是近似值，因此壓縮對於四捨五入誤差很敏感。在某些情況下，它們可能逐漸擴大到使壓縮結果變得毫無意義。

一些用來減少這個問題影響的常見策略如下。例如，四捨五入誤差會受到各項求值順序的影響。**前向壓縮 (forward deflation)** 是指將係數依 x 的降冪排序（即從最高階依次排至零階項）而成為新多項式的情形。此時，優先除以絕對值最小的根有較好的成效。反之，從零階依次排至最高階項的**後向壓縮 (backward deflation)**，則先除以絕對值最大的根。

另外一種減少四捨五入誤差的方法，是將壓縮期間相繼得到的各個根估計視為良好的初始猜測值，接著再利用它們作為起始猜測值，再次以原來未壓縮的多項式進行求根。這個過程稱為**根潤飾 (root polishing)**。

最後，當有兩個壓縮後的根因為不準確性而收斂到同一個未壓縮過的根時，將會產生問題。在這樣的情況之下，可能會被誤導而認為這個多項式有重根（回想章節 6.5 的說明）。找出這個問題的一種方法，是將各個潤飾過的根與先前所找到的根相互比較。在 Press 等人的著作 (2007) 中曾詳細討論這個問題。

7.3 傳統方法

既然我們已經介紹過有關多項式的一些背景知識，接下來就開始描述勘根的做法。第一步就是驗證第 5 章及第 6 章所描述的界定法及開放式方法的可行性。

這些方法的效能取決於欲求解的問題是否涉及複數根。若只有實數根存在，則先前所描述的任何一個方法都能用。然而，找出好的初始猜測值的問題，卻使界定法及開放式方法變得麻煩，同時開放式方法也容易受到影響而發散。

當可能出現複數根時，就不能使用界定法，這是由於定義括弧一邊的準則（即變號）顯然無法以另一種形式表現成複數的猜測值。

在開放式方法中，傳統的牛頓-拉福森法可提供一種可行的方式。特別是，我們能建立出加入壓縮的簡明程式碼。若我們能使用容許複數值變數的語言（例如 Fortran），則這樣的演算法將會找出實數根與複數根的位置。然而，它可能會有收斂性的問題。因此，目前已發展出特殊的方法可用來找出多項式的實數根與複數根。在接下來的幾節中，我們將介紹穆勒法與貝爾斯托法。這兩種方法和第 6 章所介紹的較傳統開放式方法都有關聯。

7.4 穆勒法

回想在割線法中，透過連接兩個函數值的直線延伸到 x 軸上，以得到一個根的估計（如圖 7.3a）。穆勒法採取類似的手法，不過卻是通過三個點而延伸出一條拋物線（如圖 7.3b）。

此方法先推導通過此三點的拋物線的係數，然後將這些係數代入二次公式以獲得此拋物線與 x 軸的截距——也就是根的估計值。將拋物線方程式寫成如下較便利的形式，能使計算更加容易：

$$f_2(x) = a(x - x_2)^2 + b(x - x_2) + c \tag{7.17}$$

我們希望這條拋物線能貫穿 $[x_0, f(x_0)]$、$[x_1, f(x_1)]$、$[x_2, f(x_2)]$ 這三點，將此三點代入方程式 (7.17) 式求值，以下列方程組用來算出三個係數：

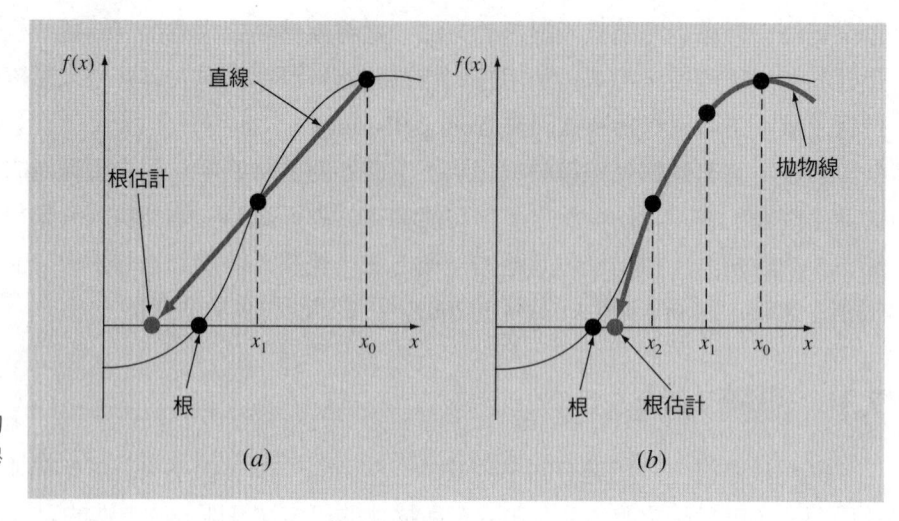

◐ **圖 7.3** 兩個勘根方法的比較：(a) 割線法；(b) 穆勒法。

$$f(x_0) = a(x_0 - x_2)^2 + b(x_0 - x_2) + c \tag{7.18}$$

$$f(x_1) = a(x_1 - x_2)^2 + b(x_1 - x_2) + c \tag{7.19}$$

$$f(x_2) = a(x_2 - x_2)^2 + b(x_2 - x_2) + c \tag{7.20}$$

請注意，為了簡明起見，這些式子，略去了函數的下標「2」。由於我們有三個方程式，因此能用來解出三個未知的係數 a、b、c。因為在方程式 (7.20) 中有兩項為零，所以我們可直接解得 $c = f(x_2)$，因此，係數 c 就只是等於第三個猜測值 x_2 所對應的函數值。接著，可將此結果代入方程式 (7.18) 與 (7.19)，得到具有兩個未知數的兩個方程式：

$$f(x_0) - f(x_2) = a(x_0 - x_2)^2 + b(x_0 - x_2) \tag{7.21}$$

$$f(x_1) - f(x_2) = a(x_1 - x_2)^2 + b(x_1 - x_2) \tag{7.22}$$

接著再利用代數運算解出另外兩個係數 a 和 b，同時用以定義一些差分：

$$h_0 = x_1 - x_0 \qquad h_1 = x_2 - x_1$$
$$\delta_0 = \frac{f(x_1) - f(x_0)}{x_1 - x_0} \qquad \delta_1 = \frac{f(x_2) - f(x_1)}{x_2 - x_1} \tag{7.23}$$

將這些代入方程式 (7.21) 及 (7.22)，計算後得到

$$(h_0 + h_1)b - (h_0 + h_1)^2 a = h_0\delta_0 + h_1\delta_1$$
$$h_1 b - h_1^2 a = h_1\delta_1$$

由此二式可解出 a 和 b，計算結果總結如下：

$$a = \frac{\delta_1 - \delta_0}{h_1 + h_0} \tag{7.24}$$

$$b = ah_1 + \delta_1 \tag{7.25}$$

$$c = f(x_2) \tag{7.26}$$

為了找出根，我們對方程式 (7.17) 應用二次公式；然而，由於潛在的四捨五入誤差的關係，我們不使用傳統的形式而是利用另一種公式（方程式 (3.13)）得到

$$x_3 - x_2 = \frac{-2c}{b \pm \sqrt{b^2 - 4ac}} \tag{7.27a}$$

或將未知數 x_3 孤立於等號的左邊：

$$x_3 = x_2 + \frac{-2c}{b \pm \sqrt{b^2 - 4ac}} \tag{7.27b}$$

注意，使用二次公式意味著都能找得到實數根與複數根，這是此方法的主要益處。

除此之外，方程式 (7.27a) 提供了一個巧妙的方法來計算近似誤差。由於其左邊代表目前的根估計 (x_3) 與先前的根估計 (x_2) 之間的差距，因此可計算出誤差為

$$\varepsilon_a = \left| \frac{x_3 - x_2}{x_3} \right| 100\%$$

此時，方程式 (7.27a) 會有個問題：相應於分母中的 ± 項，它會產生兩個根。在穆勒法中，我們所選的符號與 b 的符號一致；這種做法會產生最大的分母，因而得到最接近 x_2 的根估計值。

一旦決定了 x_3，我們即可重複這個過程。這會出現一個問題：要捨棄哪一點？通常我們使用兩個常見的策略：

1. 如果只要找出實數根的位置，我們就選取最接近新的根估計 x_3 的兩個原始點。
2. 如果實數根和複數根都要算出來，我們就採用循序的方式來處理。也就是說，就像割線法一樣，使用 x_1、x_2、x_3 取代 x_0、x_1、x_2。

範例 7.2　穆勒法

問題描述：使用穆勒法與猜測值 $x_0 = 4.5$、$x_1 = 5.5$、$x_2 = 5$，決定下列方程式的根：

$$f(x) = x^3 - 13x - 12$$

註：此方程式的根為 −3、−1、4。

解法： 首先，我們計算函數在三個猜測值所對應的函數值

$$f(4.5) = 20.625 \qquad f(5.5) = 82.875 \qquad f(5) = 48$$

利用這些數值可以算出

$$h_0 = 5.5 - 4.5 = 1 \qquad\qquad h_1 = 5 - 5.5 = -0.5$$

$$\delta_0 = \frac{82.875 - 20.625}{5.5 - 4.5} = 62.25 \qquad \delta_1 = \frac{48 - 82.875}{5 - 5.5} = 69.75$$

再將這些值代入方程式 (7.24) 至 (7.26)，計算得到

$$a = \frac{69.75 - 62.25}{-0.5 + 1} = 15 \qquad b = 15(-0.5) + 69.75 = 62.25 \qquad c = 48$$

我們可算出判別式的平方根的值為

$$\sqrt{62.25^2 - 4(15)48} = 31.54461$$

接下來，由於 $|62.25 + 31.54451| > |62.25 - 31.54451|$，所以我們在方程式 (7.27b) 的分母中選取正號，因此新的根估計值為

$$x_3 = 5 + \frac{-2(48)}{62.25 + 31.54451} = 3.976487$$

並建立誤差估計

$$\varepsilon_a = \left| \frac{-1.023513}{3.976487} \right| 100\% = 25.74\%$$

由於誤差值很大，所以我們設定新的猜測值：x_1 取代 x_0、x_2 取代 x_1、x_3 取代 x_2。因此，對於新的迭代，

$$x_0 = 5.5 \qquad x_1 = 5 \qquad x_2 = 3.976487$$

重複此計算過程。將各次迭代結果製成下表，顯示此方法快速收斂於根 $x_r = 4$：

i	x_r	ε_a (%)
0	5	
1	3.976487	25.74
2	4.00105	0.6139
3	4	0.0262
4	4	0.0000119

圖 7.4 展示針對實數根執行穆勒法的虛擬程式碼。請注意這個程式能採取單一的初始非零猜測值，並加以擾動而取得另外兩個猜測值。當然，這個演算法也可以用來設計成容許三個猜測值的程式。對於像 Fortran 這類的語言，若將適當的變數宣告為複數時，此程式碼可用來找出複數根。

7.5 貝爾斯托法

貝爾斯托法是與穆勒法及牛頓-拉福森法較無關聯的一種迭代法。在著手此方法的數學說明之前，先回想多項式的因式化形式，

$$f_5(x) = (x+1)(x-4)(x-5)(x+3)(x-2) \quad (7.28)$$

若我們除以一個不是根的因式（例如 $x+6$），則商式為一個四階多項式，不過會多出了餘式。

根據以上的基礎，我們能精心打造一個決定多項式根的演算法：(1) 猜測一個根的值 $x=t$，(2) 將多項式除以因式 $x-t$，(3) 計算是否有餘式。若無餘式，則此猜測分毫不差，且根值等於 t；若有餘式，則以系統化方式調整猜測值，並重複此程序，直到餘式消失並找到根為止。在完成這個任務之後，對商式重複整套程序以找出其他的根。

```
SUB Muller(xr, h, eps, maxit)
x2 = xr
x1 = xr + h*xr
x0 = xr - h*xr
DO
  iter = iter + 1
  h0 = x1 - x0
  h1 = x2 - x1
  d0 = (f(x1) - f(x0)) / h0
  d1 = (f(x2) - f(x1)) / h1
  a = (d1 - d0) / (h1 + h0)
  b = a*h1 + d1
  c = f(x2)
  rad = SQRT(b*b - 4*a*c)
  If |b+rad| > |b-rad| THEN
    den = b + rad
  ELSE
    den = b - rad
  END IF
  dxr = -2*c / den
  xr = x2 + dxr
  PRINT iter, xr
  IF (|dxr| < eps*xr OR iter >= maxit) EXIT
  x0 = x1
  x1 = x2
  x2 = xr
END DO
END Müller
```

◯ 圖 7.4 穆勒法的虛擬程式碼。

貝爾斯托法大體上是以這個方式為基礎，因此，它取決於將多項式除以因式的數學計算。回想關於多項式壓縮的討論（參考章節 7.2.2），使用綜合除法處理多項式除以因式 $x-t$。舉例來說，一般的多項式（方程式 (7.1)）

$$f_n(x) = a_0 + a_1 x + a_2 x^2 + \cdots + a_n x^n \quad (7.29)$$

除以因式 $x-t$ 後，商式為階數降一階的第二個多項式：

$$f_{n-1}(x) = b_1 + b_2 x + b_3 x^2 + \cdots + b_n x^{n-1} \quad (7.30)$$

對應餘式 $R=b_0$，其中的係數都可由遞迴關係式求得：

$$b_n = a_n$$
$$b_i = a_i + b_{i+1} t \quad \text{對應 } i = n-1 \text{ 到 } 0 \text{。}$$

請注意，若 t 為原始多項式的根，則餘式 b_0 值將為零。

為了能夠求出複數根的值，貝爾斯托法將多項式除以一個二階因式 $x^2 - rx - s$，若對方程式 (7.29) 如此做，其計算結果（即商式）為一個新的多項式

$$f_{n-2}(x) = b_2 + b_3 x + \cdots + b_{n-1} x^{n-3} + b_n x^{n-2}$$

餘式為

$$R = b_1(x - r) + b_0 \tag{7.31}$$

與正規的綜合除法一樣，可利用簡單的遞迴公式執行二階因式的除法：

$$b_n = a_n \tag{7.32a}$$

$$b_{n-1} = a_{n-1} + r b_n \tag{7.32b}$$

$$b_i = a_i + r b_{i+1} + s b_{i+2} \qquad \text{對應 } i = n - 2 \text{ 到 } 0 \tag{7.32c}$$

我們引入了二階因式，以容許複數根的解答。這麼做與以下有關：若原始多項式的係數為實數，則複數根將會以共軛的方式成對出現。若 $x^2 - rx - s$ 確實為多項式的因式，則由二次公式即可算出複數根。因此，這個方法可以簡化為：決定 r 和 s 的值，使得二階因式為一個正確的因式。也就是說，我們尋求使餘式等於零的可能值。

觀察方程式 (7.31)，引導我們做出「為了使餘式為零，b_0 和 b_1 必須為零」的結論。由於我們不大可能在 r 和 s 的值的初始猜測值就推導出這個結果，因此我們必須定出一個系統化的方式來修正猜測值，以便讓 b_0 和 b_1 靠近零。為了達成這個目標，貝爾斯托法使用類似牛頓-拉福森法的策略，由於 b_0 和 b_1 都是 r 和 s 的函數，所以可以利用泰勒級數進行展開，如同下式（回想方程式 (4.26)）

$$b_1(r + \Delta r, s + \Delta s) = b_1 + \frac{\partial b_1}{\partial r} \Delta r + \frac{\partial b_1}{\partial s} \Delta s$$

$$b_0(r + \Delta r, s + \Delta s) = b_0 + \frac{\partial b_0}{\partial r} \Delta r + \frac{\partial b_0}{\partial s} \Delta s \tag{7.33}$$

其中在等號右邊的值都是在 r 和 s 計算求得。注意，忽略掉二階與更高階項，代表 Δr 和 Δs 夠小，使得高階項無關緊要。亦表示初始猜測值足夠靠近 r 和 s 在根的值。

藉由設定方程式 (7.33) 值為零，得到

$$\frac{\partial b_1}{\partial r} \Delta r + \frac{\partial b_1}{\partial s} \Delta s = -b_1 \tag{7.34}$$

$$\frac{\partial b_0}{\partial r} \Delta r + \frac{\partial b_0}{\partial s} \Delta s = -b_0 \tag{7.35}$$

可估計出改善我們的猜測值所需要的變動量 Δr 和 Δs。若能決定 b_i 的偏導數，則由

這兩個方程式組成的系統，可同時解出兩個未知數 Δr 和 Δs。貝爾斯托證明了藉由類似推導 b_i 本身的方式，由 b_i 的綜合除法可計算出這些偏導數：

$$c_n = b_n \qquad (7.36a)$$

$$c_{n-1} = b_{n-1} + rc_n \qquad (7.36b)$$

$$c_i = b_i + rc_{i+1} + sc_{i+2} \qquad 對應\ i = n-2\ 到\ 1 \qquad (7.36c)$$

其中 $\partial b_0/\partial r = c_1$，$\partial b_0/\partial s = \partial b_1/\partial r = c_2$，$\partial b_1/\partial s = c_3$。如此，我們由 b_i 的綜合除法得到偏導數，接著再將這些偏導數與 一起代入方程式 (7.34) 及 (7.35)，計算後得到

$$c_2 \Delta r + c_3 \Delta s = -b_1$$

$$c_1 \Delta r + c_2 \Delta s = -b_0$$

利用這些方程式可以解出 Δr 和 Δs，並可利用它們改善 r 和 s 的初始猜測值。我們能估計各個步驟 r 和 s 的近似誤差如下：

$$|\varepsilon_{a,r}| = \left|\frac{\Delta r}{r}\right| 100\% \qquad (7.37)$$

及

$$|\varepsilon_{a,s}| = \left|\frac{\Delta s}{s}\right| 100\% \qquad (7.38)$$

當這兩個誤差估計都小於事先指定的停止準則 ε_s 時，可求出根的值為

$$x = \frac{r \pm \sqrt{r^2 + 4s}}{2} \qquad (7.39)$$

此時，有三種可能：

1. **商式為三階多項式或更高階**。此時，應將貝爾斯托法應用到商式以求出 r 和 s 的新值。先前的 r 和 s 值可作為此次的起始猜測值。
2. **商式為二階多項式**。此時，可直接以方程式 (7.39) 算出其餘的兩個根。
3. **商式為一階多項式**。此時，可簡單算出剩下的單根為

$$x = -\frac{s}{r} \qquad (7.40)$$

範例 7.3　貝爾斯托法

問題描述：採用貝爾斯托法，決定下列多項式的根：

$$f_5(x) = x^5 - 3.5x^4 + 2.75x^3 + 2.125x^2 - 3.875x + 1.25$$

使用 $r = s = -1$ 的初始猜測值，並迭代至 $\varepsilon_s = 1\%$ 的水準。

解法：應用方程式 (7.32) 及 (7.36) 可算出

$b_5 = 1 \quad b_4 = -4.5 \quad b_3 = 6.25 \quad b_2 = 0.375 \quad b_1 = -10.5$
$b_0 = 11.375$
$c_5 = 1 \quad c_4 = -5.5 \quad c_3 = 10.75 \quad c_2 = -4.875 \quad c_1 = -16.375$

因此，求解 Δr 和 Δs 的聯立方程組為：

$$-4.875\Delta r + 10.75\Delta s = 10.5$$
$$-16.375\Delta r - 4.875\Delta s = -11.375$$

由此解得 $\Delta r = 0.3558$ 和 $\Delta s = 1.1381$。因此，我們的原始猜測值可以校正為

$$r = -1 + 0.3558 = -0.6442$$
$$s = -1 + 1.1381 = 0.1381$$

由方程式 (7.37) 及 (7.38) 可求出近似誤差值為

$$|\varepsilon_{a,r}| = \left|\frac{0.3558}{-0.6442}\right|100\% = 55.23\% \qquad |\varepsilon_{a,s}| = \left|\frac{1.1381}{0.1381}\right|100\% = 824.1\%$$

其次，使用校正後的 r 和 s 值重新計算。應用方程式 (7.32) 及 (7.36)，計算出

$b_5 = 1 \quad b_4 = -4.1442 \quad b_3 = 5.5578 \quad b_2 = -2.0276 \quad b_1 = -1.8013$
$b_0 = 2.1304$
$c_5 = 1 \quad c_4 = -4.7884 \quad c_3 = 8.7806 \quad c_2 = -8.3454 \quad c_1 = 4.7874$

因此，我們接下來要由下列方程組求解：

$$-8.3454\Delta r + 8.7806\Delta s = 1.8013$$
$$4.7874\Delta r - 8.3454\Delta s = -2.1304$$

得到 $\Delta r = 0.1331$ 和 $\Delta s = 0.3316$；利用它們可將根估計校正為

$$r = -0.6442 + 0.1331 = -0.5111 \qquad |\varepsilon_{a,r}| = 26.0\%$$
$$s = 0.1381 + 0.3316 = 0.4697 \qquad |\varepsilon_{a,s}| = 70.6\%$$

此計算可持續進行，迭代結果在四次之後就收斂於 $r = -0.5$ ($|\varepsilon_{a,r}| = 0.063\%$) 和 $s = 0.5$ ($|\varepsilon_{a,r}| = 0.040\%$)。接著利用方程式 (7.39) 可算出根的值為：

$$x = \frac{-0.5 \pm \sqrt{(-0.5)^2 + 4(0.5)}}{2} = 0.5, -1.0$$

此時，商式為一個三次方程式

$$f(x) = x^3 - 4x^2 + 5.25x - 2.5$$

使用前一步的結果 $r = -0.5$ 和 $s = 0.5$ 作為起始猜測值，可對此多項式應用貝爾斯托法，在五次迭代後得到 $r = 2$ 和 $s = -1.249$ 的估計值，利用它們可算出

$$x = \frac{2 \pm \sqrt{2^2 + 4(-1.249)}}{2} = 1 \pm 0.499i$$

此時，商式為一階多項式，可直接由方程式 (7.40) 算出第五個根的值：2。

請注意，貝爾斯托法的核心是藉由方程式 (7.32) 及 (7.36) 求出 b_i 與 c_i 的值。這個方法主要的優勢之一是在於能將這些遞迴關係撰寫成簡潔的程式。

圖 7.5 列出了執行貝爾斯托法的虛擬程式碼。這個演算法的核心是由求 b_i 與 c_i 值的迴圈所組成。此外，在解聯立方程組的程式碼中特別加了防止除以零的檢查手續。若真的遇到除以零的情形，則會將 r 和 s 的值稍微擾動後，再次開始整個計算程序。還有，此演算法中設有可由使用者定義的迭代次數上限 (MAXIT)，並且要能避免計算誤差估計時除以零。最後，此演算法需要輸入 r 和 s 的初始猜測值（即程式碼中的 `rr` 和 `ss`）。若無法事先知道根是否存在，則可在呼叫程式中先指定值為零。

7.6 其他方法

在軟體程式庫中最常使用的**詹金斯-特勞布法 (Jenkins-Traub method)** 也可用來找出多項式的根值。這個方法相當複雜；如果想要進一步瞭解，可由研讀 Ralston 與 Rabinowitz (1978) 的著作開始。

拉蓋爾法 (Laguerre method) 除了能估計實數根及複數根，並且具有三階收斂性，也是勘根的最佳方法之一。這個方法的完整討論請參考 Householder (1970)。此外，Press 等教授 (1992) 也提供了一個執行此方法的精妙演算法。

7.7 以套裝軟體進行勘根

套裝軟體有強大的勘根能力。本節將讓你體驗一些有用的軟體程式。

7.7.1 Excel

類似 Excel 的試算表軟體可藉由**試誤 (trial and error)** 找出根的位置。例如，若你想要找方程式

$$f(x) = x - \cos x$$

的根，首先要在一個儲存格內輸入 x 值，然後設定另一個儲存格存放 $f(x)$。它將利

(a) Bairstow Algorithm

```
SUB Bairstow (a,nn,es,rr,ss,maxit,re,im,ier)
DIMENSION b(nn), c(nn)
r = rr; s = ss; n = nn
ier = 0; ea1 = 1; ea2 = 1
DO
  IF n < 3 OR iter ≥ maxit EXIT
  iter = 0
  DO
    iter = iter + 1
    b(n) = a(n)
    b(n − 1) = a(n − 1) + r * b(n)
    c(n) = b(n)
    c(n − 1) = b(n − 1) + r * c(n)
    DO i = n − 2, 0, −1
      b(i) = a(i) + r * b(i+1) + s * b(i + 2)
      c(i) = b(i) + r * c(i+1) + s * c(i + 2)
    END DO
    det = c(2) * c(2) − c(3) * c(1)
    IF det ≠ 0 THEN
      dr = (−b(1) * c(2) + b(0) * c(3))/det
      ds = (−b(0) * c(2) + b(1) * c(1))/det
      r = r + dr
      s = s + ds
      IF r≠0 THEN ea1 = ABS(dr/r) * 100
      IF s≠0 THEN ea2 = ABS(ds/s) * 100
    ELSE
      r = r + 1
      s = s + 1
      iter = 0
    END IF
    IF ea1 ≤ es AND ea2 ≤ es OR iter ≥ maxit EXIT
  END DO
  CALL Quadroot(r,s,r1,i1,r2,i2)
  re(n) = r1
  im(n) = i1
  re(n − 1) = r2
  im(n − 1) = i2
  n = n−2
  DO i = 0, n
    a(i) = b(i + 2)
  END DO
END DO
  IF iter < maxit  THEN
    IF n = 2 THEN
      r = −a(1)/a(2)
      s = −a(0)/a(2)
      CALL Quadroot(r,s,r1,i1,r2,i2)
      re(n) = r1
      im(n) = i1
      re(n − 1) = r2
      im(n − 1) = i2
    ELSE
      re(n) = −a(0)/a(1)
      im(n) = 0
    END IF
  ELSE
    ier = 1
  END IF
END Bairstow
```

(b) Roots of Quadratic Algorithm

```
SUB Quadroot(r,s,r1,i1,r2,i2)
disc = r ^ 2 + 4 * s
IF disc > 0  THEN
  r1 = (r + SQRT(disc))/2
  r2 = (r − SQRT(disc))/2
  i1 = 0
  i2 = 0
ELSE
  r1 = r/2
  r2 = r1
  i1 = SQRT(ABS(disc))/2
  i2 = −i1
END IF
END QuadRoot
```

◯ 圖 7.5　(a) 執行貝爾斯托法的演算法；(b) 計算二次方程式根的演算法。

用第一個儲存格中的 x 值代入計算 $f(x)$ 的值。接著你就可以改變 x 儲存格的值，直到 $f(x)$ 儲存格的值接近零時為止。若能善用 Excel 的繪圖功能得到良好的初始猜測值（圖 7.6），就能更進一步強化這個計算過程。

雖然 Excel 使嘗試錯誤的方法更容易實行，不過它也設計了兩種標準勘根工具：「Goal Seek」（目標搜尋）及「Solver」（規劃求解），這兩種工具都可以用來系統化地調整初始猜測值，「Goal Seek」專門用來改變單一的參數使得方程式達到特定值（在我們的例子裡為零）。

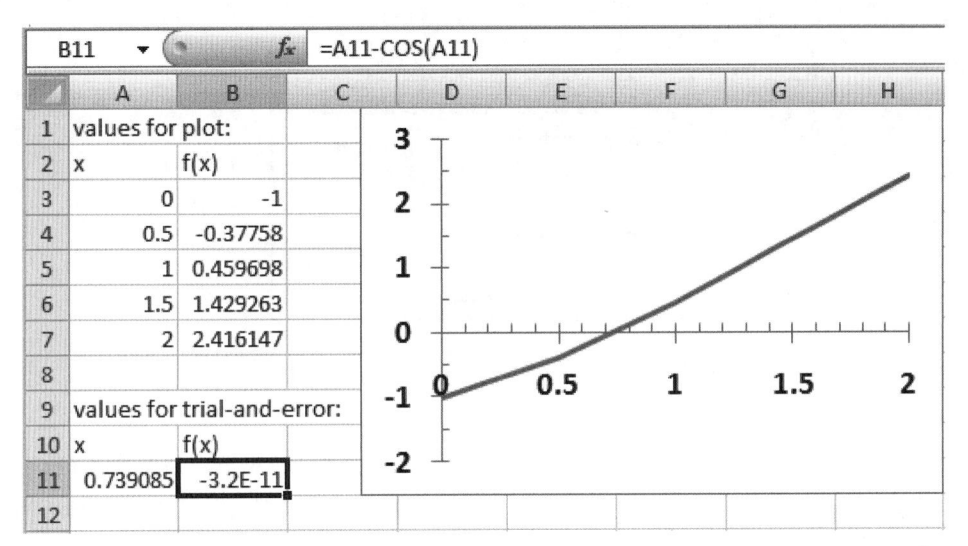

⭕ 圖 7.6　利用圖形取得良好的初始猜測值後，藉由嘗試錯誤法找 $f(x) = x - \cos x$ 根的試算表。

範例 7.4　利用 Excel 的「Goal Seek」工具找出單根的位置

問題描述：使用「Goal Seek」找出以下超越函數的根：

$$f(x) = x - \cos x$$

解法：如圖 7.6 所示，以 Excel 解單一方程式的關鍵，在於建立一個儲存格用以儲存函數值，並使其值與另一個儲存格產生關連。一旦完成之後，從「Data」（資料）選單中的「模擬運算」(What-If Analysis) 去勾選「Goal Seek」選項。此時將顯示一個對話方塊，要求你藉由改變另一個儲存格，設定一個儲存格的目標值。針對這個範例，假定如圖 7.6，你在儲存格 A11 鍵入了猜測值，函數值將出現在儲存格 B11。「Goal Seek」對話方塊填寫內容如下所示：

當選取「OK」按鈕時，一個訊息方塊顯示其結果：

試算表上的儲存格也會同步修改成新的值（如圖 7.6 所示）。

「Solver」工具有在兩個不同的設計層面上比「Goal Seek」更為精細：(1) 它可以同時變動數個儲存格的值；(2) 在使目標儲存格達到某個值的同時，也能將值極小化與極大化。下一個範例說明如何利用此工具求解非線性方程組。

範例 7.5　利用 Excel 的「Solver」求解非線性系統

問題描述：回想章節 6.6，我們得到以下聯立方程組的解

$$u(x, y) = x^2 + xy - 10 = 0$$
$$v(x, y) = y + 3xy^2 - 57 = 0$$

請注意 $x = 2$ 及 $y = 3$ 為一對正確的根。利用「Solver」求根，使用初始猜測值 $x = 1$ 及 $y = 3.5$。

解法：如下所示，建立 B1 和 B2 兩個儲存格，分別存放 x 與 y 的猜測值。函數值 $u(x, y)$ 及 $v(x, y)$ 則分別存入儲存格 B3 和 B4。如你所見，初始猜測值所產生的函數值離零很遠。

	A	B	C
1	x	1	
2	y	3.5	
3	u(x, y)	-5.5	
4	v(x, y)	-16.75	
5			
6	Sum of squares	310.8125	
7			

B6 儲存格公式：=B3^2+B4^2

　　其次，我們建立另一個儲存格來呈現這兩函數多接近零的單值；將函數值的平方相加也是其中一種方法，利用儲存格 B6 鍵入結果。當這兩個函數值皆為零時，平方和也會是零。此外，使用平方過的函數可避免兩個函數有相同的非零值但卻異號的情形，而儲存格 (B6) 將為零，不過此時得到的根並不正確。

　　一旦建立好試算表，即可從選單勾選 **Solver** 選項[1]，此時將會出現一個對話方塊，詢問你相關的資料，在 Solver 對話方塊的儲存格資料填寫如下：

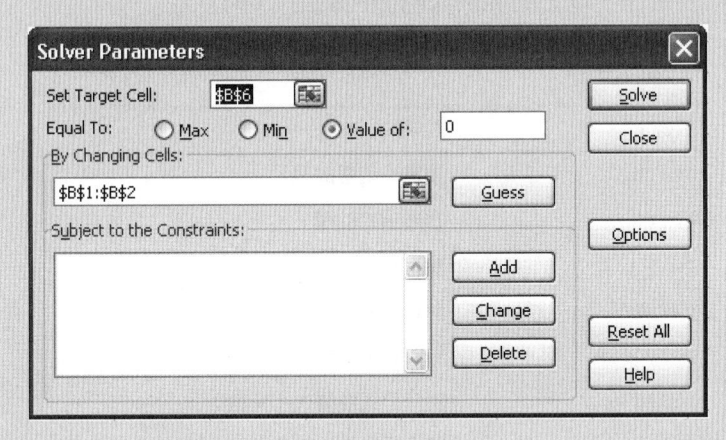

Solver Parameters

- Set Target Cell: $B$6
- Equal To: ○ Max　○ Min　● Value of: 0
- By Changing Cells: $B$1:$B$2

當我們選取「OK」按鈕之後，將會開啟一個對話方塊回報操作成功的內容，在本例中，「Solver」計算出了正確解：

	A	B	C	D
1	x	2.00003		
2	y	2.999984		
3	u(x, y)	0.000176		
4	v(x, y)	0.000202		
5				
6	Sum of squares	7.19E-08		
7				

---

[1] 請注意你必須在 Office → Excel Options → Add-Ins（增益集），在 Excel 的下拉式選單中選取增益集來安裝 Solver（規劃求解增益集），然後，勾選 Solver 工具箱，完成安裝之後就能在功能表中使用這個功能。

值得注意的是,「Solver」有可能失敗,而若要成功得取決於 (1) 方程組的條件,及／或 (2) 初始猜測值的特質。因此,我們不能保證前一個範例會成功。即便如此,我們發現要在廣闊的工程應用範圍中快速獲得根,「Solver」是個可行的選擇。

7.7.2　MATLAB

如表 7.1 所述,MATLAB 軟體能夠找出單一代數方程式及超越方程式的根。它在多項式的勘根計算方面是一流的。

函數「fzero」是用來找單一函數的一個根,語法可簡單寫成:

$$\text{fzero}(f, x_0, options)$$

其中 f 為你所要進行分析的函數,為初始猜測值,options 為最佳化參數(利用函數 optimset 可改變這些數值),若省略掉 options 則會採用預設值進行計算。請注意到我們可以採用一個或是兩個猜測值。若採用兩個猜測值,則我們假設它們能將根給界定住。以下的範例說明如何使用 fzero。

表 7.1　在 MATLAB 中,與勘根及多項式計算有關的常用函數。

函數	說明
fzero	找單一函數的根。
roots	找多項式的根。
poly	給定根後建立對應的多項式。
polyval	計算多項式的值。
polyvalm	計算具有矩陣引數的多項式的值。
residue	部分分式展開式(留數)。
polyder	將多項式進行微分計算。
conv	進行多項式相乘。
deconv	進行多項式相除。

範例 7.6　利用 MATLAB 勘根

問題描述:利用 MATLAB 函數 fzero 在 $x_l = 0$ 及 $x_u = 4$ 的區間內找下列方程式的根。

$$f(x) = x^{10} - 1$$

顯然 -1 與 1 為兩個根。回想在範例 5.6,我們利用試位法與初始猜測值 0 和 1.3 來計算正值根。

解法：使用和範例 5.6 相同的初始條件，我們可利用 MATLAB 計算正值根如下：

```
>> x0=[0 1.3];
>> x=fzero(@(x) x^10-1,x0)

x =
     1
```

以類似的手法，我們可以使用初始猜測值 −1.3 和 0 來計算負值根：

```
>> x0=[-1.3 0];
>> x=fzero(@(x) x^10-1,x0)

x =
    -1
```

我們也可以使用單一的猜測值。在使用 0 作為初始猜測值時，會有一個有趣的情形：

```
>> x0=0;
>> x=fzero(@(x) x^10-1,x0)

x =
    -1
```

因此，對於這個猜測值，潛在的演算法剛好導向負值根。

我們可利用函數 optimset 來顯示實際的迭代過程及求解的進展。

```
>> x0=0;
>> option=optimset('DISP','ITER');
>> x=fzero(@(x) x^10-1,x0,option)

Func-count         x                  f(x)              Procedure
    1              0                  -1                initial
    2          -0.0282843             -1                search
    3           0.0282843             -1                search
    4          -0.04                  -1                search
    .
    .
    .
   21           0.64              -0.988471             search
   22          -0.905097          -0.631065             search
   23           0.905097          -0.631065             search
   24          -1.28              10.8059               search

   Looking for a zero in the interval [-1.28], 0.9051]

   25           0.784528          -0.911674             interpolation
   26          -0.247736          -0.999999             bisection
   27          -0.763868          -0.932363             bisection
   28          -1.02193            0.242305             bisection
   29          -0.968701          -0.27239              interpolation
   30          -0.996873          -0.0308299            interpolation
```

```
31            -0.999702          -0.00297526       interpolation
32            -1                 5.53132e-006      interpolation
33            -1                -7.41965e-009      interpolation
34            -1                -1.88738e-014      interpolation
35            -1                 0                 interpolation
Zero found in the interval: [-1.28, 0.9051].

x =
    -1
```

這些結果說明了提供單一的猜測值時，fzero 所使用的策略。首先，它先搜尋猜測值的附近，直到偵測到變號時為止。接著，它又結合二分法及內插法以導向根。內插法涉及了割線法以及反二階內插法（回想章節 7.4）。fzero 演算法還有比這些基本說明更多的性質，相關的細節請查看 Press 等教授的著作 (2007)。

範例 7.7　利用 MATLAB 處理多項式勘根問題

問題描述：探討如何利用 MATLAB 處理多項式勘根問題，利用以下來自範例 7.3 的方程式：

$$f_5(x) = x^5 - 3.5x^4 + 2.75x^3 + 2.125x^2 - 3.875x + 1.25 \qquad \text{(E7.7.1)}$$

此函數有三個實數根：0.5、-1.0、2，以及一對複數根：$1 \pm 0.5i$。

解法：將係數存為一個向量，可將多項式完整輸入 MATLAB。例如，在 MATLAB 提示字元下 (>>)，鍵入以下列指令將多項式係數存於向量 a

```
>> a=[1 -3.5 2.75 2.125 -3.875 1.25];
```

我們接下來就能操作此多項式。例如，鍵入以下命令可算出此多項式在 $x = 1$ 處的值

```
>> polyval(a,1)
```

其結果為 $1(1)^5 - 3.5(1)^4 + 2.75(1)^3 + 2.125(1)^2 - 3.875(1) + 1.25 = -0.25$

```
ans =
    -0.2500
```

藉由下述指令我們可算出導數 $f'(x) = 5x^4 - 14x^3 + 8.25x^2 + 4.25x - 3.875$

```
>> polyder(a)
ans =
    5.0000   -14.0000    8.2500    4.2500   -3.8750
```

接著以方程式 (E7.7.1) 的 0.5 及 −1 兩個根，建立二階多項式為 $(x - 0.5)(x + 1)$ $x^2 + 0.5x - 0.5$，將它以向量 b 形式輸入 MATLAB：

```
>> b=[1 0.5 -0.5];
```

我們可藉由將此多項式與原始的多項式相除，如下述指令：

```
>> [d,e]=deconv(a,b)
```

其結果為一個商式（三階多項式 d）和一個餘式 (e)：

```
d =
    1.0000   -4.0000    5.2500   -2.5000
e =
         0        0        0        0        0        0
```

由於此多項式為完美無缺的因式，所以餘式的係數都是零。此時，商式的根可由：

```
>> roots(d)
```

計算得到，並且如我們所預期的，找到了方程式 (E7.7.1) 其餘的根：

```
ans =
    2.0000
    1.0000 + 0.5000i
    1.0000 - 0.5000i
```

我們現在可將 d 乘以 b 以得到原始的多項式：

```
>> conv(d,b)
ans =
    1.0000   -3.5000    2.7500    2.1250   -3.8750    1.2500
```

最後，我們可藉由以下指令計算出所有的根：

```
>> r=roots(a)
r =
   -1.0000
    2.0000
    1.0000 + 0.5000i
    1.0000 - 0.5000i
    0.5000
```

7.7.3　Mathcad

Mathcad 有一個稱為 **root** 的數值函數可用來解單變數方程式，使用時需要提供函數 $f(x)$ 及一個初始猜測值或是一個包含根值的區間。給定一個初始猜測值時，**root** 會採用割線法及穆勒法，給定兩個初始猜測值而形成一個包含根值的區間時，會混合使用**里德法 (Ridder method)**（試位法的一個變形）及布列特法，迭代直到

$f(x)$ 的值小於預先設定的 **TOL** 值。這個 Mathcad 做法與傳統的勘根方法有類似的優點與缺點，像是初始猜測值的性質與收斂性等。

Mathcad 可以利用 *polyroot* 找出多項式的所有實數根或複數根。這個數值型態或是符號型態的函數是以**拉蓋爾法 (Laguerre method)** 為基礎，函數本身不需要初始猜測值，而且所有的根都在同一時間回傳。

Mathcad 中有一個名為 *Find* 的數值型態函數，可用來解出高達 50 個非線性方程式的聯立方程組。**Find** 函數會從可用的方法中選取一個合適的方法，選取準則視所討論問題為線性或非線性、以及其他屬性而定。解值範圍可能不受限，也可能侷限在特定範圍內。如果 **Find** 無法找到符合方程式和限制條件的解，將會回傳一個找不到解的錯誤訊息。然而，在 Mathcad 中也提供了一個類似的函數 **Minerr**，這個函數即使在精確解無法取得時，也能提供使限制條件誤差最小的解。因此，非線性方程組求解的問題和最佳化以及非線性最小平方密切相關。這些領域和 **Minerr** 將在本書的第四篇及第五篇中詳細介紹。

圖 7.7 展示了一個典型的 Mathcad 工作表，上方的功能選單提供快捷連結到常用的運算子及函數、各式各樣的二維及三維繪圖模式，以及產生副程式的環境。方程式、文字、資料或是圖形能放在螢幕上任意位置，你可使用各種字體、顏色、樣式以及各種你喜愛的設計來建立試算表，參考由 MathSoft 取得完整的使用手冊。留意到在所有的 Mathcad 範例中，我們已將整個 Mathcad 運算單元以單一螢幕呈現。你該知道圖形應該必須放在指令之下才能夠正常運作。

讓我們由函數 $f(x) = x - \cos x$ 的勘根開始討論，第一步是輸入函數，即在

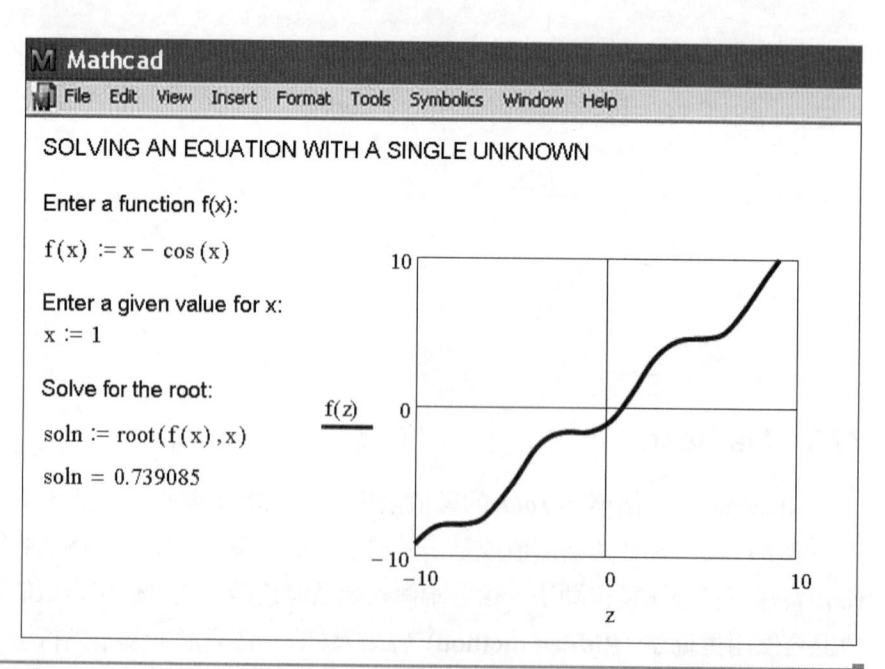

⊃ **圖 7.7** 以 Mathcad 處理單一方程式勘根的螢幕截圖。

Mathcad 中鍵入 f(x): 便能自動轉換為 f(x):=，其中 := 被稱為定義符號。接著以類似定義符號的手法輸入初始猜測值。然後定義 soln 為 **root**(f(x),x)，以起始值 1.0 呼叫割線法，迭代直到 f(x) 在可能的根上算出來的值小於 **TOL**。**TOL** 的值可在 Math/Options 下拉式選單設定。最終 soln 的值將會以正規等號 (=) 呈現，有效數字的個數則是在 Format/Number 下拉式選單中設定。文字標籤和方程式定義可寫在螢幕上任意位置，以各種不同的字體、樣式、大小和顏色呈現，圖形可在任意點選的位置繪出，點選時會出現一個紅色十字形記號。然後利用 Insert/Graph/X-Y Plot 的下拉式選單，在工作表上安放一個空白圖形，並顯示在 x 及 y 軸將繪製圖形的名稱欄位及範圍。接著只要在 y 軸名稱鍵入 f(z)、在 x 軸名稱鍵入 z、並在範圍鍵入 −10 和 10，接著 Mathcad 會自動完成圖 7.7 中的其餘工作。一旦圖形完成後，你可以使用 Format/Graph/X-Y Plot 下拉式選單挑選各種圖形模式、改變函數軌距的顏色、型態和權重；以及標題、標籤和其他特性。

圖 7.8 中顯示 Mathcad 如何利用 **polyroots** 函數處理多項式勘根。首先，p(x) 和 v 都可以利用 := 定義符號輸入。注意到 v 是一個包含多項式係數的向量，由常數項開始直到三階項。接著 r 被定義成 **polyroots**(v)（利用 :=）呼叫拉蓋爾法計算而得，在 r 中包含的根利用正規等號寫成 r^T。接下來，利用類似上述手法畫出圖形，只是在此會用兩個範圍變數，x 和 j，來定義 x 軸及根的位置。x 的範圍變數是以鍵入 x 再接著鍵入「:」（螢幕上看到的是 :=），然後是 ，接著鍵入「,」，然後是 −3.99，接著是「;」（在 Mathcad 中會變成 ..），最後 −4。這樣一來就會建立一個 x 值的向量，範圍從 −4 到 4，x 軸的遞增量 0.01，以及 y 軸上的對應函數 p(x) 的值。範圍變數 j 是用來建立 r 及 p(x) 的三個值，畫成三個獨立的小圓圈。再次提

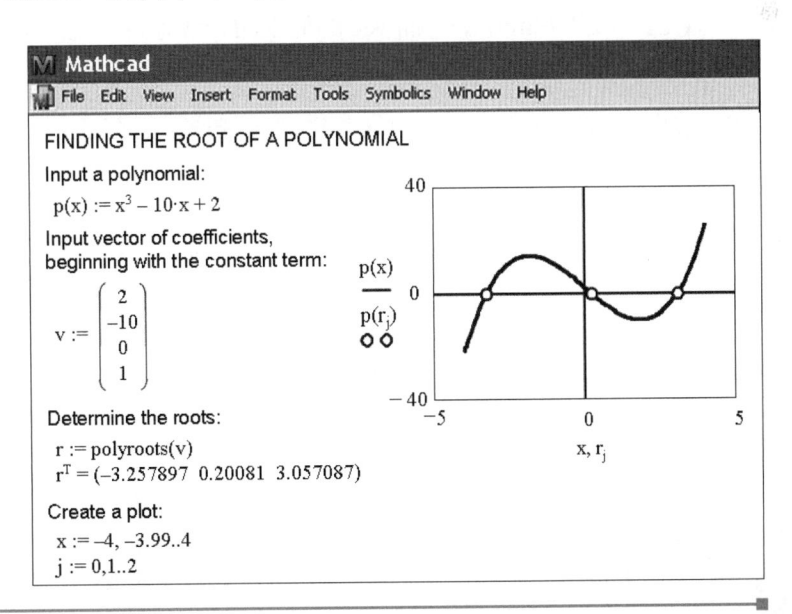

◐ **圖 7.8** 以 Mathcad 處理多項式勘根的螢幕畫面。

FINDING THE ROOT OF A POLYNOMIAL

Input a polynomial:
$p(x) := x^3 - 10 \cdot x + 2$

Input vector of coefficients, beginning with the constant term:

$$v := \begin{pmatrix} 2 \\ -10 \\ 0 \\ 1 \end{pmatrix}$$

Determine the roots:
r := polyroots(v)
$r^T = (-3.257897 \quad 0.20081 \quad 3.057087)$

Create a plot:
x := −4, −3.99 .. 4
j := 0, 1 .. 2

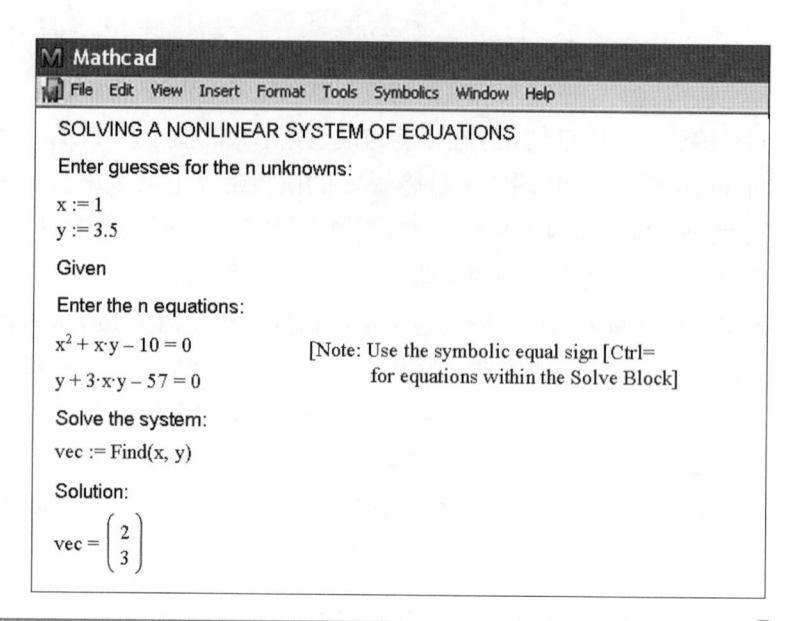

圖 7.9 以 Mathcad 處理一組非線性聯立方程組勘根的螢幕畫面。

醒，為了要將整個 Mathcad 運算單元以單一螢幕呈現時，將圖形放在指令的上方。你應理解，圖形應該要放在指令的下方才能夠正常運作。

最後一個範例用來說明如何利用 Mathcad Solve Block（參考圖 7.9）來解一組非線性聯立方程組。這個計算流程由利用定義符號建立初始猜測值 x 和 y 開始。關鍵字 **Given** 的出現會提示 Mathcad 接著輸入的是一組聯立方程組。然後輸入方程組和不等式（此處並未用到不等式）。注意到在這個應用程式中，Mathcad 需要利用一個等號符號鍵入為 [**Ctrl**]= 或是 <and>，以區隔方程式的左右兩側。到此，變數 vec 已定義為 **Find**(x,y)，而 vec 的值則由一個等號呈現出來。

習 題

7.1 將多項式 $f(x) = x^4 - 7.5x^3 + 14.5x^2 + 3x - 20$ 除以單項式因式 $(x - 2)$。請問 $x = 2$ 是根嗎？

7.2 將多項式 $f(x) = x^5 - 5x^4 + x^3 - 6x^2 - 7x + 10$ 除以單項式因式 $(x - 2)$。

7.3 利用穆勒法，求出下列方程式的正實數根：
(a) $f(x) = x^3 + x^2 - 4x - 4$
(b) $f(x) = x^3 - 0.5x^2 + 4x - 2$

7.4 利用穆勒法或是 MATLAB，求出下列方程式的實數根及複數根：
(a) $f(x) = x^3 - x^2 + 2x - 2$
(b) $f(x) = 2x^4 + 6x^2 + 8$

(c) $f(x) = x^4 - 2x^3 + 6x^2 - 2x + 5$

7.5 利用貝爾斯托法，求出下列方程式的根：
(a) $f(x) = -2 + 6.2x - 4x^2 + 0.7x^3$
(b) $f(x) = 9.34 - 21.97x + 16.3x^2 - 3.704x^3$
(c) $f(x) = x^4 - 2x^3 + 6x^2 - 2x + 5$

7.6 建立一個程式以實作穆勒法，利用範例 7.2 來測試這個程式。

7.7 利用習題 7.6 所建立的程式，求出習題 7.4a 的實數根，建構一個圖形（直接手繪或是使用套裝軟體）以找出合適的起始猜測值。

7.8 建立一個程式以實作貝爾斯托法，利用範例 7.3 來測試這個程式。

7.9 利用習題 7.8 所建立的程式，求出習題 7.5 中所有方程式的根。

7.10 利用 Excel、MATLAB 或 Mathcad 來求 $x^{3.5} = 80$ 的實數根。

7.11 降落中傘兵的速度 v 為

$$v = \frac{gm}{c}\left(1 - e^{-(c/m)t}\right)$$

其中 $g = 9.81$ m/s^2。針對拖曳係數 $c = 15$ kg/s 的傘兵，算出使傘兵在 $t = 8$ 秒時的速度為 $v = 35$ m/s 所對應的質量 m。利用 Excel、MATLAB 或 Mathcad 求出 m 值。

7.12 求出以下非線性聯立方程組的根：

$$y = -x^2 + x + 0.75$$
$$y + 5xy = x^2$$

採用 $x = y = 1.2$ 的初始猜測值，接著使用 Excel 的 Solver 工具，或是你自行選定的程式庫或套裝軟體進行計算。

7.13 求出以下非線性聯立方程組的根：

$$(x-4)^2 + (y-4)^2 = 5$$
$$x^2 + y^2 = 16$$

利用圖解法來取得你的初始猜測值，接著使用 Excel 的 Solver 工具，或是你自行選定的程式庫或套裝軟體，求出精細的估計值。

7.14 執行和範例 7.7 相同的 MATLAB 運算，或者使用你自行選定的程式庫或套裝軟體，找出下列多項式所有的根：

$$f(x) = (x+2)(x+5)(x-6)(x-4)(x-8)$$

留意到 poly 函數能將根轉換為多項式。

7.15 利用 MATLAB 或是 Mathcad 求出習題 7.5 中所有方程式的根。

7.16 將一個二維圓柱面置入一個高速的均勻流體中，渦流以固定的頻率從圓柱面流出，柱面背部的壓力感測器利用計算壓力的振盪頻率而偵測出這個頻率。給定如下表所示的三個資料點，利用穆勒法找出壓力為零時對應的時間。

時間	0.60	0.62	0.64
壓力	20	50	60

7.17 在嘗試找出鹽酸中氫氧化鎂溶液的酸度時，我們得到了以下的方程式：

$$A(x) = x^3 + 3.5x^2 - 40$$

其中 x 為水合氫離子的濃度。利用 MATLAB 中的兩種不同的方法（例如：圖解法與 roots 函數），求出飽和溶液（即酸度為零）中的水合氫離子濃度。

7.18 考慮以下具有三個未知數 a、u、v 的聯立方程組：

$$u^2 - 2v^2 = a^2$$
$$u + v = 2$$
$$a^2 - 2a - u = 0$$

利用以下兩種方式求出聯立方程組的解：**(a)** Excel Solver **(b)** 可做符號運算的套裝軟體。

7.19 在控制系統分析中，以數學為轉換函數將系統的輸入動力連接到輸出動力。自動定位系統的轉換函數為

$$G(s) = \frac{C(s)}{N(s)} = \frac{s^3 + 9s^2 + 26s + 24}{s^4 + 15s^3 + 77s^2 + 153s + 90}$$

其中 $G(s) =$ 系統增益，$C(s) =$ 系統輸出，$N(s) =$ 系統輸入，$s =$ 經拉普拉斯轉換後之複數頻率。利用數值方法，找出分子及分母的根，並將它們分解成以下形式：

$$G(s) = \frac{(s+a_1)(s+a_2)(s+a_3)}{(s+b_1)(s+b_2)(s+b_3)(s+b_4)}$$

其中 a_i 和 b_i 分別為分子和分母的根。

7.20 建立一個與圖 5.10 類似，對應二分法的 M-file，利用範例 5.3 及 5.4 來測試這個函數功能。

7.21 建立一個對應試位法的 M-file，函數的架構應會和圖 5.10 中列出的二分法演算法類似，利用範例 5.5 來測試這個函數功能。

7.22 以圖 6.4 及章節 6.2.3 為基礎，建立牛頓-拉福森法對應的 M-file，除了初始猜測值外，連同函數及導數都一起作為參數傳遞，接著利用範例 6.3 來測試這個函數功能。

7.23 以圖 6.4 及章節 6.3.2 為基礎，建立割線法對應的 M-file，除了兩個初始猜測值外，連同函數一起作為參數傳遞，接著利用範例 6.6 來測試這個函數功能。

7.24 以圖 6.4 及章節 6.3.2 為基礎，建立修正的割線法對應的 M-file，除了初始猜測值外，連同擾動的部分都一起作為參數傳遞，接著利用範例 6.8 來測試這個函數功能。

結語：第二篇
Epilogue: Part Two

PT2.4 折衷方案

表 PT2.3 提供了代數方程式及超越方程式勘根時所涉及的權衡關係摘要。雖然圖解法耗時，不過它們卻能提供對函數行為的理解，並且有助於辨識初始推測值及諸如多重根的潛在問題。因此，如果時間允許的話，簡易快速的草圖（或是更佳的電腦繪圖）能得到有關函數行為重要的訊息。

數值方法本身分成兩大類別：界定法及開放式方法。前者要求兩個初始推測值要落在根的兩邊；這個「界定」方式會隨著解的進行而維持下去，因此這類方法總會收斂。然而，這個性質卻必須付出收斂速率相對緩慢的代價。

表 PT2.3 各種代數方程式與超越方程式勘根方法的特性比較，這些比較是基於一般的經驗，並未考慮特殊函數的行為。

方法	類型	猜測值數目	收斂速度	穩定性	程式難易程度	註解
直接計算	解析式	—	—	—	—	
圖解法	圖像式	—	—	—	—	不精確
二分法	界定式	2	緩慢	通常穩定	簡易	
試位法	界定式	2	緩慢／中等	通常穩定	簡易	
修正的試位法	界定式	2	中等	通常穩定	簡易	
固定點迭代法	開放式	1	緩慢	可能發散	簡易	
牛頓-拉福森法	開放式	1	快速	可能發散	簡易	需要計算 $f'(x)$
修正的牛頓-拉福森法	開放式	1	對重根快速，對單根緩慢	可能發散	簡易	需要計算 $f'(x)$ 與 $f''(x)$
割線法	開放式	2	中等／快速	可能發散	簡易	初始猜測值不需界定根
修正的割線法	開放式	1	中等／快速	可能發散	簡易	
布列特法	混合式	1 或 2	中等	在兩個初始猜測值下通常收斂	中等	耐用
穆勒法	多項式	2	中等／快速	可能發散	中等	
貝爾斯托法	多項式	2	快速	可能發散	中等	

開放式方法和界定法不同之處在於使用單點（或是不必界定根以推斷出新根估計值的兩個值）的訊息。這個性質就像是一把雙面刃，雖然可以有較快的收斂速度，不過這樣算出來的解也可能會發散。一般而言，開放式方法的收斂性部分取決於初始推測值的特性以及函數的本質；當推測值越靠近真正的根，這些方法就越可能收斂。

在開放式方法中，由於標準的牛頓-拉福森法有二階收斂的特性，因此常常被拿來使用。然而，這個方法的主要缺點是必須以解析方法算出函數的導數。對於某些函數而言，這是不切實際的；在這些情況下，採用有限差分表示導數的割線法提供了可行的選擇方案。由於有限差分近似的關係，割線法的收斂速率初期比牛頓-拉福森法還慢。不過當根估計值逐漸精細化時，差分近似就變成真正導數的良好表示式，使得收斂速度迅速加快。對於重根，可利用修正的牛頓-拉福森法以達到快速收斂，不過這個方法需要一階與二階導數之解析式。

同時兼具界定法的可靠性與開放式方法收斂速度的混合式方法特別引人注目。布列特法藉由組合二分法與數種開放式方法來達成這樣的效果。所有的數值方法在電腦上撰寫程式的難易度都在簡易到中等之間，也都只需要極少的時間就能找出單根。以此為基礎，你可能會推論出：像二分法這樣簡單的方法在實務上已經足夠。如果你對於方程式的根只要計算一次，這當然是對的。但是，在工程中有很多問題都必須找出大量根的位置，這使得速度變得很重要。對於這些問題，緩慢的方法就表示非常耗時，所以成本昂貴。另一方面，收斂快速的開放式方法則可能有發散的風險，伴隨而來的延誤也可能代價昂貴。某些電腦演算法試著利用這兩類方法的優點，初期採用界定法逼近根，接著換成開放式方法迅速修正估計值。不論是使用單一的方法或是組合使用多種方法，收斂性與速度之間的權衡關係就是選取勘根方法的核心。

PT2.5 重要關聯及重要公式

表 PT2.4 摘錄了第二篇所提供的重要資訊，查詢此表就可快速找到重要的關聯及公式。

PT2.6 進階方法及附加的參考文獻

本書中的方法專注在以預估近似根的位置為基礎，找出代數或超越方程式的單一實根。我們也介紹了專門設計來找出多項式的實根與複數根的方法。關於這項主題的補充參考書目有 Ralston 與 Rabinowitz (1978)，以及 Carnahan、Luther、與 Wilkes (1969)。

除了穆勒法與貝爾斯托法之外，還有許多方法可以用來找出多項式的所有實

表 PT2.4 第二篇的重要資訊摘要。

方法	公式	圖形解釋	誤差與終止準則
二分法	$x_r = \dfrac{x_l + x_u}{2}$ 若 $f(x_l)f(x_r) < 0$,則 $x_u = x_r$ 若 $f(x_l)f(x_r) > 0$,則 $x_l = x_r$	界定法：	終止準則： $\left\| \dfrac{x_r^{new} - x_r^{old}}{x_r^{new}} \right\| 100\% \le \epsilon_s$
試位法	$x_r = x_u - \dfrac{f(x_u)(x_l - x_u)}{f(x_l) - f(x_u)}$ 若 $f(x_l)f(x_r) < 0$,則 $x_u = x_r$ 若 $f(x_l)f(x_r) > 0$,則 $x_l = x_r$		終止準則： $\left\| \dfrac{x_r^{new} - x_r^{old}}{x_r^{new}} \right\| 100\% \le \epsilon_s$
牛頓-拉福森法	$x_{i+1} = x_i - \dfrac{f(x_i)}{f'(x_i)}$		終止準則： $\left\| \dfrac{x_{i+1} - x_i}{x_{i+1}} \right\| 100\% \le \epsilon_s$ 誤差：$E_{i+1} = O(E_i^2)$
割線法	$x_{i+1} = x_i - \dfrac{f(x_i)(x_{i-1} - x_i)}{f(x_{i-1}) - f(x_i)}$		終止準則： $\left\| \dfrac{x_{i+1} - x_i}{x_{i+1}} \right\| 100\% \le \epsilon_s$

根。尤其是**差商演算法 (quotient difference (QD) algorithm)**（Henrici (1964) 及 Gerald 與 Wheatley (2004)）不需要初始推測值就可以找出所有的根。Ralston 與 Rabinowitz (1978)、Carnahan、Luther 與 Wilkes (1969) 書中也討論了這個方法還有其他找出多項式根位置的方法。也提到，詹金斯-特勞布法和拉蓋爾法也都被廣為採用。

總之，以上所述都是為了提供你深入探討這個主題的途徑。此外，以上所有的參考書目都介紹了第二篇所涵蓋的基本方法。我們建議你參閱這些資源以增廣你對勘根數值方法的瞭解。

第三篇　線性代數方程式
Linear Algebraic Equations

PT3.1　動機

在第二篇中，我們找出可符合單一方程式 $f(x)=0$ 之解 x。接下來，我們將討論同時符合以下聯立方程組之解 x_1、x_2、$\cdots$、x_n 的情形。

$$f_1(x_1, x_2, \ldots, x_n) = 0$$
$$f_2(x_1, x_2, \ldots, x_n) = 0$$
$$\vdots$$
$$f_n(x_1, x_2, \ldots, x_n) = 0$$

以上系統可為線性或非線性。在第三篇中，我們討論以下形式的**線性代數方程式 (linear algebraic equations)**

$$\begin{aligned} a_{11}x_1 + a_{12}x_2 + \cdots + a_{1n}x_n &= b_1 \\ a_{21}x_1 + a_{22}x_2 + \cdots + a_{2n}x_n &= b_2 \\ &\vdots \\ a_{n1}x_1 + a_{n2}x_2 + \cdots + a_{nn}x_n &= b_n \end{aligned} \tag{PT3.1}$$

其中 a_{ij} 為常數係數，b_i 為常數，n 為方程式數目。其餘所有的方程式皆為非線性。雖然在第 6 章中已經討論過非線性系統，但是我們在第 9 章中將會再度簡要說明。

PT3.1.1　不使用計算機來求解方程組的方法

小型 ($n \leq 3$) 的線性方程式（偶爾為非線性）可藉由較簡單的方法直接求解。第 9 章一開始將會回顧其中部分方法。至於四個（或更多）方程式的情況，由於解法變得較困難且必須使用到電腦，加上只有小型的方程組能徒手求解，因此，限制了許多工程應用問題的討論範圍。

在計算機發明之前，求解線性代數方程式之方法耗時且笨拙。由於這些方法通常都繁瑣難懂，因此限制了其創造性。而且有時為了過度強調這些方法，往往會忽

略求解過程中之公式化與詮釋（回想圖 PT1.1 以及附帶的討論）。

由於電腦的普及化，使得大型聯立線性代數方程式的求解變為可行，因此能處理更複雜且實際的問題。此外，由於可安排更多重點在問題公式化與解的詮釋上，因而將有更多的時間測試方法的創意。

PT3.1.2　線性代數方程式與工程實務

工程應用中的許多基本方程式都是以守恆定律為基礎而導出（回顧表 1.1）。若干耳熟能詳且符合這些定律的物理量有質量、能量與動量。從數學的觀點來看，這些定律引導出與**系統行為 (systm behavior)** 相關之平衡方程式或連續方程式，而系統行為則由針對**屬性 (property)** 或**特性 (characteristic)** 進行模型化之物理量的**水準 (level)** 或**反應 (response)**，搭配作用於系統之**外部刺激 (externa stimuli)** 或**外力函數 (forcing function)** 共同來表現。

例如，質量守恆原理可用來列出一串化學反應的運作模型（圖 PT3.1a）。其中已將各反應器內的化學藥品之質量。模型化而系統屬性則有化學藥品之反應特性、反應器大小及流率，至於外力函數則為化學藥品饋入系統之進料速率。

第二篇中已介紹如何以單組件系統產生一個可以用勘根求解的方程式。多組件系統則產生一組待解之聯立方程式。由於系統中每個部分皆受其他部分的影響，因此這些方程式相互耦合。例如圖 PT3.1a 中，4 號反應器接受來自 2 號及 3 號反應器的化學藥品輸入，因而它的反應取決於其餘這反應器的化學藥品量。

這些相依性通常可用如方程式 (PT3.1) 的線性代數形式來表示。x_i 是各個組件之反應大小的度量。以圖 PT3.1a 為例，可為第一個反應器中的總質量、x_2 則為第二個反應器中的總質量等。a 代表各組件間之交互作用的屬性和特性。譬如，圖

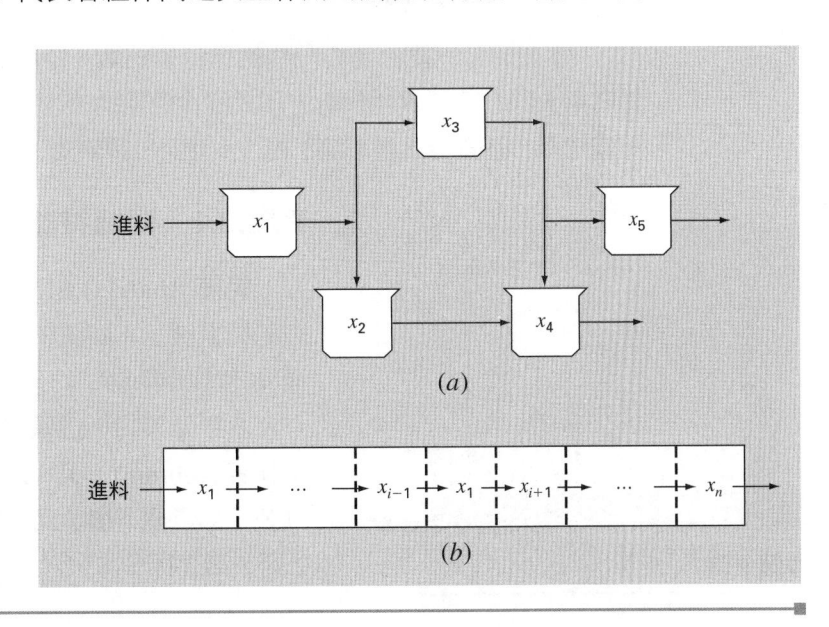

⊃ **圖 PT3.1**　兩種可用線性代數方程組模型化之系統：(a) 結合有限個組成成分之集總式變數系統；(b) 包含一個連續體之分散式變數系統。

PT3.1a 的 a_i 可為反應器間質量的流率。最後一點，b_i 通常代表著作用於系統之外力函數，如圖 PT3.1a 中的進料速率。第 12 章中將額外提供一些其他實際的工程應用問題。

上述多組件問題來自於**集總式 (lumped)**（巨觀）或**分散式 (distributed)**（微觀）變數數學模型（圖 PT3.1）。集總式變數問題涉及有限組件相互耦合，其中包括桁架（章節 12.2）、反應器（圖 PT3.1a 及章節 12.1）和電路（章節 12.3）。這些類型的問題使用的模型提供很少（或無空間方面）的細節。

反之，分散式變數問題嘗試以連續或半連續的基礎描述系統之空間上細節。沿著長矩形反應器（圖 PT3.1b）全長的化學藥品分布，是連續變數模型的範例之一。由守恆定律所導出的微分方程式指明了這種系統之因變數的分布。將這些微分方程式轉換成同義的聯立代數方程組後，可利用數值方法加以求解。這種方程組之解法在後續篇章中代表著一個主要的工程應用領域。由於每一位置之變數皆相依於毗鄰區域之變數，這些方程式將互相連結。例如，反應器中間的濃度為相鄰區域之濃度的函數。對於溫度或動量之空間分布，我們也能發展出類似的例子。這類問題將於稍後討論微分方程式時再做進一步討論。

除了實體系統之外，聯立線性代數方程式亦源自於各式各樣的數學問題，例如一些數學函數必須同時符合數個條件時所造成。各條件產生一個含有已知係數和未知變數的方程式。本篇所討論的方法可用來求解線性代數方程式的未知數。某些已廣為使用的數值方法也都採用聯立方程式，例如迴歸分析（第 14 章）與仿樣內插（第 15 章）。

PT3.2　數學背景

本書的每一篇都需要一些數學背景知識。矩陣記號與矩陣代數在第三篇中非常有用，因為可為線性代數方程式提供簡明的表達與操作方式。若你已熟悉矩陣的相關知識，請直接跳至章節 PT3.3。否則，請參閱以下為此主題所做的簡短介紹。

PT3.2.1　矩陣符號

矩陣 (matrix) 是由矩形的元素陣列所組成，以單一的符號表示。如圖 PT3.2，$[A]$ 為矩陣之速記記號，而 a_{ij} 代表矩陣個別的**元素 (element)**。

水平元素的集合稱作**列 (row)**，而垂直元素的集合稱作**行 (column)**。第一個下標 i 永遠代表著元素所在的列號。第二個下標 j 代表行號。例如，元素 a_{23} 位於第 2 列、第 3 行。

$$[A] = \begin{bmatrix} a_{11} & a_{12} & a_{13} & \cdots & a_{1m} \\ a_{21} & a_{22} & a_{23} & \cdots & a_{2m} \\ \vdots & & & & \vdots \\ a_{n1} & a_{n2} & a_{n3} & \cdots & a_{nm} \end{bmatrix}$$

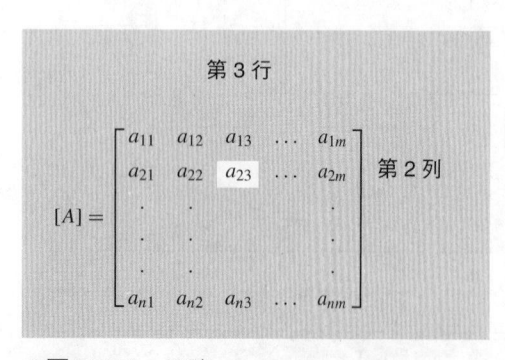

第 3 行

第 2 列

◯ **圖 PT3.2**　矩陣。

圖 PT3.2 中的矩陣維度為 n 乘 m（或 $n \times m$），代表有 n 列與 m 行。又稱作 n 乘 m 矩陣。

只有一列的矩陣（維度 $n = 1$），像是

$$[B] = [b_1 \quad b_2 \quad \cdots \quad b_m]$$

稱作**列向量 (row vector)**。為了簡化起見，請注意各元素之第一個下標皆被省略。此外，有時候我們採用一個特別的速記記號以區別列矩陣與其他型態的矩陣。方式之一是採用特殊的開頂方括弧，如 ⌊B⌋。

只有一行的矩陣（維度 $m = 1$），像是

$$[C] = \begin{bmatrix} c_1 \\ c_2 \\ \cdot \\ \cdot \\ \cdot \\ c_n \end{bmatrix}$$

稱作**行向量 (column vector)**。為了簡化起見，省略了第二個下標。與列向量一樣，有時我們希望採用一個特別的速記記號以區別行矩陣與其他型態的矩陣。方式之一是採用特殊的括弧，如 {C}。

$n = m$ 之矩陣稱作**方陣 (square matrix)**。例如，4 乘 4 方陣為

$$[A] = \begin{bmatrix} a_{11} & a_{12} & a_{13} & a_{14} \\ a_{21} & a_{22} & a_{23} & a_{24} \\ a_{31} & a_{32} & a_{33} & a_{34} \\ a_{41} & a_{42} & a_{43} & a_{44} \end{bmatrix}$$

由 a_{11}、a_{22}、a_{33}，以及 a_{44} 這些元素所組成的對角線稱作矩陣之**主對角線 (principal diagonal 或 main diagonal)**。

方陣的角色在求解聯立線性方程組時相形重要。對於這樣的系統，若方程式（對應至列）的數目和未知數（對應至行）的數目相同時，才可能有唯一解。因此，在處理這些系統時，會遇到係數方陣。方塊 PT3.1 會說明特殊型態的方陣。

方塊 PT3.1　特殊型態的方陣

有許多必須特別注意的重要特殊形式方陣：

對於所有的 i 和 j，**對稱矩陣 (symmetric matrix)** 存在 $a_{ij}=a_{ji}$ 的性質。例如以下為 3 乘 3 對稱矩陣。

$$[A] = \begin{bmatrix} 5 & 1 & 2 \\ 1 & 3 & 7 \\ 2 & 7 & 8 \end{bmatrix}$$

對角矩陣 (diagonal matrix) 是所有非主對角線元素皆為零的方陣，例如

$$[A] = \begin{bmatrix} a_{11} & & & \\ & a_{22} & & \\ & & a_{33} & \\ & & & a_{44} \end{bmatrix}$$

其中大量的元素區塊為零，因此將此部分留為空白。

單位矩陣 (identity matrix) 則為主對角線上元素全部等於 1 的對角矩陣，例如

$$[I] = \begin{bmatrix} 1 & & & \\ & 1 & & \\ & & 1 & \\ & & & 1 \end{bmatrix}$$

單位矩陣有類似於單位元素之性質，以符號 $[I]$ 表示。

上三角矩陣 (upper triangular matrix) 是主對角線下方所有元素皆為零的特殊矩陣，例如

$$[A] = \begin{bmatrix} a_{11} & a_{12} & a_{13} & a_{14} \\ & a_{22} & a_{23} & a_{24} \\ & & a_{33} & a_{34} \\ & & & a_{44} \end{bmatrix}$$

下三角矩陣 (lower triangular matrix) 是主對角線上方所有元素皆為零的特殊矩陣，例如

$$[A] = \begin{bmatrix} a_{11} & & & \\ a_{21} & a_{22} & & \\ a_{31} & a_{32} & a_{33} & \\ a_{41} & a_{42} & a_{43} & a_{44} \end{bmatrix}$$

帶狀矩陣 (banded matrix) 除了在以主對角線為中心的帶狀區域外，其他所有的元素皆等於零：

$$[A] = \begin{bmatrix} a_{11} & a_{12} & & \\ a_{21} & a_{22} & a_{23} & \\ & a_{32} & a_{33} & a_{34} \\ & & a_{43} & a_{44} \end{bmatrix}$$

以上矩陣帶寬為 3，又稱**三對角線矩陣 (tridiagonal matrix)**。

PT3.2.2 矩陣運算規則

在說明矩陣定義之後，接著將定義一些矩陣的運算規則。兩個 n 乘 m 矩陣相等，若且唯若兩個矩陣的每一個對應元素皆相等。也就是，對於所有的 i 和 j，若有 $a_{ij}=b_{ij}$，則 $[A]=[B]$。

兩個矩陣 $[A]$ 和 $[B]$ 之**加法 (addition)**，是將各矩陣的對應元素相加。所產生的矩陣 $[C]$ 元素為

$$c_{ij} = a_{ij} + b_{ij}$$

對於所有的 $i=1$、2、$\cdots$、n，和 $j=1$、2、$\cdots$、m。同樣地，兩個矩陣之**減法 (subtraction)**，（[E] 減 [F]）則是將對應元素相減，例如

$$d_{ij} = e_{ij} - f_{ij}$$

對於所有的 $i=1$、2、$\cdots$、n，和 $j=1$、2、$\cdots$、m。由上述定義立即可知加法和減法僅能在有相同維度的矩陣間執行。

加減法符合**交換律 (commutative)**：

$$[A] + [B] = [B] + [A]$$

加減法亦符合**結合律 (associative)**，即

$$([A] + [B]) + [C] = [A] + ([B] + [C])$$

矩陣 [A] 與純量 g 之**乘法 (multiplication)** 則是將的每一個元素都乘上純量，即

$$[D] = g[A] = \begin{bmatrix} ga_{11} & ga_{12} & \cdots & ga_{1m} \\ ga_{21} & ga_{22} & \cdots & ga_{2m} \\ \cdot & \cdot & & \cdot \\ \cdot & \cdot & & \cdot \\ \cdot & \cdot & & \cdot \\ ga_{n1} & ga_{n2} & \cdots & ga_{nm} \end{bmatrix}$$

兩矩陣的**乘積 (product)**，記作 [C]=[A][B]，其中 [C] 的元素定義為（方塊 PT3.2 中將以簡單的概念說明矩陣的乘法）

$$c_{ij} = \sum_{k=1}^{n} a_{ik} b_{kj} \qquad \textbf{(PT3.2)}$$

其中 n=[A] 之行維度與 [B] 之列維度。即 c_{ij} 元素是將第一個矩陣 [A] 的第 i 列元素與第二個矩陣 [B] 之第 j 行元素的個別乘積進行加總。

依據此定義，兩矩陣之乘法僅當第一個矩陣的行數和第二個矩陣的列數一樣時才可執行。因此，若 [A] 為 n 乘 m 矩陣，[B] 可為 m 乘 l 矩陣。此時，所產生的 [C] 矩陣之維度將是 n 乘 l。不過，如果 [B] 是 l 乘 m 矩陣，則無法執行乘法。圖 PT3.3 是一種檢驗兩個矩陣是否能夠相乘的簡單方法。

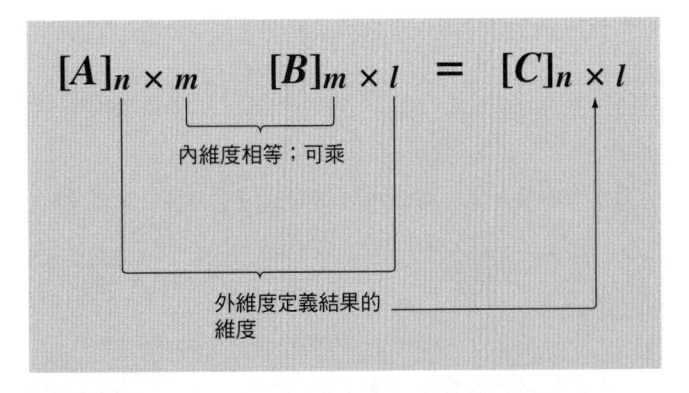

$$[A]_{n \times m} \quad [B]_{m \times l} = [C]_{n \times l}$$

內維度相等；可乘

外維度定義結果的維度

⊃ 圖 **PT3.3**

方塊 PT3.2　將兩矩陣相乘的簡單方法

縱使 (PT3.2) 式很適合在電腦上完成，不過它並非想像兩個矩陣相乘機制的最簡單方式。以下的討論提供此運算更實質的表達方式。

假定我們想要將 [X] 乘以 [Y] 以產生 [Z]，

$$[Z] = [X][Y] = \begin{bmatrix} 3 & 1 \\ 8 & 6 \\ 0 & 4 \end{bmatrix} \begin{bmatrix} 5 & 9 \\ 7 & 2 \end{bmatrix}$$

想像 [Z] 之計算方法的簡單方式是提升 [Y]，如

$$\begin{array}{c} \Uparrow \\ \begin{bmatrix} 5 & 9 \\ 7 & 2 \end{bmatrix} \leftarrow [Y] \\ [X] \rightarrow \begin{bmatrix} 3 & 1 \\ 8 & 6 \\ 0 & 4 \end{bmatrix} \begin{bmatrix} ? \end{bmatrix} \leftarrow [Z] \end{array}$$

此時可在 [Y] 騰出的空位計算出答案 [Z]。這種格式有效，因它將欲相乘之適當的列與行調整至適當的位置。例如，根據 (PT3.2) 式，z_{11} 是藉由將 [X] 的第一列和 [Y] 的第一行相乘而得。這相當於將 x_{11} 和 y_{11} 之乘積與 x_{12} 和 y_{21} 之乘積相加，如

$$\begin{bmatrix} 5 & 9 \\ 7 & 2 \end{bmatrix}$$
$$\downarrow$$
$$\begin{bmatrix} 3 & 1 \\ 8 & 6 \\ 0 & 4 \end{bmatrix} \rightarrow \begin{bmatrix} 3 \times 5 + 1 \times 7 = 22 \end{bmatrix}$$

於是，z_{11} 等於 22。依類似的方式可算出元素，如

$$\begin{bmatrix} 5 & 9 \\ 7 & 2 \end{bmatrix}$$
$$\downarrow$$
$$\begin{bmatrix} 3 & 1 \\ 8 & 6 \\ 0 & 4 \end{bmatrix} \rightarrow \begin{bmatrix} 22 \\ 8 \times 5 + 6 \times 7 = 82 \end{bmatrix}$$

以此方式持續計算，將列與行調整至適當位置，產生的結果為

$$[Z] = \begin{bmatrix} 22 & 29 \\ 82 & 84 \\ 28 & 8 \end{bmatrix}$$

由這個簡單的方法可清楚瞭解為何當第一個矩陣的行數和第二個矩陣的列數不相等時，兩個矩陣不可能乘得起來。此外，注意它如何說明了乘法的次序很要緊（亦即，矩陣乘法不可交換）。

若矩陣的維度恰當，則矩陣乘法符合**結合律 (associative)**

$$([A][B])[C] = [A]([B][C])$$

與**分配律 (distributive)**

$$[A]([B] + [C]) = [A][B] + [A][C]$$

或

$$([A] + [B])[C] = [A][C] + [B][C]$$

然而，乘法一般都不會符合**交換律 (commutative)**，即：

$$[A][B] \neq [B][A]$$

亦即，乘法的次序很重要。

圖 PT3.4 呈現的是 n 乘 m 的矩陣 $[A]$ 乘以 m 乘 l 的矩陣 $[B]$ 之虛擬程式碼，並將結果存放於 n 乘 l 的矩陣 $[C]$。請注意：我們並不將內積直接積存在 $[C]$，而是集於臨時的變數「sum」。這麼做的原因有兩種：第一，使它更有效率，因為電腦僅需要決定 $c_{i,j}$ 之位置 $n \times l$ 次，而不是 $n \times l \times m$ 次；第二，乘法之精度可藉由宣告「sum」為雙倍精度變數而大幅改良（回想 3.4.2 節中有關內積的討論）。

```
SUBROUTINE Mmult (a, b, c, m, n, l)
DOFOR i = 1, n
  DOFOR j = 1, l
    sum = 0.
    DOFOR k = 1, m
      sum = sum + a(i,k) · b(k,j)
    END DO
    c(i,j) = sum
  END DO
END DO
```

◯ **圖 PT3.4**

雖然乘法可行，不過矩陣除法卻是一個未定義的運算。然而，若矩陣 $[A]$ 為方陣且非奇異 (nonsingular)，則存在另一個矩陣 $[A]^{-1}$，稱作 $[A]$ 之**逆矩陣 (inverse)**，使得

$$[A][A]^{-1} = [A]^{-1}[A] = [I] \qquad \textbf{(PT3.3)}$$

因此，矩陣與其逆矩陣相乘類似於除法，意義上等同於「一數除以本身等於 1」。即矩陣和其逆之乘法，將導出單位矩陣（回想方塊 PT3.1）。

二維方陣之逆矩陣可簡單表成

$$[A]^{-1} = \frac{1}{a_{11}a_{22} - a_{12}a_{21}} \begin{bmatrix} a_{22} & -a_{12} \\ -a_{21} & a_{11} \end{bmatrix} \qquad \textbf{(PT3.4)}$$

對於高維度的矩陣，其類似的公式更複雜。第 10 章和第 11 章將致力於討論一些利用數值公式與電腦計算這類系統之逆矩陣的方法。

矩陣的**轉置 (transpose)** 和**跡 (trace)** 是另外兩種重要的運算。矩陣的轉置，是將其列轉成行，行轉成列。例如，對於 4×4 矩陣

$$[A] = \begin{bmatrix} a_{11} & a_{12} & a_{13} & a_{14} \\ a_{21} & a_{22} & a_{23} & a_{24} \\ a_{31} & a_{32} & a_{33} & a_{34} \\ a_{41} & a_{42} & a_{43} & a_{44} \end{bmatrix}$$

其轉置記作 $[A]^T$，定義成

$$[A]^T = \begin{bmatrix} a_{11} & a_{21} & a_{31} & a_{41} \\ a_{12} & a_{22} & a_{32} & a_{42} \\ a_{13} & a_{23} & a_{33} & a_{43} \\ a_{14} & a_{24} & a_{34} & a_{44} \end{bmatrix}$$

換句話說，轉置之元素 a_{ij} 等於原矩陣之 a_{ji} 元素。

「轉置」在矩陣代數中有各式各樣的功能。其中一個簡單的好處是它容許將行向量寫成一列。例如，若

$$\{C\} = \begin{Bmatrix} c_1 \\ c_2 \\ c_3 \\ c_4 \end{Bmatrix}$$

則

$$\{C\}^T = \lfloor c_1 \quad c_2 \quad c_3 \quad c_4 \rfloor$$

其中上標 T 代表轉置。舉例來說，在草稿中寫下行向量時，如此做可節省空間。此外，矩陣轉置在數學領域也有非常多的應用。

矩陣的**跡**為其主對角線之元素總和，記作 tr $[A]$，計算方式為

$$\text{tr }[A] = \sum_{i=1}^{n} a_{ii}$$

在我們的討論中用到的最後一種矩陣運算為**增廣 (augmentation)**。矩陣之增廣方式為對原矩陣加入一行或數行。例如，假定我們有一個係數矩陣：

$$[A] = \begin{bmatrix} a_{11} & a_{12} & a_{13} \\ a_{21} & a_{22} & a_{23} \\ a_{31} & a_{32} & a_{33} \end{bmatrix}$$

我們希望將矩陣 $[A]$ 加入一個單位矩陣（回想方塊 PT3.1）成增廣成 的矩陣：

$$[A] = \begin{bmatrix} a_{11} & a_{12} & a_{13} & \vdots & 1 & 0 & 0 \\ a_{21} & a_{22} & a_{23} & \vdots & 0 & 1 & 0 \\ a_{31} & a_{32} & a_{33} & \vdots & 0 & 0 & 1 \end{bmatrix}$$

當我們必須對兩個矩陣執行一組相同的運算時，這樣的表示式有用處。我們可對單一的增廣矩陣執行運算，而不必對兩個個別的矩陣運算。

PT3.2.3 線性代數方程式的矩陣表示法

很明顯地,矩陣提供了簡明的記號以表現聯立的線性方程式。例如,(PT3.1) 式可表為

$$[A]\{X\} = \{B\} \tag{PT3.5}$$

其中 $[A]$ 為以下的 $n \times n$ 係數方陣,

$$[A] = \begin{bmatrix} a_{11} & a_{12} & \cdots & a_{1n} \\ a_{21} & a_{22} & \cdots & a_{2n} \\ \cdot & \cdot & & \cdot \\ \cdot & \cdot & & \cdot \\ \cdot & \cdot & & \cdot \\ a_{n1} & a_{n2} & \cdots & a_{nn} \end{bmatrix}$$

$\{B\}$ 為 $n \times 1$ 的常數行向量,

$$\{B\}^T = \lfloor b_1 \quad b_2 \quad \cdots \quad b_n \rfloor$$

而 $\{X\}$ 為 $n \times 1$ 的未知數行向量:

$$\{X\}^T = \lfloor x_1 \quad x_2 \quad \cdots \quad x_n \rfloor$$

回想矩陣乘法之定義(方程式 (PT3.2) 或方塊 PT3.2),並確認方程式 (PT3.1) 與 (PT3.5) 等價。此外,方程式 (PT3.5) 中第一個矩陣 $[A]$ 之行數 n 和第二個矩陣 $\{X\}$ 之列數 n 相等,因此會是一個合法的矩陣乘法。

此部分將致力於求方程式 (PT3.5) 中的解 $\{X\}$。利用矩陣代數求解的正統方法是在方程式兩邊同時乘上 $[A]$ 的逆矩陣

$$[A]^{-1}[A]\{X\} = [A]^{-1}\{B\}$$

由於 $[A]^{-1}[A]$ 等於單位矩陣,因此方程式變成

$$\{X\} = [A]^{-1}\{B\} \tag{PT3.6}$$

因此解得此方程式之 $\{X\}$。這是逆矩陣在矩陣代數中類似於除法的另一個例子。應注意的是,此方法對求解方程組並不是一個非常有效率的方式。後續介紹的數值演算法均採用其他的方法。然而,如同第 10 章所討論,逆矩陣在這類系統之工程上的分析具有相當高的價值。

最後,我們偶爾會發現利用 $\{B\}$ 將 $[A]$ 增廣很有用。例如,若 $n = 3$,這會產生一個 3×4 維的矩陣:

$$[A] = \begin{bmatrix} a_{11} & a_{12} & a_{13} & \vdots & b_1 \\ a_{21} & a_{22} & a_{23} & \vdots & b_2 \\ a_{31} & a_{32} & a_{33} & \vdots & b_3 \end{bmatrix} \tag{PT3.7}$$

由於許多求解線性系統的方法對係數矩陣的列與相對應的右手邊常數執行相同的運算，因此常會將方程式表為此形式。例如方程式 (PT3.7) 中，我們可以在增廣矩陣的各列僅執行一次運算，而不必分別在係數矩陣和右手邊向量各執行一次運算。

PT3.3 學習方針

在進行數值方法之前，進一步指出學習方針應該有所幫助。以下將簡短的描述第三篇所討論的題材。我們也列出了一些學習目標，幫助讀者集中學習重點。

PT3.3.1 眼界與預覽

圖 PT3.5 提供了第三篇之概觀。第 9 章探討求解線性代數系統的最基本手法：**高斯消去法 (Gauss elimination)**。在積極著手討論此方法細節前，會先介紹求解小型系統的簡單方法。並且從視覺的角度提供求解方法。事實上這些「消除未知數」的方法正是高斯消去法的基礎。

在預備題材後，本文討論「非正式」高斯消去法。我們先從「陽春」版開始，專注於基本方法，而不是複雜的細節。在後續幾節中，我們討論非正式高斯消去法的潛在問題，並且提出相關修正方法，以減少或避免這些問題的影響。討論的重點將放在列交換的過程，或是所謂**部分樞軸化法 (partial pivoting)**。

第 10 章一開始舉例說明如何利用 *LU* **分解** (*LU* decomposition) 完成高斯消去法的求解。當有許多右手邊向量須求值時，這類解法就非常有價值，此特性也在矩陣求逆 (matrix inverse) 中提供有效的計算方式，且在工程實務也上有極大的用途。本章最後將討論矩陣的條件，並介紹**條件數 (condition number)** 的概念，以測量病態條件矩陣求解過程中可能產生的有效準確位數損失。

第 11 章之初，將重點放在有廣泛工程應用之特殊類型的方程組，尤其是求解**三對角線 (tridiagonal)** 系統之有效方法。接著，本章將重點放在另一種稱作**高斯-賽德法 (Gauss-Seidel method)** 的方法。此方法類似於第 6 章所討論的方程式勘根近似法，也就是此方法涉及解的猜測，然後利用迭代獲得更精確的估計。本章最後會利用套裝軟體及程式庫進行線性代數方程式的求解。

第 12 章以實例說明如何實際應用這些方法求解問題。與本書其他部分相同，應用問題取材自所有工程的領域。

最後，第三篇的結語回顧與討論有關工程實務上執行這些方法的折衷方案。此節亦對線性代數方程式之重要公式與進階方法進行總結。並提供做為測驗前、或畢業後成為線性代數方程式專家時的參考依據。

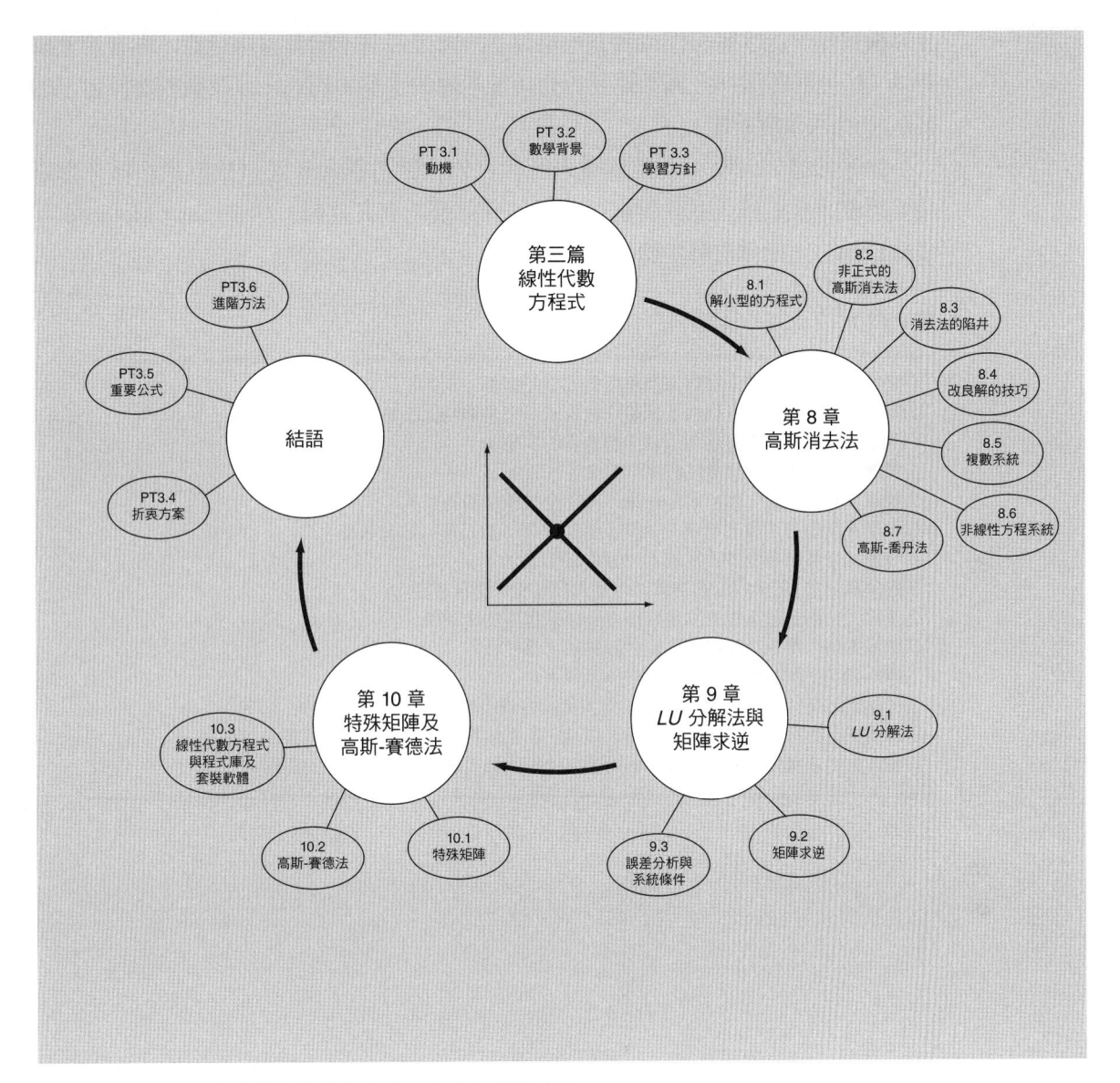

● **圖 PT3.5** 第三篇「線性代數方程式」內容之組織略圖。

PT3.3.2 目標

學習目標： 完成第三篇之後，你應該能求解涉及線性代數方程式之問題，並且看出這些方程式在許多工程領域的應用價值。你應力求專精數種方法，並評定其可靠性。你應瞭解挑選特定問題之「最佳」解法所涉及的權衡。除了這些一般性的目標之外，應吸收並掌握表 PT3.1 所列的特定觀念。

計算機目標：能求解線性代數方程組與逆矩陣是最基本的計算機目標。你會希望擁有以 LU 分解所發展之滿矩陣及三對角線矩陣的求解副程式，以及擁有屬於自己的高斯-賽德法求解軟體。

你應知道如何使用套裝軟體求解線性的代數方程式，並且找出逆矩陣。你應該熟悉軟體程式庫，並且瞭解如何在廣受歡迎的套裝軟體（如 Excel、Mathcad 和 MATLAB）上操作求解步驟的計算。

表 PT3.1　第三篇的具體學習目標。

---

1. 瞭解病態系統的圖形解釋以及與行列式間的關係。
2. 熟悉：前向消去、逆代換、樞軸化方程式，以及樞軸化係數等術語。
3. 瞭解除以零、捨入誤差，以及病態條件的問題。
4. 瞭解如何利用高斯消去法計算行列式。
5. 瞭解樞軸的好處；瞭解局部樞軸化與完全樞軸之間的差異。
6. 瞭解高斯消去法與高斯-喬丹法間的基本差異，以及何者較有效率。
7. 瞭解如何將高斯消去法寫成 LU 分解法的公式。
8. 瞭解如何在 LU 分解法的演算法中加入樞軸化和矩陣求逆。
9. 瞭解如何解釋在工程上刺激反應之計算過程中的逆矩陣之元素。
10. 瞭解如何利用逆矩陣和矩陣範數計算系統條件數。
11. 瞭解如何分解並有效求解帶狀對稱系統。
12. 瞭解何以高斯-賽德法特別適用在大型稀疏方程組的求解。
13. 瞭解如何評定方程組的對角優勢，以及它和系統可否以高斯-賽德法求解有何關聯。
14. 瞭解鬆弛法背後的基本原理、低鬆弛與過鬆弛分別適用於哪一方面的問題。

CHAPTER 8

高斯消去法
Gauss Elimination

本章將討論可表示成以下形式之聯立線性代數方程式：

$$a_{11}x_1 + a_{12}x_2 + \cdots + a_{1n}x_n = b_1$$
$$a_{21}x_1 + a_{22}x_2 + \cdots + a_{2n}x_n = b_2$$
$$\vdots$$
$$a_{n1}x_1 + a_{n2}x_2 + \cdots + a_{nn}x_n = b_n$$

(8.1)

其中 a_{ij} 皆為固定的係數，且 b_i 為常數。

此稱作**高斯消去法 (Gauss elimination)**，因其將方程式組合起來以消去未知數。雖然它是求解聯立方程式早期的方法，不過仍然是時下所用最重要的演算法之一，同時也是許多受歡迎的套裝軟體用以求解線性方程式之基礎。

8.1 解小型的方程式

在進行電腦方法之前，我們將先描述幾種不必用到電腦，且適於求解小型 ($n \leq 3$) 之聯立方程組的方法。即：圖解法、克拉馬法則及未知數消去法。

8.1.1 圖解法

將兩方程式繪於直角座標上，其中一個軸對應至 x_1，另一個軸對應至 x_2，即可得到圖形解。由於我們提到的是線性系統，且各方程式都是直線，因此可由一般性的方程式：

$$a_{11}x_1 + a_{12}x_2 = b_1$$
$$a_{21}x_1 + a_{22}x_2 = b_2$$

由兩方程式皆可解得 x_2：

$$x_2 = -\left(\frac{a_{11}}{a_{12}}\right)x_1 + \frac{b_1}{a_{12}}$$

$$x_2 = -\left(\frac{a_{21}}{a_{22}}\right)x_1 + \frac{b_2}{a_{22}}$$

此時這些方程式都是直線的形式;也就是 x_2 = (斜率) x_1 + 截距。這些直線可以在直角座標上以 x_2 為縱座標及 x_1 為橫座標描繪而得。兩線相交處之 x_1 和 x_2 的值就代表著解。

範例 8.1　兩方程式之圖解法

問題描述:利用圖解法求解

$$3x_1 + 2x_2 = 18 \quad \text{(E8.1.1)}$$
$$-x_1 + 2x_2 = 2 \quad \text{(E8.1.2)}$$

解法:令 x_1 為橫座標。求解方程式 (E8.1.1) 中之 x_2:

$$x_2 = -\frac{3}{2}x_1 + 9$$

參考圖 8.1 可看到這是一條截距為 9,斜率為 $-3/2$ 的直線。

由方程式 (E8.1.2) 亦可解得 x_2:

$$x_2 = \frac{1}{2}x_1 + 1$$

亦繪於圖 8.1 中。解就是兩線於 $x_1 = 4$ 且 $x_2 = 3$ 的交點處。將這些值代入原方程式可以檢驗此結果:

$$3(4) + 2(3) = 18$$
$$-(4) + 2(3) = 2$$

結果與原方程式之右手邊完全相等。

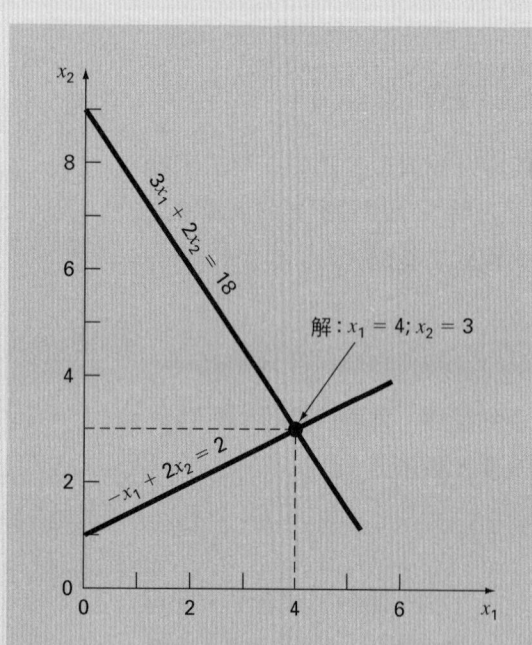

◐ **圖 8.1**　兩聯立線性代數方程式之圖形解。兩線的交點表示解。

對於三個聯立方程式,各個方程式在三維座標系統中均為平面所代表。這三個平面的交點就是聯立方程式的解。方程式數目超過三個時,圖解法會出狀況,因而對求解聯立方程式沒什麼效果。不過,有時要觀察解的性質時,仍有其可用之處。舉例來說,圖 8.2 描繪出求解線性方程組時可能出現的三種問題。圖 8.2a 顯示兩

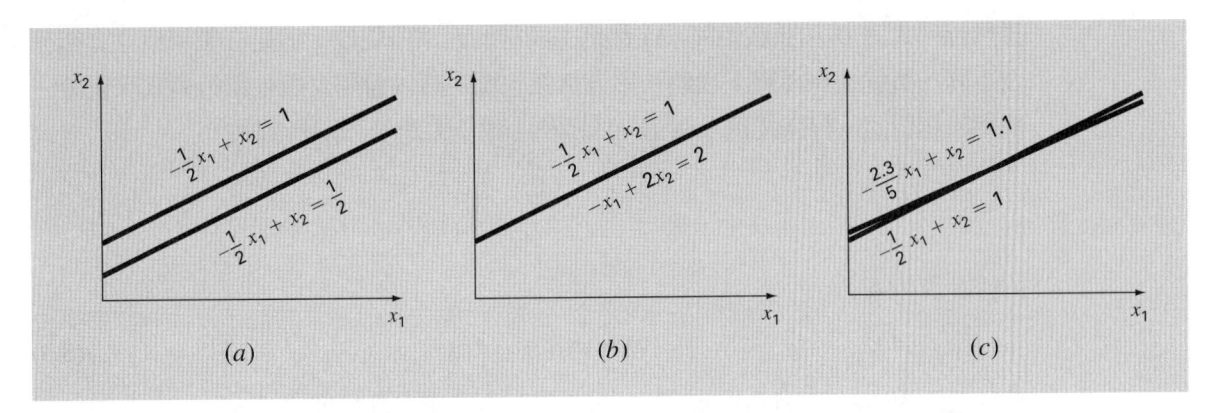

○ **圖 8.2** 圖示說明退化系統和病態條件系統：(a) 無解；(b) 無限多個解；(c) 病態條件系統，兩斜率太接近而難以目視交點。

方程式為平行直線的情形。此情形下因為兩直線永不交會，所以解不存在。圖 8.2b 顯示兩直線重疊，因此有無限多個解。這兩種系統都稱作**奇異 (singular)** 系統。此外，非常接近奇異系統時也可能產生問題（圖 8.2c）。這些系統稱為**病態 (ill-conditioned)** 系統。以圖形上來說，這表示我們難以確認這些直線相交點的正確位置。當我們以數值方法求解病態系統的線性方程式時，由於相當容易受捨入誤差的影響（見 4.2.3 節），因此求解時也會產生問題。

8.1.2 行列式和克拉馬法則

克拉馬法則 (Cramer's rule) 是另一個常用於求解小型方程組的解法。在描述此方法之前，我們先簡短地介紹應用克拉馬法則時所需引用的行列式概念。此外，行列式與病態條件矩陣的計算也有關聯。

行列式 (determinant)　我們用以下三個方程式的系統來說明行列式，

$$[A]\{X\} = \{B\}$$

其中 [A] 為係數矩陣：

$$[A] = \begin{bmatrix} a_{11} & a_{12} & a_{13} \\ a_{21} & a_{22} & a_{23} \\ a_{31} & a_{32} & a_{33} \end{bmatrix}$$

此系統之行列式值 D 是由此方程式之係數所形成，如下：

$$D = \begin{vmatrix} a_{11} & a_{12} & a_{13} \\ a_{21} & a_{22} & a_{23} \\ a_{31} & a_{32} & a_{33} \end{vmatrix} \qquad (8.2)$$

雖然行列式值 D 和係數矩陣 $[A]$ 都是由同樣的元素所組成，但是在數學概念上卻完全不同。這就是在視覺上我們利用方括弧包圍矩陣，而用直線包圍行列式來區分。與矩陣相對照，行列式是一個單一的數值。舉例來說，二階行列式

$$D = \begin{vmatrix} a_{11} & a_{12} \\ a_{21} & a_{22} \end{vmatrix}$$

的值計算如下：

$$D = a_{11}a_{22} - a_{12}a_{21} \tag{8.3}$$

對於三階的情形（方程式 (8.2)），可由以下方式算出其行列式值，

$$D = a_{11}\begin{vmatrix} a_{22} & a_{23} \\ a_{32} & a_{33} \end{vmatrix} - a_{12}\begin{vmatrix} a_{21} & a_{23} \\ a_{31} & a_{33} \end{vmatrix} + a_{13}\begin{vmatrix} a_{21} & a_{22} \\ a_{31} & a_{32} \end{vmatrix} \tag{8.4}$$

其中的 2×2 行列式皆稱作**子行列式 (minor)**。

範例 8.2　行列式

問題描述：計算圖 8.1 和 8.2 所示之系統的行列式值。

解法：對於圖 8.1：

$$D = \begin{vmatrix} 3 & 2 \\ -1 & 2 \end{vmatrix} = 3(2) - 2(-1) = 8$$

對於圖 8.2a：

$$D = \begin{vmatrix} -1/2 & 1 \\ -1/2 & 1 \end{vmatrix} = \frac{-1}{2}(1) - 1\left(\frac{-1}{2}\right) = 0$$

對於圖 8.2b：

$$D = \begin{vmatrix} -1/2 & 1 \\ -1 & 2 \end{vmatrix} = \frac{-1}{2}(2) - 1(-1) = 0$$

對於圖 8.2c：

$$D = \begin{vmatrix} -1/2 & 1 \\ -2.3/5 & 1 \end{vmatrix} = \frac{-1}{2}(1) - 1\left(\frac{-2.3}{5}\right) = -0.04$$

在前一個範例中，奇異系統的行列式值為零。除此之外，其結果亦暗示著幾乎奇異之系統（圖 8.2c）的行列式值會很接近零。在我們後續討論病態條件時，我們將更進一步討論（參考第 8.3.3 節）。

克拉馬法則 (Cramer's rule)　此法則是敘述「線性代數方程組中，各個未知數皆可用分子與分母也都是行列式值的分數來表示，其中分母為 D，而分子是由常數 b_1, b_2, …, b_n 取代 D 中未知數所在的係數行而成」。譬如 x_1 之計算方法為：

$$x_1 = \frac{\begin{vmatrix} b_1 & a_{12} & a_{13} \\ b_2 & a_{22} & a_{23} \\ b_3 & a_{32} & a_{33} \end{vmatrix}}{D} \tag{8.5}$$

範例 8.3　克拉馬法則

問題描述：利用克拉馬法則，求解

$$0.3x_1 + 0.52x_2 + x_3 = -0.01$$
$$0.5x_1 + x_2 + 1.9x_3 = 0.67$$
$$0.1x_1 + 0.3x_2 + 0.5x_3 = -0.44$$

解法：行列式 D 可寫成（方程式 (8.2)）

$$D = \begin{vmatrix} 0.3 & 0.52 & 1 \\ 0.5 & 1 & 1.9 \\ 0.1 & 0.3 & 0.5 \end{vmatrix}$$

子行列式為（方程式 (8.3)）

$$A_1 = \begin{vmatrix} 1 & 1.9 \\ 0.3 & 0.5 \end{vmatrix} = 1(0.5) - 1.9(0.3) = -0.07$$

$$A_2 = \begin{vmatrix} 0.5 & 1.9 \\ 0.1 & 0.5 \end{vmatrix} = 0.5(0.5) - 1.9(0.1) = 0.06$$

$$A_3 = \begin{vmatrix} 0.5 & 1 \\ 0.1 & 0.3 \end{vmatrix} = 0.5(0.3) - 1(0.1) = 0.05$$

利用這些可以求出行列式值，如同（方程式 (8.4)）：

$$D = 0.3(-0.07) - 0.52(0.06) + 1(0.05) = -0.0022$$

應用方程式 (8.5) 式，解為

$$x_1 = \frac{\begin{vmatrix} -0.01 & 0.52 & 1 \\ 0.67 & 1 & 1.9 \\ -0.44 & 0.3 & 0.5 \end{vmatrix}}{-0.0022} = \frac{0.03278}{-0.0022} = -14.9$$

$$x_2 = \frac{\begin{vmatrix} 0.3 & -0.01 & 1 \\ 0.5 & 0.67 & 1.9 \\ 0.1 & -0.44 & 0.5 \end{vmatrix}}{-0.0022} = \frac{0.0649}{-0.0022} = -29.5$$

$$x_3 = \frac{\begin{vmatrix} 0.3 & 0.52 & -0.01 \\ 0.5 & 1 & 0.67 \\ 0.1 & 0.3 & -0.44 \end{vmatrix}}{-0.0022} = \frac{-0.04356}{-0.0022} = 19.8$$

對於三個以上的方程式，克拉馬法則變得不實用，因為當方程式數目增加時，徒手（或由電腦）求行列式值非常耗時，因此需要採用其他更有效率的方法。這些方法有若干會以下一節所討論的「未知數消去法」為基礎。

8.1.3 未知數消去法

將方程式組合起來的未知數消去法是一種代數處理。以兩個方程式的方程組為例：

$$a_{11}x_1 + a_{12}x_2 = b_1 \tag{8.6}$$

$$a_{21}x_1 + a_{22}x_2 = b_2 \tag{8.7}$$

基本的策略是將兩個方程式分別乘以某常數，使得其中一個未知數在兩方程式合併時能夠消掉。剩下的未知數就能由所得到的單一方程式解得。接著再將此值代入原方程組中的任何一式，便可算出另一個變數。

例如，可將方程式 (8.6) 乘以 a_{21}，方程式 (8.7) 乘以 a_{11}，得到

$$a_{11}a_{21}x_1 + a_{12}a_{21}x_2 = b_1 a_{21} \tag{8.8}$$

$$a_{21}a_{11}x_1 + a_{22}a_{11}x_2 = b_2 a_{11} \tag{8.9}$$

因此，方程式 (8.9) 減方程式 (8.8) 會消去 x_1 項，產生

$$a_{22}a_{11}x_2 - a_{12}a_{21}x_2 = b_2 a_{11} - b_1 a_{21}$$

由此可解得

$$x_2 = \frac{a_{11}b_2 - a_{21}b_1}{a_{11}a_{22} - a_{12}a_{21}} \tag{8.10}$$

將方程式 (8.10) 代入方程式 (8.6) 後，可解出

$$x_1 = \frac{a_{22}b_1 - a_{12}b_2}{a_{11}a_{22} - a_{12}a_{21}} \tag{8.11}$$

請注意，可直接利用克拉馬法則得到方程式 (8.10) 及方程式 (8.11)，也就是

$$x_1 = \frac{\begin{vmatrix} b_1 & a_{12} \\ b_2 & a_{22} \end{vmatrix}}{\begin{vmatrix} a_{11} & a_{12} \\ a_{21} & a_{22} \end{vmatrix}} = \frac{b_1 a_{22} - a_{12} b_2}{a_{11} a_{22} - a_{12} a_{21}}$$

$$x_2 = \frac{\begin{vmatrix} a_{11} & b_1 \\ a_{21} & b_2 \end{vmatrix}}{\begin{vmatrix} a_{11} & a_{12} \\ a_{21} & a_{22} \end{vmatrix}} = \frac{a_{11} b_2 - b_1 a_{21}}{a_{11} a_{22} - a_{12} a_{21}}$$

範例 8.4　未知數消去法

問題描述：利用未知數消去法求解（參考範例 8.1）

$$3x_1 + 2x_2 = 18$$
$$-x_1 + 2x_2 = 2$$

解法：利用方程式 (8.11) 及方程式 (8.10)，

$$x_1 = \frac{2(18) - 2(2)}{3(2) - 2(-1)} = 4$$

$$x_2 = \frac{3(2) - (-1)18}{3(2) - 2(-1)} = 3$$

此結果與圖形解的答案一致（圖 8.1）。

未知數消去法可延伸至兩個或三個以上的方程式系統。不過越大型的系統需要執行越多的計算，因此本方法不利於徒手操作。然而，如同下一節所描述，此方法可列成公式，並且很輕易地編寫入電腦程式。

8.2　非正式的高斯消去法

前一節中利用未知數消去法求解一組聯立方程式。其程序由以下兩步驟組成：

1. 操作方程式，以消去其中一個未知數。此**消去 (elimination)** 步驟的結果為得到一個具有一個未知數的方程式。
2. 因此，可直解求解此方程式，並將結果**逆代換 (back-substituted)** 回原來的方程式以求解其餘的未知數。

藉由發展系統化的方案或演算法，消去未知數並且逆代換可將此基本的處理方法延伸至大型的方程組。高斯消去法是這些方案中最基本的方法。

這一節包含了構成高斯消去法的前向消去以及逆代換之系統化方法。雖然這些方法理論上很適合在電腦上執行，不過還需稍加修正才能得到可信賴的演算法。尤其是電腦程式必須避免除以零。以下的方法稱為「**非正式的高斯消去法**」(naïve Gauss elimination)，因它並未避免此問題。後續幾節將會討論有效電腦程式所需的其他特性。

此方法設計用來求解以下的 n 個聯立方程式組：

$$a_{11}x_1 + a_{12}x_2 + a_{13}x_3 + \cdots + a_{1n}x_n = b_1 \qquad (8.12a)$$

$$a_{21}x_1 + a_{22}x_2 + a_{23}x_3 + \cdots + a_{2n}x_n = b_2 \qquad (8.12b)$$

$$\vdots$$

$$a_{n1}x_1 + a_{n2}x_2 + a_{n3}x_3 + \cdots + a_{nn}x_n = b_n \qquad (8.12c)$$

如同求解兩個方程式，n 個方程式的解法有兩個階段：未知數之消去以及逆代換求解。

未知數之前向消去法 第一個階段是將方程組化簡成上三角系統（參考圖 8.3）。最初的步驟是將第一個未知數 x_i 從第二至第 n 個方程式中消去。做法是將方程式 (8.12a) 乘以 a_{21}/a_{11}，得到

$$a_{21}x_1 + \frac{a_{21}}{a_{11}}a_{12}x_2 + \cdots + \frac{a_{21}}{a_{11}}a_{1n}x_n = \frac{a_{21}}{a_{11}}b_1 \qquad (8.13)$$

此時，將方程式 (8.12b) 減掉此式，得到

$$\left(a_{22} - \frac{a_{21}}{a_{11}}a_{12}\right)x_2 + \cdots + \left(a_{2n} - \frac{a_{21}}{a_{11}}a_{1n}\right)x_n = b_2 - \frac{a_{21}}{a_{11}}b_1$$

或

$$a'_{22}x_2 + \cdots + a'_{2n}x_n = b'_2$$

其中的上撇號表示元素已經改變，和原來的值不同。

接著對其餘的方程式重複此程序。例如，可將方程式 (8.12a) 乘以 a_{31}/a_{11}，並將第三個方程式減掉此結果。對其餘的方程式重複此程序，會產生以下的修正系統：

$$a_{11}x_1 + a_{12}x_2 + a_{13}x_3 + \cdots + a_{1n}x_n = b_1 \qquad (8.14a)$$

◯ **圖 8.3** 高斯消去法的兩個階段：前向消去法和逆代換法。撇號指出係數和常數修改的次數。

$$a'_{22}x_2 + a'_{23}x_3 + \cdots + a'_{2n}x_n = b'_2 \tag{8.14b}$$

$$a'_{32}x_2 + a'_{33}x_3 + \cdots + a'_{3n}x_n = b'_3 \tag{8.14c}$$

$$\vdots$$

$$a'_{n2}x_2 + a'_{n3}x_3 + \cdots + a'_{nn}x_n = b'_n \tag{8.14d}$$

對於先前的步驟，方程式 (8.12a) 稱為**樞軸方程式 (pivot equation)**，而 a_{11} 稱為**樞軸係數 (pivot coefficient)** 或**樞軸元素 (pivot element)**。將第一列乘以 a_{21}/a_{11} 的過程等於將它除以 a_{11} 再乘以 a_{21}。有時我們將此除法運算稱作正規化。由於為零的樞軸元素會導致除以零而妨害正規化，因此我們特地指出此特徵。在我們描述完非正式的高斯消去法後，我們將返回此重要的論點。

現在重複以上過程，將方程式 (8.14c) 至方程式 (8.14d) 的第二個未知數消去。欲如此做，可將方程式 (8.14b) 乘以 a'_{32}/a'_{22}，並將方程式 (8.14c) 減掉此結果。對其餘的方程式執行類似的消去法，產生

$$a_{11}x_1 + a_{12}x_2 + a_{13}x_3 + \cdots + a_{1n}x_n = b_1$$
$$a'_{22}x_2 + a'_{23}x_3 + \cdots + a'_{2n}x_n = b'_2$$
$$a''_{33}x_3 + \cdots + a''_{3n}x_n = b''_3$$
$$\vdots$$
$$a''_{n3}x_3 + \cdots + a''_{nn}x_n = b''_n$$

其中雙撇號表示元素已修改兩次。

利用剩餘的樞軸方程式，可持續進行此程序。此系列的最後一步是利用第 $(n-1)$ 個方程式消去第 n 個方程式的 x_{n-1} 項。此時，系統被轉換成一個上三角系統（回想方塊 PT3.1）：

$$a_{11}x_1 + a_{12}x_2 + a_{13}x_3 + \cdots + a_{1n}x_n = b_1 \tag{8.15a}$$

$$a'_{22}x_2 + a'_{23}x_3 + \cdots + a'_{2n}x_n = b'_2 \tag{8.15b}$$

$$a''_{33}x_3 + \cdots + a''_{3n}x_n = b''_3 \tag{8.15c}$$

$$\vdots$$

$$a_{nn}^{(n-1)}x_n = b_n^{(n-1)} \tag{8.15d}$$

圖 8.4a 呈現前向消去法之虛擬程式碼。三層巢狀迴圈提供了此過程簡明的做法。外層迴圈沿著矩陣之樞軸列下移至次一樞軸列。中層迴路從樞軸列下方移至各個消去的列。最後，最內層迴圈橫越各行，以消去或改變某列的元素。

```
(a)  DOFOR k = 1, n − 1
       DOFOR i = k + 1, n
         factor = a_{i,k} / a_{k,k}
         DOFOR j = k + 1 to n
           a_{i,j} = a_{i,j} − factor · a_{k,j}
         END DO
         b_i = b_i − factor · b_k
       END DO
     END DO
(b)  x_n = b_n / a_{n,n}
     DOFOR i = n − 1, 1, −1
       sum = b_i
       DOFOR j = i + 1, n
         sum = sum − a_{i,j} · x_j
       END DO
       x_i = sum / a_{i,i}
     END DO
```

圖 8.4 執行 (a) 前向消去法；(b) 逆代換法之虛擬程式碼。

逆代換法： 由方程式 (8.15d) 可解得 x_n：

$$x_n = \frac{b_n^{(n-1)}}{a_{nn}^{(n-1)}} \tag{8.16}$$

此結果可逆代換入第 $(n-1)$ 個方程式以解得 x_{n-1}。此程序可一直重複，以求出其餘的 x_i，並且可用以下公式表示：

$$x_i = \frac{b_i^{(i-1)} - \sum_{j=i+1}^{n} a_{ij}^{(i-1)} x_j}{a_{ii}^{(i-1)}} \quad 對於 \ i = n-1, n-2, \ldots, 1 \tag{8.17}$$

圖 8.4b 呈現執行方程式 (8.16) 及方程式 (8.17) 之虛擬程式碼。注意此虛擬程式碼與圖 PT3.4 矩陣乘法之虛擬程式碼相似。如同圖 PT3.4，我們使用臨時變數「sum」存放方程式 (8.17) 的和。這會比將和積存於 b_i 執行得稍微快一些。更重要的是，若將變數「sum」宣告為雙倍精度，它能有效地提升精度。

範例 8.5　非正式的高斯消去法

問題描述： 利用高斯消去法，求解

$$3x_1 - 0.1x_2 - 0.2x_3 = 7.85 \tag{E8.5.1}$$

$$0.1x_1 + 7x_2 - 0.3x_3 = -19.3 \tag{E8.5.2}$$

$$0.3x_1 - 0.2x_2 + 10x_3 = 71.4 \qquad \text{(E8.5.3)}$$

在計算期間，保留六位有效數字。

解法： 此程序之第一部分為前向消去法。將方程式 (E8.5.1) 乘以 (0.1)/3，並由方程式 (E8.5.2) 減掉此結果，得到

$$7.00333x_2 - 0.293333x_3 = -19.5617$$

接著將方程式 (E8.5.1) 式乘以 (0.3)/3，並以方程式 (E8.5.3) 減掉它，以消去 x_1。經過這些運算之後，方程組成為

$$3x_1 - 0.1x_2 - 0.2x_3 = 7.85 \qquad \text{(E8.5.4)}$$
$$7.00333x_2 - 0.293333x_3 = -19.5617 \qquad \text{(E8.5.5)}$$
$$-0.190000x_2 + 10.0200x_3 = 70.6150 \qquad \text{(E8.5.6)}$$

欲完成前向消去法，必須移除方程式 (E8.5.6) 之 x_2。欲完成此工作，將方程式 (E8.5.5) 乘以 $-0.190000/7.00333$，並以方程式 (E8.5.6) 減掉此結果。這會消去第三式之 x_2，並將系統化簡成如下的上三角形式

$$3x_1 - 0.1x_2 - 0.2x_3 = 7.85 \qquad \text{(E8.5.7)}$$
$$7.00333x_2 - 0.293333x_3 = -19.5617 \qquad \text{(E8.5.8)}$$
$$10.0120x_3 = 70.0843 \qquad \text{(E8.5.9)}$$

此時我們可藉由逆代換法求解這些方程式。首先，由 (E8.5.9) 式可解得

$$x_3 = \frac{70.0843}{10.0120} = 7.0000 \qquad \text{(E8.5.10)}$$

將此結果逆代換至方程式 (E8.5.8)：

$$7.00333x_2 - 0.293333(7.0000) = -19.5617$$

由此可解得

$$x_2 = \frac{-19.5617 + 0.293333(7.0000)}{7.00333} = -2.50000 \qquad \text{(E8.5.11)}$$

最後，可將方程式 (E8.5.10) 及方程式 (E8.5.11) 代入方程式 (E8.5.4)：

$$3x_1 - 0.1(-2.50000) - 0.2(7.0000) = 7.85$$

由此可解得

$$x_1 = \frac{7.85 + 0.1(-2.50000) + 0.2(7.0000)}{3} = 3.00000$$

雖然方程式 (E8.5.10) 有一點點捨入誤差，不過其結果非常接近精確解：$x_1 = 3$、$x_2 = -2.5$、$x_3 = 7$。此結果可藉由代入原方程組而得到驗證：

$$3(3) - 0.1(-2.5) - 0.2(7) = 7.85$$
$$0.1(3) + 7(-2.5) - 0.3(7) = -19.3$$
$$0.3(3) - 0.2(-2.5) + 10(7) = 71.4$$

8.2.1 運算計數

高斯消去法的執行時間取決於演算法所涉及的**浮點運算量 (floating-point operations 或 flops)**。通常執行乘法與除法所耗的時間大約相同，並且多於加法與減法所耗的時間。因此，將這些運算次數加總，除了可以看出演算法中哪一個部分最耗時，也能得知當線性系統規模變大時，運算量的增長趨勢。

在分析非正式的高斯消去法之前，我們先定義若干有助於計算運算次數的量：

$$\sum_{i=1}^{m} cf(i) = c\sum_{i=1}^{m} f(i) \qquad \sum_{i=1}^{m} f(i) + g(i) = \sum_{i=1}^{m} f(i) + \sum_{i=1}^{m} g(i) \qquad \textbf{(8.18a, b)}$$

$$\sum_{i=1}^{m} 1 = 1+1+1+\cdots+1 = m \qquad \sum_{i=k}^{m} 1 = m-k+1 \qquad \textbf{(8.18c, d)}$$

$$\sum_{i=1}^{m} i = 1+2+3+\cdots+m = \frac{m(m+1)}{2} = \frac{m^2}{2} + O(m) \qquad \textbf{(8.18e)}$$

$$\sum_{i=1}^{m} i^2 = 1^2+2^2+3^2+\cdots+m^2 = \frac{m(m+1)(2m+1)}{6} = \frac{m^3}{3} + O(m^2) \qquad \textbf{(8.18f)}$$

其中 $O(m^n)$ 意指「m 階及少於 m 階的所有低階項」。

現在讓我們仔細檢查非正式的高斯消去法之演算法（如圖 8.4a）。我們先計算消去階段之浮點運算量。首先考慮第一次執行層外迴圈時 ($k = 1$)，$i = 2$ 到 n 時為中層迴圈。依據方程式 (8.18d)，中層迴圈的迭代次數為

$$\sum_{i=2}^{n} 1 = n-2+1 = n-1 \qquad \textbf{(8.19)}$$

此時，對於每一次迭代，為了定義 $factor = a_{i,k}/a_{k,k}$，而有一次除法。內層迴圈則從 $j = 2$ 至 n，對各次迭代執行單一的乘法 ($factor\ a_{k,j}$)。最後，右手邊的值有一個額外的乘法 ($factor\ b_k$)。因此，每一次中層迴圈的乘法次數為

$$1 + [n-2+1] + 1 = 1+n \qquad \textbf{(8.20)}$$

故首次執行外迴圈時，其總運算次數是將方程式 (8.19) 乘以方程式 (8.20)，得到 $[n-1](1+n)$。同理，減法的總運算次數可計算出為 $[n-1](n)$。

利用類似的程序，可估計出外層迴圈後續迭代之乘／除總浮點運算數。這些結果摘錄如下：

外層迴圈 k	中層迴圈 i	加／減法 總浮點運算數	乘／除法 總浮點運算數
1	2, n	$(n-1)(n)$	$(n-1)(n+1)$
2	3, n	$(n-2)(n-1)$	$(n-2)(n)$
.	.		
.	.		
k	k+1, n	$(n-k)(n+1-k)$	$(n-k)(n+2-k)$
.	.		
.	.		
n-1	n, n	(1)(2)	(1)(3)

因此，消去法之加／減法總浮點運算數之計算如下：

$$\sum_{k=1}^{n-1}(n-k)(n+1-k) = \sum_{k=1}^{n-1}[n(n+1) - k(2n+1) + k^2]$$

或

$$n(n+1)\sum_{k=1}^{n-1}1 - (2n+1)\sum_{k=1}^{n-1}k + \sum_{k=1}^{n-1}k^2$$

應用若干方程 (8.18) 之關係式，得到

$$[n^3 + O(n)] - [n^3 + O(n^2)] + \left[\frac{1}{3}n^3 + O(n^2)\right] = \frac{n^3}{3} + O(n) \qquad (8.21)$$

同理乘／除法總浮點運算數之計算如下：

$$[n^3 + O(n^2)] - [n^3 + O(n)] + \left[\frac{1}{3}n^3 + O(n^2)\right] = \frac{n^3}{3} + O(n^2) \qquad (8.22)$$

相加之後可得總結果為

$$\frac{2n^3}{3} + O(n^2)$$

於是乘／除之總浮點運算數等於 $2n^3/3$ 加上另一個與 n^2 階以及低階項成比例的成分。由於當 n 變大時，$O(n^2)$ 項變得無足輕重，故我們以這種方式寫下結果。因此我們證明了對於大的 n，前向消去法所涉及的工夫為 $2n^3/3$。

由於逆代換法僅用到單一的迴圈，故計算總浮點運算數較簡單。加／減法總浮點運算數為 $n(n-1)/2$。另外由於除法在迴圈之前執行，因此乘／除法總浮點運算數為 $n(n+1)/2$。加總之後為：

$$n^2 + O(n)$$

於是，非正式的高斯消去法之總運算次數可表為

$$\underbrace{\frac{2n^3}{3} + O(n^2)}_{\text{前向消去法}} + \underbrace{n^2 + O(n)}_{\text{逆代換法}} \xrightarrow{\text{當 } n \text{ 增加}} \frac{2n^3}{3} + O(n^2) \quad (8.23)$$

由此分析，可得到兩個有用的結論：

1. 當系統變大時，計算時間會大幅增加。如表 8.1 所示，維度每增加一個數量級，浮點運算量就幾乎增加三個數量級。
2. 大多數的工作集中在消去步驟。因此所有使此方法更有效的工作應聚焦於降低此步驟的運算量。

表 8.1 非正式的高斯消去法之總浮點運算數。

n	消去法	逆代換法	總浮點運算數	$2n^3/3$	消去法的百分比
10	705	100	805	667	87.58%
100	671550	10000	681550	666667	98.53%
1000	6.67×10^8	1×10^6	6.68×10^8	6.67×10^8	99.85%

8.3 消去法的陷阱

雖然有許多系統可以利用非正式的高斯消去法求解，不過在編寫一般的電腦程式實作此方法之前，仍必須探討一些存在的陷阱。縱然以下的內容直接關係到非正式的高斯消去法，但是這些訊息也和其他的消去手法相關。

8.3.1 除以零

先前的手法稱作「非正式」主要是因為在消去法以及逆代換法階段，有可能出現除以零。舉例來說，若我們使用非正式的高斯消去法求解

$$2x_2 + 3x_3 = 8$$
$$4x_1 + 6x_2 + 7x_3 = -3$$
$$2x_1 + x_2 + 6x_3 = 5$$

第一列的正規化將涉及到除以 $a_{1,1} = 0$。當係數非常接近零時，也可能產生問題。

目前已發展出**樞軸化 (pivoting)** 手法,可部分避免這些問題。章節 8.4.2 將描述此手法。

8.3.2 捨入誤差

即使範例 8.5 的解接近真正的答案,不過 x_3 之結果(方程式 (E8.5.10))仍有些許差異。此差異之相對誤差為 -0.00043%,是導因於我們在計算時使用六位有效數字。倘若我們使用更多有效數字,結果的誤差將進一步減少。如果我們使用分數取代小數(可完全排除捨入誤差),答案將是正確的。然而,由於電腦僅能帶有有限位的有效數字(3.4.1 節),因此可能會出現捨入誤差,所以在求結果時必須加以考慮。

求解大量的方程式時,捨入誤差的問題變得格外重要。這是由於每一個結果皆取決於先前的結果,因此早期步驟之誤差將會傳播開來──亦即導致後續步驟之誤差。

電腦的種類以及方程式的屬性是造成捨入誤差之決定因素,而欲指出系統大小究竟為多少時,捨入誤差才會變得很重要,其實這是件複雜的工作。根據粗略的經驗法則,處理 100 或更多個方程式時,捨入誤差或許就已經很重要。無論如何,你都應該將所求得之答案代回原方程式,檢驗是否出現大量的誤差。然而,如下所述,係數本身的大小也會影響誤差檢驗結果是否能確保結果的正確性。

8.3.3 病態系統

解的適當性取決於系統的條件。章節 8.1.1 以圖解方式說明系統條件。如同章節 4.2.3 所討論,**優良系統 (well-conditioned system)** 是那些每當一個或多個係數有微小改變時,解只產生微小改變。**病態系統 (ill-conditioned system)** 則是每當係數有微小改變時,就造成解產生很大的改變。病態的另一種解釋是「能幾乎符合方程式的解範圍很廣」。由於捨入誤差能引致係數微小的改變,因此這些人為的改變對病態系統會導致大的解誤差,以下範例說明之:

範例 8.6　病態系統

問題描述:求解以下的系統:

$$x_1 + 2x_2 = 10 \quad \text{(E8.6.1)}$$
$$1.1x_1 + 2x_2 = 10.4 \quad \text{(E8.6.2)}$$

然後,將第二個方程式之 x_1 係數稍微修改為 1.05 之後,再解一次。

解法:利用方程式 (8.10) 與方程式 (8.11),解為

$$x_1 = \frac{2(10) - 2(10.4)}{1(2) - 2(1.1)} = 4$$

$$x_2 = \frac{1(10.4) - 1.1(10)}{1(2) - 2(1.1)} = 3$$

然而，將係數 a_{21} 從 1.1 稍稍改變為 1.05 時，其解卻完全變成

$$x_1 = \frac{2(10) - 2(10.4)}{1(2) - 2(1.05)} = 8$$

$$x_2 = \frac{1(10.4) - 1.1(10)}{1(2) - 2(1.05)} = 1$$

請注意這兩個結果之間差異的主要原因在於，其分母代表兩個幾乎相等的數間的差距。如同先前在章節 3.4.2 所述，這類差距對於數的微小變異高度敏感。

此時，你可能認為將結果代入原來的方程式會讓你注意到這個問題。很不巧，對於病態系統，這樣做通常都沒用。將錯誤值 $x_1 = 8$ 與 $x_2 = 1$ 代入方程式 (E8.6.1) 和方程式 (E8.6.2)，產生

$$8 + 2(1) = 10 = 10$$
$$1.1(8) + 2(1) = 10.8 \cong 10.4$$

因此，雖然 $x_1 = 8$ 與 $x_2 = 1$ 並非原問題的真正解，但誤差檢查卻夠接近，可能會誤導你相信這是適當的解。

如同本節先前圖解法所示，我們也可藉由描繪方程式 (E8.6.1) 與 (E8.6.2) 而發展該病態條件系統之視覺表示法（參考圖 8.2）。由於這兩條線的斜率幾乎相等，故視覺上難以明確察覺它們相交於何處。範例 8.6 的模糊結果量化反應出此視覺上的難處。將兩方程式寫成一般的形式

$$a_{11}x_1 + a_{12}x_2 = b_1 \tag{8.24}$$

$$a_{21}x_1 + a_{22}x_2 = b_2 \tag{8.25}$$

我們可以用數學描述這種情況：將 (8.24) 式除以 a_{12}，(8.25) 式除以 a_{22}，並且重新整理，產生另一種直線格式的版本（x_2 = 斜率 (x_1) + 截距）

$$x_2 = -\frac{a_{11}}{a_{12}}x_1 + \frac{b_1}{a_{12}}$$

$$x_2 = -\frac{a_{21}}{a_{22}}x_1 + \frac{b_2}{a_{22}}$$

因而，倘若斜率幾乎相等，則

$$\frac{a_{11}}{a_{12}} \cong \frac{a_{21}}{a_{22}}$$

或交叉相乘，

$$a_{11}a_{22} \cong a_{12}a_{21}$$

亦可表成

$$a_{11}a_{22} - a_{12}a_{21} \cong 0 \tag{8.26}$$

此時，回想 $a_{11}a_{22} - a_{12}a_{21}$ 為二維系統之行列式值（方程式 (8.3)），我們得到一般性的結論：「病態系統的行列式值接近零」。實際上，若行列式值正好為零，則兩斜率相同，即為圖 8.2a 和 b 所繪的奇異系統，意味著無解或有無限多解。

要判斷行列式值有多靠近零才算病態條件很困難，因為將一個或多個方程式乘以比例因數會改變行列式值，但並不會改變解。因此行列式值是一個相對值，會受係數的大小所影響。

範例 8.7　比例尺對行列式值的影響

問題描述：求以下系統之行列式值：

(a) 從範例 8.1：

$$3x_1 + 2x_2 = 18 \tag{E8.7.1}$$
$$-x_1 + 2x_2 = 2 \tag{E8.7.2}$$

(b) 從範例 8.6：

$$x_1 + 2x_2 = 10 \tag{E8.7.3}$$
$$1.1x_1 + 2x_2 = 10.4 \tag{E8.7.4}$$

(c) 重做 (b)，不過將方程式皆乘以 10。

解法：

(a) 方程式 (E8.7.1) 和方程式 (E8.7.2) 皆為優良條件系統，其行列式為

$$D = 3(2) - 2(-1) = 8$$

(b) 方程式 (E8.7.3) 和方程式 (E8.7.4) 則為病態條件系統，其行列式為

$$D = 1(2) - 2(1.1) = -0.2$$

(c) (a) 與 (b) 之結果似乎證實了病態條件系統行列式值接近零的論點。然而，假定將 (b) 之病態條件系統乘以 10，得到

$$10x_1 + 20x_2 = 100$$
$$11x_1 + 20x_2 = 104$$

方程式乘以一個常數對它的解並沒有影響，因此它仍然是病態條件系統。此論點可藉由「乘以一個常數對圖解法並未有影響」而得到驗證。然而其行列式卻大大地受到影響：

$$D = 10(20) - 20(11) = -20$$

它不僅提升了兩個數量級，而且此時值還超過 (a) 中的良好條件系統之行列式值兩倍。

如前一個範例所示，係數的大小摻雜了比例效應，使系統條件與行列式值大小之間的關係複雜化。逐一將方程式中每一列最大元素成比例地將縮放為 1，是部分避免此困難的方式之一。

範例 8.8　縮放

問題描述：將範例 8.7 中的方程組系統加以縮放，使最大元素值皆為 1，然後重新計算它們的行列式值。

解法：

(a) 對於優良條件的系統，縮放產生

$$x_1 + 0.667x_2 = 6$$
$$-0.5x_1 + \quad x_2 = 1$$

其行列式值為

$$D = 1(1) - 0.667(-0.5) = 1.333$$

(b) 對於病態條件系統，縮放得到

$$0.5x_1 + x_2 = 5$$
$$0.55x_1 + x_2 = 5.2$$

其行列式值為

$$D = 0.5(1) - 1(0.55) = -0.05$$

(c) 至於最後一種情形，縮放將該系統變成和 (b) 一樣的形式，其行列式亦為 -0.05。因此移除了比例效應。

在章節 8.1.2 中，我們提出了三個以上的聯立方程式，其行列式值難以計算。因此它似乎並不能當作求系統條件數實際的工具。然而，如方塊 8.1 所述，有一個源自高斯消去法的簡單演算法可用來求行列式值。

除了前一個範例所用的方法之外，還有各式各樣其他的方式可以求系統條件數。譬如，有許多可將元素正規化的替代方法（參見 Stark，1970）。此外，如下一章（章節 9.3）所述，可使用逆矩陣與矩陣範數求系統條件數。最後，有一種簡單（但耗時）的檢驗，是稍微修改係數，並重新求解。倘若這樣的修正導出徹底相異的結果，則此系統可能是病態條件系統。

從前述的討論，您可能會推測病態條件系統會造成問題。很慶幸地，多數由工程問題所推衍出的線性代數方程式本質上都是優良條件的。此外，章節 8.4 所列的若干手法也有助於緩和此問題。

方塊 8.1　利用高斯消去法求行列式值

在章節 8.1.2 中提到，大型方程組中，藉由子行列式展開以求得行列式值的做法並不切實際。於是獲得利用克拉馬法則適用於小型系統的結論。然而，如章節 8.3.3 所提，行列式在評估系統條件方面具有價值。故擁有計算此量的實際方法，將對我們有所幫助。

幸好高斯消去法提供了一個簡單的方式。此方法的基礎在於三角矩陣之行列式可直接以對角線元素相乘而得：

$$D = a_{11}a_{22}a_{33} \cdots a_{nn} \tag{B8.1.1}$$

對於以下 3 乘 3 的系統而言，

$$D = \begin{vmatrix} a_{11} & a_{12} & a_{13} \\ 0 & a_{22} & a_{23} \\ 0 & 0 & a_{33} \end{vmatrix}$$

行列式值可計算如下（參考方程式 (8.4)）：

$$D = a_{11}\begin{vmatrix} a_{22} & a_{23} \\ 0 & a_{33} \end{vmatrix} - a_{12}\begin{vmatrix} 0 & a_{23} \\ 0 & a_{33} \end{vmatrix} + a_{13}\begin{vmatrix} 0 & a_{22} \\ 0 & 0 \end{vmatrix}$$

或算出子行列式值（即 2×2 行列式）

$$D = a_{11}a_{22}a_{33} - a_{12}(0) + a_{13}(0) = a_{11}a_{22}a_{33}$$

回想高斯消去法之前向消去步驟，它產生一個上三角系統。由於行列式值不會被前向消去過程改變，因此行列式可單由此步驟的末端求值：

$$D = a_{11}a'_{22}a''_{33} \cdots a_{nn}^{(n-1)} \tag{B8.1.2}$$

其中上撇號表示元素在消去過程中修改的次數。故我們可利用已經花在將系統三角化上的努力，達成行列式的簡易估計值。

當程式採用局部樞軸法時（參考章節 8.4.2），以上方法有些許修正。此時，每旋轉一列，行列式就變號一次。表現此性質的方式之一是修改方程式 (B8.1.2)：

$$D = a_{11} a'_{22} a''_{33} \cdots a_{nn}^{(n-1)} (-1)^p \qquad \text{(B8.1.3)}$$

其中 p 表示旋轉列的次數。此修正可簡單地併入程式：僅需追踪計算期間發生旋轉的次數，然後利用方程式 (B8.1.3) 計算行列式值。

8.3.4 奇異系統

在前一節，我們學習到兩個或多個方程式幾乎相等時，方程式系統可能是病態條件系統。很顯然，當兩方程式相同時，情況更糟。在這樣的情況下，我們將損失一個自由度，並要處理具有 n 個未知數的 $n-1$ 個方程式，這是不可能的。這些情形對你或許並不顯而易見，尤其是處理大型的方程組時。因此，最好有某種自動偵測奇異性的方式。

「奇異系統之行列式為零」這項事實，巧妙地提供了此問題的答案。另一方面，由於消去步驟結束之後，行列式值可由對角線元素之乘積求得（參考方塊 8.1），所以以下想法與高斯消去法有關聯。電腦演算法可加以測試以識別消去法的階段是否創造出為零的對角元素。若發現一個零對角元素，可立即終止計算，並且顯示訊息以警告使用者。我們將在本章稍後呈現完整的高斯消去法演算法，詳細說明如何做。

8.4 改良解的技巧

以下的手法可併入非正式的高斯消去法演算法，以避開前一節所討論的若干陷阱。

8.4.1 使用更多有效數字

對於病態條件系統，最簡單的補救措施是在計算時使用更多有效數字。若您的應用程式可延伸處理較大的字長，此特性將大大地簡化問題。但為了利用延伸精度（見章節 3.4.1），卻需付出計算與記憶體方面的代價。

8.4.2 樞軸化

如同 8.3 節所提，當樞軸元素為零時，由於正規化步驟導致除以零，造成了明顯的問題。當樞軸元素接近零而非恰巧等於零時，也會產生問題，因為倘若樞軸元素的大小比其他元素小，則會引進捨入誤差。

因此，在各列正規化之前，最好先決定樞軸元素下方同一行的最大係數。然後將兩列交換，以使得最大的元素是樞軸元素。這稱作**局部樞軸化 (partial pivoting)**。若同時搜尋行和列之最大元素並交換，則此程序稱作**完全樞軸化**

(complete pivoting)。因為將行交換會改變 x_i 的次序,因而增加了電腦程式明顯但通常無法擔保的複雜度,因此完全樞軸化不常使用。以下範例將說明局部樞軸化的好處。除了避免除以零之外,亦能使捨入誤差極小化。因此,對病態條件亦提供部分補救措施。

範例 8.9　局部樞軸化

問題描述:利用高斯消去法,求解

$$0.0003x_1 + 3.0000x_2 = 2.0001$$
$$1.0000x_1 + 1.0000x_2 = 1.0000$$

注意此形式的第一個樞軸元素,$a_{11} = 0.0003$ 非常接近零。接著將方程式次序反轉做局部樞軸化,重複此計算。精確解是 $x_1 = 1/3$ 且 $x_2 = 2/3$。

解法:第一個方程式乘以 $1/(0.0003)$,產生

$$x_1 + 10{,}000x_2 = 6667$$

利用它可消去第二式之:

$$-9999x_2 = -6666$$

由此可解得

$$x_2 = \frac{2}{3}$$

將此結果代回第一個方程式,可求出 x_1 值:

$$x_1 = \frac{2.0001 - 3(2/3)}{0.0003} \qquad \text{(E8.8.1)}$$

然而,由於相減式相消,其結果對計算時帶有的有效數字位數相當敏感:

有效數字	x_2	x_1	x_1 之百分相對誤差的絕對值
3	0.667	−3.33	1099
4	0.6667	0.0000	100
5	0.66667	0.30000	10
6	0.666667	0.330000	1
7	0.6666667	0.3330000	0.1

注意 x_1 的正確性取決於有效數字的個數。此乃在方程 (E8.8.1) 式中,我們將兩

個幾乎相等的數相減。在另一方面，如果我們以相反的順序求解方程式，則具有較大樞軸元素的列已正規化。方程式為

$$1.0000x_1 + 1.0000x_2 = 1.0000$$
$$0.0003x_1 + 3.0000x_2 = 2.0001$$

消去並代換，產生 $x_2 = 2/3$。針對不同的有效數字個數，可從第一個方程式算出 x_1，如下：

$$x_1 = \frac{1 - (2/3)}{1} \tag{E8.8.2}$$

這種情形在計算時對有效數字的個數較不敏感：

有效數字	x_2	x_1	x_1 之百分相對誤差的絕對值
3	0.667	0.333	0.1
4	0.6667	0.3333	0.01
5	0.66667	0.33333	0.001
6	0.666667	0.333333	0.0001
7	0.6666667	0.3333333	0.00001

因此樞軸化策略較能符合我們的需求。

```
p = k
big = |a_{k,k}|
DOFOR ii = k+1, n
  dummy = |a_{ii,k}|
  IF (dummy > big)
    big = dummy
    p = ii
  END IF
END DO
IF (p ≠ k)
  DOFOR jj = k, n
    dummy = a_{p,jj}
    a_{p,jj} = a_{k,jj}
    a_{k,jj} = dummy
  END DO
  dummy = b_p
  b_p = b_k
  b_k = dummy
END IF
```

◐ **圖 8.5** 局部樞軸法之虛擬程式碼。

通用電腦程式必須加入樞軸化策略。圖 8.5 則提供此策略的簡單演算法。此演算法由兩個主要迴圈組成。將目前的樞軸元素及其列號存在變數「big」和「p」，第一個迴圈將樞軸元素和它下方的元素相比較，檢查它們之中是否有任何一個大於樞軸元素。如果有，將新的最大元素和其列號存放在「big」和「p」。接著，第二個迴圈將原來的樞軸列與具有最大元素的列交換，使後者變成新的樞軸列。我們可將此擬程式碼與圖 8.4 所列以高斯去法其他要素為基礎之程式相整合。最佳的方式是採用模組處理方式，並且將圖 8.5 寫成一個副程式（或程序），由圖 8.4a 的第一個迴圈開始之後直接叫出。

注意圖 8.5 的第二個 IF/THEN 結構實際將列互換。對於大型的矩陣，這可能會變得非常耗時。因此，多數的程式碼實際上並不將列互換，而是藉由存放適當的下標於某個向量以追蹤樞軸列。此向量提供了前向消去法和逆代換法運算期間適當的列順序。故此稱作**到位 (in place)** 的運算。

8.4.3 縮放

在章節 8.3.3 中，我們提出了縮放在將行列式大小標準化方面具有價值。除了此應用之外，它對於系統中有些方程式的係數大於其餘方程式之係數的情形，也有使捨入誤差極小化的效用。在工程實務上，當發展聯立方程式時，若使用頗有差異的單位，常常會遭遇這些情形。譬如，在電路問題中，未知數「電壓」的單位可微伏至千伏。所有的工程領域皆會產生類似的例子。只要各個方程式相容，系統在技術上就是正確的、可解的。然而使用差異頗大的單位卻會導出大小差異頗大的係數。這又會影響捨入誤差，就如同影響樞軸化一般，如以下範例所說明。

範例 8.10   縮放在樞軸化和捨入上的影響

問題描述：

(a) 利用高斯消去法和樞軸化策略，求解以下方程組：

$$2x_1 + 100{,}000x_2 = 100{,}000$$
$$x_1 + x_2 = 2$$

(b) 將方程式縮放，使各列的最大係數為 1 之後，重解。

(c) 最後，利用縮放過的係數決定是否必須進行樞軸化。然而，實際上卻以原係數值求解方程式。對於所有的情形，僅保留三位有效數字。註：正確答案為 $x_1 = 1.00002$ 與 $x_2 = 0.99998$，或在三位有效數字的情況下，$x_1 = x_2 = 1.00$。

解法：

(a) 沒有縮放時，應用前向消去法得到

$$2x_1 + 100{,}000x_2 = 100{,}000$$
$$-50{,}000x_2 = -50{,}000$$

由逆代換法可解得

$$x_2 = 1.00$$
$$x_1 = 0.00$$

雖然 x_2 是正確的，但由於捨入的關係，x_1 的誤差為 100%。

(b) 「縮放」將原方程式轉換成：

$$0.00002x_1 + x_2 = 1$$
$$x_1 + x_2 = 2$$

因此必須將列交換，以將最大值放在對角線上。

$$x_1 + x_2 = 2$$
$$0.00002x_1 + x_2 = 1$$

前向消去法產生

$$x_1 + x_2 = 2$$
$$x_2 = 1.00$$

由此可解得

$$x_1 = x_2 = 1$$

因此「縮放」引導出正確的答案。

(c) 縮放過的係數指出必須樞軸化。保留原來的係數，得到

$$x_1 + x_2 = 2$$
$$2x_1 + 100{,}000x_2 = 100{,}000$$

前向消去法產生

$$x_1 + x_2 = 2$$
$$100{,}000x_2 = 100{,}000$$

由此可解得正確的答案 $x_1 = x_2 = 1$。因此「縮放」對於決定是否必須樞軸化有所幫助，不過方程式本身不需縮放即可得到正確的結果。

如同前一個範例，縮放在使捨入極小化方面具有效益。然而必須注意縮放本身亦會導出捨入誤差。舉個例子，已知方程式

$$2x_1 + 300{,}000x_2 = 1$$

並且使用三位有效數字，縮放後導致

$$0.00000667x_1 + x_2 = 0.00000333$$

於是，縮放後對第一個係數及右手邊的常數引入了捨入誤差。因此，有時我們提議「縮放」只用在前一個範例中的 (c) 部分即可。也就是說，係數之縮放值僅作為是否執行樞軸化的參考，而在實際計算消去法和代換時，仍保留原始係數值。倘若程式中有一部分要計算行列式值，也就是所產生的行列式值不能縮放，這就涉及到兩項工作間的折衷。無論如何，由於許多高斯消去法之應用並不需要求行列式值，因此它是最常見的處理方式。下一節的演算法將使用這種方式。

8.4.4 高斯消去法之電腦演算法

結合圖 8.4 和圖 8.5 中的演算法成完整的高斯消去法。圖 8.6 呈現的是高斯法之一般副程式演算法。

注意此程式包含高斯消去法三種主要的運算模組：前向消去法、逆代換法、樞軸化。此外，此程式碼與圖 8.4 及圖 8.5 之虛擬程式碼比較，有以下兩點改良：

- 方程式未加縮放，但利用縮放過的元素值決定是否執行樞軸化。

```
SUB Gauss (a, b, n, x, tol, er)
  DIMENSION s(n)
  er = 0
  DOFOR i = 1, n
    s_i = ABS(a_{i,1})
    DOFOR j = 2, n
      IF ABS(a_{i,j})>s_i THEN s_i = ABS(a_{i,j})
    END DO
  END DO
  CALL Eliminate(a, s, n, b, tol, er)
  IF er ≠ -1 THEN
    CALL Substitute(a, n, b, x)
  END IF
END Gauss

SUB Eliminate (a, s, n, b, tol, er)
  DOFOR k = 1, n - 1
    CALL Pivot (a, b, s, n, k)
    IF ABS (a_{k,k}/s_k) < tol THEN
      er = -1
      EXIT DO
    END IF
    DOFOR i = k + 1, n
      factor = a_{i,k}/a_{k,k}
      DOFOR j = k + 1, n
        a_{i,j} = a_{i,j} - factor*a_{k,j}
      END DO
      b_i = b_i - factor * b_k
    END DO
  END DO
  IF ABS(a_{n,n}/s_n) < tol THEN er = -1
END Eliminate

SUB Pivot (a, b, s, n, k)
  p = k
  big = ABS(a_{k,k}/s_k)
  DOFOR ii = k + 1, n
    dummy = ABS(a_{ii,k}/s_{ii})
    IF dummy > big THEN
      big = dummy
      p = ii
    END IF
  END DO
  IF p ≠ k THEN
    DOFOR jj = k, n
      dummy = a_{p,jj}
      a_{p,jj} = a_{k,jj}
      a_{k,jj} = dummy
    END DO
    dummy = b_p
    b_p = b_k
    b_k = dummy
    dummy = s_p
    s_p = s_k
    s_k = dummy
  END IF
END pivot

SUB Substitute (a, n, b, x)
  x_n = b_n/a_{n,n}
  DOFOR i = n - 1, 1, -1
    sum = 0
    DOFOR j = i + 1, n
      sum = sum + a_{i,j} * x_j
    END DO
    x_n = (b_n - sum) / a_{n,n}
  END DO
END Substitute
```

◯ 圖 8.6　執行局部旋軸化之高斯消去法虛擬程式碼。

- 樞軸化階段監控對角線項，偵測靠近零的事件，以標出奇異系統。若傳回 $er = -1$ 的值，則偵測到奇異矩陣，並應終止計算。使用者替參數「tol」設定一個很小的數，以偵測靠近零的事件。

範例 8.11　利用電腦求解線性的代數方程式

問題描述： 利用以圖 8.6 為基礎之電腦程式，求解第 1 章所討論的傘兵降落問題。假定有三個傘兵組成一隊，以無重量的繩索相連結，而且以 5 m/s 的速度自由落下（參考圖 8.7）。利用下表資料計算繩索各段之張力以及整隊之加速度：

傘兵	質量 kg	拖曳係數 kg/s
1	70	10
2	60	14
3	40	17

解法： 圖 8.8 描繪各個傘兵之自由體圖。將垂直方向各力相加，並利用牛頓第二定律，得到以下聯立線性方程組：

$$m_1 g - T - c_1 v = m_1 a$$
$$m_2 g + T - c_2 v - R = m_2 a$$
$$m_3 g \quad\quad - c_3 v + R = m_3 a$$

這些方程式有三個未知數：a、T，和 R。代入已知的值之後，這些方程式可表成矩陣形式（$g = 8.81 \text{ m/s}^2$），

$$\begin{bmatrix} 70 & 1 & 0 \\ 60 & -1 & 1 \\ 40 & 0 & -1 \end{bmatrix} \begin{Bmatrix} a \\ T \\ R \end{Bmatrix} = \begin{Bmatrix} 636.7 \\ 518.6 \\ 307.4 \end{Bmatrix}$$

利用自己的軟體求解此系統。結果為 $a = 8.5941 \text{ m/s}^2$；$T = 34.4118 \text{ N}$；且 $R = 36.7647 \text{ N}$。

8.5　複數系統

在某些問題推演中，可能得到一個複數方程式系統

$$[C]\{Z\} = \{W\} \tag{8.27}$$

其中

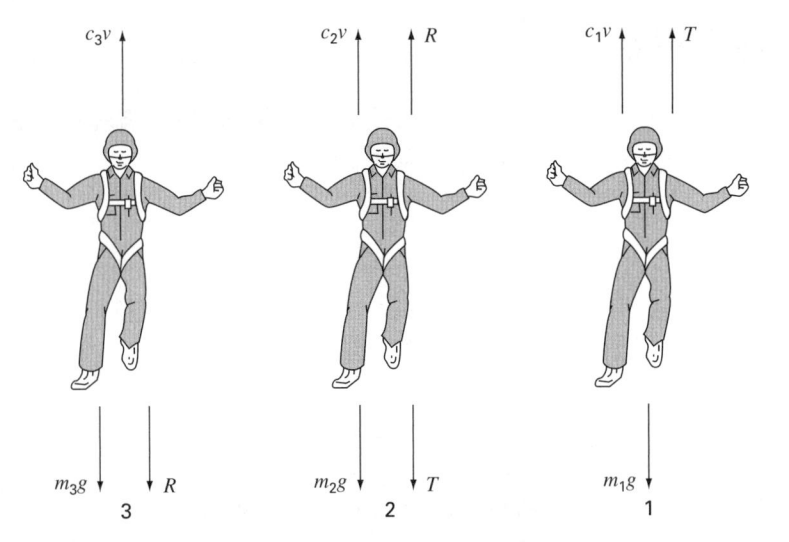

○ **圖 8.8** 三位降落中傘兵之各個自由體圖。

$$[C] = [A] + i[B]$$
$$\{Z\} = \{X\} + i\{Y\} \tag{8.28}$$
$$\{W\} = \{U\} + i\{V\}$$

且 $i = \sqrt{-1}$。

求解這類系統最直接的方式就是採用本書這一篇所描述的演算法之一，不過要將所有的實數運算換成複數運算。當然，這僅僅對容許複變數的語言（如 Fortran）才有辦法。

對於不容許宣告複變數的語言來說，我們可以寫一段程式碼，將實數運算轉換成複數運算。然而，這並不是一件輕鬆的工作。另一種可行的方法，是將複數系統轉換成同義的、以實變數處理的系統。欲如此做，可將(8.28)式代入(8.27)式，並且列出所產生的方程式之實部和虛部的等式，得到

$$[A]\{X\} - [B]\{Y\} = \{U\} \tag{8.29}$$

及

$$[B]\{X\} + [A]\{Y\} = \{V\} \tag{8.30}$$

於是我們將 n 個複數方程式的系統轉換成了 $2n$ 個實數方程式的系統。這意味著儲存及執行時間都將顯著地增加。所以這種做法意味著某種折衷。如果你不常求算複數系統，最好使用 (8.29) 及 (8.30) 式，因為它們很方便。然而，如果你常常使用，而且希望採用無法容許複數數據之語言，則值得花費心思撰寫可將複數運算轉換成實數運算的客製化方程式求解程式。

○ **圖 8.7** 三位自由落下並且以無重量的繩索相連的傘兵。

8.6 非線性方程系統

回想第 6 章結尾時，我們介紹了求解具有兩個未知數的非線性方程式解法。此方法可延伸至求解 n 個聯立非線性方程式之一般情形：

$$f_1(x_1, x_2, \ldots, x_n) = 0$$
$$f_2(x_1, x_2, \ldots, x_n) = 0$$
$$\vdots$$
$$f_n(x_1, x_2, \ldots, x_n) = 0$$

(8.31)

此系統的解是由一組同時使所有方程式等於零的 x 值所組成。

如同 6.5.2 節所述，求解這些系統的方法之一，是以牛頓-拉福森法的多元版本為基礎。因此必須寫出各方程式之泰勒級數展開式。譬如，對於第 k 個方程式，

$$f_{k,i+1} = f_{k,i} + (x_{1,i+1} - x_{1,i})\frac{\partial f_{k,i}}{\partial x_1} + (x_{2,i+1} - x_{2,i})\frac{\partial f_{k,i}}{\partial x_2} + \cdots + (x_{n,i+1} - x_{n,i})\frac{\partial f_{k,i}}{\partial x_n}$$

(8.32)

其中第一個下標代表方程式或未知數，而第二個下標指出函數或是數值是目前的值 (i) 還是下一個值 ($i+1$)。

我們將各個原始的非線性方程式寫成 (8.32) 式之形式。然後和方程式 (6.19) 推演至方程式 (6.20) 的過程一樣，將所有的 $f_{k,i+1}$ 項皆設為零，即為根的情形。方程式 (8.32) 可寫成

$$-f_{k,i} + x_{1,i}\frac{\partial f_{k,i}}{\partial x_1} + x_{2,i}\frac{\partial f_{k,i}}{\partial x_2} + \cdots + x_{n,i}\frac{\partial f_{k,i}}{\partial x_n}$$
$$= x_{1,i+1}\frac{\partial f_{k,i}}{\partial x_1} + x_{2,i+1}\frac{\partial f_{k,i}}{\partial x_2} + \cdots + x_{n,i+1}\frac{\partial f_{k,i}}{\partial x_n}$$

(8.33)

注意方程式 (8.33) 中僅有的未知數為右手邊的 $x_{k,i+1}$ 項。其他所有的量都落在目前的值 (i)，因此在任何一次迭代都是已知數。故一般表成方程式 (8.33) 的方程組（即 $k = 1, 2, \ldots, n$）構成了線性聯立方程組，可藉由本書這一篇所說明的方法求解。

我們可採用矩陣記號簡明表示出方程式 (8.33)。偏導數可表成

$$[Z] = \begin{bmatrix} \dfrac{\partial f_{1,i}}{\partial x_1} & \dfrac{\partial f_{1,i}}{\partial x_2} & \cdots & \dfrac{\partial f_{1,i}}{\partial x_n} \\ \dfrac{\partial f_{2,i}}{\partial x_1} & \dfrac{\partial f_{2,i}}{\partial x_2} & \cdots & \dfrac{\partial f_{2,i}}{\partial x_n} \\ \cdot & \cdot & & \cdot \\ \cdot & \cdot & & \cdot \\ \cdot & \cdot & & \cdot \\ \dfrac{\partial f_{n,i}}{\partial x_1} & \dfrac{\partial f_{n,i}}{\partial x_2} & \cdots & \dfrac{\partial f_{n,i}}{\partial x_n} \end{bmatrix} \tag{8.34}$$

初始值和最終解的值可表成如下向量形式

$$\{X_i\}^T = \lfloor x_{1,i} \quad x_{2,i} \quad \cdots \quad x_{n,i} \rfloor$$

與

$$\{X_{i+1}\}^T = \lfloor x_{1,i+1} \quad x_{2,i+1} \quad \cdots \quad x_{n,i+1} \rfloor$$

最後，函數於 i 的值可表成

$$\{F_i\}^T = \lfloor f_{1,i} \quad f_{2,i} \quad \cdots \quad f_{n,i} \rfloor$$

利用這些關係式，可將方程式 (8.33) 簡明表示成

$$[Z]\{X_{i+1}\} = -\{F_i\} + [Z]\{X_i\} \tag{8.35}$$

使用諸如高斯消去法等手法，可求解方程式 (8.35)。利用類似章節 6.5.2 兩方程式情形的解法，可重複迭代此過程而達到更精細的估計。

前一種方法有兩個主要的缺點。第一，方程式 (8.34) 通常不方便求值，因而發展出牛頓-拉福森法的變異方法以克服此困境。所以大部分都是以組成 [Z] 之偏導數的有限差分近似為基礎也是意料中之事。

多方程式的牛頓-拉福森法之第二個缺點通常需要良好的初始推測值以確保收斂性。由於通常都難以獲得良好的初始推測值，因此發展了另外一種比牛頓-拉福森法稍慢，但收斂行為較佳的方法。一個常用方法是將非線性系統重新列成單一的函數：

$$F(x) = \sum_{i=1}^{n} [f_i(x_1, x_2, \ldots, x_n)]^2 \tag{8.36}$$

其中 $f_i(x_1, x_2, ..., x_n)$ 為原系統方程式 (8.31) 的第 i 個成員。使此函數極小化之 x 值亦表示此非線性系統的解。第 14 章將此重列公式的方法歸屬於**非線性迴歸 (nonlinear regression)** 問題。因此，我們可以利用諸如本書稍後（第四篇，尤其是第 12 章）所述的許多最佳化方法求解。

8.7 高斯-喬丹法

高斯-喬丹法 (Gauss-Jordan method) 為高斯消去法之變異方法。其主要的差異在於高斯-喬丹法消去未知數時，會將所有其他的方程式中的未知數皆消去，而不只消去後續的方程式。此外，所有的列都藉由除以其樞軸元素而正規化。於是此消去步驟產生一個單位矩陣，而不是一個上三角矩陣（參考圖 8.9）。因此它不必採用逆代換法求解。我們以一個範例說明此方法。

⊃ **圖 8.9** 圖形說明高斯-喬丹法。與圖 8.3 相比較，以了解此方法與高斯消去法之間的差異。上標 (n) 意味著右手邊向量的元素經過了 n 次的修改（此例中，n = 3）。

範例 8.12　高斯-喬丹法

問題描述：使用高斯-喬登法，求解和範例 8.5 相同的系統：

$$3x_1 - 0.1x_2 - 0.2x_3 = 7.85$$
$$0.1x_1 + 7x_2 - 0.3x_3 = -19.3$$
$$0.3x_1 - 0.2x_2 + 10x_3 = 71.4$$

解法：首先，將係數和右手邊向量表成一個增廣矩陣：

$$\begin{bmatrix} 3 & -0.1 & -0.2 & 7.85 \\ 0.1 & 7 & -0.3 & -19.3 \\ 0.3 & -0.2 & 10 & 71.4 \end{bmatrix}$$

接著，將第一列除以其樞軸元素 3 以正規化，產生

$$\begin{bmatrix} 1 & -0.0333333 & -0.066667 & 2.61667 \\ 0.1 & 7 & -0.3 & -19.3 \\ 0.3 & -0.2 & 10 & 71.4 \end{bmatrix}$$

將第二列減掉第一列的 0.1 倍，可從第二列消去 x_1 項。同樣地，將第三列減掉第一列的 0.3 倍，可從第三列消去 x_1：

$$\begin{bmatrix} 1 & -0.0333333 & -0.066667 & 2.61667 \\ 0 & 7.00333 & -0.293333 & -19.5617 \\ 0 & -0.190000 & 10.0200 & 70.6150 \end{bmatrix}$$

其次，將第二列除以 7.00333 以正規化：

$$\begin{bmatrix} 1 & -0.0333333 & -0.066667 & 2.61667 \\ 0 & 1 & -0.0418848 & -2.79320 \\ 0 & -0.190000 & 10.0200 & 70.6150 \end{bmatrix}$$

消去第一列和第三列中的 x_2 項，得到

$$\begin{bmatrix} 1 & 0 & -0.0680629 & 2.52356 \\ 0 & 1 & -0.0418848 & -2.79320 \\ 0 & 0 & 10.01200 & 70.0843 \end{bmatrix}$$

接著將第三列除以 10.0120 以正規化：

$$\begin{bmatrix} 1 & 0 & -0.0680629 & 2.52356 \\ 0 & 1 & -0.0418848 & -2.79320 \\ 0 & 0 & 1 & 7.0000 \end{bmatrix}$$

最後，消去第一列和第二列中的 x_3 項，得到

$$\begin{bmatrix} 1 & 0 & 0 & 3.0000 \\ 0 & 1 & 0 & -2.5000 \\ 0 & 0 & 1 & 7.0000 \end{bmatrix}$$

於是，如圖 8.8 所描述，係數矩陣已轉化為單位矩陣，而解已由右手邊向量所得到。並不需要逆代換就能得到解。

本章有關於高斯消去法之陷阱和改良方面的題材皆適用於高斯-喬丹法。舉例來說，我們可以使用類似的樞軸化策略，避掉除以零，並且減少捨入誤差。

雖然高斯-喬丹法和高斯消去法看起來似乎完全相同，不過前者需要更多計算工作。使用類似章節 8.2.1 的方法，我們可以求出與非正式的高斯-喬丹法相關的乘／除浮點運算數為

$$n^3 + n^2 - n \xrightarrow{\text{當 } n \text{ 增加}} n^3 + O(n^2) \tag{8.37}$$

因此，高斯-喬丹法比高斯消去法多涉及大約 50% 的運算（與方程式 (8.23) 比較）。故高斯消去法是我們求解線性代數方程式時較偏好的簡單消去法。我們介紹高斯-喬丹法的主因，是工程上以及某些數值演算法中仍會使用到它。

8.8 總結

總體來說，本章大部分皆致力於探討求解聯立線性代數方程組最基本的高斯消去法。雖然它是求解聯立線性代數方程組所發展的最早方法之一，然而它對於許多工程問題而言，卻是極有效率的演算法。除了此實用的工具之外，本章亦討論了一般的議題，如捨入、縮放及條件數等。此外，我們簡短地介紹了高斯-喬登法，以及複數和非線性系統。

將高斯消去法所獲得的答案代入原來的方程式，可檢驗答案。不過，對於病態條件系統，這種檢驗不見得可靠。因此倘若懷疑有捨入誤差時，應納入某種條件數計算，譬如縮放後之系統的行列式值。計算時，使用局部樞軸化以及更多有效數字，是緩和捨入誤差的兩種方法。在下一章討論矩陣求逆時，我們再來看看系統條件數這主題。

習題

8.1 (a) 將以下的方程組寫成矩陣形式：
$$8 = 6x_3 + 2x_2$$
$$2 - x_1 = x_3$$
$$5x_2 + 8x_1 = 13$$

(b) 講此係數矩陣乘以其轉置矩陣；i.e.，$[A][A]^T$。

8.2 定義以下的矩陣：

$$[A] = \begin{bmatrix} 4 & 7 \\ 1 & 2 \\ 5 & 6 \end{bmatrix} \quad [B] = \begin{bmatrix} 4 & 3 & 7 \\ 1 & 2 & 7 \\ 2 & 0 & 4 \end{bmatrix}$$

$$\{C\} = \begin{Bmatrix} 3 \\ 6 \\ 1 \end{Bmatrix} \quad [D] = \begin{bmatrix} 9 & 4 & 3 & -6 \\ 2 & -1 & 7 & 5 \end{bmatrix}$$

$$[E] = \begin{bmatrix} 1 & 5 & 8 \\ 7 & 2 & 3 \\ 4 & 0 & 6 \end{bmatrix}$$

$$[F] = \begin{bmatrix} 3 & 0 & 1 \\ 1 & 7 & 3 \end{bmatrix} \quad \lfloor G \rfloor = \lfloor 7 \quad 6 \quad 4 \rfloor$$

回答以下有關這些矩陣的問題：
(a) 這些矩陣的維度為何？
(b) 指出哪些是方陣、哪些是行矩陣、及哪些是列矩陣。
(c) a_{12}、b_{32}、d_{32}、e_{22}、f_{12}、g_{12} 之值為何？
(d) 執行以下運算
(1) $[E] + [B]$ (7) $[B] \times [A]$
(2) $[A] \times [F]$ (8) $[D]^T$
(3) $[B] - [E]$ (9) $[A] \times \{C\}$
(4) $7 \times [B]$ (10) $[I] \times [B]$
(5) $[E] \times [B]$ (11) $[E]^T[E]$
(6) $\{C\}^T$ (12) $\{C\}^T\{C\}$

8.3 定義以下三個矩陣：

$$[A] = \begin{bmatrix} 1 & 6 \\ 3 & 10 \\ 7 & 4 \end{bmatrix} \quad [B] = \begin{bmatrix} 1 & 3 \\ 0.5 & 2 \end{bmatrix} \quad [C] = \begin{bmatrix} 2 & -2 \\ -3 & 1 \end{bmatrix}$$

(a) 執行任一對矩陣間所有可能的乘法。
(b) 利用方塊 PT3.2 中的方法，驗證何以其他的配對無法相乘。
(c) 利用 (a) 的結果，說明何以乘法的次序很重要。

8.4 利用圖解法求解
$$4x_1 - 8x_2 = -24$$
$$-x_1 + 6x_2 = 34$$

將你求得的解代回原方程式，以檢驗結果之正確性。

8.5 給定方程式系統：

$$-1.1x_1 + 10x_2 = 120$$
$$-2x_1 + 17.4x_2 = 174$$

(a) 以圖解法求解，並將你的結果代回到原方程式檢驗。
(b) 以圖形解為基礎，預測此系統是否為病態條件？
(c) 計算其行列式值。
(d) 以未知數消去法求解。

8.6 對方程組：

$$2x_2 + 5x_3 = 9$$
$$2x_1 + x_2 + x_3 = 9$$
$$3x_1 + x_2 = 10$$

(a) 計算其行列式值。
(b) 利用克拉馬法則求解 x_i。
(c) 將結果代回原方程式，檢驗其正確性。

8.7 給定方程式：

$$0.5x_1 - x_2 = -9.5$$
$$1.02x_1 - 2x_2 = -18.8$$

(a) 以圖解法求解。
(b) 計算其行列式值。
(c) 根據 (a) 和 (b)，預測此系統是否為病態條件？
(d) 以未知數消去法求解。
(e) 將係數 a_{11} 修改成 0.52 後再解一次。解釋你的結果。

8.8 給定以下系統方程組：

$$10x_1 + 2x_2 - x_3 = 27$$
$$-3x_1 - 6x_2 + 2x_3 = -61.5$$
$$x_1 + x_2 + 5x_3 = -21.5$$

(a) 以非正式的高斯消去法求解。並呈現你所有的計算步驟。
(b) 將你的結果代回原方程式加以檢驗。

8.9 利用高斯消去法，求解：

$$8x_1 + 2x_2 - 2x_3 = -2$$
$$10x_1 + 2x_2 + 4x_3 = 4$$
$$12x_1 + 2x_2 + 2x_3 = 6$$

採用局部樞軸化法，並將你的答案代入原方程式加以檢驗。

8.10 給定以下系統方程組：

$$-3x_2 + 7x_3 = 2$$
$$x_1 + 2x_2 - x_3 = 3$$
$$5x_1 - 2x_2 = 2$$

(a) 計算其行列式值。
(b) 利用克拉馬法則求解 x_i。
(c) 利用高斯消去法搭配局部樞軸化來求解 x_i。
(d) 將你的結果代回原方程式加以檢驗。

8.11 給定以下系統方程組：

$$2x_1 - 6x_2 - x_3 = -38$$
$$-3x_1 - x_2 + 7x_3 = -34$$
$$-8x_1 + x_2 - 2x_3 = -20$$

(a) 利用高斯消去法搭配局部樞軸化來求解。並呈現你所有的計算步驟。
(b) 將你的結果代回原方程式加以檢驗。

8.12 利用高斯-喬丹消去法，求解：

$$2x_1 + x_2 - x_3 = 1$$
$$5x_1 + 2x_2 + 2x_3 = -4$$
$$3x_1 + x_2 + x_3 = 5$$

在不採用局部樞軸化的前提下，將你的答案代入原方程式加以檢驗。

8.13 求解：

$$x_1 + x_2 - x_3 = -3$$
$$6x_1 + 2x_2 + 2x_3 = 2$$
$$-3x_1 + 4x_2 + x_3 = 1$$

使用 (a) 非正式的高斯消去法。(b) 搭配局部樞軸化之高斯消去法。(c) 不採用局部樞軸化之高斯-喬丹法。

8.14 執行和範例 8.11 相同的計算，但是使用五位具有以下特徵之傘兵：

傘兵	質量 (kg)	拖曳係數 (kg/s)
1	55	10
2	75	12
3	60	15
4	75	16
5	90	10

傘兵的速度為 9 m/s。

8.15 求解

$$\begin{bmatrix} 3+2i & 4 \\ -i & 1 \end{bmatrix} \begin{Bmatrix} z_1 \\ z_2 \end{Bmatrix} = \begin{Bmatrix} 2+i \\ 3 \end{Bmatrix}$$

$$x_1 + 2x_2 - x_3 = 2$$
$$5x_1 + 2x_2 + 2x_3 = 9$$
$$-3x_1 + 5x_2 - x_3 = 1$$

8.16 選一個高階語言或巨集語言，發展、除錯、並測試將兩矩陣相乘的子程式（也就是 $[X] = [Y][Z]$，其中 $[Y]$ 為 $m \times n$ 且 $[Z]$ 為 $n \times p$）。利用習題 8.3 的矩陣測試此程式。

8.17 選一個高階語言或巨集語言，發展、除錯、並測試產生矩陣之轉置的子程式。利用習題 8.3 的矩陣測試。

8.18 以圖 8.6 之擬程式碼為基礎，選一個高階語言或巨集語言，發展、除錯、並測試具有局部樞軸化之高斯消去法求解方程組的子程式。利用以下的系統（答案為 $x_1 = x_2 = x_3 = 1$）測試此程式。

8.19 在三個透過彈簧連接並垂直懸掛的砝碼系統中，假設砝碼 1 在最上方，砝碼 3 在最下面。若 $g = 8.81$ m/s^2，$m_1 = 2$ kg，$m_2 = 3$ kg，$m_3 = 2.5$ kg，且 k's $= 10$ kg/s^2，求解此系統的位移量 x。

8.20 以 8.6 節圖 8.6 之擬程式碼為基礎，選一個高階語言或巨集語言，發展、除錯，以求解 n 個聯立線性方程組的程式。藉由求解習題 7.12 來驗證你的程式。

CHAPTER 9

LU 分解法與矩陣求逆
LU Decomposition and Matrix Inversion

本章將探討一類稱為 **LU 分解法 (LU decomposition)** 的消去法技巧。LU 分解法最吸引人的特色是將耗費時間的消去步驟轉換成只對矩陣 [A] 的係數進行運算。因此非常適合用在矩陣 [A] 為固定，但是必須計算許多右手邊向量 {B} 的情況時。雖然說有許多其他的方法可以達到此目標，但是我們仍把重點放在如何應用高斯消去法來進行 LU 分解。

介紹 LU 分解法的動機之一是它能很有效地用來求逆矩陣。逆矩陣在實際的工程應用中有非常寶貴的價值，另外還能當作估算系統條件的依據。

9.1　LU 分解法

正如第 8 章所討論的內容，高斯消去法用來解以下的線性代數方程組：

$$[A]\{X\} = \{B\} \tag{9.1}$$

雖然高斯消去法可以解此方程組，但是當矩陣為固定，僅僅右手邊的值（向量 b）有改變的情況下，此方法就變得沒有效率。

前一章討論過高斯消去法包含前向消去法與逆代換法兩個步驟（參考圖 8.3）。而在前向消去步驟中包括了大部分的運算工作（參考表 8.1）。尤其是針對大型方程組的時候此特性將更明顯。

LU 分解法 (LU decomposition) 使得消去過程耗費時間的矩陣 [A]，能與右手邊向量 {B} 的處理分離。因此，一旦當矩陣 [A] 被分解開以後，那麼許多不同的右手邊向量就能以非常有效率的方式來求值。

事實上高斯消去法本身就可以用 LU 分解來呈現。在呈現此結果前，讓我們先瞭解一些有關此分解策略的數學觀念。

9.1.1　綜觀 LU 分解法

正如高斯消去法一樣，LU 分解法也需要藉由樞軸化來避免除式中出現分母為零的窘況。然而，為了簡化討論的敘述過程，在詳盡推敲基本近似前，我們將延緩此假設狀況。此外，以下的說明也局限在三個方程式的情況。最後可將此結果延伸

至 n 個維度的情況。

方程式 (9.1) 可以重新整理成

$$[A]\{X\} - \{B\} = 0 \tag{9.2}$$

假設方程式 (9.2) 可以表示成以下的上三角系統

$$\begin{bmatrix} u_{11} & u_{12} & u_{13} \\ 0 & u_{22} & u_{23} \\ 0 & 0 & u_{33} \end{bmatrix} \begin{Bmatrix} x_1 \\ x_2 \\ x_3 \end{Bmatrix} = \begin{Bmatrix} d_1 \\ d_2 \\ d_3 \end{Bmatrix} \tag{9.3}$$

此結果與高斯消去法第一步驟的處理非常類似。也就是將系統簡化成一個上三角形式的系統。若重新整理方程式 (9.3)，並改用矩陣的符號來表示，則可改寫成

$$[U]\{X\} - \{D\} = 0 \tag{9.4}$$

假設存在一個對角線元均為 1 的下三角矩陣

$$[L] = \begin{bmatrix} 1 & 0 & 0 \\ l_{21} & 1 & 0 \\ l_{31} & l_{32} & 1 \end{bmatrix} \tag{9.5}$$

能使得乘上方程式 (9.4) 以後能得到方程式 (9.2) 的結果。也就是

$$[L]\{[U]\{X\} - \{D\}\} = [A]\{X\} - \{B\} \tag{9.6}$$

此式如果成立，根據矩陣的乘法規則可得

$$[L][U] = [A] \tag{9.7}$$

與

$$[L]\{D\} = \{B\} \tag{9.8}$$

以下將介紹一個以方程式 (9.4)、(9.7) 與 (9.8) 為基礎之兩步驟求解策略（參考圖 9.1）。

1. **LU 分解步驟** (*LU decomposition step*)：將矩陣 [A] 分解成下三角矩陣 [L] 與上三角矩陣 [U]。
2. **代換步驟** (substitution step)：利用矩陣 [L] 與 [U] 求解右手邊向量為 {B} 時的解 {X}。在這個步驟中另外又再包含兩個步驟。首先是利用方程式 (9.8) 的前向代換步驟產生一個暫時結果向量 {D}，然後再由方程式 (9.4) 及逆代換步驟產生結果向量 {X}。

接下來我們將說明應用此方式之高斯消去法的詳細做法。

9.1.2 高斯消去法的 *LU* 分解版

雖然表面上看起來，高斯消去法與 *LU* 分解法並沒有關聯，但事實上，高斯消

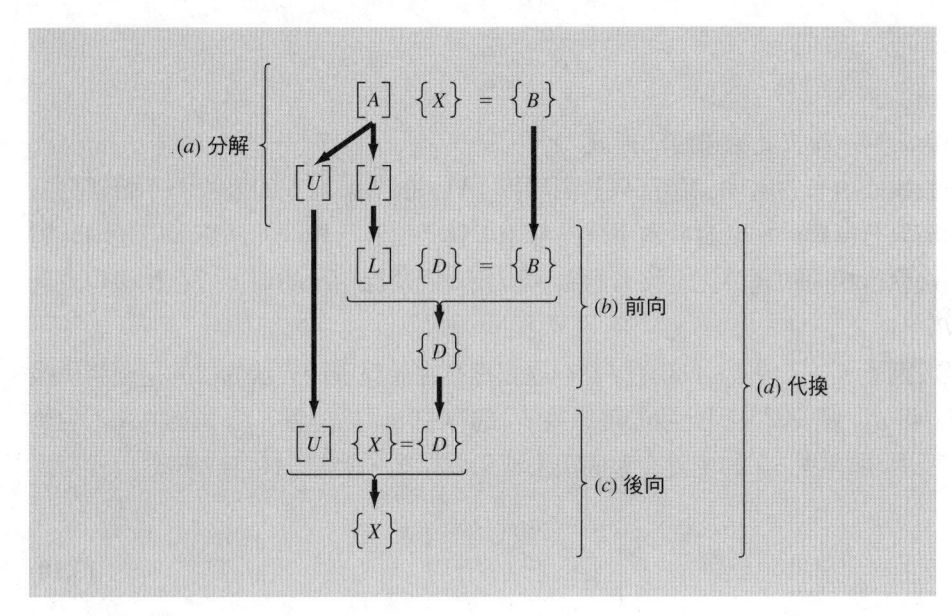

⬯ 圖 9.1　LU 分解法的步驟。

去法可以用來分解矩陣 [A]，成為矩陣 [L] 與 [U] 的乘積。此結果由矩陣 [U] 可以很容易地看出，也就是矩陣 [U] 即為一連串前向消去的直接乘積。回顧前向消去步驟中的意義，確實是希望將矩陣 [A] 的係數簡化成以下的型態

$$[U] = \begin{bmatrix} a_{11} & a_{12} & a_{13} \\ 0 & a'_{22} & a'_{23} \\ 0 & 0 & a''_{33} \end{bmatrix} \tag{9.9}$$

此即為所求的上三角矩陣型態。

雖然在以上的步驟中也會產生矩陣 [L]，只是並非顯而易見。以下將用一個包含三個方程式的方程組來說明，

$$\begin{bmatrix} a_{11} & a_{12} & a_{13} \\ a_{21} & a_{22} & a_{23} \\ a_{31} & a_{32} & a_{33} \end{bmatrix} \begin{Bmatrix} x_1 \\ x_2 \\ x_3 \end{Bmatrix} = \begin{Bmatrix} b_1 \\ b_2 \\ b_3 \end{Bmatrix}$$

高斯消去法的第一個步驟是對第一列乘上以下的因子（參考方程式 (8.13)）

$$f_{21} = \frac{a_{21}}{a_{11}}$$

然後由第二列中減掉此結果而消去 a_{21}。同理，將第一列乘上因子

$$f_{31} = \frac{a_{31}}{a_{11}}$$

並且由第三列中減去此結果而消掉 a_{31}。最後對修正過後的第二列乘上

$$f_{32} = \frac{a'_{32}}{a'_{22}}$$

並且由第三列中減去此結果而消掉 a'_{32}。

假設我們所有的處理工作都只針對矩陣 $[A]$。很明顯地，如果我們不希望對方程式的結果有影響，那麼對於右手邊向量 $\{B\}$ 就必須執行相同的運算。但是同時對等號兩邊執行相同的運算完全沒有意義。因此我們將保留 f 的值，並在稍後再處理向量 $\{B\}$。

至於因子 f_{21}、f_{31} 與 f_{32} 究竟該儲存在哪裡？由於整個消去法的目的是要將係數 a_{21}、a_{31} 與 a_{32} 變成零。因此我們可以將 f_{21} 儲存在 a_{21} 的位置、f_{31} 儲存在 a_{31} 的位置，以及 f_{32} 儲存在 a_{32} 的位置。整個消去法完成以後，矩陣 $[A]$ 可以寫成

$$\begin{bmatrix} a_{11} & a_{12} & a_{13} \\ f_{21} & a'_{22} & a'_{23} \\ f_{31} & f_{32} & a''_{33} \end{bmatrix} \tag{9.10}$$

事實上，此矩陣呈現出的是以較有效率的方式來儲存矩陣 $[A]$ 的 LU 分解式，

$$[A] \to [L][U] \tag{9.11}$$

其中

$$[U] = \begin{bmatrix} a_{11} & a_{12} & a_{13} \\ 0 & a'_{22} & a'_{23} \\ 0 & 0 & a''_{33} \end{bmatrix}$$

與

$$[L] = \begin{bmatrix} 1 & 0 & 0 \\ f_{21} & 1 & 0 \\ f_{31} & f_{32} & 1 \end{bmatrix}$$

以下的範例將會確認 $[A] = [L][U]$。

範例 9.1　以高斯消去法進行 LU 分解

問題描述：利用範例 8.5 的高斯消去法來計算 LU 分解。

解法：在範例 8.5 中我們求解以下矩陣用途計算係數所需的資料如下：

$$[A] = \begin{bmatrix} 3 & -0.1 & -0.2 \\ 0.1 & 7 & -0.3 \\ 0.3 & -0.2 & 10 \end{bmatrix}$$

完成前向消去步驟以後，可得下列上三角矩陣

$$[U] = \begin{bmatrix} 3 & -0.1 & -0.2 \\ 0 & 7.00333 & -0.293333 \\ 0 & 0 & 10.0120 \end{bmatrix}$$

用來求取上三角矩陣的因子經過重組以後,可以獲得下三角矩陣。藉由以下因子可以將元素 a_{21} 與 a_{31} 消去

$$f_{21} = \frac{0.1}{3} = 0.03333333 \qquad f_{31} = \frac{0.3}{3} = 0.1000000$$

另外,藉由以下因子可以將元素 a'_{32} 消去

$$f_{32} = \frac{-0.19}{7.00333} = -0.0271300$$

因此下三角矩陣為

$$[L] = \begin{bmatrix} 1 & 0 & 0 \\ 0.0333333 & 1 & 0 \\ 0.100000 & -0.0271300 & 1 \end{bmatrix}$$

同理,可以求得 LU 分解為

$$[A] = [L][U] = \begin{bmatrix} 1 & 0 & 0 \\ 0.0333333 & 1 & 0 \\ 0.100000 & -0.0271300 & 1 \end{bmatrix} \begin{bmatrix} 3 & -0.1 & -0.2 \\ 0 & 7.00333 & -0.293333 \\ 0 & 0 & 10.0120 \end{bmatrix}$$

此結果可以經由矩陣 $[L][U]$ 的直接乘積來驗證,結果為

$$[L][U] = \begin{bmatrix} 3 & -0.1 & -0.2 \\ 0.0999999 & 7 & -0.3 \\ 0.3 & -0.2 & 9.99996 \end{bmatrix}$$

而其中的一些微小差異是四捨五入誤差所造成的。

以下所列出的是應用此分解法之副程式虛擬程式碼:

```
SUB Decompose (a, n)
  DOFOR k = 1, n - 1
    DOFOR i = k + 1, n
      factor = a_{i,k}/a_{k,k}
      a_{i,k} = factor
      DOFOR j = k + 1, n
        a_{i,j} = a_{i,j} - factor * a_{k,j}
      END DO
    END DO
  END DO
END Decompose
```

注意，此演算法是非正式的，並未包括樞軸化概念。之後在發展完整的 LU 分解演算法時，會另外將樞軸化的特性加進來。

當矩陣完成分解以後，對於任意的右手邊向量 $\{B\}$ 我們就可以產生一個解。整個求解過程將分為兩個步驟。第一，執行前向代換步驟可以求得方程式 (9.8) 中的向量 $\{D\}$。而一個非常重要的認知是，這個過程僅相當於對右手邊向量 $\{B\}$ 執行消去處理。因此，此代換步驟的最後結果相當於同時對矩陣 $[A]$ 與向量 $\{B\}$ 執行消去處理。

前向代換步驟可由以下更精簡的型態來表現：

$$d_i = b_i - \sum_{j=1}^{i-1} a_{ij} d_j \qquad 對於\ i = 2, 3, \ldots, n \tag{9.12}$$

第二步驟相當於處理如方程式 (9.4) 的逆代換法。非常重要的認知就是這個過程相當於是高斯消去法的逆代換步驟。同理，類似方程式 (8.16) 與 (8.17) 的處理手法，逆代換步驟可以由以下較精簡的型態來表現：

$$x_n = d_n / a_{nn} \tag{9.13}$$

$$x_i = \frac{d_i - \sum_{j=i+1}^{n} a_{ij} x_j}{a_{ii}} \qquad 對於\ i = n-1, n-2, \ldots, 1 \tag{9.14}$$

範例 9.2　代換步驟

問題描述：利用前向代換與逆代換法步驟完成範例 9.1 中的方程式求解。

解法：正如之前所述，前向代換相當於同時對矩陣 $[A]$ 與右手邊向量 $\{B\}$ 同時執行消去處理。回顧範例 8.5 中所要解的系統為

$$\begin{bmatrix} 3 & -0.1 & -0.2 \\ 0.1 & 7 & -0.3 \\ 0.3 & -0.2 & 10 \end{bmatrix} \begin{Bmatrix} x_1 \\ x_2 \\ x_3 \end{Bmatrix} = \begin{Bmatrix} 7.85 \\ -19.3 \\ 71.4 \end{Bmatrix}$$

傳統高斯消去法完成前向消去之後的結果為

$$\begin{bmatrix} 3 & -0.1 & -0.2 \\ 0 & 7.00333 & -0.293333 \\ 0 & 0 & 10.0120 \end{bmatrix} \begin{Bmatrix} x_1 \\ x_2 \\ x_3 \end{Bmatrix} = \begin{Bmatrix} 7.85 \\ -19.5617 \\ 70.0843 \end{Bmatrix} \tag{E9.2.1}$$

但是在此問題中應用方程式 (9.7) 時，前向代換之後的結果為

$$\begin{bmatrix} 1 & 0 & 0 \\ 0.0333333 & 1 & 0 \\ 0.100000 & -0.0271300 & 1 \end{bmatrix} \begin{Bmatrix} d_1 \\ d_2 \\ d_3 \end{Bmatrix} = \begin{Bmatrix} 7.85 \\ -19.3 \\ 71.4 \end{Bmatrix}$$

或者是將等號左手邊的系統方程式乘開來，可得

$$d_1 = 7.85$$
$$0.0333333d_1 + d_2 = -19.3$$
$$0.1d_1 - 0.02713d_2 + d_3 = 71.4$$

由第一個方程式可得 d_1 的值，

$$d_1 = 7.85$$

將此結果代入至第二個方程式之後，經過整理可得

$$d_2 = -19.3 - 0.0333333(7.85) = -19.5617$$

同時將 d_1 與 d_2 的結果代入至第三個方程式之後可得

$$d_3 = 71.4 - 0.1(7.85) + 0.02713(-19.5617) = 70.0843$$

因此，

$$\{D\} = \begin{Bmatrix} 7.85 \\ -19.5617 \\ 70.0843 \end{Bmatrix}$$

此結果與方程式 (E9.2.1) 右手邊的結果是完全相同的。
然後將這個結果代入方程式 (9.4) 中，即代入 $[U]\{X\} = \{D\}$，可得

$$\begin{bmatrix} 3 & -0.1 & -0.2 \\ 0 & 7.00333 & -0.293333 \\ 0 & 0 & 10.0120 \end{bmatrix} \begin{Bmatrix} x_1 \\ x_2 \\ x_3 \end{Bmatrix} = \begin{Bmatrix} 7.85 \\ -19.5617 \\ 70.0843 \end{Bmatrix}$$

再來可以由逆代換法（細節請參考範例 8.5）可得最後的結果

$$\{X\} = \begin{Bmatrix} 3 \\ -2.5 \\ 7.00003 \end{Bmatrix}$$

以下所列出的是，同時應用兩個代換步驟之副程式的虛擬程式碼：

```
SUB Substitute (a, n, b, x)
  'forward substitution
  DOFOR i = 2, n
    sum = b_i
    DOFOR j = 1, i - 1
      sum = sum - a_{i,j} * b_j
    END DO
    b_i = sum
  END DO
  'back substitution
```

```
    xn = bn/an,n
    DOFOR i = n - 1, 1, -1
      sum = 0
      DOFOR j = i + 1, n
        sum = sum + ai,j * xj
      END DO
      xi = (bi - sum)/ai,i
    END DO
END Substitute
```

LU 分解演算法與高斯消去法所執行的乘法／除法總浮點運算數階數相同。唯一的差異是 LU 分解法不需要對右手邊向量執行消去法動作。因此，LU 分解法所執行的乘／除法浮點運算為

$$\frac{n^3}{3} - \frac{n}{3} \xrightarrow{\text{當}\,n\,\text{增加}} \frac{n^3}{3} + O(n) \tag{9.15}$$

反之，由於高斯消去法必須執行右手邊向量的消去法動作，而前向代換與後向代換所執行的乘／除法浮點運算會多出 n^2 次。因此，總執行次數為

$$\frac{n^3}{3} - \frac{n}{3} + n^2 \xrightarrow{\text{當}\,n\,\text{增加}} \frac{n^3}{3} + O(n^2) \tag{9.16}$$

9.1.3 *LU* 分解的演算法

圖 9.2 所列的是一個以 LU 分解演算法呈現的高斯消去法。演算法中具備了四個重要的特性：

- 消去過程中所產生的因子儲存在矩陣的下三角部分。此乃因為這些下三角部分的元素本來就要被轉變成零，這樣的處理方式可以節省儲存空間。
- 此演算法藉由一個有序向量 o 來維持樞軸化的追蹤。由於只有對此有序向量進行樞軸化（與整列進行對照），因此大幅地加速演算法的進行。
- 實際上，方程式並不會在數值比例上做縮放，但是縮放後的元素值可用來判斷是否需要執行樞軸化動作。
- 樞軸化的過程中會監控對角元素，偵測是否有很接近零的元素，以標出奇異系統 (singular system)。例如說回傳的數值為 $er = -1$，代表偵測到的是一個奇異系統，此時就應該終止計算工作的進行。參數 *tol* 代表一個非常小的數值，主要用來偵測是否有很接近零的元素。

9.1.4 克勞特分解

對於高斯消去法的 LU 分解應用中，矩陣 $[L]$ 的對角線元素為 1。這樣的方法稱為**杜立德分解 (Doolittle decomposition)**。另外存在一種稱為**克勞特分解 (Crout**

```
SUB Ludecomp (a, b, n, tol, x, er)
  DIM o_n, s_n
  er = 0
  CALL Decompose(a, n, tol, o, s, er)
  IF er <> -1 THEN
      CALL Substitute(a, o, n, b, x)
  END IF
END Ludecomp
SUB Decompose (a, n, tol, o, s, er)
  DOFOR i = 1, n
    o_i = i
    s_i = ABS(a_{i,1})
    DOFOR j = 2, n
       IF ABS(a_{i,j})>s_i THEN s_i = ABS(a_{i,j})
    END DO
  END DO
  DOFOR k = 1, n - 1
    CALL Pivot(a, o, s, n, k)
    IF ABS(a_{o(k),k}/s_{o(k)}) < tol THEN
       er = -1
       PRINT a_{o(k),k}/s_{o(k)}
       EXIT DO
    END IF
    DOFOR i = k + 1, n
       factor = a_{o(i),k}/a_{o(k),k}
       a_{o(i),k} = factor
       DOFOR j = k + 1, n
          a_{o(i),j} = a_{o(i),j} - factor * a_{o(k),j}
       END DO
    END DO
  END DO
  IF ABS(a_{o(k),k}/s_{o(k)}) < tol THEN
    er = -1
    PRINT a_{o(k),k}/s_{o(k)}
  END IF
END Decompose

SUB Pivot (a, o, s, n, k)
  p = k
  big = ABS(a_{o(k),k}/s_{o(k)})
  DOFOR ii = k + 1, n
     dummy = ABS(a_{o(ii),k}/s_{o(ii)})
     IF dummy > big THEN
        big = dummy
        p = ii
     END IF
  END DO
  dummy = o_p
  o_p = o_k
  o_k = dummy
END Pivot
SUB Substitute (a, o, n, b, x)
  DOFOR i = 2, n
    sum = b_{o(i)}
    DOFOR j = 1, i - 1
       sum = sum - a_{o(i),j} * b_{o(j)}
    END DO
    b_{o(i)} = sum
  END DO
  x_n = b_{o(n)}/a_{o(n),n}
  DOFOR i = n - 1, 1, -1
    sum = 0
    DOFOR j = i + 1, n
       sum = sum + a_{o(i),j} * x_j
    END DO
    x_i = (b_{o(i)} - sum)/a_{o(i),i}
  END DO
END Substitute
```

⊃ **圖 9.2** LU 分解演算法的虛擬程式碼。

decomposition) 的做法則是將矩陣 $[U]$ 的對角線元素為 1。雖然這兩種方法間存在一些差異（Atkinson, 1978；Ralston 與 Rabinowitz, 1978），但是彼此效能相容。

克勞特分解法是經由如圖 9.3 逐行與逐列的檢視來產生矩陣 $[U]$ 與 $[L]$。其應用可由以下一連串較精簡的公式來表現：

$$l_{i,1} = a_{i,1} \qquad 對於\ i = 1, 2, \ldots, n \tag{9.17}$$

$$u_{1j} = \frac{a_{1j}}{l_{11}} \qquad 對於\ j = 2, 3, \ldots, n \tag{9.18}$$

另外，當 $j = 2, 3, \ldots, n - 1$ 有

$$l_{ij} = a_{ij} - \sum_{k=1}^{j-1} l_{ik} u_{kj} \qquad 對於\ i = j, j+1, \ldots, n \tag{9.19}$$

$$u_{jk} = \frac{a_{jk} - \sum_{i=1}^{j-1} l_{ji} u_{ik}}{l_{jj}} \quad \text{對於} \quad k = j+1, j+2, \ldots, n \tag{9.20}$$

與

$$l_{nn} = a_{nn} - \sum_{k=1}^{n-1} l_{nk} u_{kn} \tag{9.21}$$

　　以上的演算法中除了採用幾個簡潔迴圈，另外還有節省記憶體空間的好處。由於矩陣 $[U]$ 的對角線元素為 1，因此不需要另外儲存。而且矩陣 $[L]$ 或矩陣 $[U]$ 中有部分元素值是在方法中明訂為 0，因此就不需要儲存。同理，矩陣 $[U]$ 的元素值是可以存在矩陣 $[L]$ 為 0 的地方。此外，更進一步的檢視推導過程後，我們可以很清楚的知道矩陣 $[A]$ 的元素值都只有引用過一次，之後就不會再用到。因此每計算出 $[L]$ 與 $[U]$ 的元素，就可以直接取代矩陣 $[A]$ 中對應的元素（也就是相對應的註標值）。

　　圖 9.4 所列出的是符合此結論的虛擬程式碼。值得一提的是，由於矩陣 $[L]$ 的第一行已經儲存在矩陣 $[A]$ 的第一行，因此這個演算法中並沒有包含方程式 (9.17)。也就是演算法直接經由方程式 (9.18) 至 (9.21) 所導出。

```
DOFOR j = 2, n
  a₁,ⱼ = a₁,ⱼ/a₁,₁
END DO
DOFOR j = 2, n − 1
  DOFOR i = j, n
    sum = 0
    DOFOR k = 1, j − 1
      sum = sum + aᵢ,ₖ · aₖ,ⱼ
    END DO
    aᵢ,ⱼ = aᵢ,ⱼ − sum
  END DO
  DOFOR k = j + 1, n
    sum = 0
    DOFOR i = 1, j − 1
      sum = sum + aⱼ,ᵢ · aᵢ,ₖ
    END DO
    aⱼ,ₖ = (aⱼ,ₖ − sum)/aⱼ,ⱼ
  END DO
END DO
sum = 0
DOFOR k = 1, n − 1
  sum = sum + aₙ,ₖ · aₖ,ₙ
END DO
aₙ,ₙ = aₙ,ₙ − sum
```

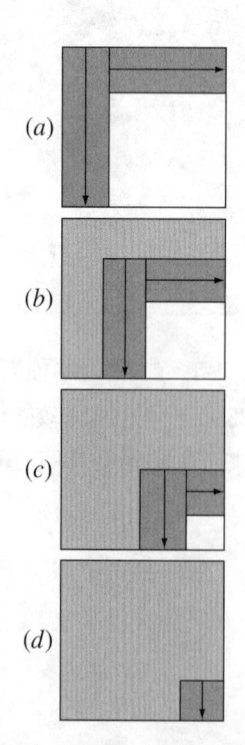

⊃ 圖 9.3　以圖形來說明克勞特分解法的求值過程。

⊃ 圖 9.4　克勞特的 LU 分解演算法的虛擬程式碼。

9.2 矩陣求逆

我們在討論矩陣運算子時（參考 PT 3.3.2）曾經提過，若矩陣 [A] 為方陣，則存在另一個稱為 [A] 的逆矩陣之 $[A]^{-1}$（方程式 (PT3.3)），使得

$$[A][A]^{-1} = [A]^{-1}[A] = [I]$$

接下來我們將把重點放在討論如何利用數值方法計算逆矩陣。然後探索如何將它們應用在工程分析上。

9.2.1 逆矩陣的計算

我們可以藉由將右手邊向量設為單位向量，然後逐行來取矩陣之逆矩陣。例如說右手邊向量的第一個元素為 1，其他的位置均為 0，也就是

$$\{b\} = \begin{Bmatrix} 1 \\ 0 \\ 0 \end{Bmatrix}$$

所得到的解就是所求之逆矩陣的第一行。同理，如果採用的向量在第二個位置為 1，其餘為 0，也就是

$$\{b\} = \begin{Bmatrix} 0 \\ 1 \\ 0 \end{Bmatrix}$$

則所得到的解就是逆矩陣的第二行。

最佳的計算方法就是利用本章一開始就提到的 LU 分解演算法。由於 LU 分解演算法可以利用非常有效的方式來處理多個右手邊向量。因此非常適合用來同時處理多個右手邊單位向量以求得矩陣之逆矩陣。

範例 9.3　逆矩陣

問題描述：應用 LU 分解來求範例 9.2 中系統逆矩陣。

$$[A] = \begin{bmatrix} 3 & -0.1 & -0.2 \\ 0.1 & 7 & -0.3 \\ 0.3 & -0.2 & 10 \end{bmatrix}$$

回顧之前的結果得知 LU 分解法後的下三角與上三角矩陣分別是

$$[U] = \begin{bmatrix} 3 & -0.1 & -0.2 \\ 0 & 7.00333 & -0.293333 \\ 0 & 0 & 10.0120 \end{bmatrix} \quad [L] = \begin{bmatrix} 1 & 0 & 0 \\ 0.0333333 & 1 & 0 \\ 0.100000 & -0.0271300 & 1 \end{bmatrix}$$

解法：逆矩陣的第一行可以對右手邊單位向量（第一列為 1）執行前向代換而

得到解。因此，方程式 (9.8) 中的下三角系統為：

$$\begin{bmatrix} 1 & 0 & 0 \\ 0.0333333 & 1 & 0 \\ 0.100000 & -0.0271300 & 1 \end{bmatrix} \begin{Bmatrix} d_1 \\ d_2 \\ d_3 \end{Bmatrix} = \begin{Bmatrix} 1 \\ 0 \\ 0 \end{Bmatrix}$$

由前向代換法可以得到解的結果為 $\{D\}^T = \lfloor 1 \quad -0.03333 \quad -0.1009 \rfloor$。此向量可以用來當作方程式 (9.3) 中的右手邊向量。

$$\begin{bmatrix} 3 & -0.1 & -0.2 \\ 0 & 7.00333 & -0.293333 \\ 0 & 0 & 10.0120 \end{bmatrix} \begin{Bmatrix} x_1 \\ x_2 \\ x_3 \end{Bmatrix} = \begin{Bmatrix} 1 \\ -0.03333 \\ -0.1009 \end{Bmatrix}$$

之後以逆代換法可以得到解為 $\{X\}^T = \lfloor 0.33249 \quad -0.00518 \quad -0.01008 \rfloor$，此即為逆矩陣的第一行。

$$[A]^{-1} = \begin{bmatrix} 0.33249 & 0 & 0 \\ -0.00518 & 0 & 0 \\ -0.01008 & 0 & 0 \end{bmatrix}$$

為了要求逆矩陣的第二行，我們必須再次利用方程式 (9.8)

$$\begin{bmatrix} 1 & 0 & 0 \\ 0.0333333 & 1 & 0 \\ 0.100000 & -0.0271300 & 1 \end{bmatrix} \begin{Bmatrix} d_1 \\ d_2 \\ d_3 \end{Bmatrix} = \begin{Bmatrix} 0 \\ 1 \\ 0 \end{Bmatrix}$$

求得 $\{D\}$ 的結果以後再代至方程式 (9.3) 中得到 $\{X\}^T = \lfloor 0.004944 \quad 0.142903 \quad 0.00271 \rfloor$，此即為逆矩陣的第二行

$$[A]^{-1} = \begin{bmatrix} 0.33249 & 0.004944 & 0 \\ -0.00518 & 0.142903 & 0 \\ -0.01008 & 0.00271 & 0 \end{bmatrix}$$

最後將前向與逆代換法程序用在 $\{B\}^T = \lfloor 0 \quad 0 \quad 1 \rfloor$ 後得到 $\{X\}^T = \lfloor 0.004944 \quad 0.142903 \quad 0.00271 \rfloor$，此即為逆矩陣的最後一行，

$$[A]^{-1} = \begin{bmatrix} 0.33249 & 0.004944 & 0.006798 \\ -0.00518 & 0.142903 & 0.004183 \\ -0.01008 & 0.00271 & 0.09988 \end{bmatrix}$$

最後可以經由 $[A][A]^{-1} = [I]$ 來驗證出結果的正確性。

圖 9.5 所列出的是求逆矩陣的虛擬程式碼。值得注意的是此演算法針對單位向量，藉由重複呼叫圖 9.2 的副程式來求出給定矩陣的逆矩陣。

此演算法的計算次數可簡單算出為

$$\underbrace{\frac{n^3}{3} - \frac{n}{3}}_{\text{分解}} + \underbrace{n(n^2)}_{n \times \text{代換}} = \frac{4n^3}{3} - \frac{n}{3} \tag{9.22}$$

其中由章節 9.1.2 得知，此分解法是由方程式 (9.15) 所定義出來的。此外，求解過程中總共需要 n 個乘／除法浮點運算來處理右手邊向量的求值。

9.2.2 刺激 (stimulus) -回應 (response) 計算

如章節 PT3.1.2 所討論，工程應用問題所面臨的許多線性系統方程組都來自守恆定律。這些守恆定律的數學表示法都是一些特定性質（如質量、力、熱、動量）的平衡方程式，以確保其為守恆。如結構學上的力平衡，可以是作用在結構體上任一個節點上作用力的水平或垂直分量。對於質量平衡而言，可以是化學程序中每一個反應器內的質量。在其他工程領域中也會有類似的範例。

```
CALL Decompose (a, n, tol, o, s, er)
IF er = 0 THEN
  DOFOR i = 1, n
    DOFOR j = 1, n
      IF i = j THEN
        b(j) = 1
      ELSE
        b(j) = 0
      END IF
    END DO
    CALL Substitute (a, o, n, b, x)
    DOFOR j = 1, n
      ai(j, i) = x(j)
    END DO
  END DO
  Output ai, if desired
ELSE
  PRINT "ill-conditioned system"
END IF
```

⊃ 圖 9.5　藉由圖 9.2 的部分程式來產生求逆矩陣的程式碼。

系統的個別部分可由單一的平衡方程式表示，而最終這些方程式的組合可描述整個系統。這些方程式基本上是交互影響耦合在一起。每一個方程式中都會包括一個或多個來自其他方程式的變數。在許多情況下，這些系統是線性的，因此本章中專門討論以下此類線性方程組問題：

$$[A]\{X\} = \{B\} \tag{9.23}$$

對平衡方程式而言，方程式 (9.23) 中的每一項都有一定程度的實際意義。例如說 $\{X\}$ 代表系統中每一部分需要平衡的特性。對於結構學上的力平衡而言，它們代表每個成員的水平與垂直兩個方向上的力。對質量平衡而言，它們代表每一個反應器中的化學質量。這兩個例子都代表我們嘗試要決定的系統狀態或回應。

右手邊向量 $\{B\}$ 中所包含的是與系統平衡無關的獨立元件，也就是一些常數。這些通常代表駕馭此系統的外力或刺激。

最後，矩陣 $\{A\}$ 的係數通常包含的是各部分與系統交互作用或耦合的參數。因此，方程式 (9.23) 可以表示成

$$\{交互作用\}\{回應\} = \{刺激\}$$

因此，方程式 (9.23) 可以看成是第一章針對單變數方程式所推演的基本數學模型表示（回顧方程式 (1.1)）。方程式 (9.23) 可以代表包含許多獨立變數 $\{X\}$ 耦合在一起的系統。

由本章與第 8 章的介紹，已經有許多的方法可以用來求方程式 (9.23) 的解。然而，逆矩陣的使用提供了另外一個非常有趣的結果。它的解可以下列型態呈現

$$\{X\} = [A]^{-1}\{B\}$$

或（回顧方塊 PT3.2 所定義的矩陣乘法）

$$x_1 = a_{11}^{-1}b_1 + a_{12}^{-1}b_2 + a_{13}^{-1}b_3$$
$$x_2 = a_{21}^{-1}b_1 + a_{22}^{-1}b_2 + a_{23}^{-1}b_3$$
$$x_3 = a_{31}^{-1}b_1 + a_{32}^{-1}b_2 + a_{33}^{-1}b_3$$

因此，我們發現逆矩陣除了作為求解的工具之外，另外還能提供非常有用的特性。也就是每一個元素代表系統針對每一個單一刺激的部分回應。

值得一提的是這些公式均為線性，因此具有**疊合 (superposition)** 與**比例 (proportionality)** 的特性。疊合的特性是指如果在系統包含了許多不同的刺激（常數 b），此時回應可以分別針對個別的刺激來計算其回應，然後將所有的結果加總而得到整體的回應 (total response)。比例的特性則是如果將刺激量乘上一個數值，那麼相對應的回應也會乘上此數值。因此，在數值 x_1 中，係數 a_{11}^{-1} 就是相對於數值 b_1 的比例常數。而且此數值不會受到 x_1 中的 b_2 與 b_3 的影響，它們只能影響到數值 a_{12}^{-1} 與 a_{13}^{-1}。因此我們可以下結論，在數值 x_i 中，逆矩陣中的係數 a_{ij}^{-1} 就是相對於數值 b_j 的比例常數。以結構學的範例而言，逆矩陣中的係數 a_{ij}^{-1} 代表作用在第 j 個節點上之單位外力的第 i 個分量。即使對於小的系統，個別的刺激-回應交互作用在直觀上也不是很明顯。所以逆矩陣能在複雜的系統中作為一個瞭解各部分交互作用的強力工具。

9.3　誤差分析與系統條件

逆矩陣除了有工程應用的價值，另外還能用來作為辨識系統是否為病態條件。以下三種方法都能達到此目標：

1. 將矩陣 $[A]$ 的係數調整至每一列中的最大係數皆為 1。如果矩陣 $[A]^{-1}$ 含有比原矩陣中係數高出數階的係數，那麼此系統就非常可能為病態條件。（參考方塊 9.1）
2. 將逆矩陣與原矩陣相乘，觀察結果是否非常接近單位矩陣。如果不是，代表此系統具有病態條件。
3. 再次求此逆矩陣的逆矩陣，觀察結果是否與原矩陣的係數非常接近。如果不是，那麼再次肯定此系統為病態條件。

雖然這些方法都可以用來指出系統的病態條件，但事實上我們寧可用一個數值（例如章節 4.2.3 所介紹的條件數）來作為這一型問題的指標。而架構這樣的矩陣條件，最基本的工作就是建立在範數 (norm) 這個數學觀念上。

方塊 9.1   利用逆矩陣的係數來量測是否為病態條件

辨識系統條件的方法之一就是將矩陣 [A] 的係數調整至每一列中最大的值皆為 1，然後計算 $[A]^{-1}$。如果矩陣 $[A]^{-1}$ 含有比原矩陣中係數高出數階的係數，那麼此系統就非常可能為病態條件。

檢驗解 {X} 是否能被接受的方法之一就是將它代回原方程式，然後與右手邊的常數向量比較。也就是等價於

$$\{R\} = \{B\} - [A]\{\tilde{X}\} \tag{B9.1.1}$$

其中殘差值 {R} 為右手邊的常數向量與計算所得的解 $\{\tilde{X}\}$ 間的差異。如果 {R} 值很小，那麼所求得的 $\{\tilde{X}\}$ 是可以接受的。然而若 {X} 為精確解，則殘差值為 0，即

$$\{0\} = \{B\} - [A]\{X\} \tag{B9.1.2}$$

由方程式 (B9.1.1) 中減掉方程式 (B9.1.2) 後可得

$$\{R\} = [A]\big\{\{X\} - \{\tilde{X}\}\big\}$$

等號兩邊同時乘上 $[A]^{-1}$ 後得到

$$\{X\} - \{\tilde{X}\} = [A]^{-1}\{R\}$$

此結果指出若單憑代換的方式求解有可能會導致錯誤。也就是當 $[A]^{-1}$ 的元素值很大時，即使殘差值 {R} 非常小的時候也會造成 $\{X\} - \{\tilde{X}\}$ 有很大的誤差。換句話說，即使殘差值非常小也無法保證已經求得準確解。然而，可以肯定的是，當矩陣 $[A]^{-1}$ 的最大元素值與 1 的階數相仿，系統為優良條件 (well-conditioned)。反之，當 $[A]^{-1}$ 含有階數比 1 高很多的係數時，那麼此系統就是病態條件 (ill-conditioned)。

9.3.1 向量與矩陣範數

範數 (norm) 是一個用來量測諸如向量與矩陣長度的多變量實數值函數（參考方塊 9.2）。

最簡單的例子是歐氏空間中可以寫成以下型態的三維向量（參考圖 9.6）

$$\lfloor F \rfloor = \lfloor a \quad b \quad c \rfloor$$

其中 a，b，c 分別是到 x 軸，y 軸與 z 軸的距離。此向量的長度——也就是原點 (0, 0, 0) 到 (a, b, c) 的距離可以計算出為

$$\|F\|_e = \sqrt{a^2 + b^2 + c^2}$$

其中符號 $\|F\|_e$ 即代表在歐氏空間中 [F] 的長度，也就是其範數。

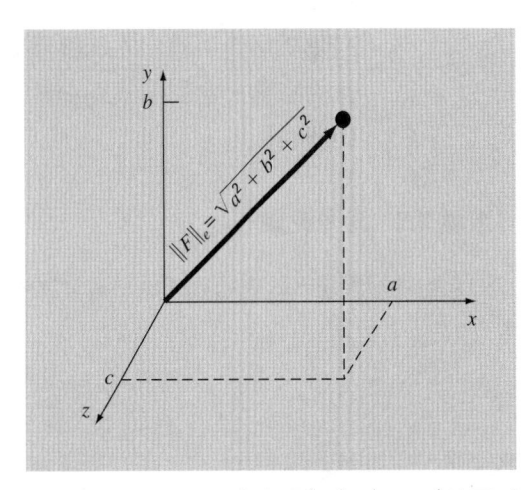

◯ **圖 9.6**　歐氏空間中向量 $\lfloor F \rfloor = \lfloor a\ b\ c \rfloor$ 的圖形說明。

同理，對於一個維度為 n 的向量 $\lfloor X \rfloor = \lfloor x_1 \ x_2 \ \cdots \ x_n \rfloor$，其歐氏範數為

$$\|X\|_e = \sqrt{\sum_{i=1}^{n} x_i^2}$$

將此觀念延伸至矩陣 $[A]$ 時

$$\|A\|_e = \sqrt{\sum_{i=1}^{n} \sum_{j=1}^{n} a_{i,j}^2} \tag{9.24}$$

此範數我們稱為**費氏範數 (Frobenius norm)**。正如其他的範數一樣，對於矩陣 $[A]$ 而言，費氏範數也提供了一個數值為正數的單值的量測依據。

值得一提的是，除了歐氏範數與費氏範數以外，仍能定義出其他的範數（參考方塊 9.2）。例如**制式向量範數 (uniform-vector norm)** 定義成

$$\|X\|_\infty = \max_{1 \le i \le n} |x_i|$$

也就是定義成組成向量的元素間之最大絕對值。同理，**制式矩陣範數 (uniform-matrix norm)** 或**列總和範數 (row-sum norm)** 定義成

$$\|A\|_\infty = \max_{1 \le i \le n} \sum_{j=1}^{n} |a_{ij}| \tag{9.25}$$

在此情況下，先對矩陣的每一列取元素的絕對值總和，然後再由其間取出最大值。

雖然使用適當的範數理論上各有其優勢，但是範數的選擇有時候會受到實用考量的影響。例如制式列範數因為便於計算及能提供適當的矩陣規模量測，因此受到廣泛的使用。

方塊 9.2 矩陣範數

正如本節所提，歐氏範數可以作為量測向量長度的依據。

$$\|X\|_e = \sqrt{\sum_{i=1}^{n} x_i^2}$$

或矩陣

$$\|A\|_e = \sqrt{\sum_{i=1}^{n} \sum_{j=1}^{n} a_{i,j}^2}$$

對於向量而言，另外可以採用以下式子所表示的 p-範數

$$\|X\|_p = \left(\sum_{i=1}^{n} |x_i|^p\right)^{1/p}$$

對向量而言，我們可以看出歐氏範數與 2-範數 $\|X\|_2$ 是相同的。

其他的重要範例有

$$\|X\|_1 = \sum_{i=1}^{n} |x_i|$$

此範數代表向量中所有元素的絕對值總和。另外還有被稱為**最大分量 (maximum-magnitude)** 範數或**制式向量 (uniform-vector)** 範數。

$$\|X\|_\infty = \max_{1 \le i \le n} |x_i|$$

即向量分量中的絕對值最大值。

我們也以相同的方式來定義矩陣的範數。例如

$$\|A\|_1 = \max_{1 \le j \le n} \sum_{i=1}^{n} |a_{ij}|$$

也就是先對矩陣的每一行取元素的絕對值總和，再由其間取其最大值。又稱為**行總和 (column-sum)** 範數。

相同的作法也可以針對各列來處理，結果為**制式矩陣 (uniform-matrix)** 範數或**列總和 (row-sum)** 範數。

$$\|A\|_\infty = \max_{1 \le i \le n} \sum_{j=1}^{n} |a_{ij}|$$

值得一提的是矩陣的歐氏範數與 2-範數並不同。矩陣的歐氏範數 $\|A\|_e$ 可以很容易地由方程式 (9.24) 求出，然而 2-範數 $\|A\|_2$ 卻為

$$\|A\|_2 = (\mu_{\max})^{1/2}$$

其中 $\mu_{\max}$ 是矩陣 $[A]^T[A]$ 的最大特徵值。但是目前要特別說明的是 2-範數 $\|A\|_2$，或稱為**譜範數 (spectral norm)** 的重要性，由於此範數是度量最小的範數，也因此能提供最合適的量測 (Ortega 1972)。

9.3.2 矩陣條件數

在介紹範數的觀念後，接下來我們可以定義

$$\text{Cond}\,[A] = \|A\| \cdot \|A^{-1}\| \tag{9.26}$$

其中 Cond [A] 稱為**矩陣的條件數 (matrix condition number)**。對於任意的矩陣 [A]，其條件數必定大於或等於 1。同時，對於以下的關係式是可以被驗證的 (Ralston 與 Rabinowitz，1978；Gerald 與 Wheatly，2004)。

$$\frac{\|\Delta X\|}{\|X\|} \le \text{Cond}\,[A] \frac{\|\Delta A\|}{\|A\|}$$

也就是計算結果相對誤差的範數，其上界為係數矩陣 [A] 相對誤差的範數再乘上其條件數。例如假設矩陣 [A] 係數的精確度為 t 位（即捨入誤差的階數為 10^{-t}）且條件數為 Cond [A] = 10^c，那麼解 [X] 的精確度將為 $t-c$ 位（捨入誤差的階數約為 10^{c-t}）。

範例 9.4　矩陣條件的求值

問題描述：表示成以下型態的 Hilbert 矩陣是一個病態條件矩陣。

$$\begin{bmatrix} 1 & 1/2 & 1/3 & \cdots & 1/n \\ 1/2 & 1/3 & 1/4 & \cdots & 1/(n+1) \\ \vdots & \vdots & \vdots & & \vdots \\ 1/n & 1/(n+1) & 1/(n+2) & \cdots & 1/(2n-1) \end{bmatrix}$$

對於以下的 3 × 3 Hilbert 矩陣使用列總和 (row sum) 範數來估算其條件數

$$[A] = \begin{bmatrix} 1 & 1/2 & 1/3 \\ 1/2 & 1/3 & 1/4 \\ 1/3 & 1/4 & 1/5 \end{bmatrix}$$

解法：首先將矩陣正規化成每一列中最大的元素為 1

$$[A] = \begin{bmatrix} 1 & 1/2 & 1/3 \\ 1 & 2/3 & 1/2 \\ 1 & 3/4 & 3/5 \end{bmatrix}$$

對每一列進行加總以後分別得到 1.833、2.1667 與 2.35。由於第三列的列總和最大，因此其列總和範數為

$$\|A\|_\infty = 1 + \frac{3}{4} + \frac{3}{5} = 2.35$$

對此調整過係數的矩陣求其逆矩陣，可得

$$[A]^{-1} = \begin{bmatrix} 9 & -18 & 10 \\ -36 & 96 & -60 \\ 30 & -90 & 60 \end{bmatrix}$$

值得一提的是此矩陣的元素值遠大於原矩陣的值。而且也影響了列總和範數，其值為

$$\|A^{-1}\|_\infty = |-36| + |96| + |-60| = 192$$

> 因此，計算其條件數後可得
>
> $$\text{Cond}\,[A] = 2.35(192) = 451.2$$
>
> 由於條件數的值遠大於 1，因此這個系統是一個病態條件系統。我們可以更進一步地利用病態條件的值來計算 $c = \log 451.2 = 2.65$。由於電腦使用 IEEE 的浮點表示法，因此在十進制數字系統上大約有 $t = \log 2^{-24} = 7.2$ 個有效位數（參考章節 3.4.1），因此解的捨入誤差最多約為 $10^{(2.65 - 7.2)} = 3 \times 10^{-5}$。事實上這樣的估算幾乎都會大於真正的誤差值。然而，這些方法在協助判斷是否有明顯的捨入誤差時卻是非常有用的。

利用方程式 (9.26) 來求解時所需要付出的主要是計算 $\|A^{-1}\|$ 的成本。萊斯 (Rice，1983) 對減輕此成本的方法提出一些策略。他建議以不同的方式來評估系統的條件數：由於不同的編譯系統對於數值處理會有不同的結果，因此建議使用不同編譯系統的結果執行相同的運算，而病態條件這一類的實驗會呈現出很明顯的影響。最後，諸如 MATLAB 與 Mathcad 等的套裝軟體與程式庫都能克服矩陣條件不佳的問題。我們也將在第 10 章的最後一部分來檢視這些套裝軟體的能力。

9.3.3 迭代細分

在某些情況之下，可以藉由以下的程序來減少捨入誤差。假設我們要解以下的線性方程組：

$$\begin{aligned} a_{11}x_1 + a_{12}x_2 + a_{13}x_3 &= b_1 \\ a_{21}x_1 + a_{22}x_2 + a_{23}x_3 &= b_2 \\ a_{31}x_1 + a_{32}x_2 + a_{33}x_3 &= b_3 \end{aligned} \quad (9.27)$$

為了方便起見，以下的討論將限制在比較小型的 (3 × 3) 系統上。然而，這些應用都可以延伸至更大型的線性系統上。

假設給定一個近似解向量為 $\{\tilde{X}\}^T = \lfloor \tilde{x}_1 \ \tilde{x}_2 \ \tilde{x}_3 \rfloor$。此向量代入方程式 (9.27) 以後為

$$\begin{aligned} a_{11}\tilde{x}_1 + a_{12}\tilde{x}_2 + a_{13}\tilde{x}_3 &= \tilde{b}_1 \\ a_{21}\tilde{x}_1 + a_{22}\tilde{x}_2 + a_{23}\tilde{x}_3 &= \tilde{b}_2 \\ a_{31}\tilde{x}_1 + a_{32}\tilde{x}_2 + a_{33}\tilde{x}_3 &= \tilde{b}_3 \end{aligned} \quad (9.28)$$

此時假設真正的解 $\{X\}$ 可以寫成近似解向量與一個修正向量 $\{\Delta X\}$ 的和，也就是

$$\begin{aligned} x_1 &= \tilde{x}_1 + \Delta x_1 \\ x_2 &= \tilde{x}_2 + \Delta x_2 \\ x_3 &= \tilde{x}_3 + \Delta x_3 \end{aligned} \quad (9.29)$$

將這些結果代入方程式 (9.27) 以後為

$$a_{11}(\tilde{x}_1 + \Delta x_1) + a_{12}(\tilde{x}_2 + \Delta x_2) + a_{13}(\tilde{x}_3 + \Delta x_3) = b_1$$
$$a_{21}(\tilde{x}_1 + \Delta x_1) + a_{22}(\tilde{x}_2 + \Delta x_2) + a_{23}(\tilde{x}_3 + \Delta x_3) = b_2 \quad (9.30)$$
$$a_{31}(\tilde{x}_1 + \Delta x_1) + a_{32}(\tilde{x}_2 + \Delta x_2) + a_{33}(\tilde{x}_3 + \Delta x_3) = b_3$$

此時，方程式 (9.30) 減方程式 (9.28) 以後的結果為

$$a_{11}\Delta x_1 + a_{12}\Delta x_2 + a_{13}\Delta x_3 = b_1 - \tilde{b}_1 = E_1$$
$$a_{21}\Delta x_1 + a_{22}\Delta x_2 + a_{23}\Delta x_3 = b_2 - \tilde{b}_2 = E_2 \quad (9.31)$$
$$a_{31}\Delta x_1 + a_{32}\Delta x_2 + a_{33}\Delta x_3 = b_3 - \tilde{b}_3 = E_3$$

此系統本身就是一個可以解出修正因子的線性方程組。之後可以在利用此修正因子與方程式 (9.29) 來改善方程組的解。

將基於消去法的迭代細分程序整理成電腦程式是很直觀的想法，尤其先前介紹過在有不同的右手邊向量時，LU 分解法就特別有效率。另外在做病態條件系統修正時，特別留意方程式 (9.31) 中的 E 值必須要以倍準度 (double precision) 的資料型態來呈現。

習 題

9.1 利用矩陣乘法的規則來驗證由方程式 (9.6) 所導出之方程式 (9.7) 與 (9.8)。

9.2 **(a)** 利用章節 9.1.2 所描述的高斯消去法來分解以下的系統

$$10x_1 + 2x_2 - x_3 = 27$$
$$-3x_1 - 6x_2 + 2x_3 = -61.5$$
$$x_1 + x_2 + 5x_3 = -21.5$$

然後將結果的矩陣 [L] 與矩陣 [U] 相乘而得到矩陣 [A]。

(b) 利用 LU 分解法求解，並詳細列出計算中的每一個步驟。

(c) 以右手邊向量為 $\{B\}^T = \lfloor 12\ 18\ -6 \rfloor$，再解一次。

9.3 **(a)** 利用無樞軸化策略的 LU 分解法來解以下的系統

$$8x_1 + 4x_2 - x_3 = 11$$
$$-2x_1 + 5x_2 + x_3 = 4$$
$$2x_1 - x_2 + 6x_3 = 7$$

(b) 計算逆矩陣。並藉由檢驗是否符合 $[A][A]^{-1} = [I]$ 來驗證你的結果。

9.4 利用 LU 分解法及局部樞軸化的策略來求解以下系統方程式的解：

$$2x_1 - 6x_2 - x_3 = -38$$
$$-3x_1 - x_2 + 7x_3 = -34$$
$$-8x_1 + x_2 - 2x_3 = -20$$

9.5 以方程式個數 n 為自變數，分別計算高斯消去法版本的 LU 分解法在以下不同階段之浮點運算次數。**(a)** 分解，**(b)** 前向代換，**(c)** 逆代換法。

9.6 利用 LU 分解法及局部樞軸化的策略來求解以下系統方程式的解。並藉由檢驗是否符合 $[A][A]^{-1} = [I]$ 來驗證你的結果。

$$10x_1 + 2x_2 - x_3 = 27$$
$$-3x_1 - 6x_2 + 2x_3 = -61.5$$
$$x_1 + x_2 + 5x_3 = -21.5$$

9.7 求以下系統方程式之克勞特分解
$$2x_1 - 5x_2 + x_3 = 12$$
$$-x_1 + 3x_2 - x_3 = -8$$
$$3x_1 - 4x_2 + 2x_3 = 16$$

然後將結果的矩陣 $[L]$ 與矩陣 $[U]$ 相乘而得到矩陣 $[A]$。

9.8 以下的系統方程式用來計算一連串耦合反應器內的濃度（c 值的單位為 g/m^3），濃度函數是以輸入反應器的質量率為自變數（右手邊向量單位為 g/天）：
$$15c_1 - 3c_2 - c_3 = 3800$$
$$-3c_1 + 18c_2 - 6c_3 = 1200$$
$$-4c_1 - c_2 + 12c_3 = 2350$$

(a) 計算逆矩陣。
(b) 利用此逆矩陣求解。
(c) 若希望反應器 1 中的濃度增加 10 g/m^3，那麼輸入反應器 3 的質量率應該增加多少？
(d) 若輸入反應器 1 與反應器 2 的質量率每天分別減少 500 公克與 250 公克，那麼反應器 3 的濃度會減少若干？

9.9 利用 LU 分解法求以下系統方程式的解：
$$3x_1 - 2x_2 + x_3 = -10$$
$$2x_1 + 6x_2 - 4x_3 = 44$$
$$-x_1 - 2x_2 + 5x_3 = -26$$

9.10 (a) 不利用樞軸化的策略徒手計算以下矩陣之 LU 分解法，並藉由檢驗 $[L][U]=[A]$ 來驗證你的結果是否正確：
$$\begin{bmatrix} 8 & 2 & 1 \\ 3 & 7 & 2 \\ 2 & 3 & 9 \end{bmatrix}$$

(b) 利用 **(a)** 的結果計算行列式值。
(c) 利用 MATLAB 重新計算 **(a)** 與 **(b)**。

9.11 利用以下之 LU 分解，
$$[A] = [L][U]$$
$$= \begin{bmatrix} 1 & & \\ 0.6667 & 1 & \\ -0.3333 & -0.3636 & 1 \end{bmatrix} \begin{bmatrix} 3 & -2 & 1 \\ & 7.3333 & -4.6667 \\ & & 3.6364 \end{bmatrix}$$

(a) 計算行列式值。
(b) 以 $\{b\}^T = \lfloor -10 \quad 44 \quad -26 \rfloor$ 為右手邊向量，求解 $[A]\{x\} = \{b\}$。

9.12 求以下矩陣之 $\|A\|_e$、$\|A\|_1$ 與 $\|A\|_\infty$。
$$[A] = \begin{bmatrix} 8 & 2 & -10 \\ -9 & 1 & 3 \\ 15 & -1 & 6 \end{bmatrix}$$

在求值之前必須先進行矩陣係數縮放，將各列中最大元素的值調整成 1。

9.13 計算習題 9.3 與習題 9.4 中系統方程式的費氏範數與列總和範數。求值前須先進行矩陣係數縮放，將各列中最大元素的值調整成 1。

9.14 以行總和範數為基準，計算以下矩陣之條件數。
$$[A] = \begin{bmatrix} 0.125 & 0.25 & 0.5 & 1 \\ 0.015625 & 0.625 & 0.25 & 1 \\ 0.00463 & 0.02777 & 0.16667 & 1 \\ 0.001953 & 0.015625 & 0.125 & 1 \end{bmatrix}$$

預期會喪失幾位精確度？

9.15 (a) 在不要對系統進行正規化的前提之下，使用列總和範數求以下系統的條件數。
$$\begin{bmatrix} 1 & 4 & 9 & 16 & 25 \\ 4 & 9 & 16 & 25 & 36 \\ 9 & 16 & 25 & 36 & 49 \\ 16 & 25 & 36 & 49 & 64 \\ 25 & 36 & 49 & 64 & 81 \end{bmatrix}$$

由於病態條件的影響，計算結果將損失多少位的精確度？

(b) 將各列中最大元素的值調整成 1 後，重新計算 **(a)**。

9.16 以列總和範數為基準，計算正規化 5 × 5 Hilbert 矩陣的條件數。在病態條件下預期會喪失幾位精確度？

9.17 以除了 Hilbert 矩陣之外，以下形式的**文特模特矩陣 (Vandermonde matrix)** 也是一種病態條件的矩陣：
$$\begin{bmatrix} x_1^2 & x_1 & 1 \\ x_2^2 & x_2 & 1 \\ x_3^2 & x_3 & 1 \end{bmatrix}$$

(a) 在 $x_1 = 4$、$x_2 = 2$ 與 $x_3 = 7$ 的前提下，使用列總和範數求其條件數。

(b) 利用 MATLAB 或 Mathcad 軟體，分別以譜範數與費氏範數為基準，計算其條件數。

9.18 利用圖 9.2 的虛擬程式碼，對 LU 分解法發展一個使用者界面友善的電腦程式。

9.19 利用圖 9.2 與圖 9.5 的虛擬程式碼，發展一個使用者界面友善的電腦程式來處理 LU 分解法及矩陣求逆。

9.20 利用迭代細分的技巧進一步來改善由以下系統所求出的近似解 $x_1 = 2$、$x_2 = -3$ 與 $x_3 = 8$

$$2x_1 + 5x_2 + x_3 = -5$$
$$5x_1 + 2x_2 + x_3 = 12$$
$$x_1 + 2x_2 + x_3 = 3$$

9.21 考慮以下向量

$$\vec{A} = 2\vec{i} - 3\vec{j} + a\vec{k}$$
$$\vec{B} = b\vec{i} + \vec{j} - 4\vec{k}$$
$$\vec{C} = 3\vec{i} + c\vec{j} + 2\vec{k}$$

其中向量 $\vec{A}$ 分別與向量 $\vec{B}$ 與 $\vec{C}$ 垂直。此外有 $\vec{B} \cdot \vec{C} = 2$。利用本章所學的任一個方法來求未知數 a、b 與 c。

9.22 考慮以下向量

$$\vec{A} = a\vec{i} + b\vec{j} + c\vec{k}$$
$$\vec{B} = -2\vec{i} + \vec{j} - 4\vec{k}$$
$$\vec{C} = \vec{i} + 3\vec{j} + 2\vec{k}$$

其中 $\vec{A}$ 為未知向量。若

$$(\vec{A} \times \vec{B}) + (\vec{A} \times \vec{C}) = (5a + 6)\vec{i} + (3b - 2)\vec{j} + (-4c + 1)\vec{k}$$

利用本章所學的任一個方法來求未知數 a、b 與 c。

9.23 假設函數 $f(x)$ 在 $[0, 2]$ 區間上的定義為

$$f(x) = \begin{cases} ax + b, & 0 \leq x \leq 1 \\ cx + d, & 1 \leq x \leq 2 \end{cases}$$

試求常數 a、b、c 與 d 使得函數 f 符合以下所設定的條件。

(a) $f(0) = f(2) = 1$。
(b) 函數 f 在整個區間上為連續。
(c) $a + b = 4$

推導出一組如方程式 (9.1) 的代數方程組，然後求其解。

9.24 (a) 由一個 3×3 的 Hilbert 矩陣 $[A]$，將它乘以行向量 $\{x\} = [1, 1, 1]^T$，結果 $[A]\{x\}$ 為另外一個行向量 $\{b\}$。使用 Hilbert 矩陣 $[A]$、行向量 $\{b\}$，藉由數值套裝軟體與高斯消去法來求系統 $[A]\{x\} = \{b\}$ 的解。將結果與已知的解 $\{x\}$ 做比較。使用有足夠精確度的結果來呈現其不精確度。

(b) 使用 7×7 的 Hilbert 矩陣重新計算 (a)。
(c) 使用 10×10 的 Hilbert 矩陣重新計算 (a)。

9.25 以下 $(n - 1)$ 階的多項式可由 n 個資料點及多項式內插來唯一決定。

$$f(x) = p_1 x^{n-1} + p_2 x^{n-2} + \cdots + p_{n-1} x + p_n$$
(P9.25)

其中 p_i 為常數係數。為了求得這些係數，最直接的方式就是建立一個線性代數方程，且同時求出這些係數。假設要求通過 (200, 0.746)、(250, 0.675)、(300, 0.616)、(400, 0.525) 與 (500, 0.457) 這五點的四階多項式 $f(x) = p_1 x^4 + p_2 x^3 + p_3 x^2 + p_4 x + p_5$，可將每個點代入方程式 (P9.25)，並形成一個有 5 個未知變數 (p')、5 個方程式的線性系統。求此五係數，並判斷條件數。

CHAPTER 10

特殊矩陣及高斯-賽德法
Special Matrices and Gauss-Seidel

　　由於有些矩陣的架構特殊，因此可以發展出較有效的求解技巧。本章的第一部分將致力於兩種特殊矩陣的探討：**帶狀矩陣 (banded matrix)** 與**對稱矩陣 (symmetric matrix)**。並分別描述能有效求解這兩種矩陣的消去法。

　　本章的第二部分將轉而探討另外一種稱為迭代法的近似法。重點主要放在高斯-賽德法，首先由初始猜值 (initial guess) 開始，然後以迭代的方法來得到下一個更接近真正解的近似解。事實上，**高斯-賽德法 (Gauss-Siedel method)** 特別適合用於方程式較多的系統。在大型系統上，消去法會面臨捨入誤差大量累積而影響計算結果準確性的問題，但是在高斯-賽德法有限的迭代次數下，所產生的捨入誤差會受到控制，因此捨入誤差所造成的影響不大。然而，在有些情況之下，高斯-賽德法的技巧並不能使得系統收斂至真正解。因此在以下的內容中，還會針對這個問題及選擇消去法或迭代法間的折衷方案進行討論。

10.1 特殊矩陣

　　正如在方塊 PT3.1 所提，方陣型的**帶狀矩陣**除了在以主對角線為中心的帶狀區域以外，其他的元素均為零。事實上帶狀矩陣在工程與科學上有廣泛的應用。例如在微分方程的求解，或其他諸如三次仿樣 (cubic spline) 函數的數值方法中都包含了帶狀矩陣的應用（參考章節 15.5）。

　　帶狀矩陣的維度可以由以下兩個參數來量化：分別是帶狀寬度 BW 與半帶狀寬度 HBW（參考圖 10.1）。這兩個值之間的關係是 BW = 2HBW + 1。一般來說，所有符合條件 $|i - j| >$ HBW 的元素值皆為零 ($a_{ij} = 0$ if $|i - j| >$ HBW)。

　　雖然高斯消去法或傳統的 *LU* 分解法都可以用來解帶狀矩陣系統，但很可惜的是樞軸化的過程會將帶狀矩陣中原本為零的元素變成非零，而且需要針對原本為零的元素進行額外的處理及記憶體空間配置，因此效率並不高。針對不考慮使用樞軸化機制的帶狀矩陣系統，我們也能提供一些不需處理帶狀區域以外原本為零的元素的有效演算法。由於，以帶狀矩陣系統呈

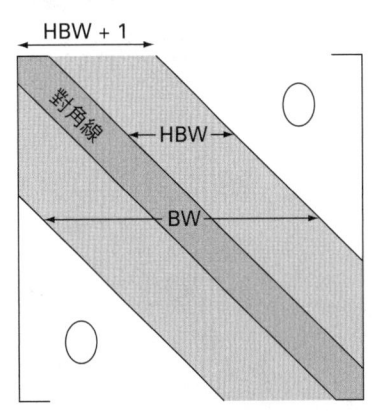

◐ **圖 10.1** 用來量化帶狀矩陣的參數。BW 與 HBW 分別代表帶狀寬度與半帶狀寬度。

現的問題大部分不需要再經過樞軸化的處理，接下來所要介紹的演算法都會是不錯的選擇。

10.1.1 三對角系統

三對角系統 (tridiagonal system) 指的是帶狀寬度為 3 的系統，一般而言可以表示成

$$\begin{bmatrix} f_1 & g_1 & & & & \\ e_2 & f_2 & g_2 & & & \\ & e_3 & f_3 & g_3 & & \\ & & \cdot & \cdot & \cdot & \\ & & & \cdot & \cdot & \cdot \\ & & & & e_{n-1} & f_{n-1} & g_{n-1} \\ & & & & & e_n & f_n \end{bmatrix} \begin{Bmatrix} x_1 \\ x_2 \\ x_3 \\ \cdot \\ \cdot \\ x_{n-1} \\ x_n \end{Bmatrix} = \begin{Bmatrix} r_1 \\ r_2 \\ r_3 \\ \cdot \\ \cdot \\ r_{n-1} \\ r_n \end{Bmatrix} \quad (10.1)$$

(a) 分解

```
DOFOR k = 2, n
  e_k = e_k/f_{k-1}
  f_k = f_k − e_k · g_{k-1}
END DO
```

(b) 前向代換

```
DOFOR k = 2, n
  r_k = r_k − e_k · r_{k-1}
END DO
```

(c) 逆代換

```
x_n = r_n/f_n
DOFOR k = n−1, 1, −1
  x_k = (r_k − g_k · x_{k+1})/f_k
END DO
```

◯ 圖 10.2　處理三對角系統 LU 分解的湯瑪士演算法之虛擬程式碼。

注意，我們改變了符號，將原本表示係數的 a 與 b，換成 e，f，g 與 r，因為原本由係數 a 表示的方陣中大部分的元素為 0，如此可避免存放這些數量龐大但又用不到的 0。這個節省空間的修正帶來的好處是，求解的演算法會使用比較少的記憶體空間

圖 10.2 的虛擬程式碼是一個用來解方程式 (10.1) 的**湯瑪士演算法 (Thomas algorithm)**。與傳統的LU分解法一樣包含三個步驟：分解、前向與逆代換，因此，所有諸如可同時處理多個右手邊向量與逆矩陣等優點，都能在這個演算法中看到。

範例 10.1　以湯瑪士演算法求三對角系統的解

問題描述：以湯瑪士演算法求以下三對角系統的解

$$\begin{bmatrix} 2.04 & -1 & & \\ -1 & 2.04 & -1 & \\ & -1 & 2.04 & -1 \\ & & -1 & 2.04 \end{bmatrix} \begin{Bmatrix} T_1 \\ T_2 \\ T_3 \\ T_4 \end{Bmatrix} = \begin{Bmatrix} 40.8 \\ 0.8 \\ 0.8 \\ 200.8 \end{Bmatrix}$$

解法：首先對矩陣進行分解

$$e_2 = -1/2.04 = -0.49$$
$$f_2 = 2.04 - (-0.49)(-1) = 1.550$$
$$e_3 = -1/1.550 = -0.645$$
$$f_3 = 2.04 - (-0.645)(-1) = 1.395$$
$$e_4 = -1/1.395 = -0.717$$
$$f_4 = 2.04 - (-0.717)(-1) = 1.323$$

所以矩陣可以轉換成

$$\begin{bmatrix} 2.04 & -1 & & \\ -0.49 & 1.550 & -1 & \\ & -0.645 & 1.395 & -1 \\ & & -0.717 & 1.323 \end{bmatrix}$$

且其 LU 分解為

$$[A] = [L][U] = \begin{bmatrix} 1 & & & \\ -0.49 & 1 & & \\ & -0.645 & 1 & \\ & & -0.717 & 1 \end{bmatrix} \begin{bmatrix} 2.04 & -1 & & \\ & 1.550 & -1 & \\ & & 1.395 & -1 \\ & & & 1.323 \end{bmatrix}$$

此關係式可藉由檢驗 $[L][U] = [A]$ 而得知其正確性。

應用前向代換可知

$$r_2 = 0.8 - (-0.49)40.8 = 20.8$$
$$r_3 = 0.8 - (-0.645)20.8 = 14.221$$
$$r_4 = 200.8 - (-0.717)14.221 = 210.996$$

因此右手邊向量變成

$$\begin{Bmatrix} 40.8 \\ 20.8 \\ 14.221 \\ 210.996 \end{Bmatrix}$$

此時，可以再搭配矩陣 $[U]$ 與逆代換法而得到解為：

$$T_4 = 210.996/1.323 = 159.480$$
$$T_3 = [14.221 - (-1)159.48]/1.395 = 124.538$$
$$T_2 = [20.800 - (-1)124.538]/1.550 = 93.778$$
$$T_1 = [40.800 - (-1)93.778]/2.040 = 65.970$$

10.1.2 裘列斯基 (Cholesky) 分解

回顧方塊 PT3.1 所述，對稱矩陣指的是：對於所有的 i 與 j，矩陣元素有 $a_{ij} = a_{ji}$ 的特性。也就是 $[A] = [A]^T$。這樣的系統在數學與工程問題上很常見。由於只需要一半的儲存空間，加上在大部分的例子中只需一半的計算時間，因此在計算上提供很大的優勢。

最常見的方法之一是**裘列斯基分解 (Cholesky decomposition)**。此方法是基於對稱矩陣能有以下的分解式而發展出來的

$$[A] = [L][L]^T \tag{10.2}$$

也就是說，結果的上、下三角矩陣互為轉置矩陣。

我們可以藉由將方程式 (10.2) 中的兩項相乘展開，看看是否真的等於左邊的原矩陣 $[A]$ 以驗證其正確性（參考本章結尾的習題 10.4）。結果可以由以下的遞迴式來表達。例如第 k 列的結果為：

$$l_{ki} = \frac{a_{ki} - \sum_{j=1}^{i-1} l_{ij} l_{kj}}{l_{ii}} \qquad 對於 \; i = 1, 2, \ldots, k-1 \tag{10.3}$$

與

$$l_{kk} = \sqrt{a_{kk} - \sum_{j=1}^{k-1} l_{kj}^2} \tag{10.4}$$

範例 10.2　裘列斯基分解

問題描述：求以下對稱矩陣的裘列斯基分解

$$[A] = \begin{bmatrix} 6 & 15 & 55 \\ 15 & 55 & 225 \\ 55 & 225 & 979 \end{bmatrix}$$

解法：對第一列 ($k = 1$) 而言，方程式 (10.3) 可以省略，利用方程式 (10.4) 可求得

$$l_{11} = \sqrt{a_{11}} = \sqrt{6} = 2.4495$$

對第二列 ($k = 2$) 而言，由方程式 (10.3) 可得

$$l_{21} = \frac{a_{21}}{l_{11}} = \frac{15}{2.4495} = 6.1237$$

另外利用方程式 (10.4) 可求得

$$l_{22} = \sqrt{a_{22} - l_{21}^2} = \sqrt{55 - (6.1237)^2} = 4.1833$$

對第三列 ($k = 3$) 而言，由方程式 (10.3) 可得 ($i = 1$)

$$l_{31} = \frac{a_{31}}{l_{11}} = \frac{55}{2.4495} = 22.454$$

與 ($i = 2$)

$$l_{32} = \frac{a_{32} - l_{21}l_{31}}{l_{22}} = \frac{225 - 6.1237(22.454)}{4.1833} = 20.917$$

另外利用方程式 (10.4) 可求得

$$l_{33} = \sqrt{a_{33} - l_{31}^2 - l_{32}^2} = \sqrt{979 - (22.454)^2 - (20.917)^2} = 6.1101$$

因此由裘列斯基分解可得

$$[L] = \begin{bmatrix} 2.4495 & & \\ 6.1237 & 4.1833 & \\ 22.454 & 20.917 & 6.1101 \end{bmatrix}$$

可將上式代入方程式 (10.2) 中並檢驗是否與原矩陣 $[A]$ 相等而得知其正確性。然而這項工作將留做給讀者作為習題練習。

圖 10.3 是應用裘列斯基分解演算法的虛擬程式碼。我們可以發現圖 10.3 的演算法中，若 a_{kk} 為負數，對它開根號時就會產生執行錯誤。然而，對一個**正定 (positive definite)** 矩陣[1]而言，此情況就不會發生。由於實際工程應用問題所產生的對稱矩陣大部分都是正定，因此裘列斯基演算法能被廣泛的應用。另外一個使用對稱正定矩陣的好處是不須要考慮樞軸化，以避免除以零。因此圖 10.3 的演算法中並不包含複雜的樞軸化。

```
DOFOR k = 1, n
  DOFOR i = 1, k - 1
    sum = 0.
    DOFOR j = 1, i - 1
      sum = sum + a_ij · a_kj
    END DO
    a_ki = (a_ki - sum)/a_ii
  END DO
  sum = 0.
  DOFOR j = 1, k - 1
    sum = sum + a²_kj
  END DO
  a_kk = √(a_kk - sum)
END DO
```

⊃ **圖 10.3** 裘列斯基 LU 分解演算法的虛擬程式碼。

10.2 高斯-賽德法

除了在之前所提的消去法以外，迭代法或近似法也是求解時的另外一種選擇。這些近似法與第 6 章所提的單變數求根的技巧非常類似，首先經由一個初始猜值，然後在系統化的方法中求得更準的根值估算。由於本節主要討論的方程式求解與根的求解觀念非常相似。因此我們可假設這樣的方法對以下章節的說明有所幫助。

高斯-賽德 (Gauss-Seidel) 法是使用上最普遍的迭代法之一。假設給定一組 n 個方程式的方程組：

$$[A]\{X\} = \{B\}$$

為了方便起見，我們將問題侷限在 3×3 的方程組上討論。若主對角線上的元素都非 0，則第一個方程式可以用來解 x_1，第二個方程式用來解 x_2，以及用第三個方程式用來求 x_3。也就是

---

[1] 正定矩陣指的是對於任意一個非零矩陣 $\{X\}$，$\{X\}^T[A]\{X\} > 0$。

$$x_1 = \frac{b_1 - a_{12}x_2 - a_{13}x_3}{a_{11}} \quad (10.5a)$$

$$x_2 = \frac{b_2 - a_{21}x_1 - a_{23}x_3}{a_{22}} \quad (10.5b)$$

$$x_3 = \frac{b_3 - a_{31}x_1 - a_{32}x_2}{a_{33}} \quad (10.5c)$$

接著我們將藉由 x 的猜值開始討論此方法求解程序。最簡單的初始猜值是假設它們都是 0，然後將這些 0 代入至方程式 (10.5a) 而得到新的 $x_1 = b_1/a_{11}$，再來將此 x_1 值與 x_3 的初始猜值 0 代入至方程式 (10.5b) 而得到新的 x_2。重複此做法，可以由方程式 (10.5c) 得到新的 x_3。完成第一個循環之後再回到第一個方程式。反覆這樣的做法直到解收斂至夠接近真正解。至於收斂的準則可以由以下的條件來判定（參考方程式 (3.5)）

$$|\varepsilon_{a,i}| = \left| \frac{x_i^j - x_i^{j-1}}{x_i^j} \right| 100\% < \varepsilon_s \quad (10.6)$$

其中對於所有的 i，註標 j 與 $j-1$ 分別代表目前與前一次的迭代。

範例 10.3　高斯-賽德法

問題描述：使用高斯-賽德法來求範例 9.2 中對稱系統的解：

$$\begin{aligned} 3x_1 - 0.1x_2 - 0.2x_3 &= 7.85 \\ 0.1x_1 + 7x_2 - 0.3x_3 &= -19.3 \\ 0.3x_1 - 0.2x_2 + 10x_3 &= 71.4 \end{aligned}$$

其中真正解為 $x_1 = 3$、$x_2 = -2.5$ 與 $x_3 = 7$。

解法：首先，方程式中每一列對角線上的未知數可求得分別為

$$x_1 = \frac{7.85 + 0.1x_2 + 0.2x_3}{3} \quad (E10.3.1)$$

$$x_2 = \frac{-19.3 - 0.1x_1 + 0.3x_3}{7} \quad (E10.3.2)$$

$$x_3 = \frac{71.4 - 0.3x_1 + 0.2x_2}{10} \quad (E10.3.3)$$

由於 x_2 與 x_3 假設為 0，所以由方程式 (E10.3.1) 可得

$$x_1 = \frac{7.85 + 0 + 0}{3} = 2.616667$$

再來將此 x_1 值與 $x_3 = 0$ 代入至方程式 (E10.3.2) 而得到

$$x_2 = \frac{-19.3 - 0.1(2.616667) + 0}{7} = -2.794524$$

將 x_1 與 x_2 的值代入至方程式 (E10.3.3) 以後就完成了第一次迭代，其中

$$x_3 = \frac{71.4 - 0.3(2.616667) + 0.2(-2.794524)}{10} = 7.005610$$

對於第二次迭代，將執行相同的運算。結果為

$$x_1 = \frac{7.85 + 0.1(-2.794524) + 0.2(7.005610)}{3} = 2.990557 \qquad |\varepsilon_t| = 0.31\%$$

$$x_2 = \frac{-19.3 - 0.1(2.990557) + 0.3(7.005610)}{7} = -2.499625 \qquad |\varepsilon_t| = 0.015\%$$

$$x_3 = \frac{71.4 - 0.3(2.990557) + 0.2(-2.499625)}{10} = 7.000291 \qquad |\varepsilon_t| = 0.0042\%$$

因此這個方法已經收斂至真正的解。雖然我們可以再做幾次額外的迭代，以增加解的準確度，然而在實際的問題中，我們推斷解的值究竟是多少，因此必須利用方程式 (10.6) 來估算誤差。例如，對 x_1 而言

$$|\varepsilon_{a,1}| = \left| \frac{2.990557 - 2.616667}{2.990557} \right| 100\% = 12.5\%$$

對 x_2 與 x_3，誤差估計分別為 $|\varepsilon_{a,2}| = 11.8\%$ 與 $|\varepsilon_{a,3}| = 0.076\%$。正如單變數方程式的勘根過程，方程式 (10.6) 通常提供了很保守的收斂準則，當符合此條件時，就很明確知道結果的誤差最多只有此容錯誤差 ε_s。

　　高斯-賽德法中每求出一個新的 x 值，就立刻用在下一個求解的方程式中來求另一個 x。所以只要解收斂時，就會有較佳的估算結果。另一種稱為**亞可比迭代法 (Jacobi iteration)**，它並不使用最新的 x 值，而是以同一組的舊值完成方程式 (10.5) 的計算。因此雖然新的 x 值已經產生，但是仍留在下一次迭代時才使用。

　　高斯-賽德法與亞可比迭代法之間的差異性，可以由圖 10.4 中看出。雖然在某些問題中，亞可比法會很有效，但是由於高斯-賽德法會採用最接近的預估值，因此較受歡迎。

10.2.1　高斯-賽德法的收斂標準

　　高斯-賽德法的本質與 6.1 節用在單變數求根的固定點迭代法技巧非常相似。回顧固定點迭代法的兩個基本問題：(1) 有時後不會收斂，(2) 雖然解會收斂，但是速度非常緩慢。同樣的，高斯-賽德法也面臨到這兩個缺點的考驗。

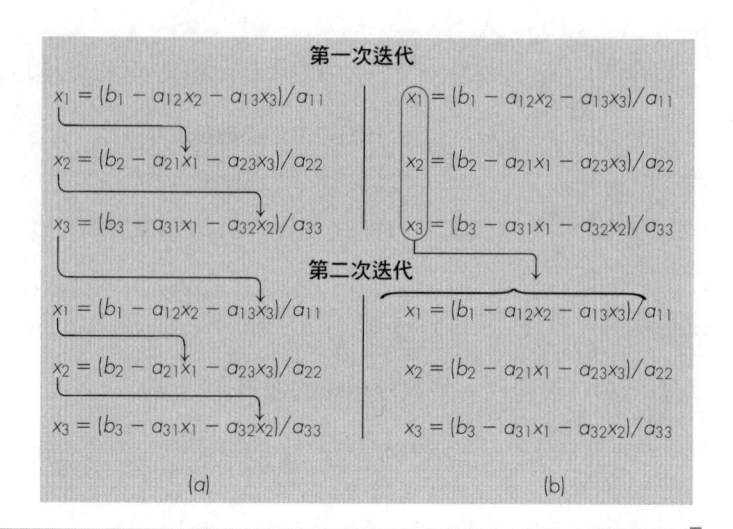

○ 圖 10.4 以圖形來說明 (a) 高斯-賽德法與 (b) 亞可比迭代法兩個方法在解線性聯立方程組時其間的差異性。

回顧章節 6.5.1 的收斂標準推導過程，針對兩個非線性方程式 $u(x, y)$ 與 $v(x, y)$，收斂的充分條件為：

$$\left|\frac{\partial u}{\partial x}\right| + \left|\frac{\partial u}{\partial y}\right| < 1 \tag{10.7a}$$

與

$$\left|\frac{\partial v}{\partial x}\right| + \left|\frac{\partial v}{\partial y}\right| < 1 \tag{10.7b}$$

在以高斯-賽德法來求解時，我們也可以對聯立方程式套用這些標準。例如，當方程式數目為 2 個時，高斯-賽德演算法（參考方程式 (10.5)）可以表示成：

$$u(x_1, x_2) = \frac{b_1}{a_{11}} - \frac{a_{12}}{a_{11}} x_2 \tag{10.8a}$$

與

$$v(x_1, x_2) = \frac{b_2}{a_{22}} - \frac{a_{21}}{a_{22}} x_1 \tag{10.8b}$$

接著分別在這些方程式中對未知數進行偏微分，結果為：

$$\frac{\partial u}{\partial x_1} = 0 \qquad \frac{\partial u}{\partial x_2} = -\frac{a_{12}}{a_{11}}$$

與

$$\frac{\partial v}{\partial x_1} = -\frac{a_{21}}{a_{22}} \qquad \frac{\partial v}{\partial x_2} = 0$$

代入至方程式 (10.7) 之後可得

$$\left|\frac{a_{12}}{a_{11}}\right| < 1 \qquad (10.9a)$$

與

$$\left|\frac{a_{21}}{a_{22}}\right| < 1 \qquad (10.9b)$$

換句話說,若方程式 (10.8) 中斜率的絕對值小於 1 就能保證收斂。此觀念可以由圖 10.5 中表現出來。方程式 (10.9) 也可以寫成

$$|a_{11}| > |a_{12}|$$

與

$$|a_{22}| > |a_{21}|$$

也就是說,對角線元素值必須比其他各列中的非對角線元素值都來得大。

將以上的想法延伸至 n 個方程式時,收斂標準可以寫成

$$|a_{ii}| > \sum_{\substack{j=1 \\ j \neq i}}^{n} |a_{ij}| \qquad (10.10)$$

也就是說,方程式中對角線係數值必須大於其他元素絕對值的總和。此標準足以促成收斂,但非必要條件。亦即,即使不符合方程式 (10.10),高斯-賽德法也有可能會收斂;但若能符合方程式 (10.10),高斯-賽德法就一定會收斂。方程式 (10.10) 的條件又稱為**對角化優 (diagonally dominant)**。幸好絕大部分重要的工程應用問題都能符合此條件。

◯ **圖 10.5** 舉例說明高斯-賽德法的 (a) 收斂與 (b) 發散。值得一提的是在兩個情況下所使用的函數是相同的,即 $u: 11x_1 + 13\ x_2 = 286$ 與 $v: 11x_1 - 9x_2 = 99$。因此,方程式的順序(圖中由原點出發的第一個箭頭方向)影響計算結果是否收斂。

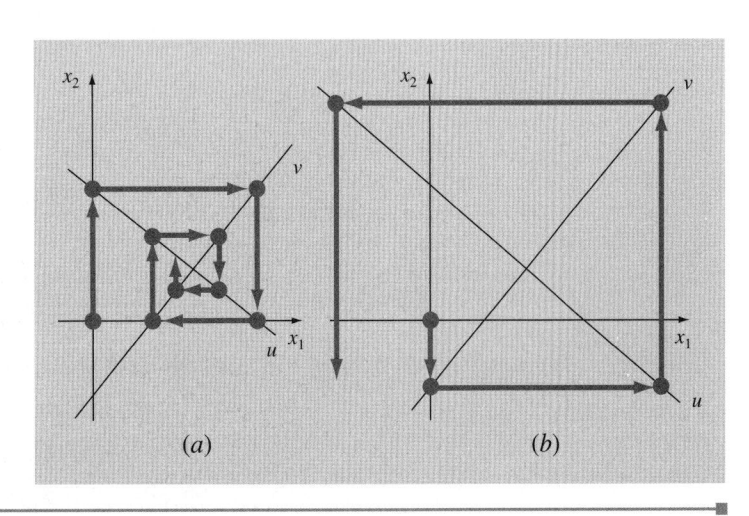

10.2.2 藉由鬆弛因子來改善收斂

利用**鬆弛 (relaxation)** 代表稍微修改高斯-賽德法，可達到加速收斂的目的。每當使用方程式 (10.5) 求得新的解之後，使用前一次迭代與本次迭代的結果重新做權重平均 (weighted average) 來修正，即

$$x_i^{\text{new}} = \lambda x_i^{\text{new}} + (1 - \lambda) x_i^{\text{old}} \tag{10.11}$$

其中 λ 是一個介於 0 與 2 之間的權重因子。

若 $\lambda = 1$，則 $(1 - \lambda) = 0$，也就是結果完全沒有任何的修正。若 λ 的值設定在 0 與 1 之間，則解是本次迭代結果與前次結果的權重平均，這種方法又稱為**低鬆弛 (underrelaxation)**。這方法通常會用來迫使原本不收斂的系統收斂，或降低振盪效應而促使收斂。

當 λ 的值介於 1 與 2 之間時，現有結果的權重比例將加重。這隱含的假設是新值會朝真實解的方向移動，但速度緩慢。所以增加權重值 λ 將會改善估算值並將結果進一步的推近真正解。對一個已經收斂的系統而言，以上可加速此系統收斂的修正法為**過鬆弛 (overrelaxation)**。此近似法又稱為**連續**或**同時過鬆弛 (successive or simultaneous overrelaxation, SOR)**。

如何選擇適當的 λ 值經常與問題相關，而且常藉由經驗的累積來選取。只有一個單解的方程式組不須用到鬆弛的做法。然而，若需要反覆的求解所給定的方程組。那麼明智的選擇 λ 以增加方法的有效性就顯得更加重要，像是要建構連續性變數轉變時，常出現的離散型變數大型系統（參考圖 PT3.1b 所描述的分散式系統）就是很好的範例。

10.2.3 高斯-賽德法的演算法

圖 10.6 的演算法所描述的是一個包括鬆弛機制的高斯-賽德法。請注意：當所輸入的方程式沒有對角化優的特性時，此演算法就不保證一定會收斂。

虛擬程式碼中有兩個需要特別說明的性質。首先，初始的巢狀迴圈會處理每一個方程式的係數，包括除以其對角線元素及分量的重新安排。這樣做法的好處是可以降低演算法的總運算量。第二，演

```
SUBROUTINE Gseid (a,b,n,x,imax,es,lambda)
  DOFOR i = 1,n
    dummy = a_{i,i}
    DOFOR j = 1,n
      a_{i,j} = a_{i,j}/dummy
    END DO
    b_i = b_i/dummy
  END DO
  DOFOR i = 1, n
    sum = b_i
    DOFOR j = 1, n
      IF i≠j THEN sum = sum - a_{i,j}*x_j
    END DO
    x_i = sum
  END DO
  iter=1
  DO
    sentinel = 1
    DOFOR i = 1,n
      old = x_i
      sum = b_i
      DOFOR j = 1,n
        IF i≠j THEN sum = sum - a_{i,j}*x_j
      END DO
      x_i = lambda*sum +(1.-lambda)*old
      IF sentinel = 1 AND x_i ≠ 0. THEN
        ea = ABS((x_i - old)/x_i)*100.
        IF ea > es THEN sentinel = 0
      END IF
    END DO
    iter = iter + 1
    IF sentinel = 1 OR (iter ≥ imax) EXIT
  END DO
END Gseid
```

⊃ **圖 10.6** 包括鬆弛機制的高斯-賽德法演算法。

算法中有一個用來存放誤差結果的變數，名為 sentinel。只要任何一個方程式的誤差比終止條件 (e_s) 大，迭代工作就會繼續執行。使用變數 sentinel 能讓我們在任一個方程式的誤差超過終止條件，規避沒有必要的誤差估計。

10.2.4 高斯-賽德法的問題

除了避開捨入誤差的影響之外，另外高斯-賽德法還有許多其他的優點，因此解決工程問題時能夠特別受到青睞。例如所解的系統若為大型稀疏 (large and sparse) 矩陣（維度高且大部分矩陣內的元素皆為 0），使用消去法會因為需要存放大部分的0而浪費記憶體空間。

在本章一開始的時候，我們已經看到帶狀矩陣可如何避免此問題。非帶狀矩陣在利用消去法求解時，似乎無法避免需要大量記憶體空間的問題。由於所有的電腦記憶體空間均為有限，因此要利用消去法來求解的話，系統維數大小將會受到限制。

雖然如圖 10.6 所示的一般程式也會受到上述的相同限制，高斯-賽德法（參考方程式 (10.5)）的結構允許針對特定的系統各自發展比較簡潔的程式。由於只有非零的係數需要被包含在方程式 (10.5)中，因此能大幅節省電腦記憶體空間。雖然這麼做會在軟體發展上有更多的投資，但是長遠的優勢將在處理大型系統時獲得成效。在叢集式與分散式的電腦系統在處理大型稀疏矩陣的問題上也都會利用到高斯-賽德法。

10.3 線性代數方程式與程式庫及套裝軟體

套裝軟體對於解線性方程組的能力很強。在描述這些工具之前，我們必須強調在第 7 章中所介紹的非線性系統的解法都可以用來解線性系統。然而，在本節中只會把重點放在專門用來解線性系統的逼近法。

10.3.1 Excel

Excel 提供兩種不同的方式來解線性系統：(1) 使用規劃求解工具 (Solver tool) 或 (2) 使用矩陣求逆及函數乘子 (multiplication function)。

回顧之前所學，以下是一個求解線性系統方法之一：

$$\{X\} = [A]^{-1}\{B\} \tag{10.12}$$

由於 Excel 提供了矩陣求逆與矩陣乘法的內建功能，因此可以直接用來求解此公式。

範例 10.4　利用 Excel 求解線性系統

問題描述：回顧第 9 章所介紹的 Hilbert 矩陣。以下矩陣是在範例 9.3 中做過係數調整的 Hilbert 矩陣，因此各列中係數的最大值皆只有 1。

$$\begin{bmatrix} 1 & 1/2 & 1/3 \\ 1 & 2/3 & 1/2 \\ 1 & 3/4 & 3/5 \end{bmatrix} \begin{Bmatrix} x_1 \\ x_2 \\ x_3 \end{Bmatrix} = \begin{Bmatrix} 1.833333 \\ 2.166667 \\ 2.35 \end{Bmatrix}$$

其中此系統的正確解為 $\{X\}^T = \lfloor 1\ 1\ 1 \rfloor$。利用 Excel 求解此線性系統。

解法：圖 10.7 所顯示的是求解此問題時的試算表畫面。首先，矩陣 [A] 與右手邊向量 {B} 必須輸入至試算表的資料儲存格中。然後以滑鼠拖曳出，或是以方向鍵搭配 *Shift* 鍵的作用，在畫面上將相對於方程式維度的一組資料儲存格（在本範例中為 3 × 3）反白。如圖 10.7 所顯示，反白的區域為 B5..D7。

接著，藉由輸入矩陣求逆的函數來求逆矩陣，函數名稱為

```
=minverse(B1..D3)
```

注意到參數設定的範圍所包含的恰好是矩陣 [A] 的所有元素。在按下 Enter 鍵之前必須先同時按著 *Ctrl* 鍵與 *Shift* 鍵，待按下 *Enter* 鍵之後再放開這兩個按鍵，此時的逆矩陣之係數就會如圖 10.7 所顯示的在 B5..D7 的區域中顯現。

相同的方式也能套用在逆矩陣與右手邊向量的相乘。在本例中，先將 F5..F7 的區域反白並輸入

```
=mmult(B5..D7,F1..F3)
```

其中第一個區域代表矩陣 $[A]^{-1}$，第二個區域則代表右手邊向量 {B}。再次藉由 *Ctrl* 鍵與 *Shift* 鍵的組合，我們可以將解 {X} 以 Excel 計算出來，並顯現在圖 10.7 中 F5..F7 的區域。正如所見，結果非常準確。

	A	B	C	D	E	F
1		1	0.5	0.33333333		1.83333333333333
2	[A] =	1	0.66666667	0.5	{B} =	2.16666666666667
3		1	0.75	0.6		2.35000000000000
4						
5		9	-18	10		0.99999999999992
6	[A]-1 =	-36	96	-60	{X} =	1.00000000000043
7		30	-90	60		0.99999999999960

　　　　=MINVERSE(B1:D3)　　　　　　　　=MMULT(B5:D7,F1:F3)

⇒ 圖 10.7

注意：我們刻意以 15 位數字來表示範例 10.4 的結果。由於 Excel 使用倍準度的資料格式來儲存數值，因此捨入誤差只影響最後兩個數字。這意味著條件數為 100，和範例 9.3 中原本計算出的 451.2 的階數相同。Excel 中並不提供計算條件數的功能。由於 Excel 中使用倍準度的資料格式，在大部分的問題中，捨入誤差僅造成有限的影響。然而在面對有可能是病態系統的問題時，條件數的計算就非常重要。MATLAB 與 Mathcad 兩者都提供計算此數量的函數。

10.3.2　MATLAB

MATLAB 是矩陣實驗室 (MATrix LABoratory) 的縮寫，因此可以預期，處理這領域問題的能力非常卓越。表 10.1 中列舉出 MATLAB 裡的一些重要函數。以下的範例也實際的展示出部分函數的效力。

表 10.1　用在矩陣分析與數值線性代數上的 MATLAB 函數。

矩陣分析		線性方程式	
函數	描述	函數	描述
cond	矩陣條件數	\ 與 /	求解線性系統；利用「help slash」
norm	矩陣或向量的範數	chol	裘列斯基分解
rcond	LINPACK 條件估算子倒數	lu	由高斯消去法所得的 LU 分解
rank	線性獨立的行數或列數	inv	逆矩陣
det	行列式值	qr	QR 分解
trace	對角線元素的總和	qrdelete	由 QR 分解中刪除一行
null	零空間 (Null space)	qrinsert	在 QR 分解中增加一行
orth	正交化 (orthogonalization)	nnls	非負最小平方
rref	列可簡化梯矩陣型態	pinv	虛擬逆矩陣 (pseudoinverse)
		lscov	在已知的協方差下求最小平方

範例 10.5　利用 MATLAB 處理線性代數系統

問題描述：使用範例 10.4 的線性代數方程式，說明如何應用 MATLAB 來求解與分析此系統。

解法：首先，輸入矩陣 $[A]$ 與右手邊向量 $\{B\}$ 的係數。

```
>> A = [ 1   1/2   1/3 ; 1   2/3   2/4 ; 1   3/4   3/5 ]
A =
   1.0000      0.5000      0.3333
   1.0000      0.6667      0.5000
   1.0000      0.7500      0.6000

>> B=[1+1/2+1/3;1+2/3+2/4;1+3/4+3/5]
B =
   1.8333
   2.1667
   2.3500
```

接下來，求矩陣 [A] 的條件數

```
>> cond(A)

ans =
   366.3503
```

此計算結果是由方塊 9.2 所討論的譜範數或 $\|A\|_2$ 範數而來。此數值與範例 9.3 中使用列總和範數所求得的條件數 451.2 在階數上是同等級的。兩個結果都指出在精確度上大約會損失 2 至 3 個位數。

接著可以有兩種不同的方式來求解此線性系統。最直接與有效的方式就是使用反斜線的符號。

```
>> X=A\B

X =
   1.0000
   1.0000
   1.0000
```

在此運算符號下，MATLAB 使用高斯消去法來求解這樣的系統。

另一個做法就是直接利用方程式 (PT3.6)，也就是

```
>> X=inv(A)*B

X =
   1.0000
   1.0000
   1.0000
```

此做法其實會先求出逆矩陣，然後再執行與右手邊向量的乘積而得到解。因此，耗費的時間會比使用反斜線符號的方式多。

10.3.3 Mathcad

Mathcad 包含許多可以處理向量與矩陣的特殊函數。即一般運算中的內積、矩

陣轉置、矩陣加法與乘法。另外還可求逆矩陣、行列式值、不同定義的範數與條件數。當然還有幾種執行矩陣分解的函數。

利用 Mathcad 求解線性方程式的方法有兩種。第一種是在第 9 章所討論的，利用逆矩陣與右手邊向量的乘積求解。另一種則是藉由 Mathcad 中專門設計用來求解線性系統的特殊函數 **lsolve(A,b)**。當然也能利用其他內建函數來判斷矩陣 A 是否近似奇異而造成捨入誤差。

以下用實例說明使用 **lsolve** 求解線性方程式的步驟。假設矩陣 A 如圖 10.8 所示，首先在 Insert/Matrix 的下拉選單中利用符號定義輸入矩陣的係數。以本題為例，此舉可選擇維度為 4 × 4 的矩陣，Mathcad 並將在螢幕上產生一個允許輸入矩陣係數的 4 × 4 方塊，接著只需點選各個欄位並輸入對應的矩陣係數即可。同理可建立並輸入右手邊向量 b 的數值。最後定義向量 x 並設定它等於 **lsolve(A,b)**。

我們也可利用 A 的逆矩陣來求解同一個系統。A 的逆矩陣可利用矩陣 A 加上指數 −1 來計算，結果呈現於圖 10.8 的右半邊。解即由此逆矩陣與右手邊向量 b 的乘積所獲得。

接著，利用 Mathcad 計算 Hilbert 矩陣的逆矩陣與條件數。如圖 10.9 所示，在 Insert/Matrix 的下拉選單中利用符號定義輸入經過縮放的矩陣係數。利用 H^{-1} 代表 H 的逆矩陣，結果如圖 10.9 所示。定義變數 c1、c2、ce 與 ci 分別代表以行總和範數 (**cond1**)、譜範數 (**cond2**)、歐氏範數 (**conde**) 與列總和範數 (**condi**) 為基準之條件數。計算結果於圖 10.9 下方呈現。正如預期，以譜範數為基準之條件數數值最小。

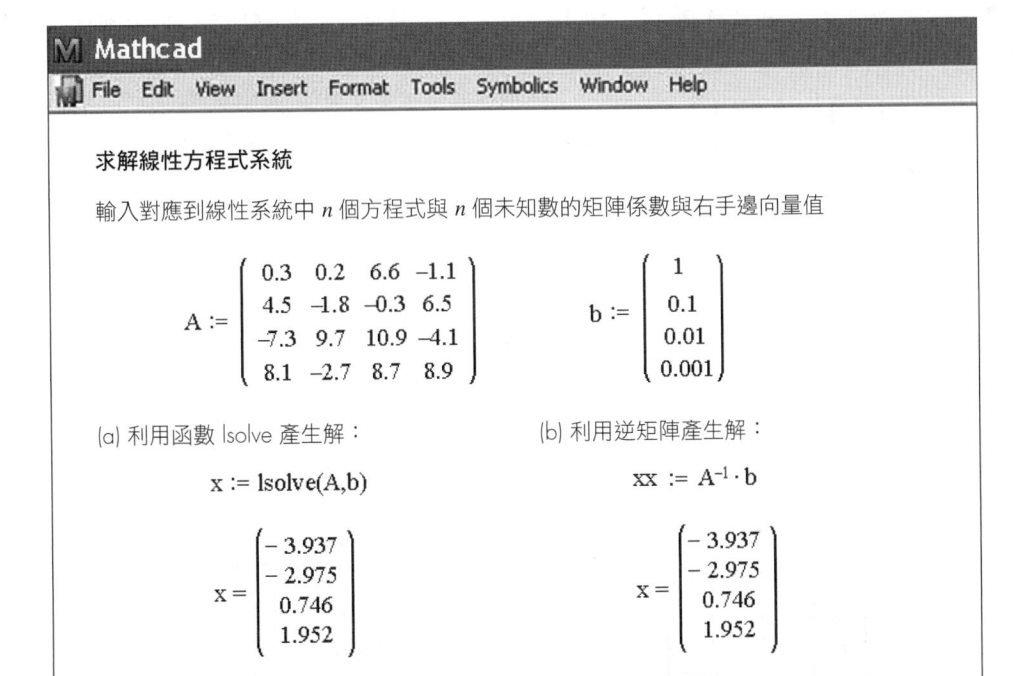

圖 10.8 以 Mathcad 求解線性方程式系統的畫面。

```
┌─────────────────────────────────────────────────────────┐
│ M Mathcad                                               │
│ File  Edit  View  Insert  Format  Tools  Symbolics  Window  Help │
│                                                         │
│   計算逆矩陣與條件數                                    │
│   輸入一個數經過縮放的 Hilbert 矩陣：                   │
│                                                         │
│         ⎛ 1   0.5      0.3333333 ⎞                      │
│   H := ⎜ 1   0.6666667  0.5      ⎟                      │
│         ⎝ 1   0.75       0.6     ⎠                      │
│                                                         │
│   計算逆矩陣：                                          │
│                                                         │
│      I := H⁻¹                                           │
│                                                         │
│         ⎛  9   −18   10 ⎞                               │
│   I := ⎜ −36   96   −60 ⎟                               │
│         ⎝ 30   −90   60 ⎠                               │
│                                                         │
│   計算條件數：                                          │
│                                                         │
│   c1 := cond1(H)   c2 := cond2(H)   ce := conde(H)   ci := condi(H) │
│   c1 = 612         c2 = 366.35      ce = 368.087     ci = 451.2     │
└─────────────────────────────────────────────────────────┘
```

圖 10.9 以 Mathcad 計算一個係數經過縮放的 3 × 3 矩陣之逆矩陣與條件數的畫面。

習題

10.1 利用以下的三對角矩陣重新計算 (a) 範例 10.1；與 (b) 範例 10.3。

$$\begin{bmatrix} 0.8 & -0.4 & \\ -0.4 & 0.8 & -0.4 \\ & -0.4 & 0.8 \end{bmatrix} \begin{Bmatrix} x_1 \\ x_2 \\ x_3 \end{Bmatrix} = \begin{Bmatrix} 41 \\ 25 \\ 105 \end{Bmatrix}$$

10.2 利用 LU 分解法與單位向量求範例 10.1 中矩陣的逆矩陣。

10.3 在求解大型偏微分方程式時，解以下的三對角系統會是演算法 (Crank-Nicolson) 中的一部分

$$\begin{bmatrix} 2.01475 & -0.020875 & & \\ -0.020875 & 2.01475 & -0.020875 & \\ & -0.020875 & 2.01475 & -0.020875 \\ & & -0.020875 & 2.01475 \end{bmatrix} \times \begin{Bmatrix} T_1 \\ T_2 \\ T_3 \\ T_4 \end{Bmatrix} = \begin{Bmatrix} 4.175 \\ 0 \\ 0 \\ 2.0875 \end{Bmatrix}$$

利用湯瑪士演算法來求解。

10.4 將範例 10.2 所得的結果 $[L]$ 與 $[L]^T$ 分別代入方程式 (10.2) 中，檢驗是否與原矩陣 $[A]$ 相等以驗證裘列斯基分解的正確性。

10.5 利用以下的對稱矩陣重新計算範例 10.2。

$$\begin{bmatrix} 6 & 15 & 55 \\ 15 & 55 & 225 \\ 55 & 225 & 979 \end{bmatrix} \begin{Bmatrix} a_0 \\ a_1 \\ a_2 \end{Bmatrix} = \begin{Bmatrix} 152.6 \\ 585.6 \\ 2488.8 \end{Bmatrix}$$

除了利用裘列斯基分解求解以外，並求 a_0、a_1 與 a_2。

10.6 徒手計算以下對稱系統的裘列斯基分解。

$$\begin{bmatrix} 8 & 20 & 15 \\ 20 & 80 & 50 \\ 15 & 50 & 60 \end{bmatrix} \begin{Bmatrix} x_1 \\ x_2 \\ x_3 \end{Bmatrix} = \begin{Bmatrix} 100 \\ 250 \\ 100 \end{Bmatrix}$$

10.7 計算以下矩陣的裘列斯基分解。

$$[A] = \begin{bmatrix} 9 & 0 & 0 \\ 0 & 25 & 0 \\ 0 & 0 & 4 \end{bmatrix}$$

以方程式 (10.3) 與 (10.4) 的角度來看，你的計算結果是否有意義？

10.8 利用高斯-賽德法求解習題 10.1 中的三對角矩陣系統 ($\varepsilon_s = 5\%$)。（以 $\lambda = 1.2$ 為過鬆弛因子）

10.9 回顧習題 9.8，以下的系統方程式用來計算一連串耦合反應器內的濃度（c 值的單位為 g/m³），濃度函數是以輸入反應器的質量為自變數（右手邊向量單位為 g/d）：

$$15c_1 - 3c_2 - c_3 = 3300$$
$$-3c_1 + 18c_2 - 6c_3 = 1200$$
$$-4c_1 - c_2 + 12c_3 = 2400$$

使用高斯-賽德法求解此問題（終止條件為 $\varepsilon_s = 5\%$）。

10.10 使用亞可比迭代法重新計算習題 10.9。

10.11 利用高斯-賽德法求解以下的系統，直到百分相對誤差低於 $\varepsilon_s = 5\%$。

$$10x_1 + 2x_2 - x_3 = 27$$
$$-3x_1 - 6x_2 + 2x_3 = -61.5$$
$$x_1 + x_2 + 5x_3 = -21.5$$

10.12 使用高斯-賽德法 **(a)** 不使用鬆弛因子，**(b)** 具鬆弛因子 ($\lambda = 0.95$)，及 $\varepsilon_s = 5\%$ 來解以下的線性系統。為了能求得收斂的解，必要的話，重新安排方程式的順序。

10.13 使用高斯-賽德法 **(a)** 不使用鬆弛因子，**(b)** 具過鬆弛因子 ($\lambda = 1.2$)，及 $\varepsilon_s = 5\%$ 來解以下的線性系統。為了能求得收斂的解，必要的話，重新安排方程式的順序。

$$2x_1 - 6x_2 - x_3 = -38$$
$$-3x_1 - x_2 + 7x_3 = -34$$
$$-8x_1 + x_2 - 2x_3 = -20$$

10.14 假設方程式的斜率為 1 與 -1，重新繪製圖 10.5 之結果。在這樣的系統上套用高斯-賽德法時會有什麼結果？

10.15 指出以下三組方程式中，哪一組是無法用以高斯-賽德法的迭代法來求解的。指出你的收斂條件以及即使執行至若干迭代次數時仍無法收斂（怎麼看出不收斂）。

第一組	第二組	第三組
$8x + 3y + z = 12$	$x + y + 5z = 7$	$-x + 3y + 5z = 7$
$-6x + 7z = 1$	$x + 4y - z = 4$	$-2x + 4y - 5z = -3$
$2x + 4y - z = 5$	$3x + y - z = 4$	$2y - z = 1$

10.16 針對以下的矩陣，在不做係數調整的前提下，使用你自行選擇的軟體程式庫或套件來求其條件數、逆矩陣、行列式值及系統方程式的解。

(a) $\begin{bmatrix} 1 & 4 & 9 \\ 4 & 9 & 16 \\ 9 & 16 & 25 \end{bmatrix} \begin{Bmatrix} x_1 \\ x_2 \\ x_3 \end{Bmatrix} = \begin{Bmatrix} 14 \\ 29 \\ 50 \end{Bmatrix}$

(b) $\begin{bmatrix} 1 & 4 & 9 & 16 \\ 4 & 9 & 16 & 25 \\ 9 & 16 & 25 & 36 \\ 16 & 25 & 36 & 49 \end{bmatrix} \begin{Bmatrix} x_1 \\ x_2 \\ x_3 \\ x_4 \end{Bmatrix} = \begin{Bmatrix} 30 \\ 54 \\ 86 \\ 126 \end{Bmatrix}$

這兩個題目中，未知數 x 的結果都是 1。

10.17 給定一對非線性方程式：

$$f(x, y) = 4 - y - 2x^2$$
$$g(x, y) = 8 - y^2 - 4x$$

(a) 利用 Excel 的規劃求解工具來求符合此二方程式的二組解 (x, y)。

(b) 利用（$x = -6$ 到 6 與 $y = -6$ 到 6）為初始猜值的範圍。對於二組初始猜值條件而言，各對應到哪一個解 (x, y)。

10.18 一家電子公司製造電晶體、電阻與電腦零件等產品。製造一個電晶體需要四單位的銅、一單位的鋅與二單位的玻璃。製造一個電阻則需要三單位的銅、三單位的鋅與一單位的玻璃。而製造一個電腦零件需要二單位的銅、一單位的鋅與二單位的玻璃。將這些資料整理至表格後可得：

元件	銅	鋅	玻璃
電晶體	4	1	2
電阻	3	3	1
電腦零件	2	1	3

假設原料的供應每週都會有變化，因此公司必須每週訂定不同的製造流程。例如，某週的原料為銅 960 單位，鋅 510 單位與玻

璃 610 單位。以製造流程列出求解此問題的系統方程式，然後利用 Excel、MATLAB 及 Mathcad 來求解某週共能生產若干個電晶體、電阻與電腦零件。

10.19 以 MATLAB 或 Mathcad 軟體計算 10 維 Hilbert 矩陣的條件數（以譜範數為基準）。在病態條件下會預期會喪失幾位精確度？當右手邊向量 {b} 的數值分別為矩陣列總合的情況下，也就是解中所有的未知數均為 1，計算並比較你的結果。

10.20 以 6 維度的文特模特矩陣（參考習題 9.17）重做習題 10.19，其中 $x_1 = 4$、$x_2 = 2$、$x_3 = 7$、$x_4 = 10$、$x_5 = 3$ 與 $x_6 = 5$。

10.21 給定一個方陣 $[A]$，以一列 MATLAB 指令建立一個新的矩陣 $[Aug]$，其中包含了原來的矩陣 $[A]$ 與單位矩陣 $[I]$。

10.22 將以下方程組改寫為矩陣形式：
$$50 = 5x_3 - 7x_2$$
$$4x_2 + 7x_3 + 30 = 0$$
$$x_1 - 7x_3 = 40 - 3x_2 + 5x_1$$

利用 Excel、MATLAB 或 Mathcad 來求解這些未知數，並計算此矩陣的逆矩陣與轉置矩陣。

10.23 在章節 8.2.1 中，我們討論過如何計算不包含樞軸化機制的高斯消去法之運算次數。以相同的做法來討論湯瑪士演算法（圖 10.2）所需的運算次數。然後針對這兩個演算法，繪製 n（由 2 至 20）對應運算次數的關係圖。

10.24 利用圖 10.2 的湯瑪士演算法虛擬程式碼，以高階語言或巨集程式發展一個使用者界面友善的電腦程式求解三對角系統。然後用此程式重新計算範例 10.1 以驗證程式的正確性。

10.25 利用圖 10.3 的虛擬程式碼，以高階語言或巨集程式發展一個使用者界面友善的電腦程式來處理裘列斯基分解。然後用此程式重新計算範例 10.2 以驗證程式的正確性。

10.26 利用圖 10.6 的虛擬程式碼，以高階語言或巨集程式發展一個使用者界面友善的高斯-賽德法電腦程式。然後用此程式重新計算範例 10.3，以驗證程式的正確性。

10.27 參考章節 PT3.1.2 中為求得微分方程式的解而衍生的線性代數系統。例如以下一維微分方程式，代表在穩態下運河中化學質量平衡

$$0 = D\frac{d^2c}{dx^2} - U\frac{dc}{dx} - kc$$

其中 c 為濃度，t 為時間，x 為距離，D 為擴散係數，U 為流體速度，k 為一階衰退速率，利用 $D = 2$、$U = 1$、$k = 0.2$、$c(0) = 80$ 與 $c(10) = 20$，將以上方程改寫成相同的線性系統。求解此系同由 $x = 0$ 到 10 的解，並繪製距離對應濃度的關係圖形。

10.28 帶寬為 5 的五對角線性系統可以寫成：

$$\begin{bmatrix} f_1 & g_1 & h_1 & & & & \\ e_2 & f_2 & g_2 & h_2 & & & \\ d_3 & e_3 & f_3 & g_3 & h_3 & & \\ & & & \cdot & & & \\ & & & & \cdot & & \\ & & & & & \cdot & \\ & & & d_{n-1} & e_{n-1} & f_{n-1} & g_{n-1} \\ & & & & d_n & e_n & f_n \end{bmatrix} \begin{Bmatrix} x_1 \\ x_2 \\ x_3 \\ \cdot \\ \cdot \\ \cdot \\ x_{n-1} \\ x_n \end{Bmatrix} = \begin{Bmatrix} r_1 \\ r_2 \\ r_3 \\ \cdot \\ \cdot \\ \cdot \\ r_{n-1} \\ r_n \end{Bmatrix}$$

發展一個有效、不具樞軸化且類似解章節 10.1.1 中三對角矩陣的電腦程式，並藉由求解以下系統以驗證你的程式。

$$\begin{bmatrix} 8 & -2 & -1 & 0 & 0 \\ -2 & 9 & -4 & -1 & 0 \\ -1 & -3 & 7 & -1 & -2 \\ 0 & -4 & -2 & 12 & -5 \\ 0 & 0 & -7 & -3 & 15 \end{bmatrix} \begin{Bmatrix} x_1 \\ x_2 \\ x_3 \\ x_4 \\ x_5 \end{Bmatrix} = \begin{Bmatrix} 5 \\ 2 \\ 0 \\ 1 \\ 5 \end{Bmatrix}$$

結語：第三篇
Epilogue: Part Three

PT3.4 折衷方案

　　表 PT3.2 為聯立線性代數方程式求解過程所涉及到的折衷方案提供了一個總結。當方程式數量較少時可用圖解法和克拉馬法則，但因方程式數量較少，因此實用性不高。然而，這些方法對瞭解線性系統行為而言，卻是非常有用的教學工具。

　　一般而言，數值方法分成準確法和近似法兩類。前者正如其名，希望產生準確的答案。但有時候會受到捨入誤差的影響而產生不精確的答案。也就是捨入誤差會因系統大小、條件、係數矩陣是否為稀疏或填滿等因素而異，因而產生不同程度的影響。此外，電腦的精確度也會對捨入誤差產生影響。

　　我們建議在執行消去法的電腦程式採用樞軸化策略。此策略不但可減少捨入誤差的影響，並能避免除以零的情況產生。當客觀條件相同時，LU 分解法為優先選擇，因為它們的效率及彈性均佳。

　　雖然消去法有很大的效用，但在處理大型、稀疏系統時，會因為要用到整個係數矩陣，而電腦記憶體必須存放許多無意義的零，因此降低其實用性。但是對於帶狀的系統，已經有不需存放整個係數矩陣且能使用消去法的演算法。

　　本書所描述的近似法稱作高斯-賽德法。相較於準確法，它採用迭代方案逐步

表 PT3.2 求解聯立線性代數方程式的各種方法特性比較。

方法	穩定性	精確度	應用層面	程式工夫	備註
圖解法	—	差	受限	—	可能比數值方法花更多時間，但適合目視法
克拉馬法則	—	受捨入誤差影響	受限	—	超過三個方程式時，需要較多的計算工夫
具有部分樞軸化之高斯消去法	—	受捨入誤差影響	一般	適當	
LU 分解法	—	受捨入誤差影響	一般	適當	較令人偏好的消去法；容許計算逆矩陣
高斯-賽德法	如果不是對角化優，可能不會收斂	優良	僅適用於對角化優系統	容易	

獲得靠近解的估計值。因此捨入誤差的效應在高斯-賽德法中有討論的餘地。只要有需要，即可持續迭代以獲得足夠精確的解。此外，我們可發展出不同版本的高斯-賽德法，針對稀疏系統有效地利用電腦來儲存。因此，對於大型系統而言，使用高斯-賽德法可避免準確法所造成的儲存需求問題。

高斯-賽德法有不保證收斂與收斂速度太慢的缺點。然而，對於對角化優系統而言，它確實是一個可靠的方法。不過，仍有一些鬆弛法能抵消這些缺點。此外，由於很多線性代數方程組皆源自於實體系統，呈現對角優勢的特性，故高斯-賽德法對求解工程問題有很大的效用。

總之，影響選擇求解特定線性代數方程組問題工具的因素很多。然而，如以上所列，系統的大小和稀疏性是影響決定的重要因素。

PT3.5 重要關聯及重要公式

本書的每一篇皆有一小節針對重要的公式進行總結。雖然第三篇實際上並未討論到單獨的公式，不過我們利用表 PT3.3 將所討論過的演算法列在一起。該表提供了概觀，應該對回顧以及明白各方法間主要的差異有所幫助。

表 PT3.3 第三篇重要資訊摘要。

方法	程序		潛在問題和補救措施
高斯消去法	$\begin{bmatrix} a_{11} & a_{12} & a_{13} & \mid & c_1 \\ a_{21} & a_{22} & a_{23} & \mid & c_2 \\ a_{31} & a_{32} & a_{33} & \mid & c_3 \end{bmatrix} \Rightarrow \begin{bmatrix} a_{11} & a_{12} & a_{13} & \mid & c_1 \\ & a'_{22} & a'_{23} & \mid & c'_2 \\ & & a''_{33} & \mid & c''_3 \end{bmatrix}$	$\begin{aligned} x_3 &= c''_3/a''_{33} \\ &\Rightarrow x_2 = (c'_2 - a'_{23}x_3)/a'_{22} \\ x_1 &= (c_1 - a_{12}x_1 - a_{13}x_3)/a_{11} \end{aligned}$	問題： 　條件不良 　捨入 　除以零 補救措施： 　高精確度 　局部樞軸化法
LU 分解法	$\begin{bmatrix} a_{11} & a_{12} & a_{13} \\ a_{21} & a_{22} & a_{23} \\ a_{31} & a_{32} & a_{33} \end{bmatrix} \Rightarrow \begin{bmatrix} 1 & 0 & 0 \\ l_{21} & 1 & 0 \\ l_{31} & l_{32} & 1 \end{bmatrix} \begin{Bmatrix} d_1 \\ d_2 \\ d_3 \end{Bmatrix} = \begin{Bmatrix} c_1 \\ c_2 \\ c_3 \end{Bmatrix} \Rightarrow \begin{bmatrix} u_{11} & u_{12} & u_{13} \\ 0 & u_{22} & u_{23} \\ 0 & 0 & u_{33} \end{bmatrix} \begin{Bmatrix} x_1 \\ x_2 \\ x_3 \end{Bmatrix} = \begin{Bmatrix} d_1 \\ d_2 \\ d_3 \end{Bmatrix} \Rightarrow \begin{Bmatrix} x_1 \\ x_2 \\ x_3 \end{Bmatrix}$（分解／前向替換／逆代換）		問題： 　條件不良 　捨入 　除以零 補救措施： 　高精確度 　局部樞軸化法
高斯-賽德法	$\begin{aligned} x_1^j &= (c_1 - a_{12}x_2^{j-1} - a_{13}x_3^{j-1})/a_{11} \\ x_2^j &= (c_2 - a_{21}x_1^j - a_{23}x_3^{j-1})/a_{22} \\ x_3^j &= (c_3 - a_{31}x_1^j - a_{32}x_2^j)/a_{33} \end{aligned}$	持續迭代直到對於所有的 x_i's $\left\| \dfrac{x_i^j - x_i^{j-1}}{x_i^j} \right\| 100\% < \epsilon_s$ 時為止。	問題： 　發散，或收斂速度緩慢 補救措施： 　對角化優 　鬆弛法

PT3.6　進階方法及附加的參考文獻

關於聯立線性方程式解法的參考文獻有 Fadeev 和 Fadeeva (1963)、Stewart (1973)、Varga (1962)、和 Young (1971)。而 Ralston 和 Rabinowitz (1978) 提供相關概要。

許多進階的方法可為求解線性代數方程節省更多的時間和（或）空間。這些方法多數將重點集中在方程式對稱性和帶狀性等性質之探討。尤其是，已有演算法可處理稀疏矩陣，將它們轉換成最小的帶狀格式。Jacobs (1977) 和 Tewarson (1973) 都加入了這方面的資訊。一旦矩陣為最小的帶狀格式，就有很多有效的求解策略可用，如 Bathe 和 Wilson (1976) 之「活動性儲存行」處理方式。

除了 $n \times n$ 的方程組之外，有些系統方程式的數目 m 和未知數的數目 n 並不相同。$m < n$ 之系統稱作**欠定 (underdetermined)** 系統；此時系統不是無解就是有一個以上的解。$m > n$ 之系統稱作**超定 (overdetermined)** 系統；此時系統一般都沒有確定的解。然而，我們通常都可發展出一個折衷解，試著求出同時符合所有方程式最接近的答案。常用的方式是以「最小平方」觀點求解方程式（Lawson 和 Hanson，1974、Wilkinson 和 Reinsch，1971）。在另一方面，我們也可利用線性規劃方法，以「最佳化」觀點，將某目標函數最小化，以求出方程式的解（Dantzig，1963；Luenberger，1973 及 Rabinowitz，1968）。我們於第 13 章詳述此方法。

第四篇　最佳化
Optimizataion

PT4.1　動機

本書第二篇所談的勘根與最佳化問題間存在微妙的關係：兩者都包含猜測與尋找函數的某一個點。這兩類問題最主要的差異可以用圖 PT4.1 來說明。勘根是在尋求一個或一組函數的零點，而**最佳化 (optimization)** 則是在尋求一個函數發生極大值或極小值的位置。

最佳點 (optimum) 指的是曲線上平坦的點。用數學的術語來說，指的是 $f'(x)=0$ 的位置。此外，$f''(x)=0$ 的值可以提供最佳化代表的是極大值或極小值：即 $f''(x) < 0$ 代表的是極大值，$f''(x) > 0$ 代表的是極小值。

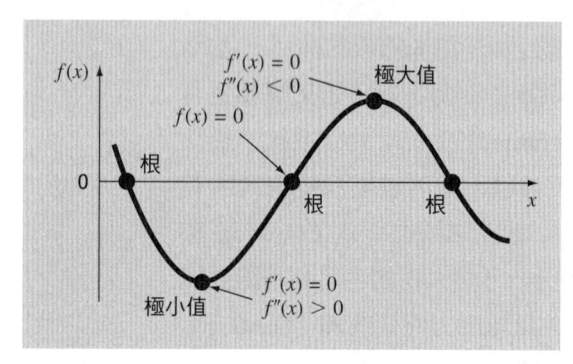

◯ **圖 PT4.1**　一個用來說明勘根與最佳化問題差異的單變數函數。

在瞭解介於勘根與最佳化的關係後，可以提供一個尋求最佳化點之策略：即針對微分過的函數進行勘根。事實上有些最佳化的方法正是藉由解 $f'(x)=0$ 的根來尋求最佳化之點。然而，由於函數 $f'(x)$ 未必為解析函數，所以問題常常會顯得比較複雜。因此有時候必須使用有限差分近似法來對此微分函數求值。

除了可將最佳化的問題視為勘根的問題，在單純的勘根方法以外，我們仍需要一些額外的數學架構輔助才能求得最佳解。特別是處理多維的最佳化問題時，這些工具將使得問題變得更容易處理。

PT4.1.1　不使用電腦的方法與其歷史

正如之前所提，計算微分的方法仍然被使用來決定最佳解。所有工程與科學科系的學生都會使用微積分中所學的方法，藉由處理函數的一階微分來解決求極大值與極小值的問題。白努利 (Bernoulli)、尤拉 (Euler) 與拉格藍吉 (Lagrange) 等人也已經對以變分法計算極小解建立了完整的基礎。拉格藍吉乘子 (Lagrange multiplier) 法可用來處理有限制條件的最佳化問題，也就是在最佳化問題中對於使用到的變數以

某種方式來限制其值的範圍。

第二次世界大戰以後，數位電腦的快速發展使得數值近似法開始展現其優勢。英國的 Koopmans 與蘇聯的 Kantorovich 分別致力於研究最小成本供應與生產的問題。在 1947 年時，Koopmans 的學生 Dantzig 發現瞭解線性規劃問題的**單形法程序 (simplex procedure)**。此近似法為後來許多有限制條件的最佳化問題的發現者奠定成功之基石（包含著名的 Charnes 與其工作團隊）。至於無限制條件的最佳化問題，也在電腦處理能力的擴展下快速地成長。

PT4.1.2 最佳化問題與工程應用

到目前為止，我們所涉及的數學模型大部分都是**敘述式 (descriptive)** 的模型，也就是藉由模擬工程設備或系統的行為來推導出模型。但是最佳化問題所涉及的概念是找到「最好的結果」或是所謂的最佳解 (optimal solution)。因此本書所提到的模型，又稱為**規範 (prescriptive)** 模型，指的就是行為的敘述或最佳的設計。

工程師必須不斷地以最有效的方式來設計其設備與產品。然而受到真實世界的種種限制，以及成本考量，即經常會面臨到所謂的最佳化問題，必須在效益與限制條件之間做出取捨。表 PT4.1 列舉一些常見的最佳化問題。以下的例子不但讓讀者感受到什麼是最佳化問題，同時也列舉了構築最佳化問題的思考方向。

表 PT4.1 工程中一些常見的最佳化問題。

- 設計重量輕且續航力高的飛行載具。
- 太空設備的最佳軌跡。
- 最低成本的土木工程結構設計。
- 諸如防洪水壩的水資源計畫，提供最大的水力資源。
- 偵測最小位能的結構行為。
- 最低成本的物質切割策略。
- 最高效能的幫浦與熱傳設備設計。
- 在產生的熱能為最小的情況下，製造最大輸出功率的電子儀器與設備。
- 在不同城市間進行推銷工作的最短路程。
- 最佳計畫與行程。
- 最小誤差的統計模型與分析。
- 最佳管線 (pipeline) 網路。
- 庫存控制。
- 維持計畫的最低成本。
- 最少的等待與閒置時間。
- 在最低成本的考量下設計符合水質標準的廢水處理系統。

範例 PT4.1　降落傘成本的最佳化

問題敘述：本書經常使用降落傘問題來說明數值方法所面臨的基本問題。你可能已經發現，並沒有任何一個範例討論到降落傘打開以後所發生的問題。本範例將討論降落傘打開以後至落地時的撞擊速度。

假設你正計劃空投補給品至戰區中的難民營。為了使補給品盡可能的接近營區並避免被偵測到，將在低空 (500 m) 空投。降落傘在離開飛機以後立即打開。為了避免損壞，撞擊地面時的垂直速度必須小於或等於臨界速度 v_c = 20 m/s。

圖 PT4.2 描繪出此空投用降落傘。降落傘的橫截面為半圓，

$$A = 2\pi r^2 \tag{PT4.1}$$

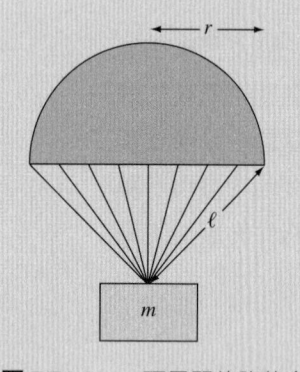

○ 圖 PT4.2　一頂展開的降落傘。

每一條連接至降落傘的繩索長度與降落傘的半徑有關，即

$$\ell = \sqrt{2}r \tag{PT4.2}$$

降落傘的的拖曳力為橫截面積的線性函數，也就是可以寫成

$$c = k_c A \tag{PT4.3}$$

其中 c 為拖曳力係數 (kg/s)，k_c 則是以拖曳力 [kg/(s·m)^2] 為參數的比例常數。

此外，你可以將要空投的物品分為許多等質量的小包物件。也就是每一個各別小包質量為

$$m = \frac{M_t}{n}$$

其中 m 為每一個各別小包質量 (kg)，M_t 為空投物品的總負載量 (kg)，而 n 為小包的總件數。

最後，降落傘的造價與降落傘的大小呈現非線性的關係：

$$每頂降落傘的成本 = c_0 + c_1\ell + c_2 A^2 \tag{PT4.4}$$

其中 c_0、c_1 與 c_2 均為成本係數。代表降落傘的基本價格。至於成本與面積為非線性關係的理由則是，製造大型降落傘的難度高於小型降落傘。

在考慮最低的空投成本下，試計算降落傘的半徑 (r) 與降落傘的數量 (n)，使得空投時降落傘落地的撞擊速度能小於或等於臨界速度 v_c = 20 m/s。

解法：本範例的目標是要計算降落傘的大小與數量，使空投成本降至最低。限制條件為降落傘落地的撞擊速度必須小於或等於臨界速度。

降落傘的成本等於降落傘單價乘以總數量（參考方程式 (PT4.4)）。因此希望求極小值的**目標函數 (objective function)** 可以寫為：

$$極小化\ C = n(c_0 + c_1\ell + c_2 A^2) \tag{PT4.5}$$

其中 C = 成本($), A 與 ℓ 則分別由方程式 (PT4.1) 與方程式 (PT4.2) 來計算。

接著要列出**限制條件 (constraints)**。此問題有兩個限制條件,第一是降落傘落地的撞擊速度必須小於或等於臨界速度 v_c=20 m/s。

$$v \leq v_c \tag{PT4.6}$$

第二個限制條件是降落傘的數目必須是大於或等於 1 的整數:

$$n \geq 1 \tag{PT4.7}$$

此時,我們已經架構出一個有限制條件的非線性最佳化問題。

雖然問題已經構築完成,但是仍有一點需要說明:落地的撞擊速度 v 該怎麼算?回顧第一章,已知落體的速度為

$$v = \frac{gm}{c}\left(1 - e^{-(c/m)t}\right) \tag{1.10}$$

其中 v 為速度 (m/s)、g 為重力加速度 (m/s^2)、m 為質量 (kg) 與 t 為時間 (s)。

雖然方程式 (1.10) 提供了速度與時間的關係,但是我們需要求出空投物件的落地時間,因此還需要一個空投高度 (z) 與落地時間 (t) 的關係。透過對方程式 (1.10) 積分可以求得落地時間:

$$z = \int_0^t \frac{gm}{c}\left(1 - e^{-(c/m)t}\right) dt \tag{PT4.8}$$

計算與整理之後為

$$z = z_0 - \frac{gm}{c}t + \frac{gm^2}{c^2}\left(1 - e^{-(c/m)t}\right) \tag{PT4.9}$$

其中 z_0 為初始高度 (m)。利用此函數(參考圖 PT4.3)可以來估算 z 與 t 之間的關係。

然而,解此範例時我們並不需要 z 是 t 的函數,反而需要知道的是空投高度為 z_0 時的物件落地時間。因此重新整理方程式 (PT4.9) 之後得到

$$f(t) = 0 = z_0 - \frac{gm}{c}t + \frac{gm^2}{c^2}\left(1 - e^{-(c/m)t}\right) \tag{PT4.10}$$

當撞擊時間計算出來以後,代入方程式 (1.10) 可得撞擊速度。

最後將整個問題再整理成以下型式

$$\text{極小化 } C = n(c_0 + c_1\ell + c_2 A^2) \tag{PT4.11}$$

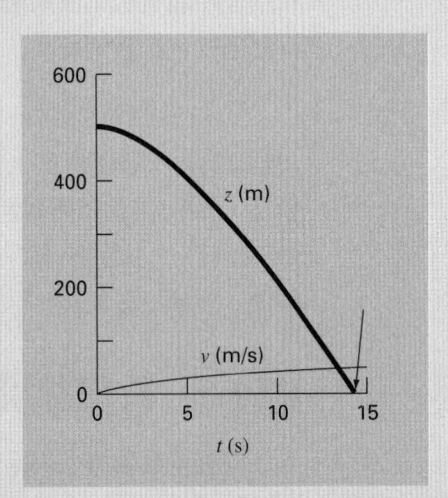

◗ 圖 **PT4.3** 張開的降落傘落向地面 ($z = 0$) 過程中,高度 z 與速度 v 的關係。

受限於以下條件

$$v \leq v_c \tag{PT4.12}$$

$$n \geq 1 \tag{PT4.13}$$

其中

$$A = 2\pi r^2 \tag{PT4.14}$$

$$\ell = \sqrt{2}r \tag{PT4.15}$$

$$c = k_c A \tag{PT4.16}$$

$$m = \frac{M_t}{n} \tag{PT4.17}$$

$$t = 根\left[z_0 - \frac{gm}{c}t + \frac{gm^2}{c^2}\left(1 - e^{-(c/m)t}\right)\right] \tag{PT4.18}$$

$$v = \frac{gm}{c}\left(1 - e^{-(c/m)t}\right) \tag{PT4.19}$$

第 13 章的範例 13.4 將會針對此問題進行求解。但是在此我們要先強調究竟在工程應用中的最佳化問題一般會出現哪些基本元件，也就是：

- 問題中包含一個所要處理事項的**目標函數 (objective function)**。
- 問題中包含數個**決策變數 (design variable)**。這些變數可為整數 (n) 或實數 (r)。
- 問題中包含數個反映工作環境現況的限制條件。

另外我們要強調，雖然目標函數與限制條件表面看似簡單方程式（例如 (PT4.12)），但是事實上後面仍有複雜的含意，也就是說可能蘊含複雜的相依性與模型。例如在我們所討論的範例中，它們的關係可能包含其他數值方法（方程式 (PT4.18)）。這意味著將用來代表模型的方程式可能蘊含大量的函數求值等計算。因此，能求得最佳解，並同時能盡量減少函數求值運算的方法會相當有用。

PT4.2　數學背景

有許多數學概念與運算都蘊藏最佳化。我們會將相關討論放在後面，等到需要時再說明。例如，我們會在第 12 章一開始談到多維無限制條件最佳化問題時，另外討論梯度 (gradient) 與海賽 (Hessian) 的計算。但此時，我們先將重點放在如何對

最佳化的問題進行分類。

最佳化 (optimization) 或**數學規劃 (mathematical programming)** 問題，一般可以敘述成：

求解 x，使得 $f(x)$ 有極大值或極小值
受限於以下限制條件

$$d_i(x) \le a_i \qquad i = 1, 2, \ldots, m \qquad \text{(PT4.20)}$$

$$e_i(x) = b_i \qquad i = 1, 2, \ldots, p \qquad \text{(PT4.21)}$$

其中 x 為 n 維**決策向量 (design vector)**、$f(x)$ 為目標函數、$d_i(x)$ 為**不等式限制條件 (inequality constrains)**、$e_i(x)$ 為**等式限制條件 (equality constrains)**，另外 a_i 與 b_i 則均為常數。

最佳化問題基本上可以由 $f(x)$ 的型式來區分：

- 若 $f(x)$ 與限制條件均為線性，則稱為**線性規劃 (linear programming)**。
- 若 $f(x)$ 為二階而限制條件均為線性，則稱為**二階規劃 (quadratic programming)**。
- 若 $f(x)$ 非線性或為二階，而限制條件為非線性，則為**非線性規劃 (nonlinear programming)**。

此外，當涵蓋方程式 (PT4.20) 與 (PT4.21) 之後，就成為**有限制條件的最佳化 (constrained optimization)** 問題，否則，即稱為**無限制條件的最佳化 (unconstrained optimization)** 問題。

對於有條件的問題，自由度 (degree of freedom) 為 $n - p - m$。一般而言，問題若要有解，$p + m$ 必須 $\le n$。若 $p + m > n$，則稱為**過多限制 (overconstrained)**。

另外也可以由維數來對最佳化問題進行分類。最常用的就是將問題分成一維與多維兩種。正如其名，**一維問題 (one-dimensional problem)** 的自變數只有一個，搜尋時就只包含簡單的一維上升或下降（參考圖 PT4.4a）。**多維問題 (multidimensional problem)** 則是指函數中包含多個因變數。同理，二維最佳化問題也能藉由視覺觀察搜尋峰值與谷值的方式（參考圖 PT4.4b）。然而，正如實際步行，我們並不會限制自己僅依單一方向前行進，反而會檢視實際的**地形 (topography)**，隨時修正方向朝目標前進。

最後，求極大值與極小值的程序基本上是一樣的，找 $f(x)$ 的極小值與找 $-f(x)$ 的極大值所解得的答案相同。此對等的觀念可由圖 PT4.4a 中的一維函數看出。

○ **圖 PT4.4** (a) 一維最佳化問題。此圖也可以說明求 $f(x)$ 的極小值與求 $-f(x)$ 的極大值為等價；(b) 二維最佳化問題。此圖也可以用來代表極大值（逐漸升高至如山頂峰值的地形圖）或代表極小值（逐漸降低至如山谷最低點的地形圖）。

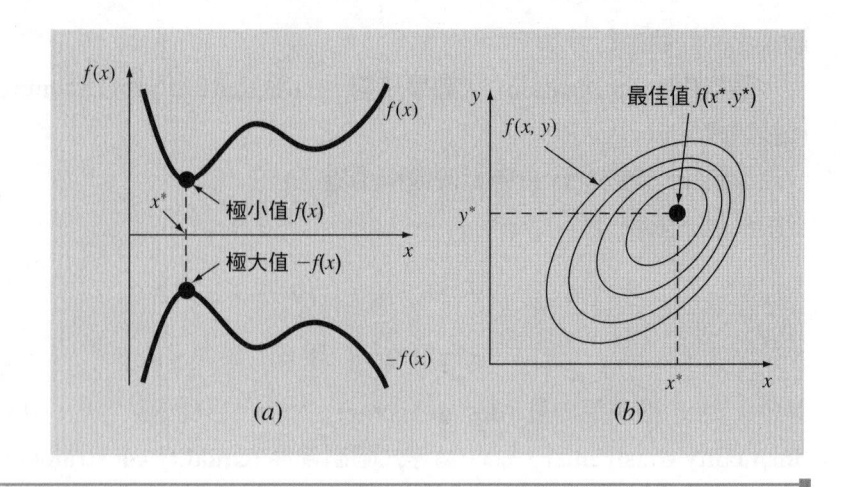

PT4.3 學習方針

在進入討論數值的最佳化方法之前，我們先提供一些學習內容的導引。以下將預覽第四篇所要討論的課程內容，並且建立好學習過程中所需要的物件。

PT4.3.1 眼界與預覽

圖 PT4.5 總覽了第四篇的課程內容。可由圖形上方開始，以順時針的方式仔細檢視所有的章節標題與架構。

第 11 章談的是**一維無限制條件最佳化 (one-dimensional unconstrained optimization)** 問題。以**黃金分割搜尋法 (golden-section method)**、**拋物線型內插法 (parabolic interpolation method)** 與**牛頓法 (Newton's method)** 等方法來求單變數函數的極大值或極小值。此外，一種稱為**布列特法 (Brent's method)** 的混合法，結合了黃金分割搜尋法的可靠度與拋物線型內插法快速收斂性，也有進一步的介紹。

第 12 章討論**高維無限制條件最佳化 (multidimensional unconstrained optimization)** 問題的兩種解法。諸如**隨機搜尋 (random search)**、**單變量搜尋 (univariate search)** 與**型態搜尋 (pattern search)** 的**直接法 (direct method)** 並不需要計算函數的導數。而**梯度法 (gradient method)** 則會用一階導數或二階導數求取最佳值。本章也介紹了梯度以及**海賽 (Hessian)**，分別是一階導數與二階導數的多維表示，然後討論**最大上升 (steepest ascent)** 或**最深下降 (steepest descent)** 的細節。最後更進一步的描述**共軛梯度法 (conjugate gradient method)**、牛頓法、**馬夸特法 (Marquardt method)** 與**準牛頓法 (quasi-Newton method)** 等進階法。

第 13 章主要在探討有限制條件的最佳化問題，同時以圖解法與**單形法 (simplex method)** 詳細描述線性規劃。**非線性有限制條件的最佳化 (nonlinear constrained optimization)** 不在本書範圍內，但是我們會概述主要的近似方法。此

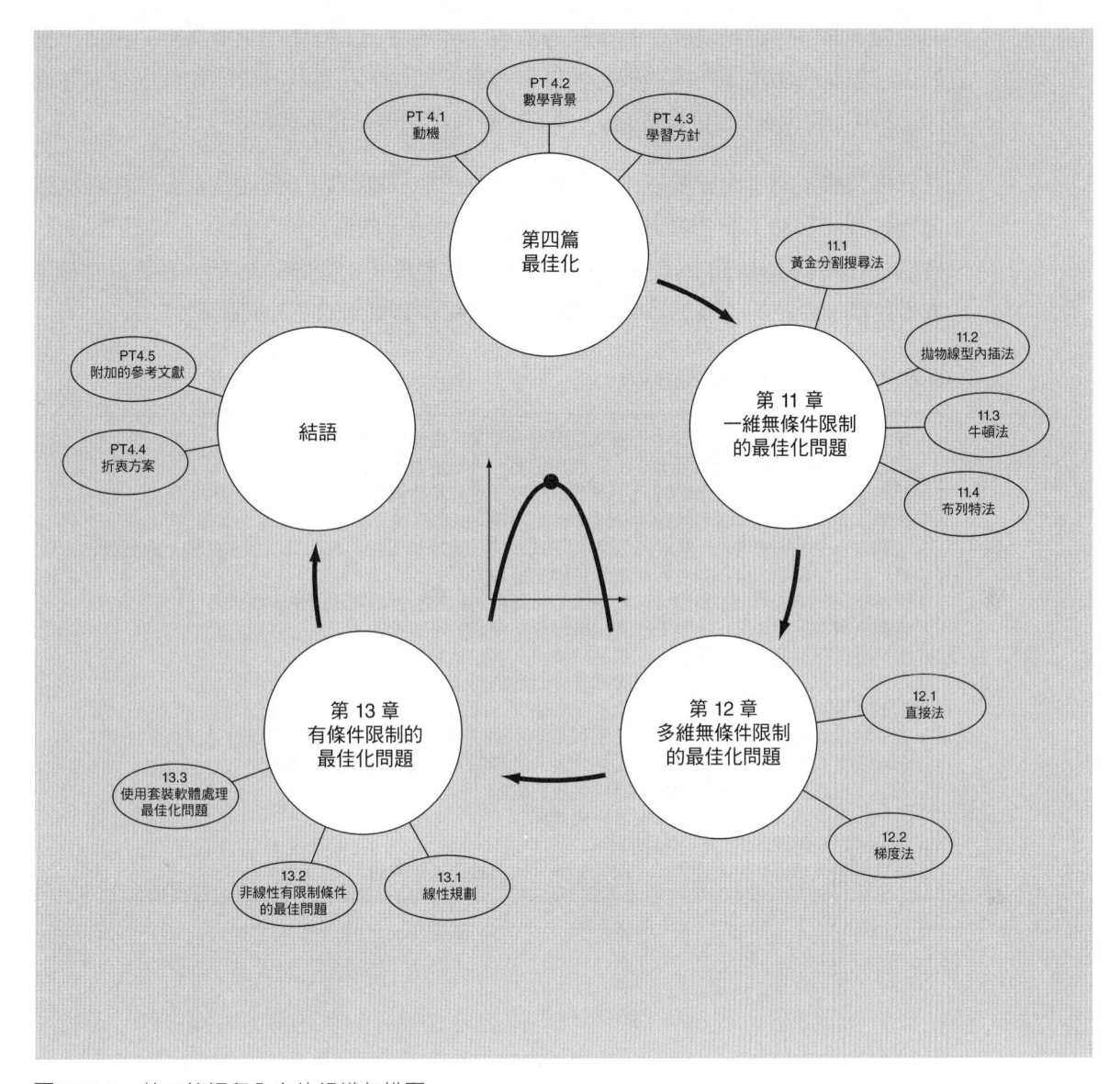

圖 PT4.5 第四篇課程內容的組織架構圖。

外，我們以實例說明（沿用包含在第 11 章與第 12 章的範例）如何利用 Excel、MATLAB 或 Mathcad 等套裝軟體與程式庫來解最佳化問題。

第四篇最後的結語，除了總覽第 11、12 與 13 章所介紹的方法以外，並討論到在實際應用時須要納入的折衷方案。最後，針對本書範圍外的方法提供一些意見與參考資料。

PT4.3.2　目標

學習目標：在完成第四篇的學習之後，讀者應該具備瞭解決許多工程上最佳化問題

的能力。同時，也可以感受到這些方法成功地應用在工程問題上所獲得的價值，另外也已經能成功地操作這些技巧並得到可靠的結果。在這些一般的物件之外，在表 PT4.2 中我們也針對第四篇列出一些學習過程中須要知道與瞭解的方向。

計算機目標：讀者應該要能夠以電腦程式來處理一維問題（例如黃金分割搜尋法或拋物線型內插法）與多維問題（例如隨機搜尋法）的最佳解。此外，諸如 Excel、MATLAB 或 Mathcad 的套裝軟體都有許多處理最佳化問題的功能。讀者要能善用本書此篇所介紹的各項工具，才能對最佳化問題有更深的認知與瞭解。

表 PT4.2 第四篇的具體學習目標。

1. 瞭解在求解工程問題的過程中，何時與何處會產生對最佳解的需求。
2. 認識一般最佳化問題的主要元件：即目標函數、決策變數以及限制條件。
3. 能夠分辨線性或非線性規劃問題，與有條件限制與無條件限制問題間的差異。
4. 能夠定義出黃金比率並瞭解使得一維最佳化問題有效的理由。
5. 能夠以黃金分割搜尋法、拋物線型內插法或牛頓法來求單變數函數的最佳解。此外，瞭解這些近似法在起始出發點與收斂速度考量間的折衷方案。
6. 瞭解布列特法如何結合黃金分割搜尋法的可靠度與拋物線型內插法的快速收斂。
7. 能夠以隨機搜尋法寫出求解多變數函數最佳化問題的電腦程式。
8. 瞭解隱藏在型態搜尋、梯度方向與包威爾法背後的意義與基本概念。
9. 能夠分別以解析法或數值方法計算多變數函數的梯度與海賽。
10. 對於雙變數的最佳化問題，以最大上升／最深下降法手動計算其最佳解。
11. 知道共軛梯度法、牛頓法、馬夸特法以及半牛頓法等的基本概念。特別要瞭解這些近似法間的折衷方案，並認識每一個方法在最大上升／最深下降法中所得到的改善。
12. 面對工程應用時，能確實地構築出線性規劃問題。
13. 能夠以圖示法與單形法求解二維線性規劃問題。
14. 瞭解線性規劃問題的四個可能結果。
15. 能夠構築與使用套裝軟體求解非線性有條件限制的最佳化問題。

CHAPTER 11 一維無限制條件的最佳化問題
One-Dimensional Unconstrained Optimization

本章描述尋找單變數函 f(x) 的極大值或極小值技巧。最常用來說明此概念的是類似一維的「雲霄飛車」(roller coaster)，如圖 11.1 所示的函數。第二篇談到勘根，曾提到一個簡單函數有可能在求解時找出許多的根。同樣的，在最佳化的問題中，所謂的**多峰 (multimodal)** 即為在求解時有可能找出許多全域極值或局部極值。而幾乎在所有的情況下，我們只有對絕對的最大值或最小值產生興趣。因此，絕不能犯下將局部極值視為全域極值的錯誤。

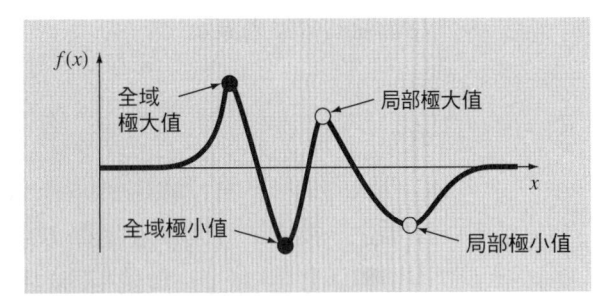

◯ **圖 11.1** 在 x 趨近於 $+\infty$ 與 $-\infty$ 時，函數值皆趨近零。此外在原點附近分別有兩個極大值與極小值。右邊區間的兩個分別是局部極大值與局部極小值，而左邊區間的兩個則分別是全域極大值與全域極小值。

一般而言，我們有三種方式可以用來區分全域極值與局部極值的差異。首先，可以藉由洞察較低維函數的行為而繪出其圖形。其次，我們可以任意地取一區間，並且在其中取得隨機初始猜測值，然後在這些值中選擇最大的作為全域極大值。第三個則是對所選擇的局部結果稍微做一些改變，看看傳回來的值會不會有更好的結果或是與原來的值相同。雖然這些方法都可以使用，但是有時候（尤其是較大型的問題）我們無法確定所選擇出來的最大值一定就是全域極大值。雖然我們要對這個情況保持敏感，但所幸仍有為數不少的工程問題可容許我們用這樣的方式求極值。

正如提到勘根時，一維最佳化可以區分為界定法與開放式方法兩種。下一節所要談的黃金分割搜尋 (golden-section search) 法就是一個藉由初始猜值找出單一最佳值的界定法。此方法是引用拋物線型內插法而得到的另一種近似法，雖然有時後會發散，但是整體而言收斂速度比黃金分割搜尋法快。

再來所描述的方法是藉由求 $f'(x) = 0$ 的根與計算極大值與極小值以找出最佳化解的開放式方法。這使得最佳化問題演變成是利用第二篇裡所談到的勘根技巧來求 $f'(x) = 0$ 的根的問題。我們也將列舉一種稱為牛頓法的近似法。

本章最後將討論稱為**布列特法 (Brent's method)** 的混合近似法，此方法不但擁有黃金分割搜尋法的可靠度，另外也具備了拋物線型插值的快速收斂特性。

11.1 黃金分割搜尋法

在求解單一非線性方程式的根時,我們的目標放在找出一個特別的 x,使得 $f(x)$ 的函數值得以為零。而**單變數的最佳化 (single-variable optimization)** 則是在尋求一個會產生**極值 (extremum)** 的 x 值,使得 $f(x)$ 的函數值為極大值或極小值。

黃金分割搜尋法是一個簡單的單變數搜尋技巧。其本質與第 5 章所提到的二分法非常相似。二分法首先在包含了根值的區間中選擇一個左邊界 (x_l) 與右邊界 (x_u),然後藉由 $f(x_l)$ 與 $f(x_u)$ 有不同的正負值,找到所要的根值。基本上此根值可以用區間的中點來表示

$$x_r = \frac{x_l + x_u}{2}$$

二分法的最後一個步驟是要決定一個更小的估計區間,這只是藉由將 x_l 或 x_u 中的其中之一換成 x_r 即可。在選擇 x_l 或 x_u 時,做法是在比較 $f(x_l)$ 與 $f(x_u)$ 的正負號後,保留與函數值 $f(x_r)$ 正負號相同的那一個。而這個做法的好處就是新的 x_r 取代了其中的一個邊界。

接下來我們就以相同的近似方式來求一維函數的最佳解問題。為了方便討論,我們僅僅將問題放在求極大值。在討論電腦的演算法時,我們會再描述如何進行微幅的程式修改,使得演算法也能兼顧到計算極小值。

如同二分法的討論,我們先假設在某一區間中僅僅包含單一解。也就是區間中已經包含單一的極大值,也稱為**單峰 (unimodal)**。在此,我們也採用一些二分法的符號,即區間中的下界與上界分別是 x_l 與 x_u。然而,為了求出區間中的極大值,我們必須提出有別於二分逼近法的解決策略。有別於兩個函數值的使用(判斷正負號的改變與根值的產生),事實上我們需要利用三個函數值來判斷一個值是否就是想求的極大值。因此在區間中還須選取一個額外的點。接下來還必須再選取第四個點,然後才能在此四點中的前三點中或後三點中發生極大值。

使得這個近似法有效率的關鍵在於中間點的選擇必須非常特別。正如二分法一般,以新值取代舊值時,要能夠達到函數計算的次數越少越好。而此目標可以藉由符合以下兩個條件而得到(參考圖 11.2)

$$\ell_0 = \ell_1 + \ell_2 \tag{11.1}$$

$$\frac{\ell_1}{\ell_0} = \frac{\ell_2}{\ell_1} \tag{11.2}$$

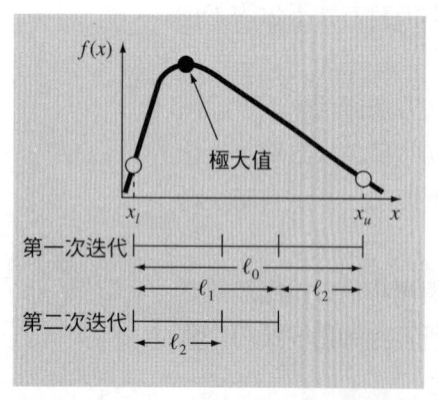

○ **圖 11.2** 黃金分割搜尋演算法的第一步驟是根據黃金比率選擇兩個內點。

第一個條件指出 ℓ_1 與 ℓ_2 長度的總合必須與原來的區間長度一樣。第二個條件則指出此三段的比例值必須相同。將方程式 (11.1) 代入到方程式（11.2 後）可得

$$\frac{\ell_1}{\ell_1 + \ell_2} = \frac{\ell_2}{\ell_1} \tag{11.3}$$

取 $R = \ell_2/\ell_1$，則有

$$1 + R = \frac{1}{R} \tag{11.4}$$

或

$$R^2 + R - 1 = 0 \tag{11.5}$$

依上式，我們可以解出其正根為

$$R = \frac{-1 + \sqrt{1 - 4(-1)}}{2} = \frac{\sqrt{5} - 1}{2} = 0.61803\ldots \tag{11.6}$$

此值即為自古以來所熟知的黃金比率 (golden ratio)（參考方塊 11.1）。由於它有效地求出最佳解，因此也成為黃金分割搜尋法中最重要的元件。以下我們將發展一個適合應用在電腦的演算法。

方塊 11.1　黃金比率與費式數

某些數字在許多文化會賦予不同意涵，例如西方人常說「幸運7」與「13 號星期五」。而古希臘人稱以下數字為「黃金比率」

$$\frac{\sqrt{5} - 1}{2} = 0.61803\ldots$$

這個數字有許多的用途，包括如製作如圖 11.3 的長方形。希臘人認為這些比例最美，也用這個形狀來設計許多廟宇。

黃金比率與數學上的**費氏數 (Fibonacci number)** 有很緊密的關係。也就是

0, 1, 1, 2, 3, 5, 8, 13, 21, 34, ...

因此，從第三個數開始的每個數會是前兩個數的加總。這個數列出現在許多工程與科學的不同應用。在接下來的討論中會看到，費氏數列與一個連續數列產生很有趣的密切關係；

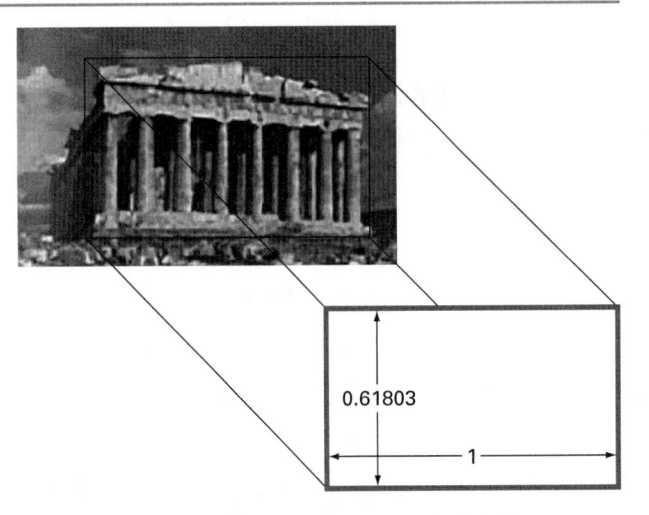

圖 11.3 希臘人在西元前 5 世紀於雅典建造的 Parthenon 神殿，其正殿前方的長寬比例與黃金比率幾乎吻合。

也就是 0/1 = 0，1/1 = 1，1/2 = 0.5，2/3 = 0.667，3/5 = 0.6，5/8 = 0.625，8/13 = 0.615 等等。如此下去，我們發現此數列的值趨近至黃金比率！

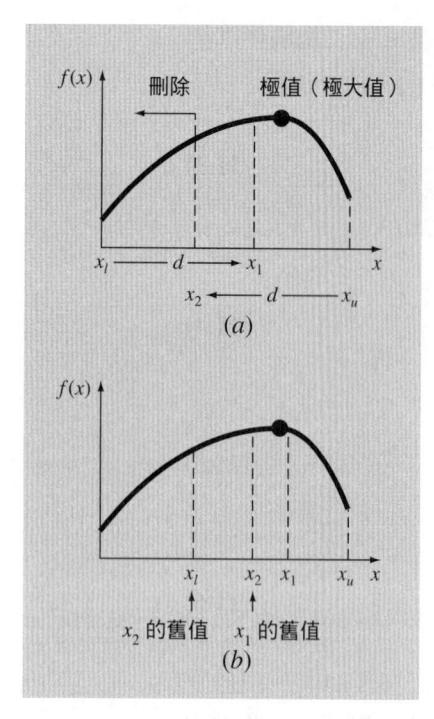

○ 圖 11.4　(a) 黃金分割搜尋演算法的第一個步驟是依據黃金比率選擇兩個內點。(b) 第二個步驟是定出一個包含最佳解的新區間。

就圖 11.4 中的描述與之前所討論的內容可知，黃金分割搜尋演算法的第一步驟是先給定 x_l 與 x_u 兩個初始猜值。然後，依據黃金比率選擇兩個內點 x_1 與 x_2，

$$d = \frac{\sqrt{5}-1}{2}(x_u - x_l)$$
$$x_1 = x_l + d$$
$$x_2 = x_u - d$$

然後在這兩個內點上計算函數值。計算結果有以下兩種可能情形

1. 如圖 11.4 中所示，若 $f(x_1) > f(x_2)$，則 x_2 的左邊（即 x_l 到 x_2 的中間）可以排除發生極大值的機會，因此可以被刪除掉。在此情況下，x_2 變成下一個迭代時的 x_l。
2. 若 $f(x_2) > f(x_1)$，則 x_1 的右邊（即 x_1 到 x_u 的中間）可以刪除掉。在此情況下，x_1 變成下一個迭代時的 x_u。

接下來就要真正展示使用黃金比率的好處。由於原來的 x_1 與 x_2 都是利用黃金比率求出，所以在下一個迭代時不須再重新計算函數值。正如圖 11.4 中所示，原來的 x_1 可以直接變成新的 x_2，所以新的函數值 $f(x_2)$ 不需要再計算，直接由舊有的函數值 $f(x_1)$ 代換即可。

最後，我們還必須利用如之前所述的比例關係來計算新的 x_1，即

$$x_1 = x_l + \frac{\sqrt{5}-1}{2}(x_u - x_l)$$

同樣的做法可以用在另外的一個情況，此時，其最佳解將會坐落在子區間的左邊。

當迭代持續進行時，包含最佳解的區間會急速地變小。事實上，在每次迭代時，區間會依據黃金比率縮減（約 61.8%）。這意味著只要經過 10 次迭代，區間就會縮減為原來區間長度的 0.618^{10}（約 0.008 或 0.8%）。經過 20 次迭代，就約為 0.0066%。與二分法相比，此方法效果也沒有想像中的快，而且較難。

範例 11.1　黃金分割搜尋法

問題描述：使用黃金分割搜尋法在區間 $x_l = 0$ 與 $x_u = 4$ 中求以下函數的極大值。

$$f(x) = 2\sin x - \frac{x^2}{10}$$

解法：首先，利用黃金比率求出兩個內點

$$d = \frac{\sqrt{5}-1}{2}(4-0) = 2.472$$

$$x_1 = 0 + 2.472 = 2.472$$

$$x_2 = 4 - 2.472 = 1.528$$

然後在這兩個內點上計算函數值

$$f(x_2) = f(1.528) = 2\sin(1.528) - \frac{1.528^2}{10} = 1.765$$

$$f(x_1) = f(2.472) = 0.63$$

由於 $f(x_2) > f(x_1)$，所以包含極大值的區間由 x_l、x_2 與 x_1 決定。因此，新的區間下界仍維持是 $x_l = 0$，而上界則變成是 x_1，也就是 $x_u = 2.472$。此外，x_2 原先的值變成新的 x_1。也就是 $x_1 = 1.528$。此外，由於 $f(x_1)$ 的值在先前已經計算出為 $f(1.528) = 1.765$，所以也不需要重新計算。

接著就是要計算新的黃金比率與 x_2。

$$d = \frac{\sqrt{5}-1}{2}(2.472 - 0) = 1.528$$

$$x_2 = 2.4721 - 1.528 = 0.944$$

在點 x_2 上計算出來的函數值為 $f(0.994) = 1.531$。由於此值小於在點 x_1 處的函數值，所以包含極大值的區間由 x_2、x_1 與 x_u 所決定。

重複進行迭代的結果如下表

i	x_l	$f(x_l)$	x_2	$f(x_2)$	x_1	$f(x_1)$	x_u	$f(x_u)$	d
1	0	0	1.5279	1.7647	2.4721	0.6300	4.0000	−3.1136	2.4721
2	0	0	0.9443	1.5310	1.5279	1.7647	2.4721	0.6300	1.5279
3	0.9443	1.5310	1.5279	1.7647	1.8885	1.5432	2.4721	0.6300	0.9443
4	0.9443	1.5310	1.3050	1.7595	1.5279	1.7647	1.8885	1.5432	0.5836
5	1.3050	1.7595	1.5279	1.7647	1.6656	1.7136	1.8885	1.5432	0.3607
6	1.3050	1.7595	1.4427	1.7755	1.5279	1.7647	1.6656	1.7136	0.2229
7	1.3050	1.7595	1.3901	1.7742	1.4427	1.7755	1.5279	1.7647	0.1378
8	1.3901	1.7742	1.4427	1.7755	1.4752	1.7732	1.5279	1.7647	0.0851

請注意，每次迭代中的極大值會特別加上網底來表示。經過 8 次的迭代之後，發生極大值的點為 $x = 1.4427$，相對應的函數值則是 1.7755。因此，結果趨近於 $x = 1.4276$ 時的極大值 1.7757。

回顧章節 5.2.1 所談的二分法，在每次迭代中我們可以求出誤差估計的上界。基於相同的想法，我們也可以求黃金分割搜尋法的誤差上界。當迭代完成時，最佳解一定會落在兩個區間中的其中一個。也就是說如果 x_2 是最佳函數值，則極大值落在下一區間 (x_l, x_2, x_1)。反之，當 x_1 是最佳函數值時，則極大值落在區間 (x_2, x_1, x_u)。由於這兩個情況彼此對稱，所以任何一個都可以被用來做誤差估計。

觀察上區間 (x_2, x_1, x_u)，如果解很靠近左邊，則與希望估計的數值最大距離不超過

$$\Delta x_a = x_1 - x_2$$
$$= x_l + R(x_u - x_l) - x_u + R(x_u - x_l)$$
$$= (x_l - x_u) + 2R(x_u - x_l)$$
$$= (2R - 1)(x_u - x_l)$$

或 0.236 ($x_u - x_l$)。

如果真正值很靠近右邊，那麼與希望估計的數值最大距離也不會超過

$$\Delta x_b = x_u - x_1$$
$$= x_u - x_l - R(x_u - x_l)$$
$$= (1 - R)(x_u - x_l)$$

或 0.382 ($x_u - x_l$)。因此這可以代表最大的誤差。我們可以對此結果依當次迭代的最佳值 x_opt 正規化成

$$\varepsilon_a = (1 - R)\left|\frac{x_u - x_l}{x_\text{opt}}\right|100\%$$

此估計值可以作為設定迭代終止條件的依據。

圖 11.5a 所呈現的是利用黃金分割搜尋法求極大值的虛擬程式碼。而且這個程式只要經過稍微的修改就能夠用來求函數的極小值（參考圖 11.5b）。這兩個版本的函數回傳值 (gold) 就是我們要求的最佳解 x 值。此外，函數回傳的變數 (fx)，其值就是我們要求的極值 $f(x)$。

或許你會很訝異為什麼在這個時候要來討論黃金分割搜尋法。雖然對於一個簡單的最佳化問題，這個方法省不了多少時間。然而，在函數值計算量極小化的過程中，有兩件事是很重要：

1. **計算量高(many evaluations)**：有時黃金分割搜尋法會納入更大型的計算過程中，所以可能會被多次使用。因此，將函數計算量極小化在此時會極有價值。
2. **計算耗時(time-consuming evaluation)**：基於方便教學的理由，我們所舉的例子都是一些比較簡單的函數。但你必須知道正常被應用的函數不但比較複雜，而且在求值的時候會耗費許多時間。例如本書後面會描述在含有一組微分方程式

```
FUNCTION Gold (xlow, xhigh, maxit, es, fx)
R = (5^{0.5} − 1)/2
xℓ = xlow; xu = xhigh
iter = 1
d = R * (xu − xℓ)
x1 = xℓ + d; x2 = xu − d
f1 = f(x1)
f2 = f(x2)
IF f1 > f2 THEN                              IF f1 < f2 THEN
  xopt = x1
  fx = f1
ELSE
  xopt = x2
  fx = f2
END IF
DO
  d = R*d
  IF f1 > f2 THEN                            IF f1 < f2 THEN
    xℓ = x2
    x2 = x1
    x1 = xℓ+d
    f2 = f1
    f1 = f(x1)
  ELSE
    xu = x1
    x1 = x2
    x2 = xu−d
    f1 = f2
    f2 = f(x2)
  END IF
  iter = iter+1
  IF f1 > f2 THEN                            IF f1 < f2 THEN
    xopt = x1
    fx = f1
  ELSE
    xopt = x2
    fx = f2
  END IF
  IF xopt ≠ 0. THEN
    ea = (1.−R) *ABS((xu − xℓ)/xopt) * 100.
  END IF
  IF ea ≤ es OR iter ≥ maxit EXIT
END DO
Gold = xopt
END Gold
   (a) 求極大值                                    (b) 求極小值
```

⊃ **圖 11.5** 黃金分割搜尋演算法。

的模型中，如何利用最佳化進行參數的估計。在這種情況下，所謂的「函數」就包含了計算耗時的積分模型。任何能夠減少函數值計算的方法，就會是比較好的方法。

11.2 拋物線型內插法

拋物線型內插法 (parabolic interpolation method) 最大的優勢就是採用了二階多項式，所以在極值附近能提供與函數 f(x) 較接近的圖形（參考圖 11.6）。

正如連接兩點的直線只有一條，連接三個點的拋物線也是唯一。因此，如果在連續三點中的區間中有極值存在，那我們就可以擬合出一條拋物線，之後微分此函數並且設定其值為零，最後對此解此方程式以得到會產生極值的點 x。過程則可由以下的代數結果看出

$$x_3 = \frac{f(x_0)(x_1^2 - x_2^2) + f(x_1)(x_2^2 - x_0^2) + f(x_2)(x_0^2 - x_1^2)}{2f(x_0)(x_1 - x_2) + 2f(x_1)(x_2 - x_0) + 2f(x_2)(x_0 - x_1)} \tag{11.7}$$

其中 x_0、x_1 與 x_2 為初始猜值，而 x_3 則為自擬合出的拋物線型函數中所求出的最佳解（產生極值的點）。產生新的估算點之後，有兩種方式可以用來決定下一個迭代所需使用的估算點。最簡單的想法就是類似割線法的方式，以 $z_0 = z_1$、$z_1 = z_2$ 與 $z_2 = z_3$ 依序指定這些點的順序。另一種則類似以下範例所示，比照二分法或黃金分割搜尋法的方式指定。

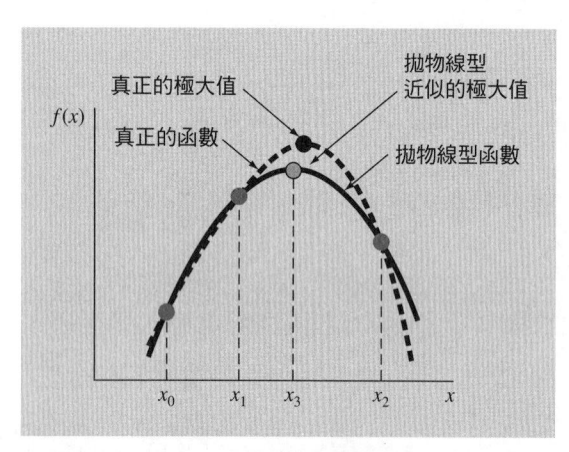

◐ **圖 11.6** 拋物線型內插法的圖形說明。

範例 11.2　拋物線型內插法

問題描述：使用拋物線型內插法在初始值為 $x_0 = 0$、$x_1 = 1$ 與 $x_2 = 4$ 時求近似以下函數的極大值。

$$f(x) = 2 \sin x - \frac{x^2}{10}$$

解法：首先，求出初始猜測值點上的函數值

$$x_0 = 0 \quad f(x_0) = 0$$
$$x_1 = 1 \quad f(x_1) = 1.5829$$
$$x_2 = 4 \quad f(x_2) = -3.1136$$

代入至方程式 (11.7) 後得到

$$x_3 = \frac{0(1^2 - 4^2) + 1.5829(4^2 - 0^2) + (-3.1136)(0^2 - 1^2)}{2(0)(1-4) + 2(1.5829)(4-0) + 2(-3.1136)(0-1)} = 1.5055$$

而且在此點上的函數值為 $f(1.5055) = 1.7691$。

接著利用類似黃金分割搜尋法的策略來判斷那一個點要被替換掉。由於新的點在中間點 (x_1) 的右邊且在新點處的函數值也比點 (x_1) 的大。因此原來初始值中的點 (x_0) 要被替換掉。所以下一個迭代使用

$$x_0 = 1 \quad f(x_0) = 1.5829$$
$$x_1 = 1.5055 \quad f(x_1) = 1.7691$$
$$x_2 = 4 \quad f(x_2) = -3.1136$$

代入至方程式 (11.7) 後得到

$$x_3 = \frac{1.5829(1.5055^2 - 4^2) + 1.7691(4^2 - 1^2) + (-3.1136)(1^2 - 1.5055^2)}{2(1.5829)(1.5055 - 4) + 2(1.7691)(4 - 1) + 2(-3.1136)(1 - 1.5055)}$$
$$= 1.4903$$

而且在此點上的函數值為 $f(1.4903) = 1.7714$。

反覆進行迭代的結果如下表

i	x_0	$f(x_0)$	x_1	$f(x_1)$	x_2	$f(x_2)$	x_3	$f(x_3)$
1	0.0000	0.0000	1.0000	1.5829	4.0000	-3.1136	1.5055	1.7691
2	1.0000	1.5829	1.5055	1.7691	4.0000	-3.1136	1.4903	1.7714
3	1.0000	1.5829	1.4903	1.7714	1.5055	1.7691	1.4256	1.7757
4	1.0000	1.5829	1.4256	1.7757	1.4903	1.7714	1.4266	1.7757
5	1.4256	1.7757	1.4266	1.7757	1.4903	1.7714	1.4275	1.7757

因此，在經過 5 次的迭代之後，我們迅速的求出發生極大值的點為 $x = 1.4276$，相對應的真正值則是 1.7757。

正如試位法 (false-position method) 一般，拋物線型內插法若只有在區間的一端收斂，也會出現問題。此時收斂會非常緩慢。例如以上範例中，1.0000 是大部分的迭代中都會出現的一個端點。

這個方法與其他使用三階多項式的方法一樣，可以將其寫成具有收斂測試的演算法，在每一個迭代中小心的應用選擇點的策略，並且嘗試降低捨入誤差的影響。

11.3 牛頓法

回顧在第 6 章中所提到的用來求解 $f(x) = 0$ 的根 x 的牛頓-拉福森法。基本上這個方法是

$$x_{i+1} = x_i - \frac{f(x_i)}{f'(x_i)}$$

一個近似於這個方法，但用來求 $f(x)$ 最佳解的開放式方法：定義一個新函數 $g(x) = f'(x)$。因此，在最佳解 x^* 同時符合以下條件的情況下

$$f'(x^*) = g(x^*) = 0$$

使用以下公式來作為求函數 $f(x)$ 的極大值或極小值

$$x_{i+1} = x_i - \frac{f'(x_i)}{f''(x_i)} \tag{11.8}$$

我們必須特別說明這個公式是可以用泰勒展開式得之，也就是寫下 $f(x)$ 的二階泰勒級數後，然後設定一階微分項為零。由於牛頓法不需要界定出最佳解的初始猜值，所以與牛頓-拉福森法一樣都是開放式方法。此外，兩者也有共同缺點，就是都會發散。最後值得一提的是，利用檢驗二階微分項的正負符號來確保方法會收斂到希望求得的結果是一個不錯的想法。

範例 11.3　牛頓法

問題描述：使用牛頓法在初始猜值為 $x_0 = 2.5$ 時求以下函數的極大值。

$$f(x) = 2 \sin x - \frac{x^2}{10}$$

解法：首先必須求出函數的一階與二階微分，並求其函數值

$$f'(x) = 2 \cos x - \frac{x}{5}$$

$$f''(x) = -2 \sin x - \frac{1}{5}$$

代入至方程式 (11.8) 後得到

$$x_{i+1} = x_i - \frac{2 \cos x_i - x_i/5}{-2 \sin x_i - 1/5}$$

將初始猜值代入後可得

$$x_1 = 2.5 - \frac{2\cos 2.5 - 2.5/5}{-2\sin 2.5 - 1/5} = 0.99508$$

在此點之函數值為 1.57859。第二個迭代就是

$$x_1 = 0.995 - \frac{2\cos 0.995 - 0.995/5}{-2\sin 0.995 - 1/5} = 1.46901$$

而且在此點上的函數值為 1.77385。

反覆進行迭代的結果如下表

i	x	f(x)	f'(x)	f''(x)
0	2.5	0.57194	−2.10229	−1.39694
1	0.99508	1.57859	0.88985	−1.87761
2	1.46901	1.77385	−0.09058	−2.18965
3	1.42764	1.77573	−0.00020	−2.17954
4	1.42755	1.77573	0.00000	−2.17952

因此，只要經過 4 次迭代，我們迅速的求出發生極大值的點。

雖然牛頓法在某些情況下可以運作得很好，但是針對微分不容易計算時就很不實用。在這種情況下，就要應用一些不需要求微分的方法。例如說，一個類似割線 (secant-like) 的牛頓法可以利用有限差分的方式來近似微分的函數值。

由於函數本身的特質或初始猜值的特性，關於近似法的更大疑慮是可能導致發散。因此，通常只有在發生極大值的對應點與解的位置很接近時，我們才會使用近似法。以下會描述結合**界定法**（**bracketing approach**，初始猜測值與發生極值的對應點很遠）與**開放式方法**（**open method**，初始猜測值與發生極值的對應點很近）的混合法可同時利用兩種方法的優勢。

11.4 布列特法

回顧章節 6.4 中所提到的用來求解 $f(x) = 0$ 的根 x 的布列特法。此法不但結合許多勘根方法而成單一演算法，另外也在根的求解與可靠度中取得平衡。

布列特也發展了一維極值求解法，結合較慢但較可靠的黃金分割搜尋法，與較快但有可能發散的拋物線型內插法。此法先應用拋物線型內插法，當所求的解無法被接納時，再改用黃金分割搜尋法。

圖 11.7 為 Cleve Moler 於 2005 年所撰寫的 MATLAB M-file。因為要呈現與著名的 MATLAB 函數 `fminbnd` 間的差異，所以稱為 `fminsimp`。特別一提的是仍需自行撰寫另一個函數 `f`，用以求解極小值時使用。

```
Function fminsimp(xl, xu)
tol = 0.000001; phi = (1 + √5)/2; rho = 2 − phi
u = xl + rho*(xu − xl); v = u; w = u; x = u
fu = f(u); fv = fu; fw = fu; fx = fu
xm = 0.5*(xl + xu); d = 0; e = 0
DO
  IF |x − xm| ≤ tol EXIT
  para = |e| > tol
  IF para THEN                        (Try parabolic fit)
    r = (x − w)*(fx − fv); q = (x − v)*(fx − fw)
    p = (x − v)*q − (x − w)*r; s = 2*(q − r)
    IF s > 0 THEN p = −p
    s = |s|
    ' Is the parabola acceptable?
    para = |p| < |0.5*s*e| And p > s*(xl − x) And p < s*(xu − x)
    IF para THEN
      e = d; d = p/s              (Parabolic interpolation step)
    ENDIF
  ENDIF
  IF Not para THEN
    IF x ≥ xm THEN                (Golden-section search step)
      e = xl − x
    ELSE
      e = xu − x
    ENDIF
    d = rho*e
  ENDIF
  u = x + d; fu = f(u)
  IF fu ≤ fx THEN                 (Update xl, xu, x, v, w, xm)
    IF u ≥ x THEN
      xl = x
    ELSE
      xu = x
    ENDIF
    v = w; fv = fw; w = x; fw = fx; x = u; fx = fu
  ELSE
    IF u < x THEN
      xl = u
    ELSE
      xu = u
    ENDIF
    IF fu ≤ fw Or w = x THEN
      v = w; fv = fw; w = u; fw = fu
    ELSEIF fu ≤ fv Or v = x Or v = w THEN
      v = u; fv = fu
    ENDIF
  ENDIF
  xm = 0.5*(xl + xu)
ENDDO
fminsimp = fu
END fminsimp
```

◯ 圖 11.7　由 Cleve Moler 於 2005 年以 MATLAB 所撰寫，用以求解極小值的布列特法之虛擬程式碼。

總結：本章所探討的是單變數一維最佳化問題的處理方法。此外，瞭解本章所探討的觀念與技巧有助於對即將在下一章所談的多維函數最佳化有更進一步的認識。

習 題

11.1 給定一個公式
$$f(x) = -x^2 + 8x - 12$$
(a) 使用微分的解析法求出其極大值與發生極大值的對應點 x 值。
(b) 以 $x_0 = 0$、$x_1 = 2$ 與 $x_2 = 6$ 為初始猜測值，檢驗使用方程式 (11.7)是否能提供相同的結果。

11.2 給定
$$f(x) = -1.5x^6 - 2x^4 + 12x$$
(a) 繪出函數的圖形。
(b) 使用解析法證明對於所有的 x 值，函數為凹函數。
(c) 微分此函數，然後以勘根的方法求出其極大值 $f(x)$ 與發生極大值的對應點 x 值。

11.3 以黃金分割搜尋法求習題 11.2 中 $f(x)$ 之極大值。以初始猜值 $x_l = 0$ 與 $x_u = 2$ 迭代三次。

11.4 以拋物線型內插法重做習題 11.3。以初始猜值 $x_0 = 0$、$x_1 = 1$ 與 $x_2 = 2$ 迭代三次。

11.5 以牛頓法重做習題 11.3。以初始猜值 $x_0 = 2$ 迭代三次。

11.6 分別應用以下的方法求函數的極大值
$$f(x) = 4x - 1.8x^2 + 1.2x^3 - 0.3x^4$$
(a) 黃金分割搜尋法($x_l = -2, x_u = 4, \varepsilon_s = 1\%$)。
(b) 拋物線型內插法（$x_0 = 1.75, x_1 = 2, x_2 = 2.5$，迭代四次）。其中新的參考點請利用割線法來選取。
(c) 牛頓法 ($x_0 = 3, \varepsilon_s = 1\%$)。

11.7 考慮以下函數
$$f(x) = -x^4 - 2x^3 - 8x^2 - 5x$$
分別以解析法與圖解法驗證在 $-2 \leq x \leq 1$ 的區間內，存在發生極大值的 x。

11.8 分別應用以下的方法求習題 11.7 中函數的極大值：
(a) 黃金分割搜尋法($x_l = -2, x_u = 4, \varepsilon_s = 1\%$)。
(b) 拋物線型內插法（$x_0 = -2, x_1 = -1, x_2 = 1$，迭代四次）。其中新的參考點請利用割線法來選取。
(c) 牛頓法 ($x_0 = -1, \varepsilon_s = 1\%$)。

11.9 考慮以下函數
$$f(x) = 2x + \frac{3}{x}$$
以拋物線型內插法 ($x_0 = 0.1, x_1 = 0.5, x_2 = 5$)，並以範例 11.2 中的方法選取新的參考點，執行 10 次迭代來找極小值，評論你計算結果的收斂性。

11.10 考慮以下函數
$$f(x) = 3 + 6x + 5x^2 + 3x^3 + 4x^4$$
藉由二分法求此函數微分後的根，以尋找產生極小值的位置。（以 $x_l = -2$ 與 $x_u = 1$ 為初始猜值）。

11.11 分別應用以下的方法求習題11.10中函數的極小值
(a) 牛頓法 ($x_0 = -1, \varepsilon_s = 1\%$)。
(b) 牛頓法，但以有限差分近似的方式來計算微分估計值。
$$f'(x) = \frac{f(x_i + \delta x_i) - f(x_i - \delta x_i)}{2\delta x_i}$$
$$f''(x) = \frac{f(x_i + \delta x_i) - 2f(x_i) - f(x_i - \delta x_i)}{(\delta x_i)^2}$$
其中 δ 是一個擾動函數 (= 0.01)。使用初始猜值 $x_0 = -1$，迭代至終止條件 $\varepsilon_s = 1\%$。

11.12 以程式或巨集語言發展一個黃金分割搜尋法的子程式，使得此程式能正確進行極大值的

計算。此外，子程式須具備以下幾個特性：
- 當迭代次數超過所設定的最大次數或相對誤差小於終止條件時可以自動停止迭代的進行。
- 回傳 $f(x)$ 的極大值與發生極值的對應點 x。
- 能儘量減少函數求值的使用次數。

以範例 11.1 的問題來測試你程式的結果。

11.13 發展一個如習題 11.12 所描述的子程式，但是程式能夠依據使用者的選擇而進行極大值或極小值的計算。

11.14 以程式或巨集語言發展一個拋物線型內插法的子程式，使得此程式能正確的進行極大值的計算，其中新的參考點的選取方法請參照範本 11.2。此外，子程式必須具備以下幾個特性：
- 基於使用的兩個初始猜值，程式要能夠在此區間中產生第三個初始值。
- 檢驗這些初始值是否能確定求出極大值。如果不能，代表在此情況下不能使用此子程式，並且傳回一個錯誤訊息。
- 當迭代次數超過所設定的最大次數或相對誤差小於終止條件時可以自動停止迭代的進行。
- 回傳 $f(x)$ 的極大值與發生極值的對應點 x。
- 能儘量減少函數求值的次數。

以範例 11.2 的問題來測試你程式的結果。

11.15 以程式或巨集語言發展一個牛頓法的子程式，使得此程式能正確進行極大值的計算。此外，子程式必須具備以下幾個特性：
- 當迭代次數超過所設定的最大次數或相對誤差小於終止條件時可以自動停止迭代的進行。
- 回傳 $f(x)$ 的極大值與發生極值的對應點 x。

以範例 11.3 的問題來測試你程式的結果

11.16 有時我們必須在機翼 (airfoil) 後方的某些點進行壓力的量測。假設量測的資料在時間 0 至 6 秒中與函數 $y = 6 \cos x - 1.5 \sin x$ 有最佳的擬合。以 $x_l = 2$ 與 $x_u = 4$ 為初始猜值，應用黃金分割搜尋法迭代4次來求壓力的極小值。

11.17 以下方程式可用來計算一個球的軌跡：

$$y = (\tan\theta_0)x - \frac{g}{2v_0^2 \cos^2\theta_0}x^2 + y_0$$

其中 y 為高度（單位為 m），θ_0 為初始角度，v_0 為初始速度（單位為 m/s），$g = 9.81$ m/s^2 為重力常數，且 y_0 為初始高度（單位為 m）。當 $y_0 = 1$ m、$v_0 = 25$ m/s，$\theta_0 = 50°$ 時，利用黃金分割搜尋法來求軌跡的最大高度。以 $x_l = 0$、$x_u = 60$ m 為初始猜值，迭代直到近似誤差小於 $\varepsilon_s = 1\%$。

11.18 以下方程式可用來計算一個均勻橫樑，在線性增加其承載後的偏移量：

$$y = \frac{w_0}{120EIL}(-x^5 + 2L^2x^3 - L^4x)$$

當給定 $L = 600$ cm、$E = 50{,}000$ kN/cm^2、$I = 30{,}000$ cm^4 與 $w_0 = 2.5$ kN/cm，分別利用 **(a)** 圖解法；**(b)** 黃金分割搜尋法；來求最大偏移量。以 $x_l = 0$、$x_u = L$ 為初始猜測值，迭代直到近似誤差小於 $\varepsilon_s = 1\%$。

11.19 一質量為 100 公斤的物體，以速度 50 m/s 由地表向上射出，且此物體仍受到線性的拖曳力 ($c = 15$ kg/s)。試以黃金分割搜尋法求此物體能夠達到的最大高度。提示：請參考章節 PT4.1.2。

11.20 以下方程式可繪出一鐘型的常態分配曲線：

$$y = e^{-x^2}$$

對於 $x > 0$ 的部分，利用黃金分割搜尋法求此曲線反曲點的位置。

11.21 一物體受到線性拖曳力的作用，以指定的速度向上射出，物體高度與時間關係式為

$$z = z_0 + \frac{m}{c}\left(v_0 + \frac{mg}{c}\right)\left(1 - e^{-(c/m)t}\right) - \frac{mg}{c}t$$

其中 z 為地表以上的高度（單位為 m，因此地表可定義成 $z = 0$），z_0 為初始高度（單位為 m），m 為質量（單位為 kg），c 為線性拖曳力常數（單位為 kg/s），v_0 為初始速度（單位為 m/s），且 t 為時間（單位為

秒)。方程中速度為正代表方向向上。若各個參數分別給定為：$g = 9.81$ m/s^2、$z_0 = 100$ m、$v_0 = 55$ m/s、$m = 80$ kg 與 $c = 15$ kg/s。分別利用 **(a)** 圖解法；**(b)** 解析法；**(c)** 黃金分割搜尋法；來求最大上升高度與相對應的時間。以 $x_l = 0$, $x_u = 10$ s 為初始猜值，迭代直到近似誤差小於 $\varepsilon_s = 1\%$。

11.22 利用黃金分割搜尋法來決定如圖 P11.22 中梯子的最短長度，其中梯子越過柵欄、靠在建築物牆上，且 $h = d = 4$ m。

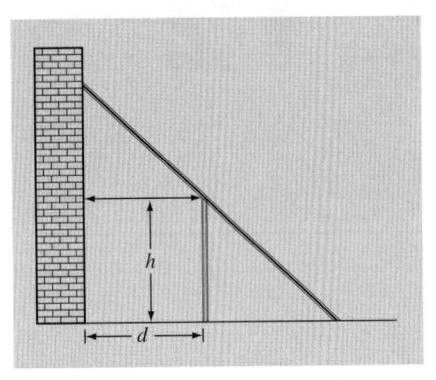

○ **圖 P11.22** 越過柵欄且靠在建築物牆上的梯子。

CHAPTER 12

多維無限制條件的最佳化問題
Multidimensional Unconstrained Optimization

本章將描述如何尋找多變數函數的極大值或極小值的技巧。回顧第 11 章中，處理一維函數時的圖解法類似「雲霄飛車」。延伸至二維函數的情況時，圖形就變得有山峰與山谷的形狀（參考圖 12.1）。對於更多維的問題，就沒有辦法再使用簡易的圖解法。

由於在討論多維的問題時需要採用到許多用在解決二維問題時的基本觀念，因此本章先把重點放在二維函數的處理。

基本上，處理多維無限制條件最佳化問題的方法可以分成許多類。但是為了方便討論，我們先以方法中是否需要計算導數值來區分。不需要計算導數值的稱做**非梯度 (non-gradient)** 或直接法，需要計算導數值的則稱做**梯度 (gradient)** 法，或**下降 (descent)** 或**上升 (ascent)** 法。

12.1 直接法

直接法不論是用簡單的蠻力方式，或是優質的方式，都會利用到函數本身的特性。在此，我們將先介紹蠻力近似法。

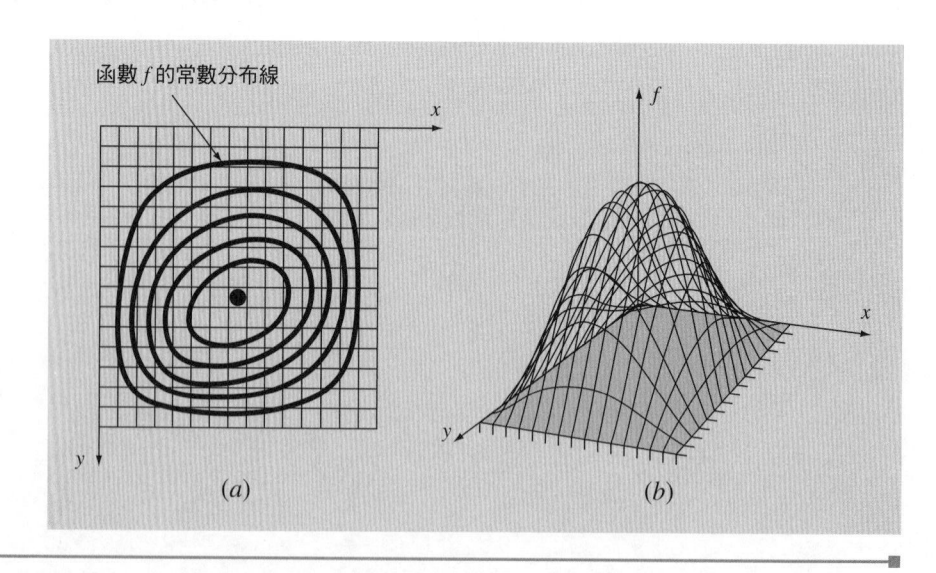

◯ **圖 12.1** 切入二維圖解法最直接的方式就是將解上升至山峰（極大值）或下降至山谷（極小值）。(a) (b) 中三維圖形的二維地誌圖。

12.1.1 隨機搜尋

隨機搜尋法 (random search method) 是蠻力近似法的一個簡單範例，正如其名，此搜尋法不斷用隨機選取的自變數計算其函數值。在經過導入足夠多的樣本點後，就可以用來判斷最佳解的位置。

範例 12.1　隨機搜尋法

問題描述：利用亂數產生器，在 $x = -2$ 到 2 與 $y = 1$ 到 3 的區間中隨機選出數對，然後利用它們來求以下函數的極大值。

$$f(x, y) = y - x - 2x^2 - 2xy - y^2 \qquad \text{(E12.1.1)}$$

此區間描繪於圖 12.2。特別一提的是，在 $x = -1$ 與 $y = 1.5$ 處產生單一極大值 1.25。

解法：一般而言，亂數產生器所產生的數值（記做 r）會介於 0 與 1 之間。此外，我們利用以下公式來產生介於 x_l 與 x_u 之間的 x：

$$x = x_l + (x_u - x_l)r$$

以本範例中的應用而言，$x_l = -2$ 與 $x_u = 2$，因此公式改寫成

$$x = -2 + (2 - (-2))r = -2 + 4r$$

分別藉由代入 0 與 1，可以得到 -2 與 2。同理可以得到如下表示 y 的公式

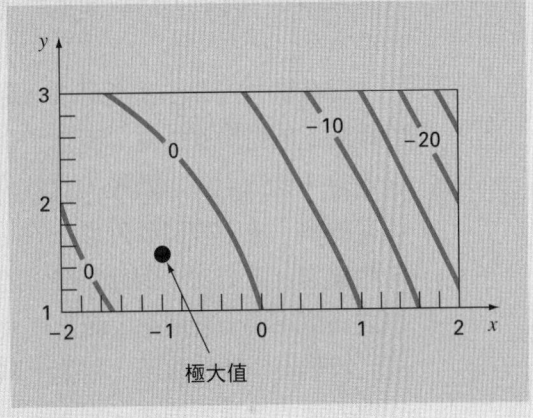

$$y = y_l + (y_u - y_l)r = 1 + (3 - 1)r = 1 + 2r$$

⊃ **圖 12.2**　方程式 (E12.1.1) 顯示在 $x = -1$ 與 $y = 1.5$ 處產生極大值。

以下是利用到 VBA 亂數函數 Rnd 來產生數對 (x, y) 的 Excel VBA 巨集程式碼。然後再代入到方程式 (E12.1.1)。將這些亂數數對的極大值存放在變數 *maxf*。而相對之 x 值與 y 值則分別存在 *maxx* 與 *maxy*。

```
maxf = -1E9
For j = 1 To n
   x = -2 + 4 * Rnd
   y = 1 + 2 * Rnd
   fn = y - x - 2 * x ^ 2 - 2 * x * y - y ^ 2
   If fn > maxf Then
      maxf = fn
      maxx = x
      maxy = y
   End If
Next j
```

經過多次迭代之後，可得以下結果

迭代次數	x	y	f(x, y)
1000	−0.9886	1.4282	1.2462
2000	−1.0040	1.4724	1.2490
3000	−1.0040	1.4724	1.2490
4000	−1.0040	1.4724	1.2490
5000	−1.0040	1.4724	1.2490
6000	−0.9837	1.4936	1.2496
7000	−0.9960	1.5079	1.2498
8000	−0.9960	1.5079	1.2498
9000	−0.9960	1.5079	1.2498
10000	−0.9978	1.5039	1.2500

結果顯示出此近似法也能求出真正的極大值。

這種蠻力近似法甚至可以應用在不連續函數或不可微分的函數上。此外，找到的極值並不是局部極值，而都是全域極值。然而，這個方法最大的缺點是當自變數變多時，執行上就越繁複。此外，由於沒有應用到函數本身的特性，因此也就比較沒有效率。接下來對於近似法的討論會著重在瞭解函數本身能夠提供的特性，發展一些加速收斂方法。因此，雖然隨機搜尋法在某些特定的問題中會很好用，但是這些方法更適合一般用途，而且在大多數的情形下都能提供較有效率的收斂。

我們必須特別說明，學術上其實還有很多的方法可以使用。例如對於一些非線性與非連續函數的最佳化問題，也已經成功發展出一些試探方法來解決傳統方法不能完善處理的困擾。韌化模擬 (simulated annealing)、禁忌搜尋 (tabu search)、類神經網路 (artificial neural network) 與**基因演算法 (genetic algorithm)** 等就是其中的一些例子。其中最廣為使用的基因演算法已經出現在許多的商業套裝軟體中。Holland (1975) 完成了此演算法的先驅工作，Davis (1991) 與 Goldberg (1989) 則對此法提供完整的總覽與應用。

12.1.2 單變量搜尋與型態搜尋

不需要計算導數值的高效最佳化近似法也較吸引人。雖然先前所描述的隨機搜尋法並不需要計算導數值，但效率很差。本節將介紹另一種不需要計算導數值，但是比較有效率的單變量搜尋法。

單變量搜尋法 (univariate search method) 的基本策略是在求近似值過程中，一次只改變一個變數值，而其他的變數則維持不變。因此問題可簡化為一連串的一維問題，能用很多不同的方法來求解（包括第 11 章中所提到的方法）。

讓我們用圖解來說明單變量搜尋法，如圖 12.3 所示。由點 1 開始，以 y 為常

數,沿著 x 軸到達發生極大值的點 2。我們可以得知點 2 是極大值,因為它恰好是沿著 x 軸行進時碰到曲線的點。接著以 x 為常數,沿著 y 軸行進到達發生極大值的點 3。依此類推出點 4、5、6 的結果。

雖然我們逐漸朝著極大值的位置移動,但是當沿著狹長的背脊移動時,此方法就顯得比較沒有效率。另外注意連結不連續的兩點的直線,像是 1-3、3-5 或 2-4、4-6,都指向極大值。這樣的軌跡代表有可能沿著背脊直接衝向極大值。我們稱這種軌跡為**型態方向 (pattern directions)**。

已經有正式的演算法很有效地利用型態方向來求最佳解的值,其中最著名的就是**包威爾 (Powell)** 法。它的根據來自以下觀察(參考圖 12.4),如果點 1 與點 2 是在不同的點出發,經由相同方向的一維搜尋所得到,那麼直接將點 1 與點 2 連接起來的方向就會指向極大值。這樣的連接線我們稱為**共軛方向 (conjugate direction)**。

事實上,如果 $f(x, y)$ 是一個二階函數,我們可以證明不論初始位置為何,沿著共軛方向搜尋,在有限步驟內就會收斂至正確的最佳解。由於一般的非線性函數通常可以用一個合理的二階函數來近似,因此利用到共軛方向的方法一般說起來也會比較有效率。事實上在最佳解附近時會是二階收斂。

接著我們以圖形來說明簡化版包威爾法的應用。假設要求以下函數的極大值

$$f(x, y) = c - (x - a)^2 - (y - b)^2$$

其中 a、b 與 c 均為正的常數。在 x-y 平面上的圖形為一圓形(參考圖 12.5)。

一開始由點 0 出發,以 h_1 與 h_2 為搜尋方向開始搜尋,特別注意方向 h_1 與 h_2 不必為共軛方向。由點 0 出發沿著方向 h_1 到達極大值的點 1,由點 1 出發沿著方向 h_2 到達極大值的點 2。然後將點 0

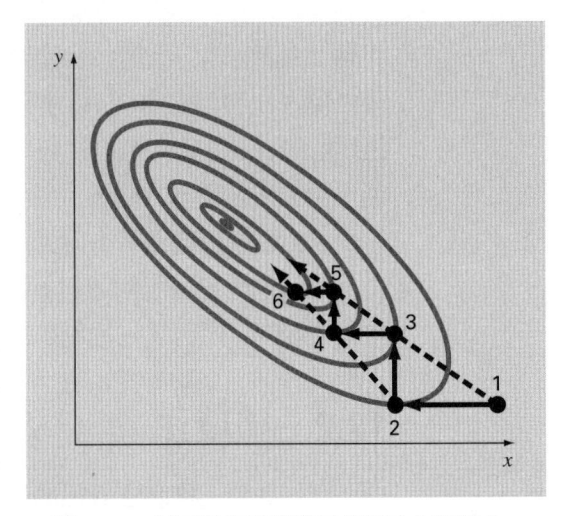

⊃ 圖 12.3　以圖形說明單變量搜尋法如何運作。

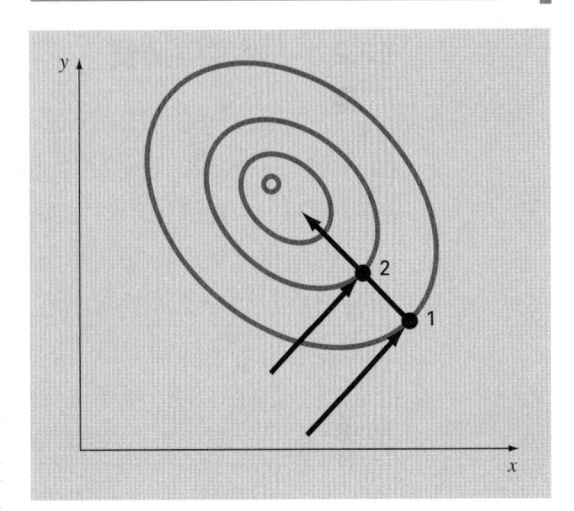

⊃ 圖 12.4　共軛方向。

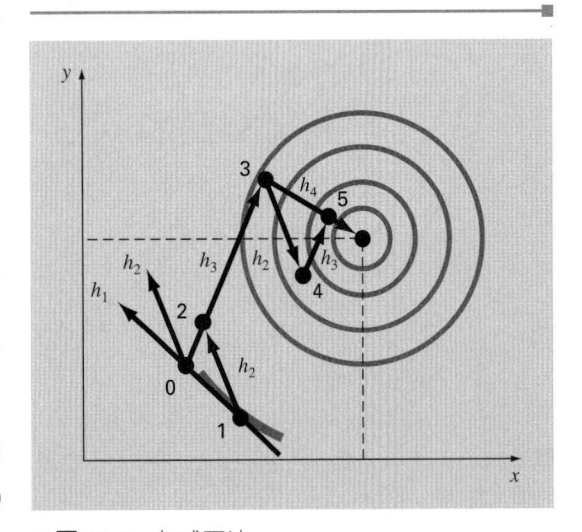

⊃ 圖 12.5　包威爾法。

與點 2 連接起來，產生一個新方向 h_3，再沿著方向 h_3 搜尋到達極大值的點 3。之後由點 3 出發沿著方向 h_2 搜尋到達極大值的點 4。再由點 4 沿著方向 h_3 搜尋到達最佳解的點 5。此時可觀察到，點 5 和點 3 是由兩個不同出發點朝共同的 h_3 方向找到。包威爾驗證出方向 h_4（由點 3 與點 5 的連線形成）與方向 h_3 互為共軛方向。因此，由點 5 出發沿著方向 h_4 搜尋可以直接到達極大值的位置。

雖然包威爾法能夠透過更進一步的處理而變得更有效率，但正式的演算法並不在本書範圍。然而，它的確是二階收斂且不需要計算導數值的有效率演算法。

12.2 梯度法

正如其名，**梯度法 (gradient method)** 是一個直接使用導數資訊來產生極值定位的演算法。在開始描述這個做法之前，我們要先複習一些關鍵的數學觀念與運算。

12.2.1 梯度與海賽

由微積分學中，我們知道一維函數的一階導數所代表的意義是函數在此點的切線斜率。這個論點在最佳化理論中看來特別有用。例如斜率為正值時，代表自變數的值增加，函數值也相對增加。

由微積分學中得知，一階微分的值也能告訴我們是否有極值的產生，也就是極值會發生在微分值等於零的地方。此外，二階微分值也提供是否有發生極小值（二階微分大於零）或極大值（二階微分小於零）資訊。

這些想法在前一章所推導的一維搜尋法中都非常有用。然而，要完全了解多維搜尋之前，必需先徹底瞭解一階與二階微分在多維搜尋中所代表的意義。

梯度 假設我們有一個二維函數 $f(x, y)$。例如代表高山上的高度是所在位置的函數。又假設希望知道目前所在位置 (a, b) 在任何一個方向的斜率。其中一個定義方向的想法是以與 x 軸的角度 θ 為新座標軸 h（參考圖 12.6）。沿此新軸的方向上升可以想像成一個新的函數 $g(h)$。再假設原本的位置為此軸的原點（即 $h = 0$），那麼此軸的斜率可用 $g'(0)$ 來表示，我們稱此斜率為**方向導數 (directional derivative)**。其值可藉由沿著 x 軸與 y 軸的偏導數求出為

$$g'(0) = \frac{\partial f}{\partial x} \cos\theta + \frac{\partial f}{\partial y} \sin\theta \qquad (12.1)$$

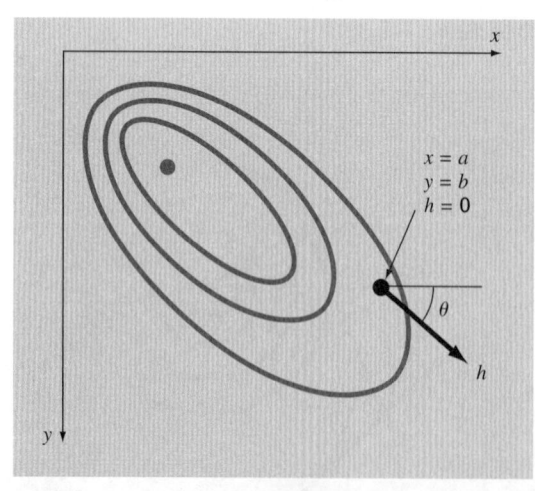

圖 12.6 沿著與 x 軸的角度為 θ 的新軸 h 所定義的方向梯度。

其中偏導數是在 $x = a$ 與 $y = b$ 的點上計算。

假設我們的目標是在下一步時能有最大的爬升高度，那問題就演變成沿著哪一個方向能提供最大上升？數學上我們稱此方向為**梯度 (gradient)**，定義為

$$\nabla f = \frac{\partial f}{\partial x}\mathbf{i} + \frac{\partial f}{\partial y}\mathbf{j} \tag{12.2}$$

此向量也記作「del f」，用來代表在 $x = a$ 與 $y = b$ 的點上 $f(x, y)$ 的方向導數。

在 n 維的情況下，梯度的向量符號為

$$\nabla f(\mathbf{x}) = \begin{Bmatrix} \frac{\partial f}{\partial x_1}(\mathbf{x}) \\ \frac{\partial f}{\partial x_2}(\mathbf{x}) \\ \vdots \\ \frac{\partial f}{\partial x_n}(\mathbf{x}) \end{Bmatrix}$$

梯度要如何使用？對於爬山的問題而言，如果我們的目標是在下一步時爬升的高度越大越好，那麼可由梯度知道行進的方向與距離。然而，請注意，此策略並沒有辦法提供一個到達最佳解位置的直接路徑。本章後面將針對此問題做進一步的介紹與討論。

範例 12.2 利用梯度來計算最大上升路徑

問題描述：對以下函數，利用梯度來計算在點 (2,2) 的最大上升方向

$$f(x, y) = xy^2$$

假設 x 為正時代表東方，y 為正時代表北方。

解法：首先計算點 (2,2) 處的函數值

$$f(2, 2) = 2(2)^2 = 8$$

接著計算偏導數的值

$$\frac{\partial f}{\partial x} = y^2 = 2^2 = 4$$

$$\frac{\partial f}{\partial y} = 2xy = 2(2)(2) = 8$$

然後用來計算梯度

$$\nabla f = 4\mathbf{i} + 8\mathbf{j}$$

在此函數的地誌圖上繪出此向量後（參考圖 12.7），可發現此方向相對於 x 軸為

$$\theta = \tan^{-1}\left(\frac{8}{4}\right) = 1.107 \text{ radians } (= 63.4°)$$

在此方向的斜率大小（即 ∇f 的值）為

$$\sqrt{4^2 + 8^2} = 8.944$$

因此，第一步驟中得知要沿著最大上升方向爬升 8.944 單位。另外可以觀察到方程式 (12.1) 也提供了同樣的結果。即

$$g'(0) = 4\cos(1.107) + 8\sin(1.107) = 8.944$$

至於其他的方向，例如 $\theta = 1.107/2 = 8.944$，

$$g'(0) = 4\cos(0.5235) + 8\sin(0.5235) = 7.608，$$

結果都會比 8.944 小。

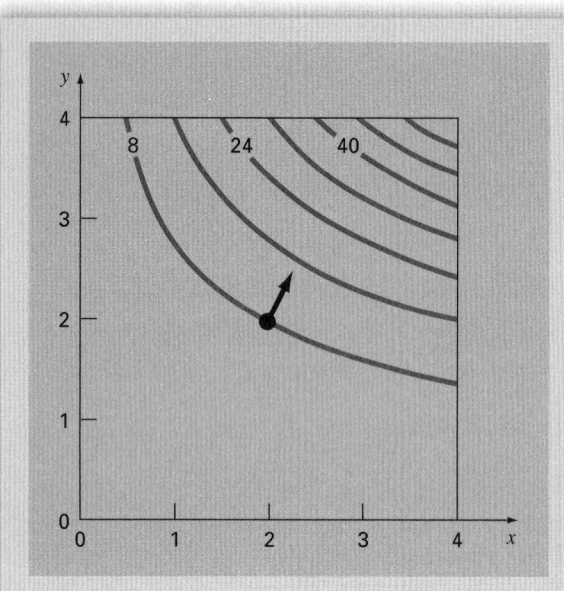

◯ **圖 12.7** 箭頭所指的方向代表經由梯度計算出來的最大上升方向。

再下一步時的最大上升路徑與數值都會跟著改變。在每一步，這些改變都能利用梯度法來量化，也因此上爬的方向可以依據這些結果來修正。

最後我們可以在檢視圖 12.7 時得到更進一步的訊息。如圖所示，最大上升方向與在點 (2, 2) 的等高線圖形是互相垂直的。事實上，這也是梯度法的一個特性。

除了定義最大上升路徑以外，一階導數值也可以用來協助辨識是否已經到達最佳解的位置。對一個一維函數而言，若對 x 與 y 的一階偏導數同時為 0，此處即有可能為二維最佳解。

海賽 對於一維的問題，一階與二階的導數值同時能為尋找最佳解提供有用的訊息。一階導數 (a) 提供函數的最大上升（或最深下降）路徑，與 (b) 讓我們能判斷是否已經到達最佳解的位置。當達到最佳解時，二階導數說明了究竟是極大值 [$f''(x) < 0$] 或極小值 [$f''(x) > 0$]。之前我們已經舉例說明如何在多維的問題中應用梯度法來搜尋出最佳路徑，接下來將討論二階導數在這些問題中所扮演的角色。

或許你會認為對 x 與 y 的二階偏導數同時為負值時會產生極大值，但是圖 12.8 的圖形否定了這樣的想法。乍看之下，無論是沿著 x 軸或 y 軸的方向，在點 (a, b) 處呈現的都是極小值。但是在兩者的情況下，二階偏導數的值卻都是正值。然而沿著 y = x 的方向，在同一點發生的卻是極大值。此形狀我們稱之為**鞍型 (saddle)**，

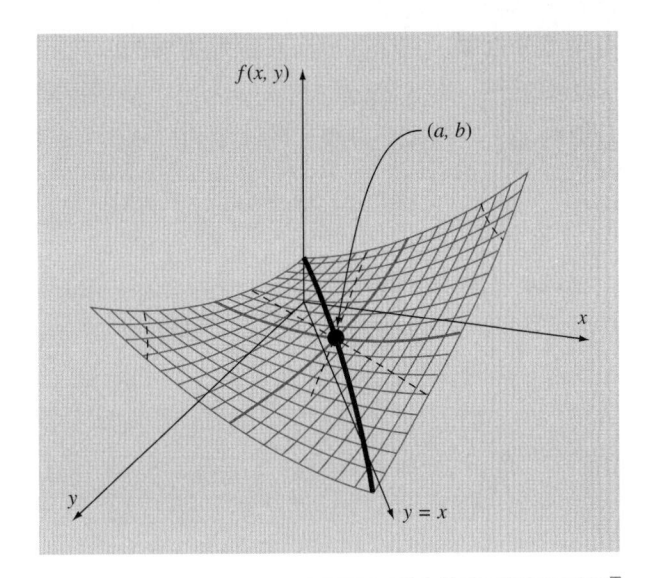

○ **圖 12.8** 鞍點（$x = a$ 與 $y = b$）。曲線沿著 x 軸或 y 軸的方向，在點 (a, b) 處呈現的都是極小值（二階偏導數為正），但是沿著 $x = y$ 的方向時，它卻凹向下（二階偏導數為負）。

也就是在這個點既沒有發生極大值，也沒有發生極小值。

是否發生極大值或極小值，會與函數對 x 與 y 的一階偏導數與二階偏導數有關。假設偏導數為連續函數且在點附近的值為有限，計算以下的數值

$$|H| = \frac{\partial^2 f}{\partial x^2}\frac{\partial^2 f}{\partial y^2} - \left(\frac{\partial^2 f}{\partial x \partial y}\right)^2 \tag{12.3}$$

此時有三種可能情況：

- 若 $|H| > 0$ 且 $\partial^2 f/\partial x^2 > 0$，則 $f(x, y)$ 為局部極小值。
- 若 $|H| > 0$ 且 $\partial^2 f/\partial x^2 < 0$，則 $f(x, y)$ 為局部極大值。
- 若 $|H| < 0$，則 $f(x, y)$ 得圖形中包含一個鞍點。

數值 $|H|$ 相當是計算由二階偏導數所組成的行列式值，[1]

$$H = \begin{bmatrix} \dfrac{\partial^2 f}{\partial x^2} & \dfrac{\partial^2 f}{\partial x \partial y} \\ \dfrac{\partial^2 f}{\partial y \partial x} & \dfrac{\partial^2 f}{\partial y^2} \end{bmatrix} \tag{12.4}$$

此矩陣即稱為函數 f 的**海賽 (Hessian)** 矩陣。

海賽矩陣除了作為辨識多維函數是否發生極值，還可以用在最佳化問題上（例如牛頓法的多維形式）。特別是由於引用到二階曲率的訊息，所以能夠得到更好的結果。

---

[1] 注意，$\partial^2 f/(\partial x \partial y) = \partial^2 f/(\partial y \partial x)$。

有限差分近似　當梯度與海賽很難用解析方式計算出其數值時，我們可以改用數值方法來計算。在大部分的情況下，可以使用在章節 6.3.3 的修正割線法。也就是在自變數加上一些擾動以產生所需要的偏導數。例如採用中央差分時，計算方式為

$$\frac{\partial f}{\partial x} = \frac{f(x+\delta x, y) - f(x-\delta x, y)}{2\delta x} \tag{12.5}$$

$$\frac{\partial f}{\partial y} = \frac{f(x, y+\delta y) - f(x, y-\delta y)}{2\delta y} \tag{12.6}$$

$$\frac{\partial^2 f}{\partial x^2} = \frac{f(x+\delta x, y) - 2f(x, y) + f(x-\delta x, y)}{\delta x^2} \tag{12.7}$$

$$\frac{\partial^2 f}{\partial y^2} = \frac{f(x, y+\delta y) - 2f(x, y) + f(x, y-\delta y)}{\delta y^2} \tag{12.8}$$

$$\frac{\partial^2 f}{\partial x \partial y} =$$
$$\frac{f(x+\delta x, y+\delta y) - f(x+\delta x, y-\delta y) - f(x-\delta x, y+\delta y) + f(x-\delta x, y-\delta y)}{4\delta x \delta y} \tag{12.9}$$

其中 δ 是某一個小數。

　　商業套裝軟體中也使用前向差分，此外，真正被應用的公式型態也遠比方程式 (12.5) 至 (12.9) 所呈現的來得複雜。Dennis 與 Schnabel (1996) 對此主題有更詳盡的介紹。

　　不論近似法怎麼使用，最重要的是演算法要能將梯度與海賽精準地計算出來。雖然可能很煩瑣，但其效益絕對是值得的。封閉式的導數比較準確，不過更重要的是你能減少求函數值的計算次數，可避免浪費太多計算時間。

　　另一方面，你經常需要練習將演算法中的數值以電腦近似的方式求出。在許多情況下，這樣的做法很合適，能夠避免許多偏微分的困擾。此做法也已經在許多數學套裝軟體上使用（例如 Excel），在這種情況下，你甚至於可能不須要告訴梯度與海賽的解析解。對於小型或中等的問題而言，這樣的做法不會是太大的問題。

12.2.2　最大上升法

　　對於爬山的問題而言，一個顯而易見的策略就是由出發點決定哪一個方向能提供最大的斜率，然後沿著這個方向行進。但是除非夠幸運，行進方向恰巧指向峰頂，否則一開始行進，就會偏離最大上升的路徑。

　　在認知此事實以後，我們會改採以下策略：沿著梯度方向行進一小段距離以後，然後停下來重新估算下一個梯度方向與該行進的距離。在不斷重複此做法之後，最後一定可以到達山峰的頂端。

乍看之下這是一個比較進階的策略，但是實用上因為要不斷重新計算梯度，因此耗用大量的計算資源。另一個比較合理的想法則是沿著梯度方向行進，直到函數 $f(x, y)$ 的值停止增加。就在這個停止點重新計算梯度 ∇f，重複此做法直到抵達峰頂。此做法即稱為**最大上升法**[2] (steepest ascent method)。此方法是最直觀的梯度搜尋技巧，隱藏在背後的意義如圖 12.9 所示。

首先由圖中標示為「0」的點 (x_0, y_0) 出發。此時我們決定最大上升方向（也就是梯度方向）。再來沿此梯度方向 h_0 行進，直到抵達發生極大值的位置，即圖中標示為「1」的點。之後不斷的重複此程序。

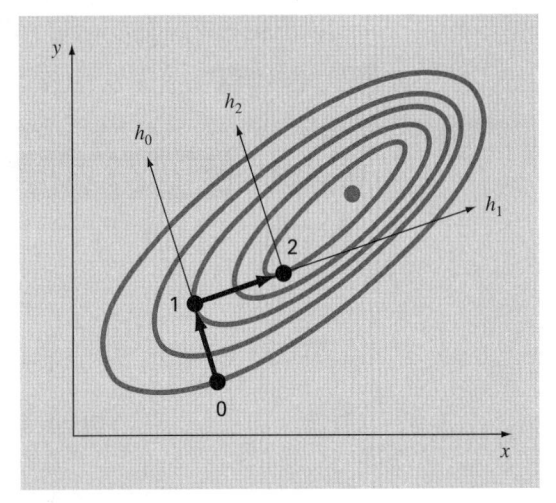

⊃ **圖 12.9** 最大上升法的圖形說明。

因此，整個問題的重點：(1) 決定「最佳」的搜尋方向，與 (2) 計算沿此方向行進的「最佳數值」。正如我們將看到的，各種不同演算法的優劣性將取決於如何有效的處理這兩部分的結果。

最大上升法是以梯度的近似來找「最佳」的方向。而我們也已經在範例 12.1 中說明了如何來計算梯度。接下來，在我們說明如何利用最大上升演算法中的最大上升方向求極大值之前，我們必須說明如何將原來是 x-y 座標系統的函數轉換為沿著梯度方向 h 的函數。

在出發點 (x_0, y_0) 的梯度方向可以寫成：

$$x = x_0 + \frac{\partial f}{\partial x} h \qquad (12.10)$$

$$y = y_0 + \frac{\partial f}{\partial y} h \qquad (12.11)$$

其中 h 是沿著 h 軸的距離。例如圖 12.10 中 $x_0 = 1$、$y_0 = 2$ 與 $\nabla f = 3\mathbf{i} + 4\mathbf{j}$，沿著 h 軸的任何一點的座標系統為

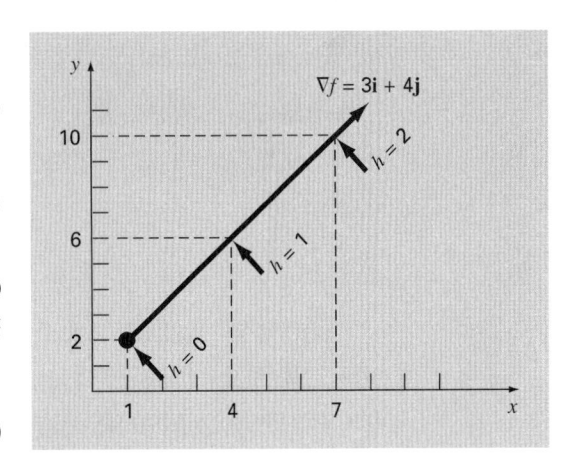

$$x = 1 + 3h \qquad (12.12)$$

$$y = 2 + 4h \qquad (12.13)$$

⊃ **圖 12.10** 任意方向 h 與 x-y 座標系間的關係。

---

[2] 由於我們一再強調只討論極大值的情況，因此使用的術語為**最大上升** (steepest ascent) 法。但是同樣的做法用來求極小值時，我們就可稱此方法為**最深下降** (steepest descent) 法。

以下範例將說明如何將一個以 x 與 y 兩個自變數的函數轉換成一個以 h 為自變數的一維函數。

範例 12.3　沿梯度方向的一維函數

問題描述：假設有以下的二維函數：

$$f(x, y) = 2xy + 2x - x^2 - 2y^2$$

試求在點 $x = -1$、$y = 1$ 且沿著梯度方向的一維方程式。

解法：在點 $(-1, 1)$ 處的偏導數值為

$$\frac{\partial f}{\partial x} = 2y + 2 - 2x = 2(1) + 2 - 2(-1) = 6$$

$$\frac{\partial f}{\partial y} = 2x - 4y = 2(-1) - 4(1) = -6$$

因此，梯度向量為

$$\nabla f = 6\mathbf{i} - 6\mathbf{j}$$

接著可以沿著梯度方向來求極大值，也就是沿著 h 軸。沿著 h 軸的方程式可以寫成

$$f\left(x_0 + \frac{\partial f}{\partial x}h, y_0 + \frac{\partial f}{\partial y}h\right) = f(-1 + 6h, 1 - 6h)$$
$$= 2(-1 + 6h)(1 - 6h) + 2(-1 + 6h) - (-1 + 6h)^2 - 2(1 - 6h)^2$$

其中偏導數的值是在點 $(-1, 1)$ 處做計算。

同類項合併以後可得到一個將 $f(x, y)$ 對應到 h 軸的一維方程式 $g(h)$，

$$g(h) = -180h^2 + 72h - 7$$

我們得到一個沿著最大上升方向的函數後，接下來就準備要回答先前所開列出的第二個問題，也就是沿著此梯度方向究竟該行進多遠？一個想法是沿著此路徑前進，直到發現此函數的極大值。我們稱此極大值的位置為 h^*，也就是此步驟中函數 g（也就是 f）在梯度方向的極大值。此問題相當於求單變數函數（變數為 h）的極大值，可以藉由任何在第 11 章中所討論的方法求取。因此，我們已經將一個二維的最佳化問題轉變成一個沿著此梯度方向搜尋的一維最佳化問題。

當使用的是任意的步長 h 時，我們稱此方法為最大上升法。但是當沿著梯度方向使用的步長 h^* 直接指向極大值時，我們就稱此方法為**最佳最大上升 (optimal steepest ascent)** 法。

範例 12.4　最佳最大上升

問題描述：利用初始猜測值 $x = -1$、$y = 1$，求以下函數的極大值：

$$f(x, y) = 2xy + 2x - x^2 - 2y^2$$

解法：由於函數的型態很簡單，因此直接先求其解。在點 $(-1, 1)$ 處的偏導數值為

$$\frac{\partial f}{\partial x} = 2y + 2 - 2x = 0$$

$$\frac{\partial f}{\partial y} = 2x - 4y = 0$$

解此二方程式可得發生極大值的位置為 $x = 2$ 與 $y = 1$ 的臨界點。然後在此臨界點處求二階偏導數，結果為

$$\frac{\partial^2 f}{\partial x^2} = -2$$

$$\frac{\partial^2 f}{\partial y^2} = -4$$

$$\frac{\partial^2 f}{\partial x \partial y} = \frac{\partial^2 f}{\partial y \partial x} = 2$$

海賽矩陣的行列式值（參考方程式 (12.3)）為

$$|H| = -2(-4) - 2^2 = 4$$

由於 $|H| > 0$ 與 $\partial^2 f / \partial x^2 < 0$，因此函數值 $f(2, 1)$ 為極大值。

接下來，考慮使用最大上升法。回顧範例 12.3 中，我們已經建立了所需要的第一步：

$$g(h) = -180h^2 + 72h - 7$$

由於此為簡單的拋物線，因此可以藉由解以下問題而直接求其極大值（即 $h = h^*$）

$$g'(h^*) = 0$$
$$-360h^* + 72 = 0$$
$$h^* = 0.2$$

這意味著如果我們沿著 h 軸前進，當 $h = h^* = 0.2$ 時 $g(h)$ 有極大值。將此結果代入至方程式 (12.10) 與方程式 (12.11) 以後解出對應回 (x, y) 座標系統的點。

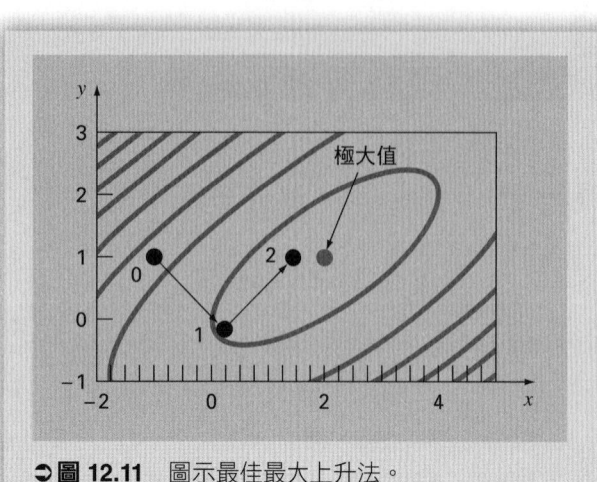

$$x = -1 + 6(0.2) = 0.2$$
$$y = 1 - 6(0.2) = -0.2$$

圖 12.11 描述了這一步驟中由點 0 移至點 1 的細節。

第二步驟僅僅是重複既有的程序。首先在新的出發點 (0.2, −0.2) 處求偏導數，結果為

$$\frac{\partial f}{\partial x} = 2(-0.2) + 2 - 2(0.2) = 1.2$$
$$\frac{\partial f}{\partial y} = 2(0.2) - 4(-0.2) = 1.2$$

○ **圖 12.11** 圖示最佳最大上升法。

因此，梯度向量為

$$\nabla f = 1.2\mathbf{i} + 1.2\mathbf{j}$$

這意味著新的最大方向為右上 45°（參考圖 12.11）。沿著 h 軸的新座標系統為

$$x = 0.2 + 1.2h$$
$$y = -0.2 + 1.2h$$

將這些數值代入至函數以後得到

$$f(0.2 + 1.2h, -0.2 + 1.2h) = g(h) = -1.44h^2 + 2.88h + 0.2$$

行進 h^* 可以獲得沿著此搜尋方向的極大值，直接計算的結果為

$$g'(h^*) = -2.88h^* + 2.88 = 0$$
$$h^* = 1$$

將此結果代回方程式 (12.10) 與方程式 (12.11) 以後解出對應 (x, y) 座標系統的新點

$$x = 0.2 + 1.2(1) = 1.4$$
$$y = -0.2 + 1.2(1) = 1$$

如圖 12.11 所描述，這一步驟中由點 1 移至點 2 的，而且可以看出已經更接近發生極大值的位置。重複執行此程序，直到最後結果收斂至解 $x = 2$ 與 $y = 1$。

我們可以驗證最大上升法為線性收斂，而且在狹長的背脊移動時，收斂顯得比較緩慢。這是因為在求極大值時，新的梯度方向與原本的方向垂直，因此造成每次只能移動一點點。所以這個方法雖然可用，但是仍然有許多其他收斂比較快，特別是在最佳解的附近。本章節接著會專門討論這一些方法。

12.2.3 進階梯度近似

共軛梯度法 章節 12.1.2 中,我們已經介紹過如何利用在包威爾法中利用共軛方向來大幅改善單變量搜尋法的效果。同理,我們也利用共軛梯度來改善最大上升法的線性收斂。事實上,我們可以證明使用共軛方向的最佳化方法均屬二階收斂方法。同時可以確知此方法不論以何處為出發點,一定可以在有限步驟內求出二階函數的最佳解。由於大部分分布正常的函數在最佳解的附近皆能合理的以二階函數來近似,因此在最佳解的附近以二階收斂的方法來近似就會非常有效果。

我們已經介紹過,包威爾法利用兩個任意的搜尋方向來產生一個新的共軛搜尋方向。此方法不但是二階收斂,而且可以不用知道梯度的訊息。另一方面,如果能夠計算導數,那麼就可以結合最深下降與共軛方向的想法發展出一個類似重力技巧 (technique of gravity) 的快速收斂法。**Fletcher-Reeves** 共軛梯度法改善了最深下降法,將原來的連續共軛方向改變為互相共軛。此演算法的內容與證明不在本書的討論內容,但詳細的資料可以參考 Rao (1996)。

牛頓法 我們可以將單變數的牛頓法(參考章節 11.3)延伸至多維的情況。$f(\mathbf{x})$ 在點 $\mathbf{x} = \mathbf{x}_i$ 附近寫下其二階泰勒級數,

$$f(\mathbf{x}) = f(\mathbf{x}_i) + \nabla f^T(\mathbf{x}_i)(\mathbf{x} - \mathbf{x}_i) + \frac{1}{2}(\mathbf{x} - \mathbf{x}_i)^T H_i(\mathbf{x} - \mathbf{x}_i)$$

其中 H_i 為海賽矩陣。當發生極小值時

$$\frac{\partial f(\mathbf{x})}{\partial \mathbf{x}_j} = 0 \quad 對於 \ j = 1, 2, \ldots, n$$

因此

$$\nabla f = \nabla f(\mathbf{x}_i) + H_i(\mathbf{x} - \mathbf{x}_i) = 0$$

若 H 為非退化 (non-singular),

$$\mathbf{x}_{i+1} = \mathbf{x}_i - H_i^{-1}\nabla f \quad (12.14)$$

我們可以證明,此方法在最佳解附近時為二階收斂,因此也比最大上升法優越(參考圖 12.12)。然而,請注意,這個方法在每次迭代時都需要計算二階導數與逆矩陣。因此在方程式有許多變數時就不考慮使用牛頓法。此外,當所選取的初始值不在最佳解附近時,牛頓法也有可能會發散。

馬夸特法 (Marguardt method) 已知當初始位置

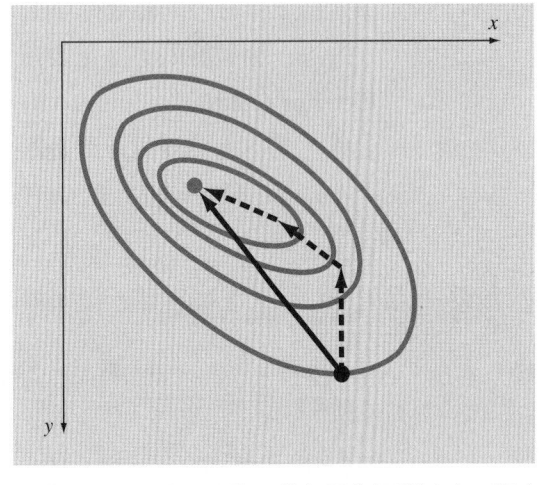

◯ 圖 12.12 當初始位置落在最佳解附近時,梯度法就比較沒有效率。牛頓法則嘗試搜尋直接指向最佳解的路徑(圖中的實線部分)。

如果沒有落在最佳解附近時，最大上升法仍然能夠慢慢將值增加而收斂至最佳解。另一方面，牛頓法在最佳解附近時會是非常快速的二階收斂法。因此馬夸特法的做法是在搜尋初期，也就是當 **x** 與最佳解 **x*** 的距離很遠的時候使用最大上升法，但是當 **x** 靠近最佳解時，就改採用牛頓法。這樣的做法事實上就是改寫方程式 (12.14) 中海賽矩陣的對角線上數值

$$\tilde{H}_i = H_i + \alpha_i I$$

其中 α_i 是正數，I 則為單位矩陣。一開始的時候，假設 α_i 是一個很大的正數，且

$$\tilde{H}_i^{-1} \approx \frac{1}{\alpha_i} I$$

此時方程式 (12.14) 即成為最大上升法。但是當迭代持續進行時，α_i 就漸漸趨近於零，而且就逐漸回復成牛頓法。

因此，馬夸特法能夠提供兩種優點：在初始值很差時提供具有可靠度的近似，而在到達最佳解附近時能提供快速的收斂。很不幸的是，馬夸特法在每個步驟仍舊需要計算海賽二階導數與逆矩陣。值得一提的是馬夸特法通常用在非線性最小平方的問題上。

準牛頓法　或稱為**度量變異法 (variable metric method)**，嘗試以類似牛頓法的方式來搜尋直接指向最佳解的路徑。然而在方程式 (12.14) 海賽矩陣中，函數 f 的二階偏導數在每一步驟中皆會改變。準牛頓法嘗試以另外一個只使用函數 f 一階偏導數的矩陣 A，來近似矩陣 H。此近似包含初步估算 H^{-1} 與每個迭代中的更新與改善。而稱為準牛頓法的原因是，使用的並非真正的海賽矩陣，而僅是近似矩陣。因此有兩個近似工作必須同時進行：(1) 原來的泰勒級數近似，與 (2) 海賽近似。

這一種型態的方法主要有兩種：**Davidon-Fletcher-Powell** (DFP) 與 **Broyden-Fletcher-Goldfarb-Shanno** (BFGS) 演算法。除了在處理捨入誤差與收斂準則的差異之外，基本上這兩個方法是相同的。但是在大部分的情況下，BFGS 演算法較占優勢。Rao (1996) 同時針對 DFP 與 BFGS 演算法提供了正式與詳細的敘述。

習 題

12.1 求以下函數在方向 $h = 3i + 2j$，點 $x = 2$ 與 $y = 2$ 處的方向導數。

$$f(x, y) = 2x^2 + y^2$$

12.2 針對以下函數及點 (0.8, 1.2)，重新計算範例 12.2。

$$f(x, y) = 2xy + 1.5y - 1.25x^2 - 2y^2 + 5$$

12.3 給定以下函數

$$f(x, y) = 2.25xy + 1.75y - 1.5x^2 - 2y^2$$

首先設方程式對 x 與 y 的偏導數為零，然後解此代數方程組以求得函數 $f(x)$ 的極大值。

12.4 (a) 習題 12.3 中，由 $x = 1$ 與 $y = 1$ 為出發點，對函數 $f(x, y)$ 套用兩次最大上升法。
(b) 將 (a) 的搜尋路徑繪製成圖形。

12.5 求以下各函數的梯度向量與海賽矩陣：
(a) $f(x, y) = 2xy^2 + 3e^{xy}$
(b) $f(x, y, z) = x^2 + y^2 + 2z^2$
(c) $f(x, y) = \ln(x^2 + 2xy + 3y^2)$

12.6 利用最深下降法，由 $x = 1$ 與 $y = 1$ 出發，以 $\varepsilon_s = 1\%$ 為終止條件。求以下函數的極小值：
$$f(x, y) = (x - 3)^2 + (y - 2)^2$$
詮釋你的執行結果。

12.7 利用最大上升法迭代一次，由 $x = 0$ 與 $y = 0$ 出發，以二分法在梯度搜尋方向求最佳步長。試求以下函數的極大值：
$$f(x, y) = 4x + 2y + x^2 - 2x^4 + 2xy - 3y^2$$

12.8 利用最佳最深下降法迭代一次，由初始猜測值 $x = 0$ 與 $y = 0$，來求以下函數的極小值
$$f(x, y) = -8x + x^2 + 12y + 4y^2 - 2xy$$

12.9 以程式或巨集語言寫一個有關隨機搜尋法的電腦程式來求函數的極值。在 x 與 y 的範圍均為 -2 到 2 間，以習題 12.7 的函數 $f(x, y)$ 來測試你的程式。

12.10 格點搜尋法是另外一個處理最佳化問題的蠻力近似法。圖 P12.10 所描述的是一個二維的情況。首先在 x 與 y 的方向以增量的形式產生格點，然後在每一個格點上計算函數值。函數值越集中的地方，越有可能產生最佳值。

以程式或巨集語言寫一個有關格點搜尋法的電腦程式來求函數的極值。以範例 12.1 的函數來測試你的程式。

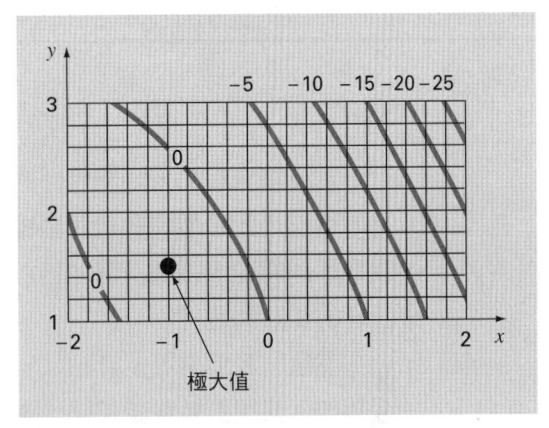

◐ 圖 **P12.10** 格點搜尋法。

12.11 一壓力函數如下：
$$f(x, y) = 6x^2y - 9y^2 - 8x^2$$
試求在點 (4, 2) 沿著壓力梯度方向的一維方程式。

12.12 一溫度函數如下：
$$f(x, y) = 2x^3y^2 - 7xy + x^2 + 3y$$
試求在點 (1, 1) 沿著溫度梯度方向的一維方程式。

CHAPTER 13 有限制條件的最佳化問題
Constrained Optimization

本章將處理加入限制條件的最佳化問題,首先討論目標函數與限制條件均為線性的情形。此類型問題可藉由線性規劃方法加以探討,即使是含有數千個變數及限制條件的問題,這個演算法仍能發揮強大的解題效率,並且能被廣泛應用在工程及管理的相關問題上。

然後,我們會簡要介紹較一般性的非線性限制條件最佳化問題。最後,我們將介紹如何使用套裝軟體和程式庫輔助來解決最佳化問題。

13.1 線性規劃

線性規劃 (linear programming, LP) 是一種處理最佳化問題的工具,用來解決在有限資源下,達成理想目標,像是取得最高利潤或是最低成本。**線性 (linear)** 一詞意指表示目標函數及限制條件的數學模式皆為線性;而**規劃 (programming)** 一詞並非指電腦運算,而是指「排定時程」(scheduling) 或是「設定議題」(setting an agenda)(Revelle 等教授,1997)。

13.1.1 標準形式

基本的線性規劃問題包含兩個主要部分:目標函數及限制條件。在討論最大值的問題中,目標函數通常表成

$$\text{極大化 } Z = c_1 x_1 + c_2 x_2 + \cdots + c_n x_n \tag{13.1}$$

其中 c_j 是當採取第 j 個行動時每單位可獲得利潤,而 x_j 則是第 j 個行動的數量,目標函數 Z 的值即為全部 n 個行動所能獲得的整體利潤。

一般而言,限制條件可以表示成

$$a_{i1} x_1 + a_{i2} x_2 + \cdots + a_{in} x_n \leq b_i \tag{13.2}$$

其中 a_{ij} 是採取第 j 個行動時須耗用的第 i 項資源,而 b_i 則是所能使用的第 i 項資源總量,意味著資源是有限的。

第二類常見的限制條件是所有的行動數量都要是正值,也就是

$$x_i \geq 0 \tag{13.3}$$

在本文中，此項限制具有實務上的意義，像是在許多問題中，負值的行動是不可能發生的（例如，我們生產的產品數量不能是負的）。

綜合以上所述，目標函數與限制條件共同界定了線性規劃問題，即嘗試在僅能使用有限資源的條件下，調度各項行動以取得最高的利潤。在說明如何達成這項任務之前，我們先看看以下的範例。

範例 13.1　線性規劃問題的構築

問題描述：以下這個問題取材自化學或石化工業，不過處理這個問題的手法，可運用在所有於資源有限的各類製造工程問題上。

假設有一家瓦斯加工廠每週會進貨固定量的天然瓦斯，加工後製造出普通與高級兩種加熱用瓦斯。這些瓦斯的需求量很高（也就是說，成品一定能夠售出）且獲利不同。生產活動會受到製造時間與產品倉儲量兩種因素的限制，例如：同一時間只能製造一種瓦斯、機器每週最多只能運轉 80 個小時、兩項產品有各自的倉儲量限制。所有相關的因素都彙整於下表：

請由這些資訊列出產生最高利潤的線性規劃聯立方程組。

資源	產品		可用資源額度
	普通瓦斯	高級瓦斯	
天然瓦斯	7 立方公尺／噸	11 立方公尺／噸	77 立方公尺／週
製造時間	10 小時／噸	8 小時／噸	80 小時／噸
倉儲量限制	9 噸	6 噸	
利潤	150／噸	175／噸	

解法：為了追求最高的利潤，負責工廠運作的工程師必須決定每種瓦斯的生產量各為多少。假設普通瓦斯與高級瓦斯每週的生產量各有 x_1 及 x_2，那麼每週的整體利潤可由下式計算

$$整體利潤 = 150x_1 + 175x_2$$

寫成線性規劃目標函數則是

$$極大化\ Z = 150x_1 + 175x_2$$

限制條件也可以用類似手法列式，例如，所使用的天然瓦斯使用總量能可由下式計算

$$天然瓦斯使用總量 = 7x_1 + 11x_2$$

由於不能超過 77 立方公尺／週的供應限制，因此，此限制條件可表為

$$7x_1 + 11x_2 \leq 77$$

其他的限制條件也可以用同樣的方法列式，最後得到一個完整的線性規劃 (LP) 聯立方程組：

$$\text{極大化 } Z = 150x_1 + 175x_2 \quad \text{（使利潤最高）}$$

限制條件如下：

$$7x_1 + 11x_2 \le 77 \quad \text{（使用原料限制）}$$
$$10x_1 + 8x_2 \le 80 \quad \text{（機器運轉時間限制）}$$
$$x_1 \le 9 \quad \text{（普通瓦斯倉儲量限制）}$$
$$x_2 \le 6 \quad \text{（高級瓦斯倉儲量限制）}$$
$$x_1, x_2 \ge 0 \quad \text{（正值限制）}$$

以上的聯立方程組架構出一個完整的線性規劃問題公式，至於右邊括號中的文字是用來詮釋各個方程式的含意。

13.1.2 圖解法

由於圖解法僅適用於二維或三維的問題中，因此實用度有限。然而，當利用電腦處理高維度問題時，它可以用來闡釋常用的代數技巧基本概念。

考慮範例 13.1 的二維的問題，解空間定義為以 x_1 為橫座標，以 x_2 為縱座標所構成的平面，由於是線性問題，限制條件均可畫成平面上的直線。如果這個 LP 問題設定得好（意即會有解），這些限制直線將會描繪出一塊有區域，也就是所謂的**可行解空間 (feasible solution space)**，包含所有符合限制條件 x_1 及 x_2 可能的組合情形。對應目標函數 Z 特定值的圖形畫成一條直線加在空間內，然後在空間內調整這條直線的位置直到取得最大值，此時的 Z 值就是最佳解，對應的 x_1 及 x_2 的值就是各行動的最佳值。以下範例的說明將有助於瞭解整個處理過程。

範例 13.2　圖解法

問題描述：以範例 13.1 中瓦斯製程問題導出的聯立方程組，建構出圖解：

$$\text{極大化 } Z = 150x_1 + 175x_2$$

限制條件如下：

$$7x_1 + 11x_2 \le 77 \quad (1)$$
$$10x_1 + 8x_2 \le 80 \quad (2)$$
$$x_1 \le 9 \quad (3)$$
$$x_2 \le 6 \quad (4)$$

$$x_1 \geq 0 \qquad (5)$$
$$x_2 \geq 0 \qquad (6)$$

此處各限制條件加上編號以利畫圖標示之用。

解法：首先，所有的限制條件均可畫在解空間上，例如，將第一個限制條件的不等號改為等號後，可改寫成求解 x_2 的直線方程式：

$$x_2 = -\frac{7}{11}x_1 + 7$$

因此，如圖 13.1a 所示，符合限制條件的 x_1 和 x_2 均落在這條直線下方（方向如圖中小箭頭所示），其他的限制條件也都比照處理，畫成直線加在圖 13.1a 上。值得注意的是，這些直線圍成了一塊符合所有限制條件的區域，此即可行解空間（即圖中的 ABCDE 區域）。

除了定義出可能的解空間以外，圖 13.1a 同時也提供我們對題目更多的瞭解。我們特別注意到限制條件 (3)（普通瓦斯倉儲量限制）是多餘的；即使把這個條件去掉，可行解空間也不受影響。

接下來，再把目標函數加到圖形上。首先選定一個 Z 值，例如 Z = 0，那麼目標函數就會變成

$$0 = 150x_1 + 175x_2$$

或解成 x_2 的直線方程式如下

$$x_2 = -\frac{150}{175}x_1$$

如圖 13.1b 所示，這條直線以虛線畫出。由於我們想知道的是 Z 的最大值，所以可以增加它的值，例如加到 600，則目標函數會變成

$$x_2 = \frac{600}{175} - \frac{150}{175}x_1$$

藉由這個方式，增加目標函數的值將把直線移離原點，由於直線仍落在可行解空間內，因此結果仍然可行。同理，由於仍有改善的空間，可以繼續增加 Z 值直到快要超過可行解空間時再停止。由圖 13.1b 可知 Z 的最大值大約是 1400，此時的 x_1 與 x_2 的值分別約為 4.9 及 3.9。因此，這個圖解法顯示，如果我們製造這些量的普通及高級瓦斯，大約會有最高利潤 1400。

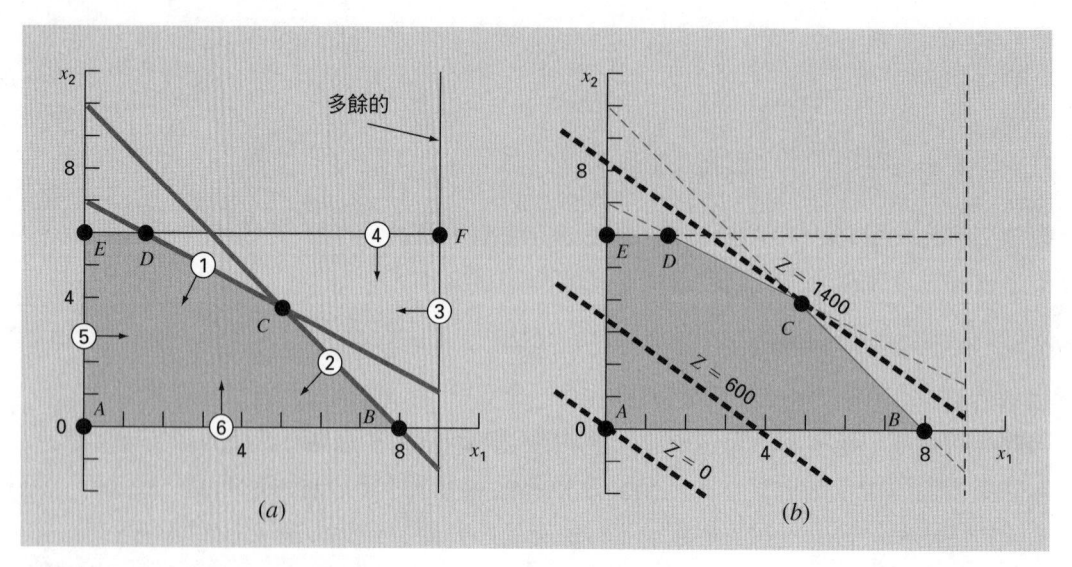

⊃ **圖 13.1** 線性規劃問題的圖解法。(a) 限制條件定義出可行解空間，(b) 在符合所有限制條件的情況下，逐步增加目標函可直到產生最大值為止。如圖所示，函數可向上及右方移動直到碰觸到可行解空間的單點最佳解。

除了決定最佳值外，圖解法也讓我們對題目有更多的瞭解，將答案代回限制條件可得：

$$7(4.9) + 11(3.9) \cong 77$$
$$10(4.9) + 8(3.9) \cong 80$$
$$4.9 \leq 9$$
$$3.9 \leq 6$$

因此，圖形清楚顯示，每樣產品都以最佳解的數量生產時，就能夠帶領我們到符合資源限制 (1) 及時間限制 (2) 的最佳值。這些限制條件稱為**有拘束力的 (binding)**。此外，在圖形中也可明顯看出，倉儲限制 (3) 與 (4) 並無作用。這類限制條件稱為**無拘束力的 (nonbinding)**。這些討論推到一個實用的結論：在這個問題中，如果我們想增加利潤就得透過增加資源的供給（天然瓦斯）或是增加生產時間，但是增加倉儲空間對提升利潤並無幫助。

在先前的範例得到的結果是線性規劃問題中四種的可能結果之一，而可能的結果分別有：

1. **唯一解 (unique solution)**：如前一個範例，目標函數最大值跟可行解空間相交於一點。
2. **多重解 (alternate solution)**：若目標函數的係數與某一個限制條件的係數平行，像是在前範例中把利潤換成 $140／噸及 $220／噸，這樣的話，在整個線段上都會產生最佳值，而有無限多組解（參考圖 13.2a）。

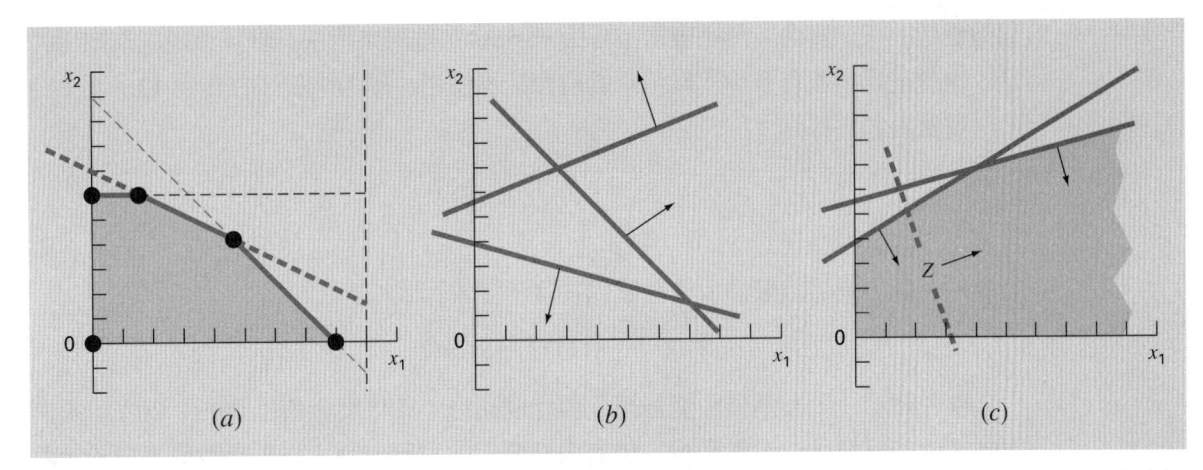

⊃ **圖 13.2** 除了單一最佳解外（如圖 13.1b），線性規劃問題還有三種可能的結果：(a) 多重最佳解；(b) 無合適解；(c) 無界的情形。

3. **無可行解 (no feasible solution)**：如圖 13.2b 所示，問題有可能會沒有可行解，這可能是由於問題本身無解或是在建立過程中發生錯誤所致，第二類狀況可能發生在問題加入過多限制條件，而導致無法找到符合所有限制條件的解。
4. **無界問題 (unbounded problem)**：如圖 13.2c 所示，這通常意味著問題本身限制不足而形成開放性問題，與無可行解問題一樣，可能是由於在設定問題的過程中發生錯誤所致。

現在讓我們回過頭來看唯一解的情形，由圖解法可以有許多不同的策略來找到最大值；由圖 13.1 可以清楚看到最佳值總是發生在任兩個限制條件符合相交的角點 (corner point)，或較正式說法為**極點 (extreme point)**。所以，雖然在決定的空間裡有無限多個點，我們可以把重點放在極點即可，此舉明顯縮小了可能的範圍。

此外，我們可以辨識出並非所有的極點都是可行解，也就是必須符合所有的限制條件。例如，在圖 13.1a 中的 F 點是一個極點但並不是可行解，把重點集中到可行的極點可進一步縮小範圍。

最後，當可行的極點都找出後，能讓目標函數產生最佳值的就是最佳解，尋找最佳解的方法可透過逐一計算各個可行極點代入後的值（這方法很沒效率）。下一節所將討論一個引用有效策略的單形法 (simplex method)，這個方法將一連串極點選擇的過程以圖表方式呈現，並以極有效率的方式找到最佳值。

13.1.3 單形法

單形法是以最佳解產生在極點上的假設為基礎而發展出來的做法，因此，推導時必須能夠在解題過程中辨別極點是否會產生。要達成這個目的，限制條件的方程式必須引入鬆弛變數 (slack variable) 加以改寫。

鬆弛變數　正如其名，**鬆弛變數 (slack variable)** 是用來衡量有限資源還能被取用的量，也就是說，還有多少「鬆弛」的資源能被使用。舉例來說，在範例 13.1 及 13.2 中，資源限制條件為

$$7x_1 + 11x_2 \leq 77$$

我們可以定義鬆弛變數 S_1 為在特定生產量 (x_1, x_2) 時尚未被使用的天然瓦斯，在限制條件左側加進這個量後，整個關係式就會變成等式

$$7x_1 + 11x_2 + S_1 = 77$$

現在確認一下鬆弛變數能告訴我們什麼訊息：如果變數值是正的，就表示這個限制條件仍有鬆弛，也就是說，仍有未被使用的剩餘資源。如果變數值是負的，就表示已經超過了限制的額度。最後一種情形，如果變數值為零，就表示恰好符合限制條件，也就是可使用的資源完全被用光，這正是限制條件的直線相交的地方，因此鬆弛變數提供了一個偵測極點的好方法。

在每一個限制條件方程式中各加入一個不同的鬆弛變數，可得到所謂的**完全參數化格式 (fully augmented version)**：

$$\text{極大化 } Z = 150x_1 + 175x_2$$

限制條件如下：

$$7x_1 + 11x_2 + S_1 \qquad\qquad\qquad = 77 \qquad (13.4a)$$
$$10x_1 + 8x_2 \qquad + S_2 \qquad\qquad = 80 \qquad (13.4b)$$
$$x_1 \qquad\qquad\qquad + S_3 \qquad = 9 \qquad (13.4c)$$
$$x_2 \qquad\qquad\qquad\qquad + S_4 = 6 \qquad (13.4d)$$
$$x_1, \ x_2, \ S_1, \ S_2, \ S_3, \ S_4 \geq 0$$

請注意，在此我們建立了四個等式方程式，其中各未知數以行對齊方式排列，這樣做是為了要強調我們正在處理線性代數聯立方程組（請參閱第三篇），接下來的內容，將說明這些聯立方程組要如何以代數計算的方法找到極點所在位置。

代數解法　對照第三篇的內容，我們討論的是含 n 個未知數的 n 個方程式之線性系統，但目前範例（方程組 (13.4)）卻面臨條件太少而**無法決定 (underspecified** 或 **underdetermined)** 的問題，因為此時未知數的數目比方程式的數目要來得多。一般這類系統中，會有 n 個**結構性變數 (structural variables)**（也就是原始的未知數）與 m 個**超額變數 (surplus variable)** 或鬆弛變數（每個限制條件對應一個），合計共有 $n + m$ 個變數（結構性變數加上超額變數）。在瓦斯加工的問題中，我們有 2 個結構性變數及 4 個鬆弛變數，合計 6 個變數，因此這是個由含 6 個未知數的 4 個方程式所組成的問題。

未知數數目跟方程式數目的差距（本例中為 2），與我們如何分辨可行的極點直接相關，事實上，每個可行解的六個變數中都會有兩個變數值為零，例如區域 ABCDE 中五個角點有下列的零值：

極點	零值變數
A	x_1, x_2
B	x_2, S_2
C	S_1, S_2
D	S_1, S_4
E	x_1, S_4

這個觀察可以得到下列結論：極點可由在標準格式中設定兩個變數值為零得到；本例中將使問題簡化為含 4 個未知數的 4 個方程式，例如，在點 E，代入 $x_1 = S_4 = 0$ 可將標準形式簡化為

$$11x_2 + S_1 = 77$$
$$8x_2 + S_2 = 80$$
$$+ S_3 = 9$$
$$x_2 = 6$$

計算後可得 $x_2 = 6$、$S_1 = 11$、$S_2 = 32$ 及 $S_3 = 9$，加上 $x_1 = S_4 = 0$，這些便是點 E 座標的數值。

將此做法進一步延伸至含 n 個變數的 m 個方程式組，則是令其中 $n - m$ 個變數值為零，解出含剩下的 m 個變數的 m 個方程式組。零值的變數正式名稱為**非基本變數 (nonbasic variables)**，而剩下的 m 個變數則稱為**基本變數 (basic variables)**，當所有的基本變數值都是非負的時候，產生的解稱為**基本可行解 (basic feasible solution)**，而最佳解就是其中一個基本可行解。

一個直接的做法是，計算所有的基本解，找出其中的可行解，然後逐一代入目標函數 Z，使函數值最大的那個就是最佳解。但是有兩個理由可以說明這樣的做法並非明智之舉。

首先，即使是一般大小的問題，此種做法仍需解出大量的方程式，以含 n 個未知數的 m 個方程組為例，必須計算

$$C_m^n = \frac{n!}{m!(n-m)!}$$

組聯立方程式。舉例來說，如果是含 16 個未知數 ($n = 16$) 的 10 個聯立方程組 ($m = 10$)，就必須計算 8008 [= 16!/(10!6!)] 個 10 × 10 大小的系統。

其次，大部分的計算所得到解並非可行解。例如，前例中極點一共有 $C_4^6 = 15$ 個，但其中只有 5 個是可行解。顯然地，如果我們能夠避免計算所有非必要的系

統,就能得到一個更有效率的演算法,以下將詳細介紹此方法。

單形法的引入　單形法可以避免前段提及的無效率問題,做法如下:選定一個基本可行解為起點,然後移往那些會增加目標函數值的基本可行解,在一連串移動後會達到最佳值,計算便可結束。

我們再以範例 13.1 及 13.2 的瓦斯加工問題為例,示範整個計算流程。第一個步驟是選定一個基本合適解(即合適解空間的角點)為起點,在此例中,一個顯而易見的起點就是點 A,即 $x_1 = x_2 = 0$,代入原始的含 4 個未知數的 6 個聯立方程組得到

$$S_1 = 77$$
$$S_2 = 80$$
$$S_3 = 9$$
$$S_4 = 6$$

因此,這些基本變數的起始值就自動等於限制條件右邊的值。

在進行下一步計算之前,問題的初始資訊可整理成一個便於計算的表格,這種表格稱為**表列 (tableau)**。如下表列中可以看到線性規劃問題中所有重要資訊的摘要。

基本變數	Z	x_1	x_2	S_1	S_2	S_3	S_4	解	截距
Z	1	−150	−175	0	0	0	0	0	
S_1	0	7	11	1	0	0	0	77	11
S_2	0	10	8	0	1	0	0	80	8
S_3	0	1	0	0	0	1	0	9	9
S_4	0	0	1	0	0	0	1	6	∞

為了方便建立表格,目標函數改寫成

$$Z - 150x_1 - 175x_2 - 0S_1 - 0S_2 - 0S_3 - 0S_4 = 0 \tag{13.5}$$

接下來的步驟是要移往另一個能改善目標函數值的基本可行解;只要將一個零值的非基本變數增加為正值(此時是 x_1 或 x_2)就能增加函數 Z 的值。回想一下,在這個例子中極點必須有兩個零值,因此,目前的基本變數中 (S_1、S_2、S_3、S_4) 必須要有一個值變成零。

整理一下這個重要步驟:目前的非基本變數中有一個必須要變成基本變數(即變成非零值),這個變數稱為**進入變數 (entering variable)**;而基本變數中有一個要變成非基本變數(即變成零值),這個變數稱為**離開變數 (leaving variable)**。

現在,我們來看看在數學上要如何選擇進入與離開變數。由於目標函數已改寫成方程式 (13.5),進入變數可以是任一個具有負係數的變數(因為這樣可以增加

函數 Z 的值），一般會挑選具最大負值的變數，因為這樣可讓函數 Z 的值增加得最多。在我們的例子中，x_2 將會是進入變數，因為它的係數 -175 比另一個變數 x_1 的係數 -150 要負得多。

我們能透過圖形瞭解得更透徹。如圖 13.3 所示，自點 A 出發，由係數的關係原本應選定 x_2 為進入變數，但為了簡化計算過程，由圖形可以看到選定 x_1 可以快一點到達最大值。（譯註：單形法正統做法應由選定 x_2 為進入變數開始計算，途中會經過 EDC 各點到達最大值，依作者做法是選定 x_1 為進入變數，途中只會經過 BC 就到達最大值）。

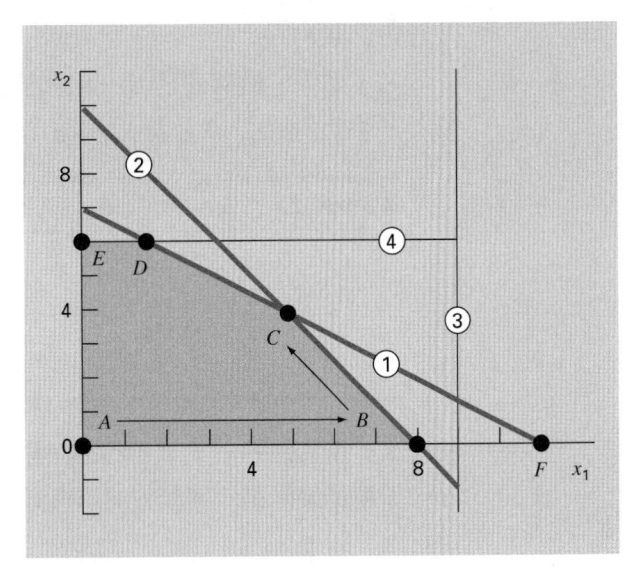

○ **圖 13.3** 圖示說明單形法如何透過在基本可行解間的連續移動，以較有效率的方式到達最佳解。

接下來，我們必須從現有的基本變數 S_1、S_2、S_3、S_4 中挑選出離開變數。圖形顯示兩種可能性：向點 B 移動的話則 S_2 變成零；若向點 F 移動的話，則 S_1 會變成零。但圖形也清楚顯示，點 F 是不可能的，因為它落在可行解空間之外。因此，我們決定由點 A 移向點 B。

同樣的結果要如何從數學的角度偵測呢？一個方法是計算限制條件直線跟離開變數所在軸或直線的交點（在本例中是 x_1 軸），我們可以計算一下限制條件右邊數值跟 x_1 係數的比值（對應到表格中解那一行），以第一個限制條件的鬆弛變數 S_1 為例，計算出來的結果是

$$截距 = \frac{77}{7} = 11$$

其他的截距可以比照計算後列在表格中的最後一行。由於 8 是最小的正截距，也就是說當增加 x_1 值時會先到達第二條限制直線，因此，我們選定 S_2 為離開變數。

此時，我們移動至點 $B(x_2 = S_2 = 0)$，新的基本解要符合

$$\begin{aligned} 7x_1 + S_1 &= 77 \\ 10x_1 &= 80 \\ x_1 \quad\quad + S_3 &= 9 \\ S_4 &= 6 \end{aligned}$$

計算上述方程組，得到在點 B 各基本變數值為 $x_1 = 8, S_1 = 21, S_3 = 1, S_4 = 6$。

下表可使用高斯-喬丹法計算進行相同運算。回想，高斯-喬丹法的基本策略是要將樞軸元素轉換成 1，然後將同一行中樞軸元素以外的係數全部化成零消掉。

（見章節 9.7）。

在本例中，樞軸列是 S_2（離開變數），而樞軸元素為 10（即進入變數 x_1 的係數）。將此列除以 10 並將 S_2 換成 x_1 得到

基本變數	Z	x_1	x_2	S_1	S_2	S_3	S_4	解	截距
Z	1	−150	−175	0	0	0	0	0	
S_1	0	7	11	1	0	0	0	77	
x_1	0	1	0.8	0	0.1	0	0	8	
S_3	0	1	0	0	0	1	0	9	
S_4	0	0	1	0	0	0	1	6	

接下來，將其他列上 x_1 的係數都消掉。例如，在目標函數列，將樞軸列乘上 −150 後，所得結果從第一列減去便可得到

Z	x_1	x_2	S_1	S_2	S_3	S_4	解
1	−150	−175	0	0	0	0	0
−0	−(−150)	−(−120)	−0	−(−15)	0	0	−(−1200)
1	0	−55	0	15	0	0	1200

在其他列也做同樣的運算後，可得以下新表：

基本變數	Z	x_1	x_2	S_1	S_2	S_3	S_4	解	截距
Z	1	0	−55	0	15	0	0	1200	
S_1	0	0	5.4	1	−0.7	0	0	21	3.889
x_1	0	1	0.8	0	0.1	0	0	8	10
S_3	0	0	−0.8	0	−0.1	1	0	1	−1.25
S_4	0	0	1	0	0	0	1	6	6

如此一來，新表已將點 B 所有資訊的總結，包括此次移動使目標函數的值增加到 Z = 1200。

此表可繼續用來推導下個步驟，在此例中也是最後步驟。由於在目標函數中，只有 x_2 的係數是負值，因此選定 x_2 為進入變數，從截距的值（將解那行元素除以 x_2 行對應係數所得）可知，第一個限制條件有最小正值，選定 S_1 為離開變數，此時，單形法將帶領我們由點 B 移到點 C（參考圖13.3）。最後，再用高斯-喬丹消去法解聯立方程組，得到以下最後的表格：

基本變數	Z	x_1	x_2	S_1	S_2	S_3	S_4	解
Z	1	0	0	10.1852	7.8704	0	0	1413.889
x_2	0	0	1	0.1852	−0.1296	0	0	3.889
x_1	0	1	0	−0.1481	0.2037	0	0	4.889
S_3	0	0	0	0.1481	−0.2037	1	0	4.111
S_4	0	0	0	−0.1852	0.1296	0	1	2.111

由於目標函數列上已無任何負值係數，可知這就是最後的計算結果，最終解在表中顯示為 $x_1 = 3.889$ 與 $x_2 = 4.889$，而目標函數的最大值為 $Z = 1413.889$。此外，由於 S_3 及 S_4 仍為基本變數，因此解受到第一個和第二個限制條件的約束。

13.2 非線性有限制條件的最佳化問題

要處理非線性有限制條件的最佳化問題有許多工具可用，一般分成直接法跟間接法兩大類 (Rao, 1996)。一種典型的間接法是使用所謂的**處罰函數 (penalty function)**，在目標函數中加進額外的運算式，使得當解接近限制條件時會較不最佳化。因此，解將受到阻礙而不能違反限制條件。雖然這種做法在處理某些問題時極有用處，但是如果問題中有許多限制條件的話將會變得非常難以計算。

另一個更廣泛使用的直接法是**廣義簡化梯度 (generalized reduced gradient, GRG)** 搜尋法（詳細做法請參考 Fylstra 等，1998；Lasdon 等，1978；Lasdon 與 Smith，1992），這個做法實際上就是在Excel規劃求解工具中所採用的非線性解法。

此法先將問題簡化成無限制條件的最佳值問題。簡化手法是透過將一組非線性方程式中的基本變數都解成非基本變數的函數，然後再利用類似第14章的做法解出無限制條件的問題。首先要選取會使目標函數值增加的搜尋方向，通常會使用像在第 12 章中所介紹的**準牛頓法 (quasi-Newton approach，BFGS)**，其中需要儲存海賽矩陣的估計值。這個做法在大部分問題中都能發揮強大功能。針對較龐大的系統，有時在 Excel 會採用**共軛梯度近似 (conjugant gradient approach)** 法，Excel 規劃求解工具有一個良好的特質，只要記憶體足夠，便能自動切換到共軛梯度做法。一旦決定搜尋方向之後，使用變動步長的一維搜尋方式便會沿著此方向前進。

13.3 使用套裝軟體處理最佳化問題

在處理最佳化問題時，套裝軟體能提供強大的功能，本節將為大家介紹一些常用的套裝軟體。

13.3.1 利用 Excel 來處理線性規劃問題

許多套裝軟體在設計時就明確地提供線性規劃處理功能。由於為數眾多，我們只聚焦介紹 Excel 試算表，包括在第 7 章為找出根的位置而使用的「*Solver*」規劃求解功能選項。

在規劃求解工具功能中用來處理線性規劃的方法，跟我們之前的應用很類似，資料都要先輸入試算表中的儲存格。基本的策略是：讓要達到最佳值的儲存格，成為以試算表上其他儲存格為變數的函數。以下的將示範如何運用在瓦斯加工問題中求得想要的答案。

範例 13.3　使用 Excel 的規劃求解工具來處理線性規劃問題

問題描述：使用 Excel 來解本章前文中介紹的瓦斯加工問題。

解法：建立如圖 13.4 Excel 工作表來計算瓦斯加工問題的數值，未加陰影的欄位包含數值跟標記資料，而加上陰影的欄位則是用來存放由其他欄位計算得到的數值。要取得極大值的儲存格是 D12，此欄是用來存放最大利潤值。儲存格 B4:C4 欄位為變動數值，在此例代表普通及高級瓦斯的產量。

	A	B	C	D	E
1	Gas Processing Problem				
2					
3		Regular	Premium	Total	Available
4	Produced	0	0		
5					
6	Raw	7	11	0	77
7	Time	10	8	0	80
8	Storage Regular			0	9
9	Storage Premium			0	6
10					
11	Unit Profit	150	175		
12	Profit	0	0	0	

D6 =B6*B4+C6*C4
D7 =B7*B4+C7*C4
D8 =B4
D9 =C4
B12 =B4*B11
C12 =C4*C11
D12 =B12+C12

◯ 圖 13.4　利用規劃求解工具處理線性規劃問題所建立的 Excel 試算表。

試算表一旦建立後，在工具功能表中選取規劃求解工具選項（回顧章節 7.7.1）。此時會出現一個對話方塊詢問相關的資訊，對話方塊中各欄位的填寫方式如下所示：

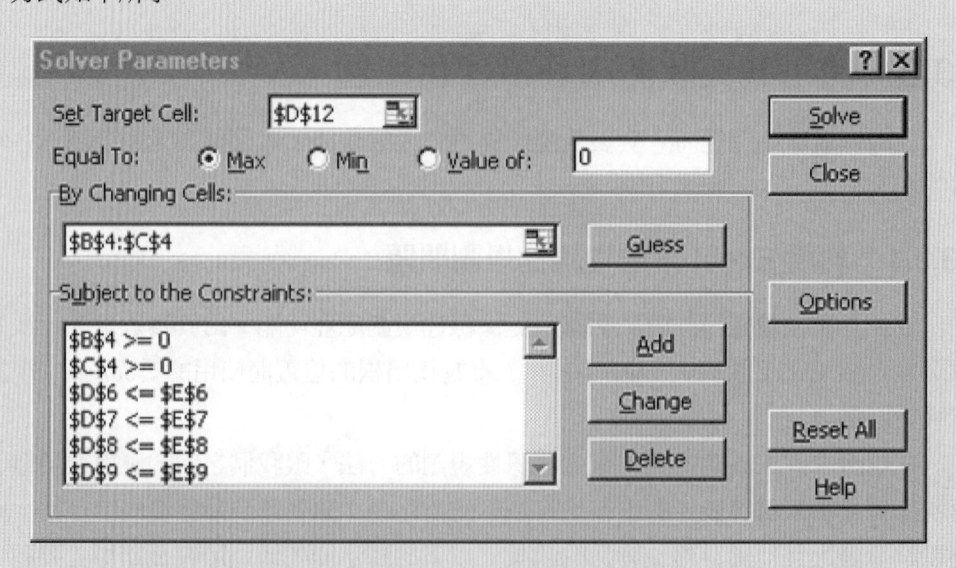

Solver Parameters

- Set Target Cell: $D$12
- Equal To: ● Max　○ Min　○ Value of: 0
- By Changing Cells: $B$4:$C$4
- Subject to the Constraints:
  - $B$4 >= 0
  - $C$4 >= 0
  - $D$6 <= $E$6
  - $D$7 <= $E$7
  - $D$8 <= $E$8
  - $D$9 <= $E$9

各限制條件則透過新增的按鈕逐一新增 (Add)，螢幕上會出現如下之對話方塊：

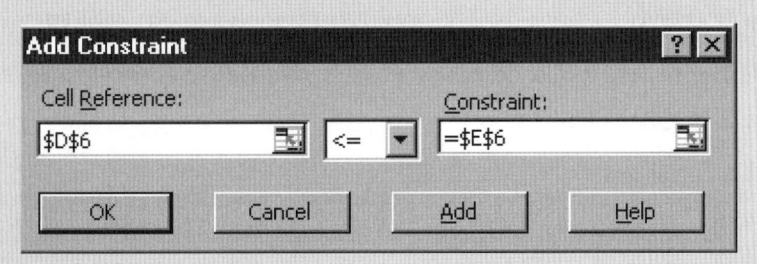

```
Add Constraint
Cell Reference:          Constraint:
$D$6          <=         =$E$6
   OK      Cancel      Add      Help
```

如圖所示，加入天然瓦斯總量（儲存格 D6）需小於或等於可取得的供應量 (E6) 這個限制條件；每加入一個限制條件後，可再按下「Add」（新增）鈕加入下一個條件，在將所有四個的限制條件都加入之後，按下「OK」（確定）鈕回到規劃求解工具的對話方塊。

此時，在執行之前，記得按下規劃求解工具的對話方塊右邊選項按鈕，勾選「Assume linear model」（採用線性模式）鈕，此舉將使 Excel 採用類似單形法的演算法來進行計算（而不是採用 Excel 常用的非線性解題器），會使計算速度大幅增快。

完成選擇後回到規劃求解工具功能表。按下「OK」（確定）鈕後，會出現一個對話方塊，報告運作是否成功。在本例中，規劃求解工具取得了正確解（參考圖 13.5）。

	A	B	C	D	E
1	Gas Processing Problem				
2					
3		Regular	Premium	Total	Available
4	Produced	4.888889	3.888889		
5					
6	Raw	7	11	77	77
7	Time	10	8	80	80
8	Storage Regular			4.888889	9
9	Storage Premium			3.888889	6
10					
11	Unit Profit	150	175		
12	Profit	733.3333	680.5556	1413.889	

⇨ 圖 13.5　呈現 Excel 試算表求解線性規劃問題結果。

除了可以得到解答外，規劃求解工具同時也提供許多有用的摘要資訊。

13.3.2 利用 Excel 處理非線性最佳化問題

規劃求解工具用來處理非線性問題的做法跟先前應用很類似，都要先把相關資料輸入對應儲存格內，同時，基本的策略一樣是讓要達到最佳值的欄位，成為以試算表上其他儲存格為變數的函數，以下範例將示範第四篇的降落傘問題，要如何使用此工具（請參考範例 PT4.1）。

範例 13.4　利用 Excel 規劃求解處理含限制條件的非線性最佳化問題

問題描述： 回顧在範例 PT4.1 中一個有限制條件的非線性最佳化問題，用來處理降落傘空投物品到難民營的最低成本，其相關參數如下表：

參數	符號	數值	單位
總重	M_t	2000	kg
重力加速度	g	9.8	m/s^2
成本係數（常數）	c_0	200	\$
成本係數（長度）	c_1	56	\$/m
成本係數（面積）	c_2	0.1	\$/m^2
極限接近速度	v_c	20	m/s
拖曳影響面積	k_c	3	kg/(s·m^2)
初始空投高度	z_0	500	m

將這些參數值代入方程式 (PT4.11) 至 (PT4.19) 計算得到：

$$\text{極小化 } C = n(200 + 56\ell + 0.1A^2)$$

限制條件如下：

$$v \le 20$$
$$n \ge 1$$

其中 n 是整數而其他變數均為實數，此外，還定義了以下各項數值

$$A = 2\pi r^2$$
$$\ell = \sqrt{2}r$$
$$c = 3A$$
$$m = \frac{M_t}{n} \tag{E13.4.1}$$

$$t = \text{根}\left[500 - \frac{9.8m}{c}t + \frac{9.8m^2}{c^2}\left(1 - e^{-(c/m)t}\right)\right] \tag{E13.4.2}$$

$$v = \frac{9.8m}{c}\left(1 - e^{-(c/m)t}\right)$$

利用 Excel 解出能使成本 C 達到極小化的變數 r 和 n 的數值。

解法：在將這個問題輸入 Excel 之前，我們要先把方程式 (E13.4.2) 的根找出來，常見的勘根做法有二分法及割線法。

我們暫時採用一個較簡單的做法，即下面的方程式 (E13.4.2) 定點迭代解：

$$t_{i+1} = \left[500 + \frac{9.8m^2}{c^2}\left(1 - e^{-(c/m)t_i}\right) \right] \frac{c}{9.8m} \qquad \text{(E13.4.3)}$$

這裡的 t 可調整數值直到符合方程式 (E13.4.3)，在本問題的參數範圍內，可證明這個公式一定會收斂。

接下來，這個方程式要如何用試算表解出呢？如下表所示，兩個欄位用來存放 t 和方程式 (E13.4.3) 右邊的值（即 $f(t)$）。

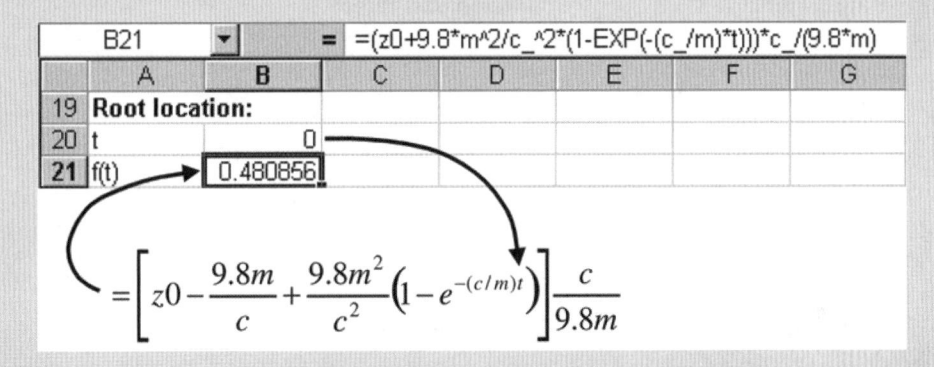

	A	B
19	Root location:	
20	t	0
21	f(t)	0.480856

B21 = `=(z0+9.8*m^2/c_^2*(1-EXP(-(c_/m)*t)))*c_/(9.8*m)`

$$= \left[z0 - \frac{9.8m}{c} + \frac{9.8m^2}{c^2}\left(1 - e^{-(c/m)t}\right) \right] \frac{c}{9.8m}$$

你可以把方程式 (E13.4.3) 輸入至儲存格 B21，以便從儲存格 B20 取得時間 t 值，並由試算表上的其他儲存格取得其他的參數值（可參考下表建立試算表），然後移至儲存格 B20 將值傳至儲存格 B21。

只要你把這些式子輸入完成，會立即得到錯誤訊息：「Cannot resolve circular references」（無法解決循環參照），這是因為 B20 的值會受 B21 的影響，反之亦然；接下來，回到工具／選項並選擇「calculation」（計算），在計算對話框點選「iteration」（反覆計算）與「OK」（確認）以後，試算表隨即進行迭代運算並顯示結果為

	A	B
19	Root location:	
20	t	10.2551
21	f(t)	10.25595

藉由此法，儲存格值將會收斂至根值，如果你想要更精確的值，只要按下 F9

鍵讓迭代計算多做幾次（迭代計算預設值為 100 次，可自行更換成想要的次數）。

圖 13.6 為計算相關數值的 Excel 工作表，其中未加陰影的欄位用來存放數值跟資料標籤，加陰影的欄位則用來存放由其他欄位計算得到的數值。例如，儲存格 B17 中的質量值是將 M_t(B4) 及 n(E5) 的值代入方程式 (E13.4.1) 中計算而得。另外須注意有些儲存格是多餘的，例如儲存格 E11 的值指回欄位 E5。資訊在儲存格 E11 重複出現只是為了讓試算表中限制條件的架構變得更明顯。最後，確認要極小化的儲存格是存放總成本數值的 E15，而儲存格 E4:E5 中為變動值，對應的是降落傘半徑及數量。

	A	B	C	D	E	F	G
1	Parachute Optimization Problem						
2							
3	Parameters:			Design variables:			
4	Mt	2000		r	1		
5	g	9.8		n	1		
6	cost1	200					
7	cost2	56		Constraints:			
8	cost3	0.1					
9	vc	20		variable		type	limit
10	kc	3		v	95.8786	<=	20
11	z0	500		n	1	>=	1
12							
13	Calculated values:			Objective function:			
14	A	6.283185					
15	l	1.414214		Cost	283.1438		
16	c	18.84956					
17	m	2000					
18							
19	Root location:						
20	t	10.26439					
21	f(t)	10.26439					

◯ 圖 13.6　建立 Excel 試算表以求解非線性降落傘最佳化問題。

一旦試算表建立完成後，從功能表選取工具➔規劃求解，將會出現一個對話方塊，要求輸入相關資訊，各儲存格填寫方式如下所示：

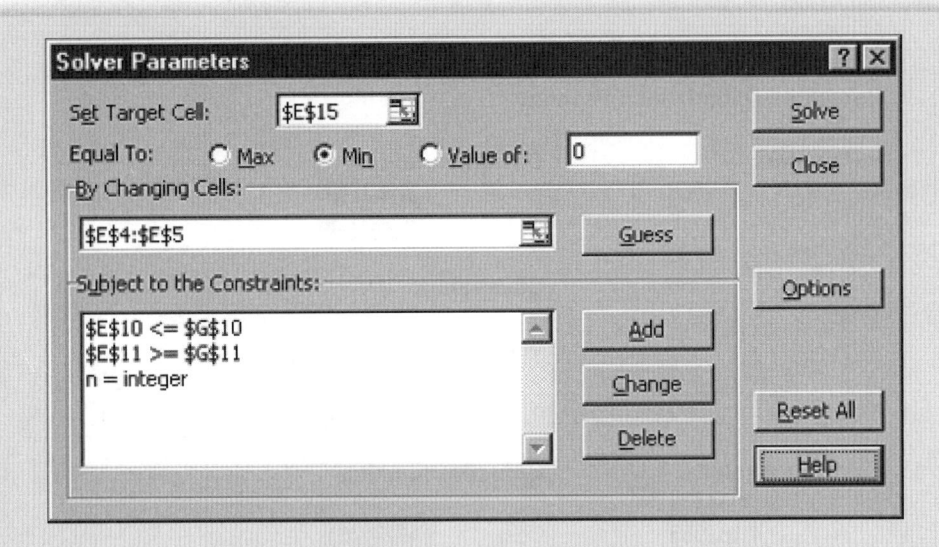

```
Solver Parameters                                    ? X

Set Target Cell:     $E$15                          Solve
Equal To:    ○ Max  ● Min  ○ Value of:  0           Close
By Changing Cells:
$E$4:$E$5                              Guess
Subject to the Constraints:                          Options
$E$10 <= $G$10                          Add
$E$11 >= $G$11
n = integer                             Change
                                        Delete       Reset All
                                                     Help
```

限制條件可由選取新增按鈕加入，按下新增按鈕時會開啟如下的對話方塊：

```
Add Constraint                                       ? X

Cell Reference:              Constraint:
$E$10              <=        =$G$10

  OK       Cancel       Add          Help
```

如你所見，實際撞擊速度（儲存格 E10）要小於或等於所需的速度 (G10) 這個限制條件可如上圖方式加入。在輸入每個限制條件後，可按下新增按鈕繼續加入下一個限制條件，中間的下拉選單中，可選取數種限制情形（<=、>=、=，及 integer 等），藉由點選下拉選單，可強制限定降落傘的數目 (E5) 須為整數。

當三個限制條件都輸入完成後，選取「OK」（確認）按鈕回到規劃求解對話框，將會開啟一個新對話方塊及計算完成後的報表，規劃求解工具計算得到圖 13.7 中的正確解答。

因此，我們得知若要達成最小成本 $4377.26，必須將要空投的物品分成六個包裹，再使用半徑 2.944 公尺的降落傘。除了得到這組解外，規劃求解工具同時也提供了許多有用的摘要報表。

	A	B	C	D	E	F	G
1	Parachute Optimization Problem						
2							
3	Parameters:			Design variables:			
4	Mt	2000		r	2.943652		
5	g	9.8		n	6		
6	cost1	200					
7	cost2	56		Constraints:			
8	cost3	0.1					
9	vc	20		variable		type	limit
10	kc	3		v	20	<=	20
11	z0	500		n	6	>=	1
12							
13	Calculated values:			Objective function:			
14	A	54.44435					
15	l	4.162953		Cost	4377.264		
16	c	163.333					
17	m	333.3333					
18							
19	Root location:						
20	t	27.04077					
21	f(t)	27.04077					

◯ 圖 13.7　呈現 Excel 試算表求解非線性降落傘最佳化問題結果。

13.3.3　MATLAB

如表 13.1 所示，MATLAB 有許多可用來處理最佳化問題的內建函數，以下兩個例子將示範如何使用這些工具來求解。

表 13.1　可用來處理最佳化問題的 MATLAB 函數。

函數	功能敘述
`fminbnd`	針對含限制條件的單變數函數求極小值
`fminsearch`	處理多變數函數的極小值

範例 13.5 | 利用 MATLAB 處理一維最佳化問題

問題描述：使用 MATLAB 的 `fminbnd` 函數計算以下函數在區間 $x_l = 0$ 至 $x_u = 4$ 範圍內的極大值：

$$f(x) = 2\sin x - \frac{x^2}{2}$$

回顧在第 13 章中,我們使用了幾種不同的方法來處理這個問題,得到的解為 $x = 1.7757$ 及 $f(x) = 1.4276$。

解法:首先,我們要建立一個 M-file 來儲存函數

```
function f=fx(x)
f = -(2*sin(x)-x^2/10)
```

由於我們想知道的是極大值,因此輸入函數的負量(即跟原函數差一個負號),然後,我們使用 fminbnd 函數如

```
>> x=fminbnd('fx',0,4)
```

計算結果為

```
f =
    -1.7757
x =
    1.4275
```

請注意,也可加入其他的引數,一個常見的加入法是,把最佳化的選項設為容錯值或是最大的迭代量,可透過 optimset 這個函數來完成,這個函數在先前的範例 7.6 中曾使用過,一般格式如

```
optimset('param₁',value₁,'param₂',value₂,...)
```

其中 $param_i$ 是用來區隔選項的型態,而 $value_i$ 則是指定給選項的值。舉例來說,如果你想要設定容錯值為 1×10^{-2},就只要設成

```
optimset('TolX',1e-2)
```

因此,在容錯值 1×10^{-2} 範圍內解現行問題時可表成

```
>> fminbnd('fx',0,4,optimset('TolX',1e-2))
```

計算得到的結果為

```
f =
    -1.7757
ans =
    1.4270
```

可鍵入 Help 中看到這個函數完整的參數表,方法如下

```
>> Help optimset
```

MATLAB 有許多可用來處理多維度問題的功能,在第 11 章中,我們用來處理一維度搜尋的圖形像是雲霄飛車,在處理二維問題時,圖形則會變成高山和深谷。在下面的例子中,MATLAB 的繪圖能力提供了將函數視覺化的便利工具。

範例 13.6　將二維函數視覺化

問題描述：利用 MATLAB 的繪圖功能顯示並估計以下函數在 $-2 \leq x_1 \leq 0$ 及 $0 \leq x_2 \leq 3$ 範圍內的極小值：

$$f(x_1, x_2) = 2 + x_1 - x_2 + 2x_1^2 + 2x_1 x_2 + x_2^2$$

解法：使用以下的腳本來建立這個函數的路徑 (Contour) 與網格 (mesh) 圖形：

```
x=linspace(-2,0,40);y=linspace(0,3,40);
[X,Y] = meshgrid(x,y);
Z=2+X-Y+2*X.^2+2*X.*Y+Y.^2;
subplot(1,2,1);
cs=contour(X,Y,Z);clabel(cs);
xlabel('x_1');ylabel('x_2');
title('(a) Contour plot');grid;
subplot(1,2,2);
cs=surfc(X,Y,Z);
zmin=floor(min(Z));
zmax=ceil(max(Z));
xlabel('x_1');ylabel('x_2');zlabel('f(x_1,x_2)');
title('(b) Mesh plot');
```

如圖 13.8 所示，這兩種畫法均顯示了函數 $f(x_1, x_2) = 0$ 的極小值約在 0 到 1 之間，大約在 $x_1 = -1$ 與 $x_2 = 1.5$ 附近。

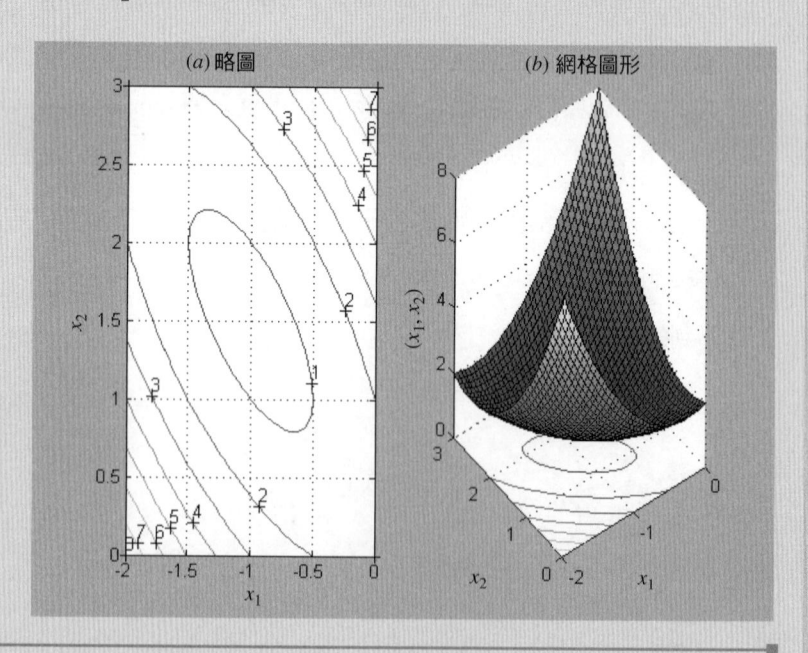

圖 13.8　一個二維函數的 (a) 略圖 (Contour)；(b) 網格 (mesh) 圖形。

標準 MATLAB 有一個函數 fminsearch 可用來決定多維度函數的最小值，此函數以 Nelder-Mead 方法為基礎，這是一個直接搜尋的方法，只使用函

數值（不需要考慮微分）且可處理不可微的目標函數，一個簡單的語法如下：

    [xmin, fval] = fminsearch(function,x1,x2)

其中 xmin 與 fval 為最小值所在處與數值，function 則是要計算的函數名稱，x1 及 x2 則是搜尋區間的上下限，x1 為下限，x2 為上限。

範例 13.7　利用 MATLAB 計算多維度的最佳化問題

問題描述：利用 MATLAB 的 fminsearch 函數找出範例 13.6 中所畫函數的極大值：

$$f(x_1, x_2) = 2 + x_1 - x_2 + 2x_1^2 + 2x_1 x_2 + x_2^2$$

使用初始猜測值 $x_1 = -0.5$ 及 $x_2 = 0.5$

解法：以下列語法來引用 fminsearch 函數：

```
>> f=@(x) 2+x(1)-x(2)+2*x(1)^2+2*x(1)*x(2)+x(2)^2;
>> [x,fval]=fminsearch(f,[-0.5,0.5])

x =
    -1.0000    1.5000
fval =
    0.7500
```

與 fminbnd 類似，在最佳化過程中可加入額外參數做為引數；例如，在函數 optimset 中可用來設定最高的迭代次數

```
>> [x,fval]=fminsearch(f,[-0.5,0.5],optimset('MaxIter',2))
```

計算結果為

```
Exiting: Maximum number of iterations has been exceeded
         - increase MaxIter option.
         Current function value: 1.225625
x =
    -0.5000    0.5250
fval =
    1.2256
```

因此得知，由於我們設定了一個很低的迭代次數上限（僅有兩次），因此在還未到達最大值前最佳化的計算便已停止。

13.3.4 Mathcad

Mathcad 包含一個稱為 **Find** 的數值型態函數,可用來計算包含高達50個不等式限制條件的非線性代數方程式所組成的聯立方程組。在本書第二篇中,我們曾介紹如何將此函數應用在不含限制條件的問題上。當 **Find** 無法找到符合方程組與限制條件的解時,會回傳一個找不到解的錯誤訊息。除此之外,Mathcad 還有一個類似的函數 **Minerr**,可用來在找不到精確解時,提供與限制條件差距最小的估計解,這個函數利用 Levenberg-Marquardt 法,這是一個利用由 Argonne 國家實驗室所研發的 MINPACK 演算法得到的方法。

讓我們示範如何利用 **Find** 求解一組含有限制條件的非線性方程式,利用如圖 13.9 的定義符號,輸入初始猜值 $x = -1$ 與 $y = 1$。**Given** 這個字會提示 Mathcad 接下來要處理的是一連串的方程組。然後我們可以輸入所有的方程式與不等式限制條件。請注意在這個應用中,Mathcad 需要使用一個代表等於的符號(鍵入 [Ctrl]=)以及 > 來分割方程式的左右兩側。現在,包含 xval 以及 yval 的向量可利用 **Find**(x, y) 來計算,結果則用等號來顯示。

用來顯示方程式、限制條件以及解的圖形,可利用滑鼠點在適當的地方,然後放在工作表上。以紅色十字線標示想放圖形的地方,再點選功能表上 Insert/Graph/X-Y Plot 下拉選單,以在工作表上放置一個足夠標示出做圖的運算式以及 x 軸、y 軸範圍的空間。如圖所示,在 y 軸上畫四個變數:上半圓的方程式、下半圓的方程

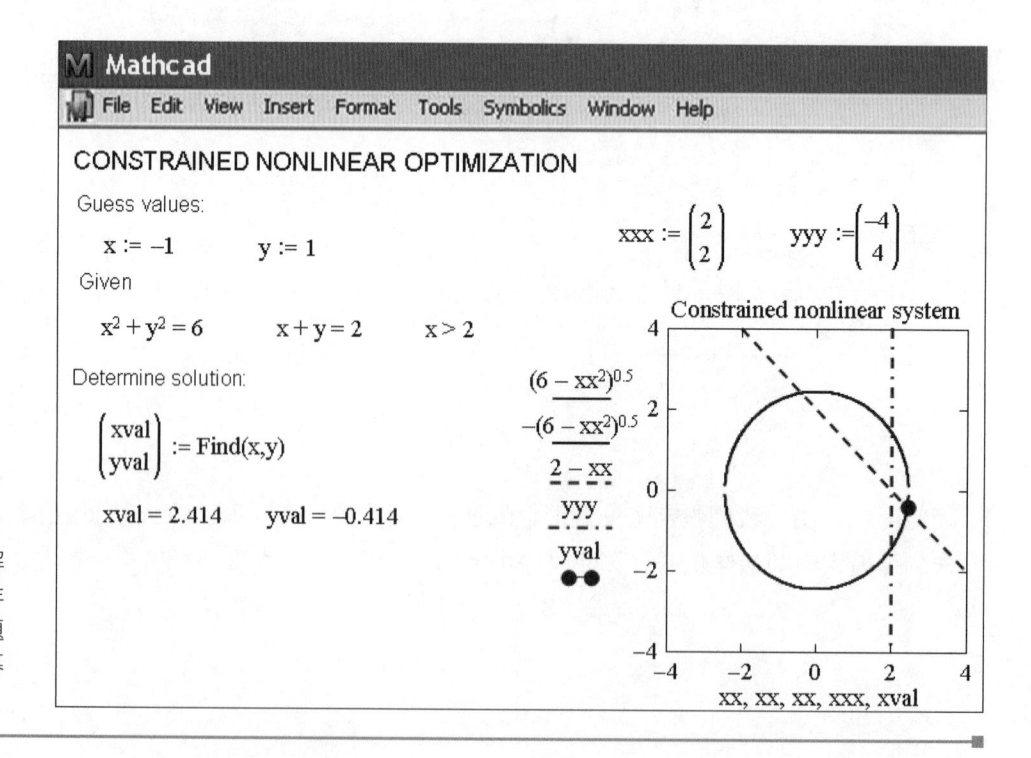

◯ 圖 13.9 求解含限制條件之非線性最佳化問題之 Mathcad 螢幕截圖。

式、線性函數，以及用來代表 $x > 2$ 限制條件的垂直線。除此之外，解也以單點標出。一旦圖形建立之後，可使用功能表上的 Format/Graph/X-Y Plot 下拉選單挑選圖形的類型：改變顏色、函數圖形的線形粗細、增加圖形標題、圖示標籤，以及其他特性。xval 和 yval 圖形以及數值會很清楚顯示，本問題的解就是在 $x > 2$ 範圍中，圓與直線相交的點。

習 題

13.1 有家公司製造 A 與 B 兩種產品。產品是在每週 40 小時的工作時數中完成，每週末透過船運送出。兩種產品每公斤的原料需求分別是 20 公斤與 5 公斤，而公司每週可進原料 9500 公斤。製造時一次只能做一種產品，兩種產品所需的工作時數分別是 0.04 小時及 0.12 小時。另外廠房中每週的產品總量只能儲存 550 公斤。最後，公司在這兩種產品的利潤分別是每公斤 \$45 及 \$20。
(a) 建立求解最高利潤之線性規劃問題。
(b) 利用圖解法解出線性規劃問題。
(c) 利用單形法解出線性規劃問題。
(d) 使用套裝軟體解出此問題。
(e) 改變下列哪項因素所增加的利潤最大：增加原料、增加倉儲空間或增加生產時間。

13.2 假設在範例 13.1 的瓦斯加工問題中，工廠決定生產具有下列特性的第三種產品。

	特級瓦斯
天然瓦斯	15 立方公尺／噸
製造時間	12 小時／噸
倉儲量限制	5 噸
利潤	\$250／噸

此外，假設找到了天然瓦斯的新資源，每週可使用總量加倍成為 154 立方公尺／噸。
(a) 建立求解最高利潤之線性規劃問題。
(b) 利用單形法求解此線性規劃問題。
(c) 使用套裝軟體求解此問題。
(d) 改變下列哪項因素所增加的利潤最大：增加原料、增加倉儲空間或增加生產時間。

13.3 考慮下列線性規劃問題：

$$\text{極大化 } f(x, y) = 1.75x + 1.25y$$

限制條件如下：

$$1.2x + 2.25y \leq 14$$
$$x + 1.1y \leq 8$$
$$2.5x + y \leq 9$$
$$x \geq 0$$
$$y \geq 0$$

利用以下各種方法找出此線性規劃問題的解：
(a) 利用圖解法。
(b) 利用單形法。
(c) 利用合適的套裝軟體（如 Excel、MATLAB、Mathcad）。

13.4 考慮下列線性規劃問題：

$$\text{極大化 } f(x, y) = 6x + 8y$$

限制條件如下：

$$5x + 2y \leq 40$$
$$6x + 6y \leq 60$$
$$2x + 4y \leq 32$$
$$x \geq 0$$
$$y \geq 0$$

利用以下各種方法找出此問題的解：
(a) 利用圖解法。
(b) 利用單形法。
(c) 利用合適的套裝軟體（如 Excel）。

13.5 利用合適的套裝軟體（如 Excel、MATLAB、Mathcad）求解下列含限制條件的非線性最佳化問題：

$$\text{極大化 } f(x, y) = 1.2x + 2y - y^3$$

限制條件如下：

$$2x + y \leq 2$$
$$x \geq 0$$
$$y \geq 0$$

13.6 利用合適的套裝軟體（如 Excel、MATLAB、MathCad）求解下列含限制條件的非線性最佳化問題。

$$\text{極大化 } f(x, y) = 15x + 15y$$

限制條件如下：

$$x^2 + y^2 \leq 1$$
$$x + 2y \leq 2.1$$
$$x \geq 0$$
$$y \geq 0$$

13.7 考慮下列含限制條件的非線性最佳化問題：

$$\text{極小化 } f(x, y) = (x - 3)^2 + (y - 3)^2$$

限制條件如下：

$$x + 2y = 4$$

(a) 利用圖解法估算其解。
(b) 利用套裝軟體（如 Excel）進行更精確的估算。

13.8 利用套裝軟體決定下列函數的極大值

$$f(x, y) = 2.25xy + 1.75y - 1.5x^2 - 2y^2$$

13.9 利用套裝軟體決定下列函數的最大值

$$f(x, y) = 4x + 2y + x^2 - 2x^4 + 2xy - 3y^2$$

13.10 給定下列函數

$$f(x, y) = -8x + x^2 + 12y + 4y^2 - 2xy$$

利用套裝軟體決定極小值：
(a) 圖解法。
(b) 以數值計算。
(c) 將 (b) 的結果代回函數得出極小值。
(d) 算出海賽及行列式，並將 (b) 的值代入確認是極小值。

13.11 你受邀設計一個有蓋的圓錐形垃圾坑，用來儲存 50 立方公尺的廢液，假設挖掘的成本是 $100/立方公尺，內襯的成本是 $50/平方公尺，上蓋的成本是 $25/平方公尺，決定垃圾坑的尺寸以使成本在下列情形中壓到最低：
(a) 若斜邊的斜率完全不設限。
(b) 若斜邊的斜率必須小於 45°。

13.12 一汽車生產公司販售同一家族的兩款車型：一款是四門車型，另一款是雙門轎跑車。
(a) 利用圖解法求解每款車型各需生產若干數量才能達到最高利潤及最高利潤值。
(b) 利用 Excel 求解此問題。

	雙門	四門	可使用總量
利潤	$13,500/輛	$15,000/輛	
製造時間	15 h/輛	20 h/輛	8000 小時/年
倉儲量限制	400 輛	350 輛	
消費者需求量	700/輛	500/輛	240,000 輛

13.13 一個具有高度數學發展但科技平凡的石器時代原始部族首領 Og，要決定生產石棒與石斧的數量，以便為和鄰近的部族即將開打的戰爭做準備。經驗告訴他每根石棒平均殺敵數為 0.45，重創數為 0.65；而每把石斧平均殺敵數為 0.70，重創數為 0.35。製造一根石棒需要使用 5.1 磅的石頭及 2.1 小時的勞動人力，製造一把石斧需要使用 3.2 磅的石頭與 4.3 小時的勞動人力。在戰爭開打之前，Og 的部族共有 240 磅的石頭與 200 小時的勞動人力可用來製造武器，Og 評估殺敵一人和重創兩人對敵人的殺傷力是一樣的，而且他希望生產的混合武器可達到最高的殺傷力。
(a) 建立對應的線性規劃問題，確認要決定的變數。
(b) 將問題以圖形畫出，留意須標出所有可能為解的角點，以及不可能為解的角點。
(c) 以圖解法解出答案。
(d) 利用計算機解出答案。

13.14 建立一個利用黃金分割搜尋演算法找出最小值的 M-file，換言之，直接找出極大值而非利用 $-f(x)$ 的極小值計算；接著利用範例 11.1 測試所編寫的程式。這個函數要具有以下特性：

- 迭代直到相對誤差低於限定的停止條件或是高於最大的迭代次數。
- 回傳最佳值對應的 x 及 $f(x)$。

13.15 建立一個利用黃金分割搜尋法找出極小值的 M-file，不使用標準的停止條件（如圖 11.5），而是決定用來取得限定容錯 (tolerance) 所需的迭代次數。

13.16 建立一個使用拋物線形內插法找出極小值的 M-file；接著應用到範例 11.2 的問題來測試您所編寫的程式。這個函數要具有以下特性：
- 檢查這些猜測值中是否已將最大值圍住，若結果為非，則此函數不能運作演算法，但需回傳一個錯誤訊息。
- 迭代直至相對誤差低於限定的停止條件或是高於最大的迭代次數。
- 回傳最佳值對應的 x 及 $f(x)$。
- 使用包圍戰術（如範例 11.2）用新值取代舊值。

13.17 圖 P13.17 中可連接角落的最長階梯長度，可由計算下列函數之最小 θ 值後決定：

$$L(\theta) = \frac{w_1}{\sin\theta} + \frac{w_2}{\sin(\pi - \alpha - \theta)}$$

針對 $w_1 = w_2 = 2\,\text{m}$，α 值由 $45°$ 到 $135°$ 的範圍，使用數值方法（包含軟體）繪製出 L 的圖形。

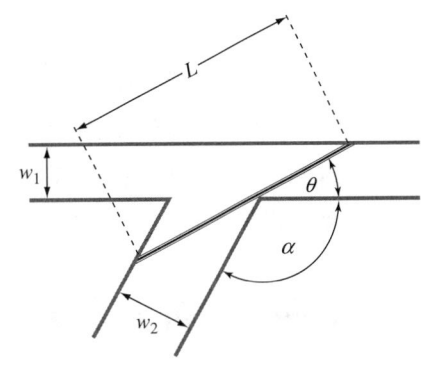

○ **圖 P13.17** 一個用來連接兩條走廊所形成之角落的階梯。

結語：第四篇
Epilogue: Part Four

　　本書其他部分的結語都包含了一個討論及一個不同方法與重要公式和發展期程的相互關係總表。由於在這一篇所談到的方法大多數都相當複雜，而且結果都無法以簡單的公式和表列式的摘要做總結。因此，在這裡僅提供折衷方案與更進一步的參考資料。

PT4.4　折衷方案

　　第 11 章處理的是單一變數、無限制條件的最佳解決方案。黃金分割搜尋法是一種由左右夾擊的界定法，但是這個方法需要有一個包含最佳數值的已知區間。優點是它對於最小化方程式的求值總是會收斂。拋物線型內插法以左右夾擊的方式來使用時成效最佳，不過也能以開放式方法來設計程式，只是有時結果可能會發散。不論是黃金分割搜尋法或拋物線型內插法，都不需要計算導數值。因此，當左右夾擊區域容易界定且函數計算較昂貴時，這兩種方法都很合適。

　　牛頓法是一個不需要利用左右夾擊來求最佳數值的開放式方法。當一階導數與二階導數可經由解析法判定時，牛頓法便能以封閉式的方法來執行。利用有限差分表示導數值以後，以類似割線法的形式來執行。雖然，牛頓法在靠近最佳值附近的區間收斂非常快速，但是也經常受到不好的初始猜值影響而造成發散。而且收斂性也受到函數特性的影響。

　　最後，混合式方法可同時提供可靠度與快速收斂性。例如布列特法混合法，便藉由結合黃金分割搜尋法的可靠度與拋物線型內插法的快速收斂性，來提升其可用性。

　　第 12 章涵蓋兩種一般型態多維無限制條件最佳化問題的解法。第一種是如隨機搜尋法和單變量搜尋法的直接法。雖然這些方法不需要估算函數的導數值，而且能提供找出全域極值（而非局部極值）的機制，但缺點是比較沒有效率。另外一種則是如包威爾法的型態搜尋法；此類方法不但比較有效率而且也不需要做導數值的估算。

　　梯度法使用一階微分或二次微分來求取最佳值。這種最大上升或最深下降的方法雖然有時候收斂比較慢，但是非常可靠。相對地，牛頓法雖然在根的附近可以快

速地收斂，但也經常有發散的現象。馬夸特法是在離最佳值很遠的初始點使用最深下降法，然後在根的附近轉換成使用牛頓法，也就是一個結合梯度法與牛頓法優勢來處理問題的方法。

由於牛頓法涉及到梯度向量和海賽矩陣的計算，因此需要繁複的計算。準牛頓法則嘗試減少計算矩陣的次數（特別是海賽計算、儲存與逆矩陣）來克服此問題。

到目前為止，仍有很多研究調查還緊鑼密鼓地持續進行，探索各類的混合法與協同方法的特性。例如 Fletcher-Reeves 共軛梯度法和 Davidson-Fletcher-Powell 準牛頓法。

第 13 章主要探討有限制條件的最佳化問題。對於線性的問題而言，以單形法為基礎的線性規劃問題已經成為非常有效率的解決方案。諸如 GRG 法的近似則可以用來解決非線性有條件限制的最佳化問題。

許多套裝軟體與程式庫也都能提供廣泛的最佳化問題解決方案。正如第 13 章所描述的 Excel，MATLAB 與 Mathcad 均有內建函數，可用以解決工程上或科學上的一維或多維最佳化問題。

PT4.5 附加的參考文獻

包含演算法的最佳化問題總覽可參考 Press 等人 (2007) 與 Moler (2004)。至於多維的問題，額外的資料則可參考 Dennis 與 Schnable (1996)，Fletcher (1980, 1981) 與 Gill 等教授 (1981) 及 Luenberger (1984)。

此外，許多先進的方法也都適合用於求解相關問題。例如基因演算法使用包含遺傳、突變與物競天擇的生物進化論策略。由於不需要在搜尋空間中提出假設，此類進化演算法往往適用在具有許多極值的大型問題中。而包含同時韌化 (simulated annealing) 與塔布 (Tabu) 搜尋的其他相關技巧，則可參考 Hillier 與 Lieberman (2005) 所提供的方法總覽。

第五篇 曲線擬合
Curve Fitting

PT5.1 動機

資料通常是指由連續體上取得的離散樣本值。然而，我們有時候又必須針對位於這些離散值之間的點估計。本書這一部分將討論如何利用曲線擬合的技巧來求得這些中間值。除此之外，當我們想要使用較簡單的形式來替代一個複雜的函數時，一種方法就是在關注的區間中，以原來函數計算出一些離散點的值，然後再利用這些點的值推導出一個較簡單的函數。這兩種應用都是所謂的**曲線擬合 (curve fitting)**。

曲線擬合的方式可依資料的誤差情形分成兩種。首先，當資料含有較明顯程度的誤差時，在策略上會選擇繪製出一條符合資料分布趨勢的單一曲線。由於任何單一值都有誤差，所以我們在設計上不會強求曲線要通過每一個資料點，而只要能清楚地表示其分布趨勢即可。**最小平方迴歸 (least-square regression)** 就屬於這一類的方法之一（圖 PT5.1a）。

第二種情況是所提供的資料非常準確時，近似的方法就是以一條或多條的曲線將所有的資料點連接起來。一般是以表格列出，例如水的密度或者以溫度為自變數的空氣比熱。至於介於已知資料點間的取值方法就可以採用**內插法 (interpolation)**（圖 PT5.1b 與 c）。

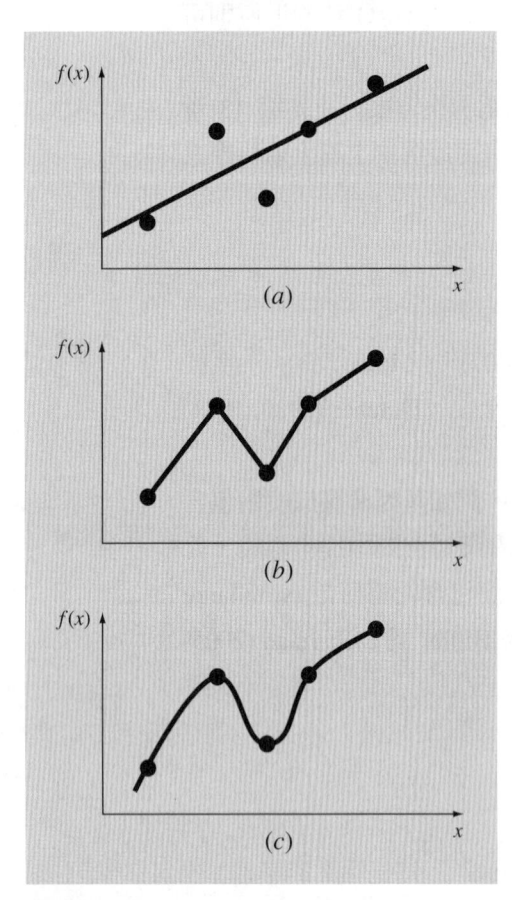

⊃ 圖 PT5.1　針對五個資料點的「最佳」曲線擬合。(a) 最小平方迴歸；(b) 線性內插；(c) 曲線內插。

PT5.1.1 不使用電腦的曲線擬合方法

擬合資料點最簡單的方法是描繪一條經過這些點的曲線。雖然這是一個可行且快速的方式，但是擬合結果會因描繪者個人觀點而異。

例如，圖 PT5.1 顯示由三位工程師分別針對同一組資料點描繪出的不同曲線。第一位的做法是畫出一條向上傾斜的直線，而不是把所有的點連接起來（圖 PT5.1a）。第二位直接利用線段將所有的點連接起來（圖 PT5.1b）。這個做法在工程應用中非常普遍，特別是數值非常接近或者是呈現線性分布時，這樣的近似法所提供的估計值在許多工程計算上已經足夠。然而，當資料點間距非常大或者是分布呈現曲線分配時，這樣的線性內插將產生明顯誤差的。第三位工程師則嘗試利用這些資料點描繪出一條最合適的曲線（圖 PT5.1c）。同理第四位或是第五位皆可做出其他的擬合。很明顯地，我們的目的就是要發展一個有系統且客觀的方法來得到這樣的曲線。

PT5.1.2 曲線擬合與工程上的實施策略

你在曲線擬合方面的首次經驗可能是從表列資料中取得中間值，例如工程經濟中的利率表或熱傳遞學中的蒸氣表。在往後的職涯中，會有很多機會需要從諸如此類的資料表估算中間值。

雖然說已經有許多具備廣泛應用工程特性的資料表，但是仍然有許多並未以這樣便利的方式呈現。此外，仍有許多特殊問題需要你自行建立資料表與關係。在擬合實驗數據時，常見兩種應用：趨勢分析與假設檢定。

趨勢分析指的是根據數據的分布來進行預估。當資料是以高精確度的方式量測時，你可以應用內插多項式來預估。反之，資料較不精確時，就建議使用最小平方迴歸。

趨勢分析 (trend analysis) 也可以用來預估因變數的值。包含以外插法估計資料範圍外的數值與利用內插法估算資料範圍內的數值。所有工程領域中都包含了這一類的問題。

第二種實驗曲線擬合的工程應用稱為**假設檢定 (hypothesis testing)**，也就是將量測資料與現有的數學模型進行比較。若模型中的係數為未知，就需要由這些觀察資料中擬合出最佳的係數值。另一方面，若已知預測的模型係數，或許可以比較估算值與實際觀察值來測試模型的適用性。我們常會比較不同模型，然後根據觀察結果在其中選出一個最合適的。

除了以上的工程應用以外，曲線擬合對於諸如數值積分法與微分方程式的近似解求法等都非常重要。此外，曲線擬合的技巧也可以用來將較複雜的函數近似成較簡易的函數。

PT5.2　數學背景

內插法所需的數學背景知識，包含第 4 章所介紹的泰勒展開式與均值差分。使用最小平方迴歸時須用到一些統計學相關的知識。如果你已經熟悉平均值、標準差、殘差平方和、常態分配以及信賴區間等觀念，可略過以下章節對這些觀念的簡單介紹，直接研讀 PT5.3。如果對這些知識還很陌生或需要再複習，請參閱以下對這些主題簡要的介紹。

PT5.2.1　統計學基礎

假設在工程研究的課程中，針對某一個量做出許多量測，例如表 PT5.1 中包含了 24 個結構鋼的熱膨脹係數讀數。單從表面看來，這些值所能提供的訊息非常有限，僅僅意味著這些值最小為 6.395，最大為 6.775。但若針對此資料集，運用一或多種統計方法深入歸納，將能得到更多額外的訊息或隱藏的特性。在敘述統計中最常用來表現的特性有 (1) 資料分布的中心位置，(2) 資料集擴散的程度。

統計學中最常用來指明位置的是算術平均。**算術平均 (arithmetic mean)** ($\bar{y}$) 可以定義成所有個別的資料值 (y_i) 相加後除以資料點的總數 (n)

$$\bar{y} = \frac{\Sigma y_i}{n} \tag{PT5.1}$$

其中加總為由 $i=1$ 至 n。

最常用來描述資料擴散程度的特性是**標準差 (standard deviation)** (s_y)

$$s_y = \sqrt{\frac{S_t}{n-1}} \tag{PT5.2}$$

其中 S_t 是所有資料點與平均值之差的平方總和，或是寫成

$$S_t = \Sigma(y_i - \bar{y})^2 \tag{PT5.3}$$

因此，若資料點到平均值的分布不夠集中，那麼 S_t（以及 s_y）的值就會很大。但是若資料點的分布緊密地集中在平均值附近，那麼標準差的值就會很小。此擴散程度當然也可以用標準差的平方來表示，也就是所謂的**變異數 (variance)**。

表 PT5.1 結構鋼的熱膨脹係數量測資料 [$\times 10^{-6}$ in/(in·°F)]。

6.495	6.595	6.615	6.635	6.485	6.555
6.665	6.505	6.435	6.625	6.715	6.655
6.755	6.625	6.715	6.575	6.655	6.605
6.565	6.515	6.555	6.395	6.775	6.685

$$s_y^2 = \frac{\Sigma(y_i - \bar{y})^2}{n-1} \quad \text{(PT5.4)}$$

特別要提的是，在方程式 (PT 5.2) 與方程式 (PT 5.4) 中，分母中使用的都是 $n-1$，代表**自由度 (degree of freedom)**。因此，S_t 與 s_y 都被記成具自由度 $n-1$。此術語的由來是基於 S_t 的各項數量（也就是 $\bar{y} - y_1, \bar{y} - y_2, \ldots, \bar{y} - y_n$）的總和為零。因此，若平均值 $\bar{y}$ 為已知，且其中 $n-1$ 個數值也已指定，其餘數值自然而然就為定值。所以，最多只能有 $n-1$ 個數能自由變動。另外需特別聲明的是，不需要擔心分母除以 $n-1$，因為所謂資料分布代表資料點個數不會僅為 1。$n=1$ 時，方程式 (PT 5.2) 與方程式 (PT 5.4) 中的分母均為零，因此無意義。

另外以下是一個更方便用來計算標準差的替代公式

$$s_y^2 = \frac{\Sigma y_i^2 - (\Sigma y_i)^2/n}{n-1}$$

此替代公式不須要事先計算 $\bar{y}$，且與方程式 (PT 5.4) 所計算得到的結果完全一致。

統計學中最後一個用來描述資料擴散程度特性的是**變異係數 (coefficient of variation**，簡稱 **c. v.**)。其值是標準差對平均數的比值，提供了正規化的擴散程度量測。它通常在使用上會乘以 100，以百分比的方式呈現：

$$\text{c.v.} = \frac{s_y}{\bar{y}} 100\% \quad \text{(PT5.5)}$$

要注意的是變異係數的意思與章節 3.3 中所討論的相對誤差百分比 (ε_t) 非常類似 (ε_t)。也就是資料誤差 (s_y) 對估算值 ($\bar{y}$) 的比值。

範例 PT5.1　統計學基礎範例

問題敘述：利用表 PT 5.1 來計算平均值、變異數、標準差與變異係數。

表 PT5.2　由熱膨脹係數讀數來計算統計相關數值。所歸納出來的頻率與上、下界被用來計算如圖 PT5.2 中的直方圖。

i	y_i	$(y_i - \bar{y})^2$	頻率	區間 下界	區間 上界
1	6.395	0.042025	1	6.36	6.40
2	6.435	0.027225	1	6.40	6.44
3	6.485	0.013225			
4	6.495	0.011025	4	6.48	6.52
5	6.505	0.009025			
6	6.515	0.007225			
7	6.555	0.002025	2	6.52	6.56
8	6.555	0.002025			
9	6.565	0.001225			
10	6.575	0.000625	3	6.56	6.60
11	6.595	0.000025			
12	6.605	0.000025			
13	6.615	0.000225			
14	6.625	0.000625	5	6.60	6.64
15	6.625	0.000625			
16	6.635	0.001225			
17	6.655	0.003025			
18	6.655	0.003025	3	6.64	6.68
19	6.665	0.004225			
20	6.685	0.007225			
21	6.715	0.013225	3	6.68	6.72
22	6.715	0.013225			
23	6.755	0.024025	1	6.72	6.76
24	6.775	0.030625	1	6.76	6.80
Σ	158.4	0.217000			

解法：將表 PT 5.2 中的資料加總後，利用方程式 (PT 5.1) 計算

$$\bar{y} = \frac{158.4}{24} = 6.6$$

如表 PT 5.2 中所顯示，殘差平方和為 0.217000，此數值可以用來求標準差（方程式(PT 5.2)）

$$s_y = \sqrt{\frac{0.217000}{24 - 1}} = 0.097133$$

變異數則是（方程式 (PT 5.4)）

$$s_y^2 = 0.009435$$

另外變異係數則為（方程式 (PT 5.5)）

$$\text{c.v.} = \frac{0.097133}{6.6} 100\% = 1.47\%$$

PT5.2.2 常態分配

另外一個與目前所討論的內容相關的特性是**資料分布 (data distribution)**，也就是資料環繞平均值的分布形狀。直方圖將資料的分布轉換成可以觀察的簡單圖形。正如同圖 PT5.2 所示，量測的資料經過排序後置放在連續的區間內，橫座標顯示的是區間範圍，縱座標則是區間內資料出現的次數。因此圖中在介於 6.60 至 6.64 中共有 5 個量測資料。此外，由圖 PT5.2 可以看出，大部分的資料都落在平均值 6.6 的附近。

如果數據資料很多時，直方圖往往能用平滑曲線來近似。圖 PT5.2 的對稱鐘形曲線就是具備這個特性的圖形，這就是所謂的**常態分配 (normal distribution)**。只要有夠多的額外量測數據，以上範例的直方圖最後會近似於常態分配。

平均值、變異數、標準差與常態分配的觀念與工程應用問題有密切的關係。以最簡單的例子而言，在一組資料的量測中，這些結果可以用來幫助斷定資料的可信度。也就是說若量測的資料為常態分配，則約有 68% 的數據資料會落在 $\bar{y}-s_y$ 與 $\bar{y}+s_y$ 之間。同理，約有 95% 的數據資料會落在 $\bar{y} - 2s_y$ 與 $\bar{y} + 2s_y$ 之間。

在表 PT5.1 之資料中 ($\bar{y} = 6.6$，$s_y=0.097133$)，我們可以預估有 95% 的數據會落在 6.405734 到 6.794266 之間。若某人量測的資料為 7.35，則可以預期此量測可能有誤。下一小節將說明此觀念。

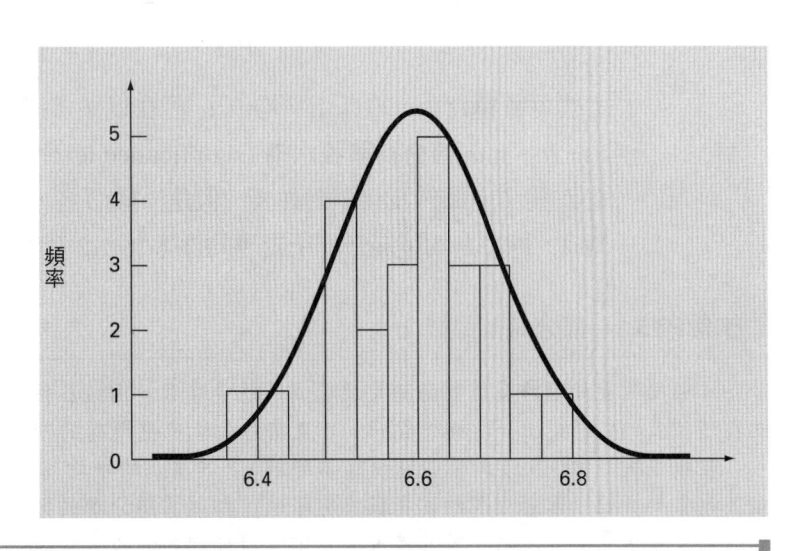

◐ 圖 **PT5.2** 用來描述資料的直方圖。當資料點的數目增加時，直方圖會慢慢變成一條稱為常態分配的鐘形平滑曲線。

PT5.2.3 信賴區間的計算

上一小節中已清楚說明，統計學的主要目的之一是要藉由有限**樣本 (sample)** 所描繪的圖形來說明整個**母體 (population)** 的特性。對上一小節的例子而言，我們當然不可能去量測結構鋼上每一個位置的熱膨脹係數。所以，如同表 PT5.1 與表 PT5.2 所示，我們只能隨機取樣取得量測值，然後嘗試利用這些樣本來描述整個母體的特性。

藉由有限的樣本來推論母體中未知的特性，這樣的過程稱為**統計推論 (statistical inference)**。另外由於這樣的結果常被用來做為母體參數的估計，因此這樣的過程也稱為**估計 (estimation)**。

我們先前已提過如何估計有限樣本的集中程度（樣本平均，$\bar{y}$）與分散程度（樣本標準差與變異數）。接著，我們要探討如何結合這些估計值與機率統計，特別是如何在所求得的平均值周遭定義所謂的信賴區間。我們特別選擇這個主題是因為這與第 14 章所要描述的迴歸模型有直接關係。

在以下的討論中，$\bar{y}$ 與 s_y 分別代表樣本平均與樣本標準差。μ 與 σ 分別代表母體平均與母體標準差。前者有時候又稱為估計平均與估計標準差，而後者有時稱為真正平均與真正標準差。

區間估計 (interval estimator) 代表某一個參數在給定機率值下會出現的區間。此區間可以是雙向延伸，也可以只有單向延伸。顧名思義，**單向延伸區間 (one-sided interval)** 指的是估計參數大於或小於真正值。而**雙向延伸區間 (two-sided interval)** 的意義就較廣泛；估計參數也對應至真正值，但與正負號無關。由於雙向延伸區間具有較廣泛的意義，因此以下討論的重點也放在這上面。

雙向延伸區間可用以下公式來描述：

$$P\{L \leq \mu \leq U\} = 1 - \alpha$$

上式可解釋為「y 的真正平均值 μ 落在以 L 為下界、U 為上界的區間內之機率為 $1 - \alpha$」。α 值稱為**顯著水準 (significance level)**。所以區間估計的問題簡化成求數值 L 與 U。雖然沒有絕對必要，但是一般而言，若雙向延伸區間分配所對應的機率為 α，則左右兩尾端分配所對應的機率為 $\alpha/2$（參考圖 PT5.3）。

方塊 PT5.1　部分統計學概念

工程師需要經過許多課程的洗禮才能成為統計專家。由於各位目前可能尚未修習這些相關課程，因此在這裡我們特別提出一些概念說明，以便讓各位能有更連貫的學習。

在推論統計中，主要均假設隨機樣本變數 y，其真正的平均為 μ 與變異數為 σ^2。接下來的討論亦假設其為常態分配。常態分配的變異數為有限值，描述常態分配的擴散程度。若變異數值很大，代表常態分配的分布很寬廣。反之，若其值很小，則常態分配的分布很狹長。因此真正變異數的值代表隨機變數的不確定性。

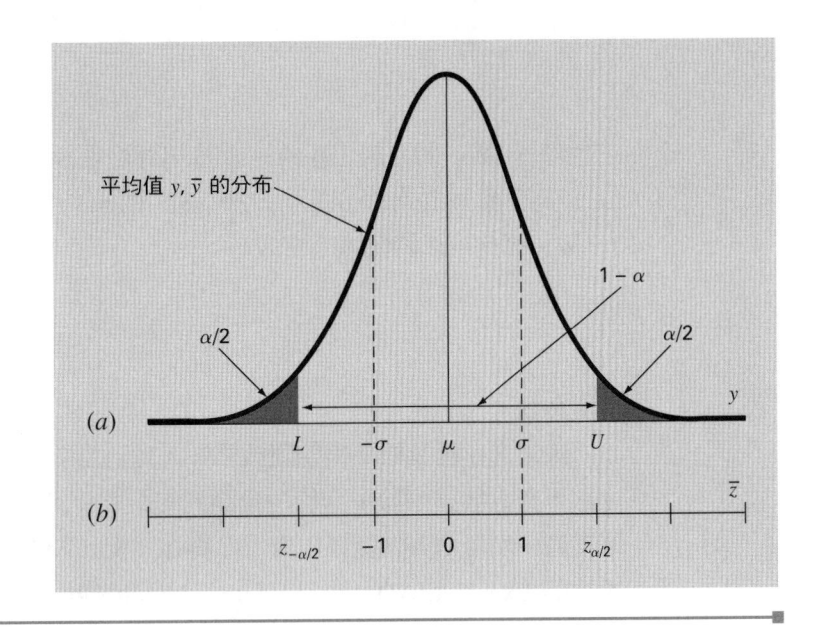

○ **圖 PT5.3** 雙向延伸信賴區間。(a) 中的橫座標為隨機變數 y 所使用的正常單位；(b) 則是以平均值為原點，橫座標正規化後以標準差為單位數值。

在統計學中，我們量測有限的資料稱之為樣本，並從樣本群中找出平均值 ($\bar{y}$) 與變異數 (s_y^2)。當樣本數愈多，估計值就會愈接近真正的值，也就是 $n \to \infty$ 時 $\bar{y} \to \mu$ 且 $s_y^2 \to \sigma^2$。

假設樣本數為 n 且計算所得的平均值為 $\bar{y}_1$，而另外 n 個樣本的平均值為 $\bar{y}_2$，依此類推可得 $\bar{y}_1, \bar{y}_2, \bar{y}_3, \ldots, \bar{y}_m$，其中 m 為一個很大的正整數。然後以直方圖來表示這些平均值，並計算「平均值的分配」，「平均值的平均值」與「平均值的標準差」。此時會產生以下的問題：新求出的平均值分配及相關統計的行為是否也能預測估計？**中央極限定理 (central limit theorem)** 是個極重要的定理，可以用來直接回答此問題：

設 $y_1, y_2, \ldots, y_n$ 為來自以平均值為 μ，變異數為 σ^2 的分配之 n 個隨機樣本。當 n 值很大，$\bar{y}$ 近似於以 μ 為平均、以 σ^2/n 為變異數的常態分配。此外，當 n 值很大，隨機變數 $(\bar{y} - \mu)/(\sigma/\sqrt{n})$ 近似於標準常態分配。

因此，由這個定理得到的重要結論：不論隨機變數如何分配，平均值分配永遠是標準常態分配！此定理也指出，有夠多的樣本數時，平均值的平均將會收斂至真正的平均 μ。

此外，定理也說明了當樣本數的值夠大時，平均值的變異數將會趨近於零。也就是樣本數 n 太小的話，各別平均值的估計就不夠準確，平均值的變異數將會很大。但是一旦樣本數增加，平均值的估計就能獲得改善，而且分配的擴散程度也將會縮減。中央極限定理很清楚的說明標準差與變異數及樣本數有關，即等於 σ^2/n。

最後，定理另外說明了方程式 (PT5.6) 所提供的重要結論，正如本節所述，此結果是建立平均值信賴區間的基礎。

假設 σ^2 為分配 y 的真正變異數，由統計學理論得知其樣本平均數為 $\bar{y}$、變異數為 σ^2/n（方塊 PT5.1）。由於真正的平均值 μ 並非已知（參考 PT5.3），因此無法得知曲線對 $\bar{y}$ 的真正位置。為解決此問題，我們使用**標準常態估計 (standard normal estimate)** 的變數變換：

$$\bar{z} = \frac{\bar{y} - \mu}{\sigma/\sqrt{n}} \qquad \text{(PT5.6)}$$

它代表 $\bar{y}$ 與 μ 的正規化距離。根據統計學理論，此數量會是一個以 0 為平均值，以 1 為變異數的常態分配。此外，圖 PT5.3 中參數 $\bar{z}$ 落在非陰影區域的機率為 $1 - \alpha$。因此可以將敘述改寫成

$$\frac{\bar{y} - \mu}{\sigma/\sqrt{n}} < -z_{\alpha/2} \qquad \text{或} \qquad \frac{\bar{y} - \mu}{\sigma/\sqrt{n}} > z_{\alpha/2}$$

機率為 α。

數量 $z_{\alpha/2}$ 稱為標準常態隨機變數。此為沿著正規化座標軸，以機率值 $1 - \alpha$ 為中心，在大於與小於平均值所量測到的距離（參考圖 PT5.3b）。$z_{\alpha/2}$ 的數值在統計學書籍中均可由表列資料中查表而得知（例如 Milton 與 Arnold，2002），也可以透過諸如 Excel、MATLAB 或 Mathcad 的套裝軟體求函數值得到。例如 $\alpha = 0.05$（或包含 95% 的區間），$z_{\alpha/2}$ 約等於 1.96，代表以平均值為中心，寬度為 ± 1.96 乘上標準差的區間約為曲線下總面積的 95%。

重新整理以後可得：

$$L \leq \mu \leq U$$

機率若為 $1 - \alpha$，其中

$$L = \bar{y} - \frac{\sigma}{\sqrt{n}} z_{\alpha/2} \qquad U = \bar{y} + \frac{\sigma}{\sqrt{n}} z_{\alpha/2} \qquad \text{(PT5.7)}$$

此處雖然利用真正的變異數 σ 提供了 L 與 U 的計算，但是計算中必須使用真正的變異數 σ。但由於實際上我們只知道估計變異 s_y，因此必須有其他替代方法。一個很直接的替代方法是以 s_y 為基礎，發展一個類似 (PT5.6) 的方程式

$$t = \frac{\bar{y} - \mu}{s_y/\sqrt{n}} \qquad \text{(PT5.8)}$$

即使所使用的樣本來自常態分配，上式也不會呈現出常態分配，特別在 n 值比較小的時候。W. S. Gossett 發現以方程式 (PT5.8) 定義的隨機變數呈現出的是 **t 分配** (*t distribution*)。在此情況下：

$$L = \bar{y} - \frac{s_y}{\sqrt{n}} t_{\alpha/2, n-1} \qquad U = \bar{y} + \frac{s_y}{\sqrt{n}} t_{\alpha/2, n-1} \qquad \text{(PT5.9)}$$

其中 $t_{\alpha/2, n-1}$ 是機率為 $\alpha/2$ 時 t 分配的標準隨機變數。在 $z_{\alpha/2}$ 的情況下，數值會以統計表列出或是透過程式庫及套裝軟體計算出來。例如當 $\alpha = 0.05$ 與 $n = 20$ 時，$t_{\alpha/2, n-1} = 2.086$。

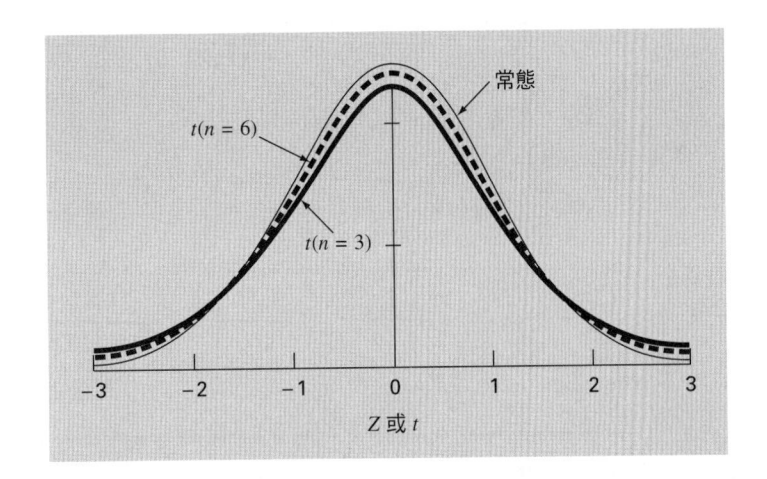

⊃ **圖 PT5.4** 分別在 $n = 3$ 與 $n = 6$ 時標準常態分配與 t 分配的比較。一般而言，t 分配比較平滑。

t 分配可以想成是常態分配的修正，而且可以用來驗證對於標準差的估計缺陷。當 n 值比較小時，它的分布趨勢比常態分配平坦（參考圖 PT5.4）。因此當量測樣本數較少時，資料分布也較廣，也因此獲得較保守的信賴區間估計。反之，當 n 值增加時，t 分配逐漸收斂至常態分配。

範例 PT5.2　平均值的信賴區間

問題描述：由表 PT5.1 中的資料分別對以下三種情況計算其平均值與 95% 的信賴區間。(a) 前 8 個量測資料。(b) 前 16 個量測資料。(c) 全數共 24 個量測資料。

解法：

(a) 使用前 8 個量測資料的平均值與標準差分別是：

$$\bar{y} = \frac{52.72}{8} = 6.59 \qquad s_y = \sqrt{\frac{347.4814 - (52.72)^2/8}{8 - 1}} = 0.089921$$

統計量 t 的計算結果為：

$$t_{0.05/2, 8-1} = t_{0.025, 7} = 2.364623$$

因此分別可求得上界與下界

$$L = 6.59 - \frac{0.089921}{\sqrt{8}} 2.364623 = 6.5148$$

$$U = 6.59 + \frac{0.089921}{\sqrt{8}} 2.364623 = 6.6652$$

或

$$6.5148 \leq \mu \leq 6.6652$$

因此,在使用前 8 個量測資料的情況下,真正的平均值落在 6.5148 至 6.6652 間的機率為 95%。

同理可以得到 (b) 16 個量測資料與 (c) 24 個量測資料的結果。整理如下

n	$\bar{y}$	s_y	$t_{\alpha/2,n-1}$	L	U
8	6.5900	0.089921	2.364623	6.5148	6.6652
16	6.5794	0.095845	2.131451	6.5283	6.6304
24	6.6000	0.097133	2.068655	6.5590	6.6410

在圖 PT5.5 中我們也會對這些結果列出一個總結,那就是樣本數 n 值增加時,信賴區間會比較狹小。因此,使用的資料愈多,結果將會更精細。

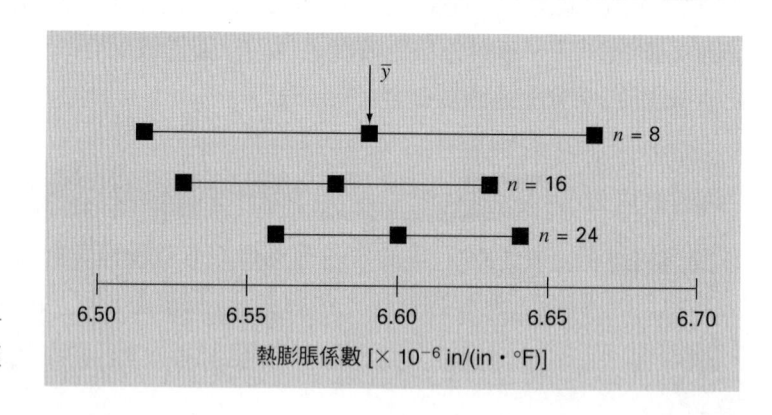

圖 PT5.5 針對不同樣本數所計算出來的平均值與 95% 的信賴區間。

以上僅僅是一個利用統計學來判斷資料訊息的簡單範例。這些觀念與我們將要討論的迴歸模型有很直接的關係。你可以再參考其他與基本統計學相關的書籍(例如 Milton 與 Arnold,2002)以獲取在此主題上的更進一步知識。

PT5.3 學習方針

在進入討論曲線擬合的數值方法之前,進一步指出學習方針應該有所幫助。以下將預覽第五篇所要討論的課程內容,並且建立好學習過程中所需要的物件。

PT5.3.1 眼界與預覽

圖 PT5.6 總覽了第五篇的課程內容。第 14 章談的是**最小平方迴歸 (least-square regression)**。首先以**線性迴歸 (linear regression)** 的技巧來對一組含有誤差的資料擬

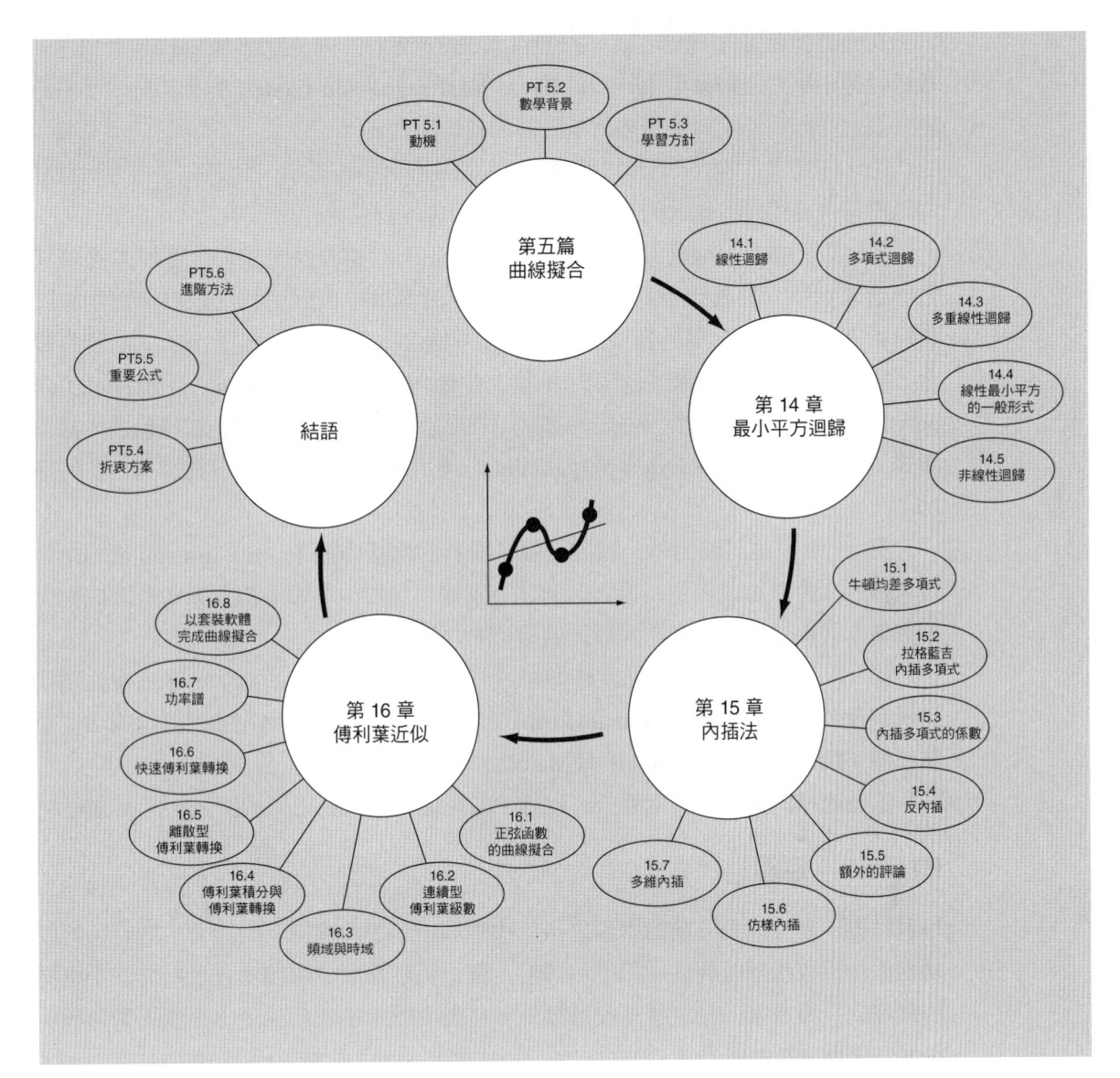

⊃ **圖 PT5.6**　第五篇曲線擬合課程內容的組織架構圖。

合出一條直線，接著討論如何計算此直線的斜率及截距。最後介紹如何以數值量化與視覺觀察的方式來評估擬合結果的適當性。

除了擬合出直線以外，我們另外也介紹擬合出「最佳」多項式的一般技巧。因此你可以學到對一組含有誤差的資料點擬合出「最佳」二階、三階或高階的多項式。事實上，線性迴歸只是**多項式迴歸 (polynomial regression)** 的一部分內容。

第 14 章接下來介紹**多重線性迴歸 (multiple linear regression)**。此方法適用於方程式中的因變數 y 與兩個或多個自變數 $x_1, x_2, \ldots, x_m$ 相關的情況。此近似法在計算與多個變因相關的實驗資料時特別受到青睞。

在介紹多重線性迴歸之後，我們將以實例來說明多項式與多重迴歸其實只是一**般線性最小平方迴歸模型 (general linear least regression model)** 的一部分，並將藉由一個迴歸的簡易矩陣表示來討論一般的統計特性。

第 14 章的最後會介紹**非線性迴歸 (nonlinear regression)**。此近似法主要是設計用以對符合非線性方程式的資料進行最小平方擬合。

第 15 章描述一種稱為**內插 (interpolation)** 的曲線擬合技巧，並導入多項式的概念來估算介於真正資料點間的中間數值。本章中也分別利用直線與拋物線將資料點連接，並藉此闡述多項式內插的基本概念，並延伸至 n-階多項式的資料擬合。這樣的多項式分為兩類，第一種稱為**牛頓內插多項式 (Newton's interpolation polynomial)**，主要是用在多項式階數為未知的情況。另一種則稱為**拉格藍吉內插多項式 (Lagrange interpolation polynomial)**，應用在多項式階數為已知時有絕佳的優勢。

第 15 章中也討論另外一種完全擬合資料的**仿樣內插 (spline interpolation)** 技巧，會逐步將多項式與資料擬合。此法特別適用於看似平順，但偶爾會有瞬間變化的資料。最後也對多維度的內插提供簡短的介紹。

第 16 章則探討使用傅利葉轉換來近似週期函數及資料的擬合。本章會強調**快速傅利葉轉換 (Fast Fourier transform)**，最後還會介紹可以用在曲線擬合的商業套裝軟體（例如Excel，MATLAB 與 Mathcad）。

第五篇結語除了摘要重要公式以外，並討論在工程應用時須納入的折衷方案。

PT5.3.2　目標

學習目標：在完成第五篇的學習之後，你應該增進了曲線擬合的能力。同時，能成功地操作這些技巧並評估結果的可靠度。但是仍然必須瞭解如何在這些方法中選擇出最好的折衷方案。在這些一般目標外，在表 PT5.3 中我們也列出一些學習過程中須要知道與掌握的方向。

計算機目標：在第五篇中，我們已經提供具有學習工具的軟體與簡單的電腦演算法應用。當然你也能由套裝軟體或程式庫獲得其他的學習工具。

第五篇對大部分介紹的方法都有提供電腦演算法。這些訊息將使得我們很容易擴展現有僅包含多項式迴歸的程式庫到更廣的範圍。特別是由專業的角度來看數值積分與微分應用在不等間距的資料時，我們會希望自己的程式庫具有能處理多重線性迴歸、牛頓內插多項式、三次仿樣函數與快速傅利葉轉換等程式。

最後，你最重要的目標之一應該是要能夠操作這些通用目標的軟體套件。特別是，你要能夠將這些工具用於數值方法以求解工程問題。

表 PT5.3 第五篇的具體學習目標。

1. 瞭解介於迴歸與內插間最基本的差異，並瞭解兩者間的誤用會產生什麼嚴重問題。
2. 瞭解線性最小平方迴歸的推導，並能夠以圖示法或定量法評估擬合結果的可靠度。
3. 瞭解如何藉由轉換將資料線性化。
4. 清楚認知多項式、多重、與非線性迴歸的使用時機。
5. 瞭解一般的線性模型，清楚線性最小平方的矩陣公式與熟稔計算參數的信賴區間。
6. 認知對於給定的 $n+1$ 個點，通過這些點的 n 階多項式為唯一存在。
7. 瞭解如何推導一階牛頓內插多項式。
8. 知道介於牛頓多項式與泰勒級數展開式間的相似性，而且知道如何表示其截取誤差。
9. 認知牛頓與拉格藍吉方程式所代表的是相同的多項式，僅是型態上的差異而已。另外要分別知道兩者各別的優點與缺點。
10. 認知如果用來估算的資料點分布以未知數為中心，且愈靠近中心點時，則結果通常較準確。
11. 認知無論對於牛頓與拉格藍吉方程式，資料不需要具有等間距的特性或事先要求特定的階數。
12. 知道等間距內插公式有什麼便利性。
13. 認知外插法的便利與風險。
14. 瞭解為何仿樣函數適用來擬合有瞬間變化的資料。
15. 瞭解如何將內插多項式用在二維問題上。
16. 認知為什麼傅利葉級數可以用來擬合週期函數的資料
17. 瞭解頻域與時域的差異性。

CHAPTER 14

最小平方迴歸
Least-Squares Regression

當實質誤差與資料結合時,就不適合考慮使用多項式內插法,尤其是在預測中間值時可能得到不適合的結果。例如圖 14.1a 中所顯示的是一組(七個點)變異性很大的實驗結果,藉由觀察得知在 y 與 x 之間有一個正比的關係存在。也就是 x 值愈大,相對的 y 值也愈大。此時,如果以一個六階多項式來擬合這一組資料時(參考圖 14.1b),雖然曲線能夠確實地通過這些資料點,但是由於變異性太大的關係,多項式曲線在這些點的區間中振盪幅度也很大。特別是在 $x = 1.5$ 與 $x = 6.5$ 的地方,多項式所計算出來的值會超出我們資料的範圍。

針對這樣的問題,比較合適的做法是以一個函數來擬合資料點分布的形狀或趨勢,而不要強制必須通過每一個資料點。圖 14.1c 中所顯示的直線已經成功地刻劃出資料點分布的趨勢,但是這條直線並沒有通過任何一個資料點。

以個人視覺上的「最佳」描繪是決定圖 14.1c 中直線的方法之一。雖然這樣直觀的做法合宜,但有解不唯一的缺陷。因此,除非給定的資料點恰好只能繪出一條直線,否則在不同的條件分析下就可能繪出不同的直線。

為了避免直線描繪過程中的主觀性,我們必須建立一些資料擬合的基準。而其中之一的想法就是所求出的曲線與資料點之間的差異必須有極小化的關係。在本章中所要討論的**最小平方迴歸 (least square regression)** 即是達成以上想法的技巧。

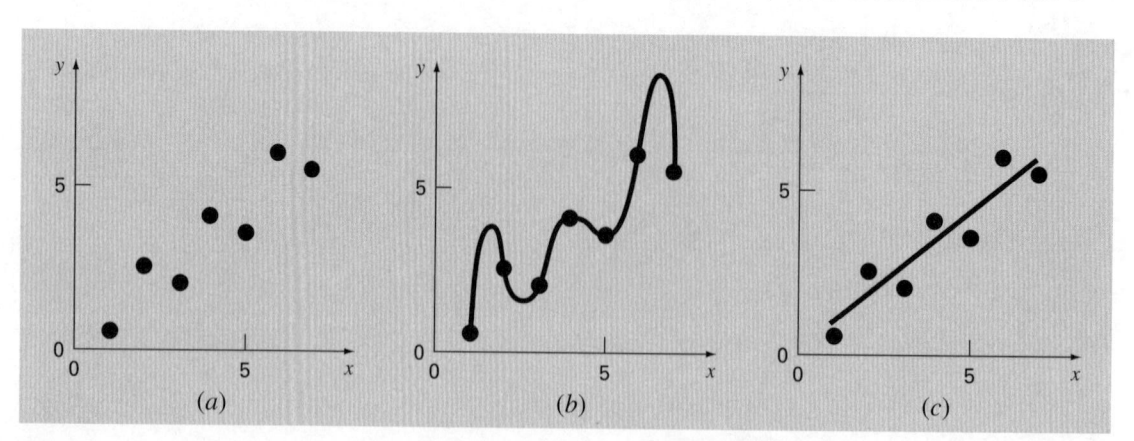

圖 14.1 (a) 變異性很大的資料點;(b) 以振盪幅度很大且會超出資料範圍的多項式來擬合;(c) 最小平方擬合是較合適的方法。

14.1 線性迴歸

使用最小平方近似法最簡單的例子就是以一條直線來擬合一群觀察點的集合：$(x_1, y_1), (x_2, y_2), \ldots, (x_n, y_n)$。直線的數學表示法為

$$y = a_0 + a_1 x + e \tag{14.1}$$

其中係數 a_0 與 a_1 分別代表直線的截距與斜率，e 則代表數學模型與觀察值間的誤差（或殘差值），我們可以將方程式 (14.1) 重新整理成

$$e = y - a_0 - a_1 x$$

因此，誤差（或**殘差值 (residual)**）即為真實的 y 值與由線性公式 $a_0 + a_1 x$ 所預測之近似值間的差異值。

14.1.1 最佳擬合的標準

擬合一條通過資料點「最佳」直線的策略之一，是對各資料點的殘差值總和求極小值，也就是

$$\sum_{i=1}^{n} e_i = \sum_{i=1}^{n}(y_i - a_0 - a_1 x_i) \tag{14.2}$$

其中 n 是資料點的總數。然而這並不是一個很合適的標準，原因是如同圖 14.2a 中針對兩個點來擬合直線時。很明顯地，直接連接兩點的直線會是最佳擬合。然而，任何通過兩點中點的直線（除了完全垂直的直線），由於殘差值互相抵消的緣故，將使得方程式 (14.2) 中之極小值均為零。

因此，另一個可行的標準是對以下公式的殘差值絕對值總和求極小值

$$\sum_{i=1}^{n} |e_i| = \sum_{i=1}^{n} |y_i - a_0 - a_1 x_i|$$

圖 14.2b 中再次說明此標準依然是不合適的。也就是如圖中所示的四個點，落在此虛線區域間的任何直線都能使絕對值總和為其極小值。因此這個標準也無法提供唯一的最佳擬合。

第三個執行最佳擬合的策略是使用所謂的**極大值極小化 (minimax)** 標準。在這樣的想法中，直線的選擇必須對單一個別點到直線的距離極大值進行極小化。以圖 14.2c 中所描述的為例，由於其中一個點有非常大的誤差，因此可以看出此策略依舊是不適用的。但值得一提的是，有時候想到以一個比較簡單的函數來擬合一個比較複雜的函數時，這個極大值極小化標準想法確實有預期的效果（Carnahan、Luther 與 Wilkes，1969）。

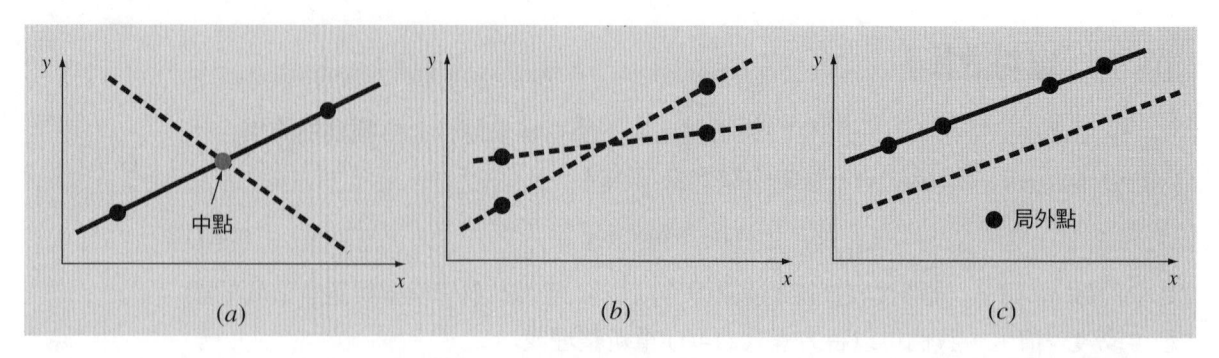

圖 14.2 不合適的「最佳擬合」迴歸標準：(a) 對殘差值的總和求極小值；(b) 對殘差值的絕對值總和求極小值；(c) 對單一個別點到直線的距離極大值進行極小化。

另外一個可以克服這些缺點的策略是藉由計算所有資料殘差值平方和的極小值來求得此直線。也就量測的 y 值與模型計算所得的 y 值間的差，將其平方相加後求極小值

$$S_r = \sum_{i=1}^{n} e_i^2 = \sum_{i=1}^{n} (y_{i,\text{量測值}} - y_{i,\text{模型值}})^2 = \sum_{i=1}^{n} (y_i - a_0 - a_1 x_i)^2 \quad \text{(14.3)}$$

此方法有許多的優點，其中之一就是在給定的資料點中能夠提供唯一的直線。在更進一步討論其特性前，我們先介紹如何計算方程式 (14.3) 中的 a_0 與 a_1。

14.1.2 直線之最小平方擬合

為了決定 a_0 與 a_1 的值，我們對方程式 (14.3) 中的每一個係數做微分：

$$\frac{\partial S_r}{\partial a_0} = -2 \sum (y_i - a_0 - a_1 x_i)$$

$$\frac{\partial S_r}{\partial a_1} = -2 \sum [(y_i - a_0 - a_1 x_i) x_i]$$

這裡我們已經對加總的符號做簡化；也就是說，除非有特別的說明，否則所有的加總都是由 $i = 1$ 到 n。將這些微分設定為零，就是對 S_r 進行極小化。果真如此，方程式可以表示成

$$0 = \sum y_i - \sum a_0 - \sum a_1 x_i$$

$$0 = \sum y_i x_i - \sum a_0 x_i - \sum a_1 x_i^2$$

此時，由於 $\Sigma a_0 = n a_0$，我們可將方程式可以寫成包含兩個未知數（a_0 與 a_1）的聯立方程組：

$$na_0 + \left(\sum x_i\right) a_1 = \sum y_i \tag{14.4}$$

$$\left(\sum x_i\right) a_0 + \left(\sum x_i^2\right) a_1 = \sum x_i y_i \tag{14.5}$$

這些稱為**正規化方程式** (normal equations)。解此聯立方程組可得

$$a_1 = \frac{n\sum x_i y_i - \sum x_i \sum y_i}{n\sum x_i^2 - (\sum x_i)^2} \tag{14.6}$$

將此結果代回方程式 (14.4) 中,可得

$$a_0 = \bar{y} - a_1 \bar{x} \tag{14.7}$$

其中 $\bar{y}$ 與 $\bar{x}$ 分別是 y 與 x 的平均值。

範例 14.1　線性迴歸

問題描述:由表 14.1 中前兩欄 x 與 y 的值,擬合出一直線。

解法:計算以下的方程式:

$$n = 7 \quad \sum x_i y_i = 119.5 \quad \sum x_i^2 = 140$$

$$\sum x_i = 28 \quad \bar{x} = \frac{28}{7} = 4$$

$$\sum y_i = 24 \quad \bar{y} = \frac{24}{7} = 3.428571$$

表 14.1　線性擬合的誤差分析計算。

x_i	y_i	$(y_i - \bar{y})^2$	$(y_i - a_0 - a_1 x_i)^2$
1	0.5	8.5765	0.1687
2	2.5	0.8622	0.5625
3	2.0	2.0408	0.3473
4	4.0	0.3265	0.3265
5	3.5	0.0051	0.5896
6	6.0	6.6122	0.7972
7	5.5	4.2908	0.1993
Σ	24.0	22.7143	2.9911

藉由方程式 (14.6) 與 (14.7) 可得

$$a_1 = \frac{7(119.5) - 28(24)}{7(140) - (28)^2} = 0.8392857$$

$$a_0 = 3.428571 - 0.8392857(4) = 0.07142857$$

因此，最小平方擬合為

$$y = 0.07142857 + 0.8392857x$$

圖 14.1c 所顯示的就是這一條擬合出資料分布趨勢的直線。

14.1.3 線性迴歸誤差的量化

除了範例 14.1 所計算的那一條直線外，其他直線的殘差值平方和都會比較大。因此，以我們的標準而言，這條直線是通過這些點的唯一最佳擬合。在此擬合過程中有許多額外的性質，可藉由在殘差值計算時，以更嚴謹的檢驗來說明。回顧這些平方和的定義（方程式 (14.3)）

$$S_r = \sum_{i=1}^{n} e_i^2 = \sum_{i=1}^{n} (y_i - a_0 - a_1 x_i)^2 \tag{14.8}$$

特別注意到方程式 (PT 5.3) 與方程式 (14.8) 相同的地方。前者殘差值的平方代表資料點與中央集中程度（即平均值）差異的平方總和。而在方程式 (14.8) 中，殘差值的平方則代表與另外一個中央集中程度（即擬合直線）垂直距離的平方（參考圖 14.3）。

相同的分析可以更進一步延伸至以下例子中，(1) 在整個資料集合中，資料點沿著直線擴散的程度大致相當，(2) 這些點相因應於這直線的分布是正常的。我們可以驗證出在這些標準下，最小平方迴歸對 a_0 與 a_1 提供最佳的估算值（Draper 與 Smith，1981）。這就是統計學中所謂的**最大相似法則 (maximum likelihood principle)**。此外，若符合這些情況下，迴歸直線的「標準差」可由以下公式求出（與方程式 (PT 5.2) 比較）

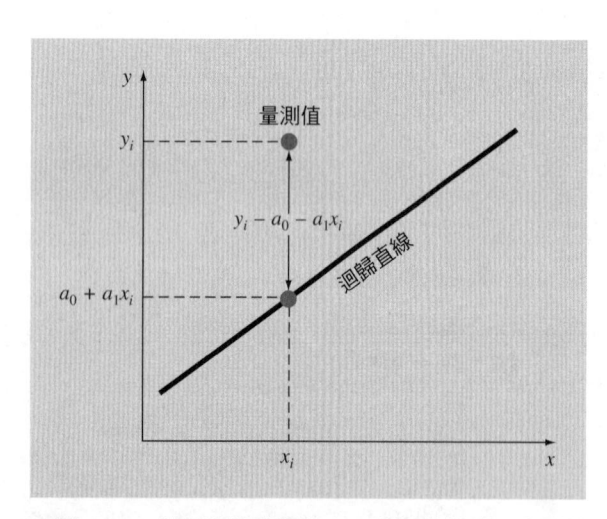

○ **圖 14.3** 線性迴歸的過程中，殘差值指的是資料點到直線的垂直距離。

$$s_{y/x} = \sqrt{\frac{S_r}{n-2}} \tag{14.9}$$

其中 $s_{y/x}$ 稱為**標準估計誤差 (stand error of the estimate)**。下標符號「y/x」代表一特定的 x 值相因應的預測值 y 之誤差。而根號內分母除以 $n-2$ 的理由則是因 a_0 與 a_1 已經在計算 S_r 時使用過，因此自由度會少 2。正如在PT5.2.1中討論標準差時的情況一樣，不需要去考慮根號內分母除以 $n-2$ 而且 $n=2$ 的特別情況。因為 $n=2$ 代表資料點的個數為 2，直接將兩點連接就是我們所要的最佳擬合。嘗試去找出一條未必通過這兩點而且符合最小平方的直線一點都沒有意義。

正如討論標準差時一樣，標準估計誤差以數字呈現資料分散的程度。然而有別於 s_y 代表平均值附近的分散程度（參考圖 14.4a），$s_{y/x}$ 是以數字呈現迴歸直線附近資料分散的程度（參考圖 14.4b）。

以上的觀念可以拿來當成評估擬合「優劣」程度的數值依據。特別是在比較許多迴歸擬合的結果時更具有指標性的意義（圖 14.5）。為了推導出此量化的依據，首先計算因變數 (y) 與平均值差的**平方總和 (total sum of the squares)**。在方程式

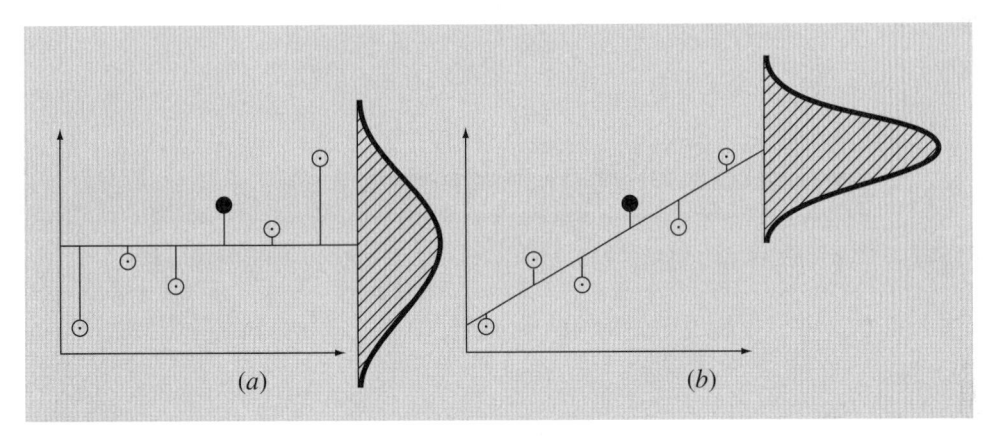

◐ **圖 14.4** 迴歸資料代表：(a) 在平均值附近因變數的分散程度；(b) 在「最佳擬合」直線附近資料的分散程度。(a) 與 (b) 中右邊的鐘型曲線代表的是線性迴歸的改善程度。

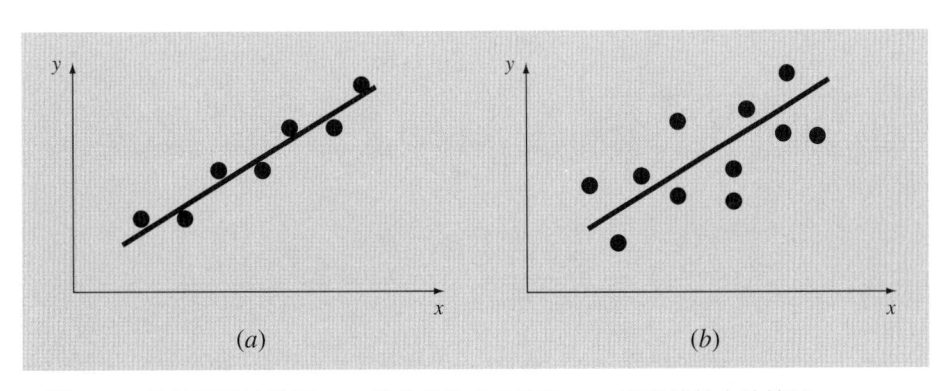

◐ **圖 14.5** 線性迴歸的範例：(a) 殘差值較小的情況；(b) 殘差值較大的情況。

(PT5.3) 中，此數值記做 S_t。當求得迴歸線之後，將因變數至迴歸線垂直距離的平方總和記做 S_r。兩者間的差異值 ($S_t - S_r$) 就代表著當原始的資料點改由直線來描述時的改善程度或誤差情形。另外由於此數值的大小與使用的量測單位有關，因此必須對這個差異值進行正規化，結果為

$$r^2 = \frac{S_t - S_r}{S_t} \tag{14.10}$$

其中 r^2 被稱為**決定係數 (coefficient of determination)**，而 $r(=\sqrt{r^2})$ 則稱為**相關係數 (correlation coefficient)**。當 $S_r = 0$ 與 $r = r^2 = 1$ 時代表已經是最佳擬合。但是當 $r = r^2 = 0, S_r = S_t$ 時，代表沒有任何改善。對於 r 而言，另外一個比較適合應用在電腦上的寫法是：

$$r = \frac{n\sum x_i y_i - (\sum x_i)(\sum y_i)}{\sqrt{n\sum x_i^2 - (\sum x_i)^2}\sqrt{n\sum y_i^2 - (\sum y_i)^2}} \tag{14.11}$$

範例 14.2　線性最小平方擬合之誤差估計

問題描述：計算範例 14.1 中數據的總標準差、標準估計誤差與相關係數。

解法：表 14.1 中已經呈現了加總的結果，因此標準差之計算結果（方程式 (PT 5.2)）為

$$s_y = \sqrt{\frac{22.7143}{7-1}} = 1.9457$$

此外，標準估計誤差為（參考方程式 (14.9)）

$$s_{y/x} = \sqrt{\frac{2.9911}{7-2}} = 0.7735$$

因此，由於 $s_{y/x} < s_y$，線性迴歸模型具有價值。而此改善的程度可量化為（方程式 (14.10)）

$$r^2 = \frac{22.7143 - 2.9911}{22.7143} = 0.868$$

或

$$r = \sqrt{0.868} = 0.932$$

這些結果指出原本 86.8% 的不確定性，現在可由線性迴歸模型來解釋。

在更進一步討論線性迴歸的電腦程式之前，還有一些事情必須特別提醒各位。雖然經由計算而得的關係係數可以作為量測擬合程度優劣的依據，但須小心此並不提供絕對的保證。正如 r 值「接近」1 時並不一定代表擬合程度「很好」。例如有可能在非線性的 y 與 x 間得到一個 r 值非常接近 1 的結果。Draper 與 Smith (1981) 就提出要以額外的參數來評估線性迴歸的結果。此外，至少你應該檢查這些資料點是否沿著所得到的迴歸曲線呈現，在下一節所要介紹的套裝軟體也都已具備了這樣的能力。

14.1.4 線性迴歸的電腦程式

我們可以非常容易的發展出線性迴歸的虛擬程式碼（圖 14.6）。正如之前所述，可以利用內插的方式繪製迴歸曲線。而諸如 MATLAB 與 Excel 的套裝軟體就具備了這樣的能力。如果慣用的電腦語言具備繪圖能力，建議在程式中增加一些指令，繪製出資料點與迴歸曲線。這樣絕對能提升各位解決問題的能力。

```
SUB Regress(x, y, n, a1, a0, syx, r2)

  sumx = 0: sumxy = 0: st = 0
  sumy = 0: sumx2 = 0: sr = 0
  DOFOR i = 1, n
    sumx = sumx + x_i
    sumy = sumy + y_i
    sumxy = sumxy + x_i*y_i
    sumx2 = sumx2 + x_i*x_i
  END DO
  xm = sumx/n
  ym = sumy/n
  a1 = (n*sumxy - sumx*sumy)/(n*sumx2 - sumx*sumx)
  a0 = ym - a1*xm
  DOFOR i = 1, n
    st = st + (y_i - ym)^2
    sr = sr + (y_i - a1*x_i - a0)^2
  END DO
  syx = (sr/(n - 2))^0.5
  r2 = (st - sr)/st

END Regress
```

圖 14.6 線性迴歸的演算法。

範例 14.3　使用電腦處理線性迴歸問題

問題描述：我們可以利用圖 14.6 中所使用的程式，來處理在第一章中所提到的降落傘問題。數學模型所推導出來的降落傘的速度方程式（方程式 (1.10)）為

$$v(t) = \frac{gm}{c}\left(1 - e^{(-c/m)t}\right)$$

其中 v 為速度 (m/s)，g 為重力加速度 (9.8 m/s^2)，m = 68.1 kg 為降落傘的質量，c = 12.5 kg/s 為拖曳係數。正如範例 1.1 中所得結論，此模型是一個以時間為自變數，描述降落傘速度的方程式。

另外一個計算降落傘的速度的經驗模型方程式為

$$v(t) = \frac{gm}{c}\left(\frac{t}{3.75 + t}\right) \qquad \text{(E14.3.1)}$$

假設您現在想要測試與比較這兩個模型的合適程度，因此藉由在特定的時間點上實際量測降落傘的速度，並且與這兩個模型所計算的結果進行比較。

實驗結果的速度資料列在表 14.2 中的欄位 (a)，而經由兩個不同公式計算的結果則分別列在欄位 (b) 與 (c)。

解法： 測試與比較這兩個模型的合適程度可以藉由繪製計算速度與量測速度的對照圖而得。線性迴歸也可以用來計算此圖形的斜率與截距。如果資料點與模型的計算結果完全吻合，則這一條線的斜率為 1，截距為 0 且 r^2 = 1。因此，如果計算結果的值與這些值有很明顯的差異，那麼就代表所使用的實體模型並不合適。

圖 14.7a、b 繪製出表 14.2 中的資料點，以及欄位 (b) 與欄位 (c) 分別對欄位 (a) 的迴歸結果。對第一個模型而言（圖 14.7a 中描述之方程式 (1.10)）結果為

$$v_{模型值} = -0.859 + 1.032 v_{量測值}$$

表 14.2 量測與計算所得的降落傘的速度。

時間，s（秒）	量測的速度，v m/s (a)	計算的速度，v m/s [方程式 (1.10)] (b)	計算的速度，v m/s [方程式 (E14.3.1)] (c)
1	10.00	8.953	11.240
2	16.30	16.405	18.570
3	23.00	22.607	23.729
4	27.50	27.769	27.556
5	31.00	32.065	30.509
6	35.60	35.641	32.855
7	39.00	38.617	34.766
8	41.50	41.095	36.351
9	42.90	43.156	37.687
10	45.00	44.872	38.829
11	46.00	46.301	39.816
12	45.50	47.490	40.678
13	46.00	48.479	41.437
14	49.00	49.303	42.110
15	50.00	49.988	42.712

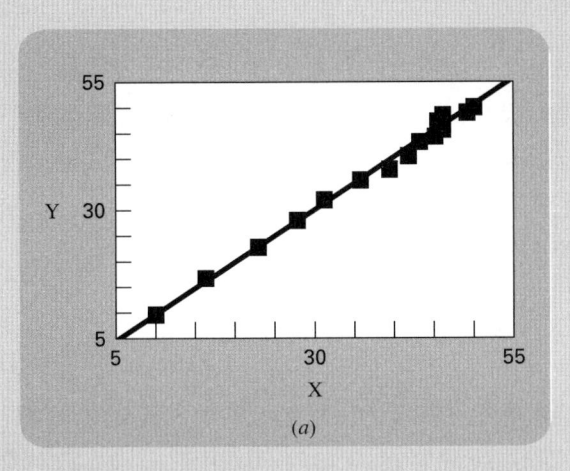

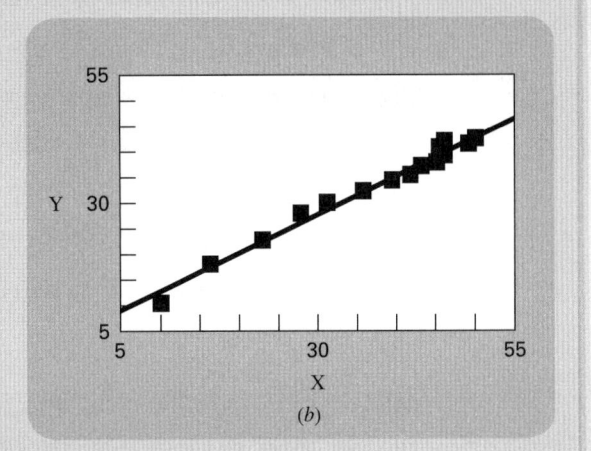

⊃ 圖 14.7　(a) 使用線性迴歸來比較方程式 (1.10) 所描述的理論模型與量測資料的結果；(b) 使用線性迴歸來比較方程式 (E14.3.1) 所描述的經驗模型與量測資料的結果。

而對第二個模型（圖 14.7b 中描述之方程式 (E14.3.1)）的結果為

$$v_{模型值} = 5.776 + 0.752 v_{量測值}$$

這些結果指出介於資料點與任一模型間的線性迴歸是很明顯的。兩個模型間與資料點吻合的程度可以由關係係數均大於 0.99 看出來。

然而，與方程式 (E14.3.1) 所描述的模型比較，方程式 (1.10) 所描述的模型結果其斜率比較接近 1，截距也比較靠近 0。因此，雖然兩者的結果都能以直線描繪出來，但是方程式 (1.10) 所描述的模型基本上是優於方程式 (E14.3.1) 所描述的模型結果。

模型的測試與選擇在所有的工程領域中均是非常重要的工作。在本章中所介紹的知識背景與軟體工具能讓各位有能力處理這類型的問題。

在範例 14.3 的分析中另外有一個缺點，也就是經驗模型（方程式 (E14.3.1)）很明顯地不及由方程式 (1.10) 所描述的理論模型。因此圖 14.7 中前者的斜率比較接近 1 且截距更接近 0，因此很明顯地是比較好的模型。

然而，如果斜率為 0.85 且截距為 2，則很明顯地在斜率是否接近 0 與截距是否近似 1 的議題上將會造成爭議。因此，與其僅能依據主觀的判斷，還不如再提出一個建立在二階函數的判斷標準。

在章節 PT5.2.3 中曾經提到發展平均值信賴區間的計算方式。而以上的工作可以藉由計算模型參數的信賴區間來完成。本章結束前我們會再回到這個主題。

14.1.5 非線性關係的線性化

線性迴歸提供了一個針對資料點進行直線擬合的有效工具。然而此應用建立在自變數與因變數間的線性關係。但是一般卻又無法得償所願,因此迴歸分析的第一步是先繪製資料點分布圖,然後決定是否能應用線性模型。例如圖 14.8 中明顯呈現資料的分布為曲線型,因此,例如在章節 14.2 將提到的多項式迴歸就會是比較合適的選擇。至於其他的情況,也可以將資料轉換成可以適用線性迴歸的型態。

指數模型 (exponential model) 的範例之一為

$$y = \alpha_1 e^{\beta_1 x} \tag{14.12}$$

其中 α_1 與 β_1 均為常數。此模型已經被應用在許多的工程領域當中,直接用來刻劃與原來的數量在比例值上的增加 ($\beta_1 > 0$) 或減少 ($\beta_1 < 0$)。例如用在描述人口的成長比率或放射線的衰減程度。圖 14.9a 中方程式所呈現的是變數 y 與 x 間的非線性關係($\beta_1 \neq 0$ 時)。

另外一個非線性函數的例子是乘冪函數

$$y = \alpha_2 x^{\beta_2} \tag{14.13}$$

其中 α_2 與 β_2 均為常數係數。此模型也已經被廣泛的應用在工程領域中。正如圖 14.9b 所描述的,方程式為非線性函數($\beta_2 \neq 0$ 或 1 時)。

第三個非線性的模型是所謂的飽和成長比例方程式(回想方程式 E14.3.1)

$$y = \alpha_3 \frac{x}{\beta_3 + x} \tag{14.14}$$

其中 α_3 與 β_3 均為常數。模型在有限的條件下能夠很貼切地描述人口成長比率,而且也很清楚地顯現出變數 y 與 x 間的非線性關係(圖 14.9c)。

非線性迴歸技巧可以把實驗資料直接擬合到這些方程式上(我們將在章節 14.5

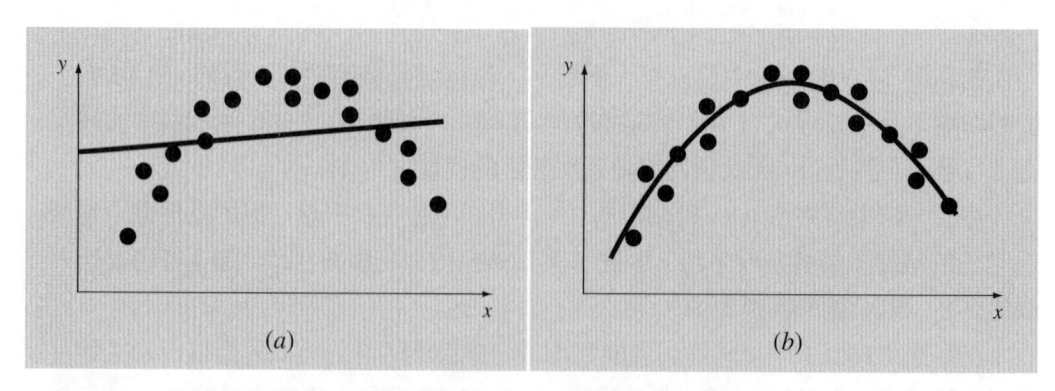

⇒ **圖 14.8** (a) 不適用最小平方迴歸的資料點;(b) 顯示拋物線比較合適。

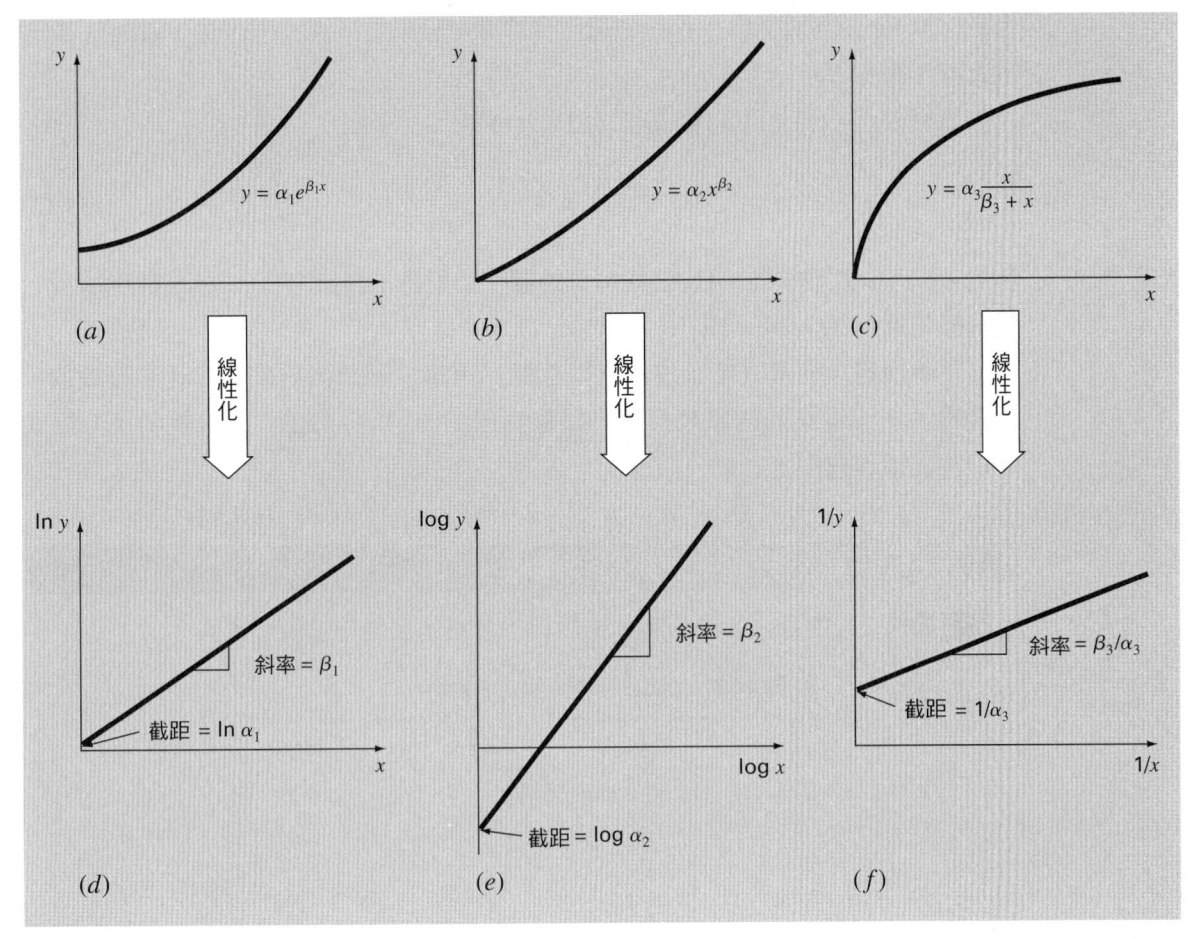

⊃ **圖 14.9** (a) 指數方程式；(b) 乘冪方程式；(c) 飽和成長方程式；(d)、(e) 與 (f) 則分別是方程式 (a)、(b) 與 (c) 藉由簡單的函數轉換而成線性型態。

討論非線性迴歸）。然而，在數學上另一個較簡便的想法是將這些方程式轉換成線性型態，然後以比較簡單的線性迴歸技巧來擬合這些資料。

例如，方程式 (14.12) 可以藉由取自然對數來達到線性化的目的，結果為

$$\ln y = \ln \alpha_1 + \beta_1 x \ln e$$

但是由於 $\ln e = 1$，所以

$$\ln y = \ln \alpha_1 + \beta_1 x \tag{14.15}$$

因此，以 x 為橫座標、$\ln y$ 為縱座標繪圖，結果是一條斜率為 β_1、截距為 $\ln \alpha_1$ 的直線（圖 14.9d）。

方程式 (14.13) 可以藉由取底數為 10 的對數來達到線性化的目的，結果為

$$\log y = \beta_2 \log x + \log \alpha_2 \tag{14.16}$$

因此，以 log x 為橫座標、log y 為縱座標繪圖，結果是一條斜率為 β_2、截距為 $\ln \alpha_2$ 的直線（圖 14.9e）。

方程式 (14.14) 則可以藉由取其倒數而得到

$$\frac{1}{y} = \frac{\beta_3}{\alpha_3}\frac{1}{x} + \frac{1}{\alpha_3} \tag{14.17}$$

因此，以 1/x 為橫座標、1/y 為縱座標繪圖，結果是一條斜率為 β_3/α_3、截距為 1/α_3 的直線（圖 14.9f）。

在轉換過後的形式中，這些模型都能利用線性迴歸技巧來計算其常數係數。然後再套用至轉換前的原來模型，以達到預測的目的。範例 14.4 說明了方程式 (14.13) 的處理程序。

範例 14.3　乘冪方程式的線性化過程

問題描述：以方程式 14.13 來擬合表 14.3 中經過對數轉換後的資料。

表 14.3　擬合至乘冪方程式的資料。

x	y	log x	log y
1	0.5	0	−0.301
2	1.7	0.301	0.226
3	3.4	0.477	0.534
4	5.7	0.602	0.753
5	8.4	0.699	0.922

解法：圖 14.10a 呈現的是尚未經過轉換的原始資料。圖 14.10b 所繪製的則是經過轉換的資料。經過對數轉換後的線性迴歸結果為

$$\log y = 1.75 \log x - 0.300$$

因此，截距為斜率為 $\log \alpha_2$，也就是等於 −0.300，所以 α_2 的值可以取對數的反函數而得到為 $10^{-0.3} = 0.5$。而斜率為 $\beta_2 = 1.75$。因此，乘冪方程式的結果為

$$y = 0.5x^{1.75}$$

此曲線即為 14.10a 中所繪製的圖形，顯示出與資料點有非常好的擬合程度。

14.1.6　線性迴歸的一般評論

在進入到討論曲線迴歸與多重線性迴歸之前，我們必須強調前面所介紹的本質都是放在線性迴歸上，我們也已經把重點放在公式的推導與資料擬合的實作演練。

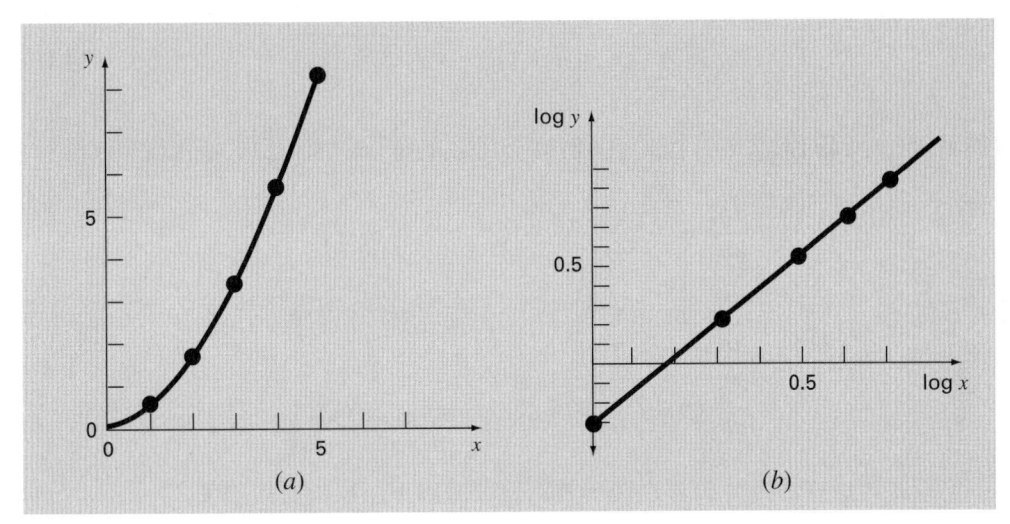

⊃ 圖 14.10　(a) 以未經轉換的資料擬合乘冪方程式的結果；(b) 以經過轉換的資料求乘冪方程式的係數。

雖然迴歸問題的理論層面非常重要，但是並不會在這本教材中討論。例如一些統計假設已經內含在最小平方的處理程序中，即

1. 每一個 x 都有固定的值；也就是已知且無誤差的值，並非隨機產生。
2. y 為獨立隨機變數，而且具有相同的變異數。
3. 針對給定的 x 值，y 值必須為常態分配。

這樣的假設在迴歸公式的推導與應用上息息相關。例如第一個假設意味著 (1) x 值不能有誤差，(2) y 對 x 的迴歸線與 x 對 y 的迴歸線不會相同（參考習題 14.4）。建議再參考其他討論迴歸的文獻或書籍（例如 Draper 與 Smith，1981），這樣才能對迴歸的理論有更清楚的認識與瞭解。

14.2　多項式迴歸

在章節 14.1 中已成功利用最小平方為標準得到迴歸直線的方程式。但是例如圖 14.8 中的資料，很明顯地不適合利用直線來擬合。使用曲線來擬合資料勢必是一個比較好的想法。正如前一小節所談到的，可以使用函數的轉換來達到此目的。但是另外一個可行的做法就是利用**多項式迴歸 (polynomial regression)** 來把給定的資料擬合至一多項式上。

最小平方的程序可以延伸至高階多項式的資料擬合。例如處理二階多項式時：

$$y = a_0 + a_1 x + a_2 x^2 + e$$

在這個情況下，殘差值的平方總和為（與方程式 (14.3) 比較）

$$S_r = \sum_{i=1}^{n}\left(y_i - a_0 - a_1 x_i - a_2 x_i^2\right)^2 \tag{14.18}$$

遵循著前一小節的做法，方程式 (14.8) 中多項式的每一個未知係數進行微分，即

$$\frac{\partial S_r}{\partial a_0} = -2\sum\left(y_i - a_0 - a_1 x_i - a_2 x_i^2\right)$$

$$\frac{\partial S_r}{\partial a_1} = -2\sum x_i\left(y_i - a_0 - a_1 x_i - a_2 x_i^2\right)$$

$$\frac{\partial S_r}{\partial a_2} = -2\sum x_i^2\left(y_i - a_0 - a_1 x_i - a_2 x_i^2\right)$$

這些方程式可以在設為等於零之後，重新整理成以下正規化方程式：

$$\begin{aligned}(n)a_0 + \left(\sum x_i\right)a_1 + \left(\sum x_i^2\right)a_2 &= \sum y_i \\ \left(\sum x_i\right)a_0 + \left(\sum x_i^2\right)a_1 + \left(\sum x_i^3\right)a_2 &= \sum x_i y_i \\ \left(\sum x_i^2\right)a_0 + \left(\sum x_i^3\right)a_1 + \left(\sum x_i^4\right)a_2 &= \sum x_i^2 y_i\end{aligned} \tag{14.19}$$

其中所有的加總都是由 $i = 1$ 到 $i = n$。特別一提的是上面三個方程式均為具有三個未知數（即 a_0, a_1 與 a_2）的線性方程式。因此這三個未知係數可以直接由給定的資料點數值求得。

在這個情況下，可以發現二階多項式的最小平方問題與求解具有三個未知數的聯立方程組是相同的。而求解聯立方程組的各種技巧也已經在本書第三篇中討論。

此二維的例子可以很容易延伸至 m 階多項式上：

$$y = a_0 + a_1 x + a_2 x^2 + \cdots + a_m x^m + e$$

先前所做的分析在此也很容易延伸至此一般型態上。因此，問題可以將求 m 階多項式的係數問題轉變成同時解具 $m + 1$ 個變數的聯立方程組。對此情況而言，標準誤差的公式為

$$s_{y/x} = \sqrt{\frac{S_r}{n - (m + 1)}} \tag{14.20}$$

上式中分母除以 $n - (m + 1)$ 的理由是，由於其中有 $(m + 1)$ 個資料被用在求解 S_r 中的未知係數 $a_0, a_1, ..., a_m$，因此我們失去了 $m + 1$ 個自由度。除了標準誤差以外，我們也可以利用方程式 (14.10) 來計算多項式迴歸的決定係數。

範例 14.5　多項式迴歸

問題描述：以二階多項式來擬合表 14.4 中前兩欄的資料。

表 14.4　二階最小平方擬合的誤差分析計算。

x_i	y_i	$(y_i - \bar{y})^2$	$(y_i - a_0 - a_1 x_i - a_2 x_i^2)^2$
0	2.1	544.44	0.14332
1	7.7	314.47	1.00286
2	13.6	140.03	1.08158
3	27.2	3.12	0.80491
4	40.9	239.22	0.61951
5	61.1	1272.11	0.09439
Σ	152.6	2513.39	3.74657

解法：由給定的資料得知

$$m = 2 \qquad \sum x_i = 15 \qquad \sum x_i^4 = 979$$
$$n = 6 \qquad \sum y_i = 152.6 \qquad \sum x_i y_i = 585.6$$
$$\bar{x} = 2.5 \qquad \sum x_i^2 = 55 \qquad \sum x_i^2 y_i = 2488.8$$
$$\bar{y} = 25.433 \qquad \sum x_i^3 = 225$$

所以，相對應的聯立線性方成組為

$$\begin{bmatrix} 6 & 15 & 55 \\ 15 & 55 & 225 \\ 55 & 225 & 979 \end{bmatrix} \begin{Bmatrix} a_0 \\ a_1 \\ a_2 \end{Bmatrix} = \begin{Bmatrix} 152.6 \\ 585.6 \\ 2488.8 \end{Bmatrix}$$

利用諸如高斯消去法的線性系統求解技巧可得 $a_0 = 2.47857$、$a_1 = 2.35929$ 與 $a_2 = 1.86071$。所以，對此例而言，最小平方的二階公式為

$$y = 2.47857 + 2.35929x + 1.86071x^2$$

此外，基於此迴歸多項式的標準差為（方程式 (14.20)）

$$s_{y/x} = \sqrt{\frac{3.74657}{6 - 3}} = 1.12$$

決定係數為

$$r^2 = \frac{2513.39 - 3.74657}{2513.39} = 0.99851$$

相關係數為 $r = 0.99925$。

這些結果顯示出 99.851% 的資料可能用此模型來解釋。此外，由圖 14.11 的結果也驗證了採用二階方程式擬合是一個絕佳的選擇。

14.2.1 多項式迴歸的演算法

圖 14.12 是多項式迴歸的演算法，特別注意到它主要的工作是在產生正規化方程式的係數（方程式 (14.19)）。（虛擬程式碼則呈現在圖 14.13 中）。然後再利用第三篇所提供的聯立線性方成組解法來求係數。

當多項式迴歸應用在位能問題上時，特別是在高階的情況下，有時候會面臨到正規化方程式為病態條件的窘態。在這種情形下，所要計算的係數非常容易受捨入誤差的影響，也因此所得到的結果有可能是不正確的。此外，由於在正規化方程式中的係數是資料點高階多項式乘冪的加總，因此也會有係數太大或太小的問題。

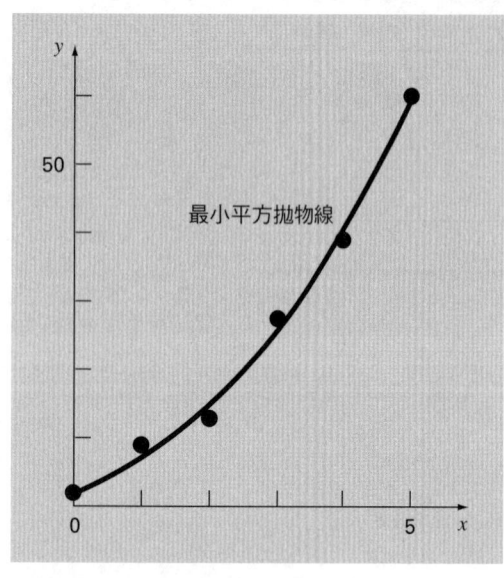

○ 圖 14.11　二階多項式的擬合。

雖然在第三篇中曾經討論過轉移捨入誤差的策略，例如說可以利用樞軸化的方式改善部分的問題。所幸大部分的實際問題都可以設定在使用低階的多項式，也因此可以忽略捨入誤差的影響。然而在一定要使用高階多項式的情況下，我們就需要其他替代的方法。然而這些技巧（諸如正交多項式）已超出本書討論的範圍。因此，你可以參考如 Draper 與 Smith (1981)專門討論迴歸的書籍，得到有關此問題解決方案的額外訊息。

```
DOFOR i = 1, order + 1
  DOFOR j = 1, i
    k = i + j - 2
    sum = 0
    DOFOR ℓ = 1, n
      sum = sum + x_ℓ^k
    END DO
    a_{i,j} = sum
    a_{j,i} = sum
  END DO
  sum = 0
  DOFOR ℓ = 1, n
    sum = sum + y_ℓ · x_ℓ^{i-1}
  END DO
  a_{i,order+2} = sum
END DO
```

步驟 1：輸入要擬合的多項式階數，m。
步驟 2：輸入資料點個數，n。
步驟 3：如果 $n < m + 1$，印出錯誤訊息與終止程式。如果 $n \geq m + 1$ 則繼續。
步驟 4：計算正規化方程式的各項元素並以增廣矩陣的方式呈現出來。
步驟 5：利用消去法解增廣矩陣以得到係數 $a_1, a_2, ..., a_m$。
步驟 6：印出係數。

○ 圖 14.12　多項式迴歸與多重線性迴歸的演算法。

○ 圖 14.13　組合多項式迴歸中正規化方程式各項元素的虛擬程式碼。

14.3 多重線性迴歸

我們可以將前述的線性迴歸延伸至多變數的型態,也就是線性函數 y 具有兩個或兩個以上的自變數。例如以下的方程式,y 是變數 x_1 與 x_2 的線性函數

$$y = a_0 + a_1 x_1 + a_2 x_2 + e$$

這樣的方程式在擬合實驗資料時特別有用。以這個二維的例子來說,將由一維的迴歸線變成二維的迴歸面(圖 14.14)。

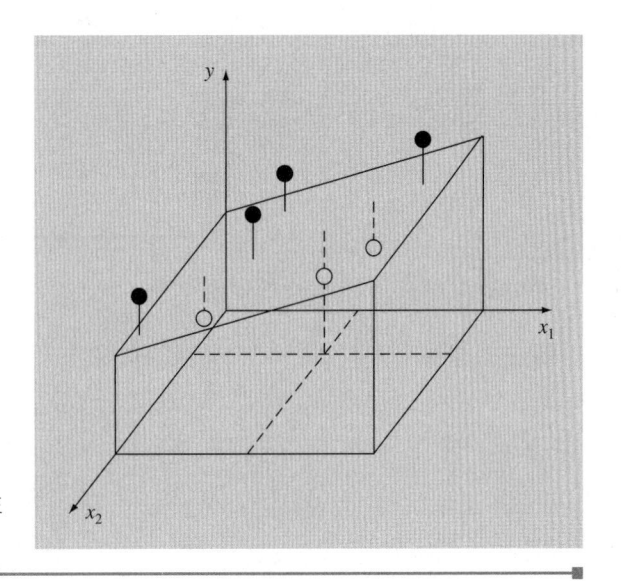

⊃**圖 14.14** 當 y 是變數 x_1 與 x_2 的線性函數時,以圖形說明多重線性迴歸。

如同前面的例子所示,係數的「最佳」值是由殘差值的平方和所決定,

$$S_r = \sum_{i=1}^{n}(y_i - a_0 - a_1 x_{1i} - a_2 x_{2i})^2 \tag{14.21}$$

然後對上式中每一個未知係數進行微分,得到

$$\frac{\partial S_r}{\partial a_0} = -2\sum(y_i - a_0 - a_1 x_{1i} - a_2 x_{2i})$$

$$\frac{\partial S_r}{\partial a_1} = -2\sum x_{1i}(y_i - a_0 - a_1 x_{1i} - a_2 x_{2i})$$

$$\frac{\partial S_r}{\partial a_2} = -2\sum x_{2i}(y_i - a_0 - a_1 x_{1i} - a_2 x_{2i})$$

藉由將上面幾個偏微分的值設定為 0 並且改寫成以下矩陣形式,能夠使這些係數提供殘差值的最小平方和。

$$\begin{bmatrix} n & \Sigma x_{1i} & \Sigma x_{2i} \\ \Sigma x_{1i} & \Sigma x_{1i}^2 & \Sigma x_{1i}x_{2i} \\ \Sigma x_{2i} & \Sigma x_{1i}x_{2i} & \Sigma x_{2i}^2 \end{bmatrix} \begin{Bmatrix} a_0 \\ a_1 \\ a_2 \end{Bmatrix} = \begin{Bmatrix} \Sigma y_i \\ \Sigma x_{1i}y_i \\ \Sigma x_{2i}y_i \end{Bmatrix} \quad (14.22)$$

範例 14.6　多重線性迴歸

問題描述：以下的資料是由 $y = 5 + 4x_1 - 3x_2$ 計算而來。

x_1	x_2	y
0	0	5
2	1	10
2.5	2	9
1	3	0
4	6	3
7	2	27

使用多重線性迴歸來擬合這些資料。

解法：推導出方程式 (14.22) 所需的計算工作列在表 14.5，其結果為

$$\begin{bmatrix} 6 & 16.5 & 14 \\ 16.5 & 76.25 & 48 \\ 14 & 48 & 54 \end{bmatrix} \begin{Bmatrix} a_0 \\ a_1 \\ a_2 \end{Bmatrix} = \begin{Bmatrix} 54 \\ 243.5 \\ 100 \end{Bmatrix}$$

我們可以使用高斯消去法解得

$$a_0 = 5 \qquad a_1 = 4 \qquad a_2 = -3$$

這與計算這些資料的原方程式完全吻合。

表 14.5　範例 14.6 中產生正規化方程式所需要的計算。

y	x_1	x_2	x_1^2	x_2^2	x_1x_2	x_1y	x_2y
5	0	0	0	0	0	0	0
10	2	1	4	1	2	20	10
9	2.5	2	6.25	4	5	22.5	18
0	1	3	1	9	3	0	0
3	4	6	16	36	24	12	18
27	7	2	49	4	14	189	54
Σ 54	16.5	14	76.25	54	48	243.5	100

此二維的例子可以很容易的延伸至 m 維的情形，也就是

$$y = a_0 + a_1x_1 + a_2x_2 + \cdots + a_mx_m + e$$

其中標準差的公式為

$$s_{y/x} = \sqrt{\frac{S_r}{n-(m+1)}}$$

另外還可以由方程式 (14.10) 計算決定係數。圖 14.15 則是建立正規化方程式的演算法。

雖然有許多的情形是一個變數與二個或多個變數呈現線性相關，但是多重線性迴歸也可以用來得到以下乘冪方程式的一般型態

$$y = a_0 x_1^{a_1} x_2^{a_2} \cdots x_m^{a_m}$$

這樣的方程式在擬合指數型資料時特別有用。為了方便使用重線性迴歸，必須先以方程式取對數，轉換結果為

$$\log y = \log a_0 + a_1 \log x_1 + a_2 \log x_2 + \cdots + a_m \log x_m$$

這個轉換與章節 14.1.5 中範例 14.4 擬合單變數函數乘冪方程式的本質類似。

```
DOFOR i = 1, order + 1
  DOFOR j = 1, i
    sum = 0
    DOFOR ℓ = 1, n
      sum = sum + x_{i-1,ℓ} · x_{j-1,ℓ}
    END DO
    a_{i,j} = sum
    a_{j,i} = sum
  END DO
  sum = 0
  DOFOR ℓ = 1, n
    sum = sum + y_ℓ · x_{i-1,ℓ}
  END DO
  a_{i,order+2} = sum
END DO
```

⊃ **圖 14.15** 組合多重迴歸正規化方程式元件的虛擬程式碼。請注意，除了將自變數儲存在 $x_{0,i}$ 與 $x_{1,i}$ 等之外，還要將 $x_{0,i}$ 設定為 0，這樣演算法才能正常運作。

14.4 線性最小平方的一般型式

目前為止，我們的重點是在比較簡單的函數進行最小平方擬合。但是在進入到非線性迴歸的主題前，必須再討論一些觀念，以便對接下來要介紹的內容有更進一步的了解。

14.4.1 線性最小平方的一般矩陣型式

接下來我們將介紹三種迴歸型態：也就是簡單線性、多項式與多重線性。但是，事實上這三種都可以歸屬成以下的一般模型：

$$y = a_0 z_0 + a_1 z_1 + a_2 z_2 + \cdots + a_m z_m + e \qquad (14.23)$$

其中 $z_0, z_1, ..., z_m$ 為 $m+1$ 個基本函數。我們可以清楚知道簡單線性迴歸與多重線性迴歸均屬於這種模型，即 $z_0 = 1, z_1 = x_1, z_2 = x_2, ..., z_m = x_m$。此外，若 z 為單項式，$z_0 = x^0 = 1, z_1 = x, z_2 = x^2, ..., z_m = x^m$，則多項式迴歸也可以歸類到這種模型。

特別一提的是「線性」這個術語指的是模型中與參數的關係，也就是係數 a 的部分。在多項式迴歸的情況中，單項式的部分可以是非線性的。再例如函數 z 的部分也可以是正弦函數，即

$$y = a_0 + a_1 \cos(\omega t) + a_2 \sin(\omega t)$$

這個型態是將在第 16 章討論的傅利葉分析。

另一方面，有些型態看起來很簡單的函數，例如

$$f(x) = a_0(1 - e^{-a_1 x})$$

為非線性，因此它無法被化簡成方程式 (14.23) 的型式。本章最後將會討論這種型態的模型。

現在，我們將方程式 (14.23) 改寫成以下矩陣的型態

$$\{Y\} = [Z]\{A\} + \{E\} \tag{14.24}$$

其中 [Z] 為係數矩陣，是由基本函數 z 在量測的資料點上取值而得

$$[Z] = \begin{bmatrix} z_{01} & z_{11} & \cdots & z_{m1} \\ z_{02} & z_{12} & \cdots & z_{m2} \\ \vdots & \vdots & & \vdots \\ z_{0n} & z_{1n} & \cdots & z_{mn} \end{bmatrix}$$

其中 m 為變數的個數，$n \geq m + 1$ 為資料點個數。由於 ，所以 [Z] 並不是一個方陣。

行向量 $\{Y\}$ 包含的是因變數的觀察值，即

$$\{Y\}^T = \lfloor y_1 \quad y_2 \quad \cdots \quad y_n \rfloor$$

行向量 $\{A\}$ 內則是未知的係數，即

$$\{A\}^T = \lfloor a_0 \quad a_1 \quad \cdots \quad a_m \rfloor$$

另外，行向量 $\{E\}$ 包含的則是殘差值

$$\{E\}^T = \lfloor e_1 \quad e_2 \quad \cdots \quad e_n \rfloor$$

正如本章中處理的方法，這個模型中殘差值的平方和可以寫成

$$S_r = \sum_{i=1}^{n} \left(y_i - \sum_{j=0}^{m} a_j z_{ji} \right)^2$$

類似於之前的處理手法，要求以上等式極小值，首先對每一個係數求偏導數，然後將偏導數的結果設為 0。最後的結果就是所謂的正規化方程式，並且可以寫成以下的矩陣型態

$$\left[[Z]^T[Z]\right]\{A\} = \left\{[Z]^T\{Y\}\right\} \tag{14.25}$$

事實上，與簡單線性迴歸、多項式迴歸或多重迴歸所推導出來的正規化方程式是相同。

在處理以上三種迴歸問題的過程中,已經闡述了我們主要的動機,也就是表示成相同的矩陣符號。而未來要談論非線性迴歸時與此矩陣符號也有密切的關係。

由方程式 (PT3.6) 可知,利用逆矩陣可以解方程式 (14.25) 的問題,即

$$\{A\} = [[Z]^T[Z]]^{-1}\{[Z]^T\{Y\}\} \tag{14.26}$$

雖然在第三篇曾提過,此做法對處理聯立方程式問題的效率並不高。然而,由統計學的觀點來看,基於我們也許想要同時求其逆矩陣並檢視其係數的理由。這一部分我們稍後再做介紹與討論。

14.4.2 最小平方理論在統計學上的觀點

在章節 PT5.2.1 中,可以用敘述統計的術語來描述一個給定的範例,包含所謂的算術平均數,標準差與變異數。

除了提供迴歸係數的解法以外,方程式 (14.26) 還提供了統計學上的估計值。我們可以驗證出矩陣 $[[Z]^T[Z]]^{-1}$ 的對角線與非對角線元素分別為係數 a 的變異數與協方差[1]。假設 $[[Z]^T[Z]]^{-1}$ 的對角線元素記為 $z_{i,i}^{-1}$,

$$\text{var}(a_{i-1}) = z_{i,i}^{-1} s_{y/x}^2 \tag{14.27}$$

與

$$\text{cov}(a_{i-1}, a_{j-1}) = z_{i,j}^{-1} s_{y/x}^2 \tag{14.28}$$

這些統計量均有重要的應用。但目前我們只說明如何利用它們求截距與斜率的信賴區間。

使用類似於章節 PT5.2.3 的處理方法,我們可以得到截距的下界與上界估計公式,即

$$L = a_0 - t_{\alpha/2, n-2} s(a_0) \qquad U = a_0 + t_{\alpha/2, n-2} s(a_0) \tag{14.29}$$

其中 $s(a_j)$ 代表係數 $a_j = \sqrt{\text{var}(a_j)}$ 的標準誤差。同理可得斜率的下界與上界估計公式,即

$$L = a_1 - t_{\alpha/2, n-2} s(a_1) \qquad U = a_1 + t_{\alpha/2, n-2} s(a_1) \tag{14.30}$$

以下範例將說明這些區間值如何對線性迴歸造成影響。

---

[1] 協方差是用來衡量兩個變數間相依程度的統計量,cov(x, y) 代表 x 與 y 兩個變數間的相依程度。cov(x, y) = 0代表 x 與 y 兩個變數完全獨立。

範例 14.7　線性迴歸的信賴區間

問題描述： 在範例 14.3 中，我們以迴歸的方法在量測的資料與模型預測中導出以下的關係式

$$y = -0.859 + 1.032x$$

其中 y 是模型預測值，x 是量測的資料。結果由於截距的值非常接近 0，加上斜率的值也非常接近 1，所以兩種資料間的吻合程度非常高。以矩陣的形式重新計算此迴歸問題的標準差。利用這些資訊計算信賴區間，並針對此高度吻合提出機率分析的結論。

解法： 推導出方程式 (14.22) 所需的計算工作列在表 14.5，其結果為

$$[Z] = \begin{bmatrix} 1 & 10 \\ 1 & 16.3 \\ 1 & 23 \\ . & . \\ . & . \\ . & . \\ 1 & 50 \end{bmatrix} \quad \{Y\} = \begin{Bmatrix} 8.953 \\ 16.405 \\ 22.607 \\ . \\ . \\ . \\ 49.988 \end{Bmatrix}$$

利用矩陣的轉換與乘法可以產生以下的正規化方程式

$$[[Z]^T[Z]] \quad \{A\} = \{[Z]^T\{Y\}\}$$

$$\begin{bmatrix} 15 & 548.3 \\ 548.3 & 22191.21 \end{bmatrix} \begin{Bmatrix} a_0 \\ a_1 \end{Bmatrix} = \begin{Bmatrix} 552.741 \\ 22421.43 \end{Bmatrix}$$

利用逆矩陣可以求得截距與斜率，即

$$\{A\} = [[Z]^T[Z]]^{-1} \quad \{[Z]^T\{Y\}\}$$

$$= \begin{bmatrix} 0.688414 & -0.01701 \\ -0.01701 & 0.000465 \end{bmatrix} \begin{Bmatrix} 552.741 \\ 22421.43 \end{Bmatrix} = \begin{Bmatrix} -0.85872 \\ 1.031592 \end{Bmatrix}$$

因此，截距與斜率分別為 $a_0 = -0.85872$ 與 $a_1 = 1.031592$。這些值最後可以用來計算標準誤差，結果為 $s_{y/x} = 0.863403$。此數值搭配逆矩陣的對角線元素，可用來求係數的標準誤差，結果為

$$s(a_0) = \sqrt{z_{11}^{-1} s_{y/x}^2} = \sqrt{0.688414(0.863403)^2} = 0.716372$$

$$s(a_1) = \sqrt{z_{22}^{-1} s_{y/x}^2} = \sqrt{0.000465(0.863403)^2} = 0.018625$$

在自由度 $n - 2 = 15 - 2 = 13$ 的情況下，為了要有 95% 的信賴區間，統計量

$t_{\alpha/2,n-1}$ 必須藉由統計表或使用套裝軟體計算。使用 Excel 中的函數 TINV 可以求出此值，也就是等於

$$\text{TINV}(0.05, 13)$$

其值為 2.160368。然後再利用方程式 (14.29) 與 (14.30) 來計算所要求的信賴區間，結果為

$$a_0 = -0.85872 \pm 2.160368(0.716372)$$
$$= -0.85872 \pm 1.547627 = [-2.40634, 0.688912]$$
$$a_1 = 1.031592 \pm 2.160368(0.018625)$$
$$= 1.031592 \pm 0.040237 = [0.991355, 1.071828]$$

由上面的結果發現，我們所希望得到的結果確實落在以上的區間內（截距為 0，斜率為 1）。基於以上分析，我們能對斜率做以下論述：由於迴歸線的斜率落在 0.991355 至 1.071828 的範圍內，而且 1 也落在此區間內，因此在量測的資料與模型預測中，兩種資料間的吻合程度非常高。另外也由於 0 落在截距的範圍內，因此關於截距我們也能給予相同的論述。

章節 14.2.1 曾提到，正規化方程式通常為病態系統。因此使用傳統的 *LU-*分解法求解時，係數對於捨入誤差的敏感度會非常高。因此，諸如 **QR 分解 (*QR factorization*)** 更複雜正交化演算法就適合用來求解此問題。由於這些議題並未納入本書範圍，因此讀者仍須參考一些較深入的書與其他主題（例如，Draper 與 Smith，1981），以獲得更進一步的資訊。

目前為止，我們只對統計學豐富的知識及迴歸的影響做有限的介紹，本書範圍以外仍有許多的主題。我們主要的動機是介紹矩陣近似法在線性最小平方上的強大功能。此外，在推論統計中，諸如 Excel、MATLAB 與 Mathcad 等套裝軟體也能用來產生最小平方迴歸擬合，第 16 章結尾的地方我們將會再對這些套裝軟體做一些介紹。

14.5 非線性迴歸

在工程應用中常常需要以非線性模型來擬合資料，接下來所要討論的是模型與參數間存在非線性關係的問題，例如

$$f(x) = a_0(1 - e^{-a_1 x}) + e \qquad (14.31)$$

此方程式沒有辦法化簡成如方程式 (14.23) 的一般型態。

正如線性最小平方法，非線性迴歸法以殘差值平方和極小化的前提來計算參數的數值。然而，非線性迴歸法則必須藉由迭代方式來達成此目標。

高斯-牛頓法 (Gauss-Newton method) 是一個可以求得方程式與資料間殘差值平方和極小值的演算法。其關鍵是利用具線性形式的泰勒級數展開式來近似原先的非線性函數。然後再利用最小平方法的理論求得一組能朝殘差值極小化目標前進的新參數值。

在進一步說明此做法之前，首先我們將非線性函數與資料間的關係寫成為：

$$y_i = f(x_i; a_0, a_1, \ldots, a_m) + e_i$$

其中 y_i 是因變數的量測值，是自變數 x_i 與具參數 $a_0, a_1, \ldots, a_m$ 的非線性函數 $f(x_i; a_0, a_1, \ldots, a_m)$ 間的關係，而 e_i 則代表隨機誤差。為了方便起見，省略參數後，用以下的簡易形式表現：

$$y_i = f(x_i) + e_i \tag{14.32}$$

將此非線性模型在參數附近以泰勒級數展開，並捨棄一階微分以後的高階項。例如在二個參數的情況下，可以得到

$$f(x_i)_{j+1} = f(x_i)_j + \frac{\partial f(x_i)_j}{\partial a_0} \Delta a_0 + \frac{\partial f(x_i)_j}{\partial a_1} \Delta a_1 \tag{14.33}$$

其中 j 為初始猜值，$j+1$ 為預估值，$\Delta a_0 = a_{0,j+1} - a_{0,j}$ 與 $\Delta a_1 = a_{1,j+1} - a_{1,j}$。因此，我們已將原先的模型化為線性型態。將方程式 (14.33) 代入至方程式 (14.32) 後可得

$$y_i - f(x_i)_j = \frac{\partial f(x_i)_j}{\partial a_0} \Delta a_0 + \frac{\partial f(x_i)_j}{\partial a_1} \Delta a_1 + e_i$$

或矩陣型式（與方程式 (14.24) 比較）

$$\{D\} = [Z_j]\{\Delta A\} + \{E\} \tag{14.34}$$

其中 $[Z_j]$ 是由在初始猜值 j 處的偏導數所構成的矩陣：

$$[Z_j] = \begin{bmatrix} \partial f_1/\partial a_0 & \partial f_1/\partial a_1 \\ \partial f_2/\partial a_0 & \partial f_2/\partial a_1 \\ . & . \\ . & . \\ . & . \\ \partial f_n/\partial a_0 & \partial f_n/\partial a_1 \end{bmatrix}$$

其中 n 是資料點的個數，$\partial f_i/\partial a_k$ 是在第 i 個點上對 k 個參數的偏微分值。向量 $\{D\}$ 則包含量測值與函數值之差，

$$\{D\} = \begin{Bmatrix} y_1 - f(x_1) \\ y_2 - f(x_2) \\ \cdot \\ \cdot \\ \cdot \\ y_n - f(x_n) \end{Bmatrix}$$

向量 $\{\Delta A\}$ 則包含參數的改變值

$$\{\Delta A\} = \begin{Bmatrix} \Delta a_0 \\ \Delta a_1 \\ \cdot \\ \cdot \\ \cdot \\ \Delta a_m \end{Bmatrix}$$

對方程式 (14.34) 套用最小平方理論可以得到以下的正規化方程式（方程式 (14.25)）：

$$[[Z_j]^T[Z_j]]\{\Delta A\} = \{[Z_j]^T\{D\}\} \tag{14.35}$$

因此，整個近似法中包括解方程式 (14.35) 來求 $\{\Delta A\}$，然後利用這些值來求參數的改善值，即

$$a_{0,j+1} = a_{0,j} + \Delta a_0$$

與

$$a_{1,j+1} = a_{1,j} + \Delta a_1$$

反覆此程序，直到解收斂。也就是，直到

$$|\varepsilon_a|_k = \left| \frac{a_{k,j+1} - a_{k,j}}{a_{k,j+1}} \right| 100\% \tag{14.36}$$

的值小於某一個可以接受的終止條件為止。

範例 14.8　高斯-牛頓法

問題描述：以函數 $f(x; a_0, a_1) = a_0(1 - e^{-a_1 x})$ 來擬合以下的資料

x	0.25	0.75	1.25	1.75	2.25
y	0.28	0.57	0.68	0.74	0.79

參數的初始猜值分別用 $a_0 = 1.0$ 與 $a_1 = 1.0$。對這些初始猜值而言，殘差值平方和為 0.0248。

解法：此函數對參數的偏導數分別為

$$\frac{\partial f}{\partial a_0} = 1 - e^{-a_1 x} \tag{E14.9.1}$$

與

$$\frac{\partial f}{\partial a_1} = a_0 x e^{-a_1 x} \tag{E14.9.2}$$

方程式 (E14.8.1) 與方程式 (E14.8.2) 可以用來計算以下矩陣

$$[Z_0] = \begin{bmatrix} 0.2212 & 0.1947 \\ 0.5276 & 0.3543 \\ 0.7135 & 0.3581 \\ 0.8262 & 0.3041 \\ 0.8946 & 0.2371 \end{bmatrix}$$

在此矩陣前乘上其轉置矩陣，結果為

$$[Z_0]^T [Z_0] = \begin{bmatrix} 2.3193 & 0.9489 \\ 0.9489 & 0.4404 \end{bmatrix}$$

其逆矩陣可以求得為

$$[[Z_0]^T [Z_0]]^{-1} = \begin{bmatrix} 3.6397 & -7.8421 \\ -7.8421 & 19.1678 \end{bmatrix}$$

向量 $\{D\}$ 則包含量測值與模型預估值之差

$$\{D\} = \begin{Bmatrix} 0.28 - 0.2212 \\ 0.57 - 0.5276 \\ 0.68 - 0.7135 \\ 0.74 - 0.8262 \\ 0.79 - 0.8946 \end{Bmatrix} = \begin{Bmatrix} 0.0588 \\ 0.0424 \\ -0.0335 \\ -0.0862 \\ -0.1046 \end{Bmatrix}$$

在此矩陣前乘上 $[Z_0]^T$，結果為

$$[Z_0]^T \{D\} = \begin{bmatrix} -0.1533 \\ -0.0365 \end{bmatrix}$$

然後解方程式 (14.35) 求得 $\{\Delta A\}$ 為

$$\Delta A = \begin{Bmatrix} -0.2714 \\ 0.5019 \end{Bmatrix}$$

將此與初始猜值相加以後得到

$$\begin{Bmatrix} a_0 \\ a_1 \end{Bmatrix} = \begin{Bmatrix} 1.0 \\ 1.0 \end{Bmatrix} + \begin{Bmatrix} -0.2714 \\ 0.5019 \end{Bmatrix} = \begin{Bmatrix} 0.7286 \\ 1.5019 \end{Bmatrix}$$

因此，參數的改善值分別為 $a_0 = 0.7286$ 與 $a_1 = 1.5019$。對新的參數而言，其殘差值平方和為 0.0242。方程式 (14.36) 則可用來計算 ε_0 與 ε_1，其值分別為 37% 與 33%。重複此計算，直到這些值小於某一個事先訂定的終止條件。最後的結果是 $a_0 = 0.79186$ 與 $a_1 = 1.6751$。這些參數的殘差值平方和為 0.000662。

以高斯-牛頓法求解位能問題時，我們會遭遇到函數的偏導數值並不容易計算。因此許多電腦程式都採用差分公式來做偏導數的近似。其中的方法之一是

$$\frac{\partial f_i}{\partial a_k} \cong \frac{f(x_i; a_0, \ldots, a_k + \delta a_k, \ldots, a_m) - f(x_i; a_0, \ldots, a_k, \ldots, a_m)}{\delta a_k} \quad (14.37)$$

其中 δ 代表一個非常小的擾動值。

應用高斯-牛頓法時可能會碰到以下一些問題：

1. 收斂速度可能會很慢。
2. 振盪的範圍可能會很廣，也就是持續地改變方向。
3. 可能根本不收斂。

至於用來排除上述缺點的修正法（參考 Booth 與 Peterson，1958；Hartley，1961）也已經發展出來。

此外，仍有許多迴歸近似法，一個比較一般化的做法是採用第四篇所描述的非線性最佳化程序，先取得各參數猜值，之後計算殘差值平方和。以方程式 (14.31) 為例可以計算出

$$S_r = \sum_{i=1}^{n} [y_i - a_0(1 - e^{-a_1 x_i})]^2 \quad (14.38)$$

然後使用第 12 章中所討論的搜尋法整體調整這些參數，使得 S_r 具有極小值。在第 16 章的結尾描述軟體應用時，我們將會以實際範例說明這樣的處理過程。

習題

14.1 給定以下的資料：

8.8	9.5	9.8	9.4	10.0
9.4	10.1	9.2	11.3	9.4
10.0	10.4	7.9	10.4	9.8
9.8	9.5	8.9	8.8	10.6
10.1	9.5	9.6	10.2	8.9

求 (a) 平均值。(b) 標準差。(c) 變異數。(d) 變異係數。(e) 平均值周遭 95% 的信賴區間。(f) 在 7.5 至 11.5 的區間範圍中，以增量為 0.5 繪製一張直方圖。

14.2 給定以下的資料：

```
29.65  28.55  28.65  30.15  29.35  29.75  29.25
30.65  28.15  29.85  29.05  30.25  30.85  28.75
29.65  30.45  29.15  30.45  33.65  29.35  29.75
31.25  29.45  30.15  29.65  30.55  29.65  29.25
```

求 **(a)** 平均值。**(b)** 標準差。**(c)** 變異數。**(d)** 變異係數。**(e)** 平均值周遭 90 % 的信賴區間。**(f)** 在 28 到 34 的區間範圍中，以增量為 0.4，繪製出直方圖。**(g)** 假設分配為常態且估算的標準差值很貼切，計算包含 68% 資料讀數的區間（即下界與上界）。判斷此估算結果是否適用於此問題。

14.3 針對以下資料以最小平方迴歸擬合出一條直線

x	0	2	4	6	9	11	12	15	17	19
y	5	6	7	6	9	8	7	10	12	12

依據斜率與截距，計算估算值的標準誤差與相關係數。繪出資料點與迴歸直線。改變變數的順序（也就是 x 對 y），然後重新計算並解釋你所得到的結果。

14.4 針對以下資料以最小平方迴歸擬合出一條直線

x	6	7	11	15	17	21	23	29	29	37	39
y	29	21	29	14	21	15	7	7	13	0	3

依據斜率與截距，計算估算值的標準誤差與相關係數。繪出資料點與迴歸直線。如果某人增加了一筆量測資料 $x = 10$，$y = 10$。那麼是不是能夠藉由標準差的值與視覺上的評估知道此資料是可以接受的，或者是錯誤的？驗證你的結論。

14.5 使用推導出方程式 (14.15) 與 (14.16) 的相同手法，求以下模型的最小平方擬合：

$$y = a_1 x + e$$

也就是最小平方擬合直線過程中，計算截距為 0 時之直線斜率。以此模型擬合以下資料，並繪製其圖形。

x	2	4	6	7	10	11	14	17	20
y	1	2	5	2	8	7	6	9	12

14.6 針對以下資料以最小平方迴歸擬合出一條直線

x	1	2	3	4	5	6	7	8	9
y	1	1.5	2	3	4	5	8	10	13

(a) 依據斜率與截距，計算估算值的標準差與相關係數。繪出資料點與迴歸直線。評估你的擬合結果。

(b) 重新計算 **(a)**，但擬合出的是一條拋物線。結果與 **(a)** 進行比較。

14.7 針對以下資料，分別利用以下三種方程式進行擬合，繪出資料點與方程式。並計算標準誤差。**(a)** 飽和成長比率模型；**(b)** 乘冪方程式；**(c)** 拋物線。

x	0.75	2	3	4	6	8	8.5
y	1.2	1.95	2	2.4	2.4	2.7	2.6

14.8 針對以下資料擬合一乘冪方程式 ($y = ax^b$)。使用此乘冪方程式預測 $x = 9$ 時的 y 值。

x	2.5	3.5	5	6	7.5	10	12.5	15	17.5	20
y	13	11	8.5	8.2	7	6.2	5.2	4.8	4.6	4.3

14.9 針對以下資料擬合一指數模型。

x	0.4	0.8	1.2	1.6	2	2.3
y	800	975	1500	1950	2900	3600

分別以標準對數與半對數 (semi-logarithmic) 繪出資料點與方程式。

14.10 方程式 (14.22) 中以 e 為底數的模型，通常是用以 10 為底數的模型取代它，

$$y = \alpha_5 10^{\beta_5 x}$$

當用來做曲線擬合時，此方程式與以 e 為底數的模型有相同的結果，除了指數部分的 β_5 與利用方程式 (14.22) 所得到的 β_1 有所不同。利用此以 10 為底數的模型重做習題 14.9，並找出 β_1 到 β_5 的關係式。

14.11 除了習題 14.10 的範例外，仍有其他線性化模型，例如：

$$y = \alpha_4 x e^{\beta_4 x}$$

將此模型線性化，並針對以下資料用它來估算 α_4 與 β_4。另外繪製出擬合的結果。

x	0.1	0.2	0.4	0.6	0.9	1.3	1.5	1.7	1.8
y	0.75	1.25	1.45	1.25	0.85	0.55	0.35	0.28	0.18

14.12 以下表列資料為細菌每日成長率 (k) 的實驗結果，通常能用下面以氧氣濃度 (c, mg/L) 為自變數的方程式來描述：

$$k = \frac{k_{max}c^2}{c_s + c^2}$$

其中 c_s 與 k_{max} 為參數。將此模型線性化，並針對以下資料利用線性迴歸計算參數 c_s 與 k_{max}。另外利用你的結果預估 $c = 2$ mg/L 時的成長率。

c	0.5	0.8	1.5	2.5	4
k	1.1	2.4	5.3	7.6	8.9

14.13 一檢驗員提供以下表列資料，而這些資料能用下面的方程式來描述：

$$x = e^{(y-b)/a}$$

其中 a 與 b 為參數。將此模型線性化，並針對以下資料利用線性迴歸計算參數 a 與 b。另外利用你的結果預估 y 在 $x = 2.6$ 時的結果。

x	1	2	3	4	5
y	0.5	2	2.9	3.5	4

14.14 以下表列資料能用下面的方程式來描述：

$$y = \left(\frac{a + \sqrt{x}}{b\sqrt{x}}\right)^2$$

將此模型線性化，並針對以下資料利用線性迴歸計算參數 a 與 b。另外利用你的結果預估 y 在 $x = 1.6$ 時的結果。

x	0.5	1	2	3	4
y	10.4	5.8	3.3	2.4	2

14.15 給定以下的資料

x	1	2	3	4	5
y	2.2	2.8	3.6	4.5	5.5

利用以下模型，以最小平方迴歸擬合這些資料。藉由解方程式 (14.25) 來決定其係數。

$$y = a + bx + \frac{c}{x}$$

14.16 給定以下的資料，

x	5	10	15	20	25	30	35	40	45	50
y	17	24	31	33	37	37	40	40	42	41

以最小平方迴歸擬合出 **(a)** 一條直線，**(b)** 一個乘冪方程式，**(c)** 飽和成長比率方程式，**(d)** 一拋物線。沿著所有的曲線繪出資料點。哪一個的擬合結果最好？試驗證之。

14.17 以三次方程式來擬合以下資料：

x	3	4	5	7	8	9	11	12
y	1.6	3.6	4.4	3.4	2.2	2.8	3.8	4.6

利用這些係數，計算 r^2 與 $s_{y/x}$。

14.18 以多重線性迴歸來擬合以下資料：

x_1	0	1	1	2	2	3	3	4	4
x_2	0	1	2	1	2	1	2	1	2
y	15.1	17.9	12.7	25.6	20.5	35.1	29.7	45.4	40.2

計算係數，標準估計誤差與相關係數。

14.19 以多重線性迴歸來擬合以下資料

x_1	0	0	1	2	0	2	2	1
x_2	0	2	2	4	4	6	2	1
y	14	21	11	12	23	23	14	6	11

計算係數，標準估計誤差與相關係數。

14.20 針對以下資料以非線性迴歸來擬合一拋物線。

x	0.2	0.5	0.8	1.2	1.7	2	2.3
y	500	700	1000	1200	2200	2650	3750

14.21 針對習題 14.16 的資料以非線性迴歸來擬合一飽和成長比率方程式。

14.22 使用矩陣近似法重新計算 **(a)** 習題 14.3，**(b)** 習題 14.17 之迴歸擬合。估算標準誤差，並針對斜率與截距計算其 90% 的信賴區間。

14.23 以高階語言或巨集撰寫一個可以應用到線性迴歸的子程式。此外，(a) 在程式中加上文字註解。(b) 計算標準誤差與決定係數。

14.24 為了量測一物質的週期性疲勞，對此物質施加不同的應力（單位為 MPa）並量測發生一次錯誤所經歷的週期數，結果列於下表。將資料全部取對數後，繪出應力對週期的圖

形,可以看出資料分佈趨勢接近一個線性關係。以表中資料與最小線性迴歸分析求出此直線的近似方程式。

週期數 N	1	10	100	1000	10,000	100,000	1,000,000
應力,MPa	1100	1000	925	800	625	550	420

14.25 以下的資料代表油品 SAE 70 中黏性與溫度間的關係。將資料取對數之後,利用線性迴歸求一條最佳直線以擬合這些資料。

溫度,℃	26.67	93.33	148.89	315.56
黏性 μ, N·s/m^2	1.35	0.085	0.012	0.00075

14.26 以下的資料代表在培養液中細菌在不同日數後的成長數據。

日數	0	4	8	12	16	20
總數 $\times 10^6$	67	84	98	125	149	185

試求一最佳方程式來擬合出這些資料的分佈趨勢。也就是在多種可能性中,包括多項式函數、對數函數或指數函數中試著找出一個最恰當的。利用你的選擇搭配軟體套件來預估 40 天後的細菌總數。

14.27 暴風雨後,泳區內所監測之大腸桿菌 (E. coli bacteria) 濃度如下表

t (hr)	4	8	12	16	20	24
c (CFU/100 mL)	1590	1320	1000	900	650	560

量測時間是指暴風雨後的幾小時,而單位 CFU 指的是菌落形成單位。利用以上資料估算:**(a)** 暴風雨剛結束時 ($t = 0$) 的大腸桿菌濃度;**(b)** 大腸桿菌濃度降至 200 CFU/100 mL 的時間。請注意所選用的模型必須符合濃度不可能為負數,且會隨時間增加而減少的事實。

14.28 在不同風速下,懸掛於風洞中物件的受力量測資料如下表:

v, m/s	10	20	30	40	50	60	70	80
F, N	25	70	380	550	610	1220	830	1450

以最小平方迴歸擬合出 **(a)** 一條直線;**(b)** 一經過對數轉換的乘冪方程式;**(c)** 基於非線性迴歸的乘冪模型。以圖形來呈現你的結果。

14.29 試以經過自然對數轉換的乘冪模型來擬合習題 14.28 的資料。

14.30 使用以下模型推出最小平方擬合:

$$y = a_1 x + a_2 x^2 + e$$

也就是最小平方擬合二階多項式過程中,計算截距為 0 時之係數。以此模型來擬合習題 14.28 的資料。

14.31 習題 14.11 中,我們使用變數變換將以下模型線性化後並進行資料擬合。

$$y = \alpha_4 x e^{\beta_4 x}$$

針對以下資料,使用非線性迴歸來估算 α_4 與 β_4。並繪製其圖形。

x	0.1	0.2	0.4	0.6	0.9	1.3	1.5	1.7	1.8
y	0.75	1.25	1.45	1.25	0.85	0.55	0.35	0.28	0.18

CHAPTER 15 內插法 Interpolation

我們經常需要在精準位置的資料點中求取一些中間值。在這樣的情形之下最常使用的就是多項式內插。以下是一個 n 階多項式的一般形式

$$f(x) = a_0 + a_1 x + a_2 x^2 + \cdots + a_n x^n \tag{15.1}$$

對 $n + 1$ 個資料點而言，唯一存在一個 n 階多項式通過這 $n + 1$ 個點。例如用來連接兩個點的直線（亦即一階多項式）為唯一存在（參考圖 15.1a）。同理，通過三個資料點的拋物線也是唯一（參考圖 15.1b）。所謂的**多項式內插 (polynomial interpolation)** 必須擬合出通過此 $n + 1$ 個資料點的 n 階多項式，然後再利用此多項式計算資料點間的中間值。

雖然通過此 $n + 1$ 個資料點的 n 階多項式為唯一，但此多項式卻能以許多不同的數學公式來表現。本章中，我們將描述兩個適合電腦應用的方法：也就是牛頓多項式與拉格藍吉多項式。

15.1 牛頓均差內插多項式

如前所述，內插多項式能以許多不同的數學公式來表現。**牛頓均差內插多項式 (Newton's divided-difference interpolating polynomial)** 就是其中一個最實用的表示法。在討論其一般式前，我們先討論一階與二階的簡單情況，以幫助我們瞭解實際的內插過程。

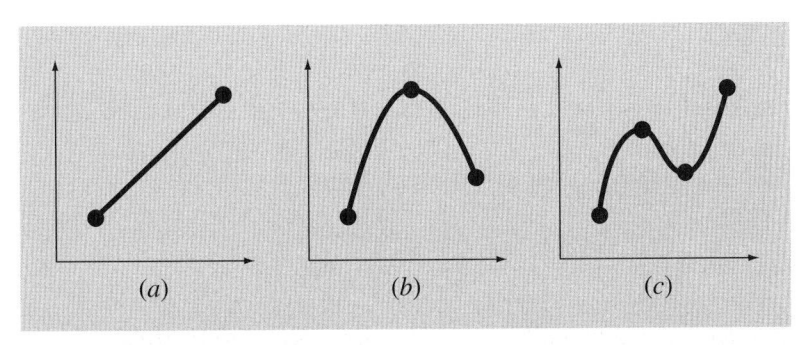

◐ **圖 15.1** 內插多項式的範例：(a) 兩個點的一階（線性）連接；(b) 三個點的二階（平方或拋物線）連接；(c) 四個點的三階（立方）連接。

15.1.1 線性內插

內插最簡單的情形就是連接兩點的直線，如圖 15.2 所描繪的就是**線性內插 (linear interpolation)**。也就是利用相似三角形的比例關係，可以得到以下公式：

$$\frac{f_1(x) - f(x_0)}{x - x_0} = \frac{f(x_1) - f(x_0)}{x_1 - x_0}$$

重新整理以後可得到以下公式

$$f_1(x) = f(x_0) + \frac{f(x_1) - f(x_0)}{x_1 - x_0}(x - x_0) \quad (15.2)$$

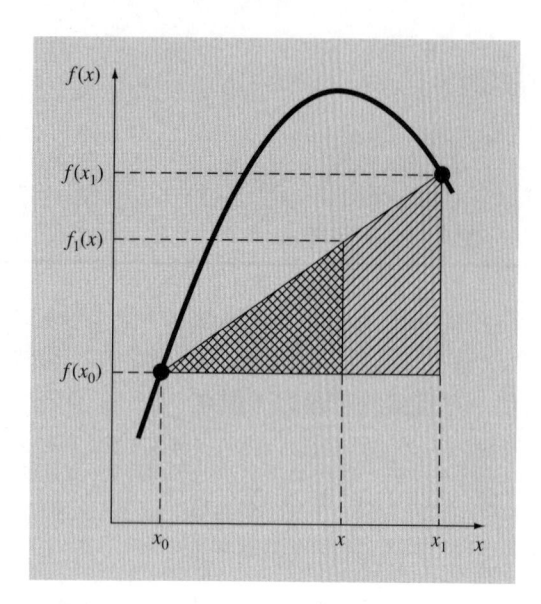

○ **圖 15.2** 線性內插法的圖形說明。陰影區域代表用來求得一階內插公式（方程式 (15.2)）的相似三角形。

此公式稱為**線性內插公式 (linear interpolation formula)**。其中符號 $f_1(x)$ 代表的是一階內插多項式。請注意，代表連接兩個點直線斜率的有限均差 $[f(x_1)-f(x_0)]/(x_1-x_0)$，其本身就是一階導數的近似值（方程式 (4.17)）。一般而言，兩個點間的距離愈小，近似的結果就愈準。此結果是基於區間愈小，則連續函數就愈能以直線來近似的事實而得到。此特性可以由以下的範例來驗證。

範例 15.1 | 線性內插法

問題描述：使用線性內插法計算 ln 2。首先，利用 ln 1 = 0 與 ln 6 = 1.791759 進行內插計算。再來，利用 ln 1 = 0 與 ln 4 = 1.386284 重新計算。而 ln 2 的真正值為 0.6931742。

解法：使用方程式 (15.2) 與線性內插法在 $x_0 = 1$ 到 $x_1 = 6$ 的區間來計算 ln (2) 可得到

$$f_1(2) = 0 + \frac{1.791759 - 0}{6 - 1}(2 - 1) = 0.3583519$$

其中誤差為 $\varepsilon_t = 48.3\%$。但是在 $x_0 = 1$ 到 $x_1 = 4$ 的區間來計算時

$$f_1(2) = 0 + \frac{1.386294 - 0}{4 - 1}(2 - 1) = 0.4620981$$

因此可以看出，若使用比較小的區間進行計算時，相對誤差百分比也能降低至 $\varepsilon_t = 33.3\%$。圖 15.3 呈現這兩個內插的計算。

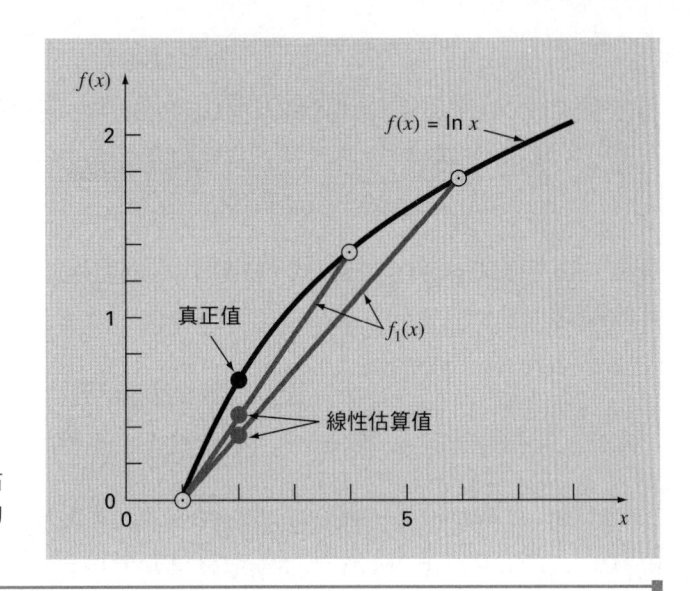

◐ 圖 15.3 以線性內插法來估計 ln 2。圖中顯示使用比較小的區間可以獲得比較準確的估計。

15.1.2 平方內插法

在範例 15.1 中的誤差是希望由一直線來近似曲線所造成的。所以，改善此估計值的策略之一就是以曲線來連接這些點。有三個資料點時，我們可以藉由一個二階多項式（也稱做平方多項式，**拋物線 (parabola)**）來完成此連接的工作。考慮以下比較特別，但是卻比較方便應用的多項式型態

$$f_2(x) = b_0 + b_1(x - x_0) + b_2(x - x_0)(x - x_1) \tag{15.3}$$

注意，雖然方程式 (15.3) 看起來與方程式 (15.1) 不同，但這兩個方程式事實上是相同的。也就是若將方程式 (15.3) 各項乘開來，得到

$$f_2(x) = b_0 + b_1 x - b_1 x_0 + b_2 x^2 + b_2 x_0 x_1 - b_2 x x_0 - b_2 x x_1$$

重新整理以後得

$$f_2(x) = a_0 + a_1 x + a_2 x^2$$

其中

$$a_0 = b_0 - b_1 x_0 + b_2 x_0 x_1$$
$$a_1 = b_1 - b_2 x_0 - b_2 x_1$$
$$a_2 = b_2$$

因此，在通過三個資料點的二階多項式為唯一的情形下，方程式 (15.1) 與方程式 (15.3) 在數學上是相同的。

在決定係數值的時候，一個比較簡單的程序列舉如下。在方程式 (15.3) 中以 $x = x_0$ 代入可以求得 b_0

$$b_0 = f(x_0) \tag{15.4}$$

將方程式 (15.4) 與 $x = x_1$ 代入到方程式 (15.3) 中，可以得到

$$b_1 = \frac{f(x_1) - f(x_0)}{x_1 - x_0} \tag{15.5}$$

最後，將方程式 (15.4)、方程式 (15.5) 代入到方程式 (15.3) 中，並將 $x = x_2$ 代入後可以得到

$$b_2 = \frac{\dfrac{f(x_2) - f(x_1)}{x_2 - x_1} - \dfrac{f(x_1) - f(x_0)}{x_1 - x_0}}{x_2 - x_0} \tag{15.6}$$

特別一提的是在線性內插法的範例中，b_1 仍然是代表連接 x_0 與 x_1 兩個點的直線斜率。因此方程式 (15.3) 的前兩項就是在方程式 (15.2) 中連接 x_0 與 x_1 兩個點的線性內插多項式。方程式 (15.3) 中的最後一項 $b_2(x-x_0)(x-x_1)$ 就是引進到公式中的二階曲線項。

在開始介紹如何使用方程式 (15.3) 之前，我們必須先檢驗係數 b_2 的形式。它的形式與方程式 (4.24) 中所談的二階導數的有限均差近似非常類似。因此可以看出方程式(15.3)的結構與泰勒級數展開式非常類似。這個觀察將使得在章節 15.1.4 中討論牛頓內插多項式與泰勒級數展開式時發掘出更多的結果。但是在做進一步討論之前，我們先以一個範例來說明如何在三個點的情況下，利用方程式 (15.3) 進行內插值估計。

範例 15.2　平方內插法

問題敘述：針對範例 15.1 中所使用的三個點擬合出一個二階多項式，

$$\begin{aligned} x_0 &= 1 & f(x_0) &= 0 \\ x_1 &= 4 & f(x_1) &= 1.386294 \\ x_2 &= 6 & f(x_2) &= 1.791759 \end{aligned}$$

使用此二階多項式來計算 $\ln 2$。

解法：利用方程式 (15.4) 可得

$$b_0 = 0$$

由方程式 (15.5) 可得

$$b_1 = \frac{1.386294 - 0}{4 - 1} = 0.4620981$$

最後由方程式 (15.6) 可求得

$$b_2 = \frac{\dfrac{1.791759 - 1.386294}{6-4} - 0.4620981}{6-1} = -0.0518731$$

將這些結果代入方程式 (15.3) 後可得到一個平方多項式

$$f_2(x) = 0 + 0.4620981(x-1) - 0.0518731(x-1)(x-4)$$

此時再利用此方程式來求在 $x = 2$ 處的函數值

$$f_2(2) = 0.5658444$$

其相對誤差為 $\varepsilon_t = 15.4\%$。因此，與範例 15.1 與圖 15.3 僅僅使用直線來做內插的結果比較，藉由平方公式引入的曲線項（圖 15.4）確實改進了內插值的結果。

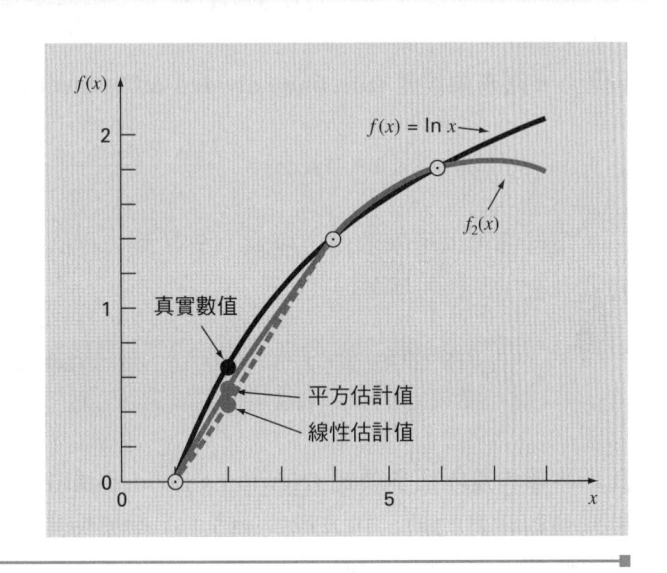

◯ 圖 15.4　使用平方內插法來計算 ln 2 的值。由區間 $x = 1$ 到 $x = 4$ 線性內插的計算結果同時被列入比較。

15.1.3　牛頓內插多項式的一般形式

以下的分析可以推廣到擬合 $n + 1$ 個資料點的 n 階多項式。n 階多項式的形式為

$$f_n(x) = b_0 + b_1(x - x_0) + \cdots + b_n(x - x_0)(x - x_1) \cdots (x - x_{n-1}) \quad \textbf{(15.7)}$$

如同先前線性內插與平方內插法，資料點可以用來計算 $b_0, b_1, \ldots, b_n$。對一個 n 階多項式而言，我們需要 $n + 1$ 個資料點：$[x_0, f(x_0)], [x_1, f(x_1)], \ldots, [x_n, f(x_n)]$。然後我們就可以用這些資料點以及以下的方程式來計算係數：

$$b_0 = f(x_0) \quad \textbf{(15.8)}$$

$$b_1 = f[x_1, x_0] \tag{15.9}$$

$$b_2 = f[x_2, x_1, x_0] \tag{15.10}$$

$$\vdots$$

$$b_n = f[x_n, x_{n-1}, \ldots, x_1, x_0] \tag{15.11}$$

其中括號內的函數計算即為有限均差。例如，一階有限均差可以表示為

$$f[x_i, x_j] = \frac{f(x_i) - f(x_j)}{x_i - x_j} \tag{15.12}$$

而**二階有限均差 (second finite divided-difference)** 代表的是兩個一階均差的差，也就是

$$f[x_i, x_j, x_k] = \frac{f[x_i, x_j] - f[x_j, x_k]}{x_i - x_k} \tag{15.13}$$

同理，*n* **階有限均差 (nth finite divided-difference)** 就是

$$f[x_n, x_{n-1}, \ldots, x_1, x_0] = \frac{f[x_n, x_{n-1}, \ldots, x_1] - f[x_{n-1}, x_{n-2}, \ldots, x_0]}{x_n - x_0} \tag{15.14}$$

這些都可以用來求得方程式 (15.8) 到方程式 (15.11) 中的係數，最後再代回方程式 (15.7) 得到內插多項式

$$\begin{aligned}f_n(x) = &\,f(x_0) + (x - x_0)f[x_1, x_0] + (x - x_0)(x - x_1)f[x_2, x_1, x_0] \\ &+ \cdots + (x - x_0)(x - x_1)\cdots(x - x_{n-1})f[x_n, x_{n-1}, \ldots, x_0]\end{aligned} \tag{15.15}$$

此即**牛頓均差內插多項式 (Newton's divided-difference interpolating polynomial)**。特別值得注意的是，在方程式 (15.15) 中所使用的資料點的間距，並不要求為等距；此外，資料點的橫座標值也不必要為遞增（參考以下範例）。除此之外，可以看出方程式 (15.12) 到方程式 (15.14) 的遞迴式中，高階均差公式都是藉由低階均差公式計算而得（圖 15.5）。在章節 15.1.5 中針對此方法發展一有效的電腦程式時，這個特性將會被用到。

i	x_i	$f(x_i)$	一階	二階	三階
0	x_0	$f(x_0)$	$f[x_1, x_0]$	$f[x_2, x_1, x_0]$	$f[x_3, x_2, x_1, x_0]$
1	x_1	$f(x_1)$	$f[x_2, x_1]$	$f[x_3, x_2, x_1]$	
2	x_2	$f(x_2)$	$f[x_3, x_2]$		
3	x_3	$f(x_3)$			

圖 15.5 有限均差公式遞迴特性的圖形說明。

範例 15.3 牛頓均差內插多項式

問題敘述：在範例 15.2 中，我們使用二階多項式針對資料點 $x_0 = 1$、$x_1 = 4$ 與 $x_2 = 6$ 來計算。現在如果加上第四個點 $[x_3 = 5; f(x_3) = 1.609438]$，以三階牛頓均差內插多項式來計算 $\ln 2$。

解法：在方程式 (15.7) 中取 $n = 3$ 可得三階均差內插多項式

$$f_3(x) = b_0 + b_1(x - x_0) + b_2(x - x_0)(x - x_1) + b_3(x - x_0)(x - x_1)(x - x_2)$$

本問題中的一階均差可由方程式 (15.12) 得到為

$$f[x_1, x_0] = \frac{1.386294 - 0}{4 - 1} = 0.4620981$$

$$f[x_2, x_1] = \frac{1.791759 - 1.386294}{6 - 4} = 0.2027326$$

$$f[x_3, x_2] = \frac{1.609438 - 1.791759}{5 - 6} = 0.1823216$$

二階均差可由方程式 (15.13) 得到為

$$f[x_2, x_1, x_0] = \frac{0.2027326 - 0.4620981}{6 - 1} = -0.05187311$$

$$f[x_3, x_2, x_1] = \frac{0.1823216 - 0.2027326}{5 - 4} = -0.02041100$$

三階均差則可由方程式 (15.14) 中取 $n = 3$ 為

$$f[x_3, x_2, x_1, x_0] = \frac{-0.02041100 - (-0.05187311)}{5 - 1} = 0.007865529$$

$f[x_1, x_0]$、$f[x_2, x_1, x_0]$ 與 $f[x_3, x_2, x_1, x_0]$ 的結果分別代表為方程式 (15.7) 中的係數值 b_1、b_2 與 b_3。加上 $b_0 = f(x_0) = 0.0$，方程式 (15.7) 就成為

$$f_3(x) = 0 + 0.4620981(x - 1) - 0.05187311(x - 1)(x - 4)$$
$$+ 0.007865529(x - 1)(x - 4)(x - 6)$$

此公式可以用來計算 $f_3(2) = 0.6287686$，此結果的相對誤差 $\varepsilon_t = 9.3\%$。整個完整的三階多項式可以參考圖 15.6。

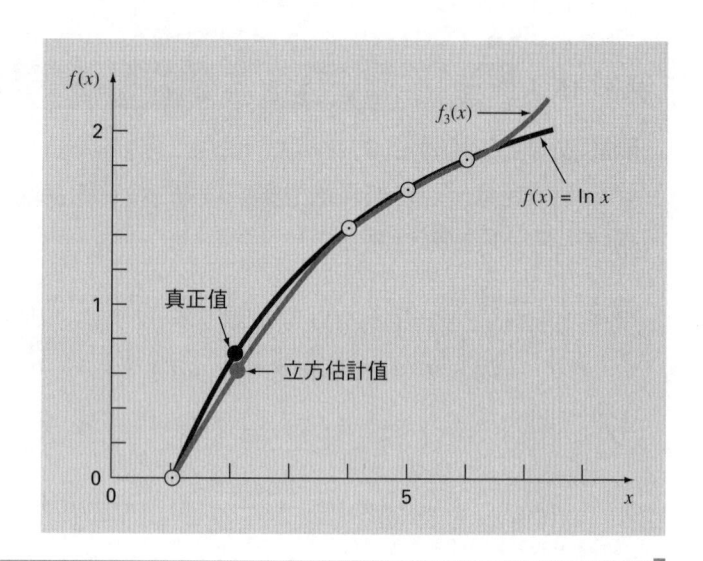

◐ 圖 15.6　使用立方內插公式來估算 ln 2 的值。

15.1.4　牛頓內插多項式的誤差

在函數的泰勒級數展開式中，我們是藉由展開式中項式逐漸增加的方式來描述此函數的高階行為。同樣地，方程式 (15.5) 也是利用此想法，藉由增加這些高階有限均差項式後，以高階多項式來描述函數。所以與泰勒級數展開式相同，如果原來的函數為 n 階多項式，則根據 $n+1$ 個點的內插多項式將可提供正確解。

同樣的，我們可以求得與泰勒級數相同的截取誤差公式。可以用方程式 (4.6) 來表示截尾誤差：

$$R_n = \frac{f^{(n+1)}(\xi)}{(n+1)!}(x_{i+1} - x_i)^{n+1} \tag{4.6}$$

其中 ξ 是介於 x_i 至 x_{i+1} 間的某一點。對一個 n 階內插多項式的誤差而言，我們也可以得到以下類似的結果：

$$R_n = \frac{f^{(n+1)}(\xi)}{(n+1)!}(x - x_0)(x - x_1)\cdots(x - x_n) \tag{15.16}$$

其中 ξ 是介於包含所有資料點與此未知點的整個區間中之某一點。另外可看出應用此公式時，問題中的函數必須為已知且可微分。可是實際情況往往並非如此。所幸有另外一個可用的公式，事先完全不需要任何函數的資訊，而是使用有限均差來近似此 $n+1$ 階微分，

$$R_n = f[x, x_n, x_{n-1}, \ldots, x_0](x - x_0)(x - x_1)\cdots(x - x_n) \tag{15.17}$$

其中 $f[x, x_n, x_{n-1}, \ldots, x_0]$ 為 $n+1$ 階有限均差。由於方程式 (15.17) 中包含了未知函數 $f(x)$，因此無法計算其誤差。然而當 $f(x_{n+1})$ 為已知時，方程式 (15.17) 的誤差

可以利用以下公式來估計：

$$R_n \cong f[x_{n+1}, x_n, x_{n-1}, \ldots, x_0](x-x_0)(x-x_1)\cdots(x-x_n) \qquad (15.18)$$

範例 15.4　牛頓多項式的誤差估計

問題敘述：利用方程式 (15.18) 與額外的資料點資訊 $f(x_3) = f(5) = 1.609438$ 來估計範例 15.2 中二階多項式內插的誤差。

解法：在範例 15.2 中，二階內插多項式所提供的估計值為 $f_2(2) = 0.5658444$，它所呈現的誤差為 $0.6931472 - 0.5658444 = 0.1273028$。在事先無法知道真實數值的情況下，最常見的做法就是利用方程式 (15.18) 與使用額外的資料點 x_3 來估計誤差。也就是

$$R_2 = f[x_3, x_2, x_1, x_0](x-x_0)(x-x_1)(x-x_2)$$

或

$$R_2 = 0.007865529(x-1)(x-4)(x-6)$$

其中三階均差的值已經在範例 15.3 中計算過。此關係可以在 $x = 2$ 的地方計算出為

$$R_2 = 0.007865529(2-1)(2-4)(2-6) = 0.0629242$$

此值與真正誤差的階數大小是一樣的。

我們可以由以上的範例與方程式 (15.18) 很清楚地看出採用 n 階多項式的誤差估計，其值等於 $(n+1)$ 階的估計值與 n 階估計值間的差異。也就是

$$R_n = f_{n+1}(x) - f_n(x) \qquad (15.19)$$

換句話說，加到 n 階估計值以得到 $(n+1)$ 階估計值的增量就是方程式 (15.18) 中的誤差估計。將方程式 (15.19) 重新安排與整理後，可得

$$f_{n+1}(x) = f_n(x) + R_n$$

這種近似方式的前提是數列必須為強收斂。因此第 $(n+1)$ 階的估算值必須比 n 階的估計值更接近真正值。所以方程式 (15.19) 與表示真正值與近似值差異的標準誤差定義為一致。由於到目前為止我們所介紹過的迭代法誤差估計，都是以現在的估計值減去前一個估計值來表示，然而，方程式 (15.19) 卻是以下一次的估計值減去目前的估計值來代表誤差估計。這意味著數列的收斂會非常快速，甚至於方程式 (15.19) 所提供的誤差估計會比真正的誤差小。因此造成選擇終止條件時，方程式 (15.19) 所提供的誤差估計比較不受到青睞。然而，下面我們會提到高階內插多項式

對資料的誤差具有高度的敏感性,也就是在內插時所得到的結果反而遠遠背離真實的數值。藉由具前瞻性誤差估計的想法,方程式 (15.19) 更容易受這樣的發散所影響。因此,對於更珍貴的資料探索與分析,牛頓多項式是最合適的。

15.1.5 牛頓內插多項式的電腦演算法

在電腦應用時,因以下三項特點讓牛頓內插多項式成為相當受用的方法:

1. 正如方程式 (15.7) 中,高階公式可以藉由在低階公式中加上單一項而得到。這樣的特性使得在同一個程式中可以計算許多不同階數的結果。尤其在事先無法得知多項式的階數時,此特點更加顯得珍貴。在接連的高階項式增加後而沒有明顯改善估算值時,就可認定已經接近所要的數值。在以下第3點中所討論的誤差估計公式可以用來估算使用的項數。

2. 有限均差多項式的係數能夠以非常有效率的方式來計算(方程式 (15.8) 到 (15.11))。也就是如圖 15.5 與方程式 (15.14) 所描述,高階均差可以由低階均差計算出來。經由已知的資訊來獲得未知的新值,圖 15.17 中就包含了使用這種技巧的演算法。

3. 由於牛頓內插多項式有其獨到的特色,誤差估計公式(方程式 (15.18))可以很容易結合電腦演算法的使用。

以上特性都可以結合在牛頓內插多項式演算法中(圖 15.7)。特別注意演算法包含了兩個部分:第一個部分是藉由方程式 (15.7) 來決定係數。第二部分則是求估計值與誤差。以下範例將展示如何應用此演算法。

```
SUBROUTINE NewtInt (x, y, n, xi, yint, ea)
  LOCAL fdd_{n,n}
  DOFOR i = 0, n
    fdd_{i,0} = y_i
  END DO
  DOFOR j = 1, n
    DOFOR i = 0, n - j
      fdd_{i,j} = (fdd_{i+1,j-1} - fdd_{i,j-1})/(x_{i+j} - x_i)
    END DO
  END DO
  xterm = 1
  yint_0 = fdd_{0,0}
  DOFOR order = 1, n
    xterm = xterm * (xi - x_{order-1})
    yint2 = yint_{order-1} + fdd_{0,order} * xterm
    ea_{order-1} = yint2 - yint_{order-1}
    yint_{order} = yint2
  END order
END NewtInt
```

⊃ **圖 15.7** 牛頓內插多項式演算法的虛擬程式碼。

範例 15.5　利用誤差估計決定最合適的內插階數

問題敘述:利用以下的資料與圖 15.7 的演算法,搭配誤差項(方程式 (15.18))的使用,求 $f(x) = \ln x$ 在 $x = 2$ 處的值。

x	$f(x) = \ln x$
1	0
4	1.3862944
6	1.7917595
5	1.6094379
3	1.0986123
1.5	0.4054641
2.5	0.9162907
3.5	1.2527630

解法：圖 15.8 所呈現的是利用圖 15.7 演算法計算 ln 2 的程式輸出結果。圖 15.9 則是以內插多項式階數為橫軸，估算 ln 2 時的真正誤差（ln 2 真正的值等於 0.6931472）。可以發現估計誤差與真實誤差的線條非常接近，而且使用的階數愈高，吻合程度就愈高。另外由圖形可以看出，使用的階數為 5 時就能有非常準確的估計值，而且即使階數再增加也沒有明顯改善。

本範例主要在說明資料點位置與階數的重要性。例如使用三階多項式來估計時，由於所加上的點（在 $x = 4$、6 與 5）與希望估算的點 $x = 2$ 有一段距離，因此收斂的速度比較慢。但是當使用四階多項式來估計時，由於加入的點為比較接近 2 的 $x = 3$，因此收斂速度就有一點改善。但是當更接近點 $x = 2$ 的資料點 $x = 1.5$ 加入以後就可以看到很明顯的收斂加速，這不只是因為使用了五階多項式來估計，更因為點 $x = 1.5$ 落在先前所有點的另外一邊。因此收斂速度可以有很明顯的改善。

瞭解資料點順序的影響，我們仍以相同的資料，但是另外用不同的資料點順序來估算 ln 2 的值。圖 15.9 顯示了資料點順序反轉以後的結果，即資料以 $x_0 = 3.5$、$x_1 = 2.5$、$x_3 = 1.5\cdots$ 的反方向列出。由於剛開始的點不但比較接近 $x = 2$，而且一開始就已經落在其兩邊，因此收斂速度明顯地優於原來的速度。僅只要用到二階項，就能使誤差少於 $\varepsilon_t = 2\%$。其他的組合方式當然就會有各自的收斂速度。

前一個範例說明了選取資料點對收斂的快慢有很大的影響。因此，由很直觀的角度來看，選取的資料點要儘可能落在未知變數附近。此觀察結果也可以由誤差公式（方程式 (15.17)）看出來，若假設有限均差在包含所有資料點的範圍中變化不大，那麼誤差將與 $(x - x_0)(x - x_1) \cdots (x - x_n)$ 的乘積成正比。愈靠近基準點的誤差就會愈小。

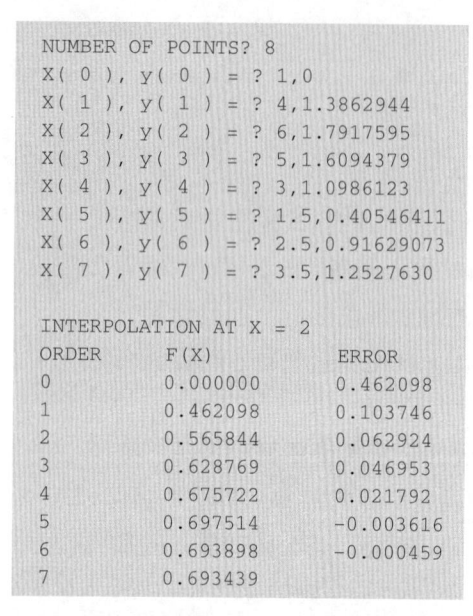

```
NUMBER OF POINTS? 8
X( 0 ), y( 0 ) = ? 1,0
X( 1 ), y( 1 ) = ? 4,1.3862944
X( 2 ), y( 2 ) = ? 6,1.7917595
X( 3 ), y( 3 ) = ? 5,1.6094379
X( 4 ), y( 4 ) = ? 3,1.0986123
X( 5 ), y( 5 ) = ? 1.5,0.40546411
X( 6 ), y( 6 ) = ? 2.5,0.91629073
X( 7 ), y( 7 ) = ? 3.5,1.2527630

INTERPOLATION AT X = 2
ORDER     F(X)          ERROR
0         0.000000      0.462098
1         0.462098      0.103746
2         0.565844      0.062924
3         0.628769      0.046953
4         0.675722      0.021792
5         0.697514      -0.003616
6         0.693898      -0.000459
7         0.693439
```

◐ 圖 15.8　利用圖 15.7 的演算法計算 ln 2 的程式輸出結果。

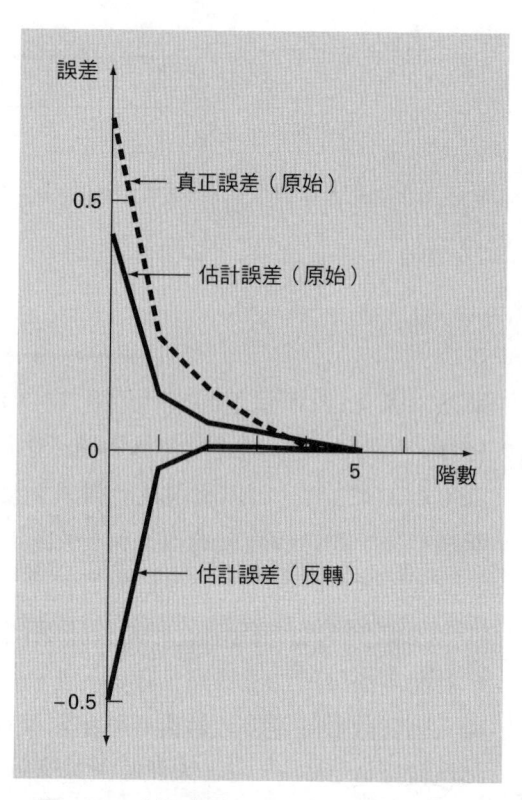

◐ 圖 15.9　以內插多項式階數為橫軸，估算 ln 2 時的相對誤差百分比。

15.2　拉格藍吉內插多項式

拉格藍吉內插多項式 (Lagrange interpolating polynomial) 是對牛頓內插多項式進行重整，並避開均差的計算結果。較簡單的表示法為：

$$f_n(x) = \sum_{i=0}^{n} L_i(x) f(x_i) \tag{15.20}$$

其中

$$L_i(x) = \prod_{\substack{j=0 \\ j \neq i}}^{n} \frac{x - x_j}{x_i - x_j} \tag{15.21}$$

而 Π 代表乘積。例如 $n = 1$ 的線性版本為

$$f_1(x) = \frac{x - x_1}{x_0 - x_1} f(x_0) + \frac{x - x_0}{x_1 - x_0} f(x_1) \tag{15.22}$$

$n = 2$ 的二階版本為

$$f_2(x) = \frac{(x-x_1)(x-x_2)}{(x_0-x_1)(x_0-x_2)}f(x_0) + \frac{(x-x_0)(x-x_2)}{(x_1-x_0)(x_1-x_2)}f(x_1) \quad \textbf{(15.23)}$$
$$+ \frac{(x-x_0)(x-x_1)}{(x_2-x_0)(x_2-x_1)}f(x_2)$$

方程式 (15.20) 可直接由牛頓多項式得到（方塊 15.1）。此外，在 $x = x_i$ 時，有 $L_i(x_i) = 1$。至於在其他的資料點上則是 $L_i(x_j) = 0$（圖 15.10）。因此，在 $x = x_i$ 的資料點，$L_i(x_i)f(x)_i = f(x_i)$。另外，方程式 (15.20) 所表示的多項式即為通過這 $n + 1$ 個資料點的唯一多項式。

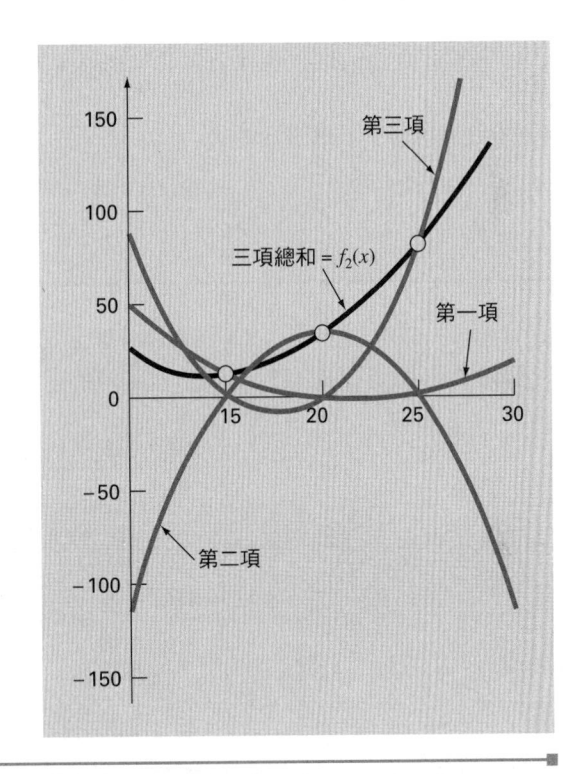

◯圖 15.10 圖形說明拉格藍吉多項式的意義。此圖所代表的是二階的情形。方程式 (15.23) 中有三項，每項都會經過一個資料點，而且在其他兩點上的值皆為 0。此外，三項總和的多項式 $f_2(x)$ 恰好就是通過這 3 個資料點的唯一多項式。

範例 15.6　拉格藍吉內插多項式

問題敘述：分別利用一階與二階的拉格藍吉內插多項式與範例 15.2 中的資料來估算 $\ln 2$ 的值。

$$x_0 = 1 \quad f(x_0) = 0$$
$$x_1 = 4 \quad f(x_1) = 1.386294$$
$$x_2 = 6 \quad f(x_2) = 1.791760$$

方塊 15.1　直接由牛頓內插多項式推導出拉格藍吉內插多項式

拉格藍吉內插多項式可以直接由牛頓內插多項式推導出來。這裡會以一階多項式（方程式 (15.2)）做示範。牛頓內插多項式拉格藍吉的形式是對均差公式進行重整而得到。例如，一階均差公式

$$f[x_1, x_0] = \frac{f(x_1) - f(x_0)}{x_1 - x_0} \tag{B15.1.1}$$

重整以後可以得到

$$f[x_1, x_0] = \frac{f(x_1)}{x_1 - x_0} + \frac{f(x_0)}{x_0 - x_1} \tag{B15.1.2}$$

也就是所謂的**對稱形式 (symmetric form)**。將方程式 (B15.1.2) 代入到方程式 (15.2) 以後可得

$$f_1(x) = f(x_0) + \frac{x - x_0}{x_1 - x_0} f(x_1) + \frac{x - x_0}{x_0 - x_1} f(x_0)$$

合併同類項與重新整理後可得到拉格藍吉形式

$$f_1(x) = \frac{x - x_1}{x_0 - x_1} f(x_0) + \frac{x - x_0}{x_1 - x_0} f(x_1)$$

解法：利用方程式 (15.22) 之一階多項式，計算 $x = 2$ 處的值

$$f_1(2) = \frac{2-4}{1-4} 0 + \frac{2-1}{4-1} 1.386294 = 0.4620981$$

同理，利用方程式 (15.23) 中的二階多項式計算 $x = 2$ 處的值

$$f_2(2) = \frac{(2-4)(2-6)}{(1-4)(1-6)} 0 + \frac{(2-1)(2-6)}{(4-1)(4-6)} 1.386294$$
$$+ \frac{(2-1)(2-4)}{(6-1)(6-4)} 1.791760 = 0.5658444$$

正如所預期的，所得到的結果與先前使用牛頓內插多項式的結果是一樣的。

這裡要特別強調，拉格藍吉內插多項式的誤差估計公式與牛頓法一樣（方程式 (15.17)），為

$$R_n = f[x, x_n, x_{n-1}, \ldots, x_0] \prod_{i=0}^{n} (x - x_i)$$

因此，誤差估計就可以藉由額外的點 $x = x_{n+1}$ 來求得。然而，由於在拉格藍吉的演算法中並沒有用到有限均差，所以在實作時我們並不建議這麼做。

方程式 (15.20) 與方程式 (15.21) 能很容易的應用到電腦程式中。圖 15.11 為其虛擬程式碼。

總而言之，當無法得知多項式的階數時，由於牛頓內插多項式能提供不同階數公式，因此比較占優勢。此外，由於方程式 (15.18) 的誤差估計公式使用到有限均差，也因此比較容易被積分（範例 15.5）。也就是在做推測計算時建議使用牛頓法。

但是只要求做內插的計算時，雖然牛頓內插與拉格藍吉內插所要做的計算量差不多，但是由於不需要計算與儲存均差，因此與開發拉格藍吉法的程式比較，就顯得比較容易。也因此在已知多項式的階數時，建議採用拉格藍吉法。

```
FUNCTION Lagrng(x, y, n, xx)
  sum = 0
  DOFOR i = 0, n
    product = y_i
    DOFOR j = 0, n
      IF i ≠ j THEN
        product = product*(xx − x_j)/(x_i − x_j)
      ENDIF
    END DO
    sum = sum + product
  END DO
  Lagrng = sum
END Lagrng
```

⊃ 圖 15.11　使用拉格藍吉內插法的虛擬程式碼。此演算法可以用在使用 $n + 1$ 個資料點的情況下做 n 階的預測。

範例 15.7　使用電腦計算拉格藍吉內插法

問題敘述：我們可以利用圖 15.11 的演算法，針對已經很熟悉的降落傘問題，進行趨勢分析。假設已經有儀器可以量測降落傘的速度。且量測資料如下

時間，s	量測速度 v，cm/s
1	800
3	2310
5	3090
7	3940
13	4755

由於在時間 $t = 7$ 秒與 $t = 13$ 秒的量測中有一段空窗期，因此我們希望估計並填補在 $t = 10$ 秒時降落傘的速度。由於我們已經知道內插多項式的行為有時候會有不可預期的錯誤。因此分別計算與比較四階、三階、二階與一階內插多項式的結果。

解法：拉格藍吉演算法可以分別架構四階、三階、二階與一階的內插多項式。

由四階內插多項式與輸入的資料繪製出的圖形可以參考圖 15.12a。由圖中很明顯地可以看出在 $x = 10$ 的資料結果高過所有資料的分布趨勢。

圖 15.12b 到圖 15.12d 分別代表三階、二階與一階的內插多項式。可以看出當階數愈小時，在 $t = 10$ 秒時的速度內插值就愈小。也就是使用愈高階的內插多項式，所內插的結果傾向就愈不準。也因此在做趨勢分析時，建議採用一

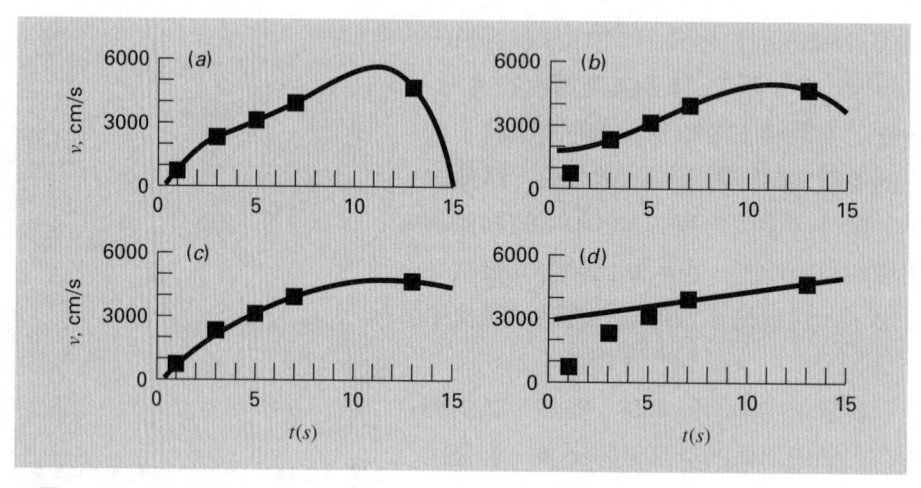

◐ **圖 15.12** 圖示 (*a*) 四階;(*b*) 三階;(*c*) 二階;(*d*) 一階的內插結果。

階、二階或三階的內插多項式。此外,面臨一些準確性有爭議的資料時,採用迴歸方式來處理其實是更恰當的。

之前的範例說明了高階多項式有病態條件的傾向,也就是會高度受到捨入誤差的影響。對高階多項式的迴歸估計也會發生同樣的問題。使用倍準度的數值計算將有助於減少其影響。然而,當階數愈高時,簡單的內插近似會對捨入誤差造成很大的影響。

15.3　內插多項式的係數

雖然牛頓多項式與拉格藍吉多項式都能用來求取資料點間的中間值。但是兩者所提供的多項式都不是以下的簡易形式:

$$f(x) = a_0 + a_1 x + a_2 x^2 + \cdots + a_n x^n \tag{15.24}$$

用來計算此多項式係數最直接的觀念就是:$n+1$ 個資料點可以用來計算 $n+1$ 個係數。因此可以由線性系統求出係數 a。舉例而言,假設要求一個拋物線方程式的係數

$$f(x) = a_0 + a_1 x + a_2 x^2 \tag{15.25}$$

所須的三個資料點分別是:$[x_0, f(x_0)]$、$[x_1, f(x_1)]$ 與 $[x_2, f(x_2)]$。將每一個點代入到方程式 (15.25) 後可得

$$\begin{aligned} f(x_0) &= a_0 + a_1 x_0 + a_2 x_0^2 \\ f(x_1) &= a_0 + a_1 x_1 + a_2 x_1^2 \\ f(x_2) &= a_0 + a_1 x_2 + a_2 x_2^2 \end{aligned} \tag{15.26}$$

此時，x_i 為已知而 a_i 為未知。由於方程式中未知變數與方程式的數目相同，因此可以由第三篇所介紹的消去法來求得這些係數。

我們必須說明，之前介紹的都不是求內插多項式係數的最有效方法。Press 等教授 (2007) 對此議題提供了一些討論與電腦程式碼來做更有效的近似。但是在這裡還是要強調，不管使用什麼方法來解方程式 (15.26) 的線性系統都有可能會面臨到病態系統的問題。特別是 n 值很大時，所求得的係數將更不能被信任與採用，否則會造成意想不到的錯誤。

總之，如果你有興趣以牛頓多項式與拉格藍吉多項式來處理內插的問題，而且要用到如方程式 (15.24) 的多項式，要千萬記得將它設限在低階的多項式，並且要非常小心地檢驗你的結果。

15.4　反內插

在慣用的符號模式中，$f(x)$ 與 x 值分別代表因變數與自變數，而且 x_i 的值是等間距的。例如，以下的資料表是由函數 $f(x) = 1/x$ 所計算出來

x	1	2	3	4	5	6	7
$f(x)$	1	0.5	0.3333	0.25	0.2	0.1667	0.1429

假設目前使用的是同一份資料，但是給定的卻是 $f(x)$ 的值，反而要回頭找對應此值的 x。例如使用上面的資料，要決定一個對應到 $f(x) = 0.3$ 的 x 值。以本例而言，由於函數為已知且很容易計算，因此答案可以立刻由 $x = 1/0.3 = 3.3333$ 得到。

我們稱這樣的問題為**反內插 (inverse interpolation)**。但是對於比較複雜的情況，我們就會改變 $f(x)$ 與 x 的位置（也就是繪製 x 對 $f(x)$ 的圖形），然後利用諸如拉格藍吉內插的近似方法來求解。但很不幸地，當變數反過來以後，我們沒有辦法保證橫座標的值（即 $f(x)$ 的值）仍為等間距。事實上在許多情況下，資料有分布有點類似「嵌入式」的。也就是有幾個鄰近的資料點分布類似對數的尺度，然後在其他的資料點上則快速散開。例如函數 $f(x) = 1/x$ 的結果為

$f(x)$	0.1429	0.1667	0.2	0.25	0.3333	0.5	1
x	7	6	5	4	3	2	1

內插多項式中橫座標資料為不等間距的情況，即使多項式是低階的也經常會導致得到的結果有振盪的現象。

另外一種策略就是利用原來的資料（也就是 $f(x)$ 對 x）擬合出一個 n 階的內插多項式 $f_n(x)$。由於原來的資料中 x 為等間距的，因此通常不會是病態系統。然後找一個 x 值使得能符合 $f_n(x)$ 的值等於給定的 $f(x)$ 的值。也就是將內插問題轉變成勘根問題。

例如，在上面的問題中僅採用 (2, 0.5)、(3, 0.3333) 與 (4, 0.25) 三個點來擬合出一個二次多項式，結果為

$$f_2(x) = 1.08333 - 0.375x + 0.041667x^2$$

反內插問題所要求的結果是符合 $f(x) = 0.3$ 的 x 值，也就是要解以下方程式的根

$$0.3 = 1.08333 - 0.375x + 0.041667x^2$$

以本例而言，得到的結果為

$$x = \frac{0.375 \pm \sqrt{(-0.375)^2 - 4(0.041667)0.78333}}{2(0.041667)} = \frac{5.704158}{3.295842}$$

因此，第二個根 3.296 已經非常接近真正的解 3.333。另外可以利用 3 或 4 階的多項式，搭配第二篇所介紹的勘根方法來提供更高的準確度。

15.5 額外的評論

在繼續下一節的討論以前，我們必須談兩個額外的主題：等間距資料的內插與外插。

由於牛頓演算法與拉格藍吉演算法都可以處理資料點為不等間距的問題，讀者可能很訝異為什麼我們還要特別討論資料點為等間距的特例（方塊 15.2）。在使用數位計算機以前，事實上使用這些方法已經廣泛地用來處理表格中等間距資料的內插問題。而所謂均差表的架構，基本上也是應用這些方法來得到（圖 15.5 即為這一類表格的範例之一）。

然而，由於這些方法是屬於牛頓與拉格藍吉電腦程式演算法的一部分，也由於許多表列函數正如程式庫般可用，因此對於等間距版本仍有需求。雖然如此，由於這與本書下一篇所要討論的內容相關，因此我們在此做了一些介紹。特別對於推導等間距資料點的數值積分法時特別有用（第 17 章）。也由於數值積分公式與常微分方程式的解有關，因此方塊 15.2 也很重要。

外插 (extrapolation) 是在已知資料點 x_0、x_1、…、x_n 的範圍外估算函數值 $f(x)$ 的程序（圖 15.13）。前一節中我們曾提及內插的結果在愈靠近基準點的誤差就愈小。因此對外插而言，很

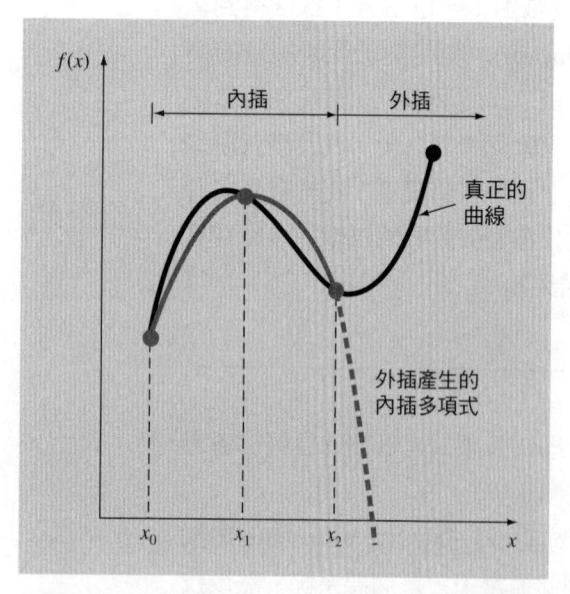

◯ **圖 15.13** 舉例說明外插估算時可能發散的情況。此處的外插是由前三個已知點所擬合出的拋物線向範圍外的區域延伸。

明顯當未知的位置在資料點範圍外時，就可能發生很大的誤差。正如圖 15.13 所描述，外插的技巧將曲線向範圍外的區域延伸時，很容易因為與真正的曲線背道而馳而造成完全不同的結果。

方塊 15.2　以等間距的資料進行插值

假設資料為等間隔且以遞增的方式呈現，則自變數可以寫為

$$x_1 = x_0 + h$$
$$x_2 = x_0 + 2h$$
$$\vdots$$
$$x_n = x_0 + nh$$

其中 h 為步長或資料點的區間寬度。在此情況下，均差能以比較簡單的形式表示。例如，二階前向均差公式為

$$f[x_0, x_1, x_2] = \frac{\dfrac{f(x_2) - f(x_1)}{x_2 - x_1} - \dfrac{f(x_1) - f(x_0)}{x_1 - x_0}}{x_2 - x_0}$$

重新改寫成

$$f[x_0, x_1, x_2] = \frac{f(x_2) - 2f(x_1) + f(x_0)}{2h^2} \tag{B15.2.1}$$

由於 $x_1 - x_0 = x_2 - x_1 = (x_2 - x_0)/2 = h$。另外可參考方程式 (4.24)，二階前向差分公式為

$$\Delta^2 f(x_0) = f(x_2) - 2f(x_1) + f(x_0)$$

因此方程式 (B15.2.1) 可以寫成

$$f[x_0, x_1, x_2] = \frac{\Delta^2 f(x_0)}{2!h^2}$$

或者是一般的型態為

$$f[x_0, x_1, \ldots, x_n] = \frac{\Delta^n f(x_0)}{n!h^n} \tag{B15.2.2}$$

利用方程式 (B15.2.2)，我們可以將等間距牛頓內插多項式改寫成

$$\begin{aligned} f_n(x) = & f(x_0) + \frac{\Delta f(x_0)}{h}(x - x_0) \\ & + \frac{\Delta^2 f(x_0)}{2!h^2}(x - x_0)(x - x_0 - h) \\ & + \cdots + \frac{\Delta^n f(x_0)}{n!h^n}(x - x_0)(x - x_0 - h) \\ & \cdots [x - x_0 - (n-1)h] + R_n \end{aligned} \tag{B15.2.3}$$

其中殘項與方程式 (15.16) 中的相同。此方程式即為**牛頓公式 (Newton's formula)**，或**牛頓-葛瑞葛立前向公式 (Newton-Gregory forward formula)**。我們可以利用以下的符號 α 定義做更進一步的簡化

$$\alpha = \frac{x - x_0}{h}$$

此定義將用在方程式 (B15.2.3) 中以求得更精簡的表示法

$$x - x_0 = \alpha h$$
$$x - x_0 - h = \alpha h - h = h(\alpha - 1)$$
$$\cdot$$
$$\cdot$$
$$\cdot$$
$$x - x_0 - (n-1)h = \alpha h - (n-1)h = h(\alpha - n + 1)$$

將以上符號代入方程式 (B15.2.3) 中以後可得

$$f_n(x) = f(x_0) + \Delta f(x_0)\alpha + \frac{\Delta^2 f(x_0)}{2!}\alpha(\alpha - 1) + \cdots + \frac{\Delta^n f(x_0)}{n!}\alpha(\alpha - 1)\cdots(\alpha - n + 1) + R_n \quad \text{(B15.2.4)}$$

其中

$$R_n = \frac{f^{(n+1)}(\xi)}{(n+1)!}h^{n+1}\alpha(\alpha - 1)(\alpha - 2)\cdots(\alpha - n)$$

此簡化的表示法將會在第 17 章中用來推導積分公式與進行誤差分析。

除了前向公式以外，我們另外可以求出牛頓-葛瑞葛立後向與中央公式。Canahan、Luther 與 Wilkes (1969) 針對等間距資料的內插問題做更進一步的資訊探討。

15.6 仿樣內插

在前一節裡使用 $n + 1$ 個資料點擬合出 n 階內插多項式。例如使用 8 個資料點擬合出的多項式就是 7 階。此曲線可以捕捉到由這些點所提供的所有的曲徑（至少包括七階導數）。但有些情況反而會由於捨入誤差或曲線的振盪而導致錯誤的結果。因此有時反而建議只取部分的點，並且只擬合出較低階的多項式。以這樣的方式連接出來的多項式稱之為**仿樣函數 (spline function)**。

例如每兩個點之間以三次多項式連接起來的我們稱之為**三階仿樣 (cubic spline)**。以仿樣的方式連接起來的曲線看起來是一個平滑的函數。雖然表面看起來三階函數的近似法不如七階函數。但是讀者會很訝異三階仿樣函數的近似法在實際上是比較受到歡迎與廣泛採用的。

圖 15.14 說明了為什麼仿樣的應用比七階函數的近似更受到青睞。本例的函數基本上是平滑的函數，但是在區間內卻有類似階梯般的產生瞬間變化的呈現。

圖 15.14a 至圖 15.14c 說明了一個現象，在值有瞬間變化的點附近，愈高階的

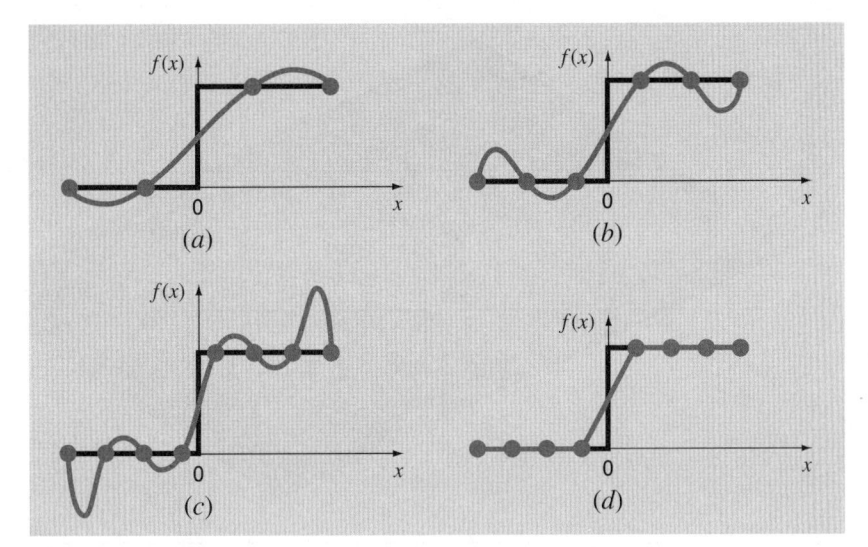

○ **圖 15.14** 圖示仿樣優於高階內插多項式。要被擬合出來的函數在 $x = 0$ 處的函數值瞬間有很大的變化。(a) 至 (c) 說明了在值有瞬間變化的點附近，愈高階的多項式會產生幅度愈大的振盪。但是三階仿樣限制了曲線的階數最大為 3，且描繪出來的是一條平滑曲線。因此三階仿樣 (d) 是一個比較能接受的結果。

多項式將產生幅度愈大的振盪。雖然仿樣的做法也是以多項式來連接這些點，但由於多項式的次數僅限為三次，所以振盪的幅度被降至最低。以仿樣的方式所做的近似，函數在值有瞬間變化的點附近的近似效果，一般而言，比高階多項式的近似還要來得好。

仿樣的想法源自於草稿的製作，也就是以一條細長且柔軟的帶子描繪出一條通過所有資料點的平滑曲線。圖 15.15 描述了 5 個資料點的繪製程序。製作前先將草稿紙放在一木板上，然後在資料點相對應的位置釘上圖釘。在圖釘間可繪製一條平滑的三次曲線。因此，所謂的「三階仿樣」指的就是以這樣的方式得到的三次多項式。

在本節中，首先利用線性函數與一些基本的問題來介紹有關線性仿樣的觀念。然後推導出以二階仿樣來擬合資料的演算法。最後呈現的則是廣泛受到工程應用所青睞的三階仿樣。

15.6.1 線性仿樣

用來連接兩個點的最簡單方式就是介於兩點之間的直線。在一群有序數對資料間的線性仿樣可以由一組線性函數來定義，

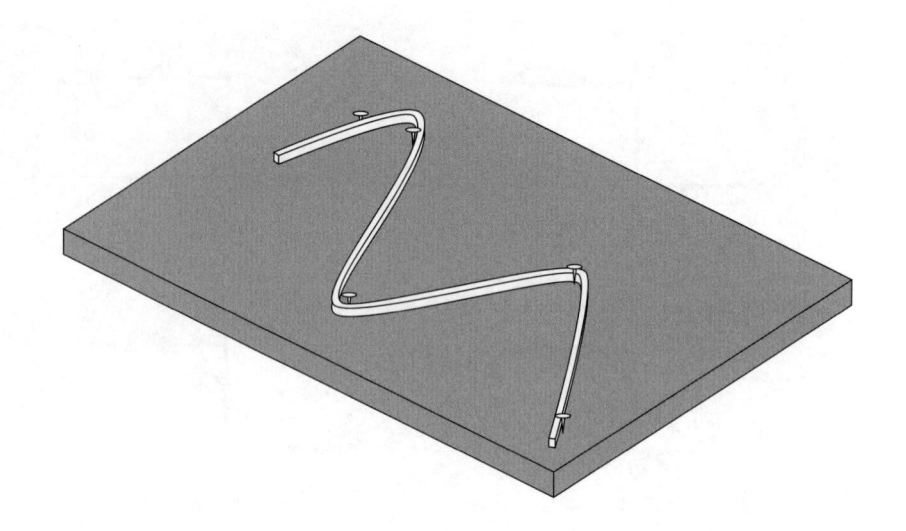

◐ 圖 15.15　利用草稿製作技巧描繪出一條通過一連串點的平滑曲線。值得一提的是在端點處的仿樣為直線，也就是所謂的「自然」仿樣。

$$f(x) = f(x_0) + m_0(x - x_0) \qquad x_0 \leq x \leq x_1$$
$$f(x) = f(x_1) + m_1(x - x_1) \qquad x_1 \leq x \leq x_2$$
$$\vdots$$
$$f(x) = f(x_{n-1}) + m_{n-1}(x - x_{n-1}) \qquad x_{n-1} \leq x \leq x_n$$

其中 m_i 代表連接點 x_i 與 x_{i+1} 的直線斜率：

$$m_i = \frac{f(x_{i+1}) - f(x_i)}{x_{i+1} - x_i} \qquad (15.27)$$

這些方程式可以用來計算介於資料點 x_0 與 x_n 間的函數值。也就是先指出資料點所在的區間，然後再利用此區間所引出的直線計算其函數值。很明顯地這個方法即為線性內插法。

範例 15.8　線性仿樣

問題敘述：利用表 15.1 的資料來擬合線性仿樣函數。並計算在 $x = 5$ 時的函數值。

解法：表 15.1 的資料可用來計算資料點間的直線斜率。例如 $x = 4.5$ 至 $x = 7$ 的區間，直線斜率為

$$m = \frac{2.5 - 1}{7 - 4.5} = 0.60$$

表 15.1　用來擬合仿樣函數的資料。

x	f(x)
3.0	2.5
4.5	1.0
7.0	2.5
9.0	0.5

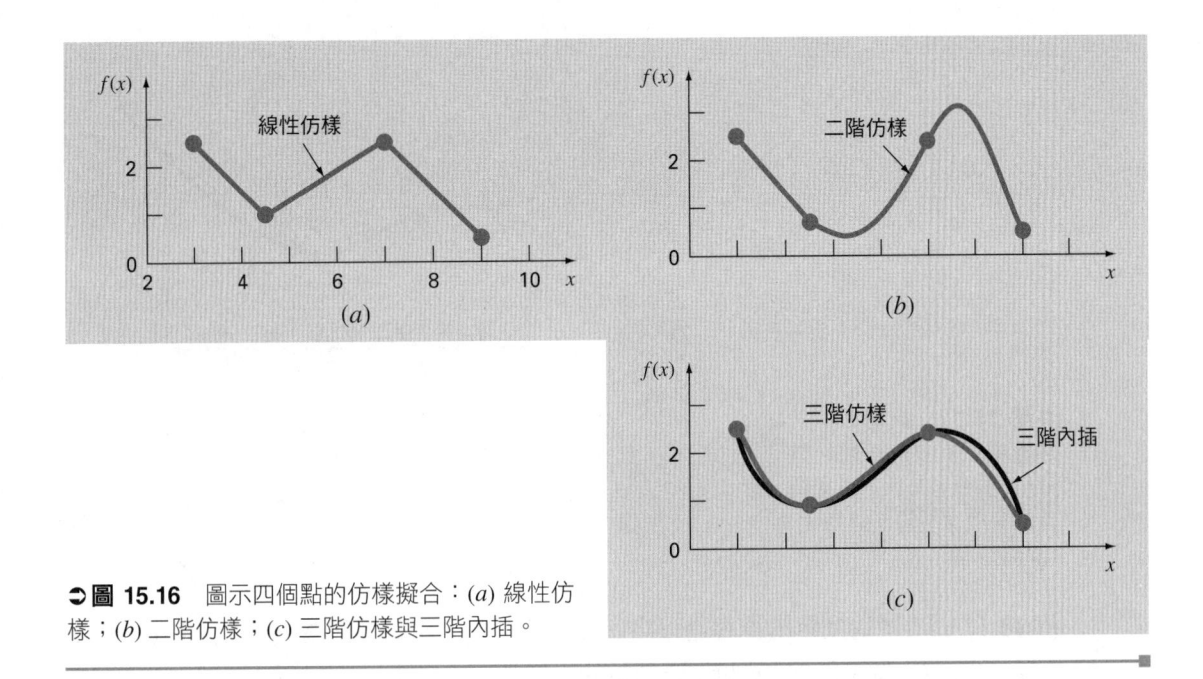

⊃ 圖 15.16　圖示四個點的仿樣擬合：(a) 線性仿樣；(b) 二階仿樣；(c) 三階仿樣與三階內插。

> 同理在其他區間中的斜率也能計算出來，圖 15.16a 即為線性仿樣的結果，而 x = 5 的函數值則為 1.3。

直接觀察圖 15.16a 可知，線性仿樣主要的缺點就是不平滑。也就是在資料點的位置（又稱為**扭結點 (knot)**），函數的一階微分不連續。而這個缺點可以利用高階仿樣多項式，搭配強迫在資料點處兩端的導數值相同來達到的曲線平滑的目的。在下面的章節中我們將會討論這樣的做法。

15.6.2　二階仿樣

為了確保在扭結點上曲線 m 階微分的連續性，仿樣曲線至少要 m + 1 階連續。事實上最常使用的是一階微分與二階微分皆為連續的三階仿樣多項式。雖然使用三階仿樣函數時可能會面臨三階微分或高階微分不連續，但是由於以肉眼觀察圖形時並無法預知，因此經常是被忽略的。

由於三階仿樣函數的推導有一點點複雜，因此將在下一節討論。首先推導在扭結點上一階導數為連續的二階仿樣函數。雖然「二階仿樣」函數無法保證在扭結點上的二階導數也是連續函數，但是其推演程序卻能作為推導高階仿樣函數的範本。

二階仿樣的目標是要推導出一個在資料點間的任一個區間均為二次多項式的函數。一般而言，任一個區間內的二次多項式為

$$f_i(x) = a_i x^2 + b_i x + c_i \tag{15.28}$$

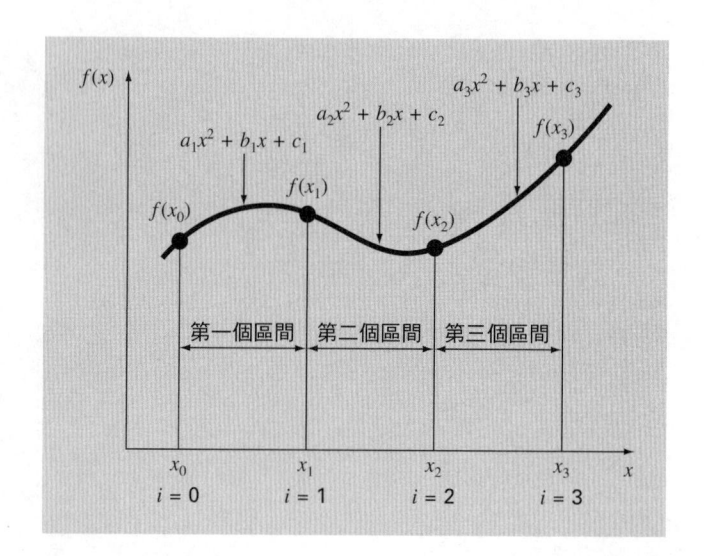

⊃ **圖 15.17** 推導二階仿樣過程中所需要的符號。共有 $n+1$ 個資料點與 n 個區間。本圖中所使用的 n 值為 3。

圖 15.17 很清楚地列舉出推導過程中所需要的符號。當資料點為 $n+1$ 個時 ($i = 0, 1, ..., n$)，會有 n 個區間與 $3n$ 個需要計算的未知數。分別是

1. **鄰近多項式的函數值必須與內部扭結點上的值相同**，也就是由 $i = 2$ 到 n 有

$$a_{i-1}x_{i-1}^2 + b_{i-1}x_{i-1} + c_{i-1} = f(x_{i-1}) \tag{15.29}$$

$$a_i x_{i-1}^2 + b_i x_{i-1} + c_i = f(x_{i-1}) \tag{15.30}$$

由於只使用到內部的扭結點，方程式 (15.29) 與 (15.30) 各提供 $n-1$ 個條件，總共 $2n-2$ 個條件。

2. **第一個與最後一個函數必須通過端點**。因此再增加兩個條件

$$a_1 x_0^2 + b_1 x_0 + c_1 = f(x_0) \tag{15.31}$$

$$a_n x_n^2 + b_n x_n + c_n = f(x_n) \tag{15.32}$$

目前為止，共有 $2n - 2 + 2 = 2n$ 個條件。

3. **內部扭結點上的一階導數值必須相同**。方程式 (15.28) 的一階導數等於

$$f'(x) = 2ax + b$$

因此由 $i = 2$ 至 n 的條件可以寫成

$$2a_{i-1}x_{i-1} + b_{i-1} = 2a_i x_{i-1} + b_i \tag{15.33}$$

這裡再提供了額外的 $n-1$ 個條件，因此共有 $2n + n - 1 = 3n - 1$ 個條件。由於總共有 $3n$ 個未知數，因此還缺少一個條件。除非對於函數本身或一階導數還有其他額外的訊息，否則我們必須再定出一個條件來完成係數計算。雖然有許多的條件可以使用，但是我們選擇以下的假設：

4. **假設在第一點的二階導數為 0**：由於方程式 (15.28) 的二階導數等於 $2a_i$，因此這個條件在數學上的意義就是

$$a_1 = 0 \tag{15.34}$$

其實這個條件所代表的意義就是最前面的兩點是以直線來連接。

範例 15.9　二階仿樣

問題敘述：利用範例 15.8 中表 15.1 的資料來擬合二階仿樣函數。並利用此結果來計算在 $x = 5$ 時的函數值。

解法：由表 15.1 的資料得知共有 4 個資料點與 3 個區間 ($n = 3$)。因此共須計算 3(3) = 9 個未知數。方程式 (15.29) 與方程式 (15.30) 總共可以提供 2(3) − 2 = 4 個條件：

$$20.25a_1 + 4.5b_1 + c_1 = 1.0$$
$$20.25a_2 + 4.5b_2 + c_2 = 1.0$$
$$49a_2 + 7b_2 + c_2 = 2.5$$
$$49a_3 + 7b_3 + c_3 = 2.5$$

第一個與最後一個函數必須通過端點。因此再增加兩個條件（方程式(15.31)）：

$$9a_1 + 3b_1 + c_1 = 2.5$$

與方程式 (15.32)

$$81a_3 + 9b_3 + c_3 = 0.5$$

導數的連續性可再增加額外的 3 − 1 = 2 個條件（方程式 (15.33)）：

$$9a_1 + b_1 = 9a_2 + b_2$$
$$14a_2 + b_2 = 14a_3 + b_3$$

最後，方程式 (15.34) 指出 $a_1 = 0$。也由於 a_1 的值已經正確地指出，因此要解的線性系統只剩下 8 個方程式。可以用矩陣的型態表示為

$$\begin{bmatrix} 4.5 & 1 & 0 & 0 & 0 & 0 & 0 & 0 \\ 0 & 0 & 20.25 & 4.5 & 1 & 0 & 0 & 0 \\ 0 & 0 & 49 & 7 & 1 & 0 & 0 & 0 \\ 0 & 0 & 0 & 0 & 0 & 49 & 7 & 1 \\ 3 & 1 & 0 & 0 & 0 & 0 & 0 & 0 \\ 0 & 0 & 0 & 0 & 0 & 81 & 9 & 1 \\ 1 & 0 & -9 & -1 & 0 & 0 & 0 & 0 \\ 0 & 0 & 14 & 1 & 0 & -14 & -1 & 0 \end{bmatrix} \begin{Bmatrix} b_1 \\ c_1 \\ a_2 \\ b_2 \\ c_2 \\ a_3 \\ b_3 \\ c_3 \end{Bmatrix} = \begin{Bmatrix} 1 \\ 1 \\ 2.5 \\ 2.5 \\ 2.5 \\ 0.5 \\ 0 \\ 0 \end{Bmatrix}$$

然後利用第三篇所介紹的方法來解，結果為：

$$a_1 = 0 \qquad b_1 = -1 \qquad c_1 = 5.5$$
$$a_2 = 0.64 \qquad b_2 = -6.76 \qquad c_2 = 18.46$$
$$a_3 = -1.6 \qquad b_3 = 24.6 \qquad c_3 = -91.3$$

將這些係數代回原來的二次多項式以後，可以分別得到在每一個不同區間的關係式

$$f_1(x) = -x + 5.5 \qquad 3.0 \leq x \leq 4.5$$
$$f_2(x) = 0.64x^2 - 6.76x + 18.46 \qquad 4.5 \leq x \leq 7.0$$
$$f_3(x) = -1.6x^2 + 24.6x - 91.3 \qquad 7.0 \leq x \leq 9.0$$

利用 f_2 來計算 $x = 5$ 時的函數值，結果為：

$$f_2(5) = 0.64(5)^2 - 6.76(5) + 18.46 = 0.66$$

仿樣擬合的結果請參考圖 15.16b。圖中可以感受到此擬合有兩個缺點：(1) 以直線來連接第一點與第二點；(2) 在最後一個區間的仿樣擬合結果似乎轉得太高了一點。下一節所要介紹的三階仿樣就不會有這些缺點，而且著實是一個比較理想的方法。

15.6.3 三階仿樣

三階仿樣的目標是要推導出一個在資料點間的任一個區間均為三次多項式的函數。也就是

$$f_i(x) = a_i x^3 + b_i x^2 + c_i x + d_i \tag{15.35}$$

當資料點為 $n + 1$ 個時 ($i = 0, 1, ..., n$)，會有 n 個區間與 $4n$ 個需要計算的未知數。分別是

1. 鄰近多項式的函數值必須與內部扭結點上的值相同（$2n - 2$ 個條件）。
2. 第一個與最後一個函數必須通過端點（2 個條件）。
3. 內部扭結點上的一階導數值必須相同（$n - 1$ 個條件）。
4. 內部扭結點上的二階導數值必須相同（$n - 1$ 個條件）。
5. 兩個端點的二階導數為 0（2 個條件）。

條件 5 所代表的意義就是通過兩扭結點的函數是一條直線。由於是以一種非常自然的方式來繪製這種仿樣的結果，因此這樣的條件所導致的稱為「自然」仿樣（參考圖 15.15）。若端點處的二階導數值非零（也就是有曲率存在），這樣的訊息也可以用來作為求解係數時的最後兩個條件。

以上的 5 個條件總共可以提供用來求解 $4n$ 個係數的 $4n$ 個條件。我們當然可以

利用此方式導出我們要的三階仿樣函數，但是我們將以另外一個僅需要 $n-1$ 個方程式的方式來達到所要的目的。雖然方塊 15.3 中三階仿樣的推導方法與二階仿樣的方法比較沒有那麼直接，但是著實比較有效率，值得我們特別花費精力來研究。

方塊 15.3　三階仿樣的推導

由於連接兩扭結點間的函數為三次多項式（Cheney 與 Kincaid，2008），因此每一個區間上的函數的二階導數均為直線。此結果可以由微分方程式 (15.35) 兩次而看出來。因此，這些二階導數可以用一階的拉格藍吉內插多項式來表示（方程式 (15.22)）：

$$f_i''(x) = f_i''(x_{i-1})\frac{x-x_i}{x_{i-1}-x_i} + f_i''(x_i)\frac{x-x_{i-1}}{x_i-x_{i-1}} \tag{B15.3.1}$$

其中 $f_i''(x)$ 在第 i 個區間內任意一點 x 的二階導數值。
因此，方程式是連接區間內第一個扭結點之二階導數與 $f''(x_{i-1})$ 第二個扭結點之二階導數 $f''(x_i)$ 的直線。

接下來，可以積分方程式 (B15.3.1) 兩次得到包含兩個未知常數的 $f_i(x)$。這些常數可以藉由恆等式條件的使用來求出。也就是在點 x_{i-1} 處，$f(x)$ 等於 $f(x_{i-1})$，另外在點 x_i 處，$f(x)$ 必須等於 $f(x_i)$。結果為：

$$\begin{aligned}f_i(x) =& \frac{f_i''(x_{i-1})}{6(x_i-x_{i-1})}(x_i-x)^3 + \frac{f_i''(x_i)}{6(x_i-x_{i-1})}(x-x_{i-1})^3 \\ &+ \left[\frac{f(x_{i-1})}{x_i-x_{i-1}} - \frac{f''(x_{i-1})(x_i-x_{i-1})}{6}\right](x_i-x) \\ &+ \left[\frac{f(x_i)}{x_i-x_{i-1}} - \frac{f''(x_i)(x_i-x_{i-1})}{6}\right](x-x_{i-1})\end{aligned} \tag{B15.3.2}$$

此時，在第 i 個區間中，可以發現這個關係式比方程式 (15.35) 的三階仿樣還要來得複雜。然而，我們可以看出它只包含了兩個未知係數，也就是在區間的第一個點與最後一個點上的二階導數，即 $f''(x_{i-1})$ 與 $f''(x_i)$。因此，如果能在每一個扭結點上都計算出其二階導數，那麼在此區間內，方程式 (B15.3.2) 的三階多項式就可以用來作為內插函數。

在計算二階導數前必須先確認在扭結點上的一階導數為連續，即

$$f_i'(x_i) = f_{i+1}'(x_i) \tag{B15.3.3}$$

我們可以微分方程式 (B15.3.2) 來取得一階導數的表示式。完成第 $(i-1)$ 個區間與第 i 個區間的微分後，依據方程式 (B15.3.3) 將兩區間上的值設為相等，則可得以下關係式：

$$\begin{aligned}(x_i-x_{i-1})f''(x_{i-1}) &+ 2(x_{i+1}-x_{i-1})f''(x_i) + (x_{i+1}-x_i)f''(x_{i+1}) \\ &= \frac{6}{x_{i+1}-x_i}[f(x_{i+1})-f(x_i)] + \frac{6}{x_i-x_{i-1}}[f(x_{i-1})-f(x_i)]\end{aligned} \tag{B15.3.4}$$

若針對每一個內部扭結點寫下方程式 (B15.3.4)，則總共產生一個具 $n-1$ 個方程式與 $n+1$ 個未知二階導數的線性系統。但是由於採用的是自然仿樣，在兩個端點的二階導數設為 0，因此未知二階導數的個數也就減少至 $n-1$ 個。此外，由於線性系統的矩陣形式為三對角線，因此變數個數不但減少，而且線性系統相形之下是更容易求得結果的（回顧章節 10.1.1）。

由方塊 15.3 中可以在每一個區間中導出以下的三階方程式：

$$f_i(x) = \frac{f_i''(x_{i-1})}{6(x_i - x_{i-1})}(x_i - x)^3 + \frac{f_i''(x_i)}{6(x_i - x_{i-1})}(x - x_{i-1})^3$$
$$+ \left[\frac{f(x_{i-1})}{x_i - x_{i-1}} - \frac{f''(x_{i-1})(x_i - x_{i-1})}{6}\right](x_i - x)$$
$$+ \left[\frac{f(x_i)}{x_i - x_{i-1}} - \frac{f''(x_i)(x_i - x_{i-1})}{6}\right](x - x_{i-1}) \tag{15.36}$$

此方程式中僅包含兩個未知數，也就是每個區間上兩個端點的二階導數值。而這些未知數可以由以下的方程式來計算出來：

$$(x_i - x_{i-1})f''(x_{i-1}) + 2(x_{i+1} - x_{i-1})f''(x_i) + (x_{i+1} - x_i)f''(x_{i+1})$$
$$= \frac{6}{x_{i+1} - x_i}[f(x_{i+1}) - f(x_i)] + \frac{6}{x_i - x_{i-1}}[f(x_{i-1}) - f(x_i)] \tag{15.37}$$

若對每一個內部扭結點寫下此方程式，那麼就會形成一個包含 $n - 1$ 個方程式與 $n - 1$ 個聯立變數的線性系統。（在兩端扭結點的二階導數均為 0。）以下的範例將說明此應用。

範例 15.10　三階仿樣

問題敘述：利用範例 15.8 與範例 15.9 中表 15.1 的資料來擬合三階仿樣函數。並利用此結果來計算在 $x = 5$ 時的函數值。

解法：首先要利用方程式 (15.37) 來產生用以決定內部扭結點上二階導數值的線性系統。例如在第一個內部扭結點上會用到以下的資料：

$$x_0 = 3 \qquad f(x_0) = 2.5$$
$$x_1 = 4.5 \qquad f(x_1) = 1$$
$$x_2 = 7 \qquad f(x_2) = 2.5$$

將這些值代入到方程式 (15.37) 以後可得

$$(4.5 - 3)f''(3) + 2(7 - 3)f''(4.5) + (7 - 4.5)f''(7)$$
$$= \frac{6}{7 - 4.5}(2.5 - 1) + \frac{6}{4.5 - 3}(2.5 - 1)$$

由於用到自然仿樣的條件（即 $f''(3) = 0$），因此方程式化簡成

$$8f''(4.5) + 2.5f''(7) = 9.6$$

同理，方程式 (15.37) 套用到第二個內部扭結點上，可得

$$2.5f''(4.5) + 9f''(7) = -9.6$$

同時解這兩個方程式以後，可得

$$f''(4.5) = 1.67909$$
$$f''(7) = -1.53308$$

將這些值代回方程式 (15.36) 以後，可得

$$f_1(x) = \frac{1.67909}{6(4.5-3)}(x-3)^3 + \frac{2.5}{4.5-3}(4.5-x)$$
$$+ \left[\frac{1}{4.5-3} - \frac{1.67909(4.5-3)}{6}\right](x-3)$$

或

$$f_1(x) = 0.186566(x-3)^3 + 1.666667(4.5-x) + 0.246894(x-3)$$

此方程式即為第一個區間上的三階仿樣函數。同樣的代換可以用在第二個區間與第三個區間，結果為

$$f_2(x) = 0.111939(7-x)^3 - 0.102205(x-4.5)^3 - 0.299621(7-x)$$
$$+ 1.638783(x-4.5)$$

與

$$f_3(x) = -0.127757(9-x)^3 + 1.761027(9-x) + 0.25(x-7)$$

這三個方程式可以分別用來計算不同區間內 x 的函數值。例如 $x = 5$ 時，落在第二個區間，其函數值為

$$f_2(5) = 0.111939(7-5)^3 - 0.102205(5-4.5)^3 - 0.299621(7-5)$$
$$+ 1.638783(5-4.5) = 1.102886$$

同理可以計算其他的值，而仿樣的結果可以參考圖 15.16c。

這裡將範例 15.8 至範例 15.10 的結果，統一整理在圖 15.16 中。可以看出由線性仿樣、二階仿樣到三階仿樣的估算中有明顯的改善。特別看出在圖 15.16c 中特別同時繪製三階仿樣與三階內插。雖然三階仿樣包含了一連串的三階曲線，但是結果卻與簡單的三階多項式不同。也就是自然仿樣在兩端扭結點上的二階導數值為 0，但是簡單的三階多項式卻沒有此限制。

15.6.4 三階仿樣的電腦演算法

前一節所闡述的三階仿樣演算法非常容易改寫成電腦程式。由於經過非常巧妙

的處理，此模型演變成解 $n-1$ 個聯立方程式的線性系統。另外可由方程式 (15.37) 所看出，此線性系統為三對角線。正如章節 11.1 所述，能以非常有效率的演算法來求解此系統。圖 15.18 則是闡述了包含這些特性的計算架構。

注意：對於給定的因變數 xu，圖 15.18 中副程式回傳的是單一內插值 yu。但這並不是應用仿樣內插的唯一方式。例如，我們可以用來計算係數，然後進行多次內插。此外，副程式同時回傳在 xu 的一階導數 (dy) 與階導數 ($dy2$)。雖然不一定需要計算這些數值，但是在仿樣內插的實際應用中這些數值相當實用。

```
SUBROUTINE Spline (x,y,n,xu,yu,dy,d2y)
LOCAL eₙ, fₙ, gₙ, rₙ, d2xₙ
CALL Tridiag(x,y,n,e,f,g,r)
CALL Decomp(e,f,g,n-1)
CALL Subst(e,f,g,r,n-1,d2x)
CALL Interpol(x,y,n,d2x,xu,yu,dy,d2y)
END Spline

SUBROUTINE Tridiag (x,y,n,e,f,g,r)
f₁ = 2 * (x₂-x₀)
g₁ = (x₂-x₁)
r₁ = 6/(x₂-x₁) * (y₂-y₁)
r₁ = r₁+6/(x₁-x₀) * (y₀-y₁)
DOFOR i = 2, n-2
  eᵢ = (xᵢ-xᵢ₋₁)
  fᵢ = 2 * (xᵢ₊₁ - xᵢ₋₁)
  gᵢ = (xᵢ₊₁ - xᵢ)
  rᵢ = 6/(xᵢ₊₁ - xᵢ) * (yᵢ₊₁ - yᵢ)
  rᵢ = rᵢ+6/(xᵢ - xᵢ₋₁) * (yᵢ₋₁ - yᵢ)
END DO
eₙ₋₁ = (xₙ₋₁ - xₙ₋₂)
fₙ₋₁ = 2 * (xₙ - xₙ₋₂)
rₙ₋₁ = 6/(xₙ - xₙ₋₁) * (yₙ - yₙ₋₁)
rₙ₋₁ = rₙ₋₁ + 6/(xₙ₋₁ - xₙ₋₂) * (yₙ₋₂ - yₙ₋₁)
END Tridiag

SUBROUTINE Interpol (x,y,n,d2x,xu,yu,dy,d2y)
flag = 0
i = 1
DO
  IF xu ≥ xᵢ₋₁ AND xu ≤ xᵢ THEN
    c1 = d2xᵢ₋₁/6/(xᵢ - xᵢ₋₁)
    c2 = d2xᵢ/6/(xᵢ - xᵢ₋₁)
    c3 = yᵢ₋₁/(xᵢ - xᵢ₋₁) - d2xᵢ₋₁ * (xᵢ-xᵢ₋₁)/6
    c4 = yᵢ/(xᵢ - xᵢ₋₁) - d2xᵢ * (xᵢ-xᵢ₋₁)/6
    t1 = c1 * (xᵢ - xu)³
    t2 = c2 * (xu - xᵢ₋₁)³
    t3 = c3 * (xᵢ - xu)
    t4 = c4 * (xu - xᵢ₋₁)
    yu = t1 + t2 + t3 + t4
    t1 = -3 * c1 * (xᵢ - xu)²
    t2 = 3 * c2 * (xu - xᵢ₋₁)²
    t3 = -c3
    t4 = c4
    dy = t1 + t2 + t3 + t4
    t1 = 6 * c1 * (xᵢ - xu)
    t2 = 6 * c2 * (xu - xᵢ₋₁)
    d2y = t1 + t2
    flag = 1
  ELSE
    i = i + 1
  END IF
  IF i = n + 1 OR flag = 1 EXIT
END DO
IF flag = 0 THEN
  PRINT "outside range"
  pause
END IF
END Interpol
```

⊃ **圖 15.18**　三階仿樣的電腦演算法。

15.7　多維內插

一維問題的內插法能擴充至多維內插。本節將以直角座標系統為例，說明最簡單的二維內插。

15.7.1　雙線型內插

在包含兩個變數的函數 $z = f(x_i, y_i)$ 上，進行求中間值的動作被稱為**二維內插 (two-dimensional interpolation)**。正如圖 15.19 所描述，已知 $f(x_1,y_1)$、$f(x_2,y_1)$、$f(x_1,y_2)$，與 $f(x_2,y_2)$ 四點上的函數值，接著希望利用內插法求出介於此四點間的函數值 $f(x_i,y_i)$。假設所使用的函數為線性，則結果就是連接這些點的平面（如圖 15.19）。而這樣的函數又稱為**雙線性 (bilinear)**。

圖 15.20 所描述的是雙線型函數的近似法。首先固定 y 值，然後沿著 x 方向進行一維線性內插。以拉格蘭吉形式呈現的結果，在 (x_i,y_1) 的值為

$$f(x_i, y_1) = \frac{x_i - x_2}{x_1 - x_2} f(x_1, y_1) + \frac{x_i - x_1}{x_2 - x_1} f(x_2, y_1) \tag{15.38}$$

在 (x_i,y_2) 時為

$$f(x_i, y_2) = \frac{x_i - x_2}{x_1 - x_2} f(x_1, y_2) + \frac{x_i - x_1}{x_2 - x_1} f(x_2, y_2) \tag{15.39}$$

之後，這些點可再沿著 y 方向進行一維線性內插，以得到最終結果。

$$f(x_i, y_i) = \frac{y_i - y_2}{y_1 - y_2} f(x_i, y_1) + \frac{y_i - y_1}{y_2 - y_1} f(x_i, y_2) \tag{15.40}$$

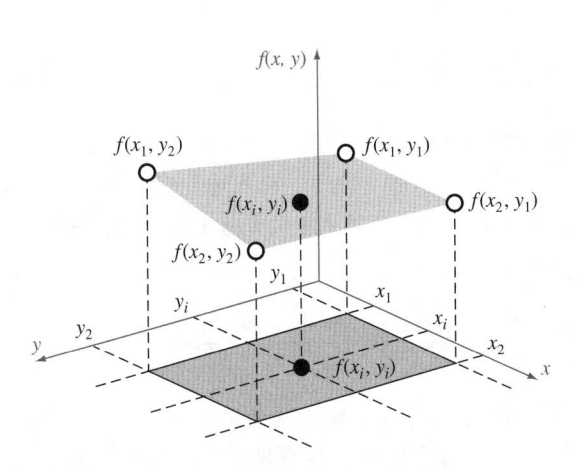

◐圖 15.19　圖示說明二維雙線型內插。藉由四個空心圓點的數值來估算實心圓點的數值。

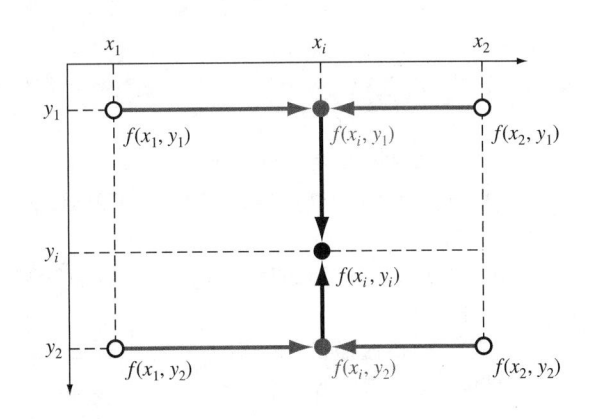

◐圖 15.20　圖示二維雙線型內插。首先固定 y 值，沿著 x 方向進行一維線性內插以求得在 x_i 的值。之後再應用這些點沿著 y 方向進行一維線性內插而得到在 x_i, y_i 的最終結果。

將方程式 (15.38) 與 (15.39) 代入方程式 (15.40) 後，可得

$$f(x_i, y_i) = \frac{x_i - x_2}{x_1 - x_2}\frac{y_i - y_2}{y_1 - y_2}f(x_1, y_1) + \frac{x_i - x_1}{x_2 - x_1}\frac{y_i - y_2}{y_1 - y_2}f(x_2, y_1)$$
$$+ \frac{x_i - x_2}{x_1 - x_2}\frac{y_i - y_1}{y_2 - y_1}f(x_1, y_2) + \frac{x_i - x_1}{x_2 - x_1}\frac{y_i - y_1}{y_2 - y_1}f(x_2, y_2) \quad (15.41)$$

範例 15.11　雙線型內插

問題敘述：矩形受熱平板表面的溫度量測值如下，

$$T(2, 1) = 60 \quad T(9, 1) = 57.5$$
$$T(2, 6) = 55 \quad T(9, 6) = 70$$

利用雙線型內插來估算 $x_i = 5.25$、$y_i = 4.8$ 時的溫度值。

解法：將這些數值代入方程式 (15.41) 後可得

$$f(5.5, 4) = \frac{5.25 - 9}{2 - 9}\frac{4.8 - 6}{1 - 6}60 + \frac{5.25 - 2}{9 - 2}\frac{4.8 - 6}{1 - 6}57.5$$
$$+ \frac{5.25 - 9}{2 - 9}\frac{4.8 - 1}{6 - 1}55 + \frac{5.25 - 2}{9 - 2}\frac{4.8 - 1}{6 - 1}70 = 61.2143$$

除了本範例所描述的簡易雙線型內插法，高階多項式與仿樣函數也都能用在二維內插問題。此外，這些方法也很容易推廣至三維問題。第 16 章結尾涉及以套裝軟體解內插的問題時，我們會再回來探討這個主題。

習　題

15.1 使用線性內插來估算 log 10。
(a) log 8 = 0.9030900 與 log 12 = 1.0791812 中內插。
(b) 在 log 9 = 0.9542425 與 log 11 = 1.0413927 中內插。
針對每一個內插值，分別計算對於真正值間的相對誤差百分比。

15.2 利用習題 15.1 中 $x = 8, 9, 11$ 的資料擬合出一個二階的牛頓內插多項式，然後用它來估算 log 10。並計算與真正值間的相對誤差百分比。

15.3 利用習題 15.1 的資料擬合出一個三階的牛頓內插多項式，然後用它來估算 log 10。

15.4 以拉格藍吉多項式重做習題 15.1 至習題 15.3。

15.5 給定以下的資料

x	1.6	2	2.5	3.2	4	4.5
f(x)	2	8	14	15	8	2

(a) 分別使用 1 到 3 階的牛頓內插多項式來計算 $f(2.8)$。估算過程中，依據能提供最高準確度的可能來選擇資料點。
(b) 針對每一個估算值，以方程式 (15.18) 來估計其誤差。

15.6 給定以下的資料

x	1	2	3	5	7	8
f(x)	3	6	19	99	291	444

分別使用 1 到 4 階的牛頓內插多項式來計算 f(4)。選擇能提供最高準確度的資料點。對不同階數的多項式，資料表中怎麼樣的資料順序可以提供最高準確度。

15.7 分別以 1 到 3 階的拉格藍吉多項式重新計算習題 15.6。

15.8 以下資料取自精密量測的表單中。針對本題的需求，利用最佳的數值方法來估算 $x = 3.5$ 時的值。請注意到擬合出的多項式能確實通過這些資料點。

x	0	1.8	5	6	8.2	9.2	12
y	26	16.415	5.375	3.5	2.015	2.54	8

15.9 利用牛頓內插多項式及最佳的準確度來估算在時的 $x = 3.5$ 值。計算圖 15.5 的有限均差及對資料點的重新組合，使得方法收斂且提供最佳的準確度。

x	0	1	2.5	3	4.5	5	6
y	2	5.4375	7.3516	7.5625	8.4453	9.1875	12

15.10 利用牛頓內插多項式及最佳的準度來估算在 $x = 8$ 時的 y 值。計算圖 15.5 的有限均差及對資料點的重新組合，使得方法收斂且提供最佳的準度。

x	0	1	2	5.5	11	13	16	18
y	0.5	3.134	5.3	9.9	10.2	9.35	7.2	6.2

15.11 針對以下表列資料，應用反內插、3 階內插多項式與二分法來計算對應 $f(x) = 0.23$ 的 x 值。

x	2	3	4	5	6	7
y	0.5	0.3333	0.25	0.2	0.1667	0.1429

15.12 針對以下表列資料，應用反內插來計算對應 $f(x) = 0.85$ 的 x 值。

x	0	1	2	3	4	5
f(x)	0	0.5	0.8	0.9	0.941176	0.961538

表中資料由函數 $f(x) = x^2/(1 + x^2)$ 計算出來。
(a) 以解析的方式計算正確的 x 值。
(b) 以三階內插計算 x 對 y 的值。
(c) 應用二階內插的反內插及二階公式。
(d) 應用三階內插的反內插與二分法。對於 **(b)** 到 **(d)**，分別計算其真正相對誤差百分比。

15.13 利用習題 15.5 的前 5 個資料，以二階仿樣估算 $f(3.4)$ 與 $f(2.2)$。

15.14 利用習題 15.6 的資料，以三階仿樣 **(a)** 估 $f(4)$ 與 $f(2.5)$；**(b)** 驗證 $f_2(3)$ 與 $f_3(3)$ 的值均為 19。

15.15 計算通過習題 15.5 最後 3 個資料點的拋物線係數。

15.16 計算通過習題 15.6 最前面 4 個資料點的三階多項式係數。

15.17 以圖 15.7 的演算法為基礎，利用高階程式語言或巨集語言發展（除錯與測試）一個牛頓內插多項式的電腦程式。

15.18 藉由重新演練範例 15.5 的計算來測試習題 15.17 中所撰寫程式的正確性。

15.19 以習題 15.17 中所撰寫的程式來解範例 15.1 至範例 15.3 的計算問題。

15.20 以習題 15.17 中所撰寫的程式來解習題 15.5 與 15.6。使用所有的資料點來產生一至五階的多項式。針對這兩個問題，繪製誤差對階數的關係圖。

15.21 以圖 15.11 的演算法為基礎，利用高階程式語言或巨集語言發展（除錯與測試）一個拉格藍吉內插多項式的電腦程式。重新演練範例 15.7 來測試你的程式。

15.22 所謂的**查表 (table look up)** 是拉格藍吉內插的應用之一。正如其名，可得知可由表中來查閱即時的資料值。這樣的演算法首先將表中 x 與 $f(x)$ 的值儲存在一個陣列中，然後將所希望估算的 x 值以參數的方式傳到副程式中。接下來副程式中會執行兩項工作，先利用迴圈尋找出此 x 值的區間，然後利用諸如

拉格藍吉內插的技巧求得適當的 $f(x)$ 的值。發展一個使用三階拉格藍吉多項式來處理內插的副程式。由於未知的 x 值會落在產生三階拉格藍吉多項式的四個點所形成的區間中，所以這樣的做法是值得信賴的。不過要特別小心在第一個與最後一個區間的情況就會有一些不同。此外，當未知的 x 值落在所有的資料範圍以外時，程式碼要有能力偵測此錯誤並提供錯誤訊息。利用函數 $f(x) = \ln x$ 以及使用點 $x = 1, 2, ..., 10$ 來測試你的程式。

15.23 以圖 15.18 的演算法為基礎，利用高階程式語言或巨集語言發展（除錯與測試）一個三階仿樣內插的電腦程式。重新演練範例 15.10 來測試你的程式。

15.24 以習題 15.23 中所撰寫的程式來擬合出一條通過習題 15.5 與習題 15.6 資料點的三階仿樣函數。並針對兩個問題計算 $f(2.25)$。

15.25 以下給定的資料是在 200 MPa 下過熱水的蒸汽表，使用部分的資料 **(a)** 以線性內插的方式求指定體積為 $0.108 \text{ m}^3/\text{kg}$ 時對應的熵 s。**(b)** 以二階內插的方式求相對的熵。**(c)** 在熵為 6.6 時，以反內插的方式求其體積。

$v(\text{m}^3/\text{kg})$	0.10377	0.11144	0.1254
$s(\text{kJ/kg·K})$	6.4147	6.5453	6.7664

15.26 以下為藍吉函數的形式：

$$f(x) = \frac{1}{1 + 25x^2}$$

(a) 繪出函數在區間 $x = -1$ 至 1 的圖形。
(b) 利用等間距資料點 $x = -1, -0.5, 0, 0.5, 1$ 及其函數值，建構出一個四階拉格藍吉內插多項式，並繪出其圖形。
(c) 利用通過 **(b)** 中的五個資料點的四階牛頓內插多項式來估算 $f(0.8)$。
(d) 利用 **(b)** 中的五個資料點，擬合出一個三階仿樣，並繪出其圖形。
(e) 討論你的結果。

15.27 以下是內建於 MATLAB 中，用來展示其數值能力的拱形函數。

$$f(x) = \frac{1}{(x-0.3)^2 + 0.01} + \frac{1}{(x-0.9)^2 + 0.04} - 6$$

此拱形函數在非常小的區間中會有高低起伏非常大的變動。利用此函數在 $x = 0$ 到 1 的範圍中，以間隔 0.1 產生等距離資料點。然後以三階仿樣來擬合這些資料點並繪出其圖形。將你的結果與拱形函數進行比較。

15.28 以下資料定義了海平面高度上，純水中不同溫度下之氧氣溶解度。

$T, °C$	0	8	16	24	32	40
$o, \text{mg/L}$	14.621	11.843	9.870	8.418	7.305	6.413

試分別利用以下方法估算 $o(27)$。並與精確數值 7.986 mg/L 進行比較。
(a) 線性內插；**(b)** 牛頓內插多項式；**(c)** 三階仿樣。

15.29 在 $t = 0$ 到 2π 的範圍中，利用以下函數產生 8 個等距離的資料點。

$$f(t) = \sin^2 t$$

然後利用這些資料擬合出 **(a)** 一個七階多項式；**(b)** 一個三階仿樣。

15.30 矩形受熱平板上不同位置的溫度量測值如下（表 P15.30），試分別估算以下位置的溫度值。
(a) $x = 4$，$y = 3.2$；(b) $x = 4.3$，$y = 2.7$。

表 P15.30 矩形受熱平板上不同位置的溫度量測值 (°C)。

	$x = 0$	$x = 2$	$x = 4$	$x = 6$	$x = 8$
$y = 0$	100.00	90.00	80.00	70.00	60.00
$y = 2$	85.00	64.49	53.50	48.15	50.00
$y = 4$	70.00	48.90	38.43	35.03	40.00
$y = 6$	55.00	38.78	30.39	27.07	30.00
$y = 8$	40.00	35.00	30.00	25.00	20.00

CHAPTER 16

傅利葉近似
Fourier Approximation

到目前為止,我們所強調的都是標準的多項式內插法,也就是單項式 1, x, x^2, ..., x^m 的線性組合(參考圖 16.1a)。接下來我們將把重點放到在工程應用上相當重要的另一類函數,即所謂的三角函數 1, cos x, cos 2x, ...0, cos nx, sin x, sin 2x, ..., sin nx(參考圖 16.1b)。

工程師經常會遇到必須處理系統具有振盪或振動的問題。因此三角函數在對這類型問題的模型訂定分析中就扮演了非常重要的角色。**傅利葉近似 (Fourier approximation)** 的目的就是要以三角函數級數來建立這些系統的架構。

雖然傅利葉分析同時具備時域與頻域觀念的優點。但由於許多工程師無法對頻域的處理模式揮灑自如,因此接下來大部分的重點都放在討論傅利葉近似。當然,為了讓各位能熟悉有關頻域處理的方法,我們也將在介紹以數值方法處理離散型傅利葉轉換問題的同時,給予學習的方針與觀念。

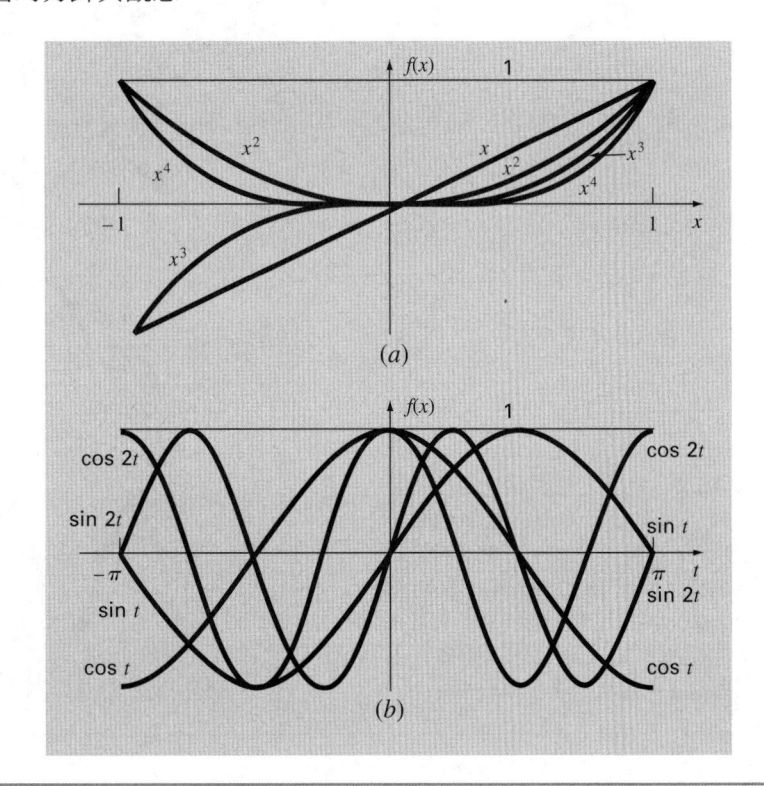

⊃ 圖 16.1 最前面的 5 個 (a) 單項式函數;(b) 三角函數。由圖形中可以看出,兩種形式的函數值都是介於 −1 到 1 之間。然而單項式的極值都是發生在端點上,而三角函數的極值則是比較平均的坐落在區間內部。

16.1 正弦函數的曲線擬合

一個週期函數 $f(x)$ 的型態可為

$$f(t) = f(t + T) \tag{16.1}$$

其中 T 為**週期 (period)**，是一個符合方程式 (16.1) 的最小常數。最常見的例子包含所謂的方形波與鋸齒波（圖 16.2）。其中最基本的就是所謂的正弦函數。

在目前的討論中，我們都使用**正弦曲線 (sinusoid)** 來代表所有能夠以正弦函數或餘弦函數來描述的波形。但是實際運作時在兩者之間並沒有明顯的選用限制，而且事實上兩種表達方式在數學上是相同的。本章的討論將使用餘弦函數來呈現，其一般式為

$$f(t) = A_0 + C_1 \cos(\omega_0 t + \theta) \tag{16.2}$$

因此，有四個參數可影響此正弦函數的特性（圖 16.3）。**平均值 (mean value)** A_0 代

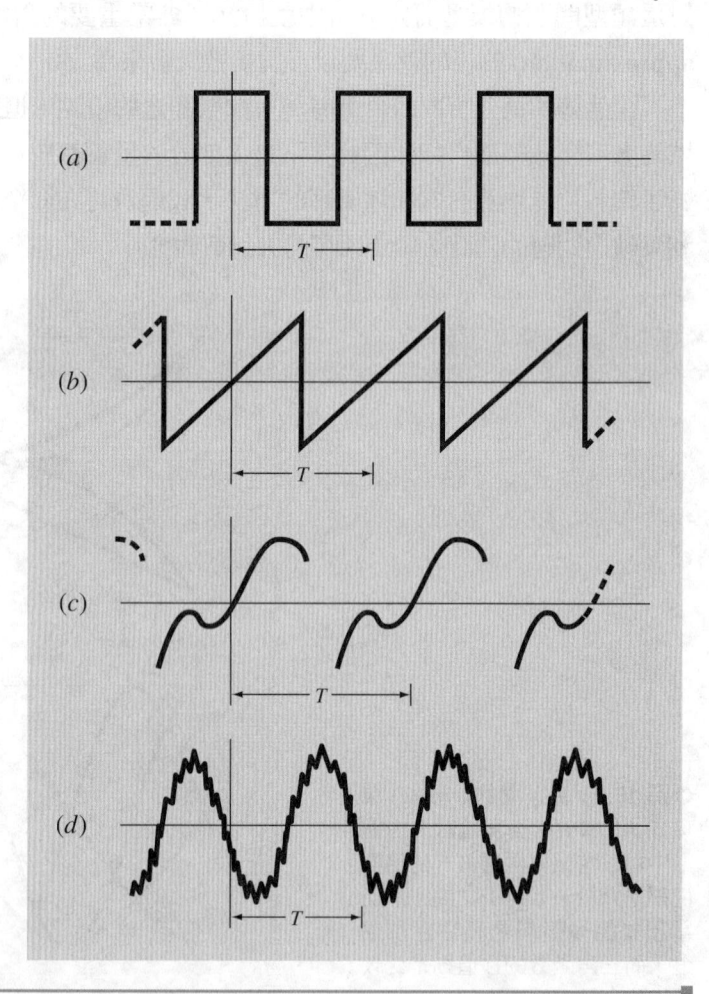

⊃ **圖 16.2** 除了正弦與餘弦的三角函數以外，還有以下波形的週期函數：(*a*) 方形波；(*b*) 鋸齒波。在這些理想的波形以外，仍有諸如以下的一些週期訊號，如 (*c*) 非理想訊號；(*d*) 受雜訊干擾的訊號。這些形式的訊號事實上都能藉由三角函數來表示與分析。

表位於橫座標上方的平均高度。**振幅 (amplitude)** C_1 代表振盪的高低程度。**角頻率 (angular frequency)** ω_0 代表多久循環一次。最後一個參數 θ 則是相位角或**相位移 (phase shift)**，代表此正弦函數水平方向平移的距離。此距離可以用弧度為單位，其值為由 $t = 0$ 開始量測到餘弦函數開始另一個週期開始的位置。正如同圖 16.4a 所示，負數值代表**落後角相 (lagging phase angle)**，這是由於曲線 $\cos(\omega_0 t - \theta)$ 比曲線 $\cos(\omega_0 t)$ 慢 θ 弧度的關係。反之，如圖 16.4b 所示，θ 為正時代表超前角相。

角頻率（單位為：弧度/時間）與頻率 f（單位為：次數/時間）間的關係是：

$$\omega_0 = 2\pi f \tag{16.3}$$

而且頻率經常是由以下公式轉變成週期 T（單位：時間）

$$f = \frac{1}{T} \tag{16.4}$$

雖然方程式 (16.2) 在數學上非常適合用來描述正弦曲線。但是由於餘弦函數中包含了相位移的參數，因此在處理曲線擬合的問題時就顯得較笨拙。而這樣的缺陷可以藉由使用以下的三角函數恆等式來克服

$$C_1 \cos(\omega_0 t + \theta) = C_1[\cos(\omega_0 t)\cos(\theta) - \sin(\omega_0 t)\sin(\theta)] \tag{16.5}$$

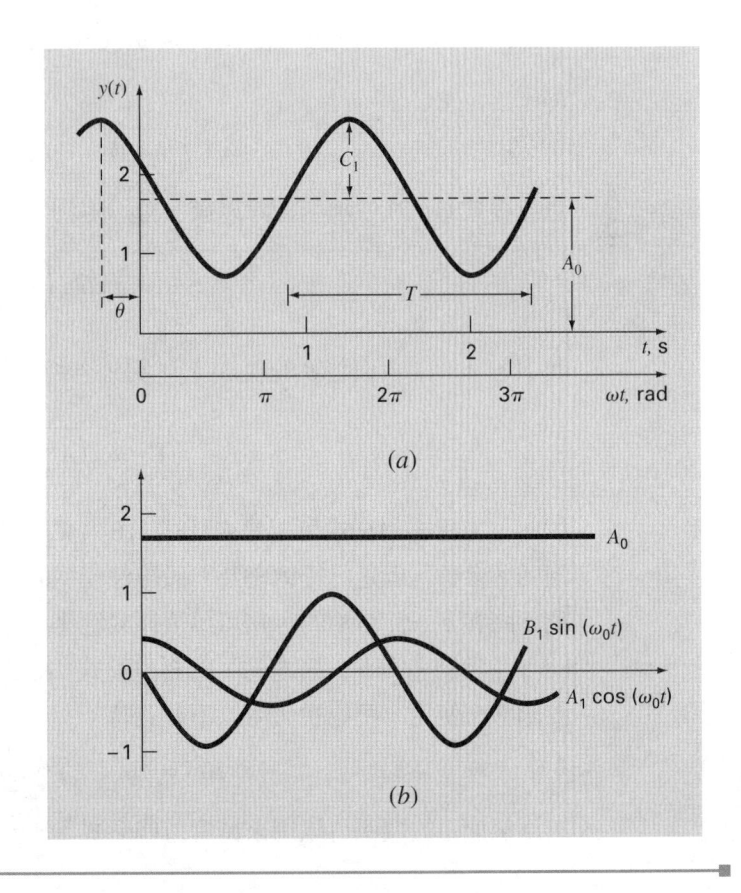

⊃ **圖 16.3** 正弦函數 $y(t) = A_0 + C_1 \cos(\omega_0 t + \theta)$。在本例中，$A_0 = 1.7$、$C_1 = 1$、$\omega_0 = 2\pi/T = 2\pi/(1.5\ 秒)$，以及 $\theta = \pi/3$ 弧度 $= 1.0472$ ($= 0.25$ 秒)。其他用來描述曲線的參數有頻率 $f = \omega_0/(2\pi)$，本例中的值是每次／(1.5 秒)，週期 $T = 1.5$ 秒。(b) 可作為 (a) 中函數的另一個表示法。其中 $A_1 = 0.5$、$B_1 = -0.866$，三個曲線的加總恰與 (a) 中曲線相同。

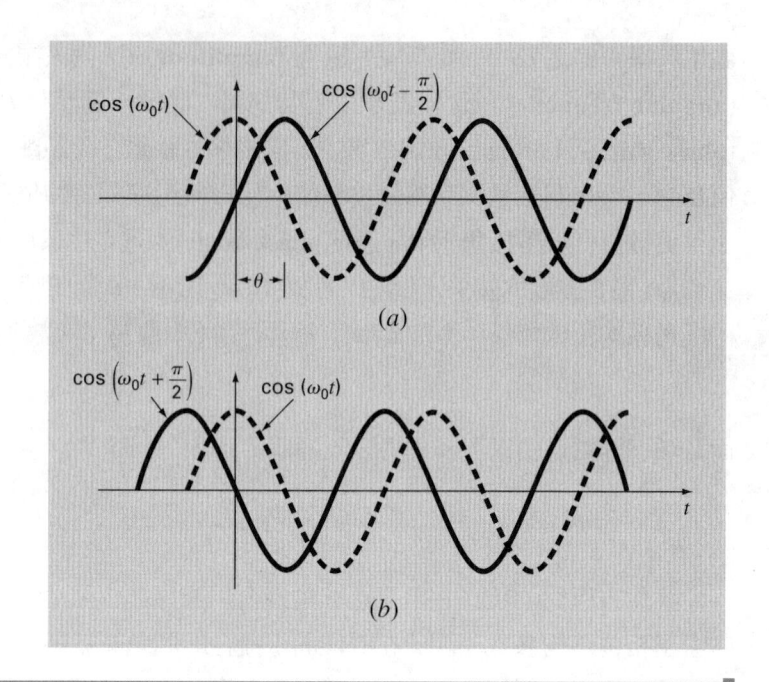

⊃ **圖 16.4** 圖示 (a) 落後角相 (lagging phase angle)；(b) 超前角相 (leading phase angle)。特別注意到在 (a) 中的落後角相可以用 $\cos(\omega_0 t + 3\pi/2)$ 來代表。換句話說，一個波若是角相落後了 α，事實上也可以用超前角相 $2\pi - \alpha$ 來替代。

將方程式 (16.5) 代入至方程式 (16.2)，重新整理後可以得到（參考圖 16.3b）

$$f(t) = A_0 + A_1 \cos(\omega_0 t) + B_1 \sin(\omega_0 t) \tag{16.6}$$

其中

$$A_1 = C_1 \cos(\theta) \qquad B_1 = -C_1 \sin(\theta) \tag{16.7}$$

將方程式 (16.7) 中兩項相除以後，可以得到

$$\theta = \arctan\left(-\frac{B_1}{A_1}\right) \tag{16.8}$$

其中若 $A_1 < 0$，則將 θ 的值加上。另外若將方程式 (16.7) 中兩項平方相加後可得

$$C_1 = \sqrt{A_1^2 + B_1^2} \tag{16.9}$$

如此，方程式 (16.6) 可以是方程式 (16.2) 的另外一種表達方式，雖然說仍舊保持使用四個參數，但是已經轉變為一般線性模型的公式（回顧方程式 (14.23)）。正如我們即將在下一節討論的，它可以很輕易地應用在作為最小平方擬合的基底。

在我們進入下一節之前，針對方程式 (16.2) 所使用的餘弦函數必須被轉變成正弦函數來使用。例如說使用以下公式時：

$$f(t) = A_0 + C_1 \sin(\omega_0 t + \delta)$$

有兩個簡單的關係可以用來轉變這些形式

$$\sin(\omega_0 t + \delta) = \cos\left(\omega_0 t + \delta - \frac{\pi}{2}\right)$$

與

$$\cos(\omega_0 t + \theta) = \sin\left(\omega_0 t + \theta + \frac{\pi}{2}\right) \tag{16.10}$$

換句話說，$\theta = \delta - \pi/2$。而唯一特別重要的考量就是兩者之間僅有使用到一個。因此在我們所有的討論就僅考慮餘弦函數。

16.1.1 正弦曲線的最小平方擬合

方程式 (16.6) 可以被想成是一個最小平方的線性模型

$$y = A_0 + A_1 \cos(\omega_0 t) + B_1 \sin(\omega_0 t) + e \tag{16.11}$$

正如同在其他範例中的一般模型（參考方程式 (14.23)）

$$y = a_0 z_0 + a_1 z_1 + a_2 z_2 + \cdots + a_m z_m + e \tag{14.23}$$

其中 $z_0 = 1$, $z_1 = \cos(\omega_0 t)$, $z_2 = \sin(\omega_0 t)$，而且其他的 z 值均為 0。因此，接下來的目標就要藉由求以下方程式的極小值，以得到這些係數

$$S_r = \sum_{i=1}^{N} \left\{ y_i - [A_0 + A_1 \cos(\omega_0 t_i) + B_1 \sin(\omega_0 t_i)] \right\}^2$$

求極小值的正規化方程式可以用以下的矩陣型態表示（方程式 (14.25)）

$$\begin{bmatrix} N & \sum \cos(\omega_0 t) & \sum \sin(\omega_0 t) \\ \sum \cos(\omega_0 t) & \sum \cos^2(\omega_0 t) & \sum \cos(\omega_0 t)\sin(\omega_0 t) \\ \sum \sin(\omega_0 t) & \sum \cos(\omega_0 t)\sin(\omega_0 t) & \sum \sin^2(\omega_0 t) \end{bmatrix} \begin{Bmatrix} A_0 \\ A_1 \\ B_1 \end{Bmatrix} = \begin{Bmatrix} \sum y \\ \sum y \cos(\omega_0 t) \\ \sum y \sin(\omega_0 t) \end{Bmatrix} \tag{16.12}$$

這些方程式可以用來求那些未知的係數。然而，實際上我們並不這麼做，而且利用 N 個等距離 $(T = (n-1)\Delta t)$ 的觀察值的特殊情況，搭配應用以下的關係式來求係數（參考習題 16.3）。

$$\frac{\sum \sin(\omega_0 t)}{N} = 0 \qquad \frac{\sum \cos(\omega_0 t)}{N} = 0$$

$$\frac{\sum \sin^2(\omega_0 t)}{N} = \frac{1}{2} \qquad \frac{\sum \cos^2(\omega_0 t)}{N} = \frac{1}{2}$$

$$\frac{\sum \cos(\omega_0 t)\sin(\omega_0 t)}{N} = 0 \tag{16.13}$$

因此，在等間距資料點的情況下，正規化方程式可以寫成

$$\begin{bmatrix} N & 0 & 0 \\ 0 & N/2 & 0 \\ 0 & 0 & N/2 \end{bmatrix} \begin{Bmatrix} A_0 \\ A_1 \\ B_1 \end{Bmatrix} = \begin{Bmatrix} \Sigma y \\ \Sigma y \cos(\omega_0 t) \\ \Sigma y \sin(\omega_0 t) \end{Bmatrix}$$

此對角線矩陣的反矩陣也是對角線矩陣，而且各元素僅僅是原來資料的倒數。因此所有的係數可以由以下方式求出

$$\begin{Bmatrix} A_0 \\ A_1 \\ B_1 \end{Bmatrix} = \begin{bmatrix} 1/N & 0 & 0 \\ 0 & 2/N & 0 \\ 0 & 0 & 2/N \end{bmatrix} \begin{Bmatrix} \Sigma y \\ \Sigma y \cos(\omega_0 t) \\ \Sigma y \sin(\omega_0 t) \end{Bmatrix}$$

或者

$$A_0 = \frac{\Sigma y}{N} \tag{16.14}$$

$$A_1 = \frac{2}{N} \Sigma y \cos(\omega_0 t) \tag{16.15}$$

$$B_1 = \frac{2}{N} \Sigma y \sin(\omega_0 t) \tag{16.16}$$

範例 16.1　正弦曲線的最小平方擬合

問題描述：圖 16.3 中的曲線方程式為 $y = 1.7 + \cos(4.189t + 1.0472)$。若在曲線上以 $\Delta t = 0.15$ 在 $t = 0$ 到 1.35 到 1.35 間產生 10 個離散資料點。使用這些訊息，以最小平方擬合的方式來計算方程式 (16.11) 中的係數。

解法：$\omega = 4.189$ 下，用來計算係數所需的資料如下：

t	y	$y \cos(\omega_0 t)$	$y \sin(\omega_0 t)$
0	2.200	2.200	0.000
0.15	1.595	1.291	0.938
0.30	1.031	0.319	0.980
0.45	0.722	−0.223	0.687
0.60	0.786	−0.636	0.462
0.75	1.200	−1.200	0.000
0.90	1.805	−1.460	−1.061
1.05	2.369	−0.732	−2.253
1.20	2.678	0.829	−2.547
1.35	2.614	2.114	−1.536
$\Sigma=$	17.000	2.502	−4.330

這些結果可以用來決定方程式 (16.14) 到方程式 (16.16) 中的係數

$$A_0 = \frac{17.000}{10} = 1.7 \quad A_1 = \frac{2}{10}2.502 = 0.500 \quad B_1 = \frac{2}{10}(-4.330) = -0.866$$

所以最小平方擬合的結果為

$$y = 1.7 + 0.500\cos(\omega_0 t) - 0.866\sin(\omega_0 t)$$

此模型也可以藉由計算方程式 (16.8)

$$\theta = \arctan\left(-\frac{-0.866}{0.500}\right) = 1.0472$$

與方程式 (16.9)

$$C_1 = \sqrt{(0.5)^2 + (-0.866)^2} = 1.00$$

然後以方程式 (16.2) 的形態來表現而得

$$y = 1.7 + \cos(\omega_0 t + 1.0472)$$

或者寫成類似方程式 (16.10) 的另外一個形式，即

$$y = 1.7 + \sin(\omega_0 t + 2.618)$$

前面的分析可以延伸至更一般化的模型

$$f(t) = A_0 + A_1\cos(\omega_0 t) + B_1\sin(\omega_0 t) + A_2\cos(2\omega_0 t) + B_2\sin(2\omega_0 t)$$
$$+ \cdots + A_m\cos(m\omega_0 t) + B_m\sin(m\omega_0 t)$$

當在等間距資料點的情況下，係數可以由以下公式計算

$$A_0 = \frac{\Sigma y}{N}$$

$$\left.\begin{array}{l} A_j = \dfrac{2}{N}\Sigma y\cos(j\omega_0 t) \\ B_j = \dfrac{2}{N}\Sigma y\sin(j\omega_0 t) \end{array}\right\} \quad j = 1, 2, \ldots, m$$

雖然這些關係也可以用迴歸的方式來擬合資料（也就是 $N > 2m + 1$），但是一般而言不會這麼做。而是應用在當未知的變數（即 $2m + 1$）與資料點的個數（即 N）相同時。接下來要討論的連續型傅利葉級數將會使用這種近似方式。

16.2 連續型傅利葉級數

在討論熱流的課題中,傅利葉驗證了任何一個週期函數都可以寫成一與頻率相關的正弦曲線的無限級數和。假設函數的週期為 T,則此函數可以寫成一個連續的傅利葉級數[1]

$$f(t) = a_0 + a_1 \cos(\omega_0 t) + b_1 \sin(\omega_0 t) + a_2 \cos(2\omega_0 t) + b_2 \sin(2\omega_0 t) + \cdots$$

或者更精確的型態為

$$f(t) = a_0 + \sum_{k=1}^{\infty}[a_k \cos(k\omega_0 t) + b_k \sin(k\omega_0 t)] \qquad (16.17)$$

其中 $\omega_0 = 2\pi/T$ 稱為**基頻 (fundamental frequency)**,而式中的常數倍數 $2\omega_0$、$3\omega_0$ 等稱為**調和項 (harmonics)**。因此,方程式 (16.17) 是以一連串諸如 1, $\cos(\omega_0 t)$, $\sin(\omega_0 t)$, $\cos(2\omega_0 t)$, $\sin(2\omega_0 t)$, ... 等基本函數的線性組合來代表 $f(t)$。

正如方塊 16.1 中所示,當 $k = 1, 2, ...$ 時,方程式 (16.7) 中的係數可用以下公式來計算

$$a_k = \frac{2}{T} \int_0^T f(t) \cos(k\omega_0 t)\, dt \qquad (16.18)$$

與

$$b_k = \frac{2}{T} \int_0^T f(t) \sin(k\omega_0 t)\, dt \qquad (16.19)$$

另外有

$$a_0 = \frac{1}{T} \int_0^T f(t)\, dt \qquad (16.20)$$

範例 16.2　連續型傅利葉級數近似

問題敘述:使用連續傅利葉級數來近似圖 16.5 中的方形波函數

$$f(t) = \begin{cases} -1 & -T/2 < t < -T/4 \\ 1 & -T/4 < t < T/4 \\ -1 & T/4 < t < T/2 \end{cases}$$

---

[1] 傅利葉級數是在 Dirichlet 邊界條件下的假設推導出來的。這也指出此週期函數只有有限個極大值、極小值與有值差的不連續點 (jump discontinuity)。一般而言,所有由實際導出的週期函數都會符合此條件。

方塊 16.1　連續型傅利葉級數的係數求法

正如在章節 16.1.1 中討論的離散資料型態,我們可以建立以下關係式

$$\int_0^T \sin(k\omega_0 t)\,dt = \int_0^T \cos(k\omega_0 t)\,dt = 0 \qquad \text{(B16.1.1)}$$

$$\int_0^T \cos(k\omega_0 t)\sin(g\omega_0 t)\,dt = 0 \qquad \text{(B16.1.2)}$$

$$\int_0^T \sin(k\omega_0 t)\sin(g\omega_0 t)\,dt = 0 \qquad \text{(B16.1.3)}$$

$$\int_0^T \cos(k\omega_0 t)\cos(g\omega_0 t)\,dt = 0 \qquad \text{(B16.1.4)}$$

$$\int_0^T \sin^2(k\omega_0 t)\,dt = \int_0^T \cos^2(k\omega_0 t)\,dt = \frac{T}{2} \qquad \text{(B16.1.5)}$$

為了要計算係數,我們分別對方程式 (16.17) 等號的兩邊進行積分,得到以下方程式

$$\int_0^T f(t)\,dt = \int_0^T a_0\,dt + \int_0^T \sum_{k=1}^{\infty}[a_k\cos(k\omega_0 t) + b_k\sin(k\omega_0 t)]\,dt$$

由於在加總符號中的每一項都具有方程式 (B16.1.1) 的型態,因此可以化簡為

$$\int_0^T f(t)\,dt = a_0 T$$

重新整理後得到

$$a_0 = \frac{\int_0^T f(t)\,dt}{T}$$

因此,a_0 所代表的是平均值除以週期。

為了求諸如 a_m 的餘弦函數的係數,方程式 (16.17) 先乘以 $\cos(m\omega_0 t)$ 後再積分,得到的結果為

$$\int_0^T f(t)\cos(m\omega_0 t)\,dt = \int_0^T a_0\cos(m\omega_0 t)\,dt + \int_0^T \sum_{k=1}^{\infty} a_k\cos(k\omega_0 t)\cos(m\omega_0 t)\,dt$$
$$+ \int_0^T \sum_{k=1}^{\infty} b_k\sin(k\omega_0 t)\cos(m\omega_0 t)\,dt \qquad \text{(B16.1.6)}$$

由方程式 (B16.1.1)、(B16.1.2) 與 (B16.1.4),可知上式中等號右邊除了 $k = m$ 那些項以外,其餘全部為零。再來藉由方程式 (B16.1.5) 的結論,可以求出方程式 (B16.1.6) 的 a_m,或者更一般化的結果,即方程式 (16.18)

$$a_k = \frac{2}{T}\int_0^T f(t)\cos(k\omega_0 t)\,dt \qquad k = 1, 2, \dots$$

同理,方程式 (16.17) 乘以 $\sin(m\omega_0 t)$ 後再積分,處理後可得到方程式 (16.19) 的結果。

解法： 由於此方形波的平均高度為 0，所以可以直接得到 $a_0 = 0$。其他的係數則可利用方程式 (16.18) 求得為

$$a_k = \frac{2}{T} \int_{-T/2}^{T/2} f(t) \cos(k\omega_0 t)\, dt$$

$$= \frac{2}{T} \left[-\int_{-T/2}^{-T/4} \cos(k\omega_0 t)\, dt + \int_{-T/4}^{T/4} \cos(k\omega_0 t)\, dt - \int_{T/4}^{T/2} \cos(k\omega_0 t)\, dt \right]$$

計算這些積分之後，可以得到

$$a_k = \begin{cases} 4/(k\pi) & \text{當 } k = 1, 5, 9, \ldots \\ -4/(k\pi) & \text{當 } k = 3, 7, 11, \ldots \\ 0 & \text{當 } k = \text{偶數} \end{cases}$$

同理，可以求得所有有關 b 的係數值均為 0。因此，傅利葉級數近似的結果為

$$f(t) = \frac{4}{\pi}\cos(\omega_0 t) - \frac{4}{3\pi}\cos(3\omega_0 t) + \frac{4}{5\pi}\cos(5\omega_0 t) - \frac{4}{7\pi}\cos(7\omega_0 t) + \cdots$$

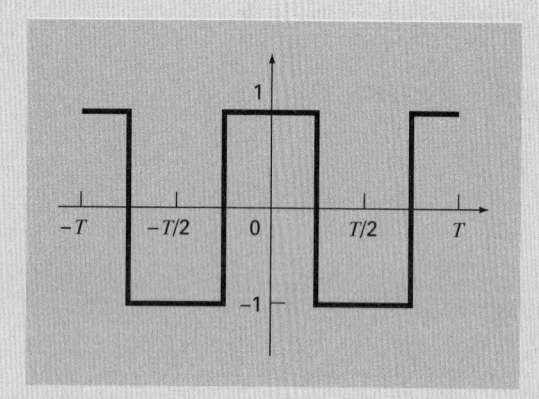

利用前三項來近似的結果見圖 16.6。

在此特別要提到圖 16.5 中的方形波函數，由於有 $f(t) = f(-t)$ 的性質，所以被稱為**偶函數 (even function)**。$\cos(t)$ 是另一個偶函數的範例。對一個偶函數而言，可以證明傅利葉級數中有關 b 的係數值均為 0 (Van Valkenburg，1974)。同理，有 $f(t) = -f(-t)$ 性質的稱為**奇函數 (odd function)**。$\sin(t)$ 是一個奇函數，在此情況下，傅利葉級數中有關 a 的係數值就均為 0。

⊃ **圖 16.5** 高度為 2 與週期 T 等於 $2\pi/\omega_0$ 的方形波（或矩形波）。

除了方程式 (16.17) 的三角級數形式以外，傅利葉級數也可以用指數函數的方法來表現（參考方塊 16.2）

$$f(t) = \sum_{k=-\infty}^{\infty} \tilde{c}_k e^{ik\omega_0 t} \tag{16.21}$$

其中 $i = \sqrt{-1}$ 與

$$\tilde{c}_k = \frac{1}{T} \int_{-T/2}^{T/2} f(t) e^{-ik\omega_0 t}\, dt \tag{16.22}$$

這些替代公式在本章其他部分還會使用到。

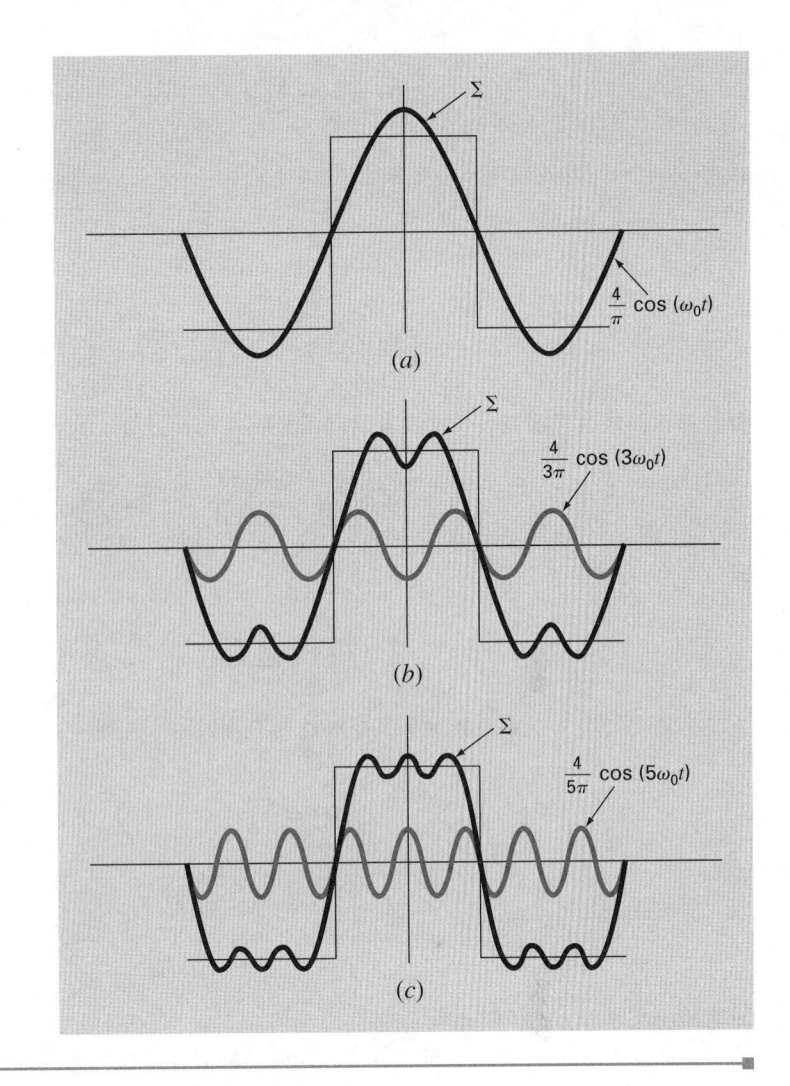

⊃圖 16.6 以傅利葉級數來近似圖 16.5 中的方形波。(a) 代表第一項；(b) 代表第二項及前兩項的加總；(c) 代表第三項與前三項的加總。

方塊 16.2 複數型的傅利葉級數

三角函數形式的連續型傅利葉級數為

$$f(t) = a_0 + \sum_{k=1}^{\infty} [a_k \cos(k\omega_0 t) + b_k \sin(k\omega_0 t)] \quad \textbf{(B16.2.1)}$$

由尤拉等式，正弦與餘弦函數可以寫成

$$\sin x = \frac{e^{ix} - e^{-ix}}{2i} \quad \textbf{(B16.2.2)}$$

$$\cos x = \frac{e^{ix} + e^{-ix}}{2} \quad \textbf{(B16.2.3)}$$

將以上兩個式子代入到方程式 (B16.2.1) 後可得

$$f(t) = a_0 + \sum_{k=1}^{\infty}\left(e^{ik\omega_0 t}\frac{a_k - ib_k}{2} + e^{-ik\omega_0 t}\frac{a_k + ib_k}{2}\right) \qquad \text{(B16.2.4)}$$

藉由 $1/i = -i$，定義以下一些常數

$$\tilde{c}_0 = a_0$$
$$\tilde{c}_k = \frac{a_k - ib_k}{2}$$
$$\tilde{c}_{-k} = \frac{a_{-k} - ib_{-k}}{2} = \frac{a_k + ib_k}{2} \qquad \text{(B16.2.5)}$$

由於正弦函數為奇函數，餘弦函數為偶函數，因此 $a_k = a_{-k}, b_k = -b_{-k}$。而方程式 (B16.2.4) 可以改寫成

$$f(t) = \tilde{c}_0 + \sum_{k=1}^{\infty}\tilde{c}_k e^{ik\omega_0 t} + \sum_{k=1}^{\infty}\tilde{c}_{-k} e^{-ik\omega_0 t}$$

或

$$f(t) = \sum_{k=0}^{\infty}\tilde{c}_k e^{ik\omega_0 t} + \sum_{k=1}^{\infty}\tilde{c}_{-k} e^{-ik\omega_0 t}$$

為了再簡化公式，上式級數中第二項加總的範圍改成 -1 到 $-\infty$ 後得到

$$f(t) = \sum_{k=0}^{\infty}\tilde{c}_k e^{ik\omega_0 t} + \sum_{k=-1}^{-\infty}\tilde{c}_k e^{ik\omega_0 t}$$

或

$$f(t) = \sum_{k=-\infty}^{\infty}\tilde{c}_k e^{ik\omega_0 t} \qquad \text{(B16.2.6)}$$

加總的項次包含 $k = 0$ 那一項。

至於係數 $\tilde{c}_k$ 的計算，先將方程式 (16.18) 與 (16.19) 代入方程式 (B16.2.5) 後得到

$$\tilde{c}_k = \frac{1}{T}\int_{-T/2}^{T/2} f(t)\cos(k\omega_0 t)\,dt - i\frac{1}{T}\int_{-T/2}^{T/2} f(t)\sin(k\omega_0 t)\,dt$$

然後利用方程式 (B16.2.2) 與方程式 (B16.2.3)，化簡後得到

$$\tilde{c}_k = \frac{1}{T}\int_{-T/2}^{T/2} f(t)e^{-ik\omega_0 t}\,dt \qquad \text{(B16.2.7)}$$

因此，方程式 (16.17) 到方程式 (16.20) 的複數形式為方程式 (B16.2.6) 與方程式 (B16.2.7)。

16.3 頻域與時域

到目前為止，我們局限在**時域 (time domain)** 的傅利葉近似。也由於大部分的人對這個領域的熟識，因此我們才完成這些近似工作。以頻率作為定義域的**頻域 (frequency domain)** 函數雖然讓人覺得較不親切，但著實提供了一個描述振盪函數行為的絕佳方法。

因此，正如可以繪製振幅對時間的圖形，我們也可以繪製振幅對頻率的圖形。這兩個圖形可參考圖 16.7a 的說明，其中我們繪製了一個三維的正弦曲線圖形，

$$f(t) = C_1 \cos\left(t + \frac{\pi}{2}\right)$$

在此圖形中，$f(t)$ 代表曲線中振幅的大小，為因變數。自變數則為時間 t 與頻率 $f = \omega_0 / 2\pi$。因此，振幅與時間軸形成了一個**時間平面 (time plane)**，而振幅與頻率軸形成了一個**頻率平面 (frequency plane)**。所以，正弦曲線的圖形與時間軸並行前進，而且距離為 $1/T$。因此，當討論正弦曲線在時域的行為，指的就是正弦曲線在時間平面上的投影（圖 16.7b）。同理，在頻域的行為，就是正弦曲線在頻率平面上的投影。

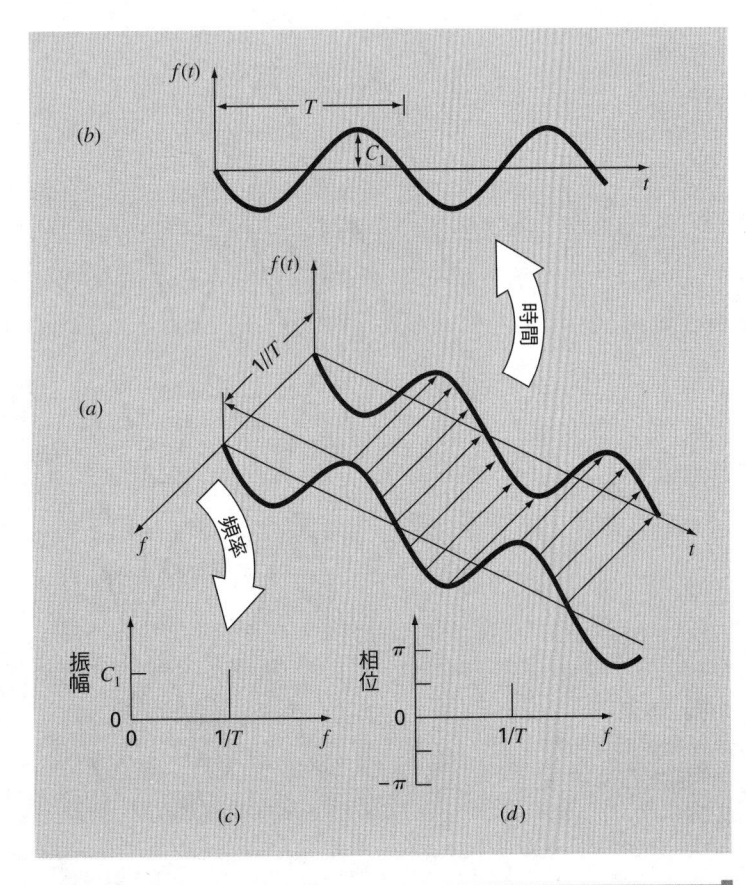

◐ **圖 16.7** (a) 描述正弦曲線與時域、頻域間的關係；(b) 正弦曲線在時間平面上的投影；(c) 正弦曲線在頻率平面上的投影；(d) 相位頻率投影。

如圖 16.7c 所示，此投影是用來量測振幅的最大正值 C_1。由於對稱的關係，並不需要峰值對峰值的振動值。加上距離為 $1/T$（沿著頻率軸），圖 16.7c 可以定義出正弦曲線的振幅與頻率。這些訊息已經足夠用來產生曲線在時域上的形狀與大小。然而，在時間 $t = 0$ 曲線的位置需要由另外一個稱為相位角的參數來決定，因此另外需要一個稱為相位圖的圖形（圖 16.7d）。相位角可以由零點與發生正峰值的點之間的距離（以弧度為單位）來決定。如果峰值發生在零點之後，我們稱之為延滯（參考章節16.1所談的落後角相與超前角相），而且習慣上相位角均取負值。反之，峰值發生在零點之前的情況稱為超前，且相位角為正值。因此，在圖 16.7 中，由峰值發生在 $t = -\pi/2$ 時，即相位角為 $+\pi/2$。在圖 16.8 中則描述了一些其他的可能情況。

另外我們可以由圖 16.7c 與 16.7d 中歸納出一些有關圖 16.7a 中正弦曲線的附屬特性。也就是所謂的**線譜 (line spectra)**。在只有一條正弦曲線時，此特性並不會特別受到重視。但是當應用在很多的正弦曲線上時，例如傅利葉級數所扮演的角色與獲得的價值就非常可觀。例如在圖 16.9 所顯示的是由範例 16.2 中方形波的振幅與相位線譜。

這樣的譜所提供的訊息其實在時域中並不明顯。在對照圖 16.6 與圖 16.9 時可

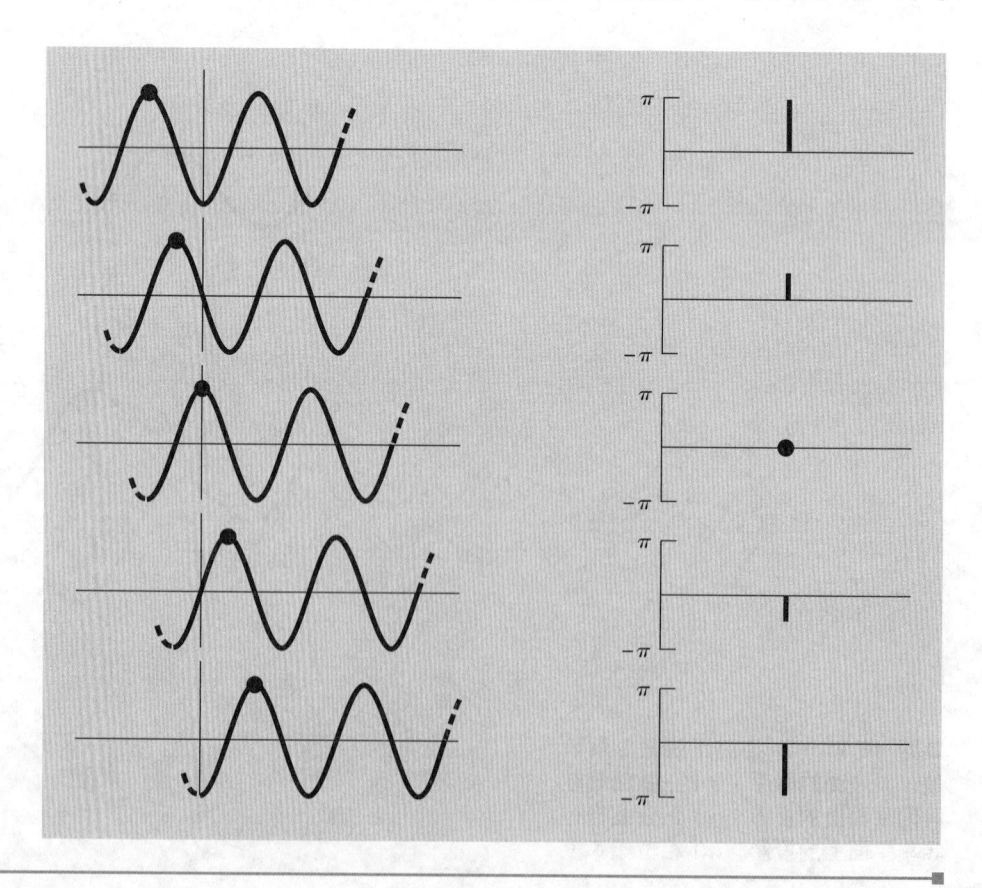

⊃ 圖 16.8 一個正弦曲線的不同相位與其相呼應的相位線譜。

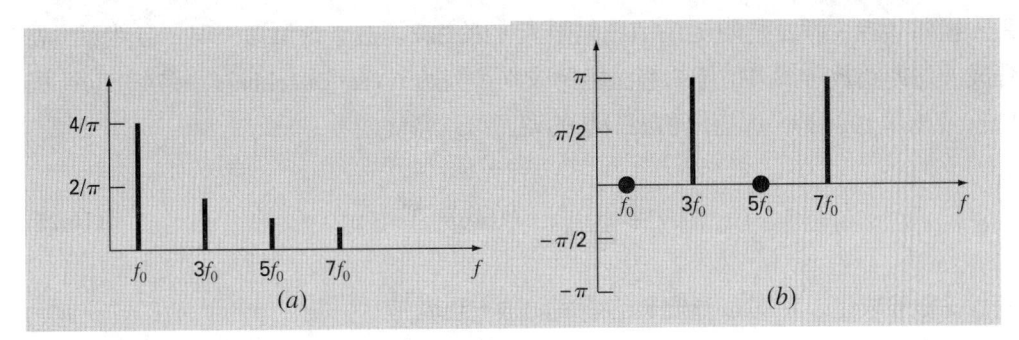

⊃ **圖 16.9** 圖 16.5 中方形波的 (a) 振幅；(b) 相位線譜。

以看出圖 16.6 顯現出兩個時域的特性。首先，我們無法由方形波看出組成此波的正弦曲線的任何訊息。再者是表現出這些如 $(4/\pi)\cos(\omega_0 t)$、$-(4/3\pi)\cos(3\omega_0 t)$ 與 $(4/5\pi)\cos(5\omega_0 t)$ 之正弦曲線。針對調和分布，雖然不能由視覺上提供非常清楚的結構。但是線譜所代表的「指紋」卻能幫助我們瞭解與描述一些複雜的波形。尤其是針對一些非理想的狀況時，例如要在不明顯的訊號中辨識其結構，線譜就顯得特別珍貴與重要。在下一個小節中將討論允許我們延伸此分析到非週期波形的傅利葉轉換。

16.4 傅利葉積分與傅利葉轉換

雖然傅利葉級數用在檢驗週期函數的譜時是一個很有用的工具，但是有許多的波形並不是規則的重複出現。例如說，閃電的光芒只有一次（至少再發生時也是好一段時間以後），但是會對在廣大頻率範圍執行接收工作的接收器造成很大的影響，例如電視、收音機與短波的接收器。這種例如閃電事件所引發的不定期訊號所顯示的是一個連續的譜。由於工程師對這種現象有極大的興趣，因此對這種非週期性的波形，傅利葉級數就成了重要的分析工具。

傅利葉積分 (Fourier integral) 就是為了這樣的目的發展出來，也可以藉由以下指數型的傅利葉級數推導出來

$$f(t) = \sum_{k=-\infty}^{\infty} \tilde{c}_k e^{ik\omega_0 t} \tag{16.23}$$

其中

$$\tilde{c}_k = \frac{1}{T}\int_{-T/2}^{T/2} f(t)e^{-ik\omega_0 t}\,dt \tag{16.24}$$

而 $\omega_0 = 2\pi/T$ 與 $k = 0, 1, 2, \ldots$ 等。

我們可以藉由將週期設定為無限大的方法將一個週期性的函數轉換為非週期函

數。換句話說，假設週期 T 的值為無限大，則由於函數不會重複出現，自然而然就變成非週期函數。如果這樣的想法能夠成立（例如，Van Valkenburg, 1974；Hayt 與 Kemmerly, 1986），那麼傅利葉級數的型態可以轉變成

$$f(t) = \frac{1}{2\pi}\int_{-\infty}^{\infty} F(i\omega_0)e^{i\omega_0 t}\,d\omega_0 \tag{16.25}$$

而且係數變成是以頻率 ω 為變數的連續函數，也就是

$$F(i\omega_0) = \int_{-\infty}^{\infty} f(t)e^{-i\omega_0 t}\,dt \tag{16.26}$$

在方程式 (16.26) 中所定義的函數 $F(i\omega_0)$ 稱為函數 $f(t)$ 的傅利葉積分。此外，方程式 (16.25) 與方程式 (16.26) 合稱為**傅利葉轉換公式組 (Fourier transform pair)**。因此，函數 $F(i\omega_0)$ 除了代表一個傅利葉積分以外，又稱為函數 $f(t)$ 的**傅利葉轉換 (Fourier transform)**。同理，方程式 (16.25) 中的 $f(t)$ 是函數 $F(i\omega_0)$ 的**傅利葉反轉換 (inverse Fourier transform)**。所以這一公式組允許我們在時域與頻域之間轉換。

談到此處，已經很清楚地呈現傅利葉級數與傅利葉轉換的差異。而最大的差別是套用在不同類型的函數上。也就是，傅利葉級數套用在週期函數上，而傅利葉轉換則是套用在非週期函數上。而另一個重要的差異則是，傅利葉級數將一個定義在時域上的連續週期函數轉變為頻域中離散頻率值的函數，而傅利葉轉換則是將定義在時域上的連續函數轉變為頻域為連續頻率值的函數。因此，由傅利葉級數所產生之離散譜與由傅利葉轉換所產生之連續譜有其相似之處。

由離散值譜轉成連續值譜的觀念可以藉由圖形來說明，圖 16.10a 中所見的方形波列，在與離散譜同時行進時，其寬度為週期的一半。特別留意此函數與先前範例 16.2 中所使用的函數相同，只是高度有一些垂直移動。

圖 16.10*b* 是將方形波列的週期變成原來的兩倍，結果對譜有兩個影響。首先，在原來的分量中會加上兩條額外的頻率線。另外一個是分量中振幅會降低。

當週期近似無限大時，將有更多的譜線匯集，直到譜線間的距離接近 0 為止。此數列也將收斂至一個連續的傅利葉積分（圖 16.10c）。

截至目前為止，我們已經介紹一個分析非週期訊號的方法，接下來要進行最後一步驟的討論。由於訊號一般而言很少是以連續函數的形式出現，因此不常使用方程式 (16.26) 的轉換。反倒是經常以離散型的資料出現，因此接著要討論如何處理離散型傅利葉轉換的問題。

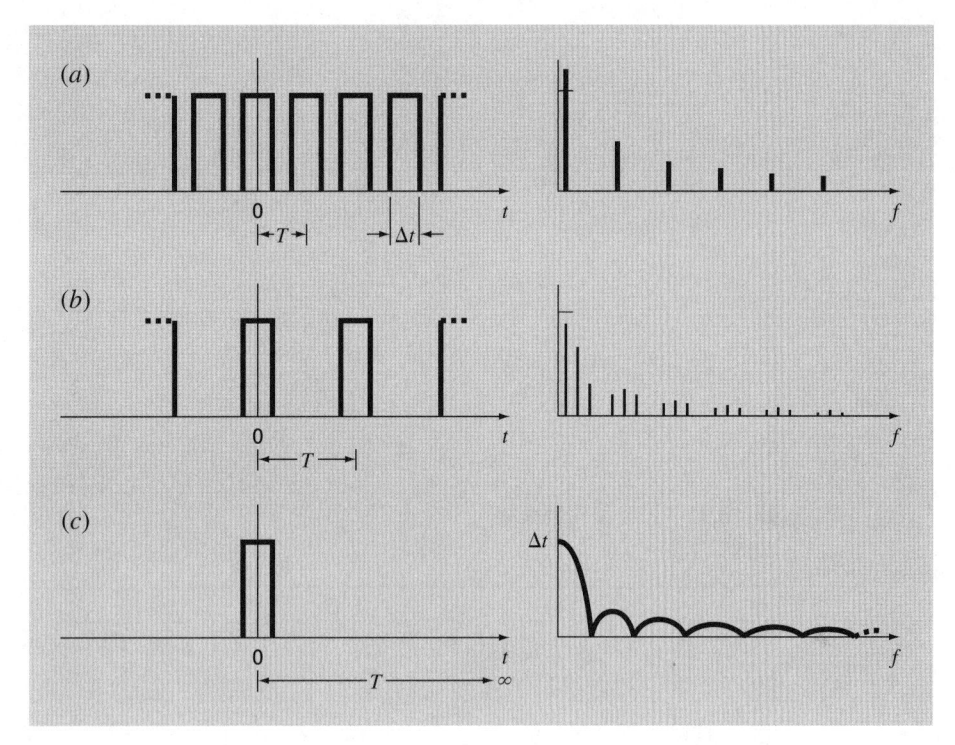

○ **圖 16.10** 以實例說明一脈衝波列其傅利葉級數之離散頻譜。(a) 近似於一傅利葉積分之連續頻譜；(c) 當週期趨近於無限大時。

16.5 離散型傅利葉轉換

在工程應用中的許多函數均是以有限的離散點集來表示。此外，蒐集的資料也多半是轉換成離散點的型態。正如圖 16.11 中的說明，圖中將區間 0 至 t 切成區段長度為 $\Delta t = T/N$ 的 N 等分。下標 n 代表選取的離散樣本點，而 f_n 則代表連續函數 $f(t)$ 在離散樣本點 t_n 處的取值。

特別一提的是資料點是在 $n = 0, 1, 2, ..., N-1$ 的地方指定，並不包含在 $n = N$ 的值。（參考 Ramirez，1985，不包含函數值 f_N 的理論）。

參考圖 16.11a 的公式系統，一個**離散型傅利葉轉換 (discrete Fourier transform, DFT)** 可以寫成

$$F_k = \sum_{n=0}^{N-1} f_n e^{-ik\omega_0 n} \qquad k = 0 \text{到} N-1 \tag{16.27}$$

而且其傅利葉反轉換為

$$f_n = \frac{1}{N} \sum_{k=0}^{N-1} F_k e^{ik\omega_0 n} \qquad n = 0 \text{到} N-1 \tag{16.28}$$

其中 $\omega_0 = 2\pi/N$。

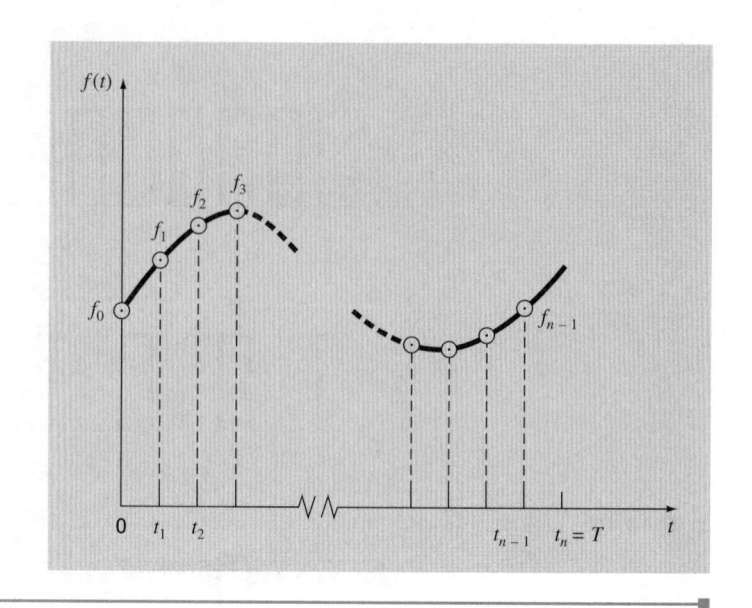

圖 16.11 離散型傅利葉級數的樣本點。

　　方程式 (16.27) 與 (16.28) 分別代表方程式 (16.26) 與 (16.25) 的離散型態。這樣就可以拿它們直接計算離散資料的傅利葉反轉換。雖然可以直接以手動的方式來計算，但是由於方程式 (16.27) 中須要執行 N^2 個複數計算，因此整個過程會非常辛苦。所以希望建立電腦演算法來應用在 DFT 上。

DFT 的電腦演算法　方程式 (16.28) 中的因子 $1/N$ 事實上可以出現在方程式 (16.27) 或方程式 (16.28) 中（但是不能同時）。為了方便電腦演算法的撰寫，我們將它移到方程式 (16.27) 中，這使得第一個係數 F_0（類似連續型係數 ω_0）等於所有樣本的算術平均數。此外，為了讓所撰寫的電腦演算法在應用到電腦語言時可以避免使用複數變數，我們採用以下的尤拉公式，

$$e^{\pm ia} = \cos a \pm i \sin a$$

因此方程式 (16.27) 與方程式 (16.28) 可以表示成

$$F_k = \frac{1}{N} \sum_{n=0}^{N} [f_n \cos(k\omega_0 n) - i f_n \sin(k\omega_0 n)] \quad \textbf{(16.29)}$$

與

$$f_n = \sum_{k=0}^{N-1} [F_k \cos(k\omega_0 n) + i F_k \sin(k\omega_0 n)] \quad \textbf{(16.30)}$$

　　使用方程式 (16.29) 的虛擬程式碼可參考圖 16.12。此演算法可以用來發展出計算 DFT 的電腦程式。針對餘弦函數的分析，此程式的輸出結果可以參考圖 16.13。

```
DOFOR k = 0, N - 1
  DOFOR n = 0, N - 1
    angle = kω₀n
    real_k = real_k + f_n cos(angle)/N
    imaginary_k = imaginary_k - f_n sin(angle)/N
  END DO
END DO
```

⊃圖 **16.12** 計算 DFT 的虛擬程式碼。

索引值	f(t)	實部	虛部
0	1.000	0.000	0.000
1	0.707	0.000	0.000
2	0.000	0.500	0.000
3	-0.707	0.000	0.000
4	-1.000	0.000	0.000
5	-0.707	0.000	0.000
6	0.000	0.000	0.000
7	0.707	0.000	0.000
8	1.000	0.000	0.000
9	0.707	0.000	0.000
10	0.000	0.000	0.000
11	-0.707	0.000	0.000
12	-1.000	0.000	0.000
13	-0.707	0.000	0.000
14	0.000	0.500	0.000
15	0.707	0.000	0.000

⊃圖 **16.13** 以圖 16.12 的程式來計算 DFT 的輸出結果。所採用的資料是由餘弦函數 $f(t) = \cos[2\pi(12.5)t]$ 以 $\Delta t = 0.01$ 秒所產生的 16 個點。

16.6 快速傅利葉轉換

雖然在前一節所描述的演算法已經可以成功地用來計算 DFT，但是由於需要執行 N^2 個複數計算，因此當資料的數量增加時，就必須消耗非常多的時間在計算上。也因此會讓人有再改進此方法的想法。

為了能夠以較快速且經濟的方式來計算 DFT，於是發展出**快速傅利葉轉換 (fast Fourier transform, FFT)**。由於快速傅利葉轉換會利用前一次的計算結果來減少計算量，因此能夠提高效率。尤其是利用了三角函數的週期性與對稱性，因此使得計算量約只有 $N \log_2 N$（圖 16.14）。因此，當樣本數 $N = 50$ 的時候，FFT 的計算速度大約比標準的 DFT 快 10 倍。當 $N = 1000$ 時，約快 100 倍。

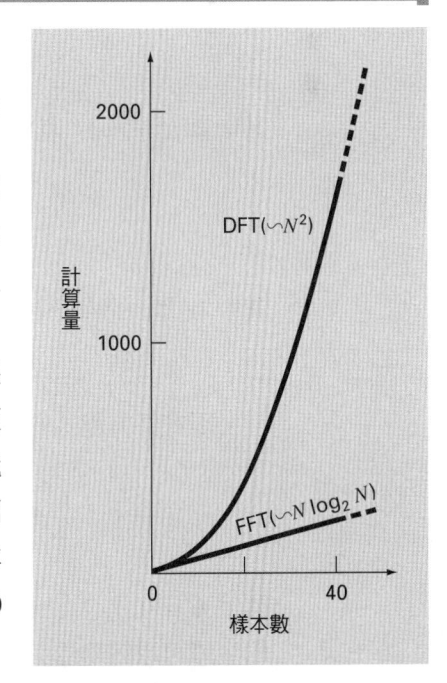

⊃圖 **16.14** 標準的 DFT 與 FFT 在不同樣本數時的計算量比較。

第一個 FFT 演算法是由高斯 (Gauss) 在 19 世紀初期所提出（Heideman 等教授，1984）。其他主要的貢獻則來自於 Runge、Danielson、Lanczos 等 20 世紀初期的數學家與物理學家。然而，由於以手動的方式來計算離散型的轉換往往需要耗費數天到數星期之久，因此造成研究發展的順位被放在發展數位電腦之後。

庫利 (J. W. Cooley) 與杜克 (J. W. Tukey) 在 1965 年發表了一篇有關 FFT 演算法的關鍵性論文。這個稱為**庫利-杜克演算法 (Cooley-Tukey algorithm)** 的技巧與早期高斯等提出的方法非常類似。甚至今日仍有許多方法是由此演算法所衍生與發展出來的。

在這些方法後的基本想法是將長度為 N 的 DFT 分成許多較小的連續段 DFT。有許多不同的方式可以來實作此想法。例如庫利-杜克演算法就是所謂的**時間十分法 (decimation-in-time)** 的技巧之一。接下來我們要描述另外一個稱為頻率十分法 (decimation-in-frequency) 的**史奈德-杜克演算法演算法 (Snade-Tukey algorithm)**。在仔細研討這兩類方法之後，我們會再探討其間的差異性。

16.6.1 史奈德-杜克演算法

接下來的討論中，假設 N 為 2 的乘冪，也就是

$$N = 2^M \tag{16.31}$$

其中 M 值是一個可以簡化演算法結果的整數。由於 DFT 一般而言可以表示成

$$F_k = \sum_{n=0}^{N-1} f_n e^{-i(2\pi/N)nk} \quad \text{而} \quad k = 0 \text{ 到 } N-1 \tag{16.32}$$

其中 $2\pi/N = \omega_0$。方程式 (16.32) 可以表示成

$$F_k = \sum_{n=0}^{N-1} f_n W^{nk}$$

其中 W 是一個如下所定義的複數值權重函數

$$W = e^{-i(2\pi/N)} \tag{16.33}$$

現在將方程式 (16.32) 改寫為前面 $N/2$ 與後面 $N/2$ 個點的加總，也就是

$$F_k = \sum_{n=0}^{(N/2)-1} f_n e^{-i(2\pi/N)kn} + \sum_{n=N/2}^{N-1} f_n e^{-i(2\pi/N)kn}$$

其中 $k = 0, 1, 2, ..., N-1$。此時，設變數 $m = n - N/2$，則上面公式中第二部分加總的型態可以轉變成與第一部分的型態是相同的。即

$$F_k = \sum_{n=0}^{(N/2)-1} f_n e^{-i(2\pi/N)kn} + \sum_{m=0}^{(N/2)-1} f_{m+N/2} e^{-i(2\pi/N)k(m+N/2)}$$

或

$$F_k = \sum_{n=0}^{(N/2)-1} (f_n + e^{-i\pi k} f_{n+N/2}) e^{-i2\pi kn/N} \tag{16.34}$$

接下來，由於 $e^{-i\pi k} = (-1)^k$。因此，偶數點的值為 1，奇數點的值為 -1。所以，再來就是要根據 k 值為奇數或偶數的結果，將方程式 (16.34) 分成兩部分，針對 k 值為偶數的部分

$$F_{2k} = \sum_{n=0}^{(N/2)-1} (f_n + f_{n+N/2}) e^{-i2\pi(2k)n/N} = \sum_{n=0}^{(N/2)-1} (f_n + f_{n+N/2}) e^{-i2\pi kn/(N/2)}$$

而 k 值為奇數的的部分

$$F_{2k+1} = \sum_{n=0}^{(N/2)-1} (f_n - f_{n+N/2}) e^{-i2\pi(2k+1)n/N}$$
$$= \sum_{n=0}^{(N/2)-1} (f_n - f_{n+N/2}) e^{-i2\pi n/N} e^{-i2\pi kn/(N/2)}$$

其中 $k = 0, 1, 2, ..., (N/2)-1$。

這些公式可以用方程式 (16.33) 的型態來表現。偶數值的項式為

$$F_{2k} = \sum_{n=0}^{(N/2)-1} (f_n + f_{n+N/2}) W^{2kn}$$

奇數值的項式為

$$F_{2k+1} = \sum_{n=0}^{(N/2)-1} (f_n - f_{n+N/2}) W^n W^{2kn}$$

接著引進一個關鍵性的想法，也就是假設轉換時所有項次總數都是 N/2 項，即

$$g_n = f_n + f_{n+N/2} \tag{16.35}$$

與

$$h_n = (f_n - f_{n+N/2}) W^n \quad \text{而 } n = 0, 1, 2, \ldots, (N/2) - 1 \tag{16.36}$$

因此可以直接得到

$$\left.\begin{array}{l} F_{2k} = G_k \\ F_{2k+1} = H_k \end{array}\right\} \quad \text{而 } k = 0, 1, 2, \ldots, (N/2) - 1$$

換句話說，原先在一段 N 個資料點上的計算可以用兩段在 $N/2$ 個資料點的計算來取代。由於後者每段皆需要約 $(N/2)^2$ 個複數乘法與加法，因此共節省了約 $(N^2/2)$ 個計算。也就是 N^2 對 $2(N/2)^2 = N^2/2$。

圖 16.15 中描述了這個方法在 $N = 8$ 時的情況。在 DFT 的計算過程中，首先要將 g^n 與 h^n 兩個數列求出來。然後計算 $N/2$ 的 DFT 以獲得偶數值與奇數值的轉換項式。其中權重值 W^n 有時後也被稱為**旋轉因子 (twiddle factor)**。

在第二階段時重複先前的做法，可以計算出四個 $(N/4)$ 個點的 DFT 數列，分別是方程式 (16.35) 與方程式 (16.36) 中的第一個與最後一個數列。

這樣的策略在達到 $N/2$ 個兩點的 DFT 數列時會得到其必然的結果（圖 16.16）。在整個計算過程中的計算總數為 $N \log_2 N$。與圖 16.12 標準的 DFT 比較後可以更加凸顯 FFT 的重要性。

電腦演算法 將圖 16.16 化為電腦演算法是一個很直接的提案。正如在圖 16.12 有關 DFT 演算法的範例中，我們使用了尤拉公式，

$$e^{\pm ia} = \cos a \pm i \sin a$$

這將使得化成電腦語言的演算法中不需要特別處理複數的計算。

仔細地檢驗圖 16.16 的結果後，可以看出如圖 16.17a 所示，又稱為**蝴蝶網路 (butterfly network)** 圖的計算方式。而圖 16.17b 則代表其虛擬程式碼。

圖 16.18 列出的是 FFT 的虛擬程式碼。第一個部分包含的是在圖 16.16 中計算所需的三個巢狀迴圈。實數資料存放在陣列 x 中，且外迴圈執行的次數 M 則參考方程式 (16.31)，剛好是流向圖總共經過的次數。

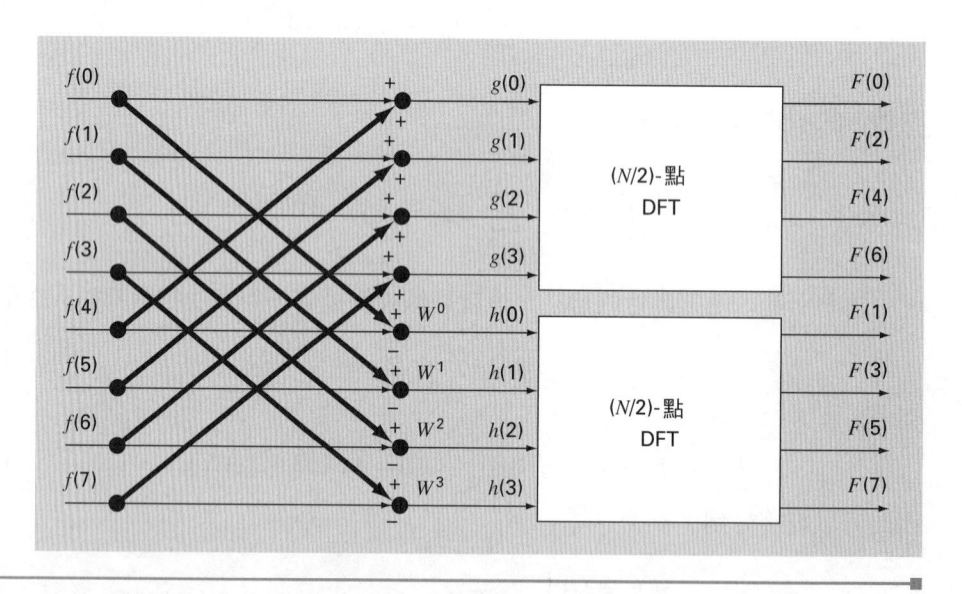

◯ **圖 16.15** 頻率十分法第一個階段的流向圖。在 $N = 8$ 時，將一個 N 點的 DFT 分割成兩個 $(N/2)$ 點的 DFT。

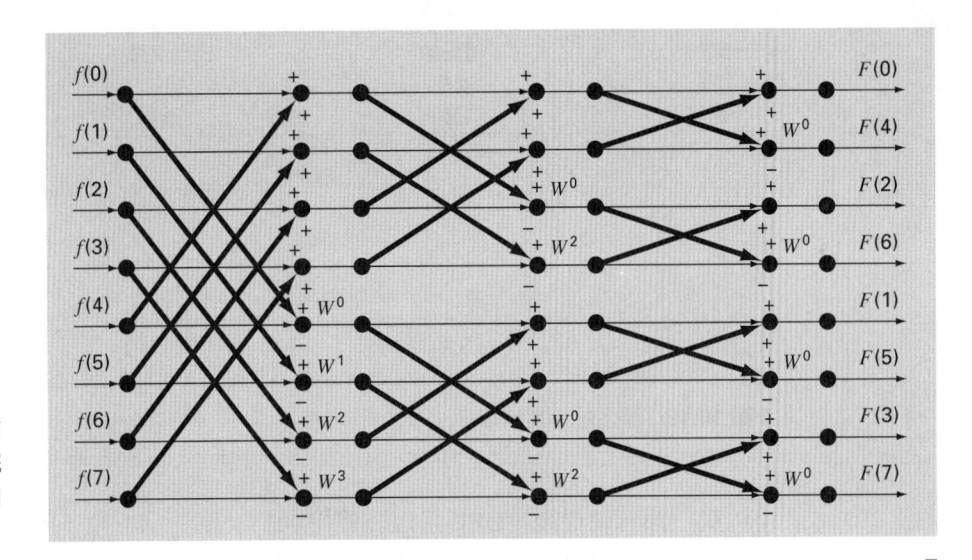

○ 圖 16.16 在 8 點 DFT 的情況下，完整的頻率十分法流向圖。

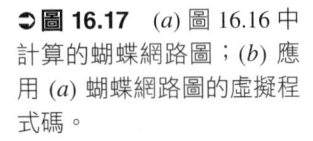

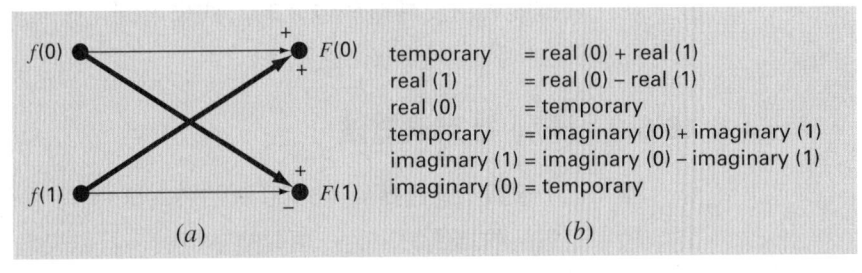

○ 圖 16.17 (a) 圖 16.16 中計算的蝴蝶網路圖；(b) 應用 (a) 蝴蝶網路圖的虛擬程式碼。

○ 圖 16.18 應用頻率十分 FFT 法的虛擬程式碼。虛擬程式碼包含了兩部分：(a) FFT 本身；(b) 用來解讀傅利葉係數順序的位元反轉程序。

```
(a)
m = LOG(N)/LOG(2)
N2 = N
DOFOR k = 1, m
  N1 = N2
  N2 = N2/2
  angle = 0
  arg = 2π/N1
  DOFOR j = 0, N2 − 1
    c = cos(angle)
    s = −sin(angle)
    DOFOR i = j, N − 1, N1
      kk = i + N2
      xt = x(i) − x(kk)
      x(i) = x(i) + x(kk)
      yt = y(i) − y(kk)
      y(i) = y(i) + y(kk)
      x(kk) = xt * c − yt * s
      y(kk) = yt * c + xt * s
    END DO
    angle = (j + 1) * arg
  END DO
END DO
```

```
(b)
j = 0
DOFOR i = 0, N − 2
  IF (i < J) THEN
    xt = x_j
    x_j = x_i
    x_i = xt
    yt = y_j
    y_j = y_i
    y_i = yt
  END IF
  k = N/2
  DO
    IF (k ≥ j + 1) EXIT
    j = j − k
    k = k/2
  END DO
  j = j + k
END DO
DOFOR i = 0, N − 1
  x(i) = x(i)/N
  y(i) = y(i)/N
END DO
```

Butterfly pseudocode:
```
temporary     = real (0) + real (1)
real (1)      = real (0) − real (1)
real (0)      = temporary
temporary     = imaginary (0) + imaginary (1)
imaginary (1) = imaginary (0) − imaginary (1)
imaginary (0) = temporary
```

擾動的 次序 （十進制）		擾動的 次序 （二進制）		位元反轉 次序 （二進制）		最後結果 （十進制）
F(0) F(4) F(2) F(6) F(1) F(5) F(3) F(7)	⇒	F(000) F(100) F(010) F(110) F(001) F(101) F(011) F(111)	⇒	F(000) F(001) F(010) F(011) F(100) F(101) F(110) F(111)	⇒	F(0) F(1) F(2) F(3) F(4) F(5) F(6) F(7)

◯ 圖 16.19　圖示位元反轉程序。

第一部分執行後，DFT 是以一個擾動的次序計算出來（圖 16.16 的右邊）。這些傅利葉係數可以藉由位元反轉程序來維持其順序。若下標 0 至 7 分別改用二進制來表示，那就能利用反轉這些位元的方式來得到正確的順序（圖 16.19）。在第二部分的演算法中我們需要應用此程序。

16.6.2　庫利-杜克演算法

圖 16.20 繪製出應用庫利-杜克演算法時的網路流向圖。此例中會先將資料點分為兩類，一類編號為偶數，另一類編號為奇數，且結果是以正確的順序列出。

這樣的近似法稱為**時間十分法 (decimation in time)**。與前一節所談的史奈德-杜克演算法順序恰好相反。雖然這兩種方法有一些差異，但是都僅只需要 $N \log_2 N$ 的計算量，均為極有效率的近似方法。

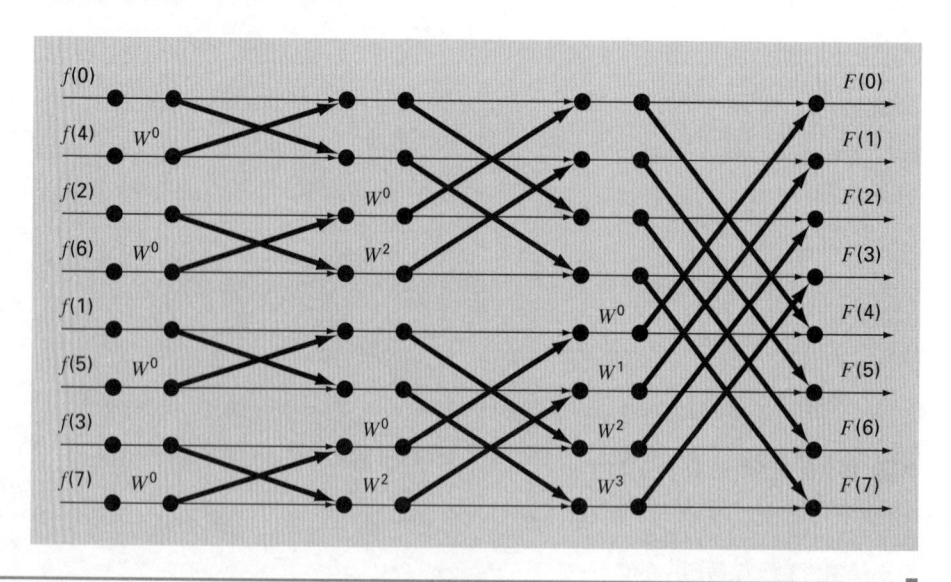

◯ 圖 16.20　八點 DFT 的 FFT 時間十分法流向圖。

16.7 功率譜

FFT 有許多工程上的應用，包括結構學與機動學的振動分析與電子學的訊號處理。正如之前所描述的，振幅與相位譜可以用來辨識隨機訊號的基礎結構。同理，也可以由傅利葉轉換中發展出一個稱為功率譜的有效分析。

正如其名，功率譜是由分析電子系統的功率輸出而得到的。以數學的術語而言，指的是在時域上週期訊號的功率，可以定義成

$$P = \frac{1}{T} \int_{-T/2}^{T/2} f^2(t)\,dt \tag{16.37}$$

另外一個看待此訊息的方式是藉由計算每一個頻率分量的功率而將其表現在頻域中。因此訊息能以**功率譜 (power spectrum)** 顯示，即功率對頻率的關係圖。

如果 $f(t)$ 的傅利葉級數為

$$f(t) = \sum_{k=-\infty}^{\infty} F_k e^{ik\omega_0 t} \tag{16.38}$$

則以下的關係式成立（細節請參考 Gable 與 Roberts，1987）

$$\frac{1}{T} \int_{-T/2}^{T/2} f^2(t)\,dt = \sum_{k=-\infty}^{\infty} |F_k|^2 \tag{16.39}$$

因此，在函數 $f(t)$ 中的功率可藉由傅利葉係數的平方加總得到。也就是功率與各別頻率分量結合在一起。

在此表現式中，單一實調和同時包含了在 $\pm k\omega_0$ 的頻率分量。而且正係數與負係數相同。因此，$f(t)$ 中第 k 個實調和 $f_k(t)$ 的功率為

$$p_k = 2|F_k|^2 \tag{16.40}$$

功率譜指的是以頻率 $k\omega_0$ 為自變數的函數 p_k 的圖形。

額外的參考資料 我們先前已經簡單的介紹傅利葉近似與 FFT。對於傅利葉近似可以由 Van Valkenburg (1974)、Chirlian (1969)、Hayt 與 Kemmerly (1986) 等找到額外的參考資料。至於 FFT，則可由 Davis 與 Rabinowitz (1975)、Cooley、Lewis、Welch (1977) 與 Brigham (1974) 等找到額外的參考資料。另外，可以同時在 Ramirer (1985)、Oppenheiz 與 Schafer (1975)、Gabel 與 Roberts (1987) 找到針對此二主題更精湛的介紹。

16.8 以套裝軟體完成曲線擬合

套裝軟體已經充分具備曲線擬合的能力。本節將引領你體會與使用一些更有用的工具。

16.8.1 Excel

到目前為止，Excel 已經在迴歸分析與部分的多項式內插上有很重要的應用。除了一些內建函數以外（參考表 16.1），另外還有兩個方式可以應用：也就是使用趨勢線 (Trendline) 工具與資料分析工具集 (Data Analysis Toolpack)。

趨勢線工具 在做繪圖時，此工具允許使用者加上趨勢模型的選項。模型的類別包含線性、多項式型、對數型、指數型、乘冪型或平均擬合。以下的範例將以實例說明此命令的使用方法。

表 16.1 Excel 中與資料迴歸擬合相關的內建函數。

函數	函數相關敘述
FORECAST	回傳一個由線性趨勢擬合的結果數值
GROWTH	回傳由指數型趨勢擬合的結果數值
INTERCEPT	回傳線性迴歸結果的截距
LINEST	回傳線性趨勢的參數
LOGEST	回傳由指數性趨勢的參數
SLOPE	回傳線性迴歸結果的斜率
TREND	回傳由線性趨勢擬合的結果數值

範例 16.3　使用 Excel 中的趨勢線指令

問題敘述：你應該已經注意到使用趨勢線指令時，許多的擬合方式在第 14 章中就討論過了（例如線性、多項式型、指數型與乘冪型）。僅僅只有對數型的尚未提過，其形式如下

$$y = a_0 + a_1 \log x$$

使用 Excel 中的趨勢線指令來擬合以下表格內的資料：

x	0.5	1	1.5	2	2.5	3	3.5	4	4.5	5	5.5
y	0.53	0.69	1.5	1.5	2	2.06	2.28	2.23	2.73	2.42	2.79

解法：在呼叫趨勢線工具前，必須先建立一系列的自變數與因變數。以本範例而言，必需先建立資料的平面繪圖 (XY-plot)。

接下來，選擇圖表（點選圖表）與數列（將滑鼠移到其中任一數值上後按下滑鼠右鍵），然後在出現的表單內選擇**增加趨勢線 (Add Trendline)**。

此時，會開啟一個趨勢線樣式方塊 (Format Trendline box)；你可在趨勢／迴歸型態 (Trend/Regression Type) 中選擇**對數 (Logarithmic)** 型態。此外，還要選擇**圖形顯示方程式 (Display Equation on chart)** 與**圖形顯示 R 平方值 (Display R-squared value on chart)**。當對話方塊關閉後，即產生出伴隨決定係數 (r^2) 的擬合結果（如圖 16.21）。

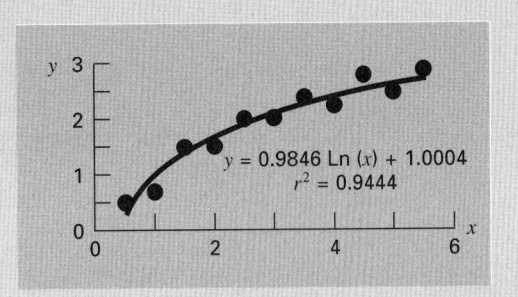

◯ 圖 16.21 以對數模型擬合範例 16.3 中的表格資料。

趨勢線指令提供了便捷的方式來擬合資料於多種常用模型。此外，其中包括**多項式 (Polynomial)** 選項，因此也可使用於多項式內插。但因它的統計內容受限於決定係數 (r^2)，這意味著無法繪製出擬合模型的統計推論圖。若此推論實有必要，下面接著要討論的資料分析工具組會是一個不錯的選擇。

資料分析工具組　Excel 套件包含了以一般線性最小平方來擬合曲線的強大功能。正如章節 14.4 所提，這樣的方法有以下的一般式

$$y = a_0 z_0 + a_1 z_1 + a_2 z_2 + \cdots + a_m z_m + e \qquad (14.23)$$

其中 $z_0, z_1, \ldots, z_m$ 是 $m+1$ 個不同的函數。下一個範例將說明如何利用 Excel 來做此模型的擬合。

範例 16.4　**使用 Excel 中的資料分析工具組**

問題敘述：下列表格內的資料是運河渠道的斜率、水力半徑與水流的資料。

S, m/m	0.0002	0.0002	0.0005	0.0005	0.001	0.001
R, m	0.2	0.5	0.2	0.5	0.2	0.5
U, m/s	0.25	0.5	0.4	0.75	0.5	1

基於理論上的理由，可以用以下的乘冪模型來擬合這些資料

$$U = \alpha S^\sigma R^\rho$$

其中 α, σ 與 ρ 都是由經驗得到的係數。再者有理論支持 α 與 ρ 的值大約分別等於 0.5 與 0.667。以 Excel 來擬合這些資料，並將你計算所得的迴歸曲線係數與理論值比較，看看是否與預期的數值相同。

解法：首先對乘冪模型取對數以後轉換成以下如方程式 (14.23) 的線性模型

$$U = \log \alpha + \sigma \log S + \rho \log R$$

再來將原來的資料與取對數以後的資料合併成一張如下的新工作表

	A	B	C	D	E	F
1	S	R	U	log(S)	log(R)	log(U)
2	0.0002	0.2	0.25	-3.69897	-0.69897	-0.60206
3	0.0002	0.5	0.5	-3.69897	-0.30103	-0.30103
4	0.0005	0.2	0.4	-3.30103	-0.69897	-0.39794
5	0.0005	0.5	0.75	-3.30103	-0.30103	-0.12494
6	0.001	0.2	0.5	-3	-0.69897	-0.30103
7	0.001	0.5	1	-3	-0.30103	0

=log(A2)

如表所示，我們可以直接輸入公式來求對數，再拷貝至右側及下方的欄位來產生其他的對數值。

由於 Excel 套件標準安裝的選項中不包含資料分析工具組，因此有時必須自行透過增益集（工具選項）來載入。也就是，檔案→選項→增益集，然後選擇資料分析工具組 (Analysis Toolpack)，這樣才會載入到使用的表單目錄中。

自工具選項點選資料分析工具組以後，就會出現一個包含大量統計導向函數的畫面。點選**迴歸 (Regression)** 選項後也會出現一個對話方塊，提供有關使用迴歸的訊息。在確定選擇預設的選項**新工作表 (New Worksheet Ply)**，x 值資料範圍輸入 D2：E7，y 值資料範圍輸入 F2：F7 之後，點選確定 (OK)。然後會產生以下工作表

	A	B	C	D	E	F	G
1	SUMMARY OUTPUT						
2							
3	Regression Statistics						
4	Multiple R	0.998353					
5	R Square	0.996708					
6	Adjusted R Square	0.994513					
7	Standard Error	0.015559					
8	Observations	6					
9							
10	ANOVA						
11		df	SS	MS	F	Significance F	
12	Regression	2	0.219867	0.10993	454.1106	0.0001889	
13	Residual	3	0.000726	0.00024			
14	Total	5	0.220593				
15							
16		Coefficients	Standard Error	t Stat	P-value	Lower 95%	Upper 95%
17	Intercept	1.522452	0.075932	20.05010	0.000271	1.2808009	1.7641028
18	X Variable 1	0.433137	0.022189	19.52030	0.000294	0.362521	0.503752
19	X Variable 2	0.732993	0.031924	22.96038	0.000181	0.631395	0.834590

因此,擬合的結果是

$$\log U = 1.522 + 0.433 \log S + 0.733 \log R$$

或者對以上方程式取指數後可得

$$U = 33.3 S^{0.433} R^{0.733}$$

對這些係數而言,我們產生了一個95%的信賴區間,因此真正的傾斜指數落在 0.363 與 0.504 之間的機率與真正的水力半徑係數落在 0.631 與 0.835 之間的機率均為 95%。因為擬合的結果與理論結果不會相互矛盾。

最後,我們必須指出 Excel 規劃求解工具也可以用來解決**非線性迴歸** (**nonlinear regression**) 的問題,僅需要直接針對介於資料與模型預測結果間的殘差平方值進行極小化的計算即可。

16.8.2　MATLAB

正如表 16.2 所做的總結,MATLAB 中有許多內建函數可以處理在本書此篇所介紹的內容。以下舉出一些用在內插、迴歸與快速傅利葉轉換的函數。

表 16.2　一些用在內插、迴歸與快速傅利葉轉換的 MATLAB 函數。

函數	描述
polyfit	以多項式擬合資料
interp1	一維內插(查閱一維的表)
interp2	二維內插(查閱二維的表)
spline	三階仿樣函數資料插值
fft	離散型快速傅利葉轉換

範例 16.5　利用 MATLAB 來處理曲線擬合

問題敘述:探討如何將 MATLAB 應用在資料的曲線擬合。首先使用正弦函數由 0 至 10 等間距的產生 10 個 $f(x)$ 的點。由於步長為 1,因此正弦函數波型的點是稀疏的(圖 16.22)。分別以 (a) 線性內插;(b) 五階多項式;(c) 三階仿樣函數,來擬合這些資料。

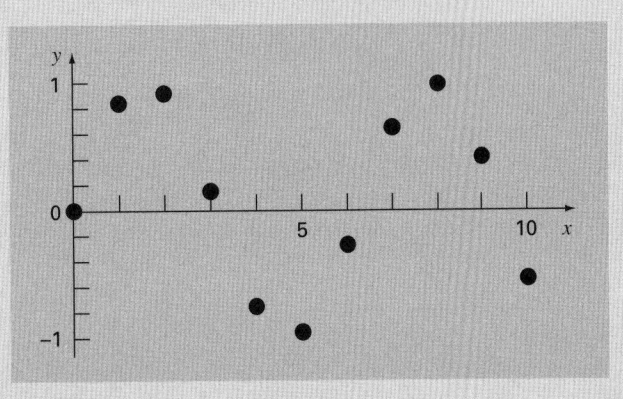

⇒ **圖 16.22**　來自正弦曲線的 11 個樣本點。

解法：

(a) 首先，自變數與因變數的值分別可以輸入至向量

```
>> x=0:10;
>> y=sin(x);
```

針對自變數另產生一個間距較小的向量 **xi**

```
>> xi=0:.25:10;
```

使用 MATLAB 函數 `interp1`，以線性內插的方式對所有 xi 值產生相對的值 yi。以下圖形所表示的是原始資料 (x,y) 與線性插值的結果

```
>> yi=interp1(x,y,xi);
>> plot(x,y,'o',xi,yi)
```

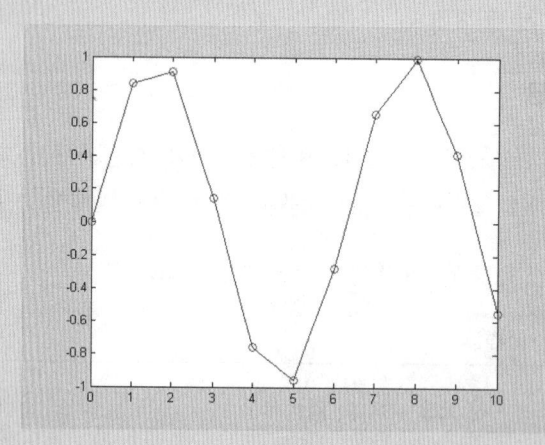

(b) 然後，使用 MATLAB 函數 `polyfit`，對原始的稀疏資料擬合出五階多項式的係數

```
>> p=polyfit(x,y,5)
p=
    0.0008   -0.0290    0.3542   -1.6854    2.5860   -0.0915
```

其中向量 **p** 存放了多項式的係數。最後這些可以用來產生一組新的 yi 值，用來與原始的稀疏資料一起繪製如下的圖形

```
>> yi = polyval(p,xi);
>> plot(x,y,'o',xi,yi)
```

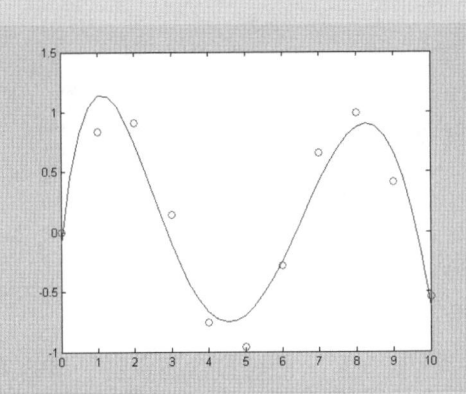

因此，雖然以多項式擬合可以得到應有的函數分布趨勢，但仍遺漏大部分資料點。

(c) 最後，使用 MATLAB 函數 spline，對原始的稀疏資料擬合出一三階仿樣函數與產生一組新的 yi 值。並用與原始稀疏資料繪製如下的圖形

```
>> yi=spline(x,y,xi);
>> plot(x,y,'o',xi,yi)
```

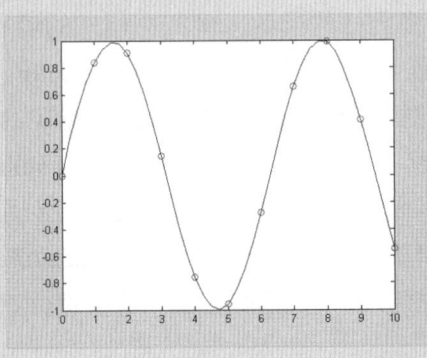

在此我們必須強調 MATLAB 在傅利葉分析上也有很完善的處理能力。

MATLAB 中提供 interp2 與 interp3 兩內建函數，用於二維與三維的內插。正如預期，其使用語法與 interp1 極為相似。例如 interp2 的使用語法為：

zi = interp2(x, y, z, xi, yi, 'method')

其中 x 與 y 為包含點座標的矩陣，矩陣 z 則為對應的函數值。zi 為點 (xi, yi) 處的估算值，method 則為選取的方法，這些方法與 interp1 中所使用的方法相同，即 linear、nearest、spline 或 cubic。

與 interp1 極為相似，若參數 method 省略，則為線性內插。例如 interp2 同樣可用在範例 15.11 的求值。

```
>> x=[2 9];
>> y=[1 6];
>> z=[60 57.5;55 70];
>> interp2(x,y,z,5.25,4.8)
ans =
   61.2143
```

16.8.3　Mathcad

　　Mathcad 能執行許多有關統計、曲線擬合與資料平滑的工作。這些包含了繪製直方圖、人口成長數計算，另外也能計算平均值、中位數、變異數、標準差與相關係數等。此外 Mathcad 也提供了許多迴歸分析計算用的函數。例如函數 **slope** 與 **intercept** 分別回傳最小平方迴歸擬合直線的斜率與截距。函數 **regress** 用在一完整資料集的 n 階迴歸多項式。函數 **interp** 傳回指定點的迴歸擬合估算值。函數 **regress** 與 **loess** 可執行多變量多項式迴歸。除此之外，Mathcad 還能提供函數 **linfit**，以任意函數的線性組合來建立資料模型。最後，函數 **genfit** 能以任何形式出現的係數建立模型。在此情況下，需藉由迭代法求解困難的非線性方程式。

　　Mathcad 也包含許多內插的函數，例如在已知的資料點集中，能利用函數 **linterp** 以直線（線性內插），或利用函數 **cspline**、**pspline**、**lspline** 以三階仿樣多項式來擬合估算值。而這些仿樣函數的主要差異是在端點的處理方式不同，例如函數 **lspline** 產生的三階仿樣多項式在端點為直線，函數 **pspline** 產生的三階仿樣多項式在端點則為拋物線，而函數 **cspline** 產生的三階仿樣多項式在端點則為三次多項式。至於函數 **interp** 則針對給定的 x 值，利用擬合出的函數來估算對應的 y 值。同理，只要利用二維網格點傳入一個曲面的資料，就能進行二維三階仿樣多項式的內插。

　　接下來以實例說明 Mathcad 的仿樣內插（圖 16.23）。首先利用正弦函數在等距離的樣本點上產生資料，接著利用函數 **lspline** 計算仿樣係數，然後，以函數 **interp** 則針對給定的x值，利用擬合出的函數來估算對應的 y 值。Mathcad 設計這樣的操作程序，使得每次執行內插時不需要重新擬合多項式。也就是可在任何位置使用函數 fit(x)，正如圖示的 $x = 2.5$。至於利用資料點產生仿樣多項式及其圖形繪製的程序請參考圖 16.23。

　　下一個範例則呈現 Mathcad 的一些曲線擬合能力。圖 16.24 中以函數 **fit** 來進行傅利葉分析。第一列命令利用符號定義產生範圍變數，接著以正弦函數搭配 Mathcad 的函數 **rnd** 來產生包含隨機訊號的 x_i。若希望呈現此訊號的圖形，則點選工作表中希望擺放的位置（呈現紅色十字），再利用插入／圖形／X-Y 繪圖 (Insert/Graph/X-Y Plot)的下拉選單，即可繪製一個等待輸入 x 軸與 y 軸資料的框架。在 y

SPLINE INTERPOLATION

Enter vectors containing the x and y values: Values for plot:

$i := 0..10 \quad vx_i := i \quad vy_i := \sin(i) \quad xx := 0, 0.1..10$

Compute spline coefficients:

$vs_i := lspline(vx, vy)$

Set up interpolation function:

$fit(x) := interp(vs, vx, vy, x)$

Interpolate at specific value

$fit(2.5) = 0.596$

⊃ 圖 16.23　以 Mathcad 執行三階仿樣內插。

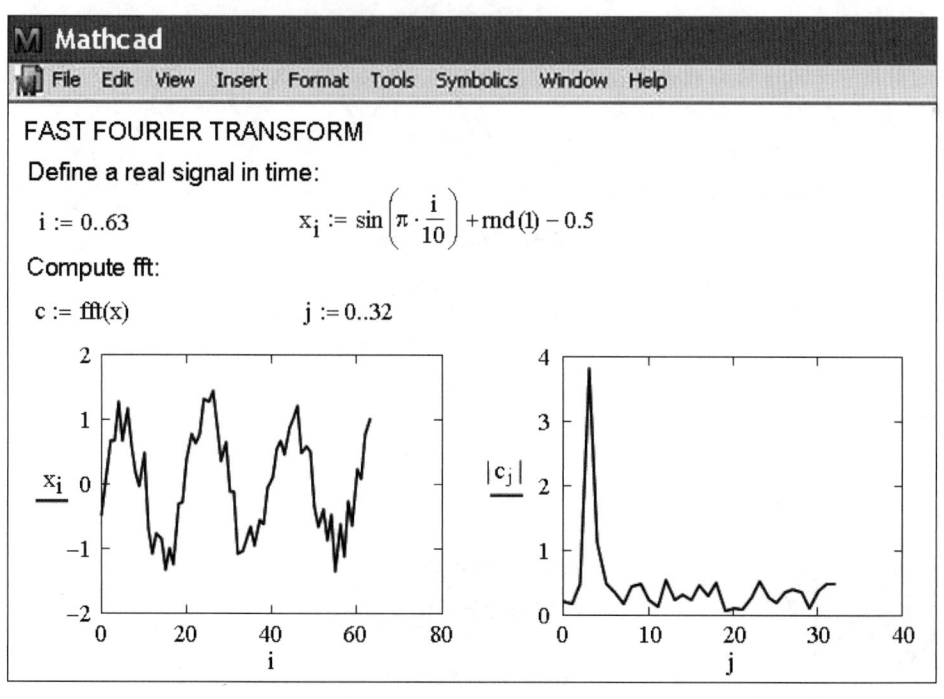

FAST FOURIER TRANSFORM

Define a real signal in time:

$i := 0..63 \qquad x_i := \sin\left(\pi \cdot \dfrac{i}{10}\right) + rnd(1) - 0.5$

Compute fft:

$c := fft(x) \qquad j := 0..32$

⊃ 圖 16.24　以 Mathcad 執行 FFT。

軸位置輸入 x_i，x 軸位置輸入 i 後，Mathcad就會繪製出如圖 16.24 的結果。此時利用格式／圖形／X-Y 繪圖 (Format/Graph/X-Y Plot) 的下拉選單，可改變諸如圖形型態、顏色、函數追蹤權重等資訊，亦可增加標題等其他特性。定義 $c := \mathbf{fft}(x)$，可藉此函數回傳位置 x 的傅利葉轉換。向量 $\mathbf{c}$ 包含了在頻域中的複數係數。同理，可藉由類似錢述的操作方法繪製出 c_j 的圖形。

習 題

16.1 一個函數的平均值可以由以下公式來計算

$$\overline{f(x)} = \frac{\int_0^x f(x)dx}{x}$$

利用此關係式來驗證方程式 (16.13) 的結果。

16.2 亞利桑那州土桑城的太陽輻射量測資料如下

時間，月分	J	F	M	A	M	J	J	A	S	O	N	D
輻射 W/m^2	144	188	245	311	351	359	308	287	260	211	159	131

假設每個月均為 30 天，以正弦曲線來擬合這些資料。利用擬合的結果來預測八月中的輻射量。

16.3 在一天 24 小時的時間中，以下資料代表反應器中隨正弦曲線變化的 pH 值。針對這些資料以最小平方迴歸來擬合方程式 (16.11)。利用你的結果來計算平均值、振幅以及 pH 值為最大值的時間。

時間，小時	0	2	4	5	7	8.5	12	15	20	22	24
pH	7.3	7	7.1	6.5	7.4	7.2	8.9	8.8	8.9	7.9	7

16.4 利用連續型傅利葉級數來近似圖 P16.4 中的鋸齒波。分別繪出級數中前三項及其總和的圖形。

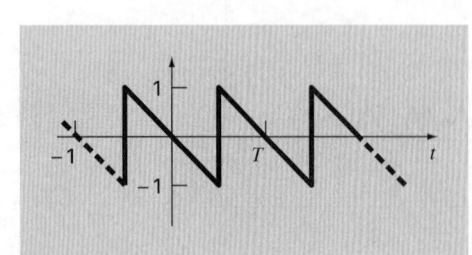

➲ 圖 P16.4　鋸齒波。

16.5 利用連續型傅利葉級數來近似圖 P16.5 中的波形。分別繪出級數中前三項及其總和的圖形。

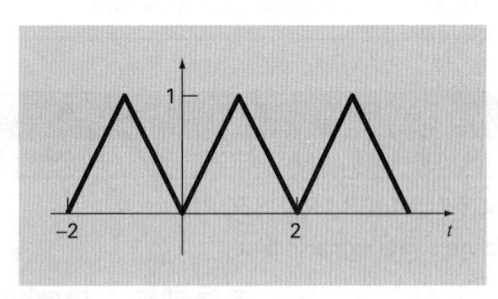

➲ 圖 P16.5　三角形狀波。

16.6 針對習題 16.4 建構其振幅與相位線譜。
16.7 針對習題 16.5 建構其振幅與相位線譜。
16.8 半波整流器可用以下方程式來描述其功能

$$C_1 = \left[\frac{1}{\pi} + \frac{1}{2}\sin t - \frac{2}{3\pi}\cos 2t - \frac{2}{15\pi}\cos 4t - \frac{2}{35\pi}\cos 6t - \cdots\right]$$

其中 C_1 代表波的振幅。分別繪出級數中前四項及其總和的圖形。

16.9 針對習題 16.8 建構其振幅與相位線譜。

16.10 利用圖 16.12 的 DFT 演算法，設計一個使用者介面友善的程式。並利用圖 16.13 的資料來驗證你所撰寫的程式。

16.11 利用習題 16.10 的程式計算習題 16.8 三角形狀波的 DFT。在 $t = 0$ 到 $t = 4T$ 中分別採用 32、64 與 128 個樣本點來計算，記錄每次的執行時間並繪製出對樣本點 N 的圖形，是否與圖 16.14 的結果相同？

16.12 利用圖 16.18 的 FFT 演算法，設計一個使用者介面友善的程式。並利用圖 16.13 的資料來驗證你所撰寫的程式。

16.13 利用習題 16.12 所撰寫的程式重新計算習題 16.11。

16.14 將一個物件懸掛於風洞中，並在不同的風速中量測其受力情形。量測結果列表如下：

v, m/s	10	20	30	40	50	60	70	80
F, N	25	70	380	550	610	1220	830	1450

使用 Excel 中的趨勢線 (Trendline) 命令，將以上資料擬合出乘冪方程式。沿著功率方程式 r^2，繪製出 F 對 v 的圖形。

16.15 以下表格資料代表在海平面上不同溫度下，純水中的氧氣溶解濃度，使用 Excel 中的資料分析工具組來建構一個迴歸多項式。嘗試定出能精確地呈現這些資料的多項式階數。

T, °C	0	8	16	24	32	40
o, mg/L	14.62	11.84	9.87	8.42	7.31	6.41

16.16 使用 Excel 中的資料分析工具組對以下的資料擬合出一條直線。針對截距求出一個 90% 的信賴區間。如果區間包含 0，則取截距為 0，並且重新計算迴歸（此為迴歸對話方塊其中之一的選項）。

x	2	4	6	8	10	12	14
y	6.5	7	13	17.8	19	25.8	26.9

16.17 (a) 利用 MATLAB 對以下資料擬合一個三階仿樣函數，並計算 $x = 1.5$ 時的 y 值。

x	0	2	4	7	10	12
y	20	20	12	7	6	6

(b) 若在端點處假設其一階導數值為 0，重做 (a)。可利用 MATLAB 中的輔助說明來處理端點導數值。

16.18 利用 MATLAB 軟體套件在 $t = 0$ 到 2π 之間由以下函數產生 64 個點

$$f(t) = \cos(10t) + \sin(3t)$$

在此訊號中以函數 randn 隨機增加一個元件，對這些資料取 FFT 並繪製其結果。

16.19 如同章節 16.8.2 的方式，利用 MATLAB 來擬合習題 16.15 中的資料，並分別預測 $T = 10$ 時的氧氣濃度。採用的選擇分別是 (a) 線性內插；(b) 三階迴歸多項式；(c) 三階仿樣函數。

16.20 利用以下藍吉函數在 $[-1, 1]$ 間產生 9 個資料點，並分別利用 (a) 8 階多項式；(b) 線性仿樣；(c) 三階仿樣；來擬合這些資料。並以圖示呈現你的結果。

$$f(x) = \frac{1}{1 + 25x^2}$$

16.21 醫師會在血液循環系統注入染色劑以量測病患的心臟由左心室輸出的血液流量。換句話說，量測每分鐘送出若干公升的血液。人在靜止狀態時，流量大約是每分鐘 5 至 6 公升。而一個馬拉松比賽的運動員，其心臟輸出的血液流量約為每分鐘 30 公升。以下的資料代表將 5 毫升的染色劑注射到靜脈系統後的反應狀況

注射後時間（秒）	2	6	9	12	15	18	20	24
濃度（毫克/公升）	0	1.5	3.2	4.1	3.4	2	1	0

擬合出一條通過所有資料點的多項式，並以此函數來計算病患心臟輸出的血液流量。流量的計算公式為

$$\text{心臟輸出} = \frac{\text{染色劑總量}}{\text{曲線下面積}} \left(\frac{\text{公升}}{\text{分鐘}}\right)$$

16.22 在電子電路中，電流經常是以圖 P16.22 的方形波呈現，由以下的方程式來求解傅利葉級數時

$$f(t) = \begin{cases} A_0 & 0 \le t \le T/2 \\ -A_0 & T/2 \le t \le T \end{cases}$$

可以得到結果為

$$f(t) = \sum_{n=1}^{\infty} \left(\frac{4A_0}{(2n-1)\pi} \right) \sin\left(\frac{2\pi(2n-1)t}{T} \right)$$

設 $A_0 = 1$ 與 $T = 0.25$ 秒。分別繪出此傅利葉級數的前六項及其加總後的圖形。（可能的話，利用 Excel 或 MATLAB）

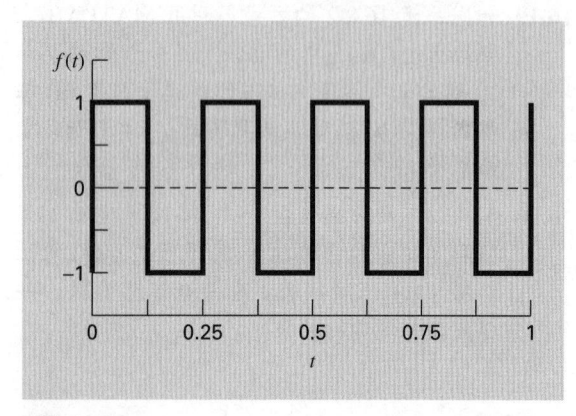

⊃ 圖 **P16.22**

16.23 針對以下資料擬合一個 **(a)** 六階內插多項式；**(b)** 三階仿樣函數；**(c)** 端點導數為 0 的三階仿樣函數。

x	0	100	200	400	600	800	1000
$f(x)$	0	0.82436	1.00000	0.73576	0.40601	0.19915	0.09158

將你的結果，與以下用來產生這些資料點的函數進行比較。

$$f(x) = \frac{x}{200} e^{-\frac{x}{200}+1}$$

結語：第五篇
Epilogue: Part Five

PT5.4 折衷方案

表 PT5.4 對於曲線擬合的折衷方案提供了一個總結。依據資料的不確定性分為兩大類。針對不精確的測量問題，會用迴歸法得到「最佳」擬合的曲線，也就是擬合全部資料點的分布趨勢，但並不一定要通過每一個資料點。針對精確的測量問題，就採用內插法擬合出一條通過每一個資料點的曲線。

迴歸法是利用資料與函數值殘差平方和為最小的條件推導而出，因此又稱為最小平方迴歸法。當因變數與自變數間存在某種線性關係時，就可以使用線性最小平方迴歸法。當因變數與自變數呈現曲線關係時，有數種方法可以考慮。在某些情況，可先將其關係線性化，然後以線性迴歸法套用至在這些轉換後的變數來擬合最佳的直線。或者，也可以針對資料直接使用多項式迴歸法擬合曲線。

多重線性迴歸主要用在因變數與兩個或是多個自變數相關的線性函數。當多重相依為曲線時，對數轉換也可以用於此類迴歸法。

多項式與多重線性迴歸法（注意，簡單的線性迴歸法亦屬於此兩法）屬於比較普通層級的線性最小平方模型。之所以如此區分，是因為其係數有線性關係。這些模型典型使用線性幾何系統來執行，但是有些時候這些系統是病態系統。然而，在

表 PT5.4 曲線擬合各種方法的特性比較。

方法	與資料的誤差	與資料點的吻合度	完全吻合的資料數	程式撰寫	附註
迴歸					
線性迴歸	大	近似吻合	0	容易	
多項式迴歸	大	近似吻合	0	中等	使用高階公式時，捨入誤差會很明顯
多重線性迴歸	大	近似吻合	0	中等	
非線性迴歸	大	近似吻合	0	困難	
內插					
牛頓均差多項式	小	完全吻合	n+1	容易	通常用在學術分析
拉格藍吉多項式	小	完全吻合	n+1	容易	通常用在階數為已知
三階仿樣	小	完全吻合	資料點完全擬合	中等	扭結點的左右的一階導數與二階導數相等

很多工程方面的應用（也就是說，對於低階的擬合）不會有此情況。如果這的確是個問題，還是有其他方法可用。例如，一種稱為正交多項式的技巧也可以用來執行多項式的迴歸（請參考章節 PT5.6）。

方程式的係數若非線性，即稱為非線性方程式。特殊的迴歸技巧可以用來擬合這類的方程式。這些方法一開始先估算初始參數，然後反覆迭代，直到殘差平方和的數值為最小。

多項式內插是一個剛好通過 $n + 1$ 個點的唯一 n 階多項式。這種多項式以兩種格式來表示。在多項式的階數無法事先預知時，適合採用牛頓均差內插多項式，因為它很容易被改寫成程式，用來比較不同階數的結果，而且很容易做誤差估計。因此，你可以選擇使用幾種不同階數的多項式，並比較其結果。

當多項式的階數為已知時，適合採用拉格藍吉內插多項式。對於這些情況，拉格藍吉多項式比較容易改寫成程式，而且不需要計算均值差分與耗費較多的儲存記憶體。

另一種曲線擬合的方法是仿樣內插法。這種技巧是在資料點的區間中以較低階的多項式來擬合，經由在連接點處之相鄰多項式有相同數值與導數，使得擬合結果更為平滑。三階仿樣函數是最常用使用的版本。仿樣函數是一個非常值得利用的擬合工具，尤其在擬合的資料大部分是平滑的，且在區間範圍中沒有瞬間變化時，結果更值得信賴。否則此類資料在高階的內插多項式中，會導致強烈振盪的傾向。由於三階仿樣函數只使用三階多項式，因比較不會產生如此的振盪。

內插的概念除了用在一維函數外，也能擴充到多維函數的應用。不論是內插多項式或仿樣函數均可達成此目標。套裝軟體也能提供這樣的應用。

本篇涵蓋的最後一個方法是傅利葉近似法。這個領域主要是使用三角函數來近似波形。相較於其他技巧，這個方法的重點並不在強調將資料擬合至曲線。相反地，是利用曲線的擬合來分析信號的頻率特性。特別是快速傅利葉轉換法可以非常有效率地將函數由時域轉換成頻域，以闡明其簡諧結構。

PT5.5　重要關聯及重要公式

表 PT5.5 摘錄了出現在第五篇的重要資訊。經由此表能夠很快地查詢並且使用相關重要的公式。

PT5.6　進階的方法與額外的參考資料

雖然擁有正規化方程式之多項式迴歸法非常適合應用在許多的工程問題裡，但是仍有許多工程應用非常容易受捨入誤差的影響，因此會有許多的限制。引進**正交多項式 (orthogonal polynomial)** 的做法可以減輕這一方面的困擾。然而，這個方法

表 PT5.5 第五篇重要資訊摘要。

方法	公式	內插圖形	誤差
線性迴歸	$y = a_0 + a_1 x$ 其中 $a_1 = \dfrac{n\sum x_i y_i - \sum x_i \sum y_i}{n\sum x_i^2 - (\sum x_i)^2}$ $a_0 = \bar{y} - a_1 \bar{x}$		$s_{y/x} = \sqrt{\dfrac{S_r}{n-2}}$ $r^2 = \dfrac{S_t - S_r}{S_t}$
多項式迴歸	$y = a_0 + a_1 x + \cdots + a_m x^m$ （係數 a 經由求解 $m+1$ 個線性代數方程式而得）		$s_{y/x} = \sqrt{\dfrac{S_r}{n-(m+1)}}$ $r^2 = \dfrac{S_t - S_r}{S_t}$
多重線性迴歸	$y = a_0 + a_1 x_1 + \cdots + a_m x_m$ （係數 a 經由求解 $m+1$ 個線性代數方程式而得）		$s_{y/x} = \sqrt{\dfrac{S_r}{n-(m+1)}}$ $r^2 = \dfrac{S_t - S_r}{S_t}$
牛頓均差內插多項式*	$f_2(x) = b_0 + b_1(x-x_0) + b_2(x-x_0)(x-x_1)$ 其中 $b_0 = f(x_0)$ $b_1 = f[x_1, x_0]$ $b_2 = f[x_2, x_1, x_0]$		$R_2 = (x-x_0)(x-x_1)(x-x_2)\dfrac{f^{(3)}(\xi)}{6}$ 或 $R_2 = (x-x_0)(x-x_1)(x-x_2)f[x_3, x_2, x_1, x_0]$
拉格藍吉內插多項式	$f_2(x) = f(x_0)\left(\dfrac{x-x_1}{x_0-x_1}\right)\left(\dfrac{x-x_2}{x_0-x_2}\right)$ $+ f(x_1)\left(\dfrac{x-x_0}{x_1-x_0}\right)\left(\dfrac{x-x_2}{x_1-x_2}\right)$ $+ f(x_2)\left(\dfrac{x-x_0}{x_2-x_0}\right)\left(\dfrac{x-x_1}{x_2-x_1}\right)$		$R_2 = (x-x_0)(x-x_1)(x-x_2)\dfrac{f^{(3)}(\xi)}{6}$ 或 $R_2 = (x-x_0)(x-x_1)(x-x_2)f[x_3, x_2, x_1, x_0]$
三階仿樣函數	在每一個區間，以三階方程式 $a_i x^3 + b_i x^2 + c_i x + d_i$ 來擬合扭結點。在內部扭結點的左右，其一階導數與二階導數是相等的。		

* 為了方便起見，展示的公式為二階。

並不會產生一個最好的擬合方程式，而僅對已知的自變數產生個別的估計值。有關正交多項式的進一步內容可以參考 Shampine 與 Allen (1973)，以及 Guest (1961)。

正交多項式的技巧有助於多項式迴歸法的發展，使得一般線性迴歸模型（方程式 (14.23)）的解變成一個穩定的型態。另一種**奇異值分解法 (singular-value decomposition, SVD)** 的近似方法也可以達到這種目的。Forsythe 等教授 (1977)，Lawson、Hanson (1974) 與 Press 等人 (2007) 都介紹了這些方法。

除了高斯-牛頓法，還有很多最佳化的方法可以用來直接求解非線性方程式的最小平方擬合。這些非線性迴歸技巧包括馬夸特法和最深下降法（回想第四篇）。有關迴歸法的進一步說明可在 Draper 與 Smith (1981) 中找到。

所有在第五篇中提到的方法，都會運用到資料點擬合成曲線的方法。除

此之外，我們也可以將一條曲線擬合成另一個曲線。這類**泛函近似 (functional approximation)** 的主要動機是藉由一個比較容易處理的簡單函數來取代原本較複雜的函數。一種做法是先利用此複雜的函數來產生一個資料表。然後利用本書此篇所討論的相關技巧，針對所有離散點以多項式來擬合。

還有一種根據**極大值極小化 (minimax)** 原理的方法（回想圖 14.2c）。此原理指出，近似多項式的係數選擇要能使與原函數間的差異越小越好。因此，雖然這個近似法可能不如在已知基準點處的泰勒級數展開式，但以橫跨整個範圍的擬合角度來看，它卻是一個比較好的做法。**柴比雪夫節約法 (Chebyshev economization)** 是另外一個根據這種策略對函數近似的方法。（Ralston 與 Rabinowitz，1978；Gerald 與 Wheatley，2004；Carnahan, Luther 與 Wilkes，1969）。

在曲線擬合中有一個重要領域就是仿樣函數與最小平方迴歸法的結合。因此，產生的三階仿樣函數並不會通過每一點，而是會將介於資料點與仿樣曲線之間的殘差平方和最小化。由於此方法使用了稱為 **B 仿樣 (B spline)** 的基底函數。它們會被如此命名，是因為使用的**基底函數 (basis function)** 具有鐘型外表。這種曲線跟仿樣的方法一樣，在極點處的一、二階導數必須具有連續性。因此，在扭結點處的連續性是可以確定的。Wold (1974)，Prenter (1975)、Cheney 與 Kincaid (2008) 都有討論這個方法。

總結，以上內容都是提供你對於本主題有更深瞭解的途徑。除此之外，以上所有的參考文獻也都涵蓋第五篇所描述與說明的基本技巧。我們強烈建議你再多方查閱其他的資源，以擴展對曲線擬合的數值方法之認識與瞭解。

第六篇　數值微分與積分
Numerical Differentiation and Integration

PT6.1　動機

微積分是一門探討改變的數學。由於工程師必須不斷接觸系統與處理其改變，因此微積分就成為必備工具。微積分最中心的數學觀念就是微分與積分。

根據字典的定義，**微分 (differentiate)** 是差異或差值。**導數 (derivative)** 是因變數對自變數的變率。正如圖 PT6.1 所述，微分在數學上的定義起源於差值的近似值：

$$\frac{\Delta y}{\Delta x} = \frac{f(x_i + \Delta x) - f(x_i)}{\Delta x} \qquad \text{(PT6.1)}$$

其中 x 為自變數，而 y 與 $f(x)$ 代表因變數。當 Δx 越來越逼近零時（圖 PT6.1 中 a 到 c），差值就變成微分。

$$\frac{dy}{dx} = \lim_{\Delta x \to 0} \frac{f(x_i + \Delta x) - f(x_i)}{\Delta x}$$

其中 dy/dx（另外可以用 y' 或 $f'(x_i)$ 表示）代表 y 對 x 的一階導數後在點 x_i 的值。正如由圖形 PT6.1c 所觀察到的，在曲線上點 x_i 的切線斜率就是在該點的導數值。

二階導數 (second derivative) 指的是一階導數之導數，即

$$\frac{d^2 y}{dx^2} = \frac{d}{dx}\left(\frac{dy}{dx}\right)$$

因此二階導數提供了斜率變化的快慢程度，也就是所謂**曲率 (curvature)**。較大的二階導數值意味著曲線彎曲程度（曲率）較高。

偏導數 (partial derivative) 應用在自變數超過一個的函數中，可將其視為僅在單一方向取導數，而固定其他所有方向數值的運算。例如函數 f 若只與變數 x 與 y 相關，則任意點 (x, y) 在 x 方向對變數 x 的偏導數為

$$\frac{\partial f}{\partial x} = \lim_{\Delta x \to 0} \frac{f(x + \Delta x, y) - f(x, y)}{\Delta x}$$

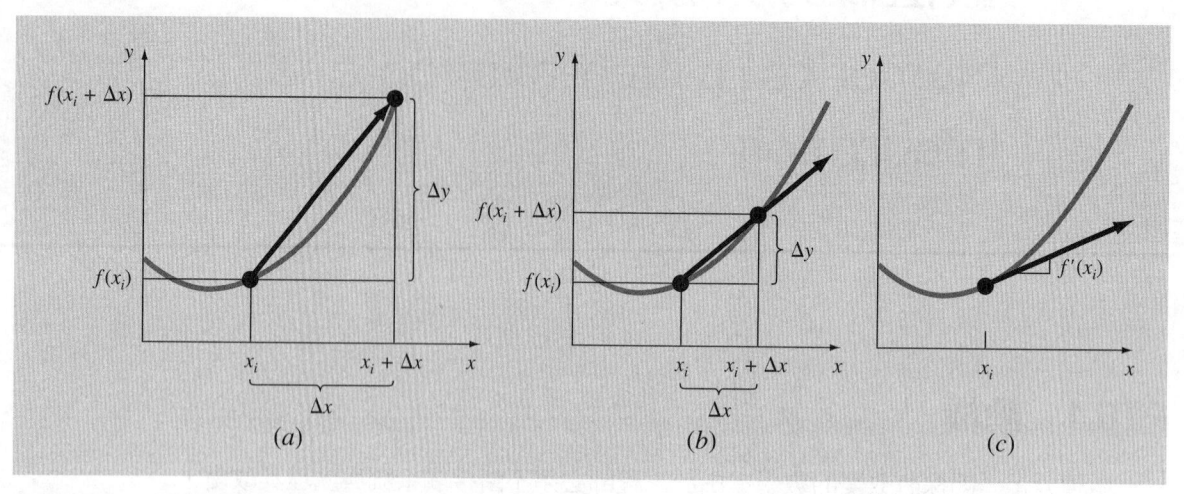

○ 圖 PT6.1　導數的圖形意義：當 Δx 愈來愈逼近 0 時，從 (a) 到 (c)，差值之近似值就變成導數。

同理，在 y 方向對變數 y 的偏導數為

$$\frac{\partial f}{\partial y} = \lim_{\Delta y \to 0} \frac{f(x, y + \Delta y) - f(x, y)}{\Delta y}$$

你應該對偏導數有直覺的瞭解，知道有兩個變數的函數應為一曲面，而不是一條曲線。例如爬山過程中，山形可用函數 f 來描述，而變數為經度（東西方向的 x 軸）與緯度（南北方向的 y 軸）；當你停留在某點 (x_0, y_0) 時，向東的斜率為 $\partial f(x_0, y_0)/\partial x$，向北的斜率則為 $\partial f(x_0, y_0)/\partial y$。

微積分學中，微分的反向程序就是**積分 (integrate)**，原意為「將許多細小區塊集合成一整個區域，也包括彙集成一個較大的數值」。至於積分在數學上的表示法則為

$$I = \int_a^b f(x)\,dx \tag{PT6.2}$$

它代表函數 $f(x)$ 對自變數 x 在範圍 $x=a$ 到 $x=b$ 的積分。方程式 (PT 6.2) 中的函數 $f(x)$ 稱為**被積函數 (integrand)**。

事實上，由積分的基本定義來看，方程式 (PT6.2) 指的就是 $f(x)\,dx$ 在 $x = a$ 到 b 的範圍內數值的**總和 (total value)** 或**加總 (summation)**。此外，符號 $\int$ 原本就與大寫的字母 S 有密切的關係，用來連接積分與加總的概念。

圖 PT6.2 以圖形代表積分的意義。函數 $f(x)$

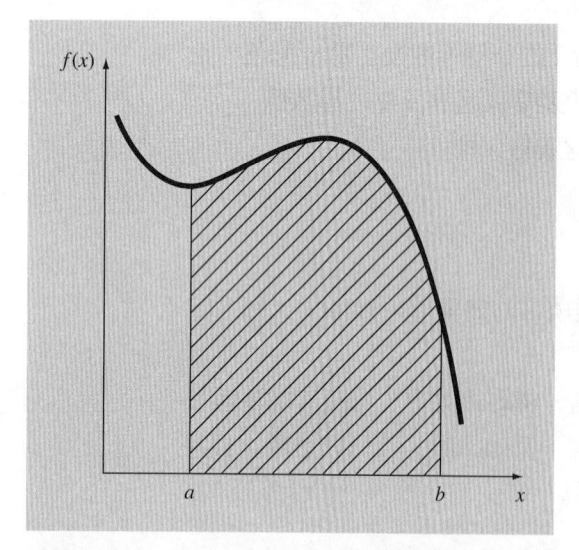

○ 圖 PT6.2　函數 $f(x)$ 在 $x \in [a,b]$ 區間中積分的圖形意義。事實上，積分值即為曲線下的面積。

位於 x 軸上方,則方程式 (PT6.2) 的積分值所代表的意義就是曲線 f(x)、x 軸、x=a 與 x=b 所共同圍出來的區域面積。[1]

前面已經談過,微分與積分的程序有著緊密結合的關係,只是本質上相反(圖 PT6.3)。例如,一個給定的函數 y(t) 是一個物件的位置函數(以時間為自變數),微分的意義代表求取速度(圖 PT6.3a),即為

$$v(t) = \frac{d}{dt} y(t)$$

反過來說,假設所提供的是以時間為自變數的速度函數,那麼積分計算就可以求得其位置函數(圖 PT6.3b),即為

$$y(t) = \int_0^t v(t)\, dt$$

因此,我們可以說以下積分的求值

$$I = \int_a^b f(x)\, dx$$

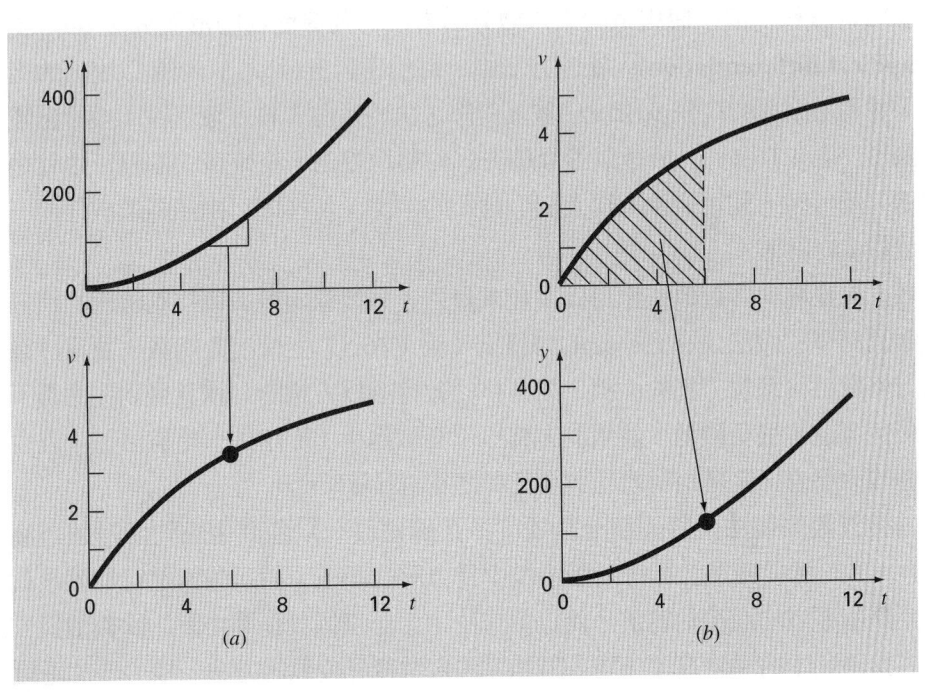

◯ 圖 **PT6.3**　(a) 微分;(b) 積分之間的對照。

---

[1] 由方程式 (PT 6.2) 與圖 PT6.2 所代表的是所謂的**定積分 (definite integration)**。另外還有一個與邊界範圍 a 與 b 無關的**不定積分 (indefinite integration)**。假設一個函數的導函數為已知,不定積分就是要由此導函數推論出其原函數的程序。

與解以下的微分方程式是等價的

$$\frac{dy}{dx} = f(x)$$

$y(b)$ 為給定，初始條件 $y(a)=0$。

由於這兩者間的密切關係，本書選擇以兩種程序來表現它們。這也使得能夠在數值描述中分別列出其相似性與差異性。

PT6.1.1 不使用電腦的微分與積分的方法

一般而言，被微分或積分的函數是以下三種型態之一：

1. 諸如多項式、指數函數或三角函數等的簡單連續函數。
2. 無法或很不容易直接微分或積分的複雜連續函數。
3. 表列資料函數往往是來自實驗結果的資料在一些離散點上給定 x 與 $f(x)$ 值。

第一個情形可藉由微積分的方法直接計算微分或積分。第二個情形由於無法直接計算，因此和第三個情形的離散資料一樣，必須採用近似方法。

藉由給定資料，但不使用電腦來求微分的方法稱為**等面積圖形微分法 (equal-area graphical differentiation)**。在此方法中，每個序對資料 (x, y) 皆是以表列的方式呈現，並利用簡單的均差 $\Delta y/\Delta x$ 估算其斜率。再將這些資料在每個區間中繪出階梯函數圖形（圖 PT6.4）。最後以等面積方式約略地繪出一條平滑的曲線。也就是說，在繪製圖形時，利用視覺取得正負面積間的平衡，然後即可由曲線讀取任何一個給定位置 x 的斜率。

同理，視覺導向的近似法也可以用在求表列資料型態函數與較複雜函數的積分值。直觀且簡單的做法是在有格點的方格紙（圖 PT6.5）上繪出此函數，並且計算大概的方格數目與每個方格的面積。以方格的數目乘以方格的面積就得到在曲線下的總面積估算值。很明顯地，使用的方格單位面積越小（即增加方格數目），就會有更準確的估算值，但是相對地就必須花費更多的計算時間。

另一種直觀的做法是將面積分割成許多長條區段，以區間中點的函數值為高（圖 PT6.6），然後分別計算每一個區段中長方形的面積，對這些值進行加總後就可以得到整個區域的面積估算值。此近似方法中，必須假設區間中點的函數值能作為函數在此區間中的平均高度。正如同格點法來做積分近似的方法一樣，增加區段數（或使用更多的長條區段）將使得積分估算值會更準確。

雖然這些簡易的近似法可以提供快速數值估算，但是仍有許多的數值技巧能夠提供相同的功能與目標。但是別太訝異，即使是最簡單的方法，其本質也與不使用電腦的方式類似。

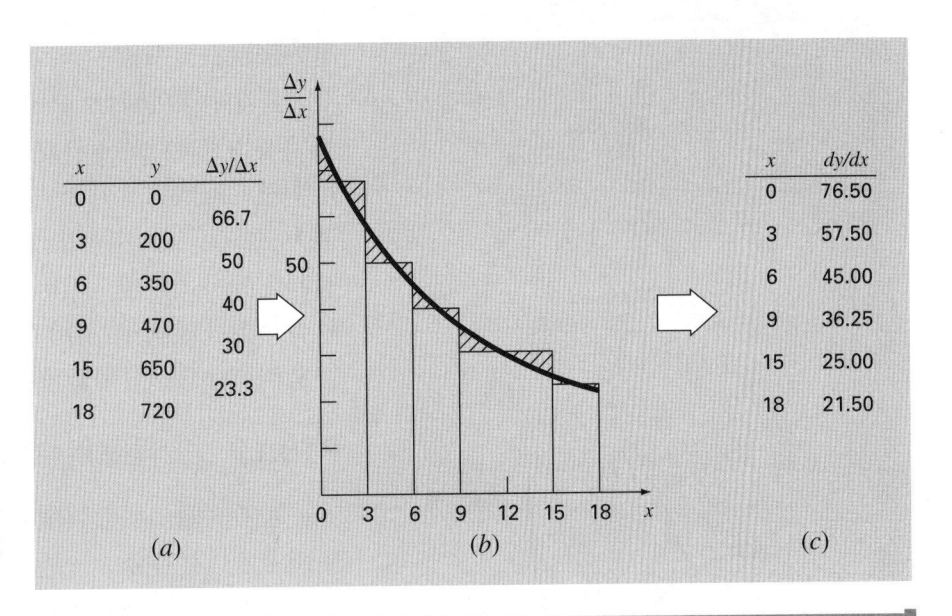

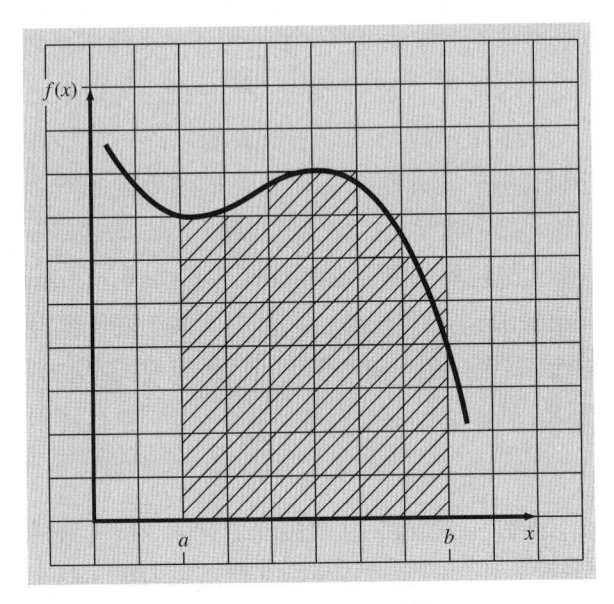

⊃ 圖 **PT6.4** 等面積圖形微分法。(a) 在相鄰兩組資料點的區間中,利用有限均差的值為中心值來估算導數值;(b) 先將導數估算值繪製成條狀圖,然後對條狀圖以等面積原理繪製出一條平滑曲線。也就是在高估與低估面積間取得平衡;(c) 以繪製出的平滑曲線估算 dy/dx 的值。

x	y	$\Delta y/\Delta x$
0	0	
		66.7
3	200	
		50
6	350	
		40
9	470	
		30
15	650	
		23.3
18	720	

x	dy/dx
0	76.50
3	57.50
6	45.00
9	36.25
15	25.00
18	21.50

(a)　(b)　(c)

⊃ 圖 **PT6.5** 利用格點法來做積分近似。

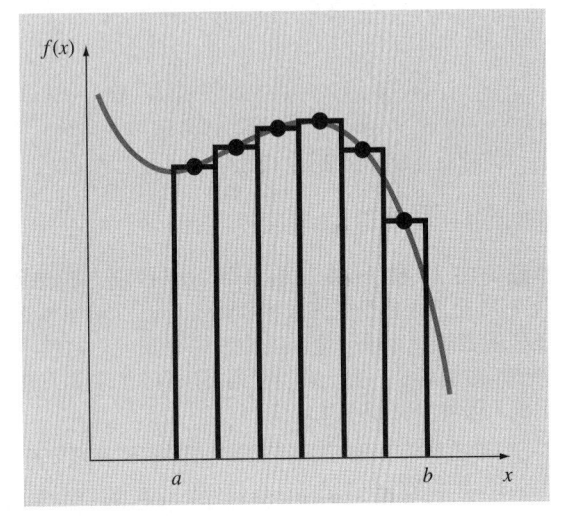

⊃ 圖 **PT6.6** 利用長方形或條狀區段來做積分近似。

對於微分而言,最基本的數值技巧就是利用有限均差來估算導數。若資料含有誤差,則可利用諸如最小平方迴歸的方式找出一條曲線來擬合這些資料。之後再微分此曲線得到所要求的導數預估。

同理,可以用數值積分法來求積分值。這些方法其實比格點法容易,而且與條狀法的本質相類似。也就是說,先以函數值乘以條狀區域的高度,再分別將其加總而得到所要的積分值。然而,若能選出合適的權重因子,所獲得的估計值會比用簡

(a) $$\int_0^2 \frac{2 + \cos(1 + x^{3/2})}{\sqrt{1 + 0.5\sin x}} e^{0.5x} \, dx$$

(b)

x	$f(x)$
0.25	2.599
0.75	2.414
1.25	1.945
1.75	1.993

(c)

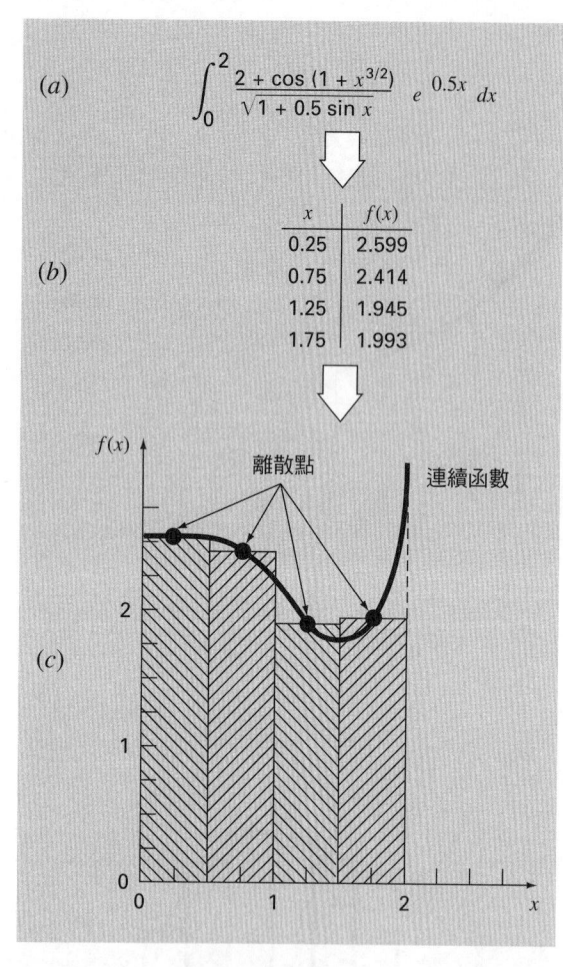

◯ 圖 PT6.7　數值積分法的應用：(a) 複雜的連續函數；(b) 由原函數產生的離散資料表；(c) 在離散點上以數值方法計算積分值（此處為條狀法），對於表列資料型態函數而言，資料已經是以 (b) 的表格方式列出，因此步驟 (a) 可以省略。

單的條狀法更準確。

正如簡單的條狀法一樣，數值微分與積分法都須要用到離散的資料點。由於表列資料已經是用明確的離散方式列出，因此很容易被不同的數值方法採用。雖然連續函數一開始並不是以離散資料點的方式呈現，但可以先利用函數來產生一些資料點（如圖 PT6.7），然後再利用此資料表以數值方法來估計變數值。

PT6.1.2　工程應用中的數值微分與積分

函數的數值微分與積分在工程上有非常多的應用，所以往往是大一的必修。微分在工程應用上非常普遍，因為許多問題必須留意變數在時間與空間的變化。事實上，許多法則與定律是很容易估計，例如牛頓第二運動定律。此定律不是基於物件的位置，而是位置依時間所做出的變化。

除了這個以時間來看的範例以外，許多和空間有關的定律是藉由微分來描述變數的空間行為。其中最常包括和位能與梯度有關的定律。例如，**傅利葉熱傳導定律 (Fourier's law of heat conduction)** 描述熱流由高溫度區域流向低溫度區域的行為。以一維為例，可用數學方式表示成

$$\text{熱流} = -k' \frac{dT}{dx}$$

因此，導數提供了溫度變化強度（或稱為**梯度 (gradient)**）的量測依據，驅動熱傳遞。相似的定律或模型在流體動力學、熱傳學、化學與電磁學中都可以見到。能夠精準估算導數便能勝任這些領域的工作。

正如準確的微分估計在工程應用上的重要性，積分計算也非常有價值。許多應用範例會與積分在求曲線以下面積的觀念有直接的關係。如圖 PT6.8 就描述許多以計算面積為目的的應用範例。

其他常見的應用也與積分或加總或多或少有關，例如，要決定一個連續函數的平均值。我們在第五篇曾介紹過如何計算 n 個離散資料的平均值（回想方程式 (PT5.1)）：

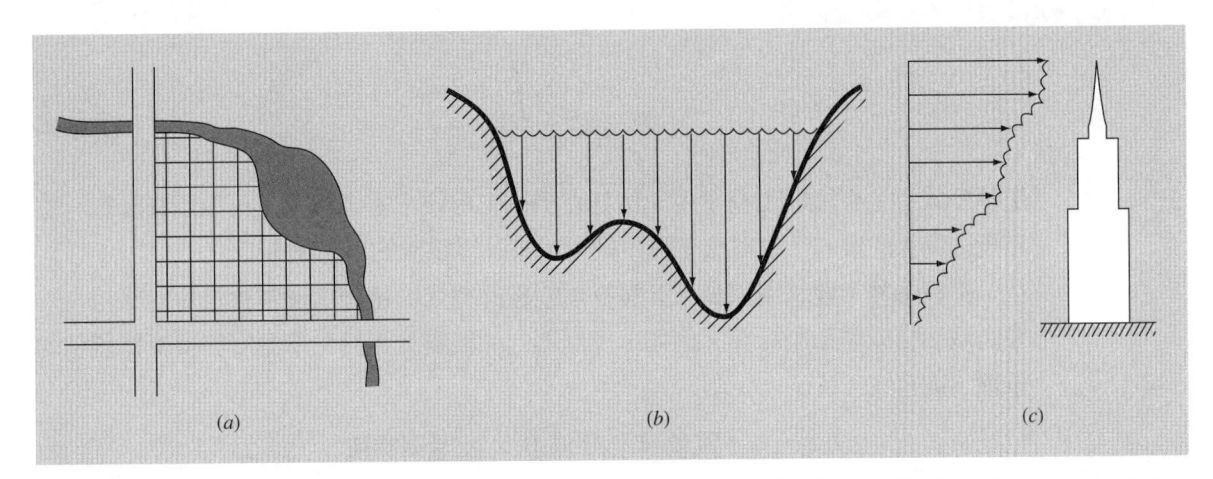

圖 PT6.8 工程應用中使用積分來計算面積的範例。(a) 測量工程師需要知道兩條道路與一彎曲溪流所圍出的面積；(b) 水利工程師需要知道一條河流的橫切面面積；(c) 結構工程師需要知道一個吹向摩天大樓的不規則風力所造成的淨力。

$$平均值 = \frac{\sum_{i=1}^{n} y_i}{n} \tag{PT6.3}$$

其中 y_i 是個別的量測資料。而這些量測資料的平均值可以由圖 PT6.9a 中看出來。

反過來說，假設 y 是一個以 x 為自變數的連續函數（如圖 PT6.9b 所示），在 a 與 b 之間會有無限多個點。因此，可以利用如方程式 (PT6.3) 的相同想法來處理離散資料的平均值。若希望計算一個連續函數在區間 a 與 b 之間的平均值，那麼就可以利用積分來處理，即

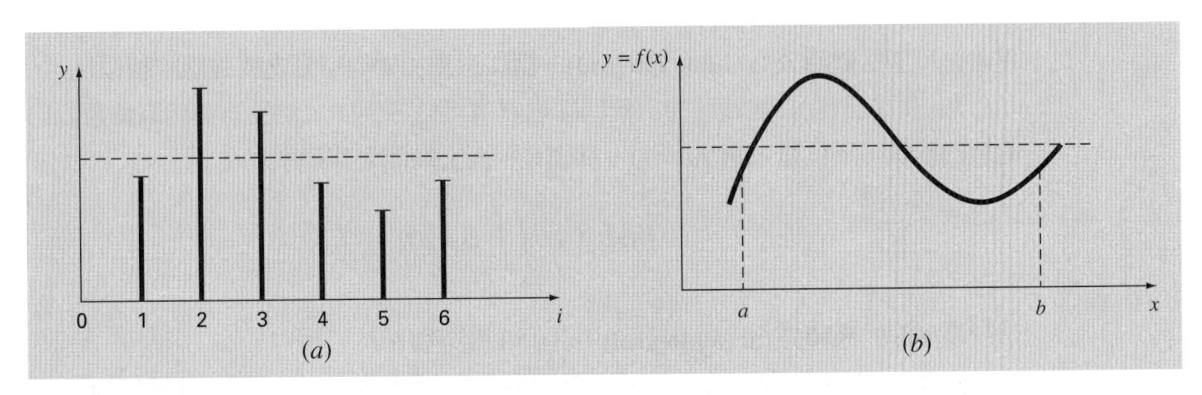

⊃ **圖 PT6.9** 以 (a) 離散資料；(b) 連續資料，分別舉例說明平均值的意義。

$$\text{平均值} = \frac{\int_a^b f(x)\,dx}{b-a} \qquad \text{(PT6.4)}$$

這個公式有上百種的工程應用。例如在機械工程或土木工程中,可以用來計算一個不規則物件的重心。在電機工程中則可用來計算電流的均方根。

工程師經常會利用積分來計算物理變數的總量。積分值通常會沿著一條線、一塊區域面積或體積來計算。例如,反應器內的總質量等於化學濃度與反應器體積的乘積,或寫成

$$\text{質量} = \text{化學濃度} \times \text{反應器體積}$$

其中濃度是具有單位的物理量,即質量/單位體積。假設濃度會隨著位置不同而有變化,那麼就需要將濃度 c_i 與單位體積 ΔV_i 的乘積進行加總,即

$$\text{質量} = \sum_{i=1}^{n} c_i\,\Delta V_i$$

其中 n 代表離散情況下的單位體積的總個數。至於連續體的情形,設 $c(x, y, z)$ 代表直角座標下以 x、y 與 z 為自變數的連續函數。那麼質量就可以寫成

$$\text{質量} = \iiint c(x, y, z)\,dx\,dy\,dz$$

或

$$\text{質量} = \iiint_V c(V)\,dV$$

這就是所謂的**體積分 (volume integral)**。請注意到加總與積分之間強烈的相似性。

類似的範例在其他領域的工程問題也處處可見。例如,熱流為一個以位置為自變數的函數,單位是 cal/(cm$^2 \cdot$ s),那麼在平面上的能量傳遞率就是

$$\text{熱傳遞} = \iint_A \text{flux}\,dA$$

這就是所謂的**面積分 (area integral)**,其中 A 為面積。

同理,在一維的情況中,一條密度變動且具備等截面積的連桿,其質量為

$$m = A \int_0^L \rho(x)\,dx$$

其中 m 代表總重量(公斤)、L 為連桿總長度(公尺)、$\rho(x)$ 為以長度 x 為自變數

的密度函數（單位為公斤／公尺^3），A 則是連桿的橫截面積（單位為平方公尺）。

最後，長久以來積分一直用在計算方程式的變化率。也就是假設一物體運行的速度是一個以時間為變數的已知連續函數 $v(t)$

$$\frac{dy}{dt} = v(t)$$

那麼此物體在一段時間 t 內所行經的總距離就是（圖 PT6.3b）

$$y = \int_0^t v(t)\,dt \qquad \textbf{(PT6.5)}$$

其實這些只是微分與積分應用的其中一小部分。當函數型態簡單且可直接計算時，我們會選擇解析法直接計算。例如，在降落傘問題中，所求得的速度是以時間為自變數的函數（方程式 (1.10)）。此關係式代入到方程式 (PT6.5) 後，再經由積分就能求得降落傘在 t 這段時間中所降下的距離。雖然此問題的函數很容易積分與計算，但並非所有的問題都能如此順利且輕鬆。此外，如果函數為未知或是以離散量測資料的方式出現，那麼我們就必須學會用數值微分與積分的技巧來求其近似值。本篇就是要介紹這樣的數值方法與技巧。

PT6.2　數學背景

在高中或大學一年級時，你可能已經學過微分與積分計算。因此你已經知道解析或精確微分與積分的技巧。

當我們直接微分一個函數以後，就產生了第二個函數可以用來計算不同自變數值的導數值。以一個單項式為例

$$y = x^n$$

在 $n \neq 0$ 的情況下，可用下列簡單原則

$$\frac{dy}{dx} = nx^{n-1}$$

這其實是以下更廣義的等式之特例表示

$$y = u^n$$

其中 u 是一個以 x 為自變數的函數。此方程式的微分可以由以下計算而得

$$\frac{dy}{dx} = nu^{n-1}\frac{du}{dx}$$

另外有兩個用在函數相乘與相除的有用公式。例如，兩個以 x 為 (u 和 v) 相乘的表示法為 $y=uv$，其微分為

$$\frac{dy}{dx} = u\frac{dv}{dx} + v\frac{du}{dx}$$

若兩個函數相除，即 $y=u/v$，其微分為

$$\frac{dy}{dx} = \frac{v\dfrac{du}{dx} - u\dfrac{dv}{dx}}{v^2}$$

至於其他常用的公式，可以參考表 PT6.1。

表 PT6.1 一些常用微分公式。

$\dfrac{d}{dx}\sin x = \cos x$	$\dfrac{d}{dx}\cot x = -\csc^2 x$
$\dfrac{d}{dx}\cos x = -\sin x$	$\dfrac{d}{dx}\sec x = \sec x \tan x$
$\dfrac{d}{dx}\tan x = \sec^2 x$	$\dfrac{d}{dx}\csc x = -\csc x \cot x$
$\dfrac{d}{dx}\ln x = \dfrac{1}{x}$	$\dfrac{d}{dx}\log_a x = \dfrac{1}{x \ln a}$
$\dfrac{d}{dx}e^x = e^x$	$\dfrac{d}{dx}a^x = a^x \ln a$

對於積分，我們也可以導出一些相類似的積分公式以求得特定範圍內的積分值。即

$$I = \int_a^b f(x)\,dx \qquad \textbf{(PT6.6)}$$

根據**微積分基本定理 (fundamental theorem of integral calculus)**，方程式 (PT6.6) 可以用以下公式求值

$$\int_a^b f(x)\,dx = F(x)\Big|_a^b$$

其中 $F(x)$ 是 $f(x)$ 的積分，也就是使得 $F'(x)=f(x)$ 成立的任何一個函數。而方程式右邊的項則代表

$$F(x)\Big|_a^b = F(b) - F(a) \qquad \textbf{(PT6.7)}$$

以下則是一個定積分的範例，

$$I = \int_0^{0.8} (0.2 + 25x - 200x^2 + 675x^3 - 900x^4 + 400x^5)\,dx \qquad \textbf{(PT6.8)}$$

此函數是簡單的多項式，可藉由下式直接積分求得結果，即

$$\int_a^b x^n \, dx = \frac{x^{n+1}}{n+1}\bigg|_a^b \qquad \text{(PT6.9)}$$

其中 $n \neq -1$。對方程式 (PT6.8) 中的每一項套用此公式後，可得

$$I = 0.2x + 12.5x^2 - \frac{200}{3}x^3 + 168.75x^4 - 180x^5 + \frac{400}{6}x^6 \bigg|_0^{0.8} \qquad \text{(PT6.10)}$$

最後再藉由方程式 (PT6.7) 計算得積分值 $I=1.6405333$。此值與原來的多項式（方程式 (PT6.8)）在 $x=0$ 到 $x=0.8$ 範圍內曲線下的面積值相同。

以上積分是根據方程式 (PT6.9)，而其他函數就會依據不同的公式來處理，也就是利用另一個滿足的 $F'(x) = f(x)$ 的函數（即**反微分 (antidifferentiation)** 的範例）。因此，如果希望以解析法來處理積分問題，就必先對求解的知識有充分的瞭解，而需要事前的訓練與養成。許多的積分規則可以由工具書或積分表中查到，我們在表 PT6.2 中列舉出一些常用的積分結果。然而，也有許多常用且重要的函數由於型態複雜的因素，無法藉由查表來得到結果的。因此，本篇是要讓你能在不知道這些規則的情況下，也能計算如方程式 (PT6.8) 的積分值。

表 PT6.2 第六篇內容中會使用到的一些積分公式。表中的 a 與 b 只是一般的常數，並非之前積分公式中的函數積分區間。

$$\int u \, dv = uv - \int v \, du$$

$$\int u^n \, du = \frac{u^{n+1}}{n+1} + C \qquad n \neq -1$$

$$\int a^{bx} \, dx = \frac{a^{bx}}{b \ln a} + C \qquad a > 0, a \neq 1$$

$$\int \frac{dx}{x} = \ln |x| + C \qquad x \neq 0$$

$$\int \sin(ax+b) \, dx = -\frac{1}{a}\cos(ax+b) + C$$

$$\int \cos(ax+b) \, dx = \frac{1}{a}\sin(ax+b) + C$$

$$\int \ln |x| \, dx = x \ln |x| - x + C$$

$$\int e^{ax} \, dx = \frac{e^{ax}}{a} + C$$

$$\int xe^{ax} \, dx = \frac{e^{ax}}{a^2}(ax-1) + C$$

$$\int \frac{dx}{a+bx^2} = \frac{1}{\sqrt{ab}} \tan^{-1} \frac{\sqrt{ab}}{a} x + C$$

PT6.3 學習方針

在進入討論數值積分方法前，先指出學習方針應該有所幫助。以下將預覽第六篇所要討論的課程內容，並且建立好學習目標。

PT6.3.1 眼界與預覽

圖 PT6.10 總覽了第六篇的課程內容。第 17 章談的是數值積分中最常用的**牛頓-寇特斯公式 (Newton-Cotes formula)**。此公式在做法上是將表列資料或較複雜的函數以一個較簡單且容易積分的多項式來替代。我們將仔細討論其中最常用的**梯形法 (trapezoidal rule)**、**辛普森 1/3 法則 (Simpson's 1/3 rule)**，以及**辛普森 3/8 法則 (Simpson's 3/8 rule)**。這三個方法都是設計給要積分的資料是等間隔的。也由於在實際應用中，資料通常是以不等間隔的形式出現，因此針對此類問題，我們也會另做一些討論。

以上所談的都是所謂的封閉式積分法，也就是函數在積分邊界處的值是已知的。在第 17 章最後一節，我們會討論所謂的**開放式積分公式 (open integration formula)**。也就是積分區間超過已知的資料範圍。

第 17 章中所介紹的方法都是套用在表列資料或方程式上。第 18 章中則介紹**朗柏格積分法 (Romberg integration)**、**適性求積法 (adaptive quadrature)** 以及**高斯求積法 (Gauss quadrature)** 三種較精確的積分法及其電腦演算法。最後並討論**瑕積分 (improper integral)** 的問題。

第 19 章則引述第 4 章中所討論的內容，進一步增加**數值微分 (numerical differentiation)** 的問題。內容除了包括高階準確的有限差分公式、理察森外插法與在不等間距的資料點上的微分，另外也討論到具有誤差的資料對微分與積分的影響。最後，我們也討論如何利用套裝軟體來進行數值微分與積分的估算。

第六篇的最後為結語，除了複習一些重要公式以外，並討論在工程應用時需要納入的折衷方案，也另外，針對你希望再進一步研讀數值微分與積分時，對先前所介紹的方法所能採用的進階替代做法，我們也提供一些意見與參考資料。

PT6.3.2 目標

學習目標：在完成第六篇的學習之後，你應該具備瞭解決許多數值微分與積分問題的能力，也可以感受到這些方法能有效解決工程問題。或許你已經能成功地操作這些技巧並得到可靠的結果。但是仍然必須瞭解到如何在這些方法中選擇出最好的折衷方案。除了這些目標之外，表 PT6.3 中列出的概念也需充分學習與熟練。

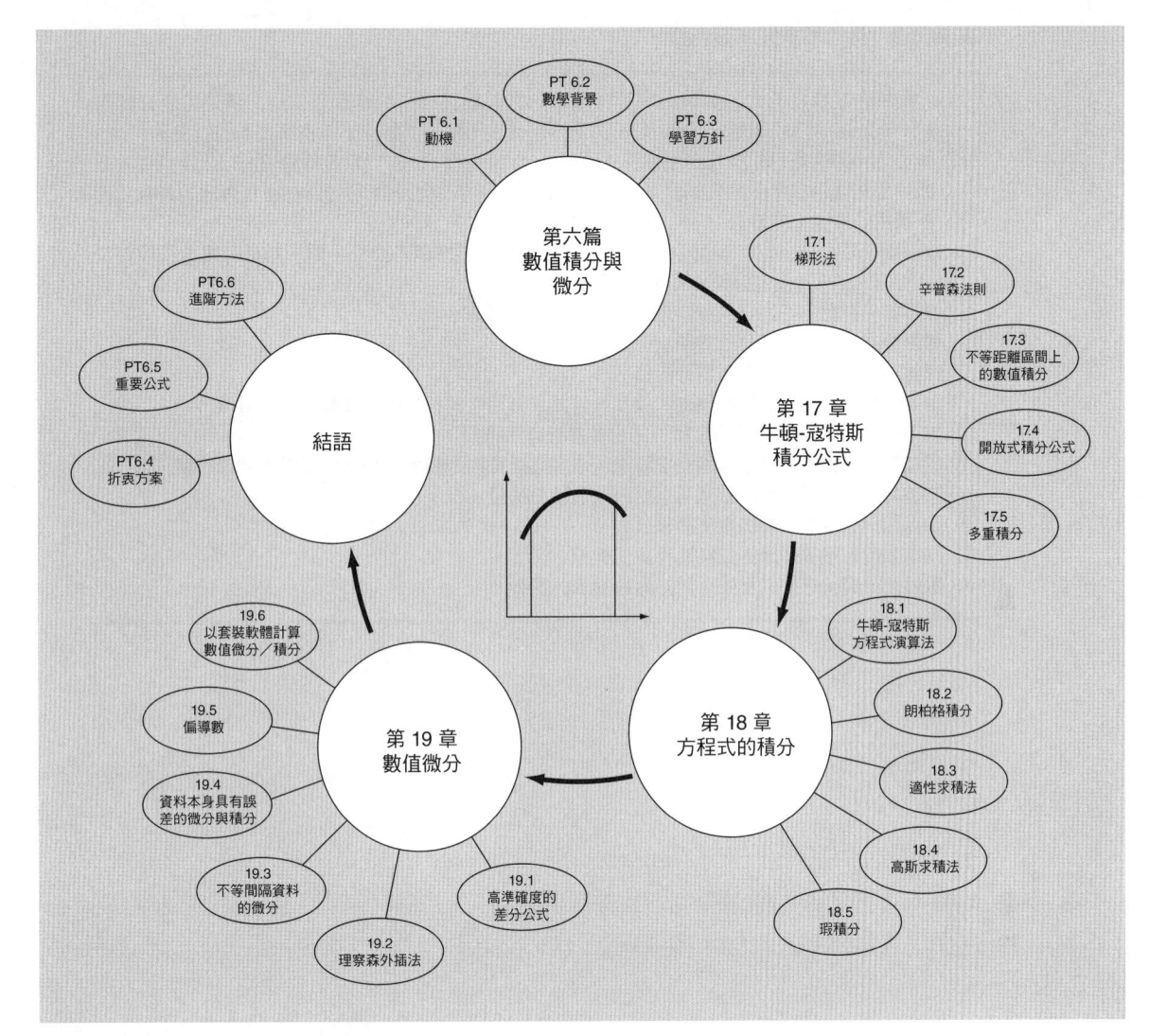

⊃ 圖 PT6.10　第六篇課程內容的組織架構圖。

計算機目標： 我們會提供具有學習工具的軟體與簡單電腦演算法來應用第六篇所介紹的方法。

第六篇中大多都有提供電腦演算法，能幫你擴展現在包含梯形法的軟體程式。例如，以專業角度來看，你可能需要能夠處理不等間距資料的數值積分與微分軟體。你也可能會希望發展屬於自己程式庫的辛普森法、郎柏格積分法、適性求積法，以及高斯求積法等比梯形法更有效率與更精準的程式。

最後，學會操作這些通用目標的軟體套件應該是你最重要的目標之一，特別是能夠很適當地運用於數值方法以求解工程問題。

表 PT6.3 第六篇具體學習目標。

1. 瞭解牛頓-寇特斯公式的推導；瞭解梯形法的推導與建立兩個辛普森法則；清楚地認知梯形法、辛普森 1/3 法則與辛普森 3/8 法則分別代表一階、二階與三階多項式下的面積。
2. 對於 (a) 梯形法；(b) 多重應用梯形法；(c) 辛普森 1/3 法則；(d) 辛普森 3/8 法則；(e) 多重應用版辛普森法則五種公式及其誤差估算公式均有清楚地認識。並且在面對問題時能夠正確地選用「最佳」的方法。
3. 瞭解即使只用三個點，辛普森法則一樣可以提供四階準確。此外，需認知所有偶數區段奇數點的牛頓-寇特斯公式都具有高準確度的特性。
4. 瞭解如何針對不等間距的資料進行微分與積分的求值。
5. 對開放式與封閉式積分公式間的差異有所認知。
6. 瞭解如何以數值方法求重積分的值。
7. 瞭解理察森外插法的理論基礎，以及如何將其套用在朗柏格積分演算法與數值微分中。
8. 對牛頓-寇特斯公式與高斯求積法的主要差異有所瞭解。
9. 認知為何朗柏格積分法、適性求積法，以及高斯求積法針對表列離散資料能夠求得積分值。
10. 知道為什麼開放式積分公式可以用來求瑕積分的值。
11. 知道如何應用高準確的數值微分公式。
12. 知道如何對不等間距的資料進行數值微分。
13. 數值微分與積分的過程中，認知資料誤差的影響。

CHAPTER 17

牛頓-寇特斯積分公式
Newton-Cotes Integration Formulas

牛頓-寇特斯公式 (Newton-Cotes formulas) 是最常用的數值積分方法。此方法主要是藉由一個比較容易積分的函數來代替較複雜的函數或表列的資料,也就是

$$I = \int_a^b f(x)\,dx \cong \int_a^b f_n(x)\,dx \tag{17.1}$$

其中 $f_n(x)$ 是一個具備以下型態的多項式,

$$f_n(x) = a_0 + a_1 x + \cdots + a_{n-1} x^{n-1} + a_n x^n$$

其中 n 代表多項式的階數。例如,在圖 17.1a 中是以一階多項式(即一直線)來近似。圖 17.1b 中則是以一拋物線來近似(二階多項式)。

積分值的近似可以藉由將一系列多項式片段套用在固定區段長度的函數或資料上。例如在圖 17.2 中,使用三個線段來做積分值近似。當然我們也可以利用高階多項式來達到相同的目的。在圖 PT6.6 中就是使用一連串的零階多項式(也就是常數)來進行積分值近似,這就是所謂的「帶狀法」。

封閉式或開放式牛頓-寇特斯公式皆可用來做積分值的近似。**封閉式 (closed**

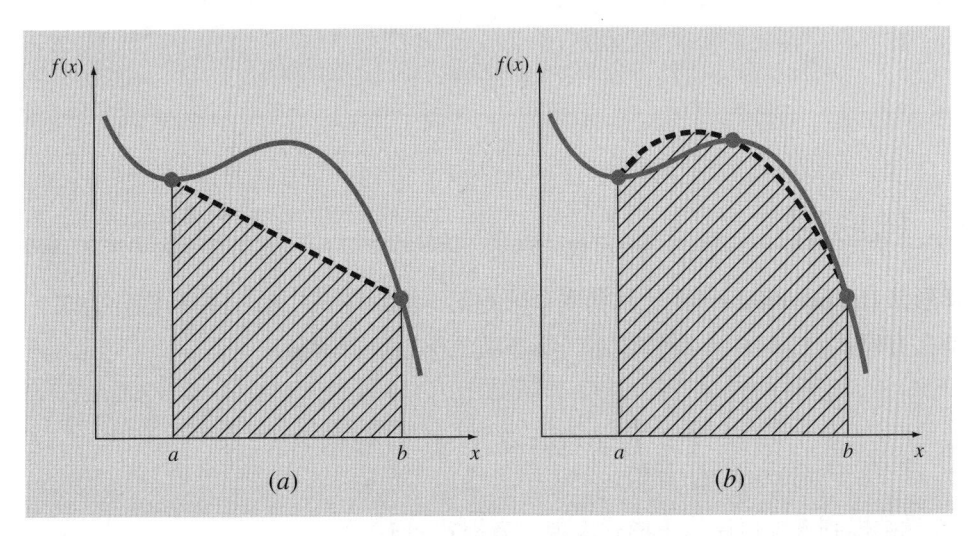

◐ **圖 17.1** 積分值的近似:(*a*) 藉由單一直線下的面積;(*b*) 藉由單一拋物線下的面積。

form) 公式指的是在積分範圍中,積分範圍的起始點與結束點的資料為已知(圖 17.3a)。**開放式 (open form)** 公式則是指積分的範圍超出資料點的範圍(圖 17.3b)。這個觀念與章節 15.5 中所討論的外插法非常相似。開放式牛頓-寇特斯公式一般而言不會用在定積分的問題處理。反而常會使用在處理瑕積分或常微分方程式的問題。因此,本章重點會放在強調封閉式公式,到本章最後才來討論開放式牛頓-寇特斯公式。

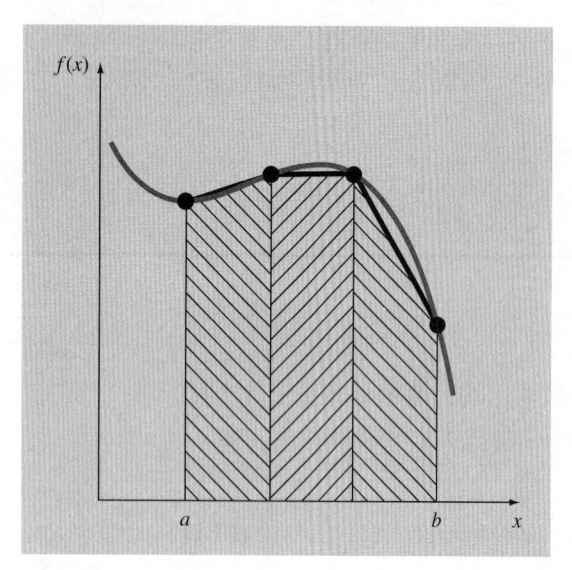

◯ **圖 17.2** 使用三個線段及其下的面積和來做積分值的近似。

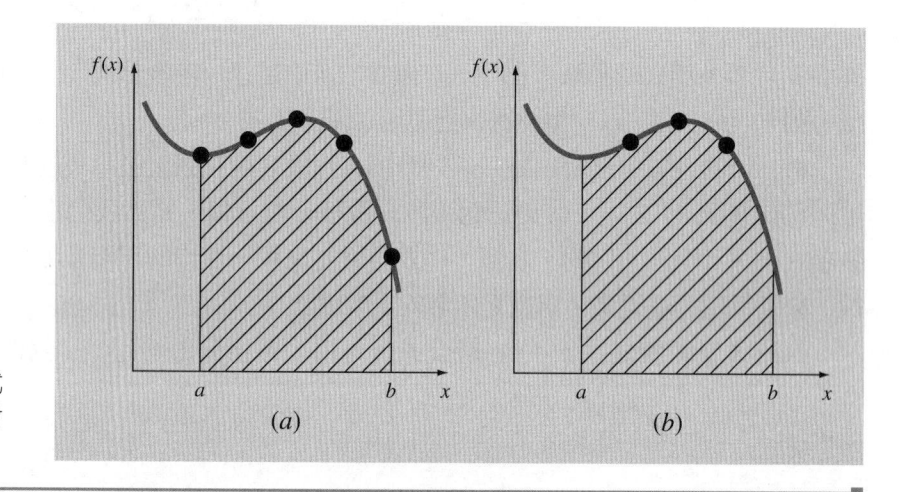

◯ **圖 17.3** 封閉式與開放式積分公式間的差異:(a) 封閉式;(b) 開放式。

17.1 梯形法

梯形法 (trapezoidal rule) 是我們要介紹的第一個封閉式牛頓-寇特斯積分公式。也就是在方程式 (17.1) 中,我們選用一階多項式作為近似函數

$$I = \int_a^b f(x)\,dx \cong \int_a^b f_1(x)\,dx$$

在第 15 章中提到直線可用以下形式表現(方程式 (15.2))

$$f_1(x) = f(a) + \frac{f(b) - f(a)}{b - a}(x - a) \tag{17.2}$$

在自變數的範圍為由 a 到 b 的情況下,直線線段以下的面積為

$$I = \int_a^b \left[f(a) + \frac{f(b) - f(a)}{b - a}(x - a) \right] dx$$

積分結果為(細節參考方塊 17.1)

方塊 17.1　梯形法的推導

在積分前,先將方程式 (17.2) 改寫成以下形式

$$f_1(x) = \frac{f(b) - f(a)}{b - a} x + f(a) - \frac{af(b) - af(a)}{b - a}$$

合併最後兩項可得到

$$f_1(x) = \frac{f(b) - f(a)}{b - a} x + \frac{bf(a) - af(a) - af(b) + af(a)}{b - a}$$

或

$$f_1(x) = \frac{f(b) - f(a)}{b - a} x + \frac{bf(a) - af(b)}{b - a}$$

在介於 $x = a$ 到 $x = b$ 間積分可得

$$I = \frac{f(b) - f(a)}{b - a} \frac{x^2}{2} + \frac{bf(a) - af(b)}{b - a} x \bigg|_a^b$$

求值結果為

$$I = \frac{f(b) - f(a)}{b - a} \frac{(b^2 - a^2)}{2} + \frac{bf(a) - af(b)}{b - a}(b - a)$$

由於 $b^2 - a^2 = (b-a)(b+a)$

$$I = [f(b) - f(a)] \frac{b + a}{2} + bf(a) - af(b)$$

展開上式並重新整理後可得

$$I = (b - a) \frac{f(a) + f(b)}{2}$$

此結果即為所謂的梯形法公式。

492 數值方法：工程上的應用

$$I = (b - a)\frac{f(a) + f(b)}{2} \tag{17.3}$$

此公式被稱為**梯形法 (trapezoidal rule)**。

由幾何意義來看，梯形法的結果相當於求出連接 $f(a)$ 與 $f(b)$ 的直線下梯形面積（圖 17.4）。由幾何學上可知，梯形面積求法為梯形高度乘以上、下底之平均（圖 17.5a）。相同的概念用在這個情況下，但梯形位於側邊（圖 17.5b），因此積分值可表示成

$$I \cong 寬度 \times 平均高度 \tag{17.4}$$

或

$$I \cong (b - a) \times 平均高度 \tag{17.5}$$

對梯形法而言，平均高度即為在兩個端點上的函數值平均，即 $[f(a) + f(b)]/2$。

對所有的封閉式牛頓-寇特斯公式而言，都能以方程式 (17.5) 的一般形式來表現。事實上，其間的差異只是對於平均高度的定義方式有所不同而已。

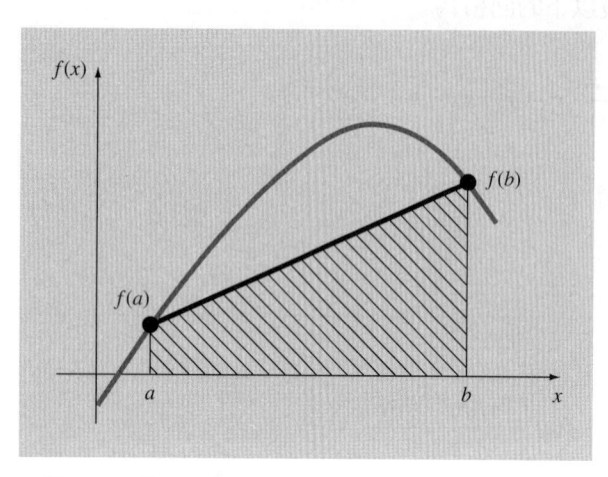

➲ **圖 17.4** 梯形法的圖形說明。

17.1.1 梯形法的誤差

當我們以直線線段來近似曲線的積分值時，很明顯地有誤差（圖 17.6）。藉由局部截尾誤差的分析可得梯形法的誤差為（細節參考方塊 17.2）

$$E_t = -\frac{1}{12}f''(\xi)(b-a)^3 \tag{17.6}$$

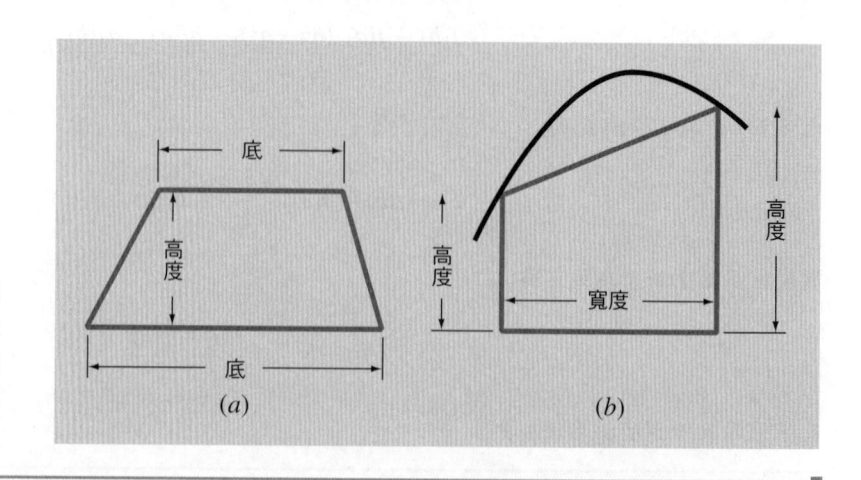

➲ **圖 17.5** (a) 計算梯形面積的公式：梯形高度乘以上、下底之平均；(b) 對梯形法而言，觀念與 (a) 相同，只是公式採用寬度乘以高度的平均。

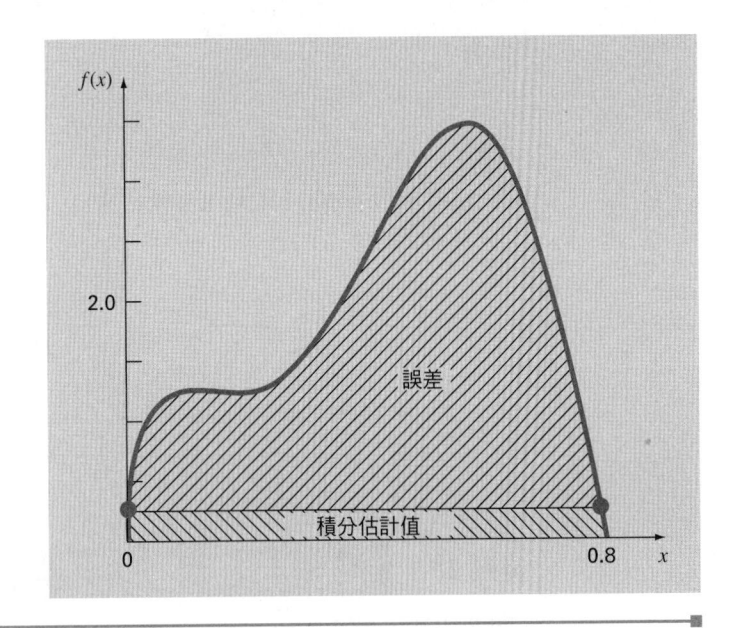

圖 17.6 對於函數 $f(x) = 0.2 + 25x - 200x^2 + 675x^3 - 900x^4 + 400x^5$ 在 $x = 0$ 到 0.8 的範圍內，以圖形說明梯形法的單一應用結果。

其中 ξ 為介於 a 與 b 之間的某一點。方程式 (17.6) 指出，如果被積分的函數為線性函數，則可得到完全正確的結果。若函數有高階導數（即有曲率）時，就有可能會產生誤差。

方塊 17.2　梯形法的誤差估計推導

梯形法的推導也可以藉由對牛頓-葛瑞葛立 (Newton-Gregory) 前向內插多項式積分而得到。考慮包含誤差項的一階型態時，其積分值為（參考方塊 15.2）

$$I = \int_a^b \left[f(a) + \Delta f(a)\alpha + \frac{f''(\xi)}{2}\alpha(\alpha - 1)h^2 \right] dx \tag{B17.2.1}$$

為了簡化分析，令 $\alpha = (x - a)/h$，則

$$dx = h\, d\alpha$$

當 $h = b - a$（也就是只有一個區間）時，端點 a 與 b 分別對應成 0 與 1。因此方程式 (B17.2.1) 可以寫成

$$I = h \int_0^1 \left[f(a) + \Delta f(a)\alpha + \frac{f''(\xi)}{2}\alpha(\alpha - 1)h^2 \right] d\alpha$$

若假設 h 的值很小，則 $f''(\xi)$ 之值約略為一個常數，因此方程式是可積分的

$$I = h \left[\alpha f(a) + \frac{\alpha^2}{2}\Delta f(a) + \left(\frac{\alpha^3}{6} - \frac{\alpha^2}{4} \right) f''(\xi)h^2 \right]_0^1$$

其值為

$$I = h\left[f(a) + \frac{\Delta f(a)}{2}\right] - \frac{1}{12}f''(\xi)h^3$$

由於 $\Delta f(a) = f(b) - f(a)$，此結果可以改寫成

$$I = \underbrace{h\frac{f(a) + f(b)}{2}}_{\text{梯形法}} - \underbrace{\frac{1}{12}f''(\xi)h^3}_{\text{截取誤差}}$$

因此，上式中第一項為梯形法結果，第二項為誤差的近似值。

範例 17.1　梯形法的單一應用

問題描述：使用方程式 (17.3) 在 $a = 0$ 到 $b = 0.8$ 的範圍內數值積分

$$f(x) = 0.2 + 25x - 200x^2 + 675x^3 - 900x^4 + 400x^5$$

在章節 PT6.2 內已經計算出此積分之精確值為 1.640533。

解法：將函數值

$$f(0) = 0.2$$
$$f(0.8) = 0.232$$

代入到方程式 (17.3) 中可以得到以下結果

$$I \cong 0.8 \frac{0.2 + 0.232}{2} = 0.1728$$

其中誤差為

$$E_t = 1.640533 - 0.1728 = 1.467733$$

即相對誤差百分比為 $\varepsilon_t = 89.5\%$。造成這麼大誤差的理由可從圖 17.6 看出來，也就是梯形法只計算了直線下方的梯形面積，而忽略了直線上方的主要部分。

事實上，由於我們無法預知積分結果，因此在求積分值前我們必須進行誤差估計。函數 $f(x)$ 在積分區間上的二階微分可以直接求得

$$f''(x) = -400 + 4050x - 10{,}800x^2 + 8000x^3$$

此二階微分在區間上的平均值可藉由方程式 (PT6.4) 計算出來，也就是

$$\bar{f}''(x) = \frac{\int_0^{0.8}(-400 + 4050x - 10{,}800x^2 + 8000x^3)\,dx}{0.8 - 0} = -60$$

代入方程式 (17.6) 後可得

$$E_a = -\frac{1}{12}(-60)(0.8)^3 = 2.56$$

此誤差與真實誤差值的符號與階數大小均相同。但實施上仍存在一些差異。由於在這樣的區間大小所得到的二階微分與實際的 $f''(\xi)$ 就已經存在誤差。因此我們將近似的誤差記做 E_a，而不是原本的精確值 E_t。

17.1.2 梯形法的多重應用

改善梯形法準確度的方法之一就是將由 a 到 b 的積分區間分割成許多更小的區間，然後在每一個區間再套用梯形法（圖 17.7）。之後各個小區段上的面積總合就是整個積分區間上的積分值。最後的結果方程式稱為**多重應用積分公式 (multiple-application integration formula)**，或**複合積分公式 (composite integration formula)**。

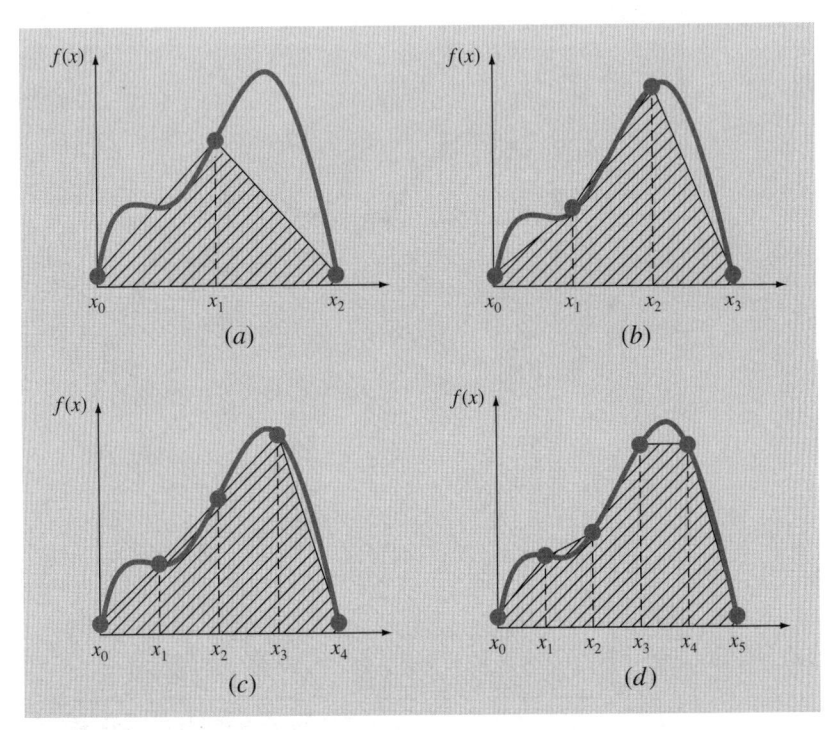

● 圖 17.7　舉例說明梯形法的多重應用：(a) 區段數為 2；(b) 區段數為 3；(c) 區段數為 4；(d) 區段數為 5。

圖 17.8 顯示我們將使用的多重應用式格式。若有 $n + 1$ 個等距離的點 $(x_0, x_1, x_2, ..., x_n)$，而且這 n 個區間為等寬：

$$h = \frac{b-a}{n} \tag{17.7}$$

若 a 與 b 分別以 x_0 與 x_n 表示，則整個積分可以用以下公式表示

$$I = \int_{x_0}^{x_1} f(x)\,dx + \int_{x_1}^{x_2} f(x)\,dx + \cdots + \int_{x_{n-1}}^{x_n} f(x)\,dx$$

此時以梯形法分別代入每一個區間後可得

$$I = h\frac{f(x_0) + f(x_1)}{2} + h\frac{f(x_1) + f(x_2)}{2} + \cdots + h\frac{f(x_{n-1}) + f(x_n)}{2} \tag{17.8}$$

或重新整理後可得

$$I = \frac{h}{2}\left[f(x_0) + 2\sum_{i=1}^{n-1} f(x_i) + f(x_n)\right] \tag{17.9}$$

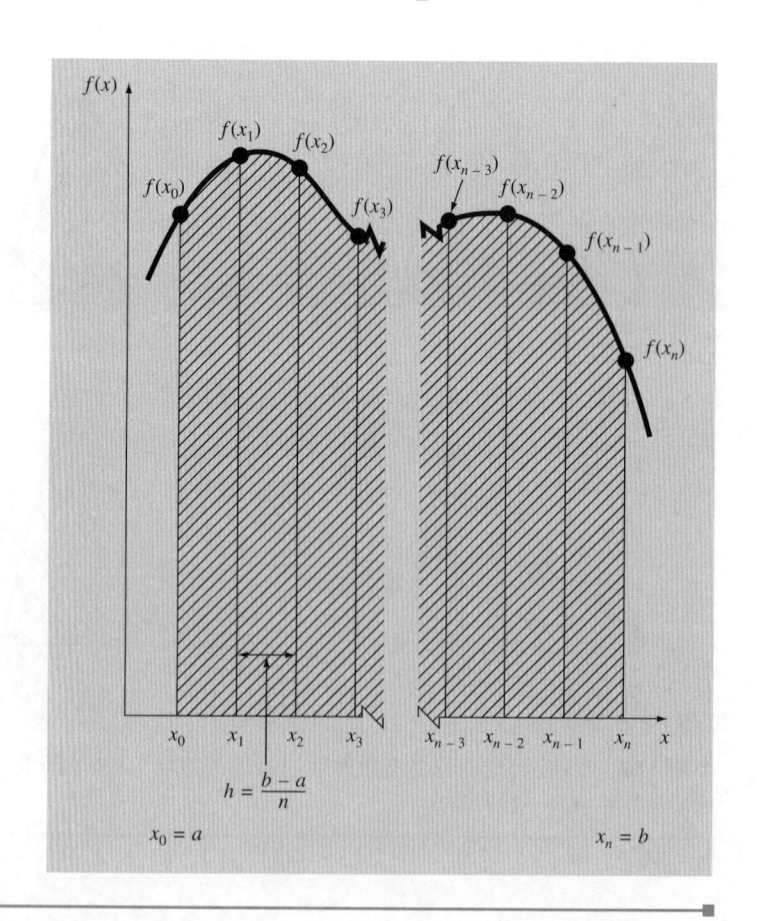

⊃ 圖 17.8 梯形法多重應用的一般形式與符號說明。

或，以方程式 (17.7) 將方程式 (17.9) 改寫成方程式 (17.5) 的一般形式

$$I = \underbrace{(b-a)}_{\text{寬度}} \underbrace{\frac{f(x_0) + 2\sum_{i=1}^{n-1} f(x_i) + f(x_n)}{2n}}_{\text{平均高度}} \quad (17.10)$$

由於方程式 (17.10) 中所有的 $f(x)$ 係數總和除以 $2n$ 後為 1，因此平均高度這一項所代表的是函數值的加權平均。此外，方程式 (17.10) 中另外也顯示出所有內點的加權比重是端點 $f(x_0)$ 與 $f(x_n)$ 的兩倍。

藉由加總每一個單獨區段上梯形法的誤差，我們可以得到多重應用梯形法的誤差。即

$$E_t = -\frac{(b-a)^3}{12n^3} \sum_{i=1}^{n} f''(\xi_i) \quad (17.11)$$

其中 $f''(\xi_i)$ 是函數在第 i 個區段上某一點 ξ_i 處的二階微分。藉由計算在整個區間上二階微分的平均值（方程式 (PT6.3)）

$$\bar{f}'' \cong \frac{\sum_{i=1}^{n} f''(\xi_i)}{n} \quad (17.12)$$

因此 $\Sigma f''(\xi_i) \cong n\bar{f}''$，而且我們可以把方程式 (17.11) 的結果簡化成

$$E_a = -\frac{(b-a)^3}{12n^2} \bar{f}'' \quad (17.13)$$

因此，當區段數目加倍時，截尾誤差將會變成原本的四分之一。另外要強調的是，由於方程式 (17.12) 的近似特性，方程式 (17.13) 僅僅是一個誤差近似公式。

範例 17.2　梯形法的多重應用

問題描述：使用兩個區段的梯形法來計算以下函數在範圍 $a = 0$ 到 $b = 0.8$ 內之積分值

$$f(x) = 0.2 + 25x - 200x^2 + 675x^3 - 900x^4 + 400x^5$$

此積分之正確值為 1.640533。

解法：$n = 2(h = 0.4)$：

$$f(0) = 0.2 \qquad f(0.4) = 2.456 \qquad f(0.8) = 0.232$$

$$I = 0.8 \frac{0.2 + 2(2.456) + 0.232}{4} = 1.0688$$

$$E_t = 1.640533 - 1.0688 = 0.57173 \qquad \varepsilon_t = 34.9\%$$

$$E_a = -\frac{0.8^3}{12(2)^2}(-60) = 0.64$$

在之前的範例 17.1 中,我們已經求得二階微分的平均值為 −60。

表 17.1 分別列出前一個範例中,在 3 至 10 個區段上應用梯形法的結果。我們可以發現當區段數目增加時,誤差就逐步減少。這是因為誤差與方程式 (17.13) 中 n 的平方成反比。所以,當區段數目加倍時,截取誤差將會變成原本的四分之一。下面我們將發展一個較高階的公式,在區段數目增加時,能夠使得所要求的積分值不但可以更準確,還能夠更快速收斂。不過在開始進行這些公式的推導以前,我們先討論實際應用梯形法的電腦演算法。

表 17.1 在 $x = 0$ 到 $x = 0.8$ 的區間上,使用多重區間梯形法計算。$f(x) = 0.2 + 25x - 200x^2 + 675x^3 - 900x^4 + 400x^5$ 之積分值。正確值為 1.640533。

n	h	I	ε_t (%)
2	0.4	1.0688	34.9
3	0.2667	1.3695	16.5
4	0.2	1.4848	9.5
5	0.16	1.5399	6.1
6	0.1333	1.5703	4.3
7	0.1143	1.5887	3.2
8	0.1	1.6008	2.4
9	0.0889	1.6091	1.9
10	0.08	1.6150	1.6

17.1.3 梯形法的電腦演算法

圖 17.9 列出了兩個梯形法的演算法。第一個(圖 17.9a)為應用在一個區間時的版本。第二個(圖 17.9b)則為應用在多個等寬區間時的版本。兩個版本都是針對表列資料型態所設計。事實上,一般程式應該能處理已知函數的求值問題。而這一部分將在第 18 章說明。

```
         (a) 單一區間                                  (b) 多重區間
FUNCTION Trap (h, f0, f1)               FUNCTION Trapm (h, n, f)
  Trap = h * (f0 + f1)/2                  sum = f0
END Trap                                  DOFOR i = 1, n - 1
                                            sum = sum + 2 * f_i
                                          END DO
                                          sum = sum + f_n
                                          Trapm = h * sum / 2
                                        END Trapm
```

圖 17.9 梯形法演算法：(a) 單一區間版本；(b) 多重區間版本。

範例 17.3　使用電腦來計算積分值

問題敘述： 使用以圖 17.9b 為基礎的軟體來解降落傘問題。由範例 1.1 中可知降落傘的速度函數是以時間為自變數的函數

$$v(t) = \frac{gm}{c}\left(1 - e^{-(c/m)t}\right) \qquad \text{(E17.3.1)}$$

其中 v 為速度（單位為 m/s），$g = 9.8$ m/s^2 為重力常數，$m = 68.1$ kg 為降落傘質量，$c = 12.5$ kg/s 為拖曳力係數。在範例 1.1 中已經說明此模型可描述降落傘落下時速度對時間的函數。

假設我們希望知道在一段時間 t 後降落傘降下的距離究竟有多少，此距離可由方程式 (PT6.5) 得知為

$$d = \int_0^t v(t)\, dt$$

其中 d 為距離（單位為公尺）。將方程式 (E17.3.1) 代入上式後可得

$$d = \frac{gm}{c}\int_0^t \left(1 - e^{-(c/m)t}\right) dt$$

利用套裝軟體，在不同區段數的設定下，以多重區間梯形法來計算此積分值。（直接積分此函數後，可計算其精確值為 $d = 289.43515$ m）

解法： 當區段數設為 $n = 10$ 時，計算所得之積分值為 288.7491，所以有三個有效位數。其他區段數的計算結果列表如下：

區段數	區段長度	距離估計值（公尺）	ε_t (%)
10	1.0	288.7491	0.237
20	0.5	289.2636	0.0593
50	0.2	289.4076	9.5×10^{-3}
100	0.1	289.4282	2.4×10^{-3}
200	0.05	289.4336	5.4×10^{-4}
500	0.02	289.4348	1.2×10^{-4}
1,000	0.01	289.4360	-3.0×10^{-4}
2,000	0.005	289.4369	-5.9×10^{-4}
5,000	0.002	289.4337	5.2×10^{-4}
10,000	0.001	289.4317	1.2×10^{-3}

由計算結果可看出，區段數為 500 時，多重區間梯形法提供了最佳的準確度。然而，當區段數再增加時，誤差值不但改變其正負號，而且其絕對值也開始增加。到了使用 10,000 個區段時，很明顯地是一個發散的結果。此結果肇因於在龐大數量的區段上計算時，捨入誤差所造成的影響。因此，不但準確度有限，更造成了無法計算出精確值 289.4351 的遺憾。在第 18 章裡面，我們將更深入的討論克服這些限制的方法。

我們可以由範例 17.3 中描繪出三個主要的結論：

- 在許多工程應用的領域中，對於多重區段的梯形法而言，如果各別區段上的函數與實際函數非常接近，那麼多重區段的梯形法確實是能提供足夠準確度的方法。
- 在高準確度的要求下，多重區段的梯形法須提供更多計算。雖然說這些額外的工作在梯形法的單一應用中可以忽略，但在 (a) 有許多的積分需要計算或 (b) 計算函數值時需要耗費很多時間這兩種情況下，就顯得特別重要。在這些特別的情形中，我們當然需要發展一些更有效的方法（例如在本章剩下的部分與下一章所要介紹的）。
- 最後一提的是，捨入誤差的影響也限制了我們計算積分值的能力。這誤差不但來自於機器本身的精準度，另外也是因為多重區段的梯形法中需要大量的計算。

接下來我們把重點轉移至另外一個較有效率的方法。也就是引用較高階的多項式來處理積分值的近似工作。

17.2 辛普森法則

除了在較多的區段套用梯形法，另外一個可以得到較準確積分值的方法是以較高階的多項式來連接這些點。例如，在 f(a) 與 f(b) 中間取一個額外的點，則這三個點可以由一條拋物線來連接（圖 17.10a）。如果在 f(a) 與 f(b) 中間取二個額外等距

離的點，則這四個點可以利用三階多項式來連接（圖 17.10b）。利用積分這些多項式而得到的公式就被稱為**辛普森法則 (Simpson's rule)**。

17.2.1 辛普森1/3法則

若在方程式 (17.1) 中以二階內插多項式代入，結果就成為辛普森 1/3 法則

$$I = \int_a^b f(x)\,dx \cong \int_a^b f_2(x)\,dx$$

若在上式中分別以 x_0 與 x_2 代替 a 與 b，且 $F_2(x)$ 以一個二階拉格藍吉多項式（方程式 (15.23)）來表示，則積分式變為

$$I = \int_{x_0}^{x_2} \left[\frac{(x-x_1)(x-x_2)}{(x_0-x_1)(x_0-x_2)} f(x_0) + \frac{(x-x_0)(x-x_2)}{(x_1-x_0)(x_1-x_2)} f(x_1) \right. \\ \left. + \frac{(x-x_0)(x-x_1)}{(x_2-x_0)(x_2-x_1)} f(x_2) \right] dx$$

在 $h = (b-a)/2$ 的情況下，上式積分完後可以重新整理成

$$I \cong \frac{h}{3}[f(x_0) + 4f(x_1) + f(x_2)] \tag{17.14}$$

這就是所謂的**辛普森 1/3 法則 (Simpson's 1/3 rule)**，也就是第二個牛頓-寇特斯封閉式積分公式。而「1/3」的意義則是源自於方程式 (17.14) 中的 h 是被 3 除。另一種推導方式可參考方塊 17.3，也就是對牛頓-葛瑞葛立前向內插多項式積分而得到此公式。

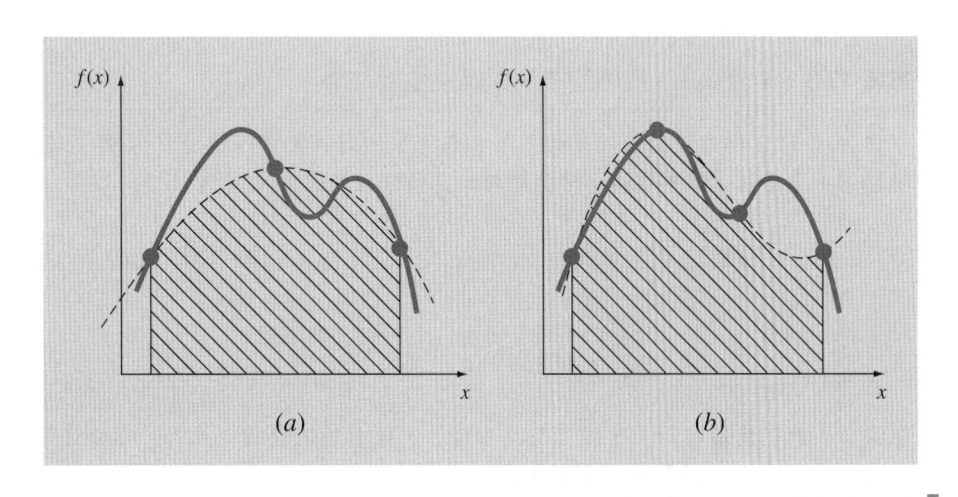

⊃ **圖 17.10** (a) 辛普森1/3法則的圖形說明。積分值為位於連接 3 個點的拋物線下方的區域面積；(b) 辛普森 3/8 法則的圖形說明。積分值為位於連接 4 個點的三階多項式下方的區域面積。

辛普森 1/3 法則也能用方程式 (17.5) 的型態來表示：

$$I \cong \underbrace{(b-a)}_{\text{寬度}} \underbrace{\frac{f(x_0) + 4f(x_1) + f(x_2)}{6}}_{\text{平均高度}} \tag{17.15}$$

其中 $a = x_0$、$b = x_2$ 且 $x_1 = (b+a)/2$ 為 a 與 b 之中點。由方程式 (17.15) 可以看出，中點的權重值為 2/3，而兩個端點的權重值均為 1/6。

在單一區段上應用辛普森1/3法則時，由方塊 17.3 可看出截取誤差為

$$E_t = -\frac{1}{90}h^5 f^{(4)}(\xi)$$

或者，由於 $h = (b-a)/2$

$$E_t = -\frac{(b-a)^5}{2880}f^{(4)}(\xi) \tag{17.16}$$

其中 ξ 為介於 a 與 b 間的某一點。因此，辛普森 1/3 法則成為比梯形法更準確的方法。另外也能藉由與方程式 (17.6) 比較的結果知道，由於辛普森 1/3 法則的誤差與函數的四階微分成正比，而梯形法的誤差與函數的三階微分成正比，因此辛普森法則比較準確。而造成此結果的理由可以由方塊 17.3 中看出，也就是內插多項式在積分的過程中，三階微分項的係數最後為 0。因此，雖然辛普森 1/3 法則是使用三個資料點推導出來的方法，但是我們仍然可以說它是一個三階準確的方法。換句話說，雖然辛普森 1/3 法則是由二階的拋物線所導出，但對於三階多項式，仍舊能提供一個正確的結果。

方塊 17.3 辛普森 1/3 法則的推演與誤差估計推導

與方塊 17.2 梯形法的做法一樣，辛普森 1/3 法則的推導可藉由對牛頓-葛瑞葛立前向內插多項式積分而得到。考慮包含誤差項的一階型態時，其積分值為（參考方塊 15.2）：

$$I = \int_{x_0}^{x_2} \left[f(x_0) + \Delta f(x_0)\alpha + \frac{\Delta^2 f(x_0)}{2}\alpha(\alpha-1) + \frac{\Delta^3 f(x_0)}{6}\alpha(\alpha-1)(\alpha-2) \right.$$
$$\left. + \frac{f^{(4)}(\xi)}{24}\alpha(\alpha-1)(\alpha-2)(\alpha-3)h^4 \right] dx$$

在上式中，我們使用四階多項式（而非三階），理由稍後說明。此外，積分邊界為 x_0 到 x_2。因此，參考方塊 17.2 的做法，積分範圍為由 0 至 2：

$$I = h \int_0^2 \left[f(x_0) + \Delta f(x_0)\alpha + \frac{\Delta^2 f(x_0)}{2}\alpha(\alpha-1) + \frac{\Delta^3 f(x_0)}{6}\alpha(\alpha-1)(\alpha-2) \right.$$
$$\left. + \frac{f^{(4)}(\xi)}{24}\alpha(\alpha-1)(\alpha-2)(\alpha-3)h^4 \right] d\alpha$$

此方程式可積分而得到

$$I = h \left[\alpha f(x_0) + \frac{\alpha^2}{2}\Delta f(x_0) + \left(\frac{\alpha^3}{6} - \frac{\alpha^2}{4}\right)\Delta^2 f(x_0) + \left(\frac{\alpha^4}{24} - \frac{\alpha^3}{6} + \frac{\alpha^2}{6}\right)\Delta^3 f(x_0) \right.$$
$$\left. + \left(\frac{\alpha^5}{120} - \frac{\alpha^4}{16} + \frac{11\alpha^3}{72} - \frac{\alpha^2}{8}\right)f^{(4)}(\xi)h^4 \right]_0^2$$

計算其結果後得到其值為

$$I = h \left[2f(x_0) + 2\Delta f(x_0) + \frac{\Delta^2 f(x_0)}{3} + (0)\Delta^3 f(x_0) - \frac{1}{90}f^{(4)}(\xi)h^4 \right] \quad \textbf{(B17.3.1)}$$

注意三階均差項的係數為零。

另外由於 $\Delta f(x_0) = f(x_1) - f(x_0)$ 與 $\Delta^2 f(x_0) = f(x_2) - 2f(x_1) + f(x_0)$，我們可以將方程式 (B17.3.1) 改寫成

$$I = \underbrace{\frac{h}{3}[f(x_0) + 4f(x_1) + f(x_2)]}_{\text{辛普森 1/3 法則}} - \underbrace{\frac{1}{90}f^{(4)}(\xi)h^5}_{\text{截取誤差}}$$

上式中第一項為辛普森 1/3 法則的結果，第二項為誤差的近似值。由於上式中三階均值差分之係數為零，因此方程式的準確度為三階。

範例 17.4　辛普森1/3法則的單一應用

問題描述：使用方程式 (17.15) 在 $a = 0$ 到 $b = 0.8$ 的範圍內數值積分 $f(x) = 0.2 + 25x - 200x^2 + 675x^3 - 900x^4 + 400x^5$，此積分值可被求出為 1.640533。

解法：

$$f(0) = 0.2 \quad f(0.4) = 2.456 \quad f(0.8) = 0.232$$

因此，以方程式 (17.15) 來計算，可得積分值為

$$I \cong 0.8\frac{0.2 + 4(2.456) + 0.232}{6} = 1.367467$$

其中誤差為

$$E_t = 1.640533 - 1.367467 = 0.2730667 \quad \varepsilon_t = 16.6\%$$

比梯形法則的單一應用準確 5 倍以上（範例 17.1）。

而誤差估計值為（方程式 (17.16)）

$$E_a = -\frac{(0.8)^5}{2880}(-2400) = 0.2730667$$

其中在區間中的平均 4 階微分值 -2400 是利用方程式 (PT6.4) 所求出的。與範例 17.1 中的情況一樣，由於採用的 4 階微分值為平均值，而非真正的 $f^{(4)}(\xi)$，所以誤差 E_a 也僅僅是一近似值。然而，由於我們使用的是5階多項式，所以計算結果與實際值的吻合程度也就較高。

17.2.2　辛普森 1/3 法則的多重應用

與梯形法改善準確度的做法一樣。辛普森 1/3 法則也可以藉由將積分區間分割成許多等寬度之小區間後，分別積分每一個小區間以改善其準確度。（圖 17.11）

$$h = \frac{b-a}{n} \tag{17.17}$$

整個積分可以用以下公式表示

$$I = \int_{x_0}^{x_2} f(x)\,dx + \int_{x_2}^{x_4} f(x)\,dx + \cdots + \int_{x_{n-2}}^{x_n} f(x)\,dx$$

此時以辛普森 1/3 法則分別代入每一個區間後可得

$$I \cong 2h\frac{f(x_0) + 4f(x_1) + f(x_2)}{6} + 2h\frac{f(x_2) + 4f(x_3) + f(x_4)}{6}$$

$$+ \cdots + 2h\frac{f(x_{n-2}) + 4f(x_{n-1}) + f(x_n)}{6}$$

或，使用方程式 (17.17) 重新整理後可得

$$I \cong \underbrace{(b-a)}_{\text{寬度}} \underbrace{\frac{f(x_0) + 4\sum_{i=1,3,5}^{n-1} f(x_i) + 2\sum_{j=2,4,6}^{n-2} f(x_j) + f(x_n)}{3n}}_{\text{平均高度}} \tag{17.18}$$

特別一提的是，如圖 17.11 中所示，應用此方法的前提是區段數必須為偶數。此外，雖然方程式 (17.18) 中的係數「4」與「2」一開始給人的感覺很奇怪。然而，這個觀念其實很自然地就可以由辛普森 1/3 法則所導出。也就是編號為奇數的點

在每次應用時恰好為中點，因此在方程式 (17.15) 中所提供的權重值為 4。至於編號為偶數的點，由於位在相鄰的兩個區段上，在應用時會被用到兩次（每次應用時的權重值均為 1），因此相加的結果為 2。

對於多重應用的辛普森法則而言，其誤差估計方法與梯形法的誤差估計方式相同，都是藉由計算導函數平均值與加總所有單一區段上的誤差而得，即

$$E_a = -\frac{(b-a)^5}{180n^4}\bar{f}^{(4)} \quad (17.19)$$

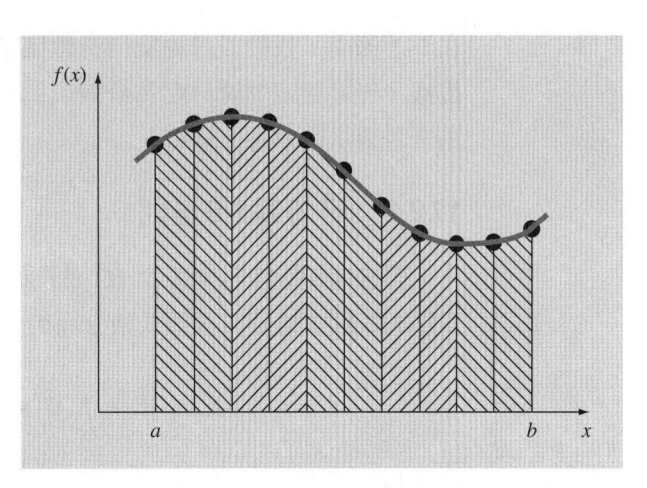

○ **圖 17.11** 辛普森 1/3 法則的多重應用圖形意義。（此方法只能在分割區段數為偶數時使用）

其中 $\bar{f}^{(4)}$ 代表整個計算區間上的四階導函數平均。

範例 17.5　辛普森1/3法則的多重應用

問題描述：在方程式 (17.18) 中設 $n = 4$，在 $a = 0$ 到 $b = 0.8$ 的範圍內數值積分 $f(x) = 0.2 + 25x - 200x^2 + 675x^3 - 900x^4 + 400x^5$，此積分值可求出為 1.640533。

解法：$n = 4(h = 0.2)$

$$f(0) = 0.2 \qquad f(0.2) = 1.288$$
$$f(0.4) = 2.456 \qquad f(0.6) = 3.464$$
$$f(0.8) = 0.232$$

因此由方程式 (17.18) 可得

$$I = 0.8\,\frac{0.2 + 4(1.288 + 3.464) + 2(2.456) + 0.232}{12} = 1.623467$$

$$E_t = 1.640533 - 1.623467 = 0.017067 \qquad \varepsilon_t = 1.04\%$$

由方程式 (17.19) 所計算之誤差估計值為

$$E_a = -\frac{(0.8)^5}{180(4)^4}(-2400) = 0.017067$$

前一個範例說明了辛普森 1/3 法則的多重應用能提供非常準確的結果。因此在大部分的應用上，我們可以說辛普森法則優於梯形法。然而，正如前面所提到的，辛普森法則受限於使用的區段數必須為偶數（資料點為奇數）且為等距離。因此，

在下一節中,我們要討論使用奇數個區段數(偶數個資料點)的辛普森 3/8 法則。這樣,無論給定的資料點為奇數或偶數,或者說區段數偶數或奇數,我們都可以使用辛普森法則來進行計算。

17.2.3 辛普森3/8法則

與推導梯形法與辛普森 1/3 法則的方式相同,辛普森 3/8 法則可以藉由對通過4個點的 3 階拉格藍吉多項式積分而得

$$I = \int_a^b f(x)\,dx \cong \int_a^b f_3(x)\,dx$$

結果為

$$I \cong \frac{3h}{8}[f(x_0) + 3f(x_1) + 3f(x_2) + f(x_3)]$$

其中 $h = (b - a)/3$。由於 h 乘上 3/8,因此此公式被稱為**辛普森 3/8 法則 (Simpson's 3/8 rule)**。此即為第三個牛頓-寇特斯封閉式積分公式。辛普森 3/8 法則也能以方程式 (17.5) 的型態表示:

$$I \cong \underbrace{(b-a)}_{\text{寬度}} \underbrace{\frac{f(x_0) + 3f(x_1) + 3f(x_2) + f(x_3)}{8}}_{\text{平均高度}} \tag{17.20}$$

由方程式 (17.20) 可以看出,兩個內點的權重值均為 3/8,而兩個端點的權重值則為 1/8。辛普森 3/8 法則之誤差為

$$E_t = -\frac{3}{80}h^5 f^{(4)}(\xi)$$

或者,由於 $h = (b - a)/3$

$$E_t = -\frac{(b-a)^5}{6480}f^{(4)}(\xi) \tag{17.21}$$

由於方程式 (17.21) 中分母的值比方程式 (17.16) 中的大,因此,辛普森 3/8 法則比辛普森 1/3 法則來得精準。

由於辛普森 1/3 法則使用 3 點即可達到三階的精準,而辛普森 3/8 法則卻必須使用 4 點才能達到三階精準,因此辛普森 1/3 法則是較常使用的方法。然而,當分割的區段數為奇數時,使用辛普森 3/8 法則就較方便。例如,在範例 17.5 中我們在 4 個區段上使用辛普森法則來積分函數。若是要在 5 個區段上求積分值時,一個不

太建議的做法是使用如範例 17.2 與範例 17.3 的多重區間梯形法，因為會產生較大的截取誤差。事實上，我們可以在前二個區段上使用辛普森 1/3 法則，而且在最後三個區段上使用辛普森 3/8 法則（圖 17.12）。以這樣的方式進行，我們仍舊可以在整個區間上獲得到 3 階精準的計算。

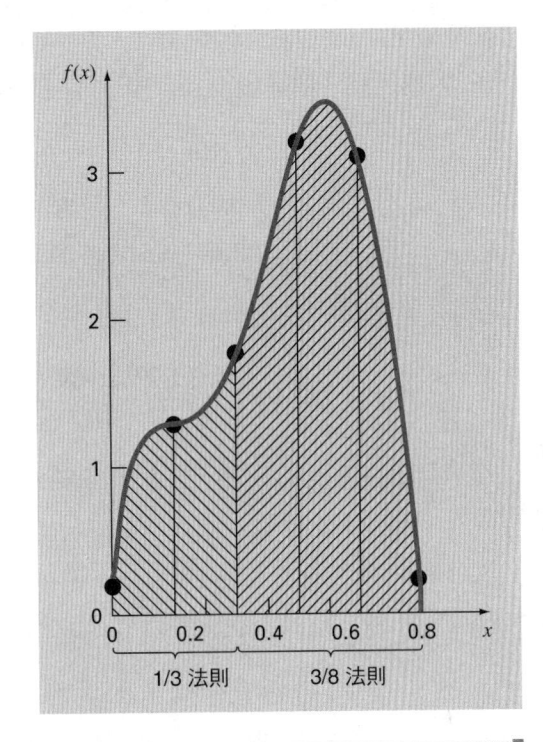

◐ **圖 17.12** 在分割的區段數為奇數時，舉例說明如何結合多重辛普森 1/3 與 3/8 法則的應用。

範例 17.6　辛普森 3/8 法則

問題描述：

(a) 使用辛普森 3/8 法則在 $a = 0$ 到 $b = 0.8$ 的範圍內積分

$$f(x) = 0.2 + 25x - 200x^2 + 675x^3 - 900x^4 + 400x^5$$

(b) 在 5 個區段上，共同搭配使用辛普森 1/3 法則來積分相同的函數

解法：

(a) 單獨應用辛普森 3/8 法則時需要 4 個等距的點：

$$f(0) = 0.2 \qquad f(0.2667) = 1.432724$$
$$f(0.5333) = 3.487177 \qquad f(0.8) = 0.232$$

使用方程式 (17.20)

$$I \cong 0.8 \frac{0.2 + 3(1.432724 + 3.487177) + 0.232}{8} = 1.519170$$

$$E_t = 1.640533 - 1.519170 = 0.1213630 \qquad \varepsilon_t = 7.4\%$$

$$E_a = -\frac{(0.8)^5}{6480}(-2400) = 0.1213630$$

(b) 當應用在 5 個區段上 ($h = 0.16$) 時，所需的數據為

$$f(0) = 0.2 \qquad f(0.16) = 1.296919$$
$$f(0.32) = 1.743393 \qquad f(0.48) = 3.186015$$
$$f(0.64) = 3.181929 \qquad f(0.80) = 0.232$$

在前二個區段上使用辛普森 1/3 法則：

$$I \cong 0.32 \frac{0.2 + 4(1.296919) + 1.743393}{6} = 0.3803237$$

在最後三個區段上使用辛普森3/8法則：

$$I \cong 0.48 \frac{1.743393 + 3(3.186015 + 3.181929) + 0.232}{8} = 1.264754$$

兩式相加可以得到在整個區間上的積分：

$$I = 0.3803237 + 1.264753 = 1.645077$$
$$E_t = 1.640533 - 1.645077 = -0.00454383 \qquad \varepsilon_t = -0.28\%$$

17.2.4 辛普森法則的電腦演算法

圖 17.13 中列舉出許多不同形式的辛普森法則虛擬程式碼。特別一提的是所有的方法都是應用在表列資料型態。然而一個通用功能的程式必須同時具備函數與方程式的求值能力。在第 18 章中我們將討論如何處理函數積分值的問題。

無論區段數為偶數或奇數，我們都可以應用圖 17.13d 中的程式碼。對於區段數為偶數的情形而言，每兩兩區段我們套用辛普森 1/3 法則。但是若區段數為奇數時，最後 3 個區段我們套用辛普森 3/8 法則，至於之前的偶數個區段，則兩兩套用辛普森 1/3 法則。

17.2.5 較高階的牛頓-寇特斯封閉式公式

如前所述，梯形法與辛普森法則都是牛頓-寇特斯封閉式積分公式。部分以截尾誤差為估計依據所列出的公式則在表 17.2 中呈現。

```
(a)
FUNCTION Simp13 (h, f0, f1, f2)
  Simp13 = 2*h* (f0+4*f1+f2) / 6
END Simp13

(b)
FUNCTION Simp38 (h, f0, f1, f2, f3)
  Simp38 = 3*h* (f0+3*(f1+f2)+f3) / 8
END Simp38

(c)
FUNCTION Simp13m (h, n, f)
  sum = f(0)
  DOFOR i = 1, n - 2, 2
    sum = sum + 4 * f_i + 2 * f_{i+1}
  END DO
  sum = sum + 4 * f_{n-1} + f_n
  Simp13m = h * sum / 3
END Simp13m
```

```
(d)
FUNCTION SimpInt(a,b,n,f)
  h = (b-a) / n
  IF n = 1 THEN
    sum = Trap(h, f_{n-1}, f_n)
  ELSE
    m = n
    odd = n / 2 - INT(n / 2)
    IF odd > 0 AND n > 1 THEN
      sum = sum+Simp38(h, f_{n-3}, f_{n-2}, f_{n-1}, f_n)
      m = n - 3
    END IF
    IF m > 1 THEN
      sum = sum + Simp13m(h,m,f)
    END IF
  END IF
  SimpInt = sum
END SimpInt
```

⊃ **圖 17.13** 辛普森法則的虛擬程式碼。(a) 辛普森 1/3 法則的單一應用；(b) 辛普森 3/8 法則的單一應用；(c) 辛普森 1/3 法則的多重應用；與 (d) 辛普森法則在奇數區段與偶數區段的綜合多重應用。這裡必特別聲明，不論是在哪一個情況下，使用的 n 值須符合 n ≥ 1。

表 17.2 牛頓-寇特斯封閉式積分公式。在區段長度 $h = (b-a)/n$ 的前提下，公式以方程式 (17.5) 的型態呈現，能突顯用來估計平均高度的資料點權重。

區段數 (n)	點數	方法名稱	公式	截取誤差
1	2	梯形法	$(b-a)\dfrac{f(x_0)+f(x_1)}{2}$	$-(1/12)h^3 f''(\xi)$
2	3	辛普森 1/3 法則	$(b-a)\dfrac{f(x_0)+4f(x_1)+f(x_2)}{6}$	$-(1/90)h^5 f^{(4)}(\xi)$
3	4	辛普森 3/8 法則	$(b-a)\dfrac{f(x_0)+3f(x_1)+3f(x_2)+f(x_3)}{8}$	$-(3/80)h^5 f^{(4)}(\xi)$
4	5	布爾(Boole's)法則	$(b-a)\dfrac{7f(x_0)+32f(x_1)+12f(x_2)+32f(x_3)+7f(x_4)}{90}$	$-(8/945)h^7 f^{(6)}(\xi)$
5	6		$(b-a)\dfrac{19f(x_0)+75f(x_1)+50f(x_2)+50f(x_3)+75f(x_4)+19f(x_5)}{288}$	$-(275/12,096)h^7 f^{(6)}(\xi)$

特別在辛普森 1/3 法則與辛普森 3/8 法則的情況下，採用 5 點或 6 點的公式具有相同階數的誤差。這個特性不但適合用在較多點數的情形下，而且可以用來導出較廣泛使用的偶數區段（奇數點）公式（例如辛普森 1/3 法則與布爾 (Boole's) 法則）。

然而，我們必須強調的是，在實際工程的應用上，高階公式（也就是超過 4 個點的公式）反而是比較不常用的。事實上辛普森 1/3 法則已經足夠應付大部分的工程應用問題。頂多是搭配多重應用的版本來改善精確度。此外，在有高精確度且已

知積分函數時，比較建議使用第 18 章介紹的朗柏格積分法或高斯求積法。

17.3 不等距離區間上的數值積分

到目前為止，所有的數值積分公式都是在等距離的區間上討論而獲得。然而這樣的假設在許多情況下是不成立的，因此需要討論不等距離區間的數值積分。例如，藉由實驗所獲得的資料就屬於這一種型態。對這些情形，其中一個解決方法就是分別在每一個區間上應用梯形法，之後加總它們的結果來得到積分值：

$$I = h_1\frac{f(x_0) + f(x_1)}{2} + h_2\frac{f(x_1) + f(x_2)}{2} + \cdots + h_n\frac{f(x_{n-1}) + f(x_n)}{2} \quad (17.22)$$

其中 h_i 代表第 i 段區間的寬度。注意到這與梯形法的多重應用相同，差別只有在方程式(17.8)中所使用的區間寬度 h 為常數，而方程式 (17.22) 中使用的區間寬度會變動。雖然方程式 (17.8) 可以被簡化成方程式 (17.9)，但方程式 (17.22) 卻無法再簡化。此外電腦程式是很容易發展且應用在不等距離區間上。在我們開始描述這些演算法之前，讓我們先舉例說明如何利用方程式 (17.22) 來求積分值：

範例 17.7　在不等距離區間應用梯形法

問題描述：假設使用與範例 17.1 中相同的多項式來產生表 17.3 的資料。利用方程式 (17.22) 來求這一組資料的積分值。事實上可求出此積分的正確值 1.640533。

解法：將方程式 (17.22) 應用在表 17.3 的資料上可以得到

$$I = 0.12\frac{1.309729 + 0.2}{2} + 0.10\frac{1.305241 + 1.309729}{2} + \cdots + 0.10\frac{0.232 + 2.363}{2}$$
$$= 0.090584 + 0.130749 + \cdots + 0.12975 = 1.594801$$

絕對誤差百分比為 $\varepsilon_t = 2.8\%$。

表 17.3　在不等距離的區間上，以函數 $f(x) = 0.2+25x-200x^2+675x^3-900x^4+400x^5$ 計算所得的資料。

x	f(x)	x	f(x)
0.0	0.200000	0.44	2.842985
0.12	1.309729	0.54	3.507297
0.22	1.305241	0.64	3.181929
0.32	1.743393	0.70	2.363000
0.36	2.074903	0.80	0.232000
0.40	2.456000		

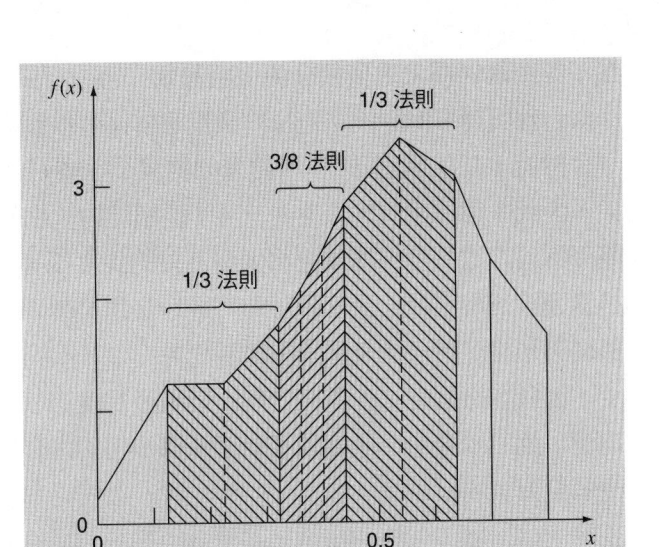

○ **圖 17.14** 使用梯形法計算不等距離區間的積分值。特別一提的是陰影部分面積可以利用辛普森法則或其他高精準度的公式來計算。

圖 17.14 中描述了範例 17.7 中資料的形式。特別一提的是如果鄰近的區段為等距離，那麼就可以考慮使用辛普森法則來求積分值。以下範例說明這樣的應用方式通常會得到較精確的結果。

範例 17.8　在不等距離資料點上應用辛普森法則求值

問題描述：重新計算表 17.3 中資料的積分值。但是在適當的區間上使用辛普森法則。

解法：第一個區間上的求值採用梯形法

$$I = 0.12 \frac{1.309729 + 0.2}{2} = 0.09058376$$

由於接下來兩個區間為 $x = 0.12$ 到 $x = 0.32$，而且長度相等。因此積分值可以由辛普森 1/3 法則計算而得到

$$I = 0.2 \frac{1.743393 + 4(1.305241) + 1.309729}{6} = 0.2758029$$

由於接下來的三個區間也是長度相等。因此可以由辛普森 3/8 法則計算其積分值，得到 $I = 0.2726863$。同理，辛普森 1/3 法則也可以套用在 $x = 0.44$ 到 $x = 0.64$ 的區間中，並求得其積分值為 $I = 0.6684701$。最後的兩個區間為不等距，因此分別以梯形法來求其積分，所得的結果分別為 $I = 0.1663479$ 與 $I = 0.1297500$。將所有個別區間上的積分值相加之後可得整個區間上的積分值為 $I = 1.603641$。此結果代表誤差為 $\varepsilon_t = 2.2\%$，這個結果顯然優於範例 17.7 中只使用梯形法的結果。

在不等距離區間上數值積分的電腦程式　將方程式 (17.22) 轉變為電腦程式是一個非常合理與簡單的想法。這樣的演算法結果可以參考圖 17.15*a*。

然而，正如範例 17.8 所驗證的結果，辛普森法則的使用確實改善了積分的結果。因此，第二個演算法中就包含了這項能力。也就是圖 17.15*b* 中的演算法會去檢視鄰近區段的長度。如果連續兩個區段的長度相等時，會套用辛普森 1/3 法則。但是當連續三個區段的長度相等時，則會套用辛普森 3/8 法則。至於連續兩個區段的長度為不相等時，則僅僅使用梯形法。

因此，這個方法不僅能處理不等區段長度的積分值，當使用相等區段長度的資訊時，還可以套用準確度較高的辛普森法則。這對於表列資料而言，這個演算法是一個全方位的積分法。

17.4　開放式積分公式

在應用圖 17.3*b* 中的開放式積分公式時，有一個限制就是不能應用在超出資料點所涵蓋的範圍。表 17.4 中整理出牛頓-寇特斯開放式積分公式。這些積分公式是

```
(a)
FUNCTION Trapun (x, y, n)
  LOCAL i, sum
  sum = 0
  DOFOR i = 1, n
    sum = sum + (x_i − x_{i−1})*(y_{i−1} + y_i)/2
  END DO
  Trapun = sum
END Trapun
```

```
(b)
FUNCTION Uneven (n, x, f)
  h = x_1 − x_0
  k = 1
  sum = 0.
  DOFOR j = 1, n
    hf = x_{j+1} − x_j
    IF ABS (h − hf) < .000001 THEN
      IF k = 3 THEN
        sum = sum + Simp13 (h, f_{j−3}, f_{j−2}, f_{j−1})
        k = k − 1
      ELSE
        k = k + 1
      END IF
    ELSE
      IF k = 1 THEN
        sum = sum + Trap (h, f_{j−1}, f_j)
      ELSE
        IF k = 2 THEN
          sum = sum + Simp13 (h, f_{j−2}, f_{j−1}, f_j)
        ELSE
          sum = sum + Simp38 (h, f_{j−3}, f_{j−2}, f_{j−1}, f_j)
        END IF
        k = 1
      END IF
    END IF
    h = hf
  END DO
  Uneven = sum
END Uneven
```

◯ **圖 17.15**　在不等距離區間上數值積分的虛擬程式碼。(*a*) 梯形法；(*b*) 合併使用梯形法與辛普森法則。

表 17.4　牛頓-寇特斯的開放式積分公式。積分公式是以方程式 (17.5) 的型態來呈現，但在權重值的表示就比較明確。其中區段長度 $h = (b-a)/n$。

區段數 (n)	點數	方法名稱	公式	截取誤差
2	1	中點法	$(b-a)f(x_1)$	$(1/3)h^3 f''(\xi)$
3	2		$(b-a)\dfrac{f(x_1)+f(x_2)}{2}$	$(3/4)h^3 f''(\xi)$
4	3		$(b-a)\dfrac{2f(x_1)-f(x_2)+2f(x_3)}{3}$	$(14/45)h^5 f^{(4)}(\xi)$
5	4		$(b-a)\dfrac{11f(x_1)+f(x_2)+f(x_3)+11f(x_4)}{24}$	$(95/144)h^5 f^{(4)}(\xi)$
6	5		$(b-a)\dfrac{11f(x_1)-14f(x_2)+26f(x_3)-14f(x_4)+11f(x_5)}{20}$	$(41/140)h^7 f^{(6)}(\xi)$

以方程式 (17.5) 的型態呈現，但在加權因數的表示就比較明確。與封閉式公式情形一樣，連續的兩組公式會有相同階數的誤差。但由於具有相同階數的誤差與使用資料點的數目比較少，使用奇數點（偶數區段）的公式是比較建議使用的。

開放式積分公式一般而言不會用在定積分的問題。而在第 18 章中會進一步討論如可運用在瑕積分問題。

17.5　多重積分

重積分已經廣泛的應用在工程問題上。例如說一個二維函數的平均值可以寫成（回顧方程式 PT 6.4）

$$\bar{f} = \frac{\int_c^d \left(\int_a^b f(x,y)\,dx \right) dy}{(d-c)(b-a)} \tag{17.23}$$

其中分子的部分就稱為二重積分。

本章（以及以下章節）所探討的技巧均很容易地應用到多重積分的計算。其中最簡單的例子就是在一矩形區域上對一個函數做二重積分（圖 17.16）。

在微積分學中曾經說明過這樣的積分可以藉由累次積分來完成，

$$\int_c^d \left(\int_a^b f(x,y)\,dx \right) dy = \int_a^b \left(\int_c^d f(x,y)\,dy \right) dx \tag{17.24}$$

因此，積分首先在其中一個方向進行，然後將其積分結果放到第二個方向。而積分的順序不影響積分結果的事實可以由方程式 (17.24) 看出。

數值處理二重積分的方法是基於以上的想法發展出來。首先，將第二個維度的變數設為常數，然後在第一個維度上套用類似多重區段梯形法或辛普森法則的方法，之後再針對第二個維度套用一次以得到積分值。詳細參考以下範例。

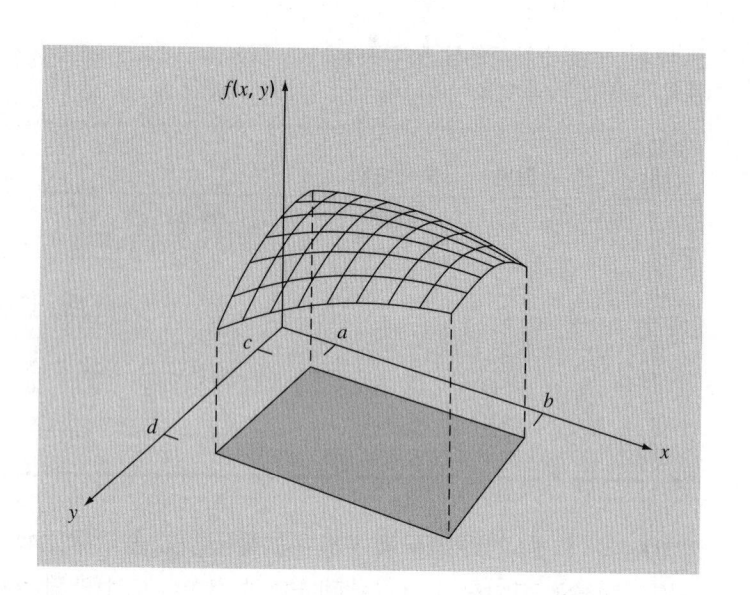

◯ 圖 17.16　函數曲面下的面積即為二重積分。

範例 17.9　利用二重積分計算平均溫度

問題描述：假設在一個含加熱源的矩形平板上，平板上點 (x, y) 的溫度為

$$T(x, y) = 2xy + 2x - x^2 - 2y^2 + 72$$

若平板為 8 公尺長（x 方向），6 公尺寬（y 方向）。計算平板之平均溫度。

解法：首先，我們先只在每一個方向上考慮二維區段梯形法的應用。圖 17.17 中已經描出需要計算溫度的 x 值與 y 值。特別一提的是這些點的平均溫度為 47.33。另外我們也可以透過直接對函數進行積分而得到正確結果，其值為 58.66667。

為了以數值方法進行相同的計算，首先在每一個 y 值處沿著 x 方向應用梯形法。然後再沿著 y 方向積分，得到的結果為 2688。最後再將此值除以面積而得到平均溫度，也就是 $2688/(6 \times 8) = 56$。

接下來，我們以相同的方式應用單一區段的辛普森 1/3 法則。計算結果的積分值與平均溫度分別為 2816 與 58.66667，這個值恰好為精確值。或許讀者會很訝異怎麼會有這樣準確的結果？事實上這是由於辛普森 1/3 法則對三階多項式可以提供完全正確的結果，而本範例中多項式的最高階數只有二，因此能夠計算出完全正確的結果。

至於諸如超級函數等的更高階函數，我們就必須使用多重區段應用的方式來提出較精確的積分估計值。此外，我們將在第 18 章中介紹如何以比牛頓-寇特斯公式更有效率的積分法來計算積分值。一般而言，這些方法應用在多重積分時會更有效果。

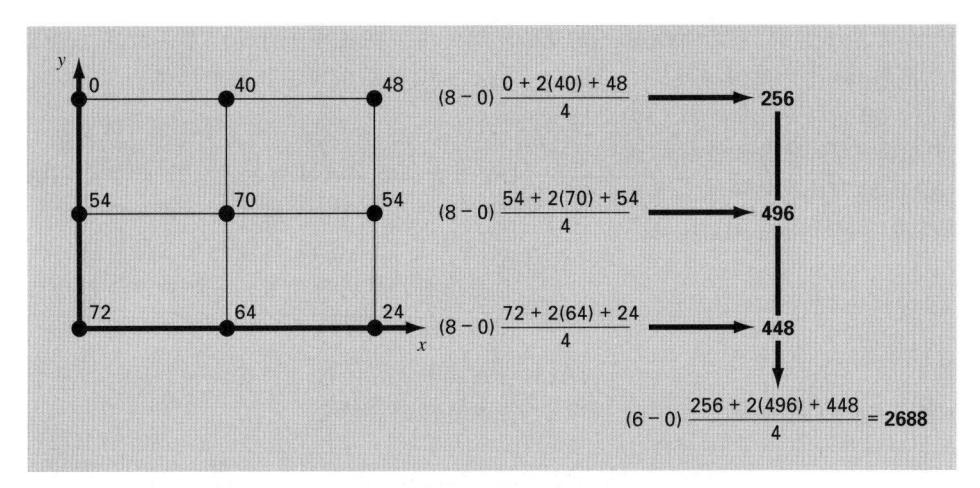

圖 17.17 以二維區段的梯形法數值計算二重積分。

習　題

17.1 分別利用以下數值方法來計算方程式的積分值。**(a)** 解析法；**(b)** 單一應用梯形法；**(c)** 多重應用梯形法（n 分別為 2 與 4）；**(d)** 單一應用辛普森 1/3 法則；**(e)** 多重應用辛普森 1/3 法則（$n = 4$），**(f)** 單一應用辛普森 3/8 法則，**(g)** 多重應用辛普森法則（$n = 5$）。

$$\int_0^{\pi/2} (6 + 3\cos x)\, dx$$

另外 **(b)** 至 **(g)** 的計算中，其相對誤差百分比各為多少（參考 **(a)** 的結果）。

17.2 分別利用以下數值方法來計算方程式的積分值。**(a)** 解析法；**(b)** 單一應用梯形法；**(c)** 多重應用梯形法（n 分別為 2 與 4）；**(d)** 單一應用辛普森 1/3 法則；**(e)** 多重應用辛普森 1/3 法則（$n = 4$）；**(f)** 單一應用辛普森 3/8 法則；**(g)** 多重應用辛普森法則（$n = 5$）。

$$\int_0^3 (1 - e^{-2x})\, dx$$

另外 **(b)** 至 **(g)** 的計算中，其相對誤差百分比各為多少（參考 **(a)** 的結果）。

17.3 分別利用以下數值方法來計算以下方程式的積分值。**(a)** 解析法；**(b)** 單一應用梯形法；**(b)** 多重應用梯形法（n 分別為 2 與 4）；**(d)** 單一應用辛普森 1/3 法則；**(e)** 辛普森 3/8 法則；**(f)** 布爾法則。另外 **(b)** 至 **(f)** 的計算中，其相對誤差百分比各為多少（參考 **(a)** 的結果）。

$$\int_{-2}^4 (1 - x - 4x^3 + 2x^5)\, dx$$

17.4 分別以解析計算與 $n = 1, 2, 3, 4$ 的梯形法來求以下方程式的積分值

$$\int_1^2 (x + 2/x)^2\, dx$$

並利用解析解來計算梯形法的相對誤差百分比及其準確性。

17.5 分別以解析法及 $n = 4$ 與 5 的辛普森法則計算以下積分值，並討論計算與分析的結果。

$$\int_{-3}^5 (4x - 3)^3\, dx$$

17.6 分別以解析法與數值方法計算以下積分值。數值方法使用 $n = 4$ 及多重應用版本的梯形法及辛普森 1/3 法則。另外數值計算結果的相對誤差百分比各多少？

$$\int_0^3 x^2 e^x\, dx$$

17.7 分別以解析法與數值方法計算以下的積分值。數值方法分別使用 **(a)** 單一應用梯形法，**(b)** 辛普森 1/3 法則，**(c)** 辛普森 3/8 法則，**(d)** 布爾法則，**(e)** 中點法，**(f)** 兩點三區段的開放式積分公式，**(g)** 三點四區段的開放式積分公式。另外數值結果的相對誤差百分比為多少。

$$\int_0^1 14^{2x} dx$$

17.8 分別以解析法與數值解的方式來計算以下的積分值。數值方法分別使用 **(a)** 單一應用梯形法，**(b)** 辛普森 1/3 法則，**(c)** 辛普森 3/8 法則，**(d)** 多重應用辛普森法則 ($n = 5$)，**(e)** 布爾法則，**(f)** 中點法，**(g)** 兩點三區段的開放式積分公式，**(h)** 三點四區段的開放式積分公式。

$$\int_0^3 (5 + 3\cos x)\, dx$$

另外數值結果的相對誤差百分比為多少？

17.9 假設一墜落中物體所受到的空氣阻力（方向向上）與其速度平方成正比。此情況下，其速度可由以下公式計算：

$$v(t) = \sqrt{\frac{gm}{c_d}} \tanh\left(\sqrt{\frac{gc_d}{m}}\, t\right)$$

其中 c_d 為一二階的拖曳係數。**(a)** 若 $g = 9.81$ m/s², $m = 68.1$ kg 與 $c_d = 0.25$ kg/m。利用解析法求此物體 10 秒後所墜落距離。**(b)** 以多重區段梯形法及足夠大的區段數 n 重做此問題，並保有三個有效位數的精確度。

17.10 使用以下表列資料來計算積分值。**(a)** 梯形法，**(b)** 辛普森法則。

x	0	0.1	0.2	0.3	0.4	0.5
$f(x)$	1	8	4	3.5	5	1

17.11 使用以下表列資料來計算積分值。**(a)** 梯形法，**(b)** 辛普森法則。

x	-2	0	2	4	6	8	10
$f(x)$	35	5	-10	2	5	3	20

17.12 分別使用下列各方法計算以下函數在 $x = 2$ 與 $x = 10$ 的區間中函數的平均值

$$f(x) = -46 + 45x - 14x^2 + 2x^3 - 0.075x^4$$

(a) 繪出函數並以目測方式計算平均值；**(b)** 使用方程式 (PT6.4) 並直接計算此積分值；**(c)** 使用方程式 (PT6.4) 並搭配五個區段的辛普森法則計算此積分值。另外數值計算結果的相對誤差百分比。

17.13 使用函數 $f(x) = 2e^{-1.5x}$ 建立如下的一個非等距離區間的資料表

x	0	0.05	0.15	0.25	0.35	0.475	0.6
$f(x)$	2	1.8555	1.5970	1.3746	1.1831	0.9808	0.8131

分別使用下列各方法計算 $a = 0$ 至 $b = 0.6$ 區間中的積分值。**(a)** 解析法；**(b)** 梯形法；**(c)** 結合梯形法與辛普森法則：在需要較準確估計的區段使用辛普森法則。針對 **(b)** 與 **(c)**，另外計算其相對誤差百分比 (ε_t)。

17.14 分別使用下列各方法計算以下二重積分

$$\int_{-1}^{1}\int_{0}^{2} (x^2 - 2y^2 + xy^3)\, dx\, dy$$

(a) 解析法；**(b)** 多重應用的梯形法 ($n = 2$)；**(c)** 單一應用辛普森 1/3 法則。針對 **(b)** 與 **(c)**，另外計算其相對誤差百分比 (ε_t)。

17.15 分別使用下列各方法計算以下三重積分

$$\int_{-2}^{2}\int_{0}^{2}\int_{-3}^{1} (x^3 - 3yz)\, dx\, dy\, dz$$

(a) 解析法；**(b)** 單一應用辛普森 1/3 法則。針對 **(b)**，計算其相對誤差百分比 (ε_t)。

17.16 利用圖 17.9 撰寫一個使用者介面友善的多重應用梯形法電腦程式。重新計算範例 17.2 並測試程式結果。

17.17 利用圖 17.13c 撰寫一個使用者介面友善的多重應用辛普森法則法之電腦程式。重新計算範例 17.5 並測試程式結果。

17.18 針對資料區段為不等距離的情況，利用圖 17.15b 撰寫一個使用者介面友善，且能計算其積分值的電腦程式。重新計算範例 17.8 並測試程式結果。

17.19 一河流之橫截面積資料如下表（$y = $ 到河岸的距離，$H = $ 水深與 $U = $ 速度）

y, m	0	1	3	5	7	8	9	10
H, m	0	1	1.5	3	3.5	3.2	2	0
U, m/s	0	0.1	0.12	0.2	0.25	0.3	0.15	0

使用數值積分法計算 **(a)** 平均水深；**(b)** 河流之橫截面積；**(c)** 平均流速；**(d)** 流率。其中河流之橫截面積 (A_c) 與流率 (Q) 分別利用以下公式計算。

$$A_c = \int_0^y H(y)\,dy \qquad Q = \int_0^y H(y)U(y)\,dy$$

17.20 在 24 小時的週期中，離開一反應器流體的濃度量測值如下表：

t, hr	0	1	5.5	10	12	14	16	18	20	24
c, mg/L	1	1.5	2.3	2.1	4	5	5.5	5	3	1.2

流率則利用以下公式計算（單位為 m³/s）

$$Q(t) = 20 + 10\sin\left(\frac{2\pi}{24}(t-10)\right)$$

使用最精準的數值積分法計算，過去 24 小時週期中離開反應器流體的加權平均濃度。

$$\bar{c} = \frac{\int_0^t Q(t)c(t)\,dt}{\int_0^t Q(t)\,dt}$$

17.21 一個承載重物的 11 公尺長橫樑，其所受剪應力可以用以下方程式表示：

$$V(x) = 5 + 0.25x^2$$

其中 V 為剪應力，x 為沿著橫樑的距離。若 M 為彎曲動量且 $V = dM/dx$，則積分後得到以下關係式

$$M = M_o + \int_0^x V\,dx$$

若 M_o 為 0 且 $x = 11$。分別使用以下方法來計算彎曲動量 M。**(a)** 解析法；**(b)** 多重應用梯形法；**(c)** 多重應用辛普森 1/3 法則。對於 **(b)** 與 **(c)** 而言，使用增量 $x = 1$ 公尺。

17.22 在恆溫的狀況下，熱力學中所做的功、壓力與體積有以下的關係：

$$W = \int p\,dV$$

其中 W 為功，p 為壓力、V 則是體積。混合使用梯形法、辛普森 1/3 法則與辛普森 3/8 法則及以下表列的資料來計算系統所做的功（單位為 kJ，$kJ = kN \cdot m$）。

壓力 (kPa)	336	294.4	266.4	260.8	260.5	249.6	193.6	165.6
體積 (m³)	0.5	2	3	4	6	8	10	11

17.23 分別使用下列各方法計算以下資料總共經過的距離

t, min	1	2	3.25	4.5	6	7	8	9	9.5	10
v, m/s	5	6	5.5	7	8.5	8	6	7	7	5

(a) 梯形法；**(b)** 梯形法與辛普森法則的最佳組合；**(c)** 以迴歸分析來擬合資料至二階與三階的多項式，然後直接積分這些函數得到所要求的距離。

17.24 密度不為常數的鐵棒，其總質量為

$$m = \int_0^L \rho(x)A_c(x)\,dx$$

其中 m 為質量、$\rho(x) = $ 密度、$A_c(x) = $ 橫截面積、x 為沿著鐵棒的距離、L 為鐵棒總長度。一 10 公尺長鐵棒密度量測資料如下表，試以最精準的方式計算其重量（單位以公斤表示）。

x, m	0	2	3	4	6	8	10
ρ, g/cm³	4.00	3.95	3.89	3.80	3.60	3.41	3.30
A_c, cm²	100	103	106	110	120	133	150

17.25 一運輸工程師需要探討晨間交通尖峰時刻的十字路口車流流量，若在不同時間點，於路邊每四分鐘計算通過的車輛數，統計結果如下表。試以最精準的方式計算：**(a)** 自 7:30 至 9:15 經過的車輛總數；**(b)** 每分鐘汽車通過十字路口的比率。（提示：注意單位的差異）

時間 (小時)	7:30	7:45	8:00	8:15	8:45	9:15
比率, 每4分鐘通過的車輛數	18	24	26	20	18	9

17.26 參考以下公式及其積分順序來求圖 P17.26 中資料的平均值。

$$I = \int_{x_0}^{x_n} \left[\int_{y_0}^{y_m} f(x, y) dy \right] dx$$

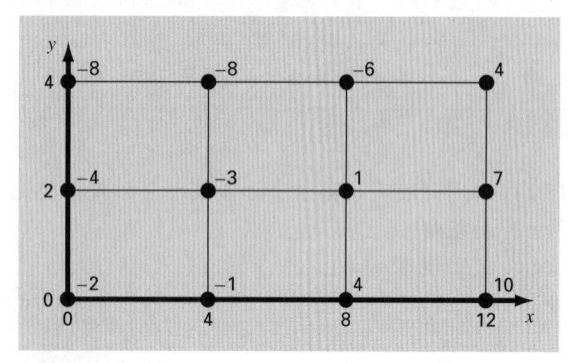

⊃ 圖 P17.26

CHAPTER 18 方程式的積分
Integration of Equations

在第六篇的簡介中，我們提過運用數值積分的函數可以分成表列資料型態與函數型態兩種形式。不同的資料型態對於究竟應該使用哪種方法來進行積分會有很大的影響。對於表列資料型態而言，會受到給定資料點數多寡的限制。反過來說，如果函數為已知，我們就能依據所希望達到的準確度來產生足夠數量的資料點（回顧圖 PT6.7）。

本章將探討三種專門設計用來處理函數為已知的積分技巧。這三種積分技巧都是有效的數值積分法。第一種方法是以**理察森外插法 (Richardson's extrapolation)** 為基礎，藉由使用二個積分估計值來求得第三個較準確的積分值。以高效能方式應用理察森外插法的計算演算法稱為**朗柏格積分 (Romberg integration)**。此技巧除了是遞迴式的方法以外，實際應用時並且能夠依據事先指定的誤差容許度來產生積分估計。

第二種方法稱為**適性求積法 (adaptive integration)**。是一種藉由細分計算區段，並以遞迴方式完成積分估算的方法。也就是在考量計算量最小的前提下，函數變動劇烈的區段以較多的點來估算，反之，在函數變化不大的地方就能以較少的點來估算。

第三種方法被稱為**高斯求積法 (Gauss quadrature)**。回顧前一章所討論的內容，對於在牛頓-寇特斯方程式中所使用到的函數 $f(x)$，函數值全部是在特別的 x 值上計算。例如使用梯形法來計算一個積分時，我們需要考量如何決定 $f(x)$ 在區間端點的加權平均值。然而高斯求積法所使用的 x 值則是介於端點 a 與 b 之間，這使得我們有機會求得比較準確的積分結果。

除了這三種標準技巧，本章最後一節將探討積分區間為無限的**暇積分 (improper integrals)** 問題，並說明如何利用變數變換與開放式積分公式來求得此類型問題的積分值。

18.1 牛頓-寇特斯方程式演算法

在第 17 章中，我們已經介紹了辛普森法則與梯形法的多重應用版本。雖然這些虛擬程式碼已經可以用來分析方程式的積分，但是若要應用在表列資料時，仍然

```
(a)
FUNCTION TrapEq (n, a, b)
  h = (b - a) / n
  x = a
  sum = f(x)
  DOFOR i = 1, n - 1
    x = x + h
    sum = sum + 2 * f(x)
  END DO
  sum = sum + f(b)
  TrapEq = (b - a) * sum / (2 * n)
END TrapEq
```

```
(b)
FUNCTION SimpEq (n, a, b)
  h = (b - a) / n
  x = a
  sum = f(x)
  DOFOR i = 1, n - 2, 2
    x = x + h
    sum = sum + 4 * f(x)
    x = x + h
    sum = sum + 2 * f(x)
  END DO
  x = x + h
  sum = sum + 4 * f(x)
  sum = sum + f(b)
  SimpEq = (b - a) * sum /(3 * n)
END SimpEq
```

圖 18.1 當函數為已知時，多重應用版本的演算法：(a) 梯形法；(b) 辛普森 1/3 法則。

需要做一些修正。

　　圖 18.1 所列出的虛擬程式碼是針對函數為已知時所設計出來的。與第 17 章中的程式碼一樣，不管是自變數或因變數的值都沒有經由函數的參數傳到程式中。對自變數 x 而言，僅有積分區間 (a, b) 與區段數的 n 值傳到程式中。然後這些訊息被用來產生等距離區間的資料點。至於圖 18.1 中的因變數函數值則是直接藉由已知函數 $f(x)$ 計算出來。

　　基於這些虛擬程式碼，我們可以發展出一個單精度的程式。然而當積分要應用在較多區段的情況時，我們就需要做更多的努力與誤差分析。對一個已知的解析函數而言，雖然誤差方程式 (18.13) 與 (18.19) 指出在區段數愈多的情況下，積分結果就會愈準確，但圖 18.2 呈現的結果卻不是如此。即數值積分 $f(x) = 0.2 + 25x - 200x^2 + 675x^3 - 900x^4 + 400x^5$ 時，雖然隨著區段數 n 的增加，準確度就會提高。但是當區段數 n 值太大時，在捨入誤差的影響下，誤差反而會變大。由圖 18.2 另外可以看出為了要獲得高階準確的積分估計值，相對就必須付出更多的計算成本與時間。因此，基於以上的缺點，針對需要高階準確與低誤差的問題而言，有時候就不宜使用多重應用版本的梯形法與辛普森法則。

18.2　朗柏格積分

　　在處理函數數值積分的方法中，**朗柏格積分 (Romberg integration)** 法是非常有效率的技巧之一。這與第 17 章中所談到的技巧非常類似，只是連續多次的應用梯形法。然而，透過數學上的分析，能夠以較少的計算得到較精準的結果。

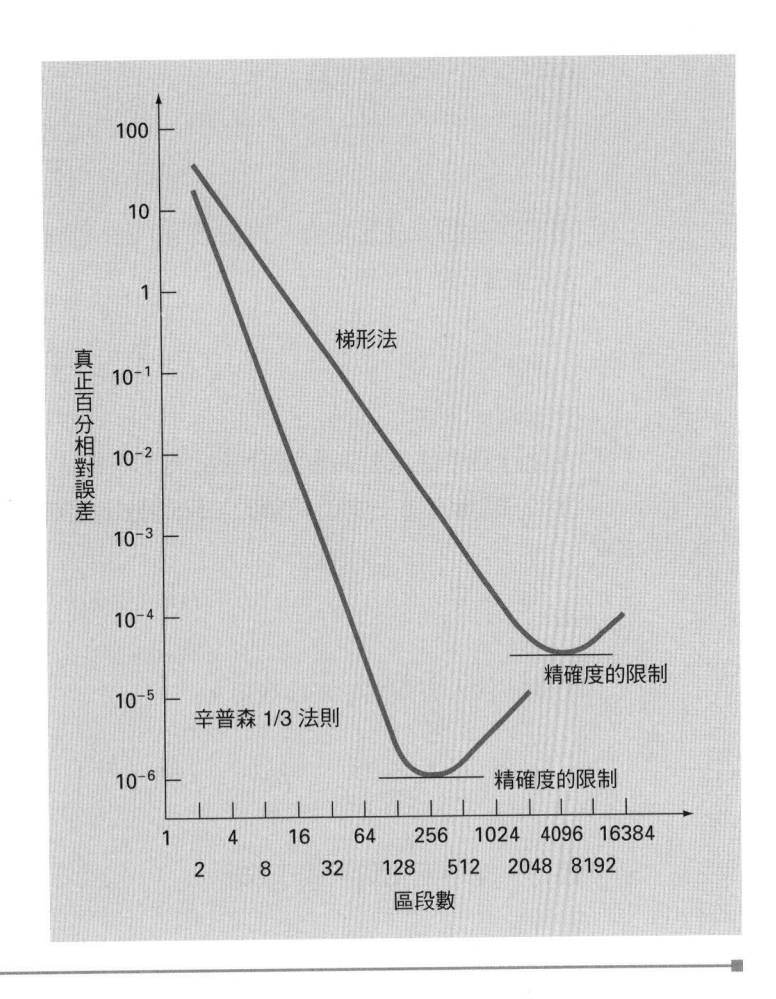

○**圖 18.2** 使用多重應用版本的梯形法與辛普森 1/3 法則，搭配不同區段數在 $a = 0$ 到 $b = 0.8$ 的範圍內、數值積分 $f(x) = 0.2 + 25x - 200x^2 + 675x^3 - 900x^4 + 400x^5$ 時所產生的真正百分相對誤差。兩個結果都顯現出在捨入誤差的影響下，不見得愈多的區段數就能提供愈高的精確度。

18.2.1 理察森外插法

回顧章節 9.3.3 中的討論，我們以迭代細分來改善聯立線性方程組解的準確度。此錯誤-修正的技巧同樣的可以用來提高數值積分結果的精準度。一般來說，**理察森外插法 (Richardson's extrapolation)** 基本上是藉由使用兩個積分估計值來求得第三個較準確的積分值。

以多重應用梯形法所求得之積分值一般而言可以寫成以下形式

$$I = I(h) + E(h)$$

其中 I 為積分的精確值，$I(h)$ 為以多重應用梯形法在 n 個區段上（區間步長 $h = (b - a)/n$）所求得的積分值，$E(h)$ 則為截尾誤差。此時，如果分別考慮以區間步長 h_1 與區間步長 h_2 來計算精確積值的誤差，則可列出等式

$$I(h_1) + E(h_1) = I(h_2) + E(h_2) \qquad (18.1)$$

再回顧以區段數 $n = (b - a)/h$ 所表示之多重應用梯形法的誤差估計公式（方程式

(17.13)），其近似值為

$$E \cong -\frac{b-a}{12}h^2 \bar{f}'' \qquad(18.2)$$

若不管區間步長為多少，再假設 $\bar{f}''$ 為一常數，則方程式 (18.2) 可以用來決定兩個誤差估計項的比例，即

$$\frac{E(h_1)}{E(h_2)} \cong \frac{h_1^2}{h_2^2} \qquad(18.3)$$

在此計算中最重要的影響就是抵消了方程式中 $\bar{f}''$ 這一項。這樣使得在應用方程式 (18.2) 時無需事先知道函數的二階微分。重新整理方程式 (18.3) 可得

$$E(h_1) \cong E(h_2)\left(\frac{h_1}{h_2}\right)^2$$

將此式代入方程式 (18.1) 後可得

$$I(h_1) + E(h_2)\left(\frac{h_1}{h_2}\right)^2 \cong I(h_2) + E(h_2)$$

因此，$E(h_2)$ 可由以下式子求出

$$E(h_2) \cong \frac{I(h_1) - I(h_2)}{1 - (h_1/h_2)^2}$$

因此，截取誤差可以由計算所得之積分值與應用區間步長來估計，將此估計值代入以下方程式之後

$$I = I(h_2) + E(h_2)$$

可以得積分值的改善公式

$$I \cong I(h_2) + \frac{1}{(h_1/h_2)^2 - 1}[I(h_2) - I(h_1)] \qquad(18.4)$$

其呈現的誤差估計（Ralston 與 Rabinowtiz，1978）為 $O(h^4)$。因此，我們可以藉由結合兩個各為 $O(h^2)$ 的梯形法公式得到一個為 $O(h^4)$ 的新估計公式。在 $h_2 = h_1/2$ 的特別情況下，改善公式為

$$I \cong I(h_2) + \frac{1}{2^2 - 1}[I(h_2) - I(h_1)]$$

或重新整理後得到

$$I \cong \frac{4}{3}I(h_2) - \frac{1}{3}I(h_1) \qquad (18.5)$$

範例 18.1　梯形法的誤差修正

問題描述：在第 17 章範例 17.1 與表 17.1 中，我們分別使用簡單與多重梯形法在 $a = 0$ 到 $b = 0.8$ 的範圍內對函數 $f(x) = 0.2 + 25x - 200x^2 + 675x^3 - 900x^4 + 400x^5$ 進行數值積分，其結果分別為

區段數	h	積分值	ε_t, %
1	0.8	0.1728	89.5
2	0.4	1.0688	34.9
4	0.2	1.4848	9.5

使用這些資訊與方程式 (18.5) 來改善積分計算的結果。

解法：結合區段數為 1 與 2 之結果，由方程式 (18.5) 可得

$$I \cong \frac{4}{3}(1.0688) - \frac{1}{3}(0.1728) = 1.367467$$

此改善積分值之誤差為 $E_t = 1.640533 - 1.367467 = 0.273067$ ($\varepsilon_t = 16.6\%$)，已優於表列中結果。

相同的方法套用在區段數為 2 與 4 時，

$$I \cong \frac{4}{3}(1.4848) - \frac{1}{3}(1.0688) = 1.623467$$

其積分值之誤差僅僅為 $E_t = 1.640533 - 1.623467 = 0.017067$ ($\varepsilon_t = 1.0\%$)。

方程式 (18.4) 提供我們藉由結合兩個各為 $O(h^2)$ 的梯形法公式而得到一個為 $O(h^4)$ 的計算公式。此近似僅僅以結合積分得到更精準的積分值方法中的一部分。例如在範例 18.1 中，我們由三個梯形法積分的結果計算出兩個誤差為 $O(h^4)$ 的積分值，同樣地，我們可以再利用這二個積分值以求出一個誤差為 $O(h^6)$ 的積分值。在區間步長每次減半的特別情況下，改善公式誤差為 $O(h^6)$ 的積分式為

$$I \cong \frac{16}{15}I_m - \frac{1}{15}I_l \qquad (18.6)$$

其中 I_m 與 I_l 分別是較精準與較不精準的兩個積分估計值。同理，兩個誤差為 $O(h^6)$ 的積分值可以由以下公式求出一個誤差為 $O(h^8)$ 的積分值

$$I \cong \frac{64}{63}I_m - \frac{1}{63}I_l \qquad (18.7)$$

範例 *18.2* 　**高階積分估計的誤差修正**

問題描述：範例 18.1 中，我們使用了理察森外插法計算出兩個誤差均為 $O(h^4)$ 的積分值，利用方程式 (18.6) 與此二積分值求出一個誤差為 $O(h^6)$ 的積分值。

解法：在範例 18.1 中兩個誤差為 $O(h^4)$ 的積分值分別為 1.367467 與 1.623467，將這些值代入方程式 (18.6) 可得

$$I = \frac{16}{15}(1.623467) - \frac{1}{15}(1.367467) = 1.640533$$

此結果不僅帶有七位有效位數，且恰為正確的積分結果。

18.2.2　朗柏格積分演算法

提醒各位在使用方程式 (18.5)、(18.6) 與 (18.7) 時，任何一個外插公式的係數加總均為 1。而在這些方程式中係數所代表的意義為加權因數。因此，方程式中越精準的積分估計其占有的比重也越高。這些公式在實際應至電腦用時可以化為以下一般式

$$I_{j,k} \cong \frac{4^{k-1}I_{j+1,k-1} - I_{j,k-1}}{4^{k-1} - 1} \qquad (18.8)$$

其中 $I_{j+1,k-1}$ 與 $I_{j,k-1}$ 分別是較精準與較不精準的兩個積分估計值，而 $I_{j,k}$ 為修正後的積分值。註標 k 為積分的層級。$k = 1$ 對應到原始的梯形法，$k = 2$ 為 $O(h^4)$，$k = 3$ 為 $O(h^6)$，其餘依此類推。至於 j 值則是用來區分較精準的第 $(j+1)$ 次求積與較不精準的第 (j) 次求積。例如說 $k = 2$ 與 $j = 1$，方程式 (18.8) 變成

$$I_{1,2} \cong \frac{4I_{2,1} - I_{1,1}}{3}$$

此與方程式 (18.5) 是相同的。

方程式 (18.8) 的表現方式由朗柏格所提出，而在求積分值時的整體應用即為著名的朗柏格積分。圖 18.3 即呈現使用此近似方法求得積分估計值。第一個欄位中的 $I_{j,1}$ 為使用梯形法求值的結果，而 $j = 1$ 代表單一區段應用（區間步長為 $b - a$），$j = 2$ 代表梯形法是應用在兩個區段上（區間步長為 $(b - a)/2$），$j = 3$ 則代表梯形法

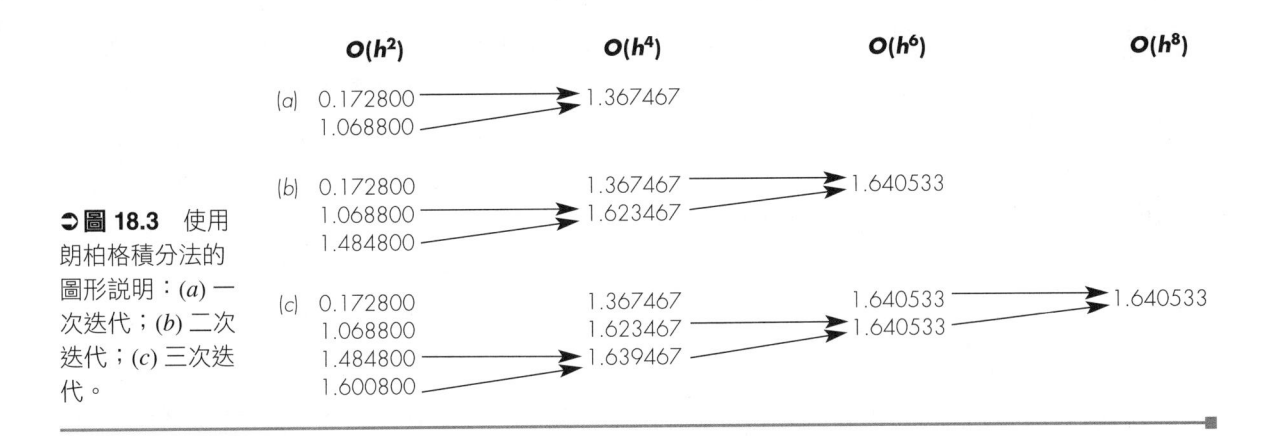

	$O(h^2)$	$O(h^4)$	$O(h^6)$	$O(h^8)$
(a)	0.172800 1.068800	1.367467		
(b)	0.172800 1.068800 1.484800	1.367467 1.623467	1.640533	
(c)	0.172800 1.068800 1.484800 1.600800	1.367467 1.623467 1.639467	1.640533 1.640533	1.640533

◯ **圖 18.3** 使用朗柏格積分法的圖形說明：(a) 一次迭代；(b) 二次迭代；(c) 三次迭代。

是應用在四個區段上（區間步長為 $(b-a)/4$），其餘依此類推。陣列中其他欄位的值則是經由連續應用方程式(18.8)所產生的較精準積分估計值。

例如圖 18.3a 中分別包含梯形法在單一區段與 2 個區段上的積分求值結果（$I_{1,1}$ 與 $I_{2,1}$）。之後利用方程式 (18.8) 計算出具備四階準確度 $O(h^4)$ 的 $I_{1,2} = 1.367467$。

接著，必須驗證此計算結果是否符合我們的需求。與本書所介紹的其他近似方法相同，我們必須設定一個終止條件作為取得計算結果的依據。使用方程式(3.5)是一個能符合此目標的做法：

$$|\varepsilon_a| = \left| \frac{I_{1,k} - I_{2,k-1}}{I_{1,k}} \right| 100\% \qquad (18.9)$$

其中 ε_a 是相對誤差百分比。與之前其他迭代法的程序一樣，必須對前一個估算值與新的估算值進行比較。當新舊值之間以 ε_a 表示的差異小於事先指定的誤差標準 ε_s 時，就可以終止計算，提取計算結果。例如圖 18.3a 中就顯示出新的計算結果與原來的計算值間有 21.8% 的改變。

使用第二個迭代（圖 18.3b）的目的是為了要獲得 $O(h^6)$ 的估計結果——$I_{1,3}$。為了達成此目標，就必須用到以梯形法計算出的額外的結果，$I_{3,1} = 1.4848$。之後搭配方程式 (18.8) 與 $I_{2,1}$ 的計算結果產生 $I_{2,2} = 1.623467$。最後再搭配 $I_{1,2}$ 的結果產生 $I_{1,3} = 1.640533$。在方程式 (18.9) 中，我們可以設定與 $I_{1,2}$ 之間的差異小於 1.0% 時即終止計算程序。

第三個迭代（圖 18.3c）則以相同的方式延續其計算程序。在此情形下，在第一欄中再加上一個梯形法的計算結果，之後沿著下三角的方向，搭配應用方程式 (18.8) 計算出更準確的結果。由於我們所計算的是一個五階多項式，因此在經過三個迭代之後，計算結果（$I_{1,4} = 1.640533$）即為精確的結果。

朗柏格積分法比第 17 章中所討論的梯形法與辛普森法則都來得有效率。例如圖 18.1 所呈現的積分問題中，辛普森 1/3 法則需要在 256 個區段上的計算才能達到

```
FUNCTION Romberg (a, b, maxit, es)
  LOCAL I(10, 10)
  n = 1
  I_{1,1} = TrapEq(n, a, b)
  iter = 0
  DO
    iter = iter + 1
    n = 2^{iter}
    I_{iter+1,1} = TrapEq(n, a, b)
    DOFOR k = 2, iter + 1
      j = 2 + iter − k
      I_{j,k} = (4^{k-1} * I_{j+1,k-1} − I_{j,k-1}) / (4^{k-1} − 1)
    END DO
    ea = ABS((I_{1,iter+1} − I_{2,iter}) / I_{1,iter+1}) * 100
    IF (iter ≥ maxit OR ea ≤ es) EXIT
  END DO
  Romberg = I_{1,iter+1}
END Romberg
```

◯ **圖 18.4** 在圖 18.1 中應用等區段梯形法則的朗柏格積分的虛擬程式碼。

積分值為 1.640533 的結果。在捨入誤差的影響下，增加區段數反而會造成誤差加大。然而，朗柏格積分法卻只要結合單一、兩個、四個與八個區段的梯形法就能計算出正確值（具有七位有效位數）。也就是只須要進行 15 個函數的計算就能求出精確值！

圖 18.4 所呈現的是朗柏格積分的虛擬程式碼。演算法中藉由迴圈的使用，使得朗柏格積分能更有效率應用。由於朗柏格積分在求值過程中需要利用梯形法來提供一些初始值，因此基本上是針對積分函數為已知的情況所設計出來的。加上朗柏格積分在求值過程中另外需要針對區間減半的情形進行計算，因此並不適合應用在表列資料型態的積分問題上。

18.3　適性求積法

雖然朗柏格積分法比辛普森 1/3 法則更有效率，且兩個方法均採用等距離的資料點集。但均忽略了函數有可能在某些區段有劇烈振盪，某些區間僅有少許的變化的情況。

適性求積法 (adaptive quadrature) 藉由調整資料點的步長來改善上述缺失，讓函數在有劇烈振盪的區域有較多的資料點，而在函數變化較不明顯的區域使用較少的資料點。與應用在理察森外插法中的複合式梯形法的想法一樣，許多方法在較小的子區間中應用複合式辛普森 1/3 法則。也就是在兩個細分的資料點中應用辛普森 1/3 法則，然後利用其差值來估算截取誤差。若所得的截取誤差在能接受的範圍，則不再細分資料點，且將此估算結果當成積分結果。若所得的誤差估算值仍很大，則再細分資料點，重複以上步驟直到截尾誤差落在能接受的範圍。最後加總在這些子區間上的積分結果，完成整個積分工作。

假設區間為 $x = a$ 到 $x = b$，區間步長 $h = b − a$。以辛普森 1/3 法則提供第一個估算值

$$I(h_1) = \frac{h_1}{6}(f(a) + 4f(c) + f(b)) \qquad (18.10)$$

其中 $c = (a + b)/2$。

如同理察森外插法，可由將區間折半的細分而得到更精準的估算值。也就是應用 $n = 4$ 的辛普森 1/3 法則，

$$I(h_2) = \frac{h_2}{6}(f(a) + 4f(d) + 2f(c) + 4f(e) + f(b)) \tag{18.11}$$

其 $d = (a + c)/2$，$e = (c + b)/2$ 與 $h_2 = h_1/2$。

由於 $I(h_1)$ 與 $I(h_2)$ 計算的是相同的積分值，因此可用來做誤差估計。即

$$E \cong I(h_2) - I(h_1) \tag{18.12}$$

此外，結合誤差與任一積分估計可得

$$I = I(h) + E(h) \tag{18.13}$$

其中 I 代表積分的真正值，$I(h)$ 為在 n 個區段上（區間步長為 $h = (b - a)/n$）應用辛普森 1/3 法則所得的近似值，$E(h)$ 則是相對的截尾誤差。

參照理察森外插法的過程，以更精確的積分估算 $I(h_2)$，其誤差可表示成

$$E(h_2) = \frac{1}{15}[I(h_2) - I(h_1)] \tag{18.14}$$

將此誤差加進 $I(h_2)$ 後可得更精確的積分估算

$$I = I(h_2) + \frac{1}{15}[I(h_2) - I(h_1)] \tag{18.15}$$

此結果與**布爾法則 (Boole's Rule)** 相同。

結合以上的方程式能獲得更有效的演算法。圖 18.5 即為 Cleve Moler (2005) 以 MATLAB 所撰寫的適性求積法虛擬程式碼。

函數中包含了主要的呼叫函數 quadapt 與真正執行積分的遞迴函數 qstep。正如圖 18.5 中所示，函數 quadapt 與 qstep 都必須再呼叫另一個計算函數值的副程式 f。

將積分邊界（a 與 b）傳入主要的呼叫函數 quadapt 並設定終止條件的數值，再計算應用辛普森 1/3 法則時需要的三個函數值（方程式 (18.10)），然後將邊界 a 與 b 及這三個函數傳給 qstep。在函數 qstep 中，計算另一個區間步長與其他的三個函數值，最後就是利用此二積分估算值修正成更精準的積分值（方程式 (18.10) 與 (18.11)）。

此時，由於誤差等於兩個積分估算的差，因此觀察此誤差值，發現有兩種可能情況：

1) 若誤差小於或等於終止條件。布爾法則成立，終止函數呼叫並傳回積分值。

```
FUNCTION quadapt(a, b)                    (main calling function)
tol = 0.000001
c = (a + b)/2                             (initialization)
fa = f(a)
fc = f(c)
fb = f(b)
quadapt = qstep(a, b, tol, fa, fc, fb)
END quadapt

FUNCTION qstep(a, b, tol, fa, fc, fb) (recursive function)
h1 = b − a
h2 = h1/2
c = (a + b)/2
fd = f((a + c)/2)
fe = f((c + b)/2)
I1 = h1/6 * (fa + 4 * fc + fb)            (Simpson's 1/3 rule)
I2 = h2/6 * (fa + 4 * fd + 2 * fc + 4 * fe + fb)
IF |I2 − I1| ≤ tol THEN        (terminate after Boole's rule)
  I = I2 + (I2 − I1)/15
ELSE                                  (recursive calls if needed)
  Ia = qstep(a, c, tol, fa, fd, fc)
  Ib = qstep(c, b, tol, fc, fe, fb)
  I = Ia + Ib
END IF
qstep = I
END qstep
```

◯圖 18.5 Moler (2005) 以 MATLAB 所撰寫的適性求積法虛擬程式碼。

2) 若誤差大於終止條件。將區間分成兩個較小的子區段，分別呼叫函數 `qstep` 計算各自的積分值。

第二步驟中的兩個遞迴呼叫才是此演算法的精髓，持續細分區間直到符合終止條件。此時回傳的數值即為各個子區段較精準的積分估算。當所有子區段的誤差小於或等於終止條件後，計算總積分值並回到呼叫程式 `quadapt` 中。

我們必須強調，圖 18.5 所提供的演算法是 MATLAB 中專門用來執行勘根使用的函數 `quad` 之變異版。當積分值不存在時，不能保證此方法不發生錯誤，但是對於許多的應用而言，它能用來說明適性求積法的運作原理。

18.4 高斯求積法

在第 17 章中我們討論了許多諸如牛頓-寇特斯方程式的數值積分法。這些公式的特徵是全部建立在相等區間步長的假設下（除了章節 21.3 中所列舉的一些特例）。因此應用這些公式時，資料點的位置均為事先已知或固定的。

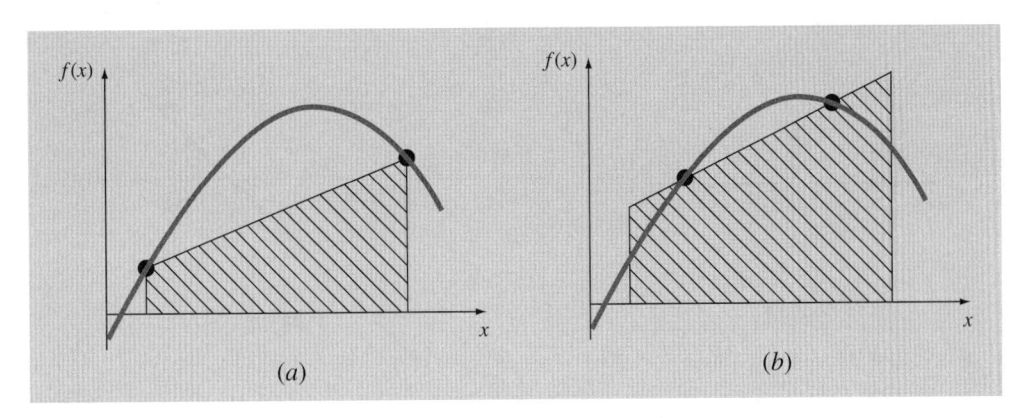

○ **圖 18.6** (a) 以兩端點連線下面積作為其積分結果的梯形法之圖形說明；(b) 藉由自由選取內部兩點，並以其連線下面積作為積分結果。由於技術性的選到適當的兩點，則因多計算的面積與少計算的面積抵消而提高積分值的準確度。

以圖 18.6a 所描述的為例，梯形法是取兩端點連線下的面積作為其積分結果。所使用的面積計算公式為

$$I \cong (b - a)\frac{f(a) + f(b)}{2} \tag{18.16}$$

其中 a 與 b 分別是積分區間的邊界，$b - a$ 則為積分區間寬度。由於使用梯形法時必須用到邊界端點的值，因此在許多例子的應用上（例如圖 18.6a），積分結果會產生很大的誤差。

假設把一定要使用端點資料的限制去除掉，我們可以自由地在曲線上選取兩點，並計算連線下面積的積分結果。那麼只要能技術性地選到很適當的兩點，並且能讓多計算的面積與少計算的面積幾乎可以相互抵消，那麼就如同圖 18.6b 所顯示的，積分結果相對地就會比較正確。

高斯求積法 (Gauss quadrature) 就是使用這種技巧的方法。本節中所討論的高斯求積法，我們特別稱為**高斯-列根卓 (Gauss-Legendre)** 公式。在開始討論此近似法之前，我們將先展示諸如梯形法的數值積分公式如何藉由未定係數法推導出來。在高斯-列根卓公式的發展過程中，我們將會應用到此未定係數法。

18.4.1 未定係數法

在第 17 章中，梯形法可藉由幾何觀念或積分線性內插多項式導出，**未定係數法 (method of undetermined coefficients)** 除了能推導出梯形法，也能推導出高斯求積法。

為了說明此近似法，我們可以將方程式 (18.16) 寫成

$$I \cong c_0 f(a) + c_1 f(b) \tag{18.17}$$

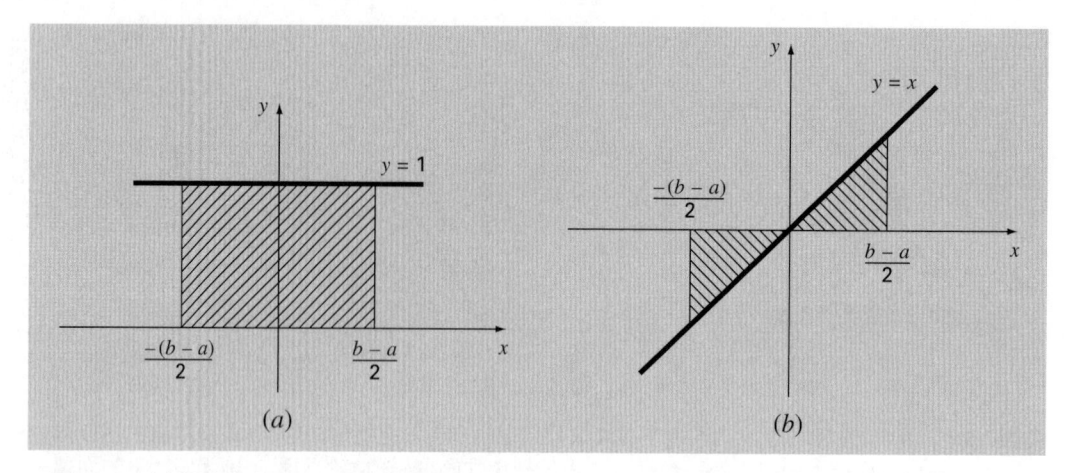

圖 18.7 以梯形法積分時，必須提供精確解的兩個函數，被積函數為 (a) 常數，(b) 直線。

其中 c_0 與 c_1 為常數。由於梯形法應用在被積函數為常數或直線時，必須要能提供正確解。因此在圖 18.6 中以 $y = 1$ 與 $y = x$ 兩個簡單的函數來說明，也就是必須符合以下兩個方程式：

$$c_0 + c_1 = \int_{-(b-a)/2}^{(b-a)/2} 1 \, dx$$

與

$$-c_0 \frac{b-a}{2} + c_1 \frac{b-a}{2} = \int_{-(b-a)/2}^{(b-a)/2} x \, dx$$

或計算出積分值後，必須符合以下兩個方程式

$$c_0 + c_1 = b - a$$

與

$$-c_0 \frac{b-a}{2} + c_1 \frac{b-a}{2} = 0$$

這兩個方程式雖然都有兩個未知變數，但是可以解得

$$c_0 = c_1 = \frac{b-a}{2}$$

因此將上式代入到方程式 (18.17) 後可得

$$I = \frac{b-a}{2} f(a) + \frac{b-a}{2} f(b)$$

事實上，此方程式與梯形法相同。

18.4.2 兩點高斯-列根卓公式的推導

正如梯形法公式的推導情況,高斯求積法必需求得以下方程式的係數

$$I \cong c_0 f(x_0) + c_1 f(x_1) \qquad (18.18)$$

其中係數 c 的值為未定。然而,有別於梯形法公式使用固定端點 a 與 b,在此 x_0 與 x_1 不但未必是端點,而且是未知的(圖 18.8)。因此,目前共有四個未知數,而且需要四個條件來幫助我們正確的求出這四個未知數。

與梯形法公式相同,在方程式 (18.12) 中被積函數為常數或直線時必須提供精確解,由此可得二個條件。然後,只要沿續此想法,假設被積函數為二次函數 ($y = x^2$) 或三次函數 ($y = x^3$) 時也必須提供精確解。如此便能求出這四個未知數。此四個待解的方程式為

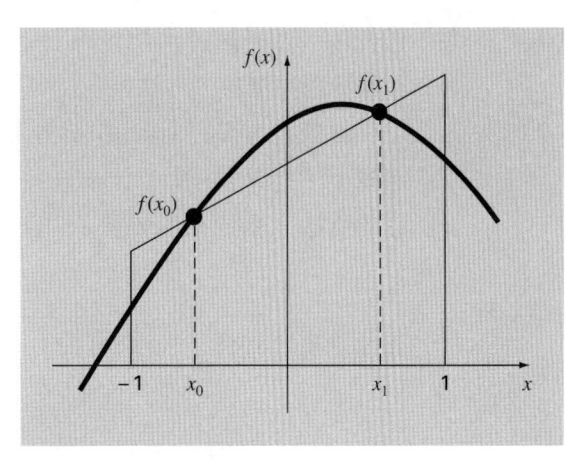

○ **圖 18.8** 使用高斯求積法積分時,未知變數 x_0 與 x_1 的圖形說明。

$$c_0 f(x_0) + c_1 f(x_1) = \int_{-1}^{1} 1 \, dx = 2 \qquad (18.19)$$

$$c_0 f(x_0) + c_1 f(x_1) = \int_{-1}^{1} x \, dx = 0 \qquad (18.20)$$

$$c_0 f(x_0) + c_1 f(x_1) = \int_{-1}^{1} x^2 \, dx = \frac{2}{3} \qquad (18.21)$$

$$c_0 f(x_0) + c_1 f(x_1) = \int_{-1}^{1} x^3 \, dx = 0 \qquad (18.22)$$

同時解方程式 (18.19) 至方程式 (18.22) 後可得

$$c_0 = c_1 = 1$$
$$x_0 = -\frac{1}{\sqrt{3}} = -0.5773503\ldots$$
$$x_1 = \frac{1}{\sqrt{3}} = 0.5773503\ldots$$

將此結果代入至方程式 (18.18) 後可得兩點高斯-列根卓公式

$$I \cong f\left(\frac{-1}{\sqrt{3}}\right) + f\left(\frac{1}{\sqrt{3}}\right) \qquad (18.23)$$

因此，一個僅僅透過在 $x = 1/\sqrt{3}$ 與 $x = -1/\sqrt{3}$ 兩點上函數值的相加就能獲得數值積分三階準確的方法。

注意在方程式 (18.19) 至方程式 (18.22) 的積分中，積分範圍都是由 −1 到 1。事實上，這問題在數學上僅僅只要透過簡單的變數轉換就可以辦到。如果假設一個新的變數 x_d 與原來的變數 x 間存在線性關係

$$x = a_0 + a_1 x_d \tag{18.24}$$

將積分範圍下限 $x = a$ 對應至 $x_d = -1$，這些值代入至方程式 (18.24) 後可得

$$a = a_0 + a_1(-1) \tag{18.25}$$

同樣的做法，將積分範圍上界 $x = b$ 對應至 $x_d = 1$，代入至方程式 (18.24) 後可得

$$b = a_0 + a_1(1) \tag{18.26}$$

同時解方程式 (18.25) 與 (18.26) 後可得

$$a_0 = \frac{b+a}{2} \tag{18.27}$$

與

$$a_1 = \frac{b-a}{2} \tag{18.28}$$

將此結果再代回至方程式 (18.24) 後得到

$$x = \frac{(b+a) + (b-a)x_d}{2} \tag{18.29}$$

將此結果微分以後可得

$$dx = \frac{b-a}{2} dx_d \tag{18.30}$$

如果在積分函數中，分別將 x 與 dx 用方程式 (18.29) 與 (18.30) 來替換，那麼積分範圍雖然會改變，但是卻不會影響到積分的結果。以下的範例將詳細說明此一觀念的應用過程。

範例 18.3　兩點高斯-列根卓公式

問題描述：利用方程式 (18.23) 計算在 $x = 0$ 到 $x = 0.8$ 的範圍內積分

$$f(x) = 0.2 + 25x - 200x^2 + 675x^3 - 900x^4 + 400x^5$$

此與第 17 章中使用牛頓-寇特斯公式來處理的範例相同，精確值為 1.640533。

解法：在積分函數之前，我們必須先做變數變換，才能使積分範圍由 -1 到 $+1$。以 $a = 0$ 與 $b = 0.8$ 代入到方程式 (18.29) 中後得到

$$x = 0.4 + 0.4x_d$$

此關係式的微分（方程式 (18.30)）為

$$dx = 0.4 \, dx_d$$

將這兩個式子代入到原方程式後得到

$$\int_0^{0.8} (0.2 + 25x - 200x^2 + 675x^3 - 900x^4 + 400x^5) \, dx$$
$$= \int_{-1}^{1} [0.2 + 25(0.4 + 0.4x_d) - 200(0.4 + 0.4x_d)^2 + 675(0.4 + 0.4x_d)^3$$
$$- 900(0.4 + 0.4x_d)^4 + 400(0.4 + 0.4x_d)^5] 0.4 \, dx_d$$

所以，上式中等號右邊是可以使用高斯求積法來處理。變換後的函數在點 $-1/\sqrt{3}$ 處之值為 0.516741，另外點 $1/\sqrt{3}$ 處之值則為 1.305837。因此，根據方程式 (18.23) 的積分結果就應該是

$$I \cong 0.516741 + 1.305837 = 1.822578$$

此結果的相對誤差百分比為 -11.1%。大致相當於使用 4 個區間的梯形法結果（表 17.1），或相當於使用簡單辛普森 1/3 法則與簡單辛普森 3/8 法則（參考範例 17.4 與 17.6）。由於辛普森法則原本就是三階準確的方法，因此以上結果是可以預期的。然而，由於高斯求積法選擇基準點的方式比較聰敏，因此能夠只利用兩個函數值相加就能得到三階準確的結果。

18.4.3 多點公式

除了前一節所提到的兩點公式以外，我們也可以推導出多點公式的一般形式

$$I \cong c_0 f(x_0) + c_1 f(x_1) + \cdots + c_{n-1} f(x_{n-1}) \tag{18.31}$$

其中 n 為所選取的點數，至於 c 與 x 的值則參考表 18.1（至 6 個點）。

範例 18.4　三點高斯-列根卓公式

問題描述：利用表 18.1 的三點公式來計算範例 18.3 中的函數積分值。

解法：依據表 18.1 的三點公式

$$I = 0.5555556 f(-0.7745967) + 0.8888889 f(0) + 0.5555556 f(0.7745967)$$

表 18.1 高斯-列根卓公式中所使用的權重因子 c 與函數參數 x。

點數	權重因子	函數參數	截取誤差
2	$c_0 = 1.0000000$ $c_1 = 1.0000000$	$x_0 = -0.577350269$ $x_1 = 0.577350269$	$\cong f^{(4)}(\xi)$
3	$c_0 = 0.5555556$ $c_1 = 0.8888889$ $c_2 = 0.5555556$	$x_0 = -0.774596669$ $x_1 = 0.0$ $x_2 = 0.774596669$	$\cong f^{(6)}(\xi)$
4	$c_0 = 0.3478548$ $c_1 = 0.6521452$ $c_2 = 0.6521452$ $c_3 = 0.3478548$	$x_0 = -0.861136312$ $x_1 = -0.339981044$ $x_2 = 0.339981044$ $x_3 = 0.861136312$	$\cong f^{(8)}(\xi)$
5	$c_0 = 0.2369269$ $c_1 = 0.4786287$ $c_2 = 0.5688889$ $c_3 = 0.4786287$ $c_4 = 0.2369269$	$x_0 = -0.906179846$ $x_1 = -0.538469310$ $x_2 = 0.0$ $x_3 = 0.538469310$ $x_4 = 0.906179846$	$\cong f^{(10)}(\xi)$
6	$c_0 = 0.1713245$ $c_1 = 0.3607616$ $c_2 = 0.4679139$ $c_3 = 0.4679139$ $c_4 = 0.3607616$ $c_5 = 0.1713245$	$x_0 = -0.932469514$ $x_1 = -0.661209386$ $x_2 = -0.238619186$ $x_3 = 0.238619186$ $x_4 = 0.661209386$ $x_5 = 0.932469514$	$\cong f^{(12)}(\xi)$

此式相當於

$$I = 0.2813013 + 0.8732444 + 0.4859876 = 1.640533$$

其值與精確解相同。

由於高斯求積法在積分區間中需要在不等距離的點上求值,所以當積分函數為未知時,此求積法就顯得不是很恰當。因此,高斯求積法不適用於表列資料的工程應用問題。然而,當函數為已知時,而且需要進行許多積分運算時,高斯求積法就能顯現出較有效率的優勢。

範例 18.5　高斯求積法在降落傘問題的應用

問題描述:在範例 17.3 中,我們使用多重區間梯形法來計算

$$d = \frac{gm}{c} \int_0^{10} \left[1 - e^{-(c/m)t} \right] dt$$

其中 $g = 9.8$、$c = 12.5$ 與 $m = 68.1$。積分的精確結果可由微積分直接計算出為 289.4351。在範例 17.3 中,使用區段數為 500 時,多重區間梯形法提供了最佳的準確度,其值為 289.4348,誤差 $|\varepsilon_t| \cong 1.15 \times 10^{-4}$ %。以高斯求積法重新計算一次這個問題。

> **解法**：在做完變數變換，使積分範圍由 −1 至 +1 後。可以得到以下結果
> 兩點求積法結果 = 290.0145
> 三點求積法結果 = 289.4393
> 四點求積法結果 = 289.4352
> 五點求積法結果 = 289.4351
> 六點求積法結果 = 289.4351
> 因此，可以看出五點求積法與六點求積法均可求得含七位有效位數的精確解。

18.4.4 高斯求積法的誤差分析

一般而言，高斯-列根卓公式的誤差可以由以下公式來表示（Carnahan 等，1969）

$$E_t = \frac{2^{2n+3}[(n+1)!]^4}{(2n+3)[(2n+2)!]^3} f^{(2n+2)}(\xi) \tag{18.32}$$

其中 n 為所使用的點數減 1，$f^{(2n+2)}(\xi)$ 為做完變數變換後函數之 $(2n+2)$ 階微分，而 ξ 之值介於 −1 到 1 之間。在比較過方程式 (18.32) 與表 17.2 之後可以發現高斯求積法優於牛頓-寇特斯公式，而且在不增加求值點數的情況下誤差公式有較高階的微分。然而在本章最後會舉例說明（習題 18.8），有時候高斯-列根卓公式的效果反而比多重區段辛普森法則或朗柏格積分法更差。然而在面對許多工程上應用問題的函數時，高斯求積法明顯地是比較有效率的。

18.5 瑕積分

截至目前為止，我們所談的都是積分範圍為有限的積分方法。雖然工程應用中大部分的函數都屬於這種型態，然而有時也必須處理瑕積分的問題。本節將把重點放在積分下界為 −∞ 或積分上界為 +∞ 的瑕積分問題。

這一類型的積分問題通常可以藉由變數變換的方式，將原本積分範圍為無限的問題轉變成為有限。當 x 趨近於 0 時，若函數 $f(x)$ 趨近於 0 的速度不亞於 $1/x^2$，則對於 $ab > 0$ 的情況下，以下等式可以達到我們期望的目標

$$\int_a^b f(x)\, dx = \int_{1/b}^{1/a} \frac{1}{t^2} f\left(\frac{1}{t}\right) dt \tag{18.33}$$

也就是在 a 為正數、b 為 +∞ 或 a 為 −∞、b 為負數時使用。而當積分邊界為 −∞ 到一個正數或由一個負數到 +∞ 時，積分可以分成兩部分來計算。例如說

$$\int_{-\infty}^{b} f(x)\,dx = \int_{-\infty}^{-A} f(x)\,dx + \int_{-A}^{b} f(x)\,dx \qquad (18.34)$$

其中 $-A$ 是一個絕對值夠大的負數,能使函數以不亞於 $1/x^2$ 的速度趨近到 0。在積分分成兩部分計算後,第一部分就能以方程式 (18.33) 求出,第二部分能以諸如辛普森 1/3 法則的牛頓-寇特斯封閉式公式求得。

使用方程式 (18.33) 來計算積分值時,所面臨到的問題之一是在其中的一個邊界上為奇異值。因此可以藉由不使用邊界點奇異值的開放式積分公式來減少這些問題。為了在使用這些開放式公式時能有較大的彈性,就必須事先建立諸如表 17.4 的多重應用版本公式。

多重應用版本的開放式積分公式事實上可以結合封閉式版本公式共同使用。也就是在端點處使用開放式積分公式,而在僅包含內點的區間中使用封閉式公式。例如,結合多重應用版本梯形法與中點法可得

$$\int_{x_0}^{x_n} f(x)\,dx = h\left[\frac{3}{2}f(x_1) + \sum_{i=2}^{n-2} f(x_i) + \frac{3}{2}f(x_{n-1})\right]$$

此外,我們也可以將公式應用在半開區間上。例如,在積分下限為開區間且積分上限為閉區間時,可以使用以下公式

$$\int_{x_0}^{x_n} f(x)\,dx = h\left[\frac{3}{2}f(x_1) + \sum_{i=2}^{n-1} f(x_i) + \frac{1}{2}f(x_n)\right]$$

雖然這些關係也是可以應用的,但反而比較建議使用以下公式(Press 等,2007)

$$\int_{x_0}^{x_n} f(x)\,dx = h[f(x_{1/2}) + f(x_{3/2}) + \cdots + f(x_{n-3/2}) + f(x_{n-1/2})] \qquad (18.35)$$

此即為所謂的延伸式中點法則(extended midpoint rule)。注意此公式結果是取區間第一個點之後 $h/2$ 及區間最後一個點之前 $h/2$ 的積分極限值(圖 18.9)。

◐ 圖 18.9 在延伸式中點法則中,相對於積分界限的資料點放置情況。

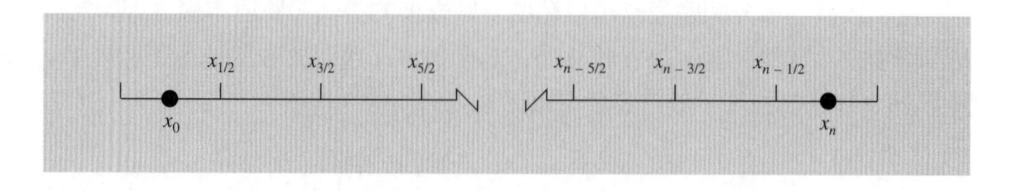

範例 *18.6*　瑕積分的求值

問題描述： 在統計學裡，**累計常態分配 (cumulative normal distribution)** 是一個重要的公式（參考圖 18.10）：

$$N(x) = \int_{-\infty}^{x} \frac{1}{\sqrt{2\pi}} e^{-x^2/2} \, dx \tag{E18.6.1}$$

其中 $x = (y - \bar{y})/s_y$ 為**正規化標準差 (normalized standard deviate)**。代表常態分配在經過變數變換，分布圖以 0 為中心，橫座標則是以標準差的倍數為衡量的單位（圖 18.10 (b)）。

　　方程式 (E18.6.1) 代表一個事件小於 x 的機率。例如說 $x = 1$，則方程式 (E18.6.1) 可以用來決定事件小於一個標準差的機率，也就是 $N(1) = 0.8413$。換句話說，在 100 個事件中，在小於平均值加一個標準差的範圍內，約會有 84 件發生。由於方程式 (E18.6.1) 無法以一般的計算方法處理，因此須要利用數值方法來處理，並製作成統計表使用。利用方程式 (18.28) 與辛普森 1/3 法則，搭配延伸式中點法則來進行數值計算 $N(1)$。

解法： 將方程式 (E18.6.1) 以方程式 (18.34) 的型態來表示為

$$N(x) = \frac{1}{\sqrt{2\pi}} \left(\int_{-\infty}^{-2} e^{-x^2/2} \, dx + \int_{-2}^{1} e^{-x^2/2} \, dx \right)$$

第一個積分可以應用方程式 (18.33) 來求值，可得

$$\int_{-\infty}^{-2} e^{-x^2/2} \, dx = \int_{-1/2}^{0} \frac{1}{t^2} e^{-1/(2t^2)} \, dt$$

然後，以 $h = 1/8$ 搭配延伸式中點法則可以求得

$$\int_{-1/2}^{0} \frac{1}{t^2} e^{-1/(2t^2)} \, dt \cong \frac{1}{8}[f(x_{-7/16}) + f(x_{-5/16}) + f(x_{-3/16}) + f(x_{-1/16})]$$

$$= \frac{1}{8}[0.3833 + 0.0612 + 0 + 0] = 0.0556$$

以 $h = 0.5$ 搭配辛普森 1/3 法則來求第二個積分值可得

$$\int_{-2}^{1} e^{-x^2/2} \, dx$$

$$= [1 - (-2)] \frac{0.1353 + 4(0.3247 + 0.8825 + 0.8825) + 2(0.6065 + 1) + 0.6065}{3(6)}$$

$$= 2.0523$$

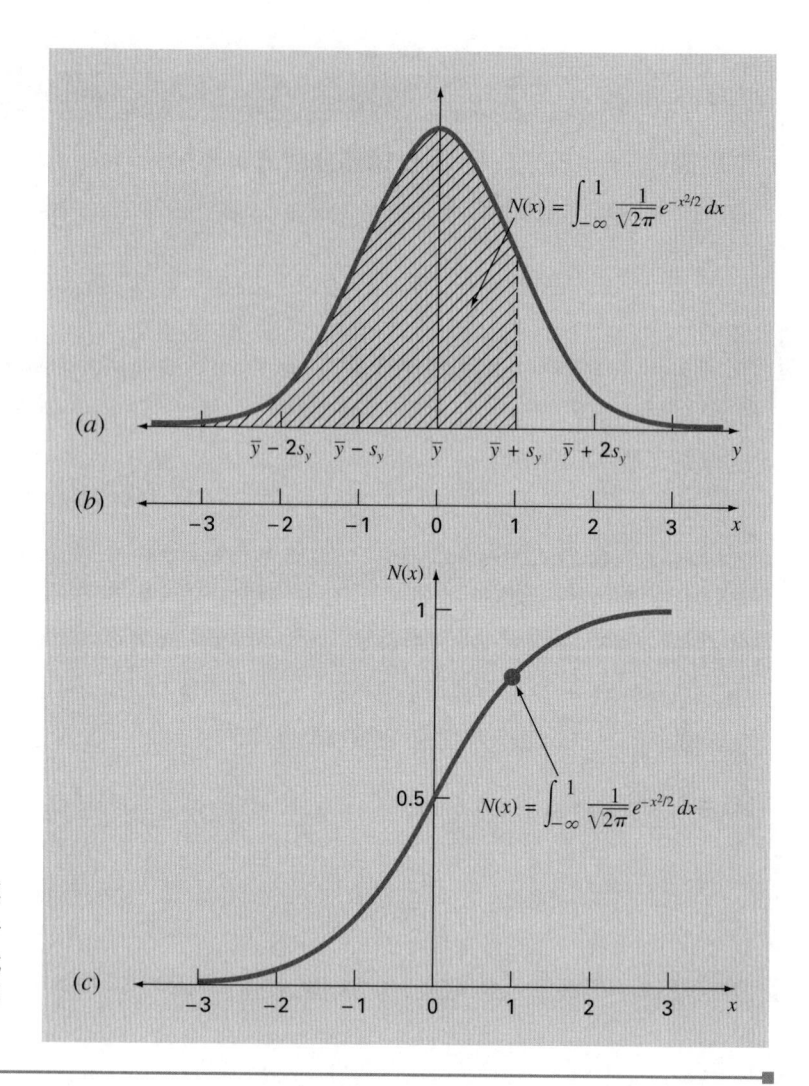

⇒ **圖 18.10** (a) 常態分配；(b) 以標準差來代表橫座標；(c) 累計常態分配。(a) 中的陰影區域與 (c) 中的點代表一個隨機事件小於平均值加一個標準差的機率。

所以，最後的計算結果為

$$N(1) \cong \frac{1}{\sqrt{2\pi}}(0.0556 + 2.0523) = 0.8409$$

此結果的誤差為 $\varepsilon_t = 0.046\%$。

先前所做的計算其實有許多改善的方法。首先是可以改用較高階的方法，例如說是應用朗柏格積分法。其次是在積分時選取較多的點。Press 等 (2007) 深入探討同時使用此二選項的做法時，該如何改善。

除了積分區間為無限的暇積分以外，還有許多不同形式的暇積分。例如說積分函數在邊界點上或區間內某一點上為奇異點。對於處理這一類的問題，Press 等 (2007) 亦提供貼切與深入的探討。

習 題

18.1 使用具有準確度 h^8 的朗柏格積分法計算以下積分值，並計算 ε_a 與 ε_t。

$$\int_0^3 xe^{2x}dx$$

18.2 使用朗柏格積分法計算以下積分值，準確度需達到誤差為 $\varepsilon_s = 0.5\%$（參考方程式 (18.9)）。

$$I = \int_1^2 \left(x + \frac{1}{x}\right)^2 dx$$

將計算結果以圖 18.3 的形式呈現。最後，將朗柏格積分法求出的積分值，與解析解比較，計算出實際的誤差 ε_t。檢驗 ε_t 是否符合終止條件 ε_s。

18.3 使用朗柏格積分法計算以下積分值，準確度需達到誤差為 $\varepsilon_s = 0.5\%$。

$$\int_0^2 \frac{e^x \sin x}{1+x^2} dx$$

計算結果需利用圖 18.3 的形式呈現。

18.4 應用 2、3 與 4 點的高斯-列根卓公式來計算習題 18.2 的結果。針對每一個情況，以解析解為基礎來計算 ε_t。

18.5 應用 2、3 與 4 點的高斯-列根卓公式來計算習題18.1的結果。針對每一個情況，以解析解為基礎來計算 ε_t。

18.6 應用 5 點的高斯-列根卓公式來計算習題 18.3 的結果。

18.7 使用朗柏格積分法重做範例 17.3 與 18.5 的降落傘問題（$\varepsilon_s = 0.05\%$）。

18.8 應用 2 至 6 點的高斯-列根卓公式來計算

$$\int_{-3}^3 \frac{1}{1+x^2}dx$$

依據方程式 (18.32) 來解釋你的結果。

18.9 利用數值積分方法計算以下各積分值

(a) $\int_2^\infty \frac{dx}{x(x+2)}$

(b) $\int_0^\infty e^{-y}\sin^2 y\, dy$

(c) $\int_0^\infty \frac{1}{(1+y^2)(1+y^2/2)} dy$

(d) $\int_{-2}^\infty ye^{-y} dy$

(e) $\int_0^\infty \frac{1}{\sqrt{2\pi}} e^{-x^2/2} dx$

其中 (e) 為常態分配（回顧圖 18.10）。

18.10 以圖 18.1 中的多區段 (a) 梯形法；(b) 辛普森 1/3 法則，發展一使用者介面友善的電腦程式。利用以下積分來測試你的程式，並以 $n = 4$ 與真正值為 0.602298 來計算 ε_t。

$$\int_0^1 x^{0.1}(1.2-x)\left(1-e^{20(x-1)}\right)dx$$

18.11 以圖 18.4 中的朗柏格積分法為基礎，發展一使用者介面友善的電腦程式。藉由重新計算範例 18.3、範例 18.4 與習題 18.10 中函數的結果來驗證你的程式。

18.12 以圖 18.5 中的適性求積法為基礎，發展一使用者介面友善的電腦程式。藉由重新計算習題 18.10 中函數的結果來驗證你的程式。

18.13 針對高斯求積法，發展一使用者介面友善的電腦程式。藉由重新計算範例 18.3、範例 18.4 與習題 18.10 中函數的結果來驗證你的程式。

18.14 針對以下函數，應用 2 點的高斯求積法估算 erf(1.5) 的值。精確結果為 0.966105。

$$\text{erf}(a) = \frac{2}{\sqrt{\pi}}\int_0^a e^{-x^2}dx$$

18.15 圓管在一定時間內的質量傳遞總量為

$$M = \int_{t_1}^{t_2} Q(t)c(t)dt$$

其中 M 為質量 (mg)，t_1 與 t_2 分別為初始與結束時間 (min)，$Q(t)$ 為流率 (m^3/min)，$c(t)$

為濃度(mg/m^3)。若以下方程式分別訂定了流率與濃度的變化

$$Q(t) = 9 + 5\cos^2(0.4t)$$
$$c(t) = 5e^{-0.5t} + 2e^{0.15t}$$

試以朗柏格積分法，終止條件 0.1%，求時間 $t_1 = 2$ 分鐘到 $t_2 = 8$ 分鐘間的質量傳遞總量。

18.16 河流深度 H 可由以下表格中等距資料點量測。若河流的橫截面積由以下積分公式決定

$$A_c = \int_0^x H(x)\,dx$$

試以朗柏格積分法，終止條件為 1%，求此積分結果。

x, m	0	2	4	6	8	10	12	14	16
H, m	0	1.9	2	2	2.4	2.6	2.25	1.12	0

18.17 回顧包含線性拖曳力的自由降落傘問題，描繪其速度的解析方程式為

$$v(t) = \frac{gm}{c}(1 - e^{-(c/m)t})$$

其中 $v(t)$ 為速度 (m/s)，t 為時間 (s)，$g = 9.81 \text{ m/s}^2$、m 為質量 (kg)，c 則為線性拖曳力常數 (kg/s)。試以朗柏格積分法，$\varepsilon_s = 1\%$，在 $m = 80 \text{ kg}$ 與 $c = 10 \text{ kg/s}$ 的條件下，求最初 8 秒內自由降落的跳傘人員所經過的總距離。

18.18 證明方程式 (18.15) 與布爾法則相同。

CHAPTER 19 數值微分 Numerical Differentiation

我們已經在第 4 章中介紹過如何利用泰勒展開式推導出函數微分的有限均差近似公式。在第 4 章中也推導出一階微分與高階微分的前向差分公式、後向差分公式與中央差分公式。然而這些差分公式的誤差最佳狀況都只有 $O(h^2)$，亦即，誤差與使用的步長平方成正比。誤差估計僅能到此層次是由於在使用泰勒展開式處理微分時只保留了一部分項式。接下來將說明如何在保留更多項的情況下，提高公式的準確度。

19.1 高準確度的差分公式

正如先前所提到的，若希望得到較高準確度的均差公式，一般可以在使用泰勒級數展開式時加上一些額外的項次。例如，前向泰勒級數展開式可以寫成（方程式 (4.21)）

$$f(x_{i+1}) = f(x_i) + f'(x_i)h + \frac{f''(x_i)}{2}h^2 + \cdots \tag{19.1}$$

另外可以寫成

$$f'(x_i) = \frac{f(x_{i+1}) - f(x_i)}{h} - \frac{f''(x_i)}{2}h + O(h^2) \tag{19.2}$$

在第 4 章中，我們捨棄二階微分項與高階微分項後得到的結果是

$$f'(x_i) = \frac{f(x_{i+1}) - f(x_i)}{h} + O(h) \tag{19.3}$$

相較於此近似法，現在若保留方程式 (19.2) 中的二階微分項，並且用以下的差分公式（方程式 (4.24)）

$$f''(x_i) = \frac{f(x_{i+2}) - 2f(x_{i+1}) + f(x_i)}{h^2} + O(h) \tag{19.4}$$

來代換此二階微分項,可以得到

$$f'(x_i) = \frac{f(x_{i+1}) - f(x_i)}{h} - \frac{f(x_{i+2}) - 2f(x_{i+1}) + f(x_i)}{2h^2}h + O(h^2)$$

或者,重新整理以後為

$$f'(x_i) = \frac{-f(x_{i+2}) + 4f(x_{i+1}) - 3f(x_i)}{2h} + O(h^2) \tag{19.5}$$

由此可以看到當加入二階微分項以後,準確度可以改進而成為 $O(h^2)$。相同的改進方法可以套用在後向差分公式與中央差分公式,甚至套用到更高階的微分上。圖 19.1 至圖 19.3 列舉出第4章中所有公式的結果。範例 19.1 則說明如何利用這些公式求導數。

一階微分	誤差
$f'(x_i) = \dfrac{f(x_{i+1}) - f(x_i)}{h}$	$O(h)$
$f'(x_i) = \dfrac{-f(x_{i+2}) + 4f(x_{i+1}) - 3f(x_i)}{2h}$	$O(h^2)$

二階微分 |
---|---
$f''(x_i) = \dfrac{f(x_{i+2}) - 2f(x_{i+1}) + f(x_i)}{h^2}$ | $O(h)$
$f''(x_i) = \dfrac{-f(x_{i+3}) + 4f(x_{i+2}) - 5f(x_{i+1}) + 2f(x_i)}{h^2}$ | $O(h^2)$

三階微分 |
---|---
$f'''(x_i) = \dfrac{f(x_{i+3}) - 3f(x_{i+2}) + 3f(x_{i+1}) - f(x_i)}{h^3}$ | $O(h)$
$f'''(x_i) = \dfrac{-3f(x_{i+4}) + 14f(x_{i+3}) - 24f(x_{i+2}) + 18f(x_{i+1}) - 5f(x_i)}{2h^3}$ | $O(h^2)$

四階微分 |
---|---
$f''''(x_i) = \dfrac{f(x_{i+4}) - 4f(x_{i+3}) + 6f(x_{i+2}) - 4f(x_{i+1}) + f(x_i)}{h^4}$ | $O(h)$
$f''''(x_i) = \dfrac{-2f(x_{i+5}) + 11f(x_{i+4}) - 24f(x_{i+3}) + 26f(x_{i+2}) - 14f(x_{i+1}) + 3f(x_i)}{h^4}$ | $O(h^2)$

◐ **圖 19.1** 前向有限均差公式:對每一項導數都列出兩個公式。第二個公式在泰勒展開式中保留比較多項,結果就更準確。

一階導數   誤差

$$f'(x_i) = \frac{f(x_i) - f(x_{i-1})}{h} \qquad O(h)$$

$$f'(x_i) = \frac{3f(x_i) - 4f(x_{i-1}) + f(x_{i-2})}{2h} \qquad O(h^2)$$

二階導數

$$f''(x_i) = \frac{f(x_i) - 2f(x_{i-1}) + f(x_{i-2})}{h^2} \qquad O(h)$$

$$f''(x_i) = \frac{2f(x_i) - 5f(x_{i-1}) + 4f(x_{i-2}) - f(x_{i-3})}{h^2} \qquad O(h^2)$$

三階導數

$$f'''(x_i) = \frac{f(x_i) - 3f(x_{i-1}) + 3f(x_{i-2}) - f(x_{i-3})}{h^3} \qquad O(h)$$

$$f'''(x_i) = \frac{5f(x_i) - 18f(x_{i-1}) + 24f(x_{i-2}) - 14f(x_{i-3}) + 3f(x_{i-4})}{2h^3} \qquad O(h^2)$$

四階導數

$$f''''(x_i) = \frac{f(x_i) - 4f(x_{i-1}) + 6f(x_{i-2}) - 4f(x_{i-3}) + f(x_{i-4})}{h^4} \qquad O(h)$$

$$f''''(x_i) = \frac{3f(x_i) - 14f(x_{i-1}) + 26f(x_{i-2}) - 24f(x_{i-3}) + 11f(x_{i-4}) - 2f(x_{i-5})}{h^4} \qquad O(h^2)$$

◯ **圖 19.2** 後向有限均差公式：對每一項微分都列出兩個公式。第二個公式在泰勒展開式中保留比較多項，因此結果就更準確。

一階導數   誤差

$$f'(x_i) = \frac{f(x_{i+1}) - f(x_{i-1})}{2h} \qquad O(h^2)$$

$$f'(x_i) = \frac{-f(x_{i+2}) + 8f(x_{i+1}) - 8f(x_{i-1}) + f(x_{i-2})}{12h} \qquad O(h^4)$$

二階導數

$$f''(x_i) = \frac{f(x_{i+1}) - 2f(x_i) + f(x_{i-1})}{h^2} \qquad O(h^2)$$

$$f''(x_i) = \frac{-f(x_{i+2}) + 16f(x_{i+1}) - 30f(x_i) + 16f(x_{i-1}) - f(x_{i-2})}{12h^2} \qquad O(h^4)$$

三階導數

$$f'''(x_i) = \frac{f(x_{i+2}) - 2f(x_{i+1}) + 2f(x_{i-1}) - f(x_{i-2})}{2h^3} \qquad O(h^2)$$

$$f'''(x_i) = \frac{-f(x_{i+3}) + 8f(x_{i+2}) - 13f(x_{i+1}) + 13f(x_{i-1}) - 8f(x_{i-2}) + f(x_{i-3})}{8h^3} \qquad O(h^4)$$

四階導數

$$f''''(x_i) = \frac{f(x_{i+2}) - 4f(x_{i+1}) + 6f(x_i) - 4f(x_{i-1}) + f(x_{i-2})}{h^4} \qquad O(h^2)$$

$$f''''(x_i) = \frac{-f(x_{i+3}) + 12f(x_{i+2}) - 39f(x_{i+1}) + 56f(x_i) - 39f(x_{i-1}) + 12f(x_{i-2}) + f(x_{i-3})}{6h^4} \qquad O(h^4)$$

◯ **圖 19.3** 中央有限均差公式：對每一項導數都列出兩個公式。第二個公式在泰勒展開式中保留比較多項，因此結果就更準確。

範例 19.1　較高準確度的差分公式

問題描述： 回顧範例 4.4，我們在 $x = 0.5$ 處，以有限均差與步長 $h = 0.25$ 來計算

$$f(x) = -0.1x^4 - 0.15x^3 - 0.5x^2 - 0.25x + 1.2$$

的導數值，其結果分別為

	前向 $O(h)$	後向 $O(h)$	中央 $O(h^2)$
估算所得數值	−1.155	−0.714	−0.934
誤差 ε_t(%)	−26.5	21.7	−2.4

誤差的計算是以真正值為 −0.9125 作為根據。以較高準確度的差分公式（圖 19.1 至圖 19.3）重新計算其結果。

解法： 在本例中需要的資料有

$$\begin{aligned}
x_{i-2} &= 0 & f(x_{i-2}) &= 1.2 \\
x_{i-1} &= 0.25 & f(x_{i-1}) &= 1.1035156 \\
x_i &= 0.5 & f(x_i) &= 0.925 \\
x_{i+1} &= 0.75 & f(x_{i+1}) &= 0.6363281 \\
x_{i+2} &= 1 & f(x_{i+2}) &= 0.2
\end{aligned}$$

精準度 $O(h^2)$ 的前向差分計算結果為（圖 19.1）

$$f'(0.5) = \frac{-0.2 + 4(0.6363281) - 3(0.925)}{2(0.25)} = -0.859375 \qquad \varepsilon_t = 5.82\%$$

精準度 $O(h^2)$ 的後向差分計算結果為（圖 19.2）

$$f'(0.5) = \frac{3(0.925) - 4(1.1035156) + 1.2}{2(0.25)} = -0.878125 \qquad \varepsilon_t = 3.77\%$$

精準度 $O(h^4)$ 的中央差分計算結果為（圖 19.3）

$$f'(0.5) = \frac{-0.2 + 8(0.6363281) - 8(1.1035156) + 1.2}{12(0.25)} = -0.9125 \qquad \varepsilon_t = 0\%$$

正如所預期的，較高準確度的前向差分與後向差分提供了比範例 4.4 更準確的結果。然而，令人驚訝的是中央差分提供了完全正確的計算結果。這是因為本例中泰勒級數所使用到的點恰巧為所有的資料點。

19.2 理察森外插法

截至目前為止，我們討論了兩種改善有限均差公式準確度的方法。(1) 縮小步長或 (2) 利用由較多點所推導出的高階公式。而第三種方法，就是使用理察森外插法，也就是使用兩個導數估計值來求得第三個更準確的導數值。

回顧 18.1.1 節所言，理察森外插法是一個求得較準確積分值的方法（方程式 (18.4)）

$$I \cong I(h_2) + \frac{1}{(h_1/h_2)^2 - 1}[I(h_2) - I(h_1)] \tag{19.6}$$

其中 $I(h_1)$ 與 $I(h_2)$ 分別是以步長 h_1 與 h_2 所求得的積分值。基於方便電腦程式演算法的表示，h_2 通常設定為 h_1 的一半，即 $h_2 = h_1/2$，因而得到

$$I \cong \frac{4}{3}I(h_2) - \frac{1}{3}I(h_1) \tag{19.7}$$

同樣的模式，方程式 (19.7) 改變為微分的形式後可以寫為

$$D \cong \frac{4}{3}D(h_2) - \frac{1}{3}D(h_1) \tag{19.8}$$

使用精準度為 $O(h^2)$ 的中央差分近似時，應用以上方程式做微分時會有精準度 $O(h^4)$ 的效果。

範例 19.2　理察森外插法

問題描述：針對範例 19.1 中所使用的函數，在 $x = 0.5$ 時，分別以步長 $h_1 = 0.5$ 與 $h_2 = 0.25$ 來計算其導數值。然後利用方程式 (19.8) 的理察森外插法來改善。此微分值的真正值為 -0.9125。

解法：以中央差分來求其一階導數值時，不同步長的結果分別為

$$D(0.5) = \frac{0.2 - 1.2}{1} = -1.0 \qquad \varepsilon_t = -9.6\%$$

與

$$D(0.25) = \frac{0.6363281 - 1.1035156}{0.5} = -0.934375 \qquad \varepsilon_t = -2.4\%$$

利用方程式 (19.8) 來改善導數值的結果為：

$$D = \frac{4}{3}(-0.934375) - \frac{1}{3}(-1) = -0.9125$$

在本例中，此值與正確值完全吻合。

在前一個範例中，由於被微分的函數是一個四階多項式，因此理察森外插法所得到的結果可以與正確值完全吻合。能夠有這麼完美的結果，是因為理察森外插法所擬合的高階多項式恰好通過這些資料點，又是以中央均差來求值。因此，在這個範例中才能與此四階多項式完全吻合。當然，對於其他大部分的函數，微分值結果能有改善，但是不會這麼剛好能與正確值完全吻合。此外，正如同理察森外插法的應用，可以透過迭代的方式使用朗柏格演算法來做近似，直到誤差結果落在我們可以接受的範圍為止。

19.3 不等間隔資料的微分

到目前為止，我們主要談論的都是如何決定一個給定函數的微分。在 19.1 節所提的有限均差近似公式，資料點都是相等間隔的。在 19.2 節所提的公式，資料點除了必須是相等間隔以外，而且每次應用時間隔還必須減半。這樣的控制流程通常也只有在我們能自由運用函數來建立資料表時才可行。

但是反過來說，如果資料是由實驗取得（通常是在不等間隔區間上收集而得）。那麼，剛才所使用的技巧就不適合應用在這樣的資料型態上。

處理不等間隔資料的方法之一是在每三個連續的點上就擬合出一個二階的拉格藍吉內插多項式（回想方程式 (15.23)）。記得這樣的多項式並不需要資料點為相等間隔。此二階多項式的微分為

$$f'(x) = f(x_{i-1})\frac{2x - x_i - x_{i+1}}{(x_{i-1} - x_i)(x_{i-1} - x_{i+1})} + f(x_i)\frac{2x - x_{i-1} - x_{i+1}}{(x_i - x_{i-1})(x_i - x_{i+1})}$$
$$+ f(x_{i+1})\frac{2x - x_{i-1} - x_i}{(x_{i+1} - x_{i-1})(x_{i+1} - x_i)} \tag{19.9}$$

其中 x 代表我們希望求取導數值的點。雖然這個方程式與在圖 19.1 至圖 19.3 中的一階導數近似相比顯得更複雜，但是卻有以下幾個明顯的優勢：第一，它可以用來計算位於此三個連續點間任何一點的導數值；第二，這些不需要為資料點相等間隔；第三，此微分估計公式與中央差分公式（方程式 (4.22)）具有同樣的準確度。事實上，若資料點為相等間隔且在點 $x = x_1$ 時求導數值，則方程式 (19.9) 可以轉化為方程式 (4.22)。

範例 19.3　不等間隔資料的微分

問題描述： 參考圖 19.4，溫度梯度可以在土壤中量測到。空氣與土壤介面的熱通量可以利用傅利葉定律來計算

$$q(z=0) = -k\rho C \left.\frac{dT}{dz}\right|_{z=0}$$

其中 q 為熱通量 (W/m^2)，k 為在土壤中的熱擴散係數 $(\cong 3.5 \times 10^{-7}\ m^2/s)$，$\rho$ 為土壤的密度 $(\cong 1800\ kg/m^3)$，C 為土壤的指定比熱 $(\cong 840\ J/(kg \cdot °C))$。當熱傳遞是由空氣進入土壤時，熱通量值為正數。利用數值微分法計算空氣與土壤介面的梯度。並利用此結果計算進入土壤的熱通量。

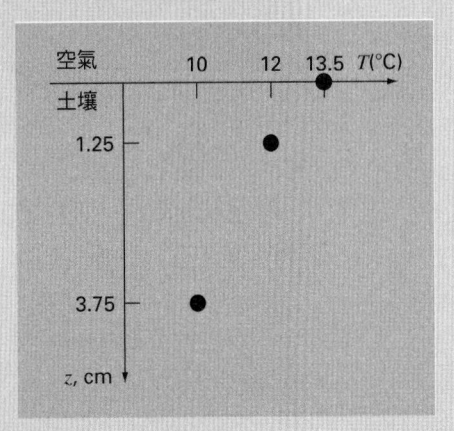

⊃ **圖 19.4** 地底溫度對深度的關係圖。

解法： 方程式 (19.9) 可以被用來計算導數值

$$f'(x) = 13.5\frac{2(0) - 1.25 - 3.75}{(0-1.25)(0-3.75)} + 12\frac{2(0) - 0 - 3.75}{(1.25-0)(1.25-3.75)}$$
$$+ 10\frac{2(0) - 0 - 1.25}{(3.75-0)(3.75-1.25)}$$
$$= -14.4 + 14.4 - 1.333333 = -1.333333°C/cm$$

此式可以用來計算（其中 $1\ W = 1\ J/s$）

$$q(z=0) = -3.5 \times 10^{-7}\frac{m^2}{s}\left(1800\frac{kg}{m^3}\right)\left(840\frac{J}{kg \cdot °C}\right)\left(-133.3333\frac{°C}{m}\right)$$
$$= 70.56\ W/m^2$$

19.4　資料本身具有誤差的微分與積分

　　姑且不論資料的不等間隔，另一個問題是資料本身具有量測上的誤差。數值微分的缺點之一就是會把資料原先就具有的誤差放大。由於圖 19.5a 中的資料沒有誤差，因此可以得到平滑的數值微分結果（圖 19.5c）。相較之下，同樣的資料若微量的差異（圖 19.5b），例如資料點的值有些增減，那麼這樣微量的誤差竟造成如圖 19.5d 中很明顯的錯誤結果。這就是數值微分中誤差的放大。

　　正如所預期的，我們將以最小平方迴歸對資料擬合出一個較平滑的微分函數。

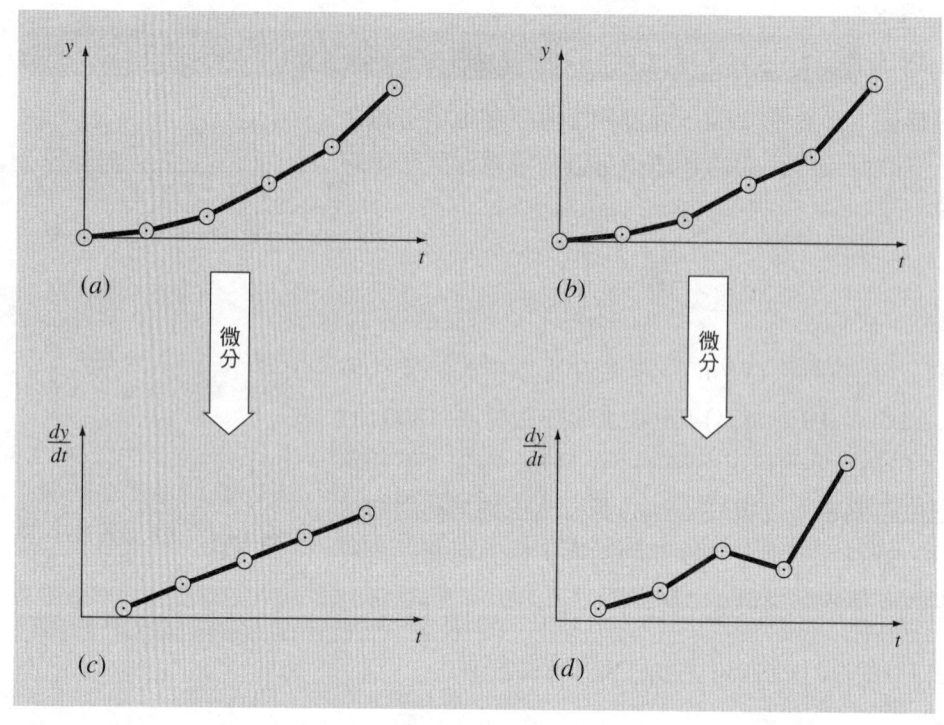

○ **圖 19.5** 舉例說明微量的誤差如何造成數值微分中的誤差放大。(a) 資料沒有誤差；(b) 資料中存在微量的誤差；(c) 圖 (a) 中曲線的數值微分；(d) 圖 (b) 中曲線的數值微分，結果存在很大的變異性。事實上，反方向由 (d) 至 (b) 的積分動作會減少資料誤差的影響（由 (d) 到 (b) 是計算 (d) 下的面積）。

在沒有其他條件的情況下，第一個想到的就是利用低階線性迴歸多項式。很明顯地，如果已知因變數與自變數間的函數，那麼這個關係就是最小平方擬合的基礎。

19.4.1 不可靠的資料對微分與積分之影響

我們介紹過如何藉由線性迴歸的曲線擬合技巧來降低不可靠資料對數值積分的影響。然而，由於在穩定度上的差異，此做法不常用來處理數值微分的問題。

例如圖 19.5 中的微分結果在誤差放大的情況下呈現出不穩定的現象。相較之下，數值積分藉由加總處理的結果，比較能忽略不可靠的資料所造成的影響。事實上，積分時藉由加總處理的過程能夠將隨機的正、負誤差互相抵消。然而，由於數值微分在過程中採用的是減法，反而造成誤差的加總。

19.5 偏導數

沿著一個方向考量的偏導數，其計算方式與常導數非常相似。例如，要計算二維函數 $f(x, y)$ 的偏導數，對於相等間隔的資料點而言，其一階偏導數可由以下中央差分來近似，

$$\frac{\partial f}{\partial x} = \frac{f(x+\Delta x, y) - f(x-\Delta x, y)}{2\Delta x} \quad (19.10)$$

$$\frac{\partial f}{\partial y} = \frac{f(x, y+\Delta y) - f(x, y-\Delta y)}{2\Delta y} \quad (19.11)$$

其他公式的近似方法皆可套用以上的想法來進行。

對於針對兩個或多個不同變數進行微分的高階偏導數，結果又稱為**混合偏導數** (mixed partial derivative)。例如，針對函數 $f(x, y)$ 的兩個自變數求偏導數

$$\frac{\partial^2 f}{\partial x \partial y} = \frac{\partial}{\partial x}\left(\frac{\partial f}{\partial y}\right) \quad (19.12)$$

至於以變數 y 為自變數的偏導函數，對變數 x 展開的中央差分公式為

$$\frac{\partial^2 f}{\partial x \partial y} = \frac{\frac{\partial f}{\partial y}(x+\Delta x, y) - \frac{\partial f}{\partial y}(x-\Delta x, y)}{2\Delta x} \quad (19.13)$$

然後再對分子的函數利用中央差分公式展開而得

$$\frac{\partial^2 f}{\partial x \partial y} = \frac{\frac{f(x+\Delta x, y+\Delta y) - f(x+\Delta x, y-\Delta y)}{2\Delta y} - \frac{f(x-\Delta x, y+\Delta y) - f(x-\Delta x, y-\Delta y)}{2\Delta y}}{2\Delta x} \quad (19.14)$$

同類項合併後得到以下結果

$$\frac{\partial^2 f}{\partial x \partial y} = \frac{f(x+\Delta x, y+\Delta y) - f(x+\Delta x, y-\Delta y) - f(x-\Delta x, y+\Delta y) + f(x-\Delta x, y-\Delta y)}{4\Delta x \Delta y} \quad (19.15)$$

19.6 以套裝軟體計算數值積分／微分

現有的套裝軟體在計算數值積分與微分上均有很強的功能。在本節中將介紹各位運用一些非常有用的工具。

19.6.1 MATLAB

MATLAB 提供許多的內建函數來執行函數或資料的積分與微分（表 19.1）。以下範例說明了如何使用其中部分函數。

不論給定的是函數或離散資料，MATLAB 均能計算其積分值。例如，函數 trapz 利用多重應用版的梯形法來求離散資料的積分值。其使用語法為：

```
q = trapz(x, y)
```

其中向量 x 與 y 分別包含自變數與因變數，q 則為積分的結果。同理，函數

表 19.1 一些用常用的 MATLAB 函數。(a) 積分；(b) 微分。

函數	描述
(a) 積分	
cumtrapz	以梯形法數值計算累積積分值
dblquad	數值計算重積分
polyint	解析法計算多項式積分
quad	辛普森適應積分法求積分值
quadgk	Gauss-Kronrod 適應積分法求積分值
quadl	Lobatto 適應積分法求積分值
quadv	向量求積法求積分值
trapz	梯形法求積分值
triplequad	求三重積分值
(b) 微分	
del2	離散型 Laplacian
diff	微分與導數近似
gradient	數值法求梯度
polyder	多項式導數

cumtrapz 可計算累積積分值。向量 q 的分量 q(k) 分別存放由 x(1) 到 x(k) 的積分值。

當明確指明被積分函數時，則函數 quad 利用自適應積分法產生定積分值。使用語法為：

    q = quad(fun, a, b)

其中 fun 為被積分函數，a 與 b 則分別為積分的上、下界限。

範例 19.4　針對速度函數使用數值積分來計算所經過的距離

問題描述：回顧 PT6.1 節的描述，以下積分公式可用來計算速度函數 $v(t)$ 所經過的距離 $y(t)$：

$$y(t) = \int_0^t v(t)\,dt \tag{E19.4.1}$$

回想 1.1 節中討論的降落傘問題，在初始速度為零與拖曳力為線性的條件下，速度函數可由以下公式計算：

$$v(t) = \frac{gm}{c}\left(1 - e^{-\frac{c}{m}t}\right) \tag{E19.4.2}$$

將方程式 (E19.4.2) 代入方程式 (E19.4.1)，積分後再搭配初始條件 $y(0) = 0$，可得

$$y(t) = \frac{gm}{c}t - \frac{gm^2}{c^2}\left(1 - e^{-\frac{c}{m}t}\right)$$

因此利用此結果可計算出，70 公斤的降落傘，當拖曳力為 12.5 kg/s 時，20 秒內可落下 799.73 公尺。

利用 MATLAB 中函數來執行數值積分。此外，將降落距離的解析結果與數值結果繪製在同一張圖中。

解法：首先，利用方程式 (E19.4.2) 產生一組不等時間間隔與對應速度的資料點。四捨五入後看起來像是量測到的數據。

```
>> format short g
>> t=[0 1 2 3 4.3 7 12 16];
>> g=9.81;m=70;c=12.5;
>> v=round(g*m/c*(1-exp(-c/m*t)));
```

降落傘總共行經距離為

```
>> y=trapz(t,v)
y =
   789.6
```

因此，跳傘者在 20 秒後共降落 789.6 公尺，非常接近解析解的 799.73 公尺。

若我們希望知道跳傘過程中每一個時間點的累計降落距離，可使用函數 cumtrapz 來計算：

```
>> yc=cumtrapz(t,v)
yc =
    0    4.5    17    36.5    70.3    162.1    379.6    579.6    789.6
```

利用 MATLAB 函數，以解析的速度結果與數值結果繪製距離對時間關係圖如下：

```
>> ta=linspace(t(1),t(length(t)));
>> ya=g*m/c*ta-g*m^2/c^2*(1-exp(-c/m*ta));
>> plot(ta,ya,t,yc,'o')
>> title('Distance versus time')
>> xlabel('t (s)'),ylabel('x (m)')
>> legend('analytical','numerical')
```

正如圖 19.6 所示，數值結果與解析之正確結果的資料吻合度甚高。

最後將利用函數 quad 以適性求積法來計算積分值。

```
>> va=@(t) g*m/c*(1-exp(-c/m*t));
>> yq=quad(va,t(1),t(length(t)))

yq =
   799.73
```

此結果與解析解之正確解有五位相同的有效位數。

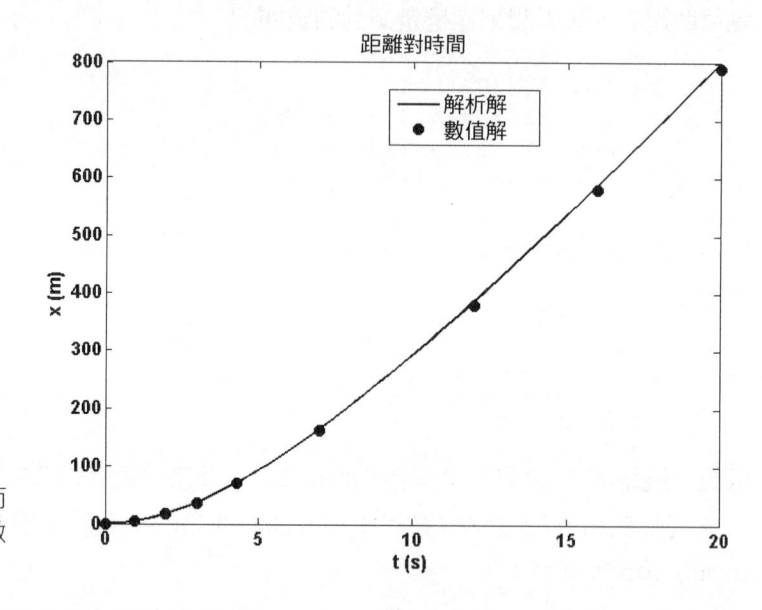

◐ 圖 19.6　距離對時間的關係圖。實線代表利用解析速度來求解，而圓點代表以速度之數值結果搭配函數 cumtrapz 來求解。

正如表 19.1b 所列，MATLAB 提供包含如函數 diff 與 gradient 的許多內建函數來求導數。當長度為 n 的一維向量被當成參數傳入時，函數 diff 傳回一個長度為 $n-1$ 的向量，內容為相鄰兩資料點的差，當成計算有限差分以求得一階微分的依據。

函數 gradient 也傳回差值。但與函數 diff 比較，在計算微分上有更高的相容性，其使用語法為：

　　fx = gradient(f)

其中 f 為長度等於 n 的一維向量，fx 也是長度為 n 的一維向量，但包含 f 的差值。正如函數 diff，第一個回傳值是前兩個值的差，最後的一個是最後兩個值的差，其他的值則利用以下中央差分的方式回傳：

$$diff_i = \frac{f_{i+1} - f_{i-1}}{2}$$

也就是分別採用了前向差分、後向差分與中央差分的概念來計算導數值。

請注意由於假設資料點間的間距為 1，因此若處理的是等距的資料點集，則以下函數以間距為分母，並傳回真正的導數值。

```
fx = gradient(f, h)
```

其中 h 為資料點間的間距。

範例 19.5　使用函數 diff 與 gradient 計算微分

問題描述：如何使用 MATLAB 函數 diff 與 gradient 計算函數 $f(x) = 0.2 + 25x - 200x^2 + 675x^3 - 900x^4 + 400x^5$ 在 $x = 0$ 到 0.8 範圍內的微分，並與正確結果 $f'(x) = 25 - 400x + 2025x^2 - 3600x^3 + 2000x^4$ 進行比較。

解法：首先，將函數表示成以下型態

```
>> f=@(x) 0.2+25*x-200*x.^2+675*x.^3-900*x.^4+400*x.^5;
```

然後產生一群包含自變數與因變數的相等間距資料點，

```
>> x=0:0.1:0.8;
>> y=f(x);
```

函數 diff 是用來計算向量中相鄰兩元素間的差異值。例如，

```
>> format short g
>> diff(x)

  0.1000 0.1000 0.1000 0.1000 0.1000 0.1000 0.1000 0.1000
```

結果代表相鄰的兩個 x 值間的差值，也與預計的結果相符。接下來只需將向量 y 與 x 相除，就能藉由均值差分計算導數值，即

```
>> d=diff(y)./diff(x)
   10.89 -0.01 3.19 8.49 8.69 1.39 -11.01 -21.31
```

由於採用等間距資料點，在 x 值產生之後，事實上能單純以下公式來計算

```
>> d=diff(f(x))/0.1;
```

此時向量 d 所包含的是相鄰兩點間中點的導數估算值，為了要能正確描繪圖形，必須先建立每個區段中點的座標值

```
>> n=length(x);
>> xm=(x(1:n-1)+x(2:n))./2;
```

再來是以較細的點集直接計算函數的導數

```
>> xa=0:.01:.8;
>> ya=25-400*xa+3*675*xa.^2-4*900*xa.^3+5*400*xa.^4;
```

繪製包含數值解與解析解的圖形,過程為

```
subplot(1,2,1), plot(xm,d,'o',xa,ya)
xlabel('x'),ylabel('y')
legend('numerical','analytical'),title('(a) diff')
```

如圖 19.7a 所示,解析解與數值解的吻合程度甚高。

以函數 gradient 計算導數的過程如下:

```
>> dy=gradient(y,0.1)
dy = 10.89 5.44 1.59 5.84 8.59 5.04  -4.81 -16.16 -21.31
```

正如以函數 diff 的計算中,也可繪製包含解析解與數值解的圖形。

```
>> subplot(1,2,2), plot(x,dy,'o',xa,ya)
>> xlabel('x')
>> legend('numerical','analytical'),title('(b) gradient')
```

結果如圖 19.7b 所示。由於函數 gradient 採用的區間寬度為 0.2,而圖 19.7a 中函數 diff 所採用的區間寬度為 0.1,因此結果不如函數 diff 所得來的準確。

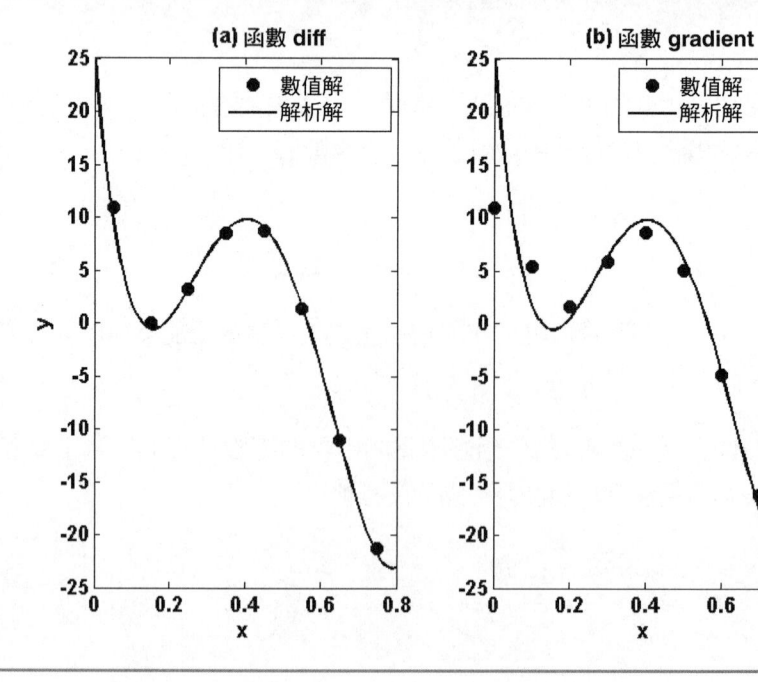

◯圖 19.7 正確的導數(實線)與由 MATLAB 利用 (a) 函數 diff;(b) 函數 gradient 所計算得到的數值解(圓圈)的比較。

除了一維向量外,函數 gradient 還可用在求偏導數時會應用到的二維矩陣。例如

    [fx, fy] = gradient(f, h)

其中 f 為二維矩陣,fx 對應至行與行之間的差值,fy 則對應至列與列之間的差值,h 則為資料點之間的間距。當 h 省略時,代表資料點之間的間距為 1。

19.6.2　Mathcad

Mathcad 能執行許多微分與積分的運算。這些運算符號與高中或大一上學期所學到的傳統表示法幾乎雷同。

積分運算是結合一連串的梯形法計算與朗柏格積分演算法。持續迭代直到前後兩次的積分值差異小於指定的殘差。而零至五階的導數運算,則藉由不同階數或不同步長所產生的均差表來求值。類似理察森外插法的技巧也被用來估算導數值。

圖 19.8 的 Mathcad 範例中,利用定義符號 (:=) 來建立函數 $f(x)$,然後在 $x = 0$ 到 $x=0.8$ 的範圍內計算積分。所採用的函數與第 17 章所採用的相同,同時積分的上、下界限(即 a 與 b)也均利用定義符號 (:=) 來建立。

圖 19.9 的 Mathcad 範例也是利用定義符號 (:=) 來建立函數 $f(x)$,然後在 $x = -6$ 的位置計算三階導數。請注意導數的階數與位置也均利用定義符號 (:=) 來建立。

```
NUMERICALLY CALCULATE INTEGRALS

Enter a function:
    f(x) := 0.2 + 0.25·x − 200·x² + 675·x³ − 900·x⁴ + 400·x⁵

Enter integration interval:
    a := 0
    b := 0.8

Numerical integral:
    ∫ₐᵇ f(x) dx = 1.64053333
```

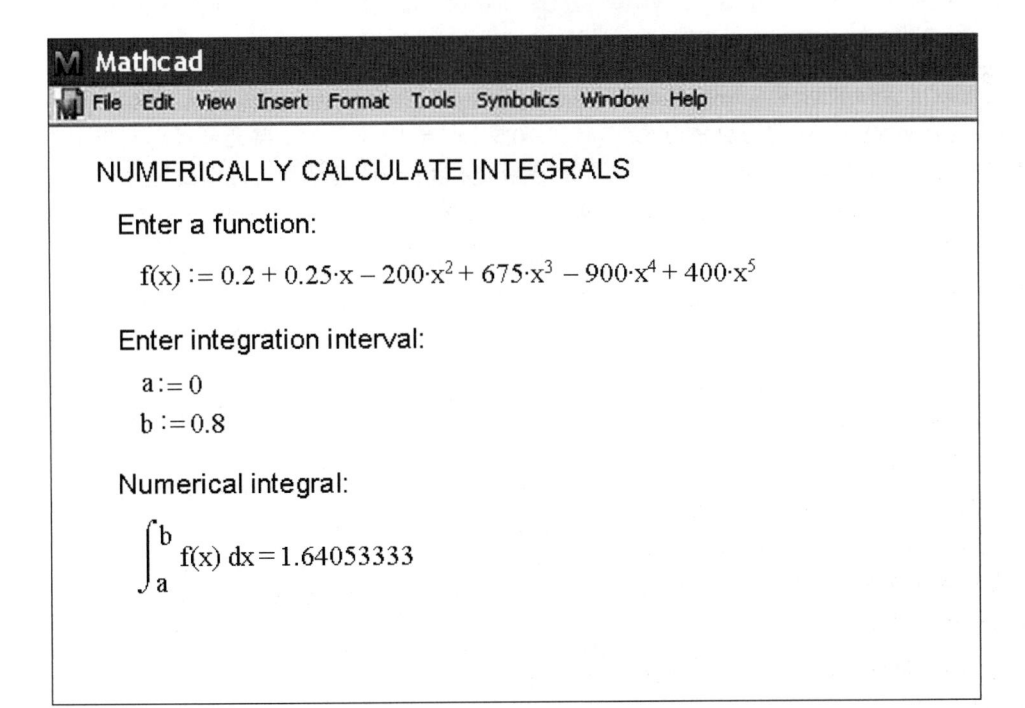

⊃ **圖 19.8**　以朗柏格積分計算多項式積分值的 Mathcad 畫面。

○ 圖 19.9　計算數值微分的 Mathcad 畫面。

習　題

19.1 以步長 $h = \pi/12$，針對函數 $y = \cos x$ 在 $x = \pi/4$ 時分別採用以下方法來計算其一階導數值。準確度為 $O(h)$ 與 $O(h^2)$ 的前向與後向差分近似，準確度為 $O(h^2)$ 與 $O(h^4)$ 的中央差分近似。最後針對計算出的每一個近似值，估計其真正相對誤差百分比 ε_t。

19.2 重新計算習題 19.1，但是函數改為 $y=\log x$，步長 $h=2$ 與 $x=25$。

19.3 以步長 $h=0.1$，針對函數 $y=e^x$ 在 $x=2$ 時，分別應用準確度為 $O(h^2)$ 與 $O(h^4)$ 的中央差分近似其一階與二階導數值。

19.4 以步長 $h_1 = \pi/3$ 與 $h_2 = \pi/6$，針對函數 $y = \cos x$ 在 $x = \pi/4$ 時使用理察森外插法來計算其一階導數值。應用準確度為 $O(h^2)$ 的中央差分公式來提供初始估計值。

19.5 重新計算習題19.4，但位置設為 $x = 5$，步長則取 $h_1 = 2$ 與 $h_2 = 1$。

19.6 利用方程式 (19.9) 在 $x = 0$ 時計算 $y = 2x^4 - 6x^3 - 12x - 8$ 的一階導數值，其中 $x_0 = -0.5$，$x_1 = 1$、$x_2 = 2$。將此結果與利用中央差分近似 ($h = 1$) 的結果進行比較。

19.7 證明在等距離資料點的情況下，在 $x = x_i$ 時，方程式 (19.9) 可以化簡成方程式 (4.22)。

19.8 針對以下函數，使用指定步長在特別位置處，計算具 $O(h^4)$ 準確度的一階中央差分近似。
(a) $y = x^3 + 4x - 15$　　在 $x = 0$，$h = 0.25$
(b) $y = x^2 \cos x$　　在 $x = 0.4$，$h = 0.1$
(c) $y = \tan(x/3)$　　在 $x = 3$，$h = 0.5$
(d) $y = \sin(0.5\sqrt{x})/x$　　在 $x = 1$，$h = 0.2$
(e) $y = e^x + x$　　在 $x = 2$，$h = 0.2$
並將你的計算結果與解析解進行比較。

19.9 以下是一火箭飛行中，時間對距離關係的資料

t, s	0	25	50	75	100	125
y, km	0	32	58	78	92	100

使用數值微分法來求此火箭每一個時間點的速度與加速度。

19.10 使用朗柏格積分法發展一使用者介面友善的電腦程式，用來計算一個給定函數的導數。

19.11 對於不等間距的資料點，發展一使用者介面友善的電腦程式來求其一階導數。利用以下的資料來測試你的程式：

x	1	1.5	1.6	2.5	3.5
f(x)	0.6767	0.3734	0.3261	0.08422	0.01596

其中 $f(x) = 5e^{-2x}x$。將程式的計算結果與真正的導數值進行比較。

19.12 以下是某物件在不同時間下，時間對速度關係的資料

t, s	0	4	8	12	16	20	24	28	32	36
v, m/s	0	34.7	61.8	82.8	99.2	112.0	121.9	129.7	135.7	140.4

(a) 採用你認為最好的數值方法，計算 $t = 0$ 到 28 秒時，此物件所旅經的總距離。
(b) 採用你認為最好的數值方法，計算 $t = 28$ 秒時，此物件的加速度。
(c) 採用你認為最好的數值方法，計算 $t = 0$ 秒時，此物件的加速度。

19.13 回顧之前討論過的降落傘問題，其速度函數為

$$v(t) = \frac{gm}{c}\left(1 - e^{-(c/m)t}\right) \quad \textbf{(P19.13}a\textbf{)}$$

所旅經的距離函數可以求得是

$$d(t) = \frac{gm}{c}\int_0^t \left(1 - e^{-(c/m)t}\right) dt \quad \textbf{(P19.13}b\textbf{)}$$

參數 $g = 9.81$、$m = 70$ 與 $c = 12$。

(a) 利用軟體 MATLAB 或 Mathcad 在 $t=0$ 到 10 秒的區間中積分方程式 (P19.13.1)。
(b) 以 $t = 0$ 時，$d = 0$ 的初始條件，以解析的方式積分方程式 (P19.13.2)。計算在 $t = 10$ 的結果，並比較 **(a)** 的結果。
(c) 利用 MATLAB 或 Mathcad，在 $t = 10$ 時微分方程式 (P19.13b)。
(d) 在 $t = 10$ 處計算方程式 (P19.13.1) 的值，並比較與驗證 **(c)** 的結果。

19.14 標準常態分配函數可以定義成

$$f(x) = \frac{1}{\sqrt{2\pi}}e^{-x^2/2}$$

(a) 以 MATLAB 或 Mathcad 分別在在 $x=-1$ 到 $x=1$ 與 $x=-2$ 到 $x=2$ 的區間中積分此函數。
(b) 利用 MATLAB 或 Mathcad 求出此函數的反曲點。

19.15 以下的資料是由標準常態分配函數所產生的

x	−2	−1.5	−1	−0.5	0	0.5	1	1.5	2
f(x)	0.05399	0.12952	0.24197	0.35207	0.39894	0.35207	0.24197	0.12952	0.05399

(a) 以 MATLAB 中的函數 trap，在 $x = -1$ 到 $x = 1$ 與 $x = -2$ 到 $x = 2$ 的區間中積分此資料。
(c) 利用 MATLAB 求出此資料的反曲點。

19.16 求以下函數在 $x = y = 1$ 處的偏導數：$\partial f/\partial x$, $\partial f/\partial y$ 與 $\partial f/(\partial x \partial y)$。

$$f(x, y) = 3xy + 3x - x^3 - 3y^3$$

(a) 解析法；(b) 數值法配合 $\Delta x = \Delta y = 0.0001$。

19.17 寫一個 MATLAB 程式，但是使用函數 quad 與 quadl 來積分以下函數

$$\int_0^{2\pi} \frac{\sin t}{t} dt$$

可以在 MATLAB 提示符號下，藉由 help quadl 指令對函數 quadl 做進一步的瞭解。

19.18 對下表中兩個端點除外的每一個 x 值，利用 MATLAB 中的命令 diff 及 $O(\Delta x^2)$ 的有限差分近似來計算其一階與二階導數值。端點則不限制 $O(\Delta x^2)$ 的有限差分公式。

x	0	1	2	3	4	5	6	7	8	9	10
y	1.4	2.1	3.3	4.8	6.8	6.6	8.6	7.5	8.9	10.9	10

19.19 本題主要藉由一個函數的導數正確值來比較二階準確的前向、後向與中央差分近似導數結果的差異。測試函數如下

$$f(x) = e^{-2x} - x$$

(a) 以微積分計算此函數在 $x = 2$ 處的正確導數值。

(b) 以中央差分近似計算導數值。首先取 $x = 0.5$，也就是利用函數在 $x = 2 \pm 0.5$ 或 $x = 1.5$ 與 $x = 2.5$ 時的值來計算。然後，再取 $\Delta x = 0.1$ 與 $\Delta x = 0.01$ 分別計算結果。

(c) 以二階前向與後向差分重新計算 (b)。（請注意此計算可以在應用電腦程式計算時，與中央差分計算在同一個迴圈中完成）

(d) 繪製 (b) 與 (c) 結果對 x 的關係圖。也將真正微分值繪製出來以方便比較。

19.20 利用泰勒展開式求一個具二階準確度的三階中央差分近似。首先針對四個點 x_{i-2}、x_{i-1}、x_{i+1} 與 x_{i+2} 求其展開式。也就是以 x_i 為中心，分別以 $-2\Delta x$、$-\Delta x$、Δx 及 $2\Delta x$ 求其展開式。然後運用此四個方程式消去所有的一階與二階導數項。注意在每一個展開式中要選取足夠的項式以提供近似足夠的準確度。

19.21 使用以下的資料表，求時間 $t = 10$ 秒時的速度與加速度。

時間, t, s	0	2	4	6	8	10	12	14	16
位置, x, m	0	0.7	1.8	3.4	5.1	6.3	7.3	8.0	8.4

使用二階準確的 (a) 中央差分公式；(b) 前向差分公式；(c) 後向差分公式。

19.22 一架飛機在雷達的追蹤下，每秒以極座標 θ 與 r 記錄其位置，資料如下表：

t, s	200	202	204	206	208	210
θ, rad	0.75	0.72	0.70	0.68	0.67	0.66
r, m	5120	5370	5560	5800	6030	6240

在時間 206 秒時，使用二階準確的中央差分公式來求速度 ($\vec{v}$) 與加速度 ($\vec{a}$)。在極座標下，速度與加速度的公式為：

$$\vec{v} = \dot{r}\vec{e}_r + r\dot{\theta}\vec{e}_\theta \quad \text{與} \quad \vec{a} = (\ddot{r} - r\dot{\theta}^2)\vec{e}_r + (r\ddot{\theta} + 2\dot{r}\dot{\theta})\vec{e}_\theta$$

19.23 設計一個 Excel VBA 巨集程式由工作表單中讀取相鄰兩行的 x 與 y 中的資料。利用方程式 (19.9) 來計算每一點的導數。然後將結果傳回至工作表中的第三行。以習題 19.21 中的時間－位置關係資料，利用速度值來測試程式的結果。

19.24 使用下表，分別利用二階、三階與四階多項式迴歸估計每一時間點上的加速度。並將你的結果繪製成圖形。

t	1	2	3.25	4.5	6	7	8	8.5	9.3	10
v	10	12	14	17	16	12	14	14	14	10

19.25 為了量測經過小型圓管的水流流率，將一個桶子放在圓管出口處，以時間為單位量測桶內水的體積，並列出下表資料。試估算時間為 7 秒時的水流流率。

時間, s	0	1	5	8
體積, cm^3	0	1	8	16.4

19.26 空氣流經平板表面後，在距離平板表面不同位置 y(m) 量測其速度 v(m/s)。在動態黏性係數 $\mu = 1.8 \times 10^{-5}$ N·s/m² 的情況下，利用以下**牛頓黏性定律 (Newton's viscosity law)** 來求平板表面 ($y = 0$) 的剪應力 (N/m²)。

$$\tau = \mu \frac{dv}{dy}$$

y, m	0	0.002	0.006	0.012	0.018	0.024
v, m/s	0	0.287	0.899	1.915	3.048	4.299

19.27 化學反應常依以下模式進行：

$$\frac{dc}{dt} = -kc^n$$

其中 c 為濃度，t 為時間，k 為反應速率，n 則為反應階數。給定 c 值與 dc/dt 之後，則 k 值與 n 值可藉由以上函數之對數型態，搭配線性迴歸來求解：

$$\log\left(-\frac{dc}{dt}\right) = \log k + n \log c$$

利用此觀點與下表資料來計算 k 值與 n 值。

t	10	20	30	40	50	60
c	3.52	2.48	1.75	1.23	0.87	0.61

19.28 圓管中流體的速度可由以下公式描繪

$$v = 10\left(1 - \frac{r}{r_0}\right)^{1/n}$$

其中 v 為速度，r 為軸向至中心線距離，r_0 為圓管半徑，n 則為參數。若 $r_0 = 0.75$ 與 $n = 7$，試求圓管中流體流率。**(a)** 使用朗柏格積分法算至殘差小於 0.1%；**(b)** 利用 2 點之高斯-列根卓公式；**(c)** 使用 MATLAB 中的函數 quad 計算。請注意流率等於速度乘上面積。

19.29 一固定時間內，通過圓管的質量傳遞可由以下公式計算

$$M = \int_{t_1}^{t_2} Q(t)c(t)dt$$

其中 M 為質量 (mg)，t_1 為初始時間 (min)，t_2 為結束時間 (min)，$Q(t)$ 為流率 (m^3/min)，$c(t)$ 則為濃度 (mg/m^3)。以下函數定義了流率與濃度的變化：

$$Q(t) = 9 + 4\cos^2(0.4t)$$
$$c(t) = 5e^{-0.5t} + 2e^{0.15t}$$

試計算在時間 $t_1 = 2$ min 到 $t_2 = 8$ min 的時間內，質量的傳遞為若干？**(a)** 使用朗柏格積分法算至殘差小於 0.1%；**(b)** 利用 MATLAB 中的函數 quad 計算。

結語：第六篇
Epilogue: Part Six

PT6.4 折衷方案

  表 PT6.4 對於數值積分或求積法的折衷方案提供了一個總結。這些方法大部分是基於對積分的簡單實際詮釋而來，也就是求曲線下的面積總和。而且這些技巧是針對以下兩類的問題所設計出來：(1) 數學函數；(2) 表列的離散資料。

  第 17 章主要討論的是牛頓-寇特斯公式，兩者都適用於連續或離散的函數。這些公式都有封閉式或開放式型態。開放式型態指的是積分區間可以超過資料的範圍，這些方法幾乎不層用於定積分的問題。然而，很適合用在求解常微分方程式或瑕積分的求值。

  封閉式牛頓-寇特斯積分公式是將一個比較複雜的數學函數或表列的離散資料函數，改用另外一個比較容易積分的內插函數來替代。其中最簡單的就是所謂的梯形法，也就是取相鄰兩點的連接線，並求此直線下的面積。改善梯形法準確度的方法之一就是將 a 至 b 的區間分成若干等分之後，分別在每一區段上執行梯形法來求積分。

  除了將梯形法應用在比較細小的區間寬度外，另外可利用高階多項式來連接這些點以改善積分結果。如果使用的是二階多項式，那麼得到的結果就是辛普森 1/3 法則。若使用的是三階多項式，那麼得到的結果就是辛普森 3/8 法則。由於這

表 PT6.4 對於各種不同數值積分方法特性的比較為一般考量，並不考慮特殊函數。

方法	單次應用 資料點數	n 次應用 資料點數	截取誤差	應用層面	程式撰寫	附註
梯形法	2	$n+1$	$\simeq h^3 f''(\xi)$	廣	容易	
辛普森 1/3 法則	3	$2n+1$	$\simeq h^5 f^{(4)}(\xi)$	廣	容易	
辛普森法則 (1/3 與 3/8)	3或4	≥ 3	$\simeq h^5 f^{(4)}(\xi)$	廣	容易	
高階牛頓-寇特斯	≥ 5	N/A	$\simeq h^7 f^{(6)}(\xi)$	鮮少	容易	
朗柏格積分	3			$f(x)$ 須為已知	中等	不適合用在表列資料
高斯求積法	≥ 2	N/A		$f(x)$ 須為已知	容易	不適合用在表列資料

些結果都比梯形法來得準確，因此在應用上大部分都採用這些方法。當區段數為偶數時，建議採用辛普森 1/3 法則；區段數為奇數時，建議在最後三個區段採辛普森 3/8 法則，其他區段則維持採用辛普森 1/3 法則。

雖然牛頓-寇特斯積分公式有高階形式，但是實務上很少用到。若需要高準確度時，可採用朗柏格積分法、適性求積法與高斯求積法等較準確的方法。值得一提的是，這些方法只有在函數為已知的情況下才實用，而且並適合用於表列資料。

PT6.5 重要關聯及重要公式

表 PT6.5 摘錄了出現在第六篇的重要資訊，讓你能夠很快地查詢並且使用重要的公式。

PT6.6 進階方法及補充參考資料

雖然我們已經總覽了一些數值積分技巧，但是在工程問題裡仍有其他方法可以利用。例如，求解常微分方程式的適性求積法，可用來計算複雜的積分。

由於**三階仿樣 (cubic spline)** 非常容易積分（Forsythe 等人，1977），因此採用三階仿樣函數來擬合資料是另外一個獲得積分值的好方法。相同的近似方法也可以用來計算函數的微分。最後，除了 22.3 節所提的高斯-列根卓公式外，另外仍有其他公式可用，如 Carnahan、Luther 與 Wilkes (1969)，Ralston 與 Rabinowitz (1978) 等都比較與分析了這些公式。

總結，以上內容都是要提供你對於本主題能有更深層的瞭解。此外，以上所有的參考資料也都有涵蓋第六篇所描述與說明的基本技巧。我們強烈建議你再多方查閱其他的資源，以擴展對數值積分方法的認識與瞭解。

表 PT6.5 第六篇重要資訊摘要。

方法	公式	圖形解釋	誤差
梯形法	$I \simeq (b-a)\dfrac{f(a)+f(b)}{2}$		$-\dfrac{(b-a)^3}{12}f''(\xi)$
多重應用版梯形法	$I \simeq (b-a)\dfrac{f(x_0) + 2\sum_{i=1}^{n-1} f(x_i) + f(x_n)}{2n}$		$-\dfrac{(b-a)^3}{12n^2}\bar{f}''$
辛普森 1/3 法則	$I \simeq (b-a)\dfrac{f(x_0)+4f(x_1)+f(x_2)}{6}$		$-\dfrac{(b-a)^5}{2880}f^{(4)}(\xi)$
多重應用辛普森 1/3 法則	$I \simeq (b-a)\dfrac{f(x_0)+4\sum_{i=1,3}^{n-1}f(x_i)+2\sum_{j=2,4}^{n-2}f(x_j)+f(x_n)}{3n}$		$-\dfrac{(b-a)^5}{180n^4}\bar{f}^{(4)}$
辛普森 3/8 法則	$I \simeq (b-a)\dfrac{f(x_0)+3f(x_1)+3f(x_2)+f(x_3)}{8}$		$-\dfrac{(b-a)^5}{6480}f^{(4)}(\xi)$
朗柏格積分	$I_{j,k} = \dfrac{4^{k-1}I_{j+1,k-1}-I_{j,k-1}}{4^{k-1}-1}$		$O(h^{2k})$
高斯求積法	$I \simeq c_0 f(x_0) + c_1 f(x_1) + \cdots + c_{n-1} f(x_{n-1})$		$\simeq f^{(2n+2)}(\xi)$

索引
Indix

2 補數 (2's complement) 63
B 仿樣 (*B* spline) 474
DOEXIT 結構 (DOEXIT construct) 28
DOFOR 迴圈 (DOFOR loop) 29
LU 分解步驟 (*LU* decomposition step) 246
LU 分解法 (*LU* decomposition) 208, 245
n 階有限均差 (nth finite divided-difference) 406
QR 分解 (*QR* factorization) 393

一劃

一般線性最小平方迴歸模型 (general linear least regression model) 368
一階有限均差 (first finite divided difference) 87
一階近似 (first-order approximation) 77
一階前向差分 (first forward difference) 87, 88
一階後向差分 (first backward difference) 88
一維問題 (one-dimensional problem) 293
一維無限制條件最佳化 (one-dimensional unconstrained optimization) 294

二劃

二分法 (bisection method) 112, 119
二進制 (binary 或 base-2) 61
二進制數字 (binary digits) 61
二階 (second-order) 77
二階收斂 (quadratic convergence) 144
二階有限均差 (second finite divided-difference) 406
二階前向有限均差 (second forward finite divided difference) 91
二階規劃 (quadratic programming) 293
二階導數 (second derivative) 475
二維內插 (two-dimensional interpolation) 431
八進制 (octal 或 base-8) 61
十進制 (decimal 或 base-10) 61

三劃

三重根 (triple root) 156
三階仿樣 (cubic spline) 420, 561
三對角線 (tridiagonal) 208
三對角線矩陣 (tridiagonal matrix) 202
下三角矩陣 (lower triangular matrix) 202
下降 (descent) 312
下溢 (underflow) 65
上三角矩陣 (upper triangular matrix) 202
上升 (ascent) 312
子行列式 (minor) 214

四劃

不可靠度 (uncertainty) 54
不定積分 (indefinite integration) 477
不等式限制條件 (inequality constrains) 293
不準確度 (inaccuracy) 54
不精確度 (imprecision) 54
中央差分 (centered difference) 89
中央極限定理 (central limit theorem) 363
中測迴圈 (midtest loop) 28
中斷迴圈 (break loop) 28

563

元素 (element)　200
內插 (interpolation)　368
內插法 (interpolation)　356
公式化誤差 (formulation error)　101
分配律 (distributive)　205
分散式 (distributed)　200
反內插 (inverse interpolation)　417
反微分 (antidifferentiation)　485
反應 (response)　199
尤拉法 (Euler's method)　13
文特模特矩陣 (Vandermonde matrix)　265
方向導數 (directional derivative)　316
方陣 (square matrix)　201
方程式的根 (roots of equations)　3
欠定 (underdetermined)　287
比例 (proportionality)　258
水準 (level)　199
片段函數 (piecewise function)　49
牛頓內插多項式 (Newton's interpolation polynomial)　368
牛頓公式 (Newton's formula)　420
牛頓冷卻定律 (Newton's law of cooling)　20
牛頓均差內插多項式 (Newton's divided-difference interpolating polynomial)　401, 406
牛頓-拉福森公式 (Newton-Raphson formula)　112, 141
牛頓法 (Newton's method)　294

牛頓-寇特斯公式 (Newton-Cotes formula)　486, 489
牛頓-葛瑞葛立前向公式 (Newton-Gregory forward formula)　420
牛頓黏性定律 (Newton's viscosity law)　558

五劃

主對角線 (principal diagonal 或 main diagonal)　201
代換步驟 (substitution step)　246
加法 (addition)　202
加總 (summation)　476
功率譜 (power spectrum)　459
包威爾法 (Powell's method)　315
可行解空間 (feasible solution space)　330
史托克斯定律 (Stoke's law)　21
史奈德-杜克演算法演算法 (Snade-Tukey algorithm)　454
外力函數 (forcing function)　199
外部刺激 (stimuli)　199
外插 (extrapolation)　418
布列特法 (Brent's method)　112, 294, 297
布列特勘根法 (Brent's root finding method)　151, 153
布爾法則 (Boole's Rule)　527
平方總和 (total sum of the squares)　375
平均值 (mean value)　436
平截頭體 (frustum)　23

未定係數法 (method of undetermined coefficients)　529
末速 (terminal velocity)　11
正交多項式 (orthogonal polynomial)　472
正弦曲線 (sinusoid)　436
正規化 (normalized)　63
正規化方程式 (normal equations)　373
正規化標準差 (normalized standard deviate)　537
母體 (population)　362
目標函數 (objective function)　290, 292, 293

六劃

交換律 (commutative)　203, 205
仿樣內插 (spline interpolation)　368
仿樣函數 (spline function)　420
共軛方向 (conjugate direction)　315
共軛梯度法 (conjugate gradient method)　294
共軛梯度近似 (conjugant gradient approach)　339
列 (row)　200
列向量 (row vector)　201
列總和 (row-sum)　261
列總和範數 (row-sum norm)　260
因式化形式 (factored form)　171
因變數 (dependent variable)　9
回應 (response)　257

索引

地形 (topography) 293
多重根 (multiple root) 116, 156
多重解 (alternate solution) 332
多重線性迴歸 (multiple linear regression) 367
多重應用積分公式 (multiple-application integration formula) 495
多峰 (multimodal) 297
多項式 (polynomial) 111
多項式內插 (polynomial interpolation) 401
多項式的根 (roots of polynomials) 112
多項式迴歸 (polynomial regression) 367, 383
多項式壓縮 (polynomial deflation) 171
多維問題 (multidimensional problem) 293
字組 (word) 61
收斂 (convergent) 139
收斂式 (convergent) 136
曲率 (curvature) 475
曲線擬合 (curve fitting) 4, 356
有拘束力的 (binding) 332
有限均差 (finite divided difference) 13
有限制條件的最佳化 (constrained optimization) 293, 294
有效位數 (significand) 63
有效數字 (significant digit) 52
次減震 (underdamped) 169
自由度 (degree of freedom) 359
自變數 (independent variable) 9

行 (column) 200
行列式 (determinant) 213
行向量 (column vector) 201
行總和 (column-sum) 261

七劃

位元 (bits) 61
位值 (place value) 61
位置記號 (positional notation) 61
估計 (estimation) 362
低鬆弛 (underrelaxation) 276
克拉馬法則 (Cramer's rule) 215
克勞特分解 (Crout decomposition) 252
判別式 (discriminant) 168
完全參數化格式 (fully augmented version) 334
完全樞軸化 (complete pivoting) 230
局部樞軸化 (partial pivoting) 230
尾數 (mantissa) 63
快速傅利葉轉換 (fast Fourier transform，FFT) 368, 453
扭結點 (knot) 423
步長 (step) 30
決定係數 (coefficient of determination) 376
決策向量 (design vector) 293
決策迴圈 (decision loop) 28
決策變數 (design variable) 292
系統行為 (system behavior) 199
角頻率 (angular frequency) 437

辛普森 1/3 法則 (Simpson's 1/3 rule) 486, 501
辛普森 3/8 法則 (Simpson's 3/8 rule) 486, 506
辛普森法則 (Simpson's rule) 501
里德法 (Ridder method) 189

八劃

事先 (a priori) 56
亞可比行列式 (determinant of Jacobian) 163
亞可比迭代法 (Jacobi iteration) 273
函數 (function) 34
刺激 (stimulus) 257
到位 (in place) 232
制式向量 (uniform-vector) 261
制式向量範數 (uniform-vector norm) 260
制式矩陣 (uniform-matrix) 261
制式矩陣範數 (uniform-matrix norm) 260
固定點迭代法 (fixed-point iteration) 137
奇函數 (odd function) 444
奇異 (singular) 213
奇異值分解法 (singular-value decomposition, SVD) 473
定積分 (definite integration) 477
拉格藍吉內插多項式 (Lagrange interpolation polynomial) 368, 412
拉格藍吉多項式 (Lagrange polynomial) 153

拉格藍吉形式 (Lagrange form) 76
拉蓋爾法 (Laguerre method) 181, 190
拋物線 (parabola) 403
拋物線型內插法 (parabolic interpolation method) 294, 304
拖曳係數 (drag coefficient) 10
泛函近似 (functional approximation) 474
直接法 (direct method) 294, 312
阿基米德原理 (Archimede's principle) 22
非正式的高斯消去法 (naïve Gauss elimination) 218
非基本變數 (nonbasic variables) 335
非梯度 (non-gradient) 312
非線性方程式 (nonlinear equations) 159
非線性方程組 (system of nonlinear equations) 112
非線性有限制條件的最佳化 (nonlinear constrained optimization) 294
非線性迴歸 (nonlinear regression) 239, 368, 463
非線性規劃 (nonlinear programming) 293

九劃

前向壓縮 (forward deflation) 172
前測迴圈 (pretest loop) 28

型態方向 (pattern directions) 315
型態搜尋 (pattern search) 294
封閉式 (closed forms) 489
度量變異法 (variable metric method) 326
後向壓縮 (backward deflation) 172
後測迴圈 (posttest loop) 28
指數 (exponent) 63
指數模型 (exponential model) 380
查表 (table look up) 433
流程圖 (flowchart) 26
界定法 (bracketing approaches) 112, 115, 307
相位移 (phase shift) 437
相對誤差 (relative error) 95
相關係數 (correlation coefficient) 376
計算耗時 (time-consuming evaluation) 302
計算量高 (many evaluations) 302
計數控制迴圈 (count-controlled loop) 29
迭代逼近 (iterative approach) 57
重根 (multiple root) 116
限制條件 (constraints) 291, 292
面積分 (area integral) 482
首數 (characteristic) 63

十劃

乘法 (multiplication) 203
乘積 (product) 203

修正型試位法 (modified false-position method) 130
差商演算法 (quotient difference (QD) algorithm) 197
庫利-杜克演算法 (Cooley-Tukey algorithm) 454
振幅 (amplitude) 437
時域 (time domain) 447
時間十分法 (decimation in time) 454, 458
時間平面 (time plane) 447
時間變量 (time-variable) 15
朗柏格積分 (Romberg integration) 519, 520, 524
朗柏格積分法 (Romberg integration) 486
根潤飾 (root polishing) 173
柴比雪夫節約法 (Chebyshev economization) 474
泰勒公式 (Taylor's formula) 76
泰勒級數 (Taylor series) 75, 76
消去 (elimination) 217
海賽 (Hessian) 294, 316, 319
浮點運算量 (floating-point operations 或 flops) 222
特性 (characteristic) 199
特徵方程式 (characteristic equation) 168
特徵值 (characteristic value 或 eigenvalue) 168
病態 (ill-conditioned) 95, 213
病態系統 (ill-conditioned system) 225
矩陣 (matrix) 200
矩陣的條件數 (matrix condition number) 261

矩陣實驗室(matrix laboratory) 39
索引值 (index) 29
逆代換 (back-substituted) 217
逆向二次內插法 (inverse quadratic interpolation) 152
逆矩陣 (inverse) 205
迴圈 (loop) 28
馬可羅林級數展開式 (Maclaurin series expansion) 57
馬夸特法 (Marguardt method) 294, 325
高斯-牛頓法 (Gauss-Newton method) 394
高斯-列根卓 (Gauss-Legendre) 529
高斯求積法 (Gauss quadrature) 486, 519, 529
高斯消去法 (Gauss elimination) 208, 211, 218
高斯-賽德 (Gauss-Seidel) 271
高斯-賽德法 (Gauss-Seidel method) 208, 267
高維無限制條件最佳化 (multidimensional unconstrained optimization) 294

十一劃

假設檢定 (hypothesis testing) 357
偶函數 (even function) 444
偏差 (bias) 54
偏導數 (partial derivative) 475
副程式 (subroutine) 34
區間估計 (interval estimator) 362

參數 (parameter) 9
唯一解 (unique solution) 332
基本可行解 (basic feasible solution) 335
基本變數 (basic variables) 335
基因演算法 (genetic algorithm) 314
基底函數 (basis function) 474
基頻 (fundamental frequency) 442
常微分方程式 (ordinary differential equation 或 ODE) 167
常態分配 (normal distribution) 361
帶狀矩陣 (banded matrix) 202, 267
帶符號數量表示法 (signed magnitude method) 61
強制功能 (forcing function) 9
捨入 (rounding) 66
捨入誤差 (round-off error) 52, 55, 61
敘述式 (descriptive) 289
旋轉因子 (twiddle factor) 456
梯形法 (trapezoidal rule) 486, 490, 492
梯度 (gradient) 312, 316, 317, 480
梯度法 (gradient method) 294, 316
條件 (condition) 95
條件數 (condition number) 95, 208
混合偏導數 (mixed partial derivative) 549

理察森外插法 (Richardson's extrapolation) 519
理察森外插法 (Richardson's extrapolation) 521
統計推論 (statistical inference) 362
累計常態分配 (cumulative normal distribution) 537
處罰函數 (penalty function) 339
被積函數 (integrand) 476
規劃 (programming) 328
規範 (prescriptive) 289
通解 (general solution) 168
連續或同時過鬆弛 (successive or simultaneous overrelaxation) 276
部分樞軸化法 (partial pivoting) 208

十二劃

傅利葉反轉換 (inverse Fourier transform) 450
傅利葉近似 (Fourier approximation) 435
傅利葉熱傳導定律 (Fourier's law of heat conduction) 480
傅利葉積分 (Fourier integral) 449, 450
傅利葉轉換 (Fourier transform) 450
傅利葉轉換公式組 (Fourier transform pair) 450
最大上升 (steepest ascent) 294, 321, 322
最大上升法 (steepest ascent method) 321

最大分量 (maximum-magnitude) 261
最大相似法則 (maximum likelihood principle) 374
最小平方迴歸 (least square regression) 356, 366, 370
最佳化 (optimization) 3, 288, 293
最佳最大上升 (optimal steepest ascent) 322
最深下降 (steepest descent) 294, 321
割線法 (secant method) 112, 147
單向延伸區間 (one-sided interval) 362
單位矩陣 (identity matrix) 202
單形法 (simplex method) 294
單形法程序 (simplex procedure) 289
單峰 (unimodal) 298
單點迭代 (one-point iteration) 112
單變量搜尋 (univariate search) 294
單變量搜尋法 (univariate search method) 314
單變數的最佳化 (single-variable optimization) 298
殘差值 (residual) 371
減少 (decrease) 96
減法 (subtraction) 203
湯瑪士演算法 (Thomas algorithm) 268
無可行解 (no feasible solution) 333

無拘束力的 (nonbinding) 332
無法決定 (underspecified 或 underdetermined) 334
無界問題 (unbounded problem) 333
無限 (ad infinitum) 54
無限制條件的最佳化 (unconstrained optimization) 293
發散 (diverge) 136
等式限制條件 (equality constrains) 293
等面積圖形微分法 (equal-area graphical differentiation) 478
結合律 (associative) 203, 205
結束值 (finish) 29
結構化程式設計 (structured programming) 26
結構性變數 (structural variables) 334
虛擬程式碼 (pseudocode) 27
費氏數 (Fibonacci number) 299
費氏範數 (Frobenius norm) 260
超定 (overdetermined) 287
超越 (transcendental) 111
超額變數 (surplus variable) 334
週期 (period) 436
進入變數 (entering variable) 336
量化誤差 (quantizing error) 65
開始值 (start) 29
開放式 (open form) 490
開放式方法 (open methods) 112, 136, 307
開放式積分公式 (open integration formula) 486

階數 (order) 111
集總式 (lumped) 200
黃金分割搜尋法 (golden-section method) 294

十三劃

微分 (differentiate) 475
微分方程式 (differential equation) 11
微積分基本定理 (fundamental theorem of integral calculus) 484
暇積分 (improper integrals) 519
極大值極小化 (minimax) 371, 474
極值 (extremum) 298
極點 (extreme point) 333
溢位誤差 (overflow error) 65
準牛頓法 (quasi-Newton approach, BFGS) 294, 326, 339
準確度 (accuracy) 54
瑕積分(improper integral) 486
落後角相 (lagging phase angle) 437
裘列斯基分解 (Cholesky decomposition) 269
解析解 (analytical solution) 11
試位公式 (false-position formula) 126
試位法 (method of false position) 112, 126
試誤 (trial and error) 181
詹金斯-特勞布法 (Jenkins-Traub method) 181
資料分布 (data distribution) 361

跡 (trace) 205
過多限制 (overconstrained) 293
過阻尼 (overdamped) 169
過鬆弛 (overrelaxation) 276
電路 (circuit) 20
零階近似 (zero-order approximation) 76
零點 (zeros) 109

十四劃

對角化優 (diagonally dominant) 275
對角矩陣 (diagonal matrix) 202
對稱形式 (symmetric form) 414
對稱矩陣 (symmetric matrix) 201, 267
截尾誤差 (truncation error) 52, 55, 75
截斷 (chopping) 65
算術平均 (arithmetic mean) 358
精確度 (precision) 54
精確解 (exact solution) 11
綜合除法 (synthetic division) 171

十五劃

誤差 (error) 52, 54
增加 (increase) 96
增量搜尋法 (incremental search method) 119
增廣 (augmentation) 206
廣義簡化梯度 (generalized reduced gradient, GRG) 339
數字系統 (number system) 61
數值方法 (numerical methods) 11

數值性不穩定 (numerically unstable) 95
數值微分 (numerical differentiation) 486
數學規劃 (mathematical programming) 293
數學模型 (mathematical model) 9
樣本 (sample) 362
樞軸元素 (pivot element) 219
樞軸化 (pivoting) 225
樞軸方程式 (pivot equation) 219
樞軸係數 (pivot coefficient) 219
標準估計誤差 (stand error of the estimate) 375
標準差 (standard deviation) 358
標準常態估計 (standard normal estimate) 363
模型誤差 (model error) 101
模組化程式設計 (modular programming) 34
範數 (norm) 259
線性 (linear) 77, 328
線性內插 (linear interpolation) 402
線性內插公式 (linear interpolation formula) 402
線性內插法 (linear interpolation method) 126, 152
線性代數方程式 (linear algebraic equations) 198
線性代數方程組 (systems of linear algebraic equations) 3

線性收斂 (linear convergence) 138, 141
線性迴歸 (linear regression) 366
線性規劃 (linear programming, LP) 293, 294, 328
線譜 (line spectra) 448
蝴蝶網路 (butterfly network) 456
複合積分公式 (composite integration formula) 495
調和項 (harmonics) 442
適性求積法 (adaptive integration) 519
適性求積法 (adaptive quadrature) 486, 526
鞍型 (saddle) 318

十六劃

導數 (derivative) 475
導數均值定理 (derivative mean-value theorem) 82, 140
導數形式 (derivative form) 76
機器 ε (machine epsilon) 66
積分 (integrate) 476
積分 (integration) 5
積分形式 (integral form) 76
隨機搜尋 (random search) 294
隨機搜尋法 (random search method) 313
頻域 (frequency domain) 447
頻率平面 (frequency plane) 447

十七劃

優良系統 (well-conditioned system) 225

檢驗式 (test expression)　28
瞬變 (transient)　15
總和 (total value)　476
總數值誤差 (total numerical error)　96
臨界減震 (critically damped)　169
趨勢分析 (trend analysis)　357
隱式 (implicit)　110

十八劃
轉置 (transpose)　205

離散型傅利葉轉換 (discrete fourier transform, DFT)　451
離開變數 (leaving variable)　336
雙向延伸區間 (two-sided interval)　362
雙重根 (double root)　156
雙線性 (bilinear)　431
鬆弛 (relaxation)　276
鬆弛變數 (slack variable)　334

十九劃
穩態 (steady-state)　15

譜範數 (spectral norm)　261

二十一劃以上
屬性 (property)　199
疊合 (superposition)　258
變異係數 (coefficient of variation)　359
變異數 (variance)　358
顯式 (explicitly)　110
顯著水準 (significance level)　362
體積分 (volume integral)　482